THÉORIE GÉNÉRALE DES ÉQUATIONS ALGÉBRIQUES;

Par M. BÉZOUT, de l'Académie Royale des Sciences & de celle de la Marine; Examinateur des Gardes du Pavillon & de la Marine, des Aſpirans-Gardes de la Marine, des Eleves & Aſpirans au Corps Royal de l'Artillerie; Cenſeur Royal.

A PARIS,

De l'Imprimerie de PH.-D. PIERRES, rue S. Jacques.

M. DCC. LXXIX.

AVEC APPROBATION ET PRIVILEGE DU ROI.

A MONSEIGNEUR

DE SARTINE,

MINISTRE ET SECRÉTAIRE D'ÉTAT,

AYANT LE DÉPARTEMENT

DE LA MARINE.

MONSEIGNEUR,

PLUSIEURS Établissemens utiles, dans la Capitale, conservent la mémoire de Votre Administration active, sage & éclairée.

Un objet beaucoup plus vaste Vous a été, depuis, confié par le Souverain: Vous prouvez, MONSEIGNEUR, dans ce poste important, que le même esprit peut vivifier des objets très-différens.

Les ſoins multipliés & preſſans, que les circonſtances actuelles Vous impoſent, ne détournent pas néanmoins Vos regards de l'avenir. Les yeux ouverts ſur tout ce qui peut augmenter les forces Maritimes, & la gloire actuelle du Roi, Vous êtes en même tems occupé du ſoin d'en perpétuer la durée. Vous veillez à ce que des connoiſſances utiles préparent une ſuite d'Officiers éclairés, qui répare les pertes inſéparables de l'ardeur avec laquelle le Corps de la Marine ſe porte à faire reſpecter le Pavillon François.

Ces conſidérations, MONSEIGNEUR, m'ont fait déſirer de placer Votre Nom à la tête de cet Ouvrage. Il a pour but la perfection d'une partie des Sciences Mathématiques, de laquelle toutes les autres attendent ce qui peut aujourd'hui procurer leur avancement. Il peut donc, par ſon objet, concourir au progrès des connoiſſances utiles à la Marine.

Il ne m'appartient pas de décider s'il remplira ces vues; mais je n'ai rien négligé pour le rendre digne du ſuffrage du Public, & par conſéquent de Vous être offert.

Je ſuis avec un profond reſpect,

MONSEIGNEUR,

Votre très-humble
& très-obéiſſant ſerviteur,
BÉZOUT.

PRÉFACE.

L'APPLICATION de l'Analyſe algébrique aux différentes queſtions qui ſont du reſſort des Mathématiques, ſe fait preſque uniquement à l'aide des équations. On a donc dû s'attacher de bonne heure à la théorie de celles-ci, & à la perfection des méthodes pour en tirer les concluſions générales & particulières qu'elles peuvent fournir, & pour y arriver par les moyens les plus sûrs, les plus ſimples & les plus expéditifs.

MAIS, lorſque les quantités dont une queſtion dépend, commencent à être un peu nombreuſes; & lorſqu'en même temps, les différens rapports qui les lient les unes aux autres, commencent à être un peu compoſés, l'art de ſoumettre le tout à des règles générales & néanmoins auſſi ſimples qu'il eſt poſſible, exige des ſoins dont on ſe laiſſe détourner d'autant plus volontiers, que le champ inépuiſable des recherches mathématiques offre continuellement des objets plus riants, dont la jouiſſance eſt plus prochaine, & où la ſagacité trouve aſſez de quoi ſe développer d'une manière flatteuſe.

C'EST cette raiſon, ſans doute, qui, au moment de la découverte de l'analyſe infinitéſimale, a fait preſque abandonner l'analyſe des quantités finies, quoiqu'à peine on eût effleuré ou examiné les difficultés que celle-ci laiſſoit à réſoudre, & conſtaté la bonté, la ſureté, l'étendue des méthodes que l'on croyoit avoir pour la ſolution des queſtions qui pouvoient être de ſon reſſort.

L'ANALYSE infinitéſimale également attrayante &

importante par les objets nombreux & utiles auxquels on a vu qu'elle pouvoit être appliquée, a entraîné tout l'intérêt & tous les efforts; & l'analyſe algébrique finie ſemble, à compter de cette époque, n'avoir été regardée que comme une partie ſur laquelle ou il ne reſtoit plus rien à faire, ou dans laquelle ce qui reſtoit à faire, n'auroit été que de vaine ſpéculation.

CETTE cauſe qui ſeroit d'ailleurs bien loin d'avoir aucun fondement réel, n'eſt cependant pas la ſeule à laquelle on doit attribuer le peu de progrès de l'analyſe algébrique finie. Nous oſons croire, d'après notre travail, que les difficultés dont la matière eſt ſuſceptible pour être traitée avec une certaine généralité, en partant des méthodes qu'on a imaginées juſqu'à préſent, auroit pu auſſi affoiblir dans quelques Analyſtes l'eſpoir d'y faire des pas d'une certaine étendue. Ce ſentiment ne nous eſt pas ſuggéré par une prévention en faveur de notre ouvrage: nous conviendrons ingénuement que nous avons long-temps penſé de même, & travaillé ſans ſuccès, tant que nous n'avons attaqué quelques-unes des matières contenues dans cet ouvrage, qu'à l'aide des méthodes connues juſques-là.

NÉANMOINS la néceſſité de perfectionner cette partie, n'a pas échappé à ceux à qui l'analyſe infiniteſimale eſt le plus redevable : on a vu que celle-ci même avoit beſoin que la première fût perfectionnée. Entre pluſieurs Analyſtes très-diſtingués, les célèbres M. Euler & de la Grange ont donné ſur cette matière des Mémoires qui ne renferment ni moins de profondeur, ni moins de ſagacité que les autres productions de ces illuſtres Analyſtes. Néanmoins toutes les recherches un peu générales que l'on a faites juſqu'ici ſur les équations, ſe réduiſent toutes (ſi on en excepte ſeulement les équations du premier degré) à des méthodes pour obtenir le réſultat le plus ſimple de la combinaiſon de deux équations & deux inconnues ; encore n'eſt-ce qu'en mettant ces équations ſous la forme d'équations à une inconnue, qu'on eſt parvenu à donner à ces méthodes la perfection qu'elles ont acquiſe avec le temps. Mais on ne voit nulle part aucune trace de méthodes pour traiter cette claſſe très-limitée d'équations, en les prenant dans tout leur développement naturel ; encore moins en a-t-on pour un nombre quelconque d'équations & d'inconnues.

Si on fait attention que ſur un nombre infini d'équations & d'inconnues dont la ſolution d'un problême quelconque peut dépendre, on ne ſavoit encore traiter que le cas de deux équations & deux inconnues ; qu'on ne ſavoit, dis-je, traiter que ce ſeul cas, avec la certitude de ne rien introduire d'étranger à la queſtion, on conviendra ſans doute, avec nous, que tout reſtoit à faire ſur cette matière. Arrêtons-nous un moment ſur l'état où étoit l'analyſe, lorſque nous avons entrepris le travail que nous donnons aujourd'hui.

Il eſt tout ſimple que dans les premiers temps où on eſſaya de combiner entr'elles les équations de degrés ſupérieurs au premier, on n'en ait d'abord comparé entr'elles que le plus petit nombre. L'imperfection des méthodes expoſoit à des calculs ſi compoſés, qu'on ne pouvoit élever ſon vol bien haut. On a donc commencé par des équations à deux inconnues, & d'abord de degrés très-peu élevés. Par diverſes combinaiſons de ces deux équations, on déterminoit les valeurs conſécutives des différentes puiſſances de l'inconnue qu'on vouloit éliminer, depuis la plus haute de ces puiſſances juſqu'à la plus basse ; & leur substitution dans l'une des équations proposées, donnoit enfin une équation où il ne restoit plus qu'une inconnue. Ce premier pas fait, on a conclu que si l'on avoit, par exemple, trois équations & trois inconnues, on pouvoit par le même procédé, en comparant, par exemple, la première de ces équations à la seconde, arriver à une équation qui ne renfermeroit plus que deux inconnues : que l'application du même procédé à la comparaison de la première équation à la troisième, ou de la seconde à la troisième, conduiroit pareillement à une équation qui ne renfermeroit plus que les deux mêmes inconnues. Qu'enfin ayant ainsi ramené les trois équations proposées à deux équations à deux inconnues seulement, le même procédé appliqué à ces deux-ci, conduiroit enfin à une équation qui ne renfermeroit plus qu'une inconnue; & de-là on a conclu qu'en général par le même procédé, on arriveroit toujours, pour un nombre quelconque d'équations à pareil nombre d'inconnues, à une seule équation ne renfermant qu'une seule inconnue.

Mais quand ce procédé n'auroit pas eu les défauts essentiels dont nous allons parler, il n'auroit été encore qu'un moyen de ramener la question à ne dépendre que d'une seule inconnue, & il auroit encore laissé presque tout à désirer pour la théorie générale des équations.

En effet, avec un peu de connoissance du calcul, & d'attention sur la nature de cette méthode, on voit que les équations proposées, pourront, selon les variétés sans nombre qu'on aura pu se permettre dans les détails du calcul, concourir très-différemment à la formation de la dernière équation : ensorte que selon la manière dont on aura calculé, on peut avoir des expressions très- différentes de cette équation. Cependant elle doit être unique. Quelles connoiſſances une pareille équation finale auroit-elle donc pu donner ſur les propriétés générales des équations propoſées ? Quelle utilité la théorie générale des équations pouvoit-elle retirer d'une ſemblable méthode, dont le réſultat, au contraire, étoit de maſquer & d'envelopper les propriétés générales peut-être encore plus qu'elles ne l'étoient dans l'état primitif des équations propoſées ? Il s'en falloit donc de beaucoup qu'on pût regarder ce procédé comme utile pour la théorie générale des équations.

Considérons-le, préſentement, relativement à l'utilité dont on pouvoit du moins le croire, pour concentrer toutes les équations propoſées en une ſeule, & en déduire le véritable nombre de ſolutions, & les vraies ſolutions de la queſtion.

Puisque d'après l'obſervation que nous venons de faire, l'équation finale à laquelle on ſeroit conduit par ce procédé, peut être différente ſelon la manière dont on l'aura appliqué, & que cependant on ſent bien qu'il ne peut y avoir qu'une ſeule équation finale, laquelle doit être tout-à-fait indépendante de la manière dont on aura calculé, on doit en conclure que l'équation finale trouvée par toutes ces éliminations ſucceſſives, n'eſt point la véritable équation finale, mais la renferme ſeulement, engagée par multiplication avec des quantités étrangères à la queſtion. On voit donc d'abord que cette méthode (impraticable, d'ailleurs, par l'immenſité des calculs dans des cas même fort ſimples) conduiſoit à des calculs inutiles; qu'elle trompoit ſur le véritable degré de l'équation finale, & n'offroit rien d'ailleurs, qui pût ſervir à diſtinguer ni le nombre des ſolutions, ni les véritables ſolutions, d'avec celles qui n'appartenoient pas à la queſtion. Il auroit donc fallu ſavoir, du moins, quel devoit être le véritable degré de l'équation finale; & on en étoit bien loin. Mais quand même on auroit eu cette connoiſſance, il auroit fallu que l'analyſe fournît d'ailleurs des moyens d'extraire le facteur ou les facteurs ſuperflus: or les ſecours que l'analyſe pouvoit fournir pour cet objet, étoient bien inférieurs à la difficulté qui les rendoit néceſſaires.

Que ces difficultés aient été vues, ou non, dans toute leur étendue, elles ſe ſont fait ſentir du moins ſur les équations à deux inconnues. L'énorme complication des calculs auxquels on eſt conduit par l'élimination ſucceſſive, eſt ſans doute la cauſe pour laquelle on ne trouve dans les Ecrits des Analyſtes aucun réſultat ſi peu général que ce puiſſe être, ſur les équations à plus de deux inconnues, ſi ce n'eſt pour les équations du premier degré.

Mais les vues des Analyſtes diſtingués à qui l'imperfection & les vices de l'analyſe ſe ſont préſentés, ſe ſont toutes tournées vers les équations à deux inconnues.

M. Euler a donné des moyens pour arriver à l'équation finale dégagée de tout facteur ſuperflu, & a en même temps déterminé le véritable degré de l'équation finale, dans ces ſortes d'équations, lorſqu'elles ont tous leurs termes, ou lors même qu'elles ſont incomplettes, mais ſeulement par l'abſence de quelques-unes des puiſſances les plus élevées de l'une ou de l'autre inconnue.

M. Cramer, dans ſon excellente analyſe des lignes courbes, a donné un procédé très-beau & très-ſimple pour le même objet. Divers autres Analyſtes très-diſtingués s'en ſont occupés depuis, mais dans la vue ſeulement de rendre les calculs plus faciles & leurs réſultats plus propres à préſenter les propriétés générales de ces ſortes d'équations.

Je n'ai garde de vouloir diminuer le mérite de ce travail, mais je ne puis me dispenser d'observer que très-utile, lorsqu'on n'avoit que deux équations & deux inconnues, son application à un plus grand nombre d'équations & d'inconnues, faisoit retomber dans les mêmes difficultés que nous avons observées dans la méthode primitive.

Pour appliquer ces méthodes à un plus grand nombre d'équations & d'inconnues, il falloit comme dans la précédente, combiner les équations deux à deux. Or quoique les résultats de ces combinaisons n'aient point de facteur, ils n'en sont pas moins plus composés qu'il n'est nécessaire; & l'emploi qu'on doit en faire ensuite pour procéder à une nouvelle élimination, non-seulement se fait par un travail beaucoup plus pénible qu'il n'est nécessaire; mais conduit à un résultat encore beaucoup plus composé que le véritable, & qui se complique d'autant plus que le nombre des éliminations successives est plus grand: de plus, rien ne peut faire reconnoître le facteur superflu, qui sans se manifester d'ailleurs, n'arrive qu'à la derniere équation.

Ainsi, malgré la perfection donnée aux équations à deux inconnues, l'analyse manquoit encore de moyens pour un plus grand nombre d'équations & d'inconnues.

Diverses recherches analytiques m'avoient donné lieu de réfléchir sur cet état d'imperfection de l'analyse, & de tenter d'en enlever quelques difficultés. L'une des principales causes de cette complication venoit de ce que dans l'application de la méthode de M. Euler, comme de celle de M. Cramer, on étoit assujéti à combiner les équations deux à deux.

Il me parut assez naturel que l'espece d'indétermination que ce procédé laisse dans les résultats successifs de ces éliminations, leur donnât intrinséquement une étendue qui n'appartient pas à la queſtion ; & je conçus dès-lors qu'en combinant les équations en plus grand nombre à la fois, on pouvoit eſpérer des réſultats plus ſimples. Ce ſoupçon me conduiſit à un travail qui a fait la matiere d'un Mémoire parmi ceux de l'Académie des Sciences pour l'année 1764.

MAIS quoique par les moyens propoſés dans ce Mémoire on arrive en effet, toujours, à une équation finale beaucoup moins compoſée, que par les méthodes qu'on avoit juſques-là, néanmoins on n'arrive pas à l'équation finale la plus ſimple ; & quoique le facteur qui complique le réſultat ſoit bien moins élevé que par les autres procédés, il eſt en général d'autant plus compoſé, que les équations propoſées le ſont plus elles-mêmes.

CES difficultés n'ont pu que me faire ſentir plus vivement combien l'analyſe étoit encore imparfaite : & il m'a paru qu'une méthode exempte de ces défauts pouvoit être l'objet d'un travail utile. Il s'en faut bien que dès-lors j'enviſageaſſe tous les autres avantages qu'elle pourroit procurer à l'analyſe ; mais l'objet ſeul d'arriver d'une maniere certaine à l'équation finale la plus baſſe qui puiſſe réſulter d'un nombre quelconque d'équations propoſées, me paroiſſoit aſſez vaſte pour mériter des recherches aſſidues.

IL y avoit déja long-temps que je ſoupçonnois que la cauſe générale des vices des méthodes employées pour cet objet, étoit la néceſſité de n'éliminer les inconnues que ſucceſſivement : & par une ſuite de réflexions ſur cette matiere, j'étois parvenu à en voir la conviction.

JE ſentis donc qu'il n'étoit plus queſtion, pour faire quelques pas dans cette carriere, de ſonger à emprunter le ſecours des méthodes connues; & qu'il falloit abſolument employer des moyens nouveaux.

L'IDÉE

L'IDÉE de multiplier les équations propoſées, par des fonctions de toutes les inconnues qu'elles renferment, de faire une ſomme de tous ces produits, & de ſuppoſer, dans cette ſomme, que tous les termes affectés de toutes les inconnues qu'il s'agit d'éliminer, s'anéantiſſent; cette idée, dis-je, s'étoit déja préſentée pluſieurs fois à mon eſprit, ainſi que probablement elle s'eſt offerte à d'autres. Mais quelles devoient être ces fonctions pour ſatisfaire à la queſtion ? Elles pouvoient fournir moins, autant, ou plus de coëfficiens qu'il n'eſt néceſſaire pour l'anéantiſſement des termes à éliminer. Quel uſage pouvoit-on faire des coëfficiens ſurnuméraires ? Qui étoient-ils ? En quel nombre étoient-ils ? Et s'il étoit poſſible d'en employer un nombre moindre que celui des termes à faire diſparoître (comme cela a lieu, en effet, dans pluſieurs cas, ainſi qu'on le verra ſur la fin de cet Ouvrage), comment devoit-on ſe conduire pour ne pas arriver à des équations de condition?

CES queſtions étoient préciſément ce qui faiſoit le nœud de la difficulté. Ignorant pleinement quel devoit être le degré de l'équation finale, on ignoroit également celui qu'on devoit donner aux polynomes-multiplicateurs, & par conſéquent auſſi le nombre total des coëfficiens qu'ils pouvoient fournir ; à plus forte raiſon ignoroit-on combien il y en avoit d'inutiles. On ſe ſeroit bien trompé ſi en prenant au hazard le degré des polynomes-multiplicateurs, on avoit cru pouvoir juger du nombre de leurs coëfficiens arbitraires, par la différence entre le nombre total des coëfficiens de tous ces polynomes, & le nombre des termes à faire diſparoître.

EN un mot, l'idée de procéder à l'élimination en multipliant les équations propoſées, reſtoit toujours une idée ſtérile, tant que ces queſtions n'auroient pas été réſolues.

Je jugeai donc, d'abord, devoir m'attacher à connoître d'une maniere générale quel étoit le nombre des coëfficiens des polynomes-multiplicateurs ſur le ſecours deſquels on ne devoit pas compter pour l'élimination.

L'état de la queſtion fut alors celui-ci : ayant un polynome quelconque, renfermant un nombre quelconque d'inconnues : ayant auſſi un nombre quelconque d'équations entre ces inconnues ; combien y a-t-il de termes dans ce polynome, dont, en vertu de ces équations, on puiſſe diſpoſer arbitrairement ?

Il eſt clair que ſi ces équations permettent de faire tout ce que l'on voudra d'un certain nombre de termes dans le polynome propoſé, qu'à quelque uſage qu'on deſtine ce polynome, on ne doit pas compter le nombre des coëfficiens utiles à cet uſage, par le nombre total de ſes termes, mais ſeulement par l'excès du nombre total de ſes termes ſur le nombre de ceux dont les équations permettent de diſpoſer arbitrairement.

Je n'embraſſai pas d'abord, comme on peut bien le penſer, dans la réſolution que je me propoſai de trouver de cette queſtion, toutes les différentes formes d'équations qu'on peut concevoir. Je me propoſai de la réſoudre pour un nombre quelconque d'équations complettes, c'eſt-à-dire, à qui il ne manqueroit aucun des termes que leur degré comporte.

Cette premiere queſtion réſolue m'éclaira bientôt ſur la marche que je devois tenir, pour déterminer le degré de l'équation finale réſultante d'un nombre quelconque d'équations complettes, de degrés quelconques, & renfermant pareil nombre d'inconnues.

En effet, ſi on conçoit qu'on multiplie l'une quelconque de ces équations par un polynome complet d'un degré indéterminé quelconque ; de même qu'à l'aide de toutes les autres équations on peut faire perdre à ce polynome-multiplicateur, un certain nombre de termes; de même, & par les mêmes moyens, on peut en faire perdre un certain nombre à l'équation-produit. Et non-seulement on le peut, mais ce n'est même qu'en l'exécutant qu'on exprime dans la derniere équation tout ce qu'expriment les autres équations.

Donc, puisque par ce procédé, on a véritablement exprimé toutes les conditions de la question, les termes qui pourront rester affectés des inconnues qu'il s'agit d'éliminer, doivent disparoître d'eux-mêmes. Il faut donc que le polynome-multiplicateur ait introduit dans l'équation-produit, un nombre de coëfficiens suffisant pour faire disparoître ces termes ; c'est-à-dire, que non compris ceux dont on peut disposer arbitrairement, il en ait assez pour faire disparoître les termes qui resteront à faire disparoître dans l'équation-produit.

Ces idées fondamentales établies, il fut question de les employer. Cet emploi exigeoit deux choses : la premiere, l'expression générale du nombre des termes d'un polynome complet quelconque, objet facile; la seconde, celle du nombre des termes restans dans un polynome complet quelconque, lorsqu'on en a fait disparoître tous ceux dont on peut disposer en vertu d'un nombre donné d'équations. Cette derniere exigeoit, comme on le verra, j'espere, quelqu'attention & quelqu'adresse, pour être mise sous une forme qui fît obtenir d'une maniere très-simple, le résultat très-simple auquel elle devoit conduire, & qu'il eût peut-être été bien difficile de démêler, sans l'attention que nous avons eue de rapporter toutes ces différentes expressions, aux différences finies.

Pour ne pas exiger du Lecteur, de recourir ailleurs, pour l'intelligence de ce que nous disons sur l'expression du nombre des termes des polynomes, ainsi que pour les notions que nous employons sur les différences finies, & les sommes de quelques quantités finies, nous avons placé à la tête de cet ouvrage une introduction qui renferme celles de ces notions dont nous ferons usage.

C'est en appliquant ces moyens & ces idées aux équations complettes, que nous sommes parvenus à ce théorême général..... *Le degré de l'équation finale résultante d'un nombre quelconque d'équations complettes, renfermant un pareil nombre d'inconnues, & de degrés quelconques, est égal au produit des exposans des degrés de ces équations.* Théorême dont la vérité n'étoit connue & démontrée que pour deux équations seulement.

Quelque étendu que ce soit ce théorême, & quelque utilité qu'il puisse avoir dans un grand nombre de recherches analytiques, il s'en falloit encore de beaucoup qu'il ne laissât plus rien à desirer. Par le peu qu'on savoit sur les équations à deux inconnues, à qui il manque les plus hautes puissances de ces inconnues, on ne pouvoit douter qu'il n'y eût une infinité d'équations qui, par l'absence de quelques-uns de leurs termes, ne fussent dans le cas de donner une équation finale d'un degré inférieur au produit des exposans de leurs propres degrés. Or cette classe d'équations est infiniment plus étendue que la premiere, quoique celle-ci s'étende à l'infini.

Non-seulement cette classe d'équations est infinie lorsqu'on la considere par rapport à un nombre quelconque d'inconnues; mais elle l'est encore par les variétés qu'on peut concevoir à l'infini, dans l'espèce des termes qui peuvent leur manquer, & qui peuvent avoir influence sur le degré de l'équation finale.

Pour procéder avec ordre, je me suis d'abord proposé de déterminer le degré de l'équation finale résultante d'un nombre quelconque d'équations à pareil nombre d'inconnues, qui, étant incomplettes, le seroient avec les conditions suivantes.

1.° Que le nombre total des inconnues étant n, leur combinaison n à n seroit d'un certain degré quelconque différent pour chaque équation; 2.° que leurs combinaisons $n-1$ à $n-1$ seroient de degrés quelconques, différens non-seulement pour chaque équation, mais encore pour chacune de ces combinaisons; 3.° que leurs combinaisons $n-2$ à $n-2$ seroient de degrés quelconques, différens non-seulement pour chaque équation, mais encore pour chacune de ces combinaisons, & ainsi à l'infini.

Mais comme il n'est pas possible d'attaquer de front la solution de ce problême, je l'ai prise dans le sens inverse, c'est-à-dire, en ne supposant d'abord que l'absence des plus hautes dimensions des combinaisons une à une, puis l'absence de celles-ci, & des plus hautes dimensions des combinaisons deux à deux, &c. & d'abord, avec quelques restrictions, mais dont l'objet étoit de faciliter l'intelligence de la méthode, mais qui ne limitent nullement son application à tous les cas.

Pour parvenir à traiter cette nouvelle classe d'équations, j'ai changé la marche que j'avois suivie pour les équations complettes; non que je n'eusse pu persévérer; mais l'application eût exigé des développemens & des détails dont j'étois dispensé par celle-ci que j'ai embrassée d'autant plus volontiers, qu'elle est applicable aux équations complettes, comme aux équations incomplettes.

Dans ce nouveau procédé, comme dans le premier, il

eſt néceſſaire d'avoir l'expreſſion du nombre des termes de l'équation-produit, du polynome-multiplicateur, & de tous les différens polynomes qui concourent à l'expreſſion du nombre de coëfficiens inutiles de celui-ci. Je donne donc les moyens de calculer le nombre des termes des polynomes dont je fais uſage, & les différentes expreſſions qui doivent concourir à celle du degré de l'équation finale : ce n'eſt que dans l'ouvrage même qu'on peut en prendre une idée ſuffiſante. Mais je dois obſerver ici que les équations complettes, & quelques claſſes d'équations incomplettes que je traite d'abord, ne m'ayant donné juſques-là qu'une ſeule forme de polynome-multiplicateur, & par conſéquent une expreſſion unique pour le degré de l'équation finale, je n'ai pas été peu étonné lorſqu'en paſſant à des objets plus étendus, j'ai trouvé pluſieurs expreſſions très-différentes du degré de l'équation finale; & lorſqu'après un mûr examen, j'ai vu que cet inconvénient apparent s'étendoit à meſure qu'on embraſſeroit l'objet d'une maniere encore plus étendue.

Je n'ai pas été longtems, à la vérité, à ſoupçonner que ces différentes expreſſions étoient relatives à différens cas dans leſquelles les équations propoſées pouvoient ſe trouver, ſelon les différens rapports des expoſans donnés qui peuvent avoir influence ſur le degré de l'équation finale; mais je ne le diſſimule pas, ce n'eſt qu'après avoir bien médité ſur cette matiere, que je ſuis parvenu à trouver la maniere d'aſſigner les ſymptômes qui déterminent laquelle ſeule de ces expreſſions peut avoir lieu, lorſqu'elles ne s'accordent pas toutes à donner la même valeur pour le degré de l'équation finale. On ſe tromperoit beaucoup ſi on penſoit qu'il ſuffiroit de prendre entre ces différentes expreſſions, celle qui donne le plus bas degré à l'équation finale. Les ſymptômes de légitimité de telle ou telle forme ſont dépendants de conſidérations bien autres.

QUAND la matiere n'auroit pas exigé le développement que je lui donne pour ces ſortes d'équations, cet article ſeul l'auroit rendu indiſpenſable; il eſt, je crois, une preuve bien frappante de la circonſpection avec laquelle on doit prononcer ſur l'application d'une méthode générale à objets vaſtes, lorſqu'on n'entre pas un peu dans le détail de quelques-uns des cas qui peuvent ſe préſenter. On peut ſouvent laiſſer des difficultés plus grandes que celles qu'on a réſolues; je ne parle pas des difficultés qui n'ont d'autre principe que la longueur des calculs.

APRE'S avoir donné ſur les équations incomplettes dont il vient d'être queſtion, ce que nous avons cru pouvoir mettre en état de déterminer l'expreſſion générale du degré de l'équation finale dans quelque cas que ce ſoit relatif à ces ſortes d'équations, nous avons conſidéré les équations incomplettes des ordres ſupérieurs : nous renvoyons à l'ouvrage même pour en prendre une idée. Il n'en eſt pas de celles-ci, comme des précédentes. La forme du polynome-multiplicateur n'eſt pas à beaucoup près auſſi facile à découvrir : elle peut, ſuivant le rapport de grandeur des expoſans connus, être un polynome d'ordre plus ou moins élevé; & les ſeules conſidérations que nous avons fait entrer juſqu'ici dans la maniere d'exprimer toutes les différentes parties qui concourent à l'expreſſion du degré de l'équation finale, ne ſont pas ſuffiſantes pour ramener celle-ci à n'être qu'une fonction des expoſans connus des équations propoſées; ce qui eſt l'objet de la queſtion.

MAIS comme, outre ces équations incomplettes des différens ordres, qui comprennent tout ce que par la ſuite nous ferons connoître ſous le nom d'équations de forme réguliere, il reſteroit encore à traiter les équations que nous appellons de forme irréguliere, pour pouvoir dire qu'il n'eſt aucune forme d'équations dont nous ne puiſſions déterminer le degré le plus bas de l'équation finale ; & que les conſidérations par leſquelles nous déterminerons ce degré pour les équations de forme irréguliere, ſont celles qu'il faut faire intervenir pour les équations incomplettes de différens ordres ; nous avons remis à traiter les unes & les autres à la fin de la ſeconde Partie, parce que pluſieurs des objets que nous traitons dans cette ſeconde Partie, ſont propres à en faciliter l'intelligence.

La ſeconde Partie de cet ouvrage, ou le ſecond Livre, a pour principal objet la méthode d'arriver à l'équation finale, & plus généralement, de découvrir les propriétés générales des équations.

Tant qu'il a été queſtion, dans le Livre premier, de déterminer le degré de l'équation finale, nous n'avons eu beſoin de conſidérer qu'un ſeul polynome-multiplicateur. Mais lorſqu'il s'agit de procéder au calcul, ſoit pour avoir l'équation finale, ſoit pour obtenir une fonction quelconque dépendante des conditions exprimées par les équations propoſées ; il faut concevoir qu'après avoir multiplié chacune des équations propoſées, par un polynome, on ait ajouté tous les produits, pour en compoſer ce que nous appellons l'équation-ſomme. Alors ſi c'eſt l'équation finale qu'on veut avoir, on peut, après avoir ſuppoſé égaux à zéro, tous les coëfficiens de ces polynomes, que ce qui a été dit dans le premier Livre, fait connoître pour inutiles, égaler à zéro le coëfficient total de chaque terme de l'équation-ſomme qui ſe trouve affecté d'une ou de pluſieurs des inconnues qu'on veut éliminer :

ce

ce qui donnera autant d'équations du premier degré entre les coëfficiens indéterminés des polynomes-multiplicateurs, qu'on en a beſoin ; & la ſubſtitution des valeurs de ces coëfficiens, dans les termes reſtans de l'équation-ſomme, déterminera la véritable équation finale.

Il paroîtroit donc que lorſqu'une fois on a déterminé le degré que doit avoir l'équation finale, ce qui reſte à faire ne préſente rien à développer de plus, puiſqu'il paroît ſe réduire à l'élimination dans des équations du premier degré. Nous eſpérons qu'en liſant la ſeconde Partie de cet ouvrage, on penſera bien différemment. Mais pour donner, au moins ici, une légere idée de ce qui reſtoit à faire pour la perfection de la Théorie des équations, nous obſerverons,

1.° Qu'il eſt du moins indiſpenſable de déterminer la forme que doit avoir chacun des polynomes-multiplicateurs.

2.° Qu'il ne l'eſt pas moins de faire connoître le nombre des coëfficiens inutiles de chacun de ces polynomes ; & qu'il l'eſt encore bien plus d'examiner & de déterminer ſi ces coëfficiens arbitraires, ſont arbitraires d'une maniere illimitée, ou s'ils ne ſont pas aſſujétis à certaines conditions ; & ſi, même en obſervant de ſe conformer, pour leur nombre, à ce qui eſt preſcrit ou à ce qui réſulte de ce qui eſt preſcrit dans le Livre premier, on eſt le maître de regarder indifféremment, comme arbitraire, le coëfficient de tel terme que l'on voudra.

3.° Est-on bien véritablement fondé à dire que tout eſt fait lorſque la queſtion eſt réduite à l'élimination entre des inconnues au premier degré ? Ne ſont-ce pas deux queſtions importantes à réſoudre pour l'analyſe, que les deux queſtions ſuivantes.

Les méthodes que l'on a eues juſqu'ici pour réſoudre les équations du premier degré, ont-elles toute la perfection qu'on peut déſirer? Dans leur application à pluſieurs cas, & particulièrement à l'élimination dans les équations des degrés ſupérieurs, n'expoſent-elles pas à faire beaucoup de calculs inutiles & beaucoup plus qu'il n'y en a véritablement à faire d'utiles. Ne ſeroit-il pas poſſible d'avoir une méthode qui n'obligeât de calculer que ce qui eſt véritablement néceſſaire, ſur-tout lorſque comme dans le travail dont il s'agit ici, il y a un ſi grand nombre d'inconnues à calculer. Enfin, & c'eſt un objet très-utile encore ici, cette méthode ne pourroit-elle pas avoir l'avantage de donner toutes les inconnues, ou un nombre quelconque déterminé d'entr'elles, à la fois. Cette queſtion importoit véritablement à l'analyſe, & nous croyons en avoir donné une ſolution également ſimple, générale & utile.

La ſeconde queſtion eſt celle-ci : ne ſeroit-il pas poſſible qu'indépendamment du nombre des coëfficiens que nous appellons inutiles, parce qu'il eſt toujours poſſible de les faire diſparoître des différens polynomes-multiplicateurs, la condition de l'anéantiſſement des termes à éliminer dans l'équation-ſomme, donnât lieu à la diſparition de pluſieurs autres coëfficiens? Et n'y auroit-il pas des moyens de les diſcerner avant de procéder au calcul? On verra que la ſolution de cette queſtion diminue encore conſidérablement le nombre des coëfficiens, & ſimplifie par conſéquent beaucoup les calculs.

Après avoir ainſi donné à la méthode d'éliminer pour les équations du premier degré, une perfection ſans laquelle les calculs euſſent été impraticables dès les premiers pas, il s'eſt préſenté à réſoudre des queſtions qui ne ſe ſeroient pas offertes ſans cela.

En traitant, comme nous le faiſons d'abord, les équations dans tout leur développement naturel, ſeul moyen qui puiſſe donner ſur les équations propoſées toutes les connoiſſances qu'on peut en attendre, on n'a jamais à craindre d'arriver à une équation trop élevée, ou qui ait des racines étrangères à la queſtion. Mais les différens termes qui compoſent cette équation, ont un ou pluſieurs facteurs communs qui ſont une fonction des coëfficiens connus des équations propoſées. Que peuvent ſignifier ces facteurs? Cette queſtion importoit d'autant plus à réſoudre, que c'eſt à ſa ſolution qu'étoit attachée celle de cette autre dont on ſent facilement toute l'importance : quelles ſont les relations entre les coëfficiens des équations propoſées qui peuvent donner lieu à l'abaiſſement de l'équation finale ?

Pour parvenir à démêler tous ces différens objets, il falloit avoir donné à la méthode d'élimination dans les équations du premier degré, la perfection dont nous venons de parler : mais cela n'auroit pas ſuffi. Pour reconnoître dans l'équation finale le facteur dont il s'agit, nous avons eu beſoin de recourir à des moyens qui peuvent avoir un grand uſage dans l'analyſe : ces moyens ſont la méthode de trouver des fonctions d'un nombre quelconque de quantités, qui ſoient zéro par elles-mêmes. Nous n'en dirons pas davantage ſur les objets nombreux que nous avons eus à traiter dans la partie de ce ſecond Livre qui a pour objet les équations conſidérées dans tout leur développement naturel.

En prenant le parti de mettre les équations propoſées ſous la forme d'équations à une inconnue de moins que leur nombre, on abrege immenſément les calculs ; mais outre qu'on eſt expoſé à ne plus reconnoître la poſſibilité de l'abaiſſement de l'équation finale lorſque des relations particulieres entre les coëfficiens connus, peuvent y donner lieu, on eſt de plus expoſé, lorſqu'il y a plus de deux inconnues, à rencontrer des facteurs. Il eſt vrai qu'heureuſement ces facteurs ne compliquent pas le degré de l'équation finale lorſque les équations ſont complettes, & que d'ailleurs nous donnons des moyens pour les reconnoître; mais il auroit été à déſirer pour la plus grande expédition des calculs, qu'on pût les éviter, & nous doutons, & croyons avoir bien lieu de douter qu'on puiſſe les éviter généralement. On verra, ce me ſemble, en liſant cet Ouvrage, que lorſque l'analyſe eſt appliquée comme il convient, elle ne donne rien d'inutile; & que les facteurs dont il s'agit ici, ne ſont jamais ſans quelque rapport avec la queſtion; que lorſque par quelques procédés particuliers, on vient à les éviter, c'eſt une ſimplification & un moyen de célérité pour le calcul; mais qui diſſimule une partie des connoiſſances qu'on peut avoir ſur les équations propoſées.

Dans un ouvrage qui a pour objet la Théorie générale des Équations, nous avons dû auſſi nous occuper des équations qui renferment plus ou moins d'inconnues que leur nombre: les unes & les autres, ont donné lieu à un grand nombre de recherches & de remarques que nous penſons qu'on jugera utiles à l'analyſe, mais dont nous croyons qu'on ne peut prendre une idée ſuffiſante que dans l'ouvrage même.

Enfin nous ajoutons vers la fin de l'ouvrage, ce qui en eſt véritablement le complément; c'eſt-à-dire, la maniere de déterminer le degré de l'équation finale, dans les équations de forme réguliere ou irréguliere quelconque; c'eſt-à-dire, ſoit qu'on ait ou qu'on n'ait pas l'expreſſion algébrique du nombre de leurs termes : enſorte que nous croyons pouvoir dire qu'il n'eſt aucune eſpèce d'équations algébriques, pour leſquelles nous n'ayons donné le moyen de déterminer le plus bas degré de l'équation finale, ſoit qu'il y ait, ſoit qu'il n'y ait pas de relation entre les coëfficiens qui puiſſe donner lieu à un abaiſſement particulier. Nous croyons auſſi avoir donné un grand nombre de propriétés nouvelles & très-générales ſur les équations conſidérées en nombre quelconque ; & des méthodes qui pourront avoir plus d'une application utile dans l'analyſe. Nous eſpérons que cet Ouvrage pourra être l'occaſion de plus grands progrès dans l'analyſe, en tournant vers cette partie importante, les talens & la ſagacité des Analyſtes de nos jours. Nous nous eſtimerons heureux ſi conſidérant le point où nous avons pris les choſes, & celui où nous les amenons, on trouve que nous avons acquitté une partie du tribut que tout homme doit à la ſociété dans l'état où il ſe trouve placé.

TABLE DES MATIERES.

Théorie générale des Équations algébriques.

INTRODUCTION.

Théorie des différences, & des sommes des quantités.

Théorie générale des Équations à un nombre quelconque d'Inconnues, & de degrés quelconques.

LIVRE PREMIER.

SECTION PREMIERE.

SECTION II.

degré

SECTION III.

Théorie générale des Equations à un nombre quelconque d'inconnues, & de degrés quelconques.

LIVRE SECOND.

Dans lequel on donne le procédé pour arriver à l'équation finale résultante d'un nombre quelconque d'équations à pareil nombre d'inconnues, & où l'on expose plusieurs propriétés générales des Quantités & des Équations algébriques.

Fin de la Table des Matieres.

THÉORIE

THÉORIE GÉNÉRALE DES ÉQUATIONS ALGÉBRIQUES.

INTRODUCTION.

Théorie des différences, & des ſommes des quantités.

Définitions & Notions préliminaires.

(1.) ON appelle *fonction* d'une quantité, toute expreſſion de calcul, dans laquelle ſe trouve cette quantité, de quelque manière qu'elle s'y trouve d'ailleurs.

Ainſi x, $a+bx$, $(c-3dx^3+fx^4)^5$, $(a+fx^p+gx^q)^r$ &c. ſont des fonctions de x.

Concevons que X repréſente une fonction quelconque de x; & que X' repréſente ce que devient X, lorſqu'au lieu de x, on y met $x+k$; alors $X'-X$ eſt l'accroiſſement que reçoit la fonction X, lorſque x reçoit l'accroiſſement k. $X'-X$ s'appelle *la différence de* X. Ainſi, quoiqu'à parler exactement, on ne puiſſe pas dire la différence d'une quantité, nous adopterons cette expreſſion qui eſt en uſage & qui ſignifie la différence entre cette quantité, conſidérée dans un état quelconque, & cette même quantité considérée dans un autre état quelconque.

Pour représenter la différence d'une quantité ou d'une fonction quelconque, nous emploierons la lettre d, laquelle pour éviter toute confusion, ne sera dorénavant employée à aucun autre usage. Ainsi au lieu de $X' - X$, nous écrirons dX, ou $d(X)$.

Et pour marquer en même temps de quelle quantité varie la quantité x dont X est supposé fonction, nous écrirons ainsi $d(X) \ldots (\frac{x}{k})$, expression par laquelle nous entendrons cette Phrase, *différence de* X, x *variant de* k.

Nous considérerons ici les quantités comme croissantes; nous verrons ensuite ce qu'il y a à faire lorsqu'elles sont décroissantes.

Si la fonction dont il s'agit d'avoir la variation ou différence, est fonction de plusieurs variables x, y, z, dont les variations particulières soient respectivement k, l, m; alors si P marque cette fonction, nous écrirons ainsi sa différence, $d(P) \ldots (\frac{x}{k} : \frac{y}{l} : \frac{z}{m})$ qui signifiera *différence de* P, x *variant de* k, y *variant de* l, z *variant de* m.

Conservant sur $X' - X$, les mêmes idées que ci-dessus, concevons qu'on mette $x + k'$ au lieu de x, dans $X' - X$; & que, par ce changement, X' devienne X''', & X devienne X''; alors $(X''' - X'') - (X' - X)$ est ce qu'on appelle *la différence seconde de* X, parce que c'est la différence entre deux différences consécutives de X.

Pour marquer cette différence seconde, nous écrirons $dd(X) \ldots (\frac{x}{k, k'})$ qui signifiera *différence seconde de* X, x *variant d'abord de* k, *& ensuite de* k'.

(2.) Nous donnerons incessamment les règles pour déterminer les différences premières. Mais nous allons faire voir, dès-à-présent, que les différences secondes se détermineront, en appliquant aux différences premières, les mêmes règles par lesquelles on obtient celles-ci.

En effet, la quantité $(X''' - X'') - (X' - X)$ peut être écrite ainsi, $(X''' - X') - (X'' - X)$; ou puisque, par la supposition, X''' est ce que devient X' lors de la substitution de $x + k'$ au lieu de x; & que X'' est ce que devient X dans le même cas, on a donc $X''' - X' = d(X') \ldots (\frac{x}{k'})$ & $X'' - X = d(X) \ldots (\frac{x}{k'})$;

donc $(X''' - X') - (X'' - X)$ ou $(X''' - X'') - (X' - X)$ $= d(X') \ldots (^{x}_{k'}) - d(X) \ldots (^{x}_{k'}) = d(X' - X) \ldots (^{x}_{k'})$; or $X' - X = d(X) \ldots (^{x}_{k})$, donc $(X''' - X'') - (X' - X)$ ou $dd(X) \ldots (^{x}_{k,k'}) = d\big(d(X) \ldots (^{x}_{k})\big) \ldots (^{x}_{k'})$. C'eſt-à-dire que pour avoir $dd(X) \ldots (^{x}_{k,k'})$ il faut dabord évaluer $d(X) \ldots (^{x}_{k})$, c'eſt-à-dire prendre la différence de x, en faiſant varier x de k; puis prendre la différence du réſultat, en faiſant varier x de k'.

(3.) On peut voir, en même-temps, qu'il eſt indifférent pour avoir la différence ſeconde, que x varie de k dans la première différence, & de k' dans la ſeconde; ou bien de ſuppoſer que x varie de k' dans la première, & de k dans la ſeconde. En effet, dans $(X''' - X'') - (X' - X)$ on a $X''' - X'' = d(X'') \ldots (^{x}_{k})$; & $X' - X = d(X) \ldots (^{x}_{k})$ donc; $(X''' - X'') - (X' - X)$ ou $dd(X) \ldots (^{x}_{k,k'}) = d(X'') \ldots (^{x}_{k}) - d(X) \ldots (^{x}_{k})$ $= d(X'' - X) \ldots (^{x}_{k})$; mais par la ſuppoſition $X'' - X =$ $d(X) \ldots (^{x}_{k'})$; donc $d(X'' - X) \ldots (^{x}_{k})$ ou $d(X'') \ldots (^{x}_{k}) -$ $d(X) \ldots (^{x}_{k}) = d\big(d(X \ldots (^{x}_{k'})\big) \ldots (^{x}_{k})$; donc $dd(X) \ldots (^{x}_{k,k'})$ $= d\big(d(X) \ldots (^{x}_{k'})\big) \ldots (^{x}_{k})$; mais nous venons de voir auſſi que $dd(X) \ldots (^{x}_{k,k'}) = d\big(d(X) \ldots (^{x}_{k})\big) \ldots (^{x}_{k'})$; donc $d\big(d(X) \ldots$ $(^{x}_{k})\big) \ldots (^{x}_{k'}) = d\big(d(X) \ldots (^{x}_{k'})\big) \ldots (^{x}_{k})$.

Si la fonction dont il s'agit renferme pluſieurs variables x, y, z, &c. dont la première variation ſoit k, l, m, &c. reſpectivement; & dont la ſeconde ſoit k', l', m', &c. reſpectivement; nous repréſenterons la différence ſeconde de cette fonction (que je ſuppoſe être P) par $dd\big((P) \ldots (^{x}_{k,k'} : {}^{y}_{l,l'} : {}^{z}_{m,m'}$, &c.$\big)$.

(4.) Pour avoir une idée des différences troiſièmes, il faut concevoir que dans $(X''' - X'') - (X' - X)$ on ſubſtitue, au lieu de x, la quantité $x + k''$; alors ſi X^{VII}, X^{VI}, X^{V}, X^{IV}, repréſentent ce que X''', X'', X' & X deviennent par cette ſubſtitution, la quantité $((X^{VII} - X^{VI}) - (X^{V} - X^{IV})) - ((X''' - X'') - (X' - X))$ eſt ce qu'on appelle *la différence troiſième de* X, parce que c'eſt la différence de deux différences ſecondes. Si k, k', k'', ſont les variations ſucceſſives de x, dont X eſt ſuppoſé fonction; alors pour repréſenter cette différence troiſième, on écrira $d^3 (X) \ldots (\overset{x}{k, k', k''})$.

On voit par-là ce qu'on doit entendre par les différences quatrièmes, cinquièmes, &c.

De la manière de déterminer les Différences des Quantités.

(5.) LORSQU'ON a l'expreſſion algébrique d'une quantité, rien n'eſt plus facile que d'en déterminer la différence. Par exemple, ſi on demande la différence de x^3, x variant de la quantité k; la queſtion n'eſt autre que d'évaluer $(x + k)^3$, & d'en retrancher x^3. Cette différence eſt $3kx^2 + 3k^2x + k^3$.

Déterminer la différence d'une quantité, eſt ce qu'on appelle *différencier cette quantité.*

(6.) Les règles néceſſaires pour cette différenciation ne ſont donc que la règle commune que l'Algèbre donne pour élever un binome à une puiſſance propoſée. Mais pour la commodité & la célérité du calcul, on peut donner à cette règle l'énoncé ſuivant déja connu pour d'autres objets.

On ſait que le développement du binome $x + k$ élevé à la puiſſance m, eſt $x^m + m x^{m-1} k + m . \frac{m-1}{2} x^{m-2} k^2 + m . \frac{m-1}{2} . \frac{m-2}{3} k^3$, &c.

Si l'on fait attention à la loi par laquelle ces termes dérivent les uns des autres, on verra que leur formation peut être ramenée à la règle ſuivante :

Ecrivez en première ligne. . . . . x^m

Sous cette ligne écrivez l'expoſant. . . . . m

Multipliez par cet expoſant, & diminuant l'expoſant de x d'une unité, remplacez le facteur x qui manque actuellement par le facteur k, & vous aurez en ſeconde ligne. . . . . $m x^{m-1} k$

Sous cette ligne écrivez la moitié de l'expoſant actuel de x, c'est-à-dire. .... $\frac{m-1}{2}$

Multipliez par ce dernier, & diminuant l'exposant actuel de x, d'une unité, remplacez le facteur x qui manque de nouveau, par un nouveau facteur k, & vous aurez en troisième ligne. .... $m \cdot \frac{m-1}{2} x^{m-2} k^2$

Sous cette ligne écrivez le tiers de l'exposant actuel de x, c'est-à-dire. .... $\frac{m-2}{3}$

Multipliez par ce dernier, & diminuant l'exposant de x, d'une unité, remplacez le facteur x qui manque de nouveau, par un nouveau facteur k, & vous aurez en quatrième ligne. .... $m \cdot \frac{m-1}{2} \cdot \frac{m-2}{3} x^{m-3} k^3$.

Continuez de multiplier ainsi, successivement, par le quart, le cinquième, &c. de l'exposant de x; de diminuer l'exposant de x d'une unité; de remplacer par un facteur k, le facteur x qui manque par cette diminution; alors la somme de la première, de la seconde, de la troisième, de la quatrième, &c. lignes, jusques à celle où l'exposant de x devient o, sera la valeur de $(x+k)^m$; ce qui est évident par la comparaison avec la première formule.

(7.) Donc pour avoir la différence de x^m, x variant de k; c'est-à-dire pour avoir la valeur de $(x+k)^m - x^m$, il n'y a autre chose à faire que d'omettre la premiere ligne dans le résultat de la règle précédente.

(8.) Donc puisque le polynome $Ax^p + Bx^q + Cx^r$, &c. n'est qu'un composé de termes dont chacun est compris dans la forme x^m; pour avoir la différence d'un pareil polynome, il n'y a qu'à appliquer à chaque terme la règle que nous venons de donner pour x^m.

Ainsi pour avoir la différence de $x^3 - 5x^2 + 3x - 6$, x variant de k; j'écris comme il suit:

Première ligne.	$x^3 - 5x^2 + 3x - 6$
Exposans de x.	3 2 1 0
Seconde ligne.	$3x^2k - 10xk + 3k$
Moitié des exposans de x	$\frac{2}{2}$ $\frac{1}{2}$ $\frac{0}{2}$
Troisième ligne.	$3xk^2 - 5k^2$
Tiers des exposans de x	$\frac{1}{3}$ $\frac{0}{3}$
Quatrième ligne.	k^3

Donc $d(x^3 - 5x^2 + 3x - 6) \ldots \left(\frac{x}{k}\right) = 3x^2k + 3xk^2 - 10xk + k^3 - 5k^2 + 3k$, somme des lignes 2.e 3.e & 4.e

(9.) On obſervera la même règle pour différencier les quantités où il entrera pluſieurs variables ; ainſi, ſi l'on demande $d(x^3, y^2) \ldots (\overset{x}{k} : \overset{y}{l})$, j'opère comme ci-deſſous, en écrivant ſucceſſivement ſous chaque variable ſon expoſant, la moitié, le tiers, &c. de ſon expoſant, ſelon le numéro de la ligne que l'on calcule.

Premiere ligne........	$x^3 y^2$
	$3 \quad 2$
Seconde ligne........	$3x^2y^2k + 2x^3yl$
	$\frac{2}{2} \quad \frac{2}{2} \qquad \frac{3}{2} \quad \frac{1}{2}$
Troiſième ligne......	$3xy^2k^2 + 3x^2ykl + 3x^2ykl + x^3l^2$
Ou...............	$3xy^2k^2 + 6x^2ykl + x^3l^2$
	$\frac{1}{3} \quad \frac{2}{3} \qquad \frac{2}{3} \quad \frac{1}{3} \qquad \frac{3}{3}$
Quatrième ligne......	$y^2k^3 + 2xyk^2l + 4xyk^2l + 2x^2kl^2 + x^2kl^2$
Ou...............	$y^2k^3 + 6xyk^2l + 3x^2kl^2$
	$\frac{2}{4} \qquad \frac{1}{4} \quad \frac{1}{4} \qquad \frac{2}{4}$
Cinquième ligne......	$\frac{1}{2}yk^3l + \frac{3}{2}yk^3l + \frac{3}{2}xk^2l^2 + \frac{3}{2}xk^2l^2$
Ou...............	$2yk^3l + 3xk^2l^2$
	$\frac{1}{5} \qquad \frac{1}{5}$
Sixième ligne........	$\frac{2}{5}k^3l^2 + \frac{3}{5}k^3l^2$
Ou................	k^3l^2

Donc $d(x^3, y^2) \ldots (\overset{x}{k} : \overset{y}{l}) = 3x^2y^2k + 2x^3yl + 3xy^2k^2 + 6x^2ykl + x^3l^2 + y^2k^3 + 6xyk^2l + 3x^2kl^2 + 2yk^3l + 3xk^2l^2 + k^3l^2$.

(10.) Pour ſe convaincre de la légitimité de l'application de la même règle aux quantités à deux variables, il ne s'agit que de comparer le réſultat de $(x+k)^m \times (y+l)^n$, trouvé par cette règle, avec le réſultat du développement de $(x+k)^m \times (y+l)^n$ trouvé par les règles ordinaires de l'Algèbre.

Par celles-ci on trouvera

$$x^m y^n + mx^{m-1} y^n k + m \cdot \frac{m-1}{2} x^{m-2} y^n k^2 + m \cdot \frac{m-1}{2} \cdot \frac{m-2}{3} \cdot x^{m-3} y^n k^3, \text{ \&c.}$$

$$+ nx^m y^{n-1} l + mnx^{m-1} y^{n-1} kl + mn \cdot \frac{m-1}{2} \cdot x^{m-2} y^{n-1} k^2 l, \text{ \&c.}$$

$$+ n \cdot \frac{n-1}{2} \cdot x^m y^{n-2} l^2 + mn \cdot \frac{n-1}{2} \cdot x^{m-1} y^{n-2} kl^2, \text{ \&c.}$$

$$+ n \cdot \frac{n-1}{2} \frac{n-2}{3} \cdot x^m y^{n-3} l^3, \text{ \&c.}$$

Et en appliquant notre règle, on trouve comme il ſuit :

1.ere ligne. $x^m y^n$,

$$m \quad n$$

2.e ligne. $m x^{m-1} y^n k + n x^m y^{n-1} l$,

$$\frac{m-1}{2} \quad \frac{n}{2} \qquad \frac{m}{2} \quad \frac{n-1}{2}$$

3.e ligne.. $m . \frac{m-1}{2} . x^{m-2} y^n k^2 + \frac{mn}{2} . x^{m-1} y^{n-1} kl + \frac{mn}{2} . x^{m-1} y^{n-1} kl$

$+ n . \frac{n-1}{2} . x^m y^{n-2} l^2$;

ou...... $m . \frac{m-1}{2} . x^{m-2} y^n k^2 + mnx^{m-1} y^{n-1} kl + n . \frac{n-1}{2} . x^m y^{n-2} l^2$,

$$\frac{m-2}{3} \quad \frac{n}{3} \qquad \frac{m-1}{3} \quad \frac{n-1}{3} \qquad \frac{m}{3} \quad \frac{n-2}{3}$$

4.^{e} ligne... $m . \frac{m-1}{2} . \frac{m-2}{3} . x^{m-3} y^n k^3 + \frac{mn}{3} . \frac{m-1}{2} . x^{m-2} y^{n-1} k^2 l$

$+ mn . \frac{m-1}{3} . x^{m-2} y^{n-1} k^2 l + mn . \frac{n-1}{3} . x^{m-1} y^{n-2} kl^2$

$+ \frac{mn}{3} . \frac{n-1}{2} . x^{m-1} y^{n-2} kl^2 + n . \frac{n-1}{2} . \frac{n-2}{3} x^m y^{n-3} l^3$;

ou........ $m . \frac{m-1}{2} . \frac{m-2}{3} . x^{m-3} y^n k^3 + mn . \frac{m-1}{2} . x^{m-2} y^{n-1} k^2 l$

$+ mn . \frac{n-1}{2} . x^{m-1} y^{n-2} kl^2 + n . \frac{n-1}{2} . \frac{n-2}{3} . x^m y^{n-3} l^3$, &c.

Où l'on voit que la ſomme des 1.ere 2.e 3.e & 4.e lignes, donne abſolument le même réſultat.

(11.) On démontrera de la même manière, que la même règle s'applique à un nombre quelconque de variables.

Et puiſque nous avons démontré (2) que pour avoir les différences ſecondes, il ne s'agiſſoit que d'appliquer aux différences premières les mêmes règles par leſquelles on trouve celles-ci ; & qu'il en eſt de même des différences troiſièmes, quatrièmes &c. la méthode pour prendre les différences quelconques des quantités ſe réduit donc à la ſeule règle que nous avons donnée (4). Préſentons ſeulement un exemple des différences ſecondes.

Qu'il soit question de trouver la valeur de $dd(x^3 + 2x^2y - 3xy + 2y^2 - 2x + 3y + 6)\ldots(\overset{x}{k,k'} : \overset{y}{l,l'})$, j'écris comme il suit :

1.ere ligne...... $x^3 + 2x^2y - 3xy + 2y^2 - 2x + 3y + 6$
$\quad 3 \quad 2\,1 \quad 1\,1 \quad 2 \quad 1 \quad 1 \quad 0$

2.e ligne...... $3x^2k + 4xyk + 2x^2l - 3yk - 3xl + 4yl - 2k + 3l$
$\quad \frac{2}{2} \quad \frac{1}{2}\frac{1}{2} \quad \frac{2}{2} \quad \frac{1}{2} \quad \frac{1}{2} \quad \frac{1}{2} \quad \frac{0}{2} \quad \frac{0}{2}$

3.e ligne...... $3xk^2 + 2yk^2 + 2xkl + 2xkl - \frac{3}{2}kl - \frac{3}{2}kl + 2l^2$
ou........... $3xk^2 + 2yk^2 + 4xkl - 3kl + 2l^2$
$\quad \frac{1}{3} \quad \frac{1}{3} \quad \frac{1}{3} \quad \frac{0}{3} \quad \frac{0}{3}$

4.e ligne........ $k^3 + \frac{2}{3}k^2l + \frac{4}{3}k^2l$
ou............. $k^3 + 2k^2l$

Donc 1.°

$$d(x^3 + 2x^2y - 3xy + 2y^2 - 2x + 3y + 6)\ldots\left(\tfrac{x}{k} : \tfrac{y}{l}\right)$$

$$\left.\begin{array}{llllll} = 3x^2k + 4xyk & + 2x^2l & - 3yk & - 3xl & - 2k \\ & & + 4yl & + 3xk^2 & + 3l \\ & & + 2yk^2 & + 4xkl & - 3kl \\ & & & & + 2l^2 \\ & & & & + 2k^2l \\ & & & & + k^3 \\ \quad 2 \quad\quad 1\,1 & \quad 2 & \quad 1 & \quad 1 & \quad 0 \end{array}\right\}$$

1.ere ligne pour la différence seconde.

2.e ligne. $6xkk' + 4ykk' + 4xkl' - 3kl' - 3lk'$
$\qquad\qquad + 4xk'l + 4ll' + 3k^2k'$
$\qquad\qquad\qquad + 2k^2l' + 4kk'l$
$\quad \frac{1}{2} \quad \frac{1}{2} \quad \frac{1}{2} \quad \frac{0}{2} \quad \frac{0}{2}$

3.e ligne. $3kk'^2 + 2kk'l' + 2kk'l'$
$\qquad\qquad + 2k'^2l$
ou.....$3kk'^2 + 4kk'l' + 2k'^2l$

Donc

$$dd(x^3 + 2x^2y - 3xy + 2y^2 - 2x + 3y + 6)\ldots(\overset{x}{k,k'} : \overset{y}{l,l'})$$
$$= 6xkk' + 4ykk' + 4xkl' + 4xk'l + 3kk'^2 + 2k'^2l$$
$$+ 2k^2l' + 4kk'l + 4kk'l' + 3k^2k' + 4ll' - 3kl' - 3lk'$$

Remarque

Remarque générale & fondamentale.

(12.) QUELQUE ſoit le nombre des variables qui entrent dans la quantité qu'on veut différencier, & à quelque dimenſion que ces variables montent, ſoit enſemble, ſoit ſéparément, on peut obſerver généralement :

1.° Que ſi T marque la plus haute dimenſion à laquelle montent les variables, ſoit enſemble, ſoit ſéparément, $T - 1$ ſera la plus haute dimenſion à laquelle elles monteront dans la différence première ; puiſque la règle preſcrit de diminuer d'une unité l'expoſant de la variable ſur laquelle on opère.

Que par conſéquent $T - 2$ ſera la plus haute dimenſion à laquelle les variables monteront, dans la différence ſeconde ; $T - 3$ ſera la plus haute dimenſion à laquelle les variables monteront dans la différence troiſième ; & en général $T - n$ ſera la plus haute dimenſion à laquelle les variables monteront dans la différence de l'ordre n. En ſorte que ſi l'ordre de la différence a le même expoſant que celui de la plus haute dimenſion des variables, la dimenſion des variables dans la différence ſera zéro ; c'eſt-à-dire, que la différence ne renfermera plus aucune des variables, & ſera une fonction de leurs variations particulières.

Par exemple $d(ax + by + c) \ldots . (\frac{x}{k} : \frac{y}{l}) = ak + bl$; où l'on voit que x & y n'entrent plus, mais bien leurs variations particulières k & l.

Pareillement, on trouvera, par la règle ci-deſſus, que $dd(ax^2 + bxy + cy^2 + ex + fy + g) \ldots (\frac{x}{k, k'} : \frac{y}{l, l'}) = 2akk' + bkl' + bk'l + 2cll'$, où l'on voit que x & y ne ſe trouvent plus, mais ſeulement leurs variations particulieres k, k' ; l, l'.

2.° Que s'il y a des quantités conſtantes dans la fonction qu'on veut différencier, c'eſt-à-dire, s'il y a des termes où aucune des variables ne ſe trouve, ces termes ne pourront pas ſe trouver dans la différence première, ni par conſéquent dans les différences ultérieures ; puiſque la règle preſcrit de les multiplier par l'expoſant de la variable qui eſt ici zéro.

3.° Que les termes où les variables ne paſſent pas, ſoit enſemble, ſoit ſéparément, la première dimenſion, ne pourront ſe trouver dans la différence ſeconde ; puiſque, par la première différenciation, ils seront tous devenus des termes constans, & que par conséquent ils disparoîtront par la seconde différenciation. Par exemple, si on a à différencier, deux fois de suite, la quantité $ax^2 + bxy + cy^2 + ex + fy + g$, la quantité g ne se trouve plus dans la différence première qui est $2axk + byk + bxl + 2cyl + ek + fl + ak^2 + bkl + cl^2$. Pareillement, les termes ex & fy ne laisseront aucun vestige dans la différence seconde qui est $2akk' + bkl' + bk'l + 2cll'$, parce qu'à la première différenciation, ils sont devenus ek & fl, qui étant des constantes, ne peuvent plus se trouver dans la différence suivante.

On voit donc de même, que les termes où les variables ne passeront pas, soit ensemble, soit séparément, la dimension 2, ne pourront se trouver dans la différence troisieme ; & qu'en général, les termes où les variables ne passeront pas, soit ensemble, soit séparément, la dimension $n - 1$, ne pourront se trouver dans la différence de l'ordre n.

Comme les différenciations que nous aurons à faire par la suite, seront toutes, ou presque toutes, de l'ordre de la dimension totale des quantités, il est donc à propos d'exposer ici, les simplifications que les observations que nous venons de faire, peuvent apporter dans l'usage de la méthode de différencier.

Réductions dont est susceptible la regle générale pour différencier les quantités, lorsqu'on a à différencier plusieurs fois de suite.

(13.) Puisque les termes où les variables ne passent, ni ensemble, ni séparément, la dimension $n - 1$, ne peuvent se trouver dans la différencielle de l'ordre n, il s'ensuit donc qu'on peut simplifier considérablement les calculs qu'on auroit à faire, si dans les cas de plusieurs différenciations consécutives, on suivoit à la lettre la règle générale que nous avons donnée d'abord.

Cette simplification consiste à rejetter, avant toute opération, tous les termes de toutes les dimensions, depuis 0 jusqu'à $n - 1$ inclusivement, n marquant le nombre de fois qu'on a à différencier.

Ainsi si on a à différencier deux fois de suite la quantité $ax^2 + bxy + cy^2 + ex + fy + g$, la question se réduira à différencier deux fois de suite la quantité $ax^2 + bxy + cy^2$.

Si on a à différencier deux fois de suite la quantité $ax^3 + bx^2y + cx^2z + exy^2 + fxyz + gxz^2 + ky^3 + ly^2z + myz^2 + nz^3 + px^2 + qxy + rxz + a'y^2 + b'yz + c'z^2 + e'x + f'y + g'z + h'$, la question se réduira à différencier deux fois de suite la quantité $ax^3 + bx^2y + cx^2z + exy^2 + fxyz + gxz^2 + ky^3 + ly^2z + myz^2 + nz^3 + px^2 + qxy + rxz + a'y^2 + b'yz + c'z^2$.

Et s'il s'agissoit de différencier trois fois de suite, la question se réduiroit à différencier trois fois de suite la quantité $ax^3 + bx^2y + cx^2z + exy^2 + fxyz + gxz^2 + ky^3 + ly^2z + myz^2 + nz^3$.

(14.) Cette simplification n'est pas la seule qui résulte des observations précédentes. Lorsqu'après avoir rejetté les différens termes que nous venons de faire voir ne pouvoir faire partie de la différencielle, on procédera à la différenciation des termes restans; on doit encore observer, que dans le calcul des différentes parties que nous avons appellées *Lignes*, il sera superflu de calculer au-delà de la ligne du numéro $T - n + 2$, T marquant la dimension totale de la quantité qu'on veut différencier, & n le nombre de différenciations qu'elle doit subir.

En effet, puisque la dimension totale diminue d'une unité à chaque ligne, à compter de la seconde, lorsqu'on sera arrivé à la ligne du numéro $T - n + 2$, la dimension sera $n - 1$; donc il est clair que les lignes que l'on calculeroit au-delà, étant de dimensions inférieures à $n - 1$, disparoîtroient par les différenciations successives; il est donc inutile de les admettre.

Donc si le degré de la différencielle, est égal à celui de la dimension totale de la quantité à différencier; 1.° on ne retiendra de celle-ci, que les termes de la plus haute dimension: 2.° & à chaque différenciation, on n'ira pas au-delà de la seconde ligne.

Par exemple, si on a à différencier trois fois la quantité $x^3 - 3xyz + 2y^3 - x^2 + 2xz - y + 2z - 2$:

1.° On rejettera les dimensions 2, 1 & 0, ce qui réduira cette quantité à $x^3 - 3xyz + 2y^3$.

2.° On ne prendra, dans la différence première, que la seconde ligne, qui sera $3x^2k - 3yzk - 3xzl - 3xym + 6y^2l$.

3.° On ne prendra, dans la différence seconde, que la seconde ligne, qui sera $6xkk' - 3zkl' - 3ykm' - 3zlk' - 3xlm' - 3ymk' - 3xml' + 12yll'$.

4°. On ne prendra, dans la différence troisième, que la seconde ligne, & on aura $6kk'k'' - 3kl'm'' - 3km'l'' - 3lk'm'' - 3lm'k'' - 3mk'l'' - 3ml'k'' + 12ll'l''$, pour la différence troisième.

Remarques sur les différences des quantités décroissantes.

(15). Jusqu'ici nous avons supposé que chacune des variables alloit en augmentant. Si au contraire, elles alloient toutes en diminuant, il ne seroit pas pour cela nécessaire d'établir des règles différentes, mais seulement de faire un léger changement dans les signes.

En effet, si x au lieu de devenir $x + k$, devient $x - k$, il n'y a d'autre différence entre ces deux états, qu'en ce que k devient $-k$.

Mais à l'égard de la différencielle, il y en a encore un autre; car s'il s'agit, par exemple, de différencier x^m; dans le premier cas, on a à développer $(x + k)^m - x^m$; & dans le second cas, c'est $x^m - (x - k)^m$.

Or si dans ce dernier cas, on avoit à développer $(x - k)^m - x^m$, il est clair qu'il n'y auroit autre chose à faire qu'à différencier x^m suivant les règles précédentes, mais en faisant varier x, de la quantité $-k$, au lieu de le faire varier de k.

Donc, dans le cas de $x^m - (x - k)^m$, on différenciera x^m, en faisant varier x, de la quantité $-k$; puis on changera tous les signes du résultat; ou bien on écrira, à mesure, chaque partie du résultat, avec un signe contraire à celui qu'elle auroit dans la différenciation faite en faisant varier x de $-k$.

(16.) On voit par-là que, généralement parlant, la différencielle d'une fonction prise en regardant comme croissantes, toutes les variables qui entrent dans cette fonction, est différente de cette même différencielle prise en les regardant toutes comme décroissantes. Il y a néanmoins deux cas où ces deux différencielles sont les mêmes. Le premier est celui où les variations particulières des variables sont infiniment petites. Le second, est celui où la quantité doit être différenciée autant de fois qu'il y a d'unités dans l'exposant de la plus haute dimension de cette quantité.

Ce dernier cas eſt le ſeul qui nous intéreſſe dans cet Ouvrage : ainſi dans les différenciations que nous aurons à faire par la ſuite, nous n'aurons aucun beſoin d'examiner ſi nos variables doivent être conſidérées comme croiſſantes ou comme décroiſſantes. Nous différencierons en ſuivant les règles que nous avons données d'abord.

De quelques quantités qui peuvent être différenciées par un procédé plus ſimple que celui qui réſulte de la règle générale.

(17.) Les principes que nous venons de donner ſont généraux, & pourroient même, avec quelques légers changemens, être appliqués aux quantités fractionnaires, & aux quantités irrationnelles. Ils peuvent être d'uſage pour convertir en ſérie des fonctions de pluſieurs variables, & pour beaucoup d'autres objets. Mais notre but n'eſt pas de diſcuter ces uſages. Nous allons ſeulement conſidérer quelques quantités rationnelles qui peuvent être différenciées d'une manière plus expéditive que par la règle générale : nous ne conſidérerons que celles qui nous ſeront utiles par la ſuite.

Si on a à différencier une quantité telle que $(x+a).(x+a+b).(x+a+2b).(x+a+3b)\ldots(x+a+(n-1)b)$, n étant le nombre des facteurs, & que la quantité dont x doit varier, ſoit b ; la différencielle ſera $nb.(x+a+b).(x+a+2b).(x+a+3b)\ldots(x+a+(n-1)b)$, $n-1$ étant le nombre des facteurs en progreſſion arithmétique.

Mais ſi la variation doit être $-b$, la différencielle ſera $nb(x+a).(x+a+b).(x+a+2b)\ldots(x+a+(n-2)b)$, $n-1$ étant le nombre des facteurs en progreſſion arithmétique.

En effet,

$$d[(x+a).(x+a+b).(x+a+2b)\ldots(x+a+(n-1)b)]\ldots\left(\frac{x}{b}\right).$$
$$=(x+a+b).(x+a+2b).(x+a+3b)\ldots(x+a+nb)$$
$$-(x+a).(x+a+b).(x+a+2b)\ldots(x+a+(n-1)b)$$
$$=[(x+a+b).(x+a+2b).(x+a+3b)\ldots(x+a+(n-1)b)].(x+a+nb-x-a)$$
$$=nb.(x+a+b).(x+a+2b).(x+a+3b)\ldots(x+a(n-1)b.$$

Pareillement,

$$d[(x+a).(x+a+b).(x+a+2b)\ldots(x+a+(n-1)b)]\ldots\left(\frac{x}{-b}\right)$$
$$=(x+a).(x+a+b).(x+a+2b)\ldots(x+a+(n-1)b)$$
$$-(x+a-b).(x+a).(x+a+b)\ldots(x+a+(n-2)b)$$
$$=[(x+a).(x+a+b).(x+a+2b)\ldots(x+a+(n-2)b)].(x+a+(n-1)b-x-a+b)$$
$$=nb.(x+a).(x+a+b).(x+a+2b)\ldots(x+a+(n-2)b).$$

Des ſommes des quantités.

(18.) Si on conçoit que P repréſente une fonction quelconque d'une ou de pluſieurs variables x, y, z, &c. & que donnant ſucceſſivement, à chacune de ces variables, les valeurs k, l, m, &c. k', l', m', &c. k'', l'', m'', &c. reſpectivement, la quantité P devienne ſucceſſivement P', P'', P''', &c. la ſomme $P + P' + P'' + P'''$, &c. eſt ce que nous appellerons *ſomme de* P, & que nous repréſenterons par $\int P$.

Nous n'entreprendrons pas, à beaucoup près, de traiter cette matière dans toute l'étendue dont elle eſt ſuſceptible : nous n'avons beſoin pour notre objet, que d'une branche très-particulière de cette théorie, & nous nous y bornerons.

Nous ne conſidérerons donc que les fonctions d'une ſeule variable; & de celles-ci nous ne prendrons que celles qui ſont rationnelles, & ſans diviſeur variable.

Nous ſuppoſerons d'ailleurs que la variable croît ou décroît par degrés égaux.

Des ſommes des produits dont les facteurs ſont en progreſſion arithmétique.

(19.) Ces produits ſont généralement repréſentés par
$(x+a).(x+a+b).(x+a+2b)\ldots(x+a+(n-1)b)$, n étant le nombre des facteurs.

Si on conçoit que l'on ſubſtitue ſucceſſivement au lieu de x, les quantités $x-b$, $x-2b$, $x-3b$, &c. les quantités dont il s'agit d'avoir la ſomme ſeront donc

$(x+a).(x+a+b).(x+a+2b)\ldots(x+a+(n-1)b)$,
$(x+a-b).(x+a).(x+a+b)\ldots(x+a+(n-2)b)$,
$(x+a-2b).(x+a-b).(x+a)\ldots(x+a+(n-3)b)$,
$(x+a-3b).(x+a-2b).(x+a-b)\ldots(x+a+(n-4)b)$,
&c.

Soit P la ſomme cherchée de tous ces produits ; & P' la ſomme de tous ces produits, excepté le premier ; on aura $P - P' = (x+a).(x+a+b).(x+a+2b)\ldots(x+a+(n-1)b)$.

Or $P - P' = d(P)\ldots(\underline{\ }^{x}{}_{b})$; on a donc $d(P)\ldots(\underline{\ }^{x}{}_{b}) = (x+a)(x+a+b)(x+a+2b)\ldots(x+a+(n-1)b)$.

La queſtion de trouver P eſt donc réduite à cette autre ; *Trouver qu'elle eſt la fonction de* x *dont la différence,* x *variant de* — b, *ſoit* $(x+a).(x+a+b).(x+a+2b)\ldots(x+a+(n-1)b)$.

Or, d'après ce que nous avons dit (17), il eſt facile de voir que cette fonction eſt $\frac{1}{(n+1)b}.(x+a).(x+a+b).(x+a+2b)\ldots(x+a+nb)$, $n+1$ étant le nombre des facteurs *.

On a donc $P = \frac{1}{(n+1)b}.(x+a).(x+a+b).(x+a+2b)\ldots(x+a+nb)$.

Remarques.

(20.) 1.° Nous avons ſuppoſé que la variation de x étoit préciſément égale à la différence b qui règne dans la progreſſion des facteurs. Nous verrons dans peu, comment on détermine la ſomme, lorſque cette variation eſt égale à toute autre quantité.

(21.) 2.° Puiſque (12) les termes conſtans qui ſe trouvent dans une quantité qu'on différencie, ne peuvent plus exiſter dans la différence ; il s'enſuit que lorſqu'il s'agit, comme dans le cas que nous venons de traiter, de repaſſer de la différence à la quantité même dont elle eſt la différence, on doit toujours ajouter une conſtante à cette quantité. A enviſager la choſe du côté du calcul ſeulement, cette conſtante peut être telle qu'on voudra, puiſque telle qu'elle ſoit, la différencielle ſera toujours la même ; mais dans chaque queſtion, cette conſtante a toujours une valeur que l'on trouve facilement par les conditions de la queſtion.

Nous repréſenterons dorénavant cette conſtante par C ; ainſi la valeur de P que nous venons de trouver, eſt plus généralement $P = \frac{1}{(n+1)b}.(x+a).(x+a+b).(x+a+2b)\ldots(x+a+nb)+C$.

* Il faut faire attention, dans la comparaiſon avec ce qui a été dit (17) que ce qui étoit n dans cet endroit, eſt ici $n+1$.

Pour donner un exemple de la manière de déterminer cette constante C, supposons qu'on demande la somme des produits $2 \times 4 \times 6, 4 \times 6 \times 8, 6 \times 8 \times 10, 8 \times 10 \times 12$ jusqu'à $14 \times 16 \times 18$, nous avons donc $(x + a).(x + a + b).(x + a + 2b) = 14 \times 16 \times 18$; & $n = 3$.

Supposons $a = b = 2$; nous aurons $x = 12$. Donc $P = \frac{1}{4 \times 2}.$ $14 \times 16 \times 18 \times 20 + C$.

Mais puisqu'on ne veut la somme que depuis $2 \times 4 \times 6$; si on compare ce produit à $(x + a).(x + a + b).(x + a + 2b)$, on aura $x = 0$; il faut donc que lorsque $x = 0$, la somme P devienne $2 \times 4 \times 6$; on a donc $2 \times 4 \times 6 = \frac{1}{4.2} \times 2 \times 4 \times 6 \times 8 + C$; donc $C = 48 - 48 = 0$. La somme cherchée est donc simplement $\frac{1}{4.2} \times 14 \times 16 \times 18 \times 20$. C'est-à-dire, 10080; & il est facile de s'assurer que cela est en effet, en réalisant les produits & faisant la somme.

Si aulieu de supposer $a = 2$, nous eussions supposé $a = 0$; alors nous aurions eu pour valeur finale de x, $x = 14$; & pour valeur initiale $x = 2$; la somme seroit donc $P = \frac{1}{4.2} \times 14 \times 16 \times 18 \times 20 + C$. Et pour déterminer la constante C, nous aurions cette condition que lorsque $x = 2$, la somme P doit devenir $2 \times 4 \times 6$; nous aurions donc $2 \times 4 \times 6 = \frac{1}{4.2} \times 2 \times 4 \times 6 \times 8 + C$; donc $C = 0$; donc P a encore pour valeur 10080, ainsi que cela doit être.

Des sommes des quantités rationnelles qui n'ont pas de diviseur variable.

(22.) SUPPOSONS d'abord, pour plus de clarté, que l'on demande de sommer une quantité simple, telle que x^3 ou mx^3. La question proposée de cette maniere est indéterminée, parce qu'il faut sçavoir de plus par quels dégrès on suppose que x croît ou décroît. Supposons donc que x décroît par des degrés égaux à b.

Alors le vrai sens de la question est celui-ci : supposant que x devient successivement $x - b$, $x - 2b$, $x - 3b$, &c. on demande la somme des quantités

mx^3,

mx^3, $m(x-b)^3$, $m(x-2b)^3$, $m(x-3b)^3$, &c.

Pour résoudre cette question, je la réduis à celle que nous avons résolue (19), en ramenant mx^3 à la forme $(x+b).(x+2b).(x+3b)$ &c.

Je suppose donc $mx^3 = A(x+b).(x+2b).(x+3b) + B(x+b)(x+2b) + C(x+b) + D$

j'aurai donc

$$\begin{array}{rl} mx^3 = Ax^3 & + 6Abx^2 + 11Ab^2x + 6Ab^3 \\ & + Bx^2 \quad + 3Bbx \quad + 2Bb^2 \\ & \qquad\quad + Cx \qquad + Cb \\ & \qquad\qquad\qquad\quad + D \end{array}$$

& comme cette égalité doit avoir lieu quelle que soit x, j'en conclus $A=m$, $6Ab+B=0$, $11Ab^2+3Bb+C=0$, $6Ab^3+2Bb^2+Cb+D=0$; c'est-à-dire, $A=m$, $B=-6mb$, $C=+7mb^2$, $D=-mb^3$; donc

$$mx^3 = m(x+b).(x+2b).(x+3b) - 6mb(x+b).(x+2b) + 7mb^2(x+b) - mb^3$$

La valeur de mx^3 est donc composée de quatre parties dont chacune est de la forme de la quantité que nous avons (19) enseigné à sommer. On trouvera donc facilement, par ce qui a été dit (19), que

$$\begin{aligned} \int mx^3 = {} & \frac{m}{4b}.(x+b).(x+2b).(x+3b).(x+4b) \\ & - 2m(x+b).(x+2b).(x+3b) \\ & + \frac{7mb}{2}.(x+b).(x+2b) - mb^2(x+b) + C \end{aligned}$$

C étant la constante nécessaire à la somme (21).

(23.) Supposons actuellement qu'on ait une quantité telle que mx^3+nx^2+px+q: on voit que chaque terme pourra être, comme nous l'avons fait pour mx^3, réduit à la forme $(x+b).(x+2b).(x+3b)$, &c. donc la totalité pourra aussi être réduite à cette forme. Donc si j'ai à sommer une quantité telle que mx^3+nx^2+px+q, je supposerai tout de suite

$$\begin{aligned} mx^3+nx^2+px+q = {} & A(x+b).(x+2b).(x+3b) \\ & + B(x+b).(x+2b) \\ & + C(x+b) + D, \end{aligned}$$

& ayant déterminé les coëfficiens A, B, C, D, en égalant les coëfficiens des mêmes puissances de x dans les deux membres de l'équation, il me restera à sommer la quantité $A.(x+b)$.

$(x+2b).(x+3b)+B.(x+b).(x+2b)+C.(x+b)+D$, ce qui eſt facile d'après ce qui a été dit (19), & donne

$$\frac{A}{4b}.(x+b).(x+2b).(x+3b).(x+4b)$$
$$+\frac{B}{3b}.(x+b).(x+2b).(x+3b)$$
$$+\frac{C}{2b}.(x+b).(x+2b)$$
$$+\frac{D}{b}.(x+b)+C,$$

quantité dans laquelle on ſubſtituera pour A, B, C, D, leurs valeurs.

(24.) Si on fait attention à la forme de la ſomme, tant dans cet exemple que dans le précédent, on voit que le procédé peut encore être préſenté ſous un point de vue plus ſimple. Au lieu de ramener la quantité propoſée, à la forme $(x+b).(x+2b).(x+3b)$ &c. on remarquera que puiſque la ſomme eſt auſſi de cette même forme, on peut tout de ſuite ſuppoſer cette forme à la ſomme, & déterminer les coëfficiens de cette ſomme comme il ſuit. Reprenons l'exemple de mx^3.

(25.) Je ſuppoſerai tout de ſuite,

$$\int mx^3 = A.(x+b).(x+2b).(x+3b).(x+4b)$$
$$+B.(x+b).(x+2b).(x+3b)$$
$$+C.(x+b).(x+2b)$$
$$+D.(x+b)+C;$$

alors pour avoir les coëfficiens, je différencierai (17) chaque membre, & j'aurai,

$$mx^3 = 4Ab.(x+b).(x+2b).(x+3b)$$
$$+3Bb.(x+b).(x+2b)$$
$$+2Cb.(x+b)+Db.$$

C'eſt-à-dire,

$$mx^3 = 4Abx^3 + 24Ab^2x^2 + 44Ab^3x + 24Ab^4$$
$$+ 3Bbx^2 + 9Bb^2x + 6Bb^3$$
$$+ 2Cbx + 2Cb^2$$
$$+ Db$$

J'aurai donc

$$4Ab = m, \qquad 24Ab^2 + 3Bb = 0,$$
$$44Ab^3 + 9Bb^2 + 2Cb = 0,$$
$$24Ab^4 + 6Bb^3 + 2Cb^2 + Db = 0;$$

C'eſt-à-dire, $A = \frac{m}{4b}$, $B = -2m$, $C = \frac{7mb}{2}$, $D = -mb^2$; ce qui donne pour $\int mx^3$ préciſément la même valeur que ci-devant.

(26.) On voit donc, en général, que ſi on a à ſommer un polynome rationnel & ſans diviſeur variable, tel que $ax^p + bx^q + cx^r$, &c. On ſuppoſera

$$\begin{aligned}\int(ax^p + bx^q + cx^r + \&c.) = {} & A.(x+b).(x+2b).(x+3b)\ldots(x+(p+1).b) \\ & + B.(x+b).(x+2b).(x+3b)\ldots(x+pb) \\ & + C.(x+b).(x+2b).(x+3b)\ldots(x+(p-1).b) \\ & + D.(x+b).(x+2b).(x+3b)\ldots(x+(p-2).b) + \ldots \\ & + P.(x+b).(x+2b) + Q.(x+b) + C;\end{aligned}$$

en ſuppoſant que p eſt le plus grand des expoſans p, q, r, &c. & l'on déterminera les coëfficiens, comme il vient d'être dit.

Si on avoit $(ax^p + bx^q + cx^r + \&c.)^k$; en développant cette puiſſance, on reviendroit au cas précédent.

(27.) On voit donc par-là comment, ainſi que nous l'avons promis (20), on peut ſommer

$(x+a).(x+a+b).(x+a+2b)\ldots(x+a+n-1).b$ dans la ſuppoſition où x croîtroit ou décroîtroit par des degrés autres que b. Si k, par exemple, marque les degrés par leſquels on ſuppoſe que x croît, on ſuppoſera

$$\begin{aligned}\int & (x+a).(x+a+b).(x+a+2b)\ldots(x+a+(n-1).b) \\ & = A.(x+k).(x+2k).(x+3k)\ldots(x+(n+1).k) \\ & + B.(x+k).(x+2k)\ldots(x+nk) \\ & + C.(x+k).(x+2k)\ldots(x+(n-1)k) + \ldots \\ & + Q.(x+k) + C.\end{aligned}$$

(28.) Si on demandoit qu'elle eſt la valeur de $\int Ax^m$ lorſque $m = 0$; il ſuit de ce que nous venons de dire que cette valeur ſeroit $A(x+b)$. En effet m étant zéro, la queſtion eſt donc ſeulement de ſommer A depuis une certaine valeur de x juſqu'à une autre valeur quelconque de x; donc ſi $x+b$ repréſente l'étendue dans laquelle on veut ſommer A, la ſomme ſera $A.(x+b)$.

THÉORIE GÉNÉRALE

DES ÉQUATIONS

A UN NOMBRE QUELCONQUE D'INCONNUES, ET DE DEGRÉS QUELCONQUES.

LIVRE PREMIER,

SECTION PREMIERE.

Des Polynomes complets, & des Equations complettes.

(29.) TOUT Polynome qui ne renferme qu'une ſeule inconnue x peut être repréſenté généralement par
$ax^T + bx^{T-1} + cx^{T-2} \ldots + s$, T étant le plus haut degré de x, & a, b, c, &c.des coëfficiens quelconques.

Pareillement toute équation à une ſeule inconnue peut être généralement repréſentée par

$$ax^T + bx^{T-1} + cx^{T-2} + \ldots s = 0.$$

Mais la multitude des termes qui peuvent entrer dans les Polynomes & les Equations, à meſure que leur degré & le nombre des inconnues augmente, exige que nous repréſentions les uns & les autres de la manière la plus abrégée qu'il ſera poſſible. Il faut donc que nous commencions par expoſer ce que nous entendons par diverſes expreſſions que nous nous propoſons d'employer.

(30.) Nous repréſenterons tout polynome à une ſeule inconnue, par cette expreſſion abrégée $(x)^T$, par laquelle nous entendons ces mots .... *Polynome à une ſeule inconnue, du degré* T.

Pareillement, nous repréſenterons toute équation à une ſeule inconnue x, par cette expreſſion abrégée $(x)^T = 0$.

Et lorsque nous voudrons désigner le nombre des termes d'un pareil polynome, ou d'une pareille équation, nous écrirons $N(x)^T$.

(31.) Nous entendons par *polynome complet*, celui à qui il ne manque aucune des combinaisons des inconnues x, y, z, &c. que son degré peut comporter.

Par exemple, tout polynome complet à deux inconnues, doit dans le troisième degré avoir tous les termes suivans, dans lesquels nous faisons abstraction des coëfficiens

$$\begin{array}{llll} x^3 & x^2y & xy^2 & y^3 \\ x^2 & xy & y^2 & \\ x & y & & \\ 1 & & & \end{array}$$

Tout polynome complet à trois inconnues x, y, z, doit dans le troisième degré avoir tous les termes suivans.

$$\begin{array}{llllllllll} x^3 & x^2y & x^2z & xy^2 & xyz & xz^2 & y^3 & y^2z & yz^2 & z^3 \\ x^2 & xy & xz & y^2 & yz & z^2 & & & & \\ x & y & z & & & & & & & \\ 1 & & & & & & & & & \end{array}$$

C'est-à-dire qu'en général, dans un polynome complet, il doit y avoir tous les différens produits qui peuvent être conçus, depuis la plus basse dimension ou la dimension 0, jusqu'à la plus haute dimension T; il en est de même d'une équation complette.

(32.) Pour représenter un polynome complet à deux inconnues, nous écrirons $(u\ldots 2)^T$; pour une équation, $(u\ldots 2)^T = 0$; pour marquer le nombre des termes de ce polynome ou de cette équation, nous écrirons $N(u\ldots 2)^T$.

(33.) En général, pour marquer un polynome à un nombre quelconque n d'inconnues, nous écrirons $(u\ldots n)^T$; pour une équation, $(u\ldots n)^T = 0$; & pour le nombre des termes, $N(u\ldots n)^T$.

Du nombre des termes des Polynomes complets.

(34.) La détermination du nombre des termes des polynomes est un objet fondamental dans la théorie actuelle. Il ne sera question d'abord que du nombre des termes des polynomes complets.

PROBLÈME I.

(35.) *On demande de déterminer généralement la valeur de* $N(u\ldots n)^T$.

Il eſt évident d'abord que $N(u\ldots 1)^T = T + 1$.

(36.) Concevons qu'à l'aide d'une nouvelle inconnue x, on rende homogènes tous les termes du polynome $(u\ldots 1)^T$, ce qui donnera tous les termes ſuivans.

$u^T,\ u^{T-1}x,\ u^{T-2}x^2,\ u^{T-3}x^3,\ u^{T-4}x^4 \ldots\ldots u^2x^{T-2},\ ux^{T-1},\ x^T.$

Il eſt clair que ce ſeront les termes de la dimenſion T du polynome $(u\ldots 2)^T$, & que leur nombre ſera $T + 1$.

Si on conçoit donc qu'on ſubſtitue ſucceſſivement, dans $T + 1$, au lieu de T, les quantités T, $T - 1$, $T - 2$, $T - 3$, &c. on voit que les réſultats $T + 1$, T, $T - 1$, $T - 2$, &c. exprimeront ſucceſſivement le nombre des termes de la dimenſion T, de la dimenſion $T - 1$, de la dimenſion $T - 2$, de la dimenſion $T - 3$, &c. du polynome $(u\ldots 2)^T$.

Donc, d'après les idées que nous avons données (18) ſur les ſommes des quantités, on voit que pour avoir $N(u\ldots 2)^T$, il ne s'agit que de ſommer $T + 1$, T variant de -1, depuis T juſqu'à zéro incluſivement. Or par ce qui a été dit (19) on trouvera que cette ſomme eſt $\frac{(T+1).(T+2)}{2}$.

Donc $N(u\ldots 2)^T = \frac{(T+1).(T+2)}{2}$.

(37.) Concevons pareillement qu'à l'aide d'une nouvelle inconnue y, on rende homogènes du degré T, tous les termes qui compoſent le polynome $(u\ldots 2)^T$.

On formera par-là tous les termes qui peuvent compoſer la dimenſion T du polynome $(u\ldots 3)^T$.

Par exemple, ſi à l'aide de l'inconnue y, on rend homogènes du degré 3, tous les termes du polynome $(u\ldots 2)^3$, c'eſt-à-dire tous les termes ſuivans.

$$\begin{array}{llll} u^3 & u^2x & ux^2 & x^3 \\ u^2 & ux & x^2 & \\ u & x & & \\ 1 & & & \end{array}$$

on aura les termes

$$u^3 \; u^2x \; ux^2 \; x^3 \; u^2y \; uxy \; x^2y \; uy^2 \; xy^2 \; y^3$$

qui sont tous ceux qui peuvent composer la dimension 3 du polynome $(u \ldots 3)^3$.

Le nombre de ces termes sera donc celui des termes du polynome $(u \ldots 2)^T$, c'est-à-dire, $\frac{(T+1).(T+2)}{2}$; donc pour avoir le nombre des termes des dimensions $T-1$, $T-2$, $T-3$, &c. du polynome $(u \ldots 3)^T$, il ne s'agira que de substituer dans $\frac{(T+1).(T+2)}{2}$, au lieu de T, les quantités $T-1$, $T-2$, $T-3$, &c. Donc aussi pour avoir le nombre total des termes de toutes les dimensions, il ne s'agira que de sommer $\frac{(T+1).(T+2)}{2}$, T variant de -1, depuis T jusqu'à zéro inclusivement. Or (19) on trouvera que cette somme est $\frac{(T+1).(T+2).(T+3)}{1.2.3}$.

Donc $N(u \ldots 3)^T = \frac{(T+1).(T+2).(T+3)}{1.2.3}$.

(38.) En raisonnant de la même maniere pour $(u \ldots 4)^T$, on verra de même que pour avoir $N(u \ldots 4)^T$, il faut sommer $N(u \ldots 3)^T$, T variant de -1, depuis T jusqu'à zéro inclusivement; & que par conséquent

$$N(u \ldots 4)^T = \frac{(T+1).(T+2).(T+3).(T+4)}{1.2.3.4}.$$

(39.) Donc, en général,

$$N(u \ldots n)^T = \frac{(T+1).(T+2).(T+3).(T+4) \ldots\ldots (T+n)}{1.2.3.4 \ldots\ldots\ldots n}.$$

Du nombre des termes qui, dans un Polynome complet, peuvent être divisibles par certains Monomes composés d'une ou de plusieurs des inconnues comprises dans ce Polynome.

AVERTISSEMENT.

(40.) Nous ferons un très-fréquent usage des signes $>$ & $<$ par lesquels on sait que l'on désigne ordinairement l'inégalité de deux quantités; celle qui est à l'ouverture étant la plus grande, & celle qui eft à la pointe étant la plus petite. Mais nous avertiffons que ce figne d'inégalité, dans l'emploi que nous en ferons, fera toujours cenfé comprendre celui d'égalité; en forte, par exemple, que quand nous écrirons $a < b$, cela fignifiera que a ne peut pas être plus grand que b, que généralement parlant il doit être plus petit, mais qu'il peut lui être égal. On doit s'en fouvenir pour toute la fuite de cet Ouvrage.

PROBLÈME II.

(41.) *On demande combien, dans un polynome complet à un nombre quelconque d'inconnues* u, x, y, z, &c. *il peut y avoir de termes divifibles par* u^P; *combien, outre ceux-là, il y en a de divifibles par* x^Q; *combien, outre ceux divifibles par* u^P, *&* *ceux divifibles par* x^Q, *il y en a qui font divifibles par* y^R; *combien, outre les précédens, il y en a de divifibles par* z^S, &c. *on fuppofe* $P + Q + R + S +$ &c. $< T$, T *étant l'expofant de la dimenfion du polynome.*

Concevons qu'on ait raffemblé tous les termes qui peuvent être divifibles par u^P, & qu'en ayant féparé le facteur u^P, la totalité des termes multipliés par ce facteur foit un polynome tel que $(u \ldots n)^K$; tous les termes divifibles par u^P feront donc compris dans l'expreffion générale $(u \ldots n)^K \times u^P$. Or il eft évident que pour que cette expreffion les comprenne tous, il faut que $K + P = T$; donc $K = T - P$; le nombre des termes divifibles par u^P, eft donc $N(u \ldots n)^{T-P}$, & par conféquent (39) facile à exprimer en $T - P$.

On voit donc de même, que le nombre des termes divifibles par x^Q eft $N(u \ldots n)^{T-Q}$. Mais comme on ne demande pas fimplement combien il y a de termes divifibles par x^Q, mais combien il y en a outre les termes divifibles par u^P, il faut de $N(u \ldots n)^{T-Q}$ retrancher le nombre des termes qui étant divifibles par u^P, le font auffi par x^Q; or on voit par la même raifon, que le nombre de ces derniers eft $N(u \ldots n)^{T-P-Q}$.

Donc, outre les termes divifibles par u^P, il y a un nombre de termes divifibles par x^Q, exprimé par $N(u \ldots n)^{T-Q} - N(u \ldots n)^{T-P-Q}$, ou par $d[N(u \ldots n)^{T-Q}] \ldots \binom{T-Q}{-P}$.

Le nombre des termes divifibles par y^R, eft $N(u \ldots n)^{T-R}$; mais

mais parmi les termes divisibles par u^P, il y en a de divisibles par y^R, un nombre exprimé par $N(u\ldots n)^{T-P-R}$; & parmi les termes qui, suppression faite des termes divisibles par u^P, le sont par x^Q, il y en a de divisibles par y^R, un nombre exprimé par $N(u\ldots n)^{T-Q-R} - N(u\ldots n)^{T-P-Q-R}$; donc, outre les termes divisibles par u^P, & les termes divisibles par x^Q, le nombre des termes divisibles par y^R, sera seulement

$$N(u\ldots n)^{T-R} - N(u\ldots n)^{T-P-R} - N(u\ldots n)^{T-Q-R}$$
$$+ N(u\ldots n)^{T-P-Q-R}, \text{ c'est-à-dire,}$$

$$d[N(u\ldots n)^{T-R}]\ldots\left(\frac{T-R}{-P}\right) - dN(u\ldots n)^{T-Q-R}\ldots\left(\frac{T-Q-R}{-P}\right)$$

ou $dd[N(u\ldots n)^{T-R}]\ldots\left(\frac{T-R}{-P,-Q}\right)$.

Le nombre des termes divisibles par z^S, est $N(u\ldots n)^{T-S}$; mais parmi les termes divisibles par u^P, il y en a un nombre exprimé par $N(u\ldots n)^{T-P-S}$ qui sont divisibles par z^S; & parmi les termes qui, outre ceux divisibles par u^P, le sont par x^Q, il y en a un nombre exprimé par $N(u\ldots n)^{T-Q-S} - N(u\ldots n)^{T-P-Q-S}$ qui le sont par z^S; & parmi les termes qui, outre ceux divisibles par u^P, & ceux divisibles par x^Q, le sont par y^R, il y en a un nombre exprimé par $N(u\ldots n)^{T-R-S} - N(u\ldots n)^{T-P-R-S} - N(u\ldots n)^{T-Q-R-S} + N(u\ldots n)^{T-P-Q-R-S}$ qui le sont par z^S; donc le nombre des termes qui outre ceux divisibles par u^P, ceux divisibles par x^Q, ceux divisibles par y^R, le sont par z^S, est $N(u\ldots n)^{T-S} - N(u\ldots n)^{T-P-S}$
$- N(u\ldots n)^{T-Q-S} + N(u\ldots n)^{T-P-Q-S} - N(u\ldots n)^{T-R-S}$
$+ N(u\ldots n)^{T-P-R-S} + N(u\ldots n)^{T-Q-R-S} - N(u\ldots n)^{T-P-Q-R-S}$
c'est-à-dire,

$$dd[N(u\ldots n)^{T-S}]\ldots\left(\frac{T-S}{-P,-Q}\right) - dd[N(u\ldots n)^{T-R-S}]\ldots\left(\frac{T-R-S}{-P,-Q}\right)$$
$$= d^3[N(u\ldots n)^{T-S}]\ldots\ldots\left(\frac{T-S}{-P,-Q,-R}\right).$$

Il est bien facile de voir maintenant que s'il y a une cinquième inconnue r, de laquelle on demande combien il y a de termes divisibles par r^M, outre ceux divisibles par u^P, ceux divisibles par x^Q, ceux divisibles par y^R, & ceux divisibles par z^S, il est, dis-je, bien facile de voir à présent, que le nombre en ſera exprimé par

$d^4 N(u \ldots n)^{T-M} \ldots\ldots (-P, \overset{T-M}{-Q}, -R, -S)$; &, en général, on voit clairement quelle ſera l'expreſſion pour un nombre quelconque d'inconnues.

Remarque.

(42.) TELLE eſt l'expreſſion du nombre des termes en queſtion lorſque $T > P + Q + R + S$, &c. & c'eſt le ſeul cas dont nous ayons beſoin pour les équations complettes. Cette expreſſion n'auroit plus lieu ſi l'on avoit $T < P + Q + R + S$, &c. mais ce ne ſera qu'en traitant les équations incomplettes, que nous ferons connoître les différentes expreſſions relatives à ce cas.

PROBLÈME III.

(43.) *Suppoſant que l'on exclue du polynome* $(u \ldots n)^T$ *tous les termes diviſibles par* u^P, *tous les termes diviſibles par* x^Q, *tous les termes diviſibles par* y^R, *tous les termes diviſibles par* z^S ; *tous les termes diviſibles, &c. on demande l'expreſſion du nombre des termes reſtans ?*

Il eſt clair par le Problème précédent, que ſi l'on n'exclud que les termes diviſibles par u^P, le nombre des termes reſtans ſera $N(u \ldots n)^T - N(u \ldots n)^{T-P}$ ou $dN(u \ldots n)^T \ldots (\overset{T}{-P})$.

Si l'on exclud les termes diviſibles par u^P, & les termes diviſibles par x^Q, le nombre des termes reſtans ſera

$d[N(u \ldots n)^T] \ldots (\overset{T}{-P}) - d[N(u \ldots n)^{T-Q}] \ldots\ldots (\overset{T-Q}{-P})$,

c'eſt-à-dire, $dd[N(u \ldots n)^T] \ldots\ldots (-P, \overset{T}{-Q})$.

Si l'on exclud les termes diviſibles par u^P, les termes diviſibles par x^Q, les termes diviſibles par y^R, le nombre des termes reſtans ſera $dd[N(u \ldots n)^T] \ldots\ldots\ldots (-P, \overset{T}{-Q})$

$- dd[N(u \ldots n)^{T-R}] \ldots (-P, \overset{T-R}{-Q}) = d^3[N(u \ldots n)^T] \ldots (-P, \overset{T}{-Q}, -R)$.

Si l'on exclud les termes diviſiles par u^P, les termes diviſibles par x^Q, les termes diviſibles par y^R, & les termes diviſibles par z^S, le nombre des termes reſtans ſera

$$d^3[N(u\ldots n)^T]\ldots(-P,-\overset{T}{Q},-R) - d^3[N(u\ldots n)^{T-S}]\ldots(-P,-\overset{T-S}{Q}-R)$$
$$= d^4[N(u\ldots n)^T]\ldots(-P,-\overset{T}{Q},-R,-S)\text{ ; \& ainſi de ſuite.}$$

Remarque.

(44.) La forme ſous laquelle nous venons de mettre l'expreſſion du nombre de termes dont il a été queſtion, n'eſt pas la plus commode, ſi l'on a véritablement deſſein de connoître ce nombre de termes; dans ce cas, il faut ramener ces expreſſions à leur forme primitive, comme dans l'exemple qui va ſuivre.

Mais la forme que nous venons d'adopter eſt, ſi je ne me trompe, la plus parfaite pour l'objet auquel on verra, dans peu, qu'elle eſt deſtinée.

Suppoſons, pour donner un exemple, qu'on demande combien il reſteroit de termes dans le polynome $(u\ldots 3)^6$ ſi on en excluoit les termes diviſibles par u^3, les termes diviſibles par x^2, & les termes diviſibles par y.

Tous les termes de ce polynome ſont

u^6 u^5x u^5y u^4x^2 u^4xy u^4y^2 u^3x^3 u^3x^2y u^3xy^2 u^3y^3 u^2x^4 u^2x^3y $u^2x^2y^2$ u^2xy^3 u^2y^4
ux^5 ux^4y ux^3y^2 ux^2y^3 uxy^4 uy^5 x^6 x^5y x^4y^2 x^3y^3 x^2y^4 xy^5 y^6

u^5 u^4x u^4y u^3x^2 u^3xy u^3y^2 u^2x^3 u^2x^2y u^2xy^2 u^2y^3 ux^4 ux^3y ux^2y^2 uxy^3 uy^4
x^5 x^4y x^3y^2 x^2y^3 xy^4 y^5

u^4 u^3x u^3y u^2x^2 u^2xy u^2y^2 ux^3 ux^2y uxy^2 uy^3 x^4 x^3y x^2y^2 xy^3 y^4

u^3 u^2x u^2y ux^2 uxy uy^2 x^3 x^2y xy^2 y^3

u^2 ux uy x^2 xy y^2

u x y

1

Le nombre total des termes eſt

$$N(u\ldots 3)^6 = \frac{7\times 8\times 9}{2\times 3} = 84\ldots\ldots(37).$$

Le nombre des termes diviſibles par u^3, eſt

$$N(u\ldots 3)^{6-3} = \frac{4\times 5\times 6}{2\times 3} = 20.$$

Le nombre des termes diviſibles par x^2, après l'expulſion des termes divisibles par u^3, est

$$N(u\ldots3)^{6-2} - N(u\ldots3)^{6-5} = N(u\ldots3)^4 - N(u\ldots3)^1 = 35 - 4 = 31.$$

Le nombre des termes divisibles par y, après l'expulsion des termes divisibles par u^3, & des termes divisibles par x^2, est

$$N(u\ldots3)^{6-1} - N(u\ldots3)^{6-3-1} - N(u\ldots3)^{6-2-1} + N(u\ldots3)^{6-3-2-1}$$
$$= 56 - 10 - 20 + 1 = 27.$$

Donc le nombre des termes restans est 6.

Et en effet les termes restans sont

$$\begin{array}{ll} u^2x & \\ u^2 & ux \\ u & x \\ 1 & \end{array}$$

Réflexions préparatoires à la détermination du degré de l'Equation finale résultante d'un nombre quelconque d'Equations complettes, à pareil nombre d'Inconnues.

(45.) SUPPOSONS qu'on ait un nombre quelconque n d'équations complettes, renfermant un pareil nombre d'inconnues, & que nous représenterons par $(u\ldots n)^t = 0$, $(u\ldots n)^{t'} = 0$, $(u\ldots n)^{t''} = 0$, $(u\ldots n)^{t'''} = 0$, &c.

Concevons, qu'à l'aide des $n-1$ dernières équations, on détermine la valeur de $x^{t'}$, de $y^{t''}$, de $z^{t'''}$, &c. ce que l'on conçoit facilement toujours possible, lorsque les équations ont, comme nous le supposons, toute la généralité possible : d'ailleurs, nous en donnerons les moyens par la suite ; mais il suffit, quant à présent, d'en concevoir la possibilité. Il est clair que ces équations ne pouvant donner que ces valeurs, ou celles de leurs multiples (ce qui n'exprime rien de plus), on ne peut à l'aide de ces équations faire disparoître dans la première, que les termes où il sera possible de substituer la valeur de $x^{t'}$, la valeur de $y^{t''}$, la valeur de $z^{t'''}$, &c. c'est-à-dire, les termes divisibles par $x^{t'}$, les termes divisibles par $y^{t''}$, les termes divisibles par $z^{t'''}$, &c. Mais on sent très-bien que cette substitution n'est pas suffisante pour faire disparoître les autres termes affectés de x, y, z, &c. & par conséquent pour donner l'équation en u, si ce n'est accidentellement, & dans les cas particuliers où il y auroit certaines relations entre les coëfficiens de ces équations, cas qui ne peuvent avoir lieu ici, où nous considérons les équations dans leur plus grande généralité.

On voit donc d'abord que l'équation finale ne peut être ni du degré t, ni au-dessous. Mais si on conçoit qu'on multiplie l'équation $(u \ldots n)^t$ par un polynome complet du degré T, à pareil nombre d'inconnues, & que dans l'équation $(u \ldots n)^{T+t} = 0$, qui en résultera (& que nous appellerons *Equation-produit*), on substitue dans tous les termes où il sera possible de le faire, la valeur de $x^{t'}$, celle de $y^{t''}$, celle de $z^{t'''}$, &c. alors comme le polynome multiplicateur aura introduit dans l'équation-produit autant de coëfficiens différens qu'il y a de termes, on conçoit qu'après ces substitutions il peut ne rester de termes affectés de x, y, z, &c. qu'autant qu'il sera possible d'en faire disparoître à l'aide des coëfficiens du polynome multiplicateur.

Non-seulement on conçoit que cela peut arriver; mais on voit que cela doit arriver, c'est-à-dire, qu'il doit y avoir un polynome multiplicateur qui fournira les coëfficiens nécessaires pour la destruction totale des termes affectés de x, y, z, &c. après l'expulsion des termes divisibles par $x^{t'}$, $y^{t''}$, $z^{t'''}$, &c. faite par la substitution des valeurs de ces quantités.

En effet, on ne peut arriver à l'équation en u, qu'à l'aide des valeurs que $n - 1$ de ces équations donneront à substituer dans la n.eme, ou dans une fonction de la n.eme. Les $n - 1$ dernières équations, par exemple, ne peuvent donner autre chose que la valeur de $x^{t'}$, $y^{t''}$, $z^{t'''}$, &c. Donc ces valeurs substituées dans une certaine fonction de la première équation, doivent suffire pour y exprimer toutes les conditions de la question que ces équations renferment; donc, puisque la question doit à la fin se réduire à une équation en u, il faut, qu'après ces substitutions, tous les termes affectés de x, de y, de z, &c. puissent être détruits.

Or la fonction la plus générale dans laquelle on puisse faire cette substitution, est un polynome complet : elle doit donc être le produit d'une des équations proposées, par un polynome complet. Il doit donc y avoir un polynome complet qui, par le nombre de ses coëfficiens, puisse satisfaire à la destruction de tous les termes qui resteront affectés de x, y, z, &c. après la substitution de $x^{t'}$, $y^{t''}$, $z^{t'''}$, &c.

Mais on se tromperoit beaucoup si on pensoit que tous les coëfficiens de ce polynome peuvent être utiles à cet objet.

En effet, il eſt facile de voir, qu'à l'aide des valeurs de $x^{t'}$, $y^{t''}$, $z^{t'''}$, &c. on peut toujours, quand on le voudra, faire diſparoître de ce polynome, tous les termes diviſibles par $x^{t'}$, tous les termes diviſibles par $y^{t''}$, tous les termes diviſibles par $z^{t'''}$, &c. donc, puiſque ces termes ſont ſuppreſſibles à volonté, on ne peut donner à leurs coëfficiens aucune deſtination particulière, ou du moins on ne peut compter ſur leur uſage pour ſatisfaire aux conditions de la queſtion : en un mot, puiſqu'on peut toujours les faire diſparoître, la ſolution doit être tout-à-fait indépendante de ces coëfficiens ; & l'on doit, par conſéquent, pour plus de ſimplicité, les omettre.

Une autre conſidération importante, & qui achevera de nous faire connoître les qualités que doit avoir le polynome multiplicateur, pour être propre à anéantir tous les termes autres que les termes en u ; c'eſt que le degré de ce polynome ne peut pas être moindre que la ſomme des expoſans $t' + t'' + t'''$, + &c. des $n - 1$ équations qui fourniſſent aux ſubſtitutions.

Car il faut qu'il ait la plus grande généralité poſſible ; il faut donc qu'on puiſſe y faire toutes les ſubſtitutions poſſibles des valeurs de $x^{t'}$, $y^{t''}$, &c. il faut donc qu'il renferme toutes les combinaiſons poſſibles de $x^{t'}$, $y^{t''}$, $z^{t'''}$, &c. ſon degré ne doit donc pas être moindre que $t' + t'' + t'''$, + &c.

D'après ces réflexions, nous pouvons procéder à la recherche du degré de l'équation finale.

Détermination du degré de l'Equation finale réſultante d'un nombre quelconque d'Equations complettes renfermant un pareil nombre d'Inconnues.

(46.) Les Équations propoſées étant repréſentées par $(u \ldots n)^{t} = 0$, $(u \ldots n)^{t'} = 0$, $(u \ldots n)^{t''} = 0$, $(u \ldots n)^{t'''} = 0$, &c. concevons qu'après avoir multiplié la première, par le polynome complet $(u \ldots n)^{T}$, on ſubſtitue dans *l'Équation-produit* $(u \ldots n)^{T+t} = 0$, au lieu $x^{t'}$, de $y^{t''}$, de $z^{t'''}$, &c. leurs valeurs tirées des $n - 1$ autres équations : il eſt viſible que par cette ſubſtitution on fera diſparoître dans l'équation-produit, tous les termes diviſibles par $x^{t'}$, tous les termes diviſibles par $y^{t''}$, tous les termes diviſibles par $z^{t'''}$, &c. Donc (43) le nombre des termes reſtans dans l'équation-produit, après toutes ces ſubſtitutions, ſera $d^{n-1}[N(u\ldots n)^{T+t}]\ldots(-t', \overset{T+t}{-t''}, -t''', \&c.)$.

Soit D le degré auquel montera l'équation finale; $D+1$ ſera donc le nombre de ſes termes, & par conſéquent auſſi le nombre des termes où il n'entrera que des puiſſances de u ſeul. Donc le nombre des termes qui reſteront affectés de x, y, z, &c. ſera

$$d^{n-1}[N(u\ldots n)^{T+t}]\ldots(-t', \overset{T+t}{-t''}, -t''', \&c.) - D - 1.$$

Concevons qu'on faſſe pareillement, dans le polynome multiplicateur $(u \ldots n)^T$, les ſubſtitutions des valeurs de $x^{t'}, y^{t''}, z^{t'''}$, &c. Ces ſubſtitutions en feront diſparoître tous les termes diviſibles par $x^{t'}$, tous les termes diviſibles par $y^{t''}$, tous les termes diviſibles par $z^{t'''}$, &c. & réduiront par conſéquent le nombre des termes de ce polynome à $d^{n-1}[N(u\ldots n)^{T}]\ldots(-t', \overset{T}{-t''}, -t''', \&c.)$.

Le polynome ne pourra donc fournir que ce nombre de coëfficiens utiles à la deſtruction des termes qui dans l'équation-produit reſtent affectés de x, y, z, &c. après les ſubſtitutions.

Il faut même en diminuer encore le nombre, de 1; car il eſt facile d'appercevoir que comme on peut toujours, dans l'équation-produit, ſuppoſer à volonté le coëfficient de l'un quelconque des termes égal à l'unité, ou à toute autre quantité que l'on voudra, il y a encore un coëfficient, parmi ceux qui reſtent, dans le polynome multiplicateur, dont on ne peut faire aucun uſage pour la deſtruction des termes reſtans dans l'équation-produit.

Cela poſé, il eſt bien facile de voir que la deſtruction de chaque terme reſtant affecté de x, y, z, &c. dans l'équation-produit, ne pouvant être opérée qu'à l'aide d'un coëfficient indéterminé fourni par le polynome multiplicateur, il faut qu'on ait l'équation ſuivante

$$d^{n-1}[N(u\ldots n)^{T}]\ldots(-t', \overset{T}{-t''}, -t''', \&c.) - 1$$

$$= d^{n-1}[N(u\ldots n)^{T+t}]\ldots(-t', \overset{T+t}{-t''}, -t''', \&c.) - D - 1,$$

D'où l'on tire

$$D = d^{n-1}[N(u\ldots n)^{T+t}]\ldots(-t', \overset{T+t}{-t''}, -t''', \&c.) - d^{n-1}[N(u\ldots n)^{T}]\ldots(-t', \overset{T}{-t''}, -t''', \&c.),$$

c'eſt-à-dire,

$$D = d^{n}[N(u\ldots n)^{T+t}]\ldots(-t, -t', \overset{T+t}{-t''}, -t''', \&c.).$$

Si l'on fe rappelle préfentement 1.° que (39)

$$N(u\ldots n)^{T+t} = \frac{(T+t+1).(T+t+2).(T+t+3)\ldots\ldots(T+t+n)}{1\,.\,2\,.\,3\,\ldots\ldots\ldots\,n}.$$

2.° Les omiffions (12) que l'on peut fe permettre dans le calcul de la différence du degré n:

On verra d'abord que la valeur de D peut être réduite à

$$D = \frac{d^n(T+t)^n \ldots\ldots \left(\overset{T+t}{-t, -t', -t'', -t''', \&c.}\right)}{1\,.\,2\,.\,3\,\ldots\ldots\,n}$$

Enfin fi l'on fe rappelle (14) les omiffions que l'on peut encore fe permettre dans le calcul des différences fucceffives par lefquelles on arrive à la différence du degré n; & la remarque (15) par laquelle nous avons fait voir que lorfqu'il s'agit d'une différence d'un degré égal à la dimenfion de la quantité qu'on a à différencier, il importe peu de confidérer les variables comme croiffant toutes, ou décroiffant toutes; c'eft-à-dire, qu'on peut fuppofer toutes les variations pofitives, on aura

$$D = \frac{d^n(T+t)^n \ldots\ldots \left(\overset{T+t}{t, t', t'', t''', \&c.}\right)}{1\,.\,2\,.\,3\,\ldots\ldots\,n}$$

C'eft-à-dire, enfin

$$D = t\,t'\,t''\,t''', \&c.$$

D'où l'on conclud ce théorême général.

(47.) *Le degré de l'équation finale réfultante d'un nombre quelconque d'équations complettes renfermant un pareil nombre d'inconnues, & de degrés quelconques, eft égal au produit des expofans des degrés de ces équations.*

Remarques.

(48.) 1.° Si on ne fuppofe que deux équations & deux inconnues, c'eft-à-dire, fi on fuppofe qu'on ait feulement $(u\ldots 2)^t = 0$, & $(u\ldots 2)^{t'} = 0$; le degré de l'équation finale fera donc tt', c'eft-à-dire, égal au produit des expofans des degrés de ces deux équations : c'eft à cela que fe réduit tout ce que l'on a jufqu'ici démontré de général, fur le réfultat de l'élimination dans les équations complettes.

2.°

2.° Si on suppose $t'' = t''' = t^{\text{IV}} =$ &c. $= 1$; on aura $D = t\,t'$, c'est-à-dire, que le degré de l'équation finale sera le même que si on n'avoit que deux équations & deux inconnues, l'une du degré t, l'autre du degré t' : & il est aisé de voir que cela doit être ainsi, puisqu'à l'aide des $n - 2$ équations du premier degré, on sent qu'on peut éliminer $n - 2$ inconnues sans rien changer au degré des deux équations $(u \ldots n)^t = 0$, $(u \ldots n)^{t'} = 0$, qui par-là deviendront deux équations de la forme $(u \ldots 2)^t = 0$, $(u \ldots 2)^{t'} = 0$. Mais la méthode que nous donnerons pour arriver à l'équation finale, & dont on peut déja prévoir la marche, n'exigera pas ces éliminations partielles. Nous l'exposerons en détail dans le second Livre : il n'est question ici que du degré de l'équation finale.

3.° On sait, par la Géométrie & l'Algèbre, que deux lignes courbes tracées sur un plan, & dont les équations sont algébriques, ne peuvent se rencontrer en un plus grand nombre de points, qu'il n'y a d'unités dans le produit des exposans des degrés de leurs équations. C'est une suite très-simple de ce que nous venons de dire dans la première remarque.

On sait aussi, par la Géométrie, que les surfaces des corps peuvent être exprimées par des équations à trois inconnues : donc si ces corps sont tels que leurs surfaces puissent être exprimées par trois équations algébriques, il résulte immédiatement de notre Théorème général (47) ce Théorème général de Géométrie.........

Les surfaces de trois corps dont la nature peut être exprimée par des équations algébriques, ne peuvent jamais se rencontrer toutes les trois, en un plus grand nombre de points, qu'il n'y a d'unités dans le produit des trois exposans du degré de ces équations.

Ainsi, pour le dire en passant, trois cylindres, trois sphères, trois cônes, trois ellipsoïdes, trois paraboloïdes, trois hyperboloïdes, ne peuvent jamais avoir plus de huit points de leurs surfaces, qui soient communs ; & cela de quelque manière qu'on les dispose.

Il en est de même d'un cylindre, d'une sphère & d'un ellipsoïde qui se rencontreroient tous les trois, & en général de la combinaison de trois quelconques des solides que nous venons de nommer ; parce que ces solides sont tels que la nature de leur ſurface peut être exprimée par trois équations à trois inconnues, du ſecond degré chacune.

4.° On peut juger actuellement combien la méthode d'élimination ſucceſſive donneroit de racines inutiles à l'équation finale. En effet, ſuppoſant, par exemple, quatre équations ſeulement, toutes quatre du degré t; ſi pour éliminer ſucceſſivement les inconnues on compare l'une de ces équations à chacune des trois autres, on aura trois équations chacune du degré t^2.

Comparant enſuite l'une de ces trois à chacune des autres, on ſera conduit à deux équations chacune du degré t^4.

Comparant enfin l'une de celles-ci, à l'autre, on aura pour équation finale, une équation du degré t^8.

Or nous venons de voir que l'équation finale ne doit être que du degré t^4.

Par exemple, pour quatre équations du degré 2 ſeulement, la méthode d'élimination ſucceſſive donneroit une équation finale du degré 256, tandis qu'elle ne doit être que du degré 16.

Si les quatre équations étoient du troiſième degré, l'équation finale donnée par la méthode d'élimination ſucceſſive, ſeroit du degré 6561, tandis qu'elle ne doit être que du degré 81.

Il eſt vrai que ſi on procédoit à l'élimination ſucceſſive, ſelon la méthode que nous avons donnée dans les Mémoires de l'Académie des Sciences, pour l'année 1764, on éviteroit pluſieurs de ces racines inutiles; mais il en reſteroit encore un grand nombre, & un nombre que d'ailleurs il n'y a eu juſqu'ici aucun moyen praticable de déterminer.

On voit par-là combien nous avons eu raiſon de dire il y a déja pluſieurs années * que probablement on n'arriveroit à éviter de donner à l'équation finale des racines inutiles, que lorſqu'on auroit trouvé une méthode pour éliminer à la fois toutes les inconnues, hors une.

* Voyez le *Cours de Mathématiques à l'uſage des Gardes du Pavillon & de la Marine*, troiſième Partie, pages 209 & 210.

SECTION II.

Des Polynomes incomplets, & des Equations incomplettes du premier ordre.

(49.) Nous n'insistons pas pour faire sentir toute l'étendue du Théorême général auquel nous sommes parvenus (47) sur les équations complettes. Nous remarquerons seulement, qu'en même temps qu'il donne le degré précis de l'équation finale résultante d'un nombre quelconque d'équations complettes, & qui tant par leurs exposans que par les coëfficiens de leurs différens termes ont toute la généralité possible, en même temps il donne la limite du degré de quelque équation que ce soit, complette ou incomplette, susceptible ou non d'abaissement, soit par l'absence d'un certain nombre de ses termes, soit par des relations quelconques entre leurs coëfficiens.

(50.) Quelque utile que soit déja cette limite, il l'est encore bien davantage de la resserrer encore plus, & même de fixer, autant qu'il sera possible, le degré précis, dans tous les cas possibles, même dans les cas où les Equations ne sont susceptibles d'abaissement que par des relations particulières entre les coëfficiens de leurs termes.

(51.) Cet objet est si vaste que le Lecteur ne s'attend pas sans doute à nous voir entreprendre d'en parcourir toutes les branches. Mais ce qu'on peut raisonnablement desirer, est de connoître la méthode pour arriver à ce but dans quelque cas que ce soit : c'est à quoi nous tâcherons de satisfaire.

(52.) Quelque idée que nos Lecteurs aient pu se faire déja de l'étendue de la matière que nous entreprenons de traiter, celle qu'il en prendra par la suite, surpassera probablement la première. Nous devons donc procéder avec méthode, & ne donner d'abord à nos recherches qu'une généralité qui prépare l'esprit à des objets plus étendus.

Nous ne ferons donc connoître les différentes espèces de polynomes incomplets, & d'équations incomplettes, qu'à mesure que nous en traiterons. Mais avant que d'en entamer la première branche nous croyons devoir présenter au Lecteur les observations suivantes.

(53.) Toute équation à laquelle il manque quelqu'un des termes que nous avons vus devoir être compris dans un polynome complet, ou dans une équation complette, peut, en général, s'appeller *Equation incomplette.* Mais tous les différens termes qui peuvent manquer à une équation complette, n'ont pas une égale influence pour l'abaissement du degré de l'équation finale.

Si les exposans de quelques-unes des inconnues, dans les termes qui manquent, sont moindres que le plus haut exposant des mêmes inconnues dans les termes restans; & si, en même temps, ils se trouvent appartenir à des dimensions inférieures à celles où se trouvent ces derniers, leur absence n'apportera aucun abaissement au degré de l'équation finale : elle sera du même degré que si les équations étoient complettes, ou du moins cet abaissement ne sera qu'accidentel, & une suite de quelque relation particulière entre les coëfficiens.

Par exemple, les deux équations $ax^2 + bxy + cy^2 + g = 0$, $a'x^2 + b'xy + c'y^2 + g' = 0$, à chacune desquelles manquent les termes de la dimension 1, sans que les termes de la dimension 2 manquent, conduiront à une équation finale du quatrième degré, comme le feroient les deux équations complettes $ax^2 + bxy + cy^2 + ex + fy + g = 0$, $a'x^2 + b'xy + c'y^2 + e'x + f'y + g' = 0$. Toute la différence sera que les coëfficiens des termes de l'équation finale seront plus simples dans le premier cas, que dans le second.

(54.) Les équations incomplettes que nous considérerons, seront donc celles à qui il manquera des termes qui peuvent influer sur le degré de l'équation finale. Quoiqu'incomplettes, dans ce sens qu'elles ont moins de termes qu'une équation complette du même degré, elles ont une bien plus grande étendue que les équations complettes, qu'elles renferment comme un cas très-particulier.

Nous aurions donc pu, à la rigueur, nous dispenser de traiter spécialement de celles-ci : mais outre que nous n'aurions pu les présenter d'une manière aussi facile à saisir, dans un début, nous avons encore été déterminés à suivre cette marche, par cette conſidération, que l'idée de la ſubſtitution ſur laquelle nos raiſonnemens ont été appuyés, rapproche le plus qu'il eſt poſſible, l'expoſition de notre marche, des idées élémentaires de l'élimination dans les équations du premier degré.

Quoique nous puſſions bien encore appliquer la même idée aux équations incomplettes, nous allons cependant préſenter les choſes ſous un autre point de vue, mais généralement applicable, & toujours de la même maniere : au lieu que le principe de la ſubſtitution, ſi nous nous y attachions, exigeroit des modifications, & des attentions particulières dont il ne peut d'ailleurs être qu'utile que nous donnions une idée.

(55.) Suppoſons, pour plus de ſimplicité, que nous avons ſeulement trois équations complettes, & trois inconnues, & toutes trois du degré t. Si, à l'aide de deux de ces équations, je prends la valeur de y^t, & celle de z^t; comme ces deux quantités n'ont aucun diviſeur commun, les deux équations qui les ont fournies ne peuvent donner rien au-delà de ces deux valeurs & de leurs multiples : ainſi la queſtion doit pouvoir être réſolue par la ſeule ſubſtitution des valeurs de y^t & de z^t, dans une quantité convenable, c'eſt-à-dire, dans l'équation-produit.

Mais ſi les équations ſont incomplettes : ſi, par exemple, y n'y paſſe pas le degré A, & z le degré $\underset{,}{A}$; alors ſi on prend la valeur du terme $y^A z^{t-A}$ dans l'une, & du terme $y^{t-\underset{,}{A}} z^{\underset{,}{A}}$ dans l'autre, ainſi qu'on doit le faire, parce que ce ſont les deux termes qui dans la dimenſion la plus élevée, ont le plus petit commun diviſeur; alors non-ſeulement les deux équations peuvent donner ces deux valeurs, mais elles peuvent en donner encore d'autres qui n'en feront pas des multiples. Par exemple, ſi les deux équations ſont du quatrième degré, & que y & z dans l'une & dans l'autre, ne paſſent pas le degré 3; alors prenant à l'aide de ces deux équations la valeur de y^3z & de yz^3; ces valeurs ne ſont pas les ſeules que l'on puiſſe tirer de ces équations; on peut encore en tirer la valeur de $x^2y^2z^2$, ou de x^2y^4, ou de x^2z^4; c'eſt ce qu'on peut voir facilement en ſuppoſant pour abréger que les valeurs de y^3z & de yz^3 ſoient repréſentées reſpectivement par $y^3z = M$, & $yz^3 = N$; alors diviſant l'une par l'autre, on a $\frac{y^2}{z^2} = \frac{M}{N}$ ou $Ny^2 = Mz^2$ équation du ſixième degré qui fournira l'une quelconque des valeurs que nous venons de dire : & comme $x^2y^2z^2$, par exemple, n'eſt multiple ni de y^3z ni de yz^3, il eſt clair qu'outre les termes diviſibles par y^3z & par yz^3, on pourra encore faire diſparoître par la ſubſtitution, les termes, ou du moins quelques-uns des termes, diviſibles par $x^2y^2z^2$. Donc en ſubſtituant ſeulement la valeur de y^3z & la valeur de yz^3 fournies par deux équations, on n'exprimeroit pas ſuffiſamment les conditions de la queſtion, on ne tireroit pas de ces équations tout ce qu'elles peuvent & doivent donner ; il faudroit encore ſubſtituer la valeur de $x^2y^2z^2$.

Dans des équations incomplettes plus élevées, ou différemment compoſées, on ſeroit dans le cas de pouvoir conclure un plus grand nombre de valeurs à ſubſtituer.

(56.) On voit donc combien la queſtion devient moins ſimple, & qu'il faut de l'art pour perſiſter à y appliquer le principe de la ſubſtitution. Mais nous croyons faire ici une remarque utile dans l'Analyſe, en faiſant obſerver que lorſque les quantités dont on conclud les valeurs à l'aide d'un certain nombre d'équations, ont un diviſeur commun entre elles, ces valeurs ne ſont pas tout ce que ces équations peuvent fournir.

Nous n'approfondirons pas davantage cette obſervation, pour le moment ; nous y reviendrons quand il ſera queſtion du procédé pour l'élimination. Il ſuffit que par cette obſervation nous ayons juſtifié la néceſſité ou du moins l'utilité d'employer une autre méthode pour déterminer le degré de l'équation finale.

(57.) La première eſpece d'équations incomplettes, dont nous allons rechercher le degré de l'équation finale, eſt celle où chaque inconnue ne paſſe pas un degré donné différent pour chaque inconnue ; mais où d'ailleurs les inconnues, dans leurs combinaiſons deux à deux, trois à trois, &c. montent à la dimenſion totale de l'équation.

Des Polynomes incomplets, & des Équations incomplettes, dans lesquels chaque inconnue ne passe pas un degré donné différent pour chaque inconnue; & où d'ailleurs les inconnues, dans leurs combinaisons deux & deux, trois à trois, quatre à quatre, montent ensemble à la dimension totale du Polynome ou de l'Equation.

(58.) REPRÉSENTANT par A, $\underset{'}{A}$, $\underset{''}{A}$, $\underset{'''}{A}$, &c. les degrés auxquels chaque inconnue peut atteindre, & par T le degré du polynome ou de l'équation; nous représenterons le polynome dont il s'agit par $(u^A \ldots n)^T$; & une équation par $(u^A \ldots n)^T = 0$.

PROBLÈME IV.

(59.) *On demande le nombre des termes du Polynome* $(u^A \ldots n)^T$, *ou la valeur de* $N(u^A \ldots n)^T$.

La solution de ce problême est très-facile après ce qui a été dit (41). Car puisque u, par exemple, ne doit pas passer le degré A, il s'ensuit donc qu'il manque au polynome tous les termes divisibles par u^{A+1}, dont le nombre, dans un polynome complet, est (41) $N(u \ldots n)^{T-A-1}$.

Puisque x ne doit pas passer le degré $\underset{'}{A}$; il manque au polynome tous les termes divisibles par $x^{\underset{'}{A}+1}$, dont le nombre dans le polynome complet est $N(u \ldots n)^{T-\underset{'}{A}-1}$.

Mais comme u & x doivent ensemble monter à la dimension T, on doit avoir $A + \underset{'}{A} > T$; donc l'expulsion des termes divisibles par u^{A+1} n'a emporté aucun terme divisible par $x^{\underset{'}{A}+1}$, puisque le plus bas des termes dans ce cas, seroit $u^{A+1} x^{\underset{'}{A}+1}$, qui passe la dimension T.

Donc même après l'expulsion des termes divisibles par u^{A+1}, celle des termes divisibles par $x^{\underset{'}{A}+1}$ fait manquer un nombre de termes $= N(u \ldots n)^{T-\underset{'}{A}-1}$.

Puisque y ne doit pas passer le degré $\underset{''}{A}$, il manque donc au polynome complet tous les termes divisibles par $y^{\underset{''}{A}+1}$; & comme on suppose que u avec y, & x avec y doivent monter à la dimension T dans le polynome proposé, on a $A + \underset{''}{A} > T$, $\underset{'}{A} + \underset{''}{A} > T$, donc l'expulsion des termes divisibles par u^{A+1}, & des termes divisibles par $x^{A_{'}+1}$, n'a emporté aucun des termes divisibles par $y^{A_{''}+1}$; donc le nombre de ceux-ci est $N(u\ldots n)^{T-A_{''}-1}$.

En continuant de raisonner de la même maniere, on verra de même, qu'il manque en z, un nombre de termes exprimé par $N(u\ldots n)^{T-A_{'''}-1}$; & ainsi de suite.

Donc $N(u^A\ldots n)^T = N(u\ldots n)^T - N(u\ldots n)^{T-A-1}$ $- N(u\ldots n)^{T-A_{'}-1} - N(u\ldots n)^{T-A_{''}-1} - N(u\ldots n)^{T-A_{'''}-1}$ $-$ &c.

PROBLÈME V.

(60.) *Soient* $(u^{a'}\ldots n)^{t'}=0$, $(u^{a''}\ldots n)^{t''}=0$, $(u^{a'''}\ldots n)^{t'''}=0$, *&c. un nombre quelconque d'équations renfermant un nombre* n *d'inconnues; soit* $(u^A\ldots n)^T$ *un polynome, tel que l'on ait*

$A - a' - a'' - a'''$, &c. $+ A_{'} - a'_{'} - a''_{'} - a'''_{'}$, &c. $> T - t' - t'' - t'''$, &c.

$A - a' - a'' - a'''$, &c. $+ A_{''} - a'_{''} - a''_{''} - a'''_{''}$, &c. $> T - t' - t'' - t'''$, &c.

$A - a' - a'' - a'''$, &c. $+ A_{'''} - a'_{'''} - a''_{'''} - a'''_{'''}$, &c. $> T - t' - t'' - t'''$, &c.

$A_{'} - a'_{'} - a''_{'} - a'''_{'}$, &c. $+ A_{''} - a'_{''} - a''_{''} - a'''_{''}$, &c. $> T - t' - t'' - t'''$, &c.

$A_{'} - a'_{'} - a''_{'} - a'''_{'}$, &c. $+ A_{'''} - a'_{'''} - a''_{'''} - a'''_{'''}$, &c. $> T - t' - t'' - t'''$, &c.

$A_{''} - a'_{''} - a''_{''} - a'''_{''}$, &c. $+ A_{'''} - a'_{'''} - a''_{'''} - a'''_{'''}$, &c. $> T - t' - t'' - t'''$, &c.

& ainsi de suite.

On demande combien, à l'aide de ces équations, on peut faire disparoître de termes dans le polynome, sans en introduire de nouveaux.

Ne supposons d'abord qu'une équation; & concevons que l'ayant multipliée par un polynome $(u^{A'}\ldots n)^{T'}$, on ajoute le produit $(u^{A'+a'}\ldots n)^{T'+t'}$ au polynome proposé: il est clair 1.° que cette addition ne changera rien à la valeur du polynome proposé.

2.° Que supposant au polynome multiplicateur les qualités nécessaires pour ne pas introduire de nouveaux termes, on pourra faire disparoître dans le polynome proposé autant de termes qu'en aura le polynome multiplicateur, puisque chacun de ceux-ci fournira un coëfficient.

3.° Qu'afin que ce polynome multiplicateur fasse disparoître le le plus grand nombre de termes possible, sans en introduire de nouveaux, il faut que

$$T'+t'=T;\ A'+a'=A;\ A'_{,}+a'_{,}=A_{,};\ A'_{,,}+a'_{,,}=A_{,,};\ A'_{,,,}+a'_{,,,}=A_{,,,};$$

& ainsi de suite :

On a donc

$$T'=T-t';\ A'=A-a';\ A'_{,}=A_{,}-a'_{,};\ A'_{,,}=A_{,,}-a'_{,,};\ A'_{,,,}=A_{,,,}-a'_{,,,};$$

& ainsi de suite.

Or il résulte des conditions présentées dans l'énoncé, que

$$A-a'+A_{,}-a'_{,}>T-t';\quad A-a'+A_{,,}-a'_{,,}>T-t';$$

$$A-a'+A_{,,,}-a'_{,,,}>T-t';\quad A_{,}-a'_{,}+A_{,,}-a'_{,,}>T-t', \text{ \&c.}$$

Donc le polynome $(u^{A'}\dots n)^{T'}$ qui devient $(u^{A-a'}\dots n)^{T-t'}$, est de même nature que le polynome & les équations proposés.

Le nombre des termes qu'on peut faire disparoître à l'aide de la première équation seule, est donc $N(u^{A-a'}\dots n)^{T-t'}$; & par conséquent facile à exprimer en $T-t'$, & $A-a'$, par ce qui a été dit (39).

Supposons maintenant deux équations.

Si on conçoit qu'on multiplie, comme ci-devant, la première, par le polynome $(u^{A'}\dots n)^{T'}$; le nombre des termes qu'on pourra faire disparoître ne sera plus $N(u^{A'}\dots n)^{T'}$. En effet, puisqu'il existe une seconde équation, on pourra toujours, à l'aide de cette seconde équation, faire disparoître dans le polynome $(u^{A'}\dots n)^{T'}$ un nombre de termes que par un raisonnement semblable au précédent, on verra être exprimé par $N(u^{A'-a''}\dots n)^{T'-t''}$; donc le polynome $(u^{A'}\dots n)^{T}$ ne fournira qu'un nombre de coëfficiens $= N(u^{A'}\dots n)^{T'} - N(u^{A'-a''}\dots n)^{T'-t''}$, c'est-à-dire, en mettant pour A' & T' leurs valeurs, un nombre de coëfficiens $= N(u^{A-a'}\dots n)^{T-t'} - N(u^{A-a'-a''}\dots n)^{T-t'-t''}$. La première équation ne pourra donc faire disparoître qu'un pareil nombre de termes. Quant à la seconde, s'il n'y a pas de troisième équation, il n'y a rien qui puisse diminuer le nombre des coëfficiens du polynome par lequel on doit également concevoir qu'on la multiplie, pour l'ajouter au polynome proposé; & le même raisonnement que nous avons employé pour le cas d'une seule équation, fait voir qu'à l'aide de cette seconde équation, on pourra faire disparoître un nombre de termes exprimé par $N(u^{A-a''}\dots n)^{T-t''}$.

Donc, à l'aide des deux équations, on pourra faire disparoître un nombre de termes exprimé par $N(u^{A-a'}\ldots n)^{T-t'} + N(u^{A-a''}\ldots n)^{T-t''} - N(u^{A-a'-a''}\ldots n)^{T-t'-t''}$. Et en vertu des conditions

$$A - a' - a'' + A_{,} - a'_{,} - a''_{,} > T - t' - t'', \text{ \&c. on}$$

verra que les polynomes $(u^{A-a'}\ldots n)^{T-t'}$, $(u^{A-a''}\ldots n)^{T-t''}$, $(u^{A-a'-a''}\ldots n)^{T-t'-t''}$ sont de même nature que le polynome & les équations proposés.

Supposons trois équations.

En concevant qu'on multiplie comme ci-devant, la première par le polynome $(u^{A'}\ldots n)^{T'}$; la seconde, par le polynome $(u^{A''}\ldots n)^{T''}$; la troisième, par le polynome $(u^{A'''}\ldots n)^{T'''}$, & que l'on détermine A', A'', A''', &c. T', T'', T''', &c. par la condition d'être les plus grands qu'il est possible, sans introduire de nouveaux termes; on trouvera de la même manière que ci-devant

$$T' = T - t'; \quad A' = A - a'; \quad A'_{,} = A_{,} - a'_{,}, \text{ \&c.}$$

$$T'' = T - t''; \quad A'' = A - a''; \quad A''_{,} = A_{,} - a''_{,}, \text{ \&c.}$$

$$T''' = T - t'''; \quad A''' = A - a'''; \quad A'''_{,} = A_{,} - a'''_{,}, \text{ \&c.}$$

On verra d'ailleurs, par ce que nous venons de dire sur deux équations, que l'on pourra toujours, à l'aide des deux dernières, faire disparoître dans le polynome multiplicateur $(u^{A'}\ldots n)^{T'}$, un nombre de termes exprimé par $N(u^{A'-a''}\ldots n)^{T'-t''} + N(u^{A'-a'''}\ldots n)^{T'-t'''} - N(u^{A'-a''-a'''}\ldots n)^{T'-t''-t'''}$; que par conséquent ce polynome ne fournira qu'un nombre de coëfficiens $= N(u^{A'}\ldots n)^{T'} - N(u^{A'-a''}\ldots n)^{T'-t''} - N(u^{A'-a'''}\ldots n)^{T'-t'''} + N(u^{A'-a''-a'''}\ldots n)^{T'-t''-t'''}$, ou (en mettant pour A' & T' leurs valeurs) $= N(u^{A-a'}\ldots n)^{T-t'} - N(u^{A-a'-a''}\ldots n)^{T-t'-t''} - N(u^{A-a'-a'''}\ldots n)^{T-t'-t'''} + N(u^{A-a'-a''-a'''}\ldots n)^{T-t'-t''-t'''}$. Donc, à l'aide de la première équation, on ne pourra faire disparoître que ce nombre de termes, dans le polynome proposé.

Pareillement, à l'aide de la troisième équation, on pourra toujours faire disparoître dans le polynome multiplicateur $(u^{A''}\ldots n)^{T''}$ de la seconde, un nombre de termes exprimé par $N(u^{A''-a'''}\ldots n)^{T''-t'''}$; ce polynome ne pourra donc fournir qu'un nombre de coëfficiens $= N(u^{A''}\ldots n)^{T''} - N(u^{A''-a'''}\ldots n)^{T''-t'''}$, ou (en mettant pour A'' & T'' leurs valeurs) $= N(u^{A-a''}\ldots n)^{T-t''} - N(u^{A-a''-a'''}\ldots n)^{T-t''-t'''}$.

Donc, à l'aide de la ſeconde équation, on ne pourra faire diſparoître dans le polynome propoſé, qu'un nombre de termes $= N(u^{A-a''} \ldots . n)^{T-t''} - N(u^{A-a''-a'''} \ldots n)^{T-t'-t''}$; à l'égard de la troiſième elle fera diſparoître un nombre de termes $= N(u^{A'''} \ldots . n)^{T'''}$; c'eſt-à-dire, (en mettant pour A''' & T''' leurs valeurs) un nombre de termes $= N(u^{A-a'''} \ldots . n)^{T-t'''}$.

Donc enfin le nombre de termes qu'on pourra faire diſparoître à l'aide de trois équations ſera

$$N(u^{A-a'} \ldots\ldots n)^{T-t'} - N(u^{A-a'-a''} \ldots . n)^{T-t'-t''}$$
$$- N(u^{A-a'-a''} \ldots . n)^{T-t'-t'''} + N(u^{A-a'-a''-a'''} \ldots\ldots n)^{T-t'-t''-t'''}$$
$$+ N(u^{A-a''} \ldots\ldots n)^{T-t''} - N(u^{A-a''-a'''} \ldots\ldots n)^{T-t''-t'''}$$
$$+ N(u^{A-a'''} \ldots\ldots n)^{T-t'''}.$$

Et en vertu des conditions $A - a' - a'' - a''' + \underset{\cdot}{A} - \underset{\cdot}{a}' - \underset{\cdot}{a}'' - \underset{\cdot}{a}''' > T - t' - t'' - t'''$ &c. on démontrera, comme ci-devant, que tous les polynomes qui entrent dans cette expreſſion, ſont de même nature que le polynome & les équations propoſés.

Il eſt facile de voir maintenant quelle eſt l'expreſſion du nombre cherché, pour un plus grand nombre d'équations.

PROBLÈME VI.

(61.) *On demande quel eſt le nombre des termes reſtans dans le polynome* $(u^A \ldots . n)^T$, *lorſqu'à l'aide d'un nombre donné d'équations de même nature que ce polynome, on en a fait diſparoître tous les termes qu'on peut en faire diſparoître.*

On voit donc très-facilement, d'après le problème précédent, que s'il n'y a qu'une équation, le nombre des termes reſtans ſera $N(u^A \ldots . n)^T - N(u^{A-a'} \ldots . n)^{T-t'}$ qui ſe réduit à $d[N(u^A \ldots . n)^T] \ldots . \left(\frac{T}{-t'} : \frac{A}{-a'} : \frac{\underset{\prime}{A}}{-\underset{\cdot}{a}'} : \&c.\right)$ lorſque, comme nous l'avons démontré, les deux polynomes $(u^A \ldots . n)^T$, $(u^{A-a'} \ldots . n)^{T-t'}$ ſont de même nature, & non dans tout autre cas.

S'il y a deux équations, le nombre des termes reſtans ſera $N(u^A \ldots . n)^T - N(u^{A-a'} \ldots n)^{T-t'} - N(u^{A-a''} \ldots n)^{T-t''}$

$+ N(u^{A-a'-a''}\ldots n)^{T-t'-t''}$ qui, parce que les quatre polynomes sont de même nature, se réduit à

$$dd[N(u^{A}\ldots n)^{T}]\ldots\left(\begin{matrix}T\\ -t',-t''\end{matrix}:\begin{matrix}A\\ -a',-a''\end{matrix}:\begin{matrix}\overset{\prime}{A}\\ -\overset{\prime}{a}',-\overset{\prime}{a}''\end{matrix}:\&c.\right)$$

On verra de même que dans le cas de trois équations, le nombre des termes restans est

$$d^3[N(u^{A}\ldots n)^{T}]\ldots\left(\begin{matrix}T\\ -t',-t'',-t'''\end{matrix}:\begin{matrix}A\\ -a',-a'',-a'''\end{matrix}:\begin{matrix}\overset{\prime}{A}\\ -\overset{\prime}{a}',-\overset{\prime}{a}'',-\overset{\prime}{a}'''\end{matrix}\;\&c.\right);$$

& ainsi de suite.

PROBLÈME VII.

On demande quel est le degré de l'équation finale résultante d'un nombre quelconque n *d'équations de la forme* $(u^{a}\ldots n)^{t}$, *& contprenant un pareil nombre d'inconnues.*

(62.) Concevons que les équations soient $(u^{a}\ldots n)^{t}=0$, $(u^{a'}\ldots n)^{t'}=0$, $(u^{a''}\ldots n)^{t''}=0$, $(u^{a'''}\ldots n)^{t'''}=0$, &c. & qu'ayant multiplié la première, par le polynome $(u^{A}\ldots n)^{T}$ qui ait les conditions mentionnées dans l'énoncé du Problème (V), on fasse ensuite, à l'aide des $n-1$, autres équations, disparoître de l'équation-produit, tous les termes qu'il est possible d'en faire disparoître sans en introduire de nouveaux. Alors (61) il ne restera plus dans l'équation-produit $(u^{A+a}\ldots n)^{T+t}=0$, qu'un nombre de termes exprimé par

$$d^{n-1}[N(u^{A+a}\ldots n)^{T+t}]\ldots\left(\begin{matrix}T+t\\ -t',-t'',-t''',\&c.\end{matrix}:\begin{matrix}A+a\\ -a',-a'',-a''',\&c.\end{matrix}:\begin{matrix}\overset{\prime}{A}+\overset{\prime}{a}\\ -\overset{\prime}{a}',-\overset{\prime}{a}'',-\overset{\prime}{a}''',\&c.\end{matrix}:\begin{matrix}\overset{\prime\prime}{A}+\overset{\prime\prime}{a}\\ -\overset{\prime\prime}{a}',-\overset{\prime\prime}{a}'',-\overset{\prime\prime}{a}''',\&c.\end{matrix}:\&c.\right)$$

soit D le degré de l'équation finale, & par conséquent $D+1$ le nombre des termes dont elle est composée; alors le nombre des termes qu'il reste à faire disparoître, est

$$d^{n-1}[N(u^{A+a}\ldots n)^{T+t}]\ldots\left(\begin{matrix}T+t\\ -t',-t'',-t''',\&c.\end{matrix}:\begin{matrix}A+a\\ -a',-a'',-a''',\&c.\end{matrix}:\begin{matrix}\overset{\prime}{A}+\overset{\prime}{a}\\ -\overset{\prime}{a}',-\overset{\prime}{a}'',-\overset{\prime}{a}''',\&c.\end{matrix}:\&c.\right)-D-1.$$

Or, pour qu'on puisse les faire disparoître, il faut que le polynome multiplicateur fournisse autant de coëfficiens plus un. Mais eu égard au nombre de termes qu'on peut faire disparoître dans le polynome multiplicateur, à l'aide des $n-1$ dernières équations, ce polynome ne peut fournir qu'un nombre de coëfficiens

$$= d^{n-1}[N(u^{A}\dots n)^{T}]\dots\left(\begin{matrix}T\\ -t',-t'',-t''',\&c.\end{matrix} : \begin{matrix}A\\ -a',-a'',-a''',\&c.\end{matrix} : \begin{matrix}A_{,}\\ -a'_{,},-a''_{,},-a'''_{,},\&c.\end{matrix} : \&c.\right),$$

on aura donc l'équation ſuivante

$$d^{n-1}[N(u^{A+a}\dots n)^{T+t}]\dots\left(\begin{matrix}T+t\\ -t',-t'',-t''',\&c.\end{matrix} : \begin{matrix}A+a\\ -a',-a'',-a''',\&c.\end{matrix} : \begin{matrix}A_{,}+a_{,}\\ -a'_{,},-a''_{,},-a'''_{,},\&c.\end{matrix} : \&c.\right) - D -$$

$$= d^{n-1}[N(u^{A}\dots n)^{T}]\dots\left(\begin{matrix}T\\ -t',-t'',-t''',\&c.\end{matrix} : \begin{matrix}A\\ -a',-a'',-a''',\&c.\end{matrix} : \begin{matrix}A_{,}\ \ \&c.\\ -a'_{,},-a''_{,},-a'''_{,},\&c.\end{matrix}\right) - 1,$$

d'où l'on tire

$$D = d^{n-1}[N(u^{A+a}\dots n)^{T+t}]\dots\left(\begin{matrix}T+t\\ -t',-t'',-t''',\&c.\end{matrix} : \begin{matrix}A+a\\ -a',-a'',-a''',\&c.\end{matrix} : \begin{matrix}A_{,}+a_{,}\\ -a'_{,},-a''_{,},-a'''_{,},\&c.\end{matrix} : \&c.\right)$$

$$- d^{n-1}[N(u^{A}\dots n)^{T}]\dots\left(\begin{matrix}T\\ -t',-t'',-t''',\&c.\end{matrix} : \begin{matrix}A\\ -a',-a'',-a''',\&c.\end{matrix} : \begin{matrix}A_{,}\\ -a'_{,},-a''_{,},-a'''_{,},\&c.\end{matrix} : \&c.\right),$$

c'eſt-à-dire,

$$D = d^{n}[N(u^{A+a}\dots n)^{T+t}]\dots\left(\begin{matrix}T+t\\ -t,-t',-t'',-t''',\&c.\end{matrix} : \begin{matrix}A+a\\ -a,-a',-a'',-a''',\&c.\end{matrix} : \begin{matrix}A_{,}+a_{,}\\ -a_{,},-a'_{,},-a''_{,},-a'''_{,},\&c.\end{matrix} : \&c.\right)$$

Donc ſi on différencie la quantité $N(u\dots n)^{T+t} - N(u\dots n)^{T+t-A-a-1} - N(u\dots n)^{T+t-A_{,}-a_{,}-1} - N(u\dots n)^{T+t-A_{,,}-a_{,,}-1}$, &c. qui (59) eſt la valeur de $N(u^{A+a}\dots n)^{T+t}$; ſi on la différencie n fois de ſuite ſelon les regles données (13 & 14) on aura enfin

$$\begin{aligned} D = tt't''t''', \&c. &- (t-a)\,.\,(t'-a')\,.\,(t''-a'')\,.\,(t'''-a'''), \&c.\\ &- (t-a_{,})\,.\,(t'-a'_{,})\,.\,(t''-a''_{,})\,.\,(t'''-a'''_{,}), \&c.\\ &- (t-a_{,,})\,.\,(t'-a'_{,,})\,.\,(t''-a''_{,,})\,.\,(t'''-a'''_{,,}), \&c.\\ &- (t-a_{,,,})\,.\,(t'-a'_{,,,})\,.\,(t''-a''_{,,,})\,.\,(t'''-a'''_{,,,}), \&c.\\ &- \&c. \end{aligned}$$

Chaque produit ayant autant de facteurs qu'il y a d'inconnues.

Donc ſi on n'a que deux inconnues, le dégré de l'équation finale ſera $D = tt' - (t-a)\,.\,(t'-a') - (t-a_{,})\,.\,(t'-a'_{,})$.

(63.) Si dans ce cas particulier, on ſuppoſe $a = t$, $a' = t'$; on aura $D = tt' - (t-a_{,})\,.\,(t'-a'_{,})$; ou ſi on ſuppoſe $a_{,} = t$, $a'_{,} = t'$, on aura $D = tt' - (t-a)\,.\,(t'-a')$ qui ſignifie la même choſe.

C'eſt à cette denière expreſſion que ſe réduit tout ce qu'on a ſçu juſqu'ici ſur les équations incomplettes, & à deux inconnues ſeulement.

(64.) Je ne m'arrête pas à faire remarquer que la valeur

générale que nous venons de trouver pour D, renferme comme un cas bien particulier celui des équations complettes, lequel a lieu lorſque $a = t$, $a' = t'$, $a'' = t''$, &c. $a_{\prime} = t$, $a'_{\prime} = t'$, $a''_{\prime} = t''$, &c. $a_{\prime\prime} = t$, $a'_{\prime\prime} = t'$, $a''_{\prime\prime} = t''$, &c. il eſt clair que dans ce cas on a $D = t t' t'' t'''$, &c.

(65.) Nous nous bornerons à un exemple pour faire connoître la réduction qu'éprouve le degré de l'équation finale, dans les équations incomplettes dont il s'agit ici.

Suppoſons $n = 3$, $t = t' = t'' = 2$; $a = a' = a'' = 1$, $a_{\prime} = a'_{\prime} = a''_{\prime} = 1$, $a_{\prime\prime} = a'_{\prime\prime} = a''_{\prime\prime} = 1$; on aura $D = 8 - 1 - 1 - 1 = 5$. L'équation finale eſt donc moindre de trois degrés que ſi les équatious propoſées étoient complettes.

(66.) On peut remarquer que ſi une ſeule des équations propoſées eſt complette, la valeur de D eſt la même que ſi elles l'étoient toutes.

Remarque.

(67.) Il faut faire bien attention que la valeur de D que nous venons de trouver ſuppoſe eſſentiellement que les équations $(u^{a} \ldots n)^{t} = 0$, $(u^{a'} \ldots n)^{t'} = 0$, &c. ont les mêmes conditions ſuppoſées (60). On ſe tromperoit ſi on vouloit appliquer cette valeur dans les cas contraires.

Par exemple, ſi on ſuppoſe trois équations telles que l'on ait $t = t' = t'' = 3$; $a = a' = a'' = 1$; $a_{\prime} = a'_{\prime} = a''_{\prime} = 1$; $a_{\prime\prime} = a'_{\prime\prime} = a''_{\prime\prime} = 1$; on trouveroit $D = 27 - 8 - 8 - 8 = 3$, ce qui n'eſt pas vrai, ainſi que nous le verrons par la ſuite. Auſſi ces équations n'ont-elles pas les conditions requiſes pour qu'on puiſſe employer cette valeur de D, puiſqu'au lieu d'avoir $a + a_{\prime} > t$; $a + a_{\prime\prime} > t$; $a_{\prime} + a_{\prime\prime} > t$; $a' + a'_{\prime} > t$, &c. on a au contraire $a + a_{\prime} < t$; $a + a_{\prime\prime} < t$, &c.

Nous verrons par la ſuite comment on peut déterminer la valeur de D dans les équations qui ont la forme $(u^{a} \ldots n)^{t} = 0$, ſans que les conditions $a + a_{\prime} > t$, &c. aient lieu. Mais cette diſcuſſion, pour plus de clarté, doit être rejettée après divers autres polynomes & équations dont nous avons à parler.

Sur la ſommation de quelques quantités néceſſaires pour déterminer le nombre des termes de différentes eſpèces de polynomes incomplets.

(68.) On peut déja voir, par ce qui précede, que la détermination du degré de l'équation finale, dépendra toujours eſſentiellement de celle du nombre des termes des polynomes.

Cette dernière eſt, comme on l'a vu, aſſez facile pour la première eſpèce de polynomes incomplets que nous venons de conſidérer; mais les autres polynomes que nous nous propoſons d'examiner, exigent la ſommation de quelques quantités que pour plus de clarté & de méthode nous croyons devoir expoſer avant que d'entrer en matière ſur la détermination du nombre des termes. Les principes que nous avons donnés (18 & ſuiv.) ſuffiront toujours pour cet objet; mais comme les calculs ſe composeront à meſure que nous avancerons, nous ne pouvons nous rendre trop attentifs à en ſimplifier les réſultats, à leur donner la forme la plus ſimple, la plus commode & la plus générale. Il s'agit donc moins ici d'une nouvelle manière de ſommer les quantités que nous allons préſenter, que de trouver des expreſſions plus commodes, des réſultats auxquels on ſeroit conduit par l'application immédiate des principes donnés dans l'Introduction. Entrons en matière.

Problème VIII.

(69.) *Il s'agit de ſommer* $N(u\ldots n-1)^{P+s}$ *depuis* $s=Q$, *juſqu'à* $s=R$; *on ſuppoſe* $R>Q$, *& que* s *varie par degrés égaux à l'unité.*

Nous ſçavons (39) que

$$N(u\ldots n-1)^{P+s}=\frac{(P+s+1)\times(P+s+2)\ldots(P+s+n-1)}{1.2.3\ldots n-1}.$$

Si on multiplie cette derniere quantité, haut & bas, par $\frac{P+s+n-(P+s)}{P+s+n-(P+s)}$ ou par $\frac{P+s+n-(P+s)}{n}$, on aura donc

$$N(u\ldots n-1)^{P+s}=\frac{(P+s+1).(P+s+2)\ldots(P+s+n-1).[P+s+n-(P+s)]}{1.2.3\ldots(n-1)n}$$

$$=\frac{(P+s+1).(P+s+2)\ldots(P+s+n)-(P+s).(P+s+1)\ldots(P+s+n-1)}{1.2.3\ldots n}$$

$$=N(u\ldots n)^{P+s}-N(u\ldots n)^{P+s-1}=dN(u\ldots n)^{P+s}\ldots\left(\begin{smallmatrix}s\\-1\end{smallmatrix}\right).$$

On a donc $N(u\ldots n-1)^{P+s} = dN(u\ldots n)^{P+s}(\overset{s}{-}1)$.

Donc $\int N(u\ldots n-1)^{P+s} = N(u\ldots n)^{P+s} + C$.

Donc lorsque $s = Q - 1$, on a

$$\int N(u\ldots n-1)^{P+s} = N(u\ldots n)^{P+Q-1} + C.$$

Et lorsque $s = R$, on a

$$\int N(u\ldots n-1)^{P+s} = N(u\ldots n)^{P+R} + C.$$

Donc depuis $s = Q$ inclusivement jusqu'à $s = R$ inclusivement, on aura

$$\int N(u\ldots n-1)^{P+s} = N(u\ldots n)^{P+R} - N(u\ldots n)^{P+Q-1}.$$

PROBLÈME IX.

(70.) *Il s'agit de sommer* $N(u\ldots n-1)^{P-s}$, *depuis* $s = Q$, *jusqu'à* $s = R$; *on suppose* $R > Q$, *& que* s *varie par degrés égaux à l'unité.*

On a (39)

$$N(u\ldots n-1)^{P-s} = \frac{(P-s+1).(P-s+2).(P-s+3)\ldots(P-s+n-1)}{1.2.3\ldots\ldots n-1}$$

$$= \frac{(P-s+1).(P-s+2)\ldots\ldots(P-s+n-1).[P-s+n-(P-s)]}{1.2.3\ldots\ldots n}$$

$$= \frac{(P-s+1).(P-s+2)\ldots(P-s+n)-(P-s).(P-s+1)\ldots(P-s+n-1)}{1.2.3\ldots\ldots n}$$

$$= N(u\ldots n)^{P-s} - N(u\ldots n)^{P-s-1} = -dN(u\ldots n)^{P-s-1}\ldots(\overset{s}{-}1).$$

Donc $\int N(u\ldots n-1)^{P-s} = -N(u\ldots n)^{P-s-1} + C$.

Donc lorsque $s = Q - 1$, on a

$$\int N(u\ldots n-1)^{P-s} = -N(u\ldots n)^{P-Q} + C.$$

Et lorsque $s = R$, on a

$$\int N(u\ldots n-1)^{P-s} = -N(u\ldots n)^{P-R-1} + C.$$

Donc depuis $s = Q$, inclusivement, jusqu'à $s = R$ inclusivement, on a

$$\int N(u\ldots n-1)^{P-s} = -N(u\ldots n)^{P-R-1} + N(u\ldots n)^{P-Q}.$$

PROBLÈME

PROBLÈME X.

(71.) *Il s'agit de sommer* $N(u)^{L+Ms} \times N(u\ldots n-2)^{P+s}$, *depuis* $s=Q$, *jusqu'à* $s=R$.

Je commence par ramener cette quantité à la forme que nous venons de sommer (69), en cette manière.

Puisque (35) $N(u)^{L+Ms} = L+Ms+1$, j'ai donc $N(u)^{L+Ms} \times N(u\ldots n-2)^{P+s} = (L+Ms+1) \times N(u\ldots n-2)^{P+s}$.

Je suppose cette dernière quantité $= A.N(u\ldots n-2)^{P+s} + B.(P+s) \times N(u\ldots n-2)^{P+s}$; j'aurai donc $L+Ms+1 = A+B.(P+s)$, d'où je tire $L+1 = A+BP$, & $B=M$; donc $A=L+1-MP$. J'ai donc $N(u)^{L+Ms} \times N(u\ldots n-2)^{P+s} = (L+1-MP) \times N(u\ldots n-2)^{P+s} + M.(P+s) \times N(u\ldots n-2)^{P+s}$.

Or $(P+s) \times N(u\ldots n-2)^{P+s} = (n-1) \times N(u\ldots n-1)^{P+s-1}$, ainsi qu'il est facile de s'en assurer; donc enfin $N(u)^{L+Ms} \times N(u\ldots n-2)^{P+s} = (L+1-MP) \times N(u\ldots n-2)^{P+s} + M(n-1) \times N(u\ldots n-1)^{P+s-1} = N(u)^{L-MP} \times N(u\ldots n-2)^{P+s} + M(n-1) \times N(u\ldots n-1)^{P+s-1}$.

Donc (69) $\int N(u)^{L+Ms} \times N(u\ldots n-2)^{P+s} = N(u)^{L-MP} \times [N(u\ldots n-1)^{P+R} - N(u\ldots n-1)^{P+Q-1}] + M(n-1) \times N(u\ldots n)^{P+R-1} - M(n-1) \times N(u\ldots n)^{P+Q-2}$, cette somme étant prise depuis $s=Q$ inclusivement, jusqu'à $s=R$ inclusivement.

PROBLÈME XI.

(72.) *Il s'agit de sommer* $N(u)^{L+Ms} \times N(u\ldots n-2)^{P-s}$, *depuis* $s=Q$ *inclusivement, jusqu'à* $s=R$ *inclusivement.*

On fera de même $N(u)^{L+Ms} \times N(u\ldots n-2)^{P-s}$ ou $(L+Ms+1) \times N(u\ldots n-2)^{P-s} = A.N(u\ldots n-2)^{P-s} + B.(P-s) \times N(u\ldots n-2)^{P-s}$. On trouvera $A+BP = L+1$, $B=-M$. On aura donc $A = L+1+MP$; & par conséquent $N(u)^{L+Ms} \times N(u\ldots n-2)^{P-s} = (L+1+MP) \times N(u\ldots n-2)^{P-s} - M.(P-s) \times N(u\ldots n-2)^{P-s}$

$= N(u)^{L+MP} \times N(u\ldots n-2)^{P-s} - M.(n-1)$
$\times N(u\ldots n-2)^{P-s-1}$.

Donc (70) depuis $s=Q$ inclusivement, jusqu'à $s=R$ inclusivement, on aura

$$\int N(u)^{L+Ms} \times N(u\ldots n-2)^{P-s} = N(u)^{L+MP} \times [N(u\ldots n-1)^{P-Q} - N(u\ldots n-1)^{P-R-1}] - M.(n-1)\times N(u\ldots n)^{P-Q-1} + M.(n-1)\times N(u\ldots n)^{P-R-2}.$$

Remarque.

(73.) Nous n'examinerons pas d'autres formes pour le présent : nous les ferons connoître par la suite. Mais nous ajouterons ici une observation utile pour abréger les calculs auxquels nous allons appliquer ces formules.

Lorsqu'on a à sommer, dans différens intervalles consécutifs, une même expression variable, au lieu de la sommer pour chacun de ces intervalles, on pourra tout de suite la sommer pour l'intervalle total.

Par exemple, si j'ai à sommer $N(u\ldots n-1)^{P-s}$ depuis $s=0$, jusqu'à $s=A$; puis depuis $s=A$ exclusivement, jusquà $s=B$; puis depuis $s=B$ exclusivement jusquà $s=C$: il est clair que la question se réduit à sommer $N(u\ldots n-1)^{P-s}$ depuis $s=0$ jusqu'à $s=C$, ce qui (70) donnera

$$N(u\ldots n)^{P} - N(u\ldots n)^{P-C-1}.$$

Donc si on avoit à sommer

1.° $N(u\ldots n-1)^{T-s} - N(u\ldots n-1)^{T-A-s-1} - N(u\ldots n-1)^{T-A-s-1}$,
depuis $s=0$, jusqu'à $s=P$;

2.° $N(u\ldots n-1)^{T-s} - N(u\ldots n-1)^{T-A-s-1} - N(u\ldots n-1)^{T-B}$,
depuis $s=P$ exclusivement, jusqu'à $s=P'$;

3.° $N(u\ldots n-1)^{T-s} - N(u\ldots n-1)^{T-B'-1} - N(u\ldots n-1)^{T-B}$,
depuis $s=P'$ exclusivement, jusqu'à $s=P''$;

alors on sommeroit 1.° $N(u\ldots n-1)^{T-s}$ depuis $s=0$, jusqu'à $s=P''$, ce qui (70) donneroit

$$N(u\ldots n)^{T} - N(u\ldots n)^{T-P''-1};$$

2.° $-N(u\ldots n-1)^{T-A-s-1}$ depuis $s=0$, jusqu'à $s=P'$; ce qui (70) donneroit $-N(u\ldots n)^{T-A-1} + N(u\ldots n)^{T-A-P'-2}$.

3.° $-N(u\ldots n-1)^{T-B'-1}$, depuis $s = P'$ exclusivement, jusqu'à $s = P''$. Cette somme (35) sera $-(P''-P')\times N(u\ldots n-1)^{T-B'-1}$ ou $-N(u)^{P''-P'-1}\times N(u\ldots n-1)^{T-B'-1}$.

4.° $-N(u\ldots n-1)^{T-A-s-1}$, depuis $s = 0$, jusqu'à $s = P$; ce qui (70) donne $-N(u\ldots n)^{T-A-1}+N(u\ldots n)^{T-A-P-2}$.

5.° $-N(u\ldots n-1)^{T-B}$, depuis $s = P$ exclusivement, jusqu'à $s = P''$, ce qui (35) donne
$-(P''-P)\times N(u\ldots n-1)^{T-B}$ ou $-N(u)^{P''-P-1}\times N(u\ldots n-1)^{T-B}$.
Ensorte que la somme totale est
$N(u\ldots n)^{T}-N(u\ldots n)^{T-P''-1}-N(u\ldots n)^{T-A-1}$
$+N(u\ldots n)^{T-A-P'-2}-N(u)^{P''-P'-1}\times N(u\ldots n-1)^{T-B'-1}$
$-N(u\ldots n)^{T-A-1}+N(u\ldots n)^{T-A-P-2}-N(u)^{P''-P-1}$
$\times N(u\ldots n-1)^{T-B}$.

Des Polynomes incomplets, & des Équations incomplettes, dans lesquels deux des inconnues (les mêmes dans chaque Polynome ou Equation), ont ce caractère : 1.° Que chacune de ces deux inconnues ne passe pas un degré donné (différent ou le même pour chacune) : 2.° Que ces deux inconnues ne passent pas, ensemble, une dimension donnée : 3.° Que les autres inconnues ne peuvent chacune y passer un degré donné (différent ou le même pour chacune), mais dans leurs combinaisons deux à deux, trois à trois, &c. tant entr'elles, qu'avec les deux premières, elles montent à toutes les dimensions possibles jusqu'à celle du Polynome ou de l'Equation.

(74.) Nous représenterons un Polynome de cette espece, par $[(u^{A}, x^{A'})^{B}, y^{A''}\ldots n]^{T}$, expression par laquelle nous entendrons donc que u ne passe pas le degré A; x ne passe pas le degré A'; u & x ne peuvent, ensemble, monter à une dimension plus élevée que B; les autres inconnues y, z, &c. au nombre de $n-2$, ne peuvent passer les degrés A'', A''', &c.

reſpectivement ; mais tant entr'elles qu'avec la dimenſion B & les dimenſions inférieures des deux autres u & x, elles montent à toutes les dimenſions poſſibles juſqu'à T.

La nature de ce Polynome eſt donc

$$A < B; \; A_{''} < B; \; B < T; \; A_{''} < T; \; A_{'''} < T, \text{ \&c.}$$

$$A_{'} + A > B; \; A_{''} + B > T; \; A_{'''} + B > T, \text{ \&c.}$$

$$A_{''} + A_{'''} > T; \; A_{'''} + A_{iv} > T; \; A_{'''} + A_{iv} > T, \text{ \&c.}$$

$$A + A_{''} > T; \; A + A_{'''} > T; \text{ \&c.}$$

$$A_{'} + A_{''} > T; \; A_{'} + A_{'''} > T, \text{ \&c.}$$

Pour ne pas charger inutilement nos calculs, nous allons déterminer le nombre des termes de ce polynome, en ſuppoſant d'abord $A_{''} = A_{'''} = A_{iv} = \text{\&c.} = T$. Il ſera facile enſuite d'avoir égard aux valeurs de ces mêmes quantités.

PROBLÈME XII.

(75.) *On demande la valeur de* $N[(u^A, x^{A_{'}})^B, y \ldots n]^T$

Concevons ce polynome ordonné par rapport à l'une quelconque des deux inconnues u & x, par rapport à x par exemple : & nommant s l'expoſant de x dans un terme quelconque, la totalité des termes qu'affectera x^s, ſera le polynome $(u^A, y \ldots n - 1)^{T-s}$; c'eſt-à-dire, qu'un terme quelconque ſera de la forme $x^s (u^A, y \ldots n - 1)^{T-s}$ depuis $s = 0$, juſqu'à ce que $s + A = B$; puiſque u & s ne peuvent enſemble paſſer la dimenſion B.

Paſſé $s + A = B$, ou $s = B - A$, chaque terme ſera de la forme $x^s (u^{B-s}, y \ldots n - 1)^{T-s}$ juſqu'à $s = A_{'}$ puiſque x ne doit pas paſſer le degré $A_{'}$: & il faudra d'ailleurs que $A_{'} > B - A$, ce qui a lieu par la nature du polynome qui exige que $A + A_{'} > B$.

La queſtion eſt donc de ſommer

1.° $N(u^A, y \ldots n - 1)^{T-s}$ depuis $s = 0$, juſqu'à $s = B - A$;
2.° $N(u^{B-s}, y \ldots n - 1)^{T-s}$ depuis $s = B - A$ excluſivement, juſqu'à $s = A_{'}$.

Or 1.° (59) $N(u^{A}, y \ldots n-1)^{T-s} = N(u \ldots n-1)^{T-s} - N(u \ldots n-1)^{T-A-s-1}$;

2.° $N(u^{B-s}, y \ldots n-1)^{T-s} = N(u \ldots n-1)^{T-s} - N(u \ldots n-1)^{T-B-1}$;

nous avons donc à sommer

1.° $N(u \ldots n-1)^{T-s} - N(u \ldots n-1)^{T-A-s-1}$ depuis $s=0$, jusqu'à $s = B - A$.

2.° $N(u \ldots n-1)^{T-s} - N(u \ldots n-1)^{T-B-1}$ depuis $s = B - A$ exclusivement, jusqu'à $s = \underset{,}{A}$.

Donc par ce qui a été dit (70), on trouvera

$$N[(u^{A}, x^{\underset{,}{A}})^{B}, y \ldots n]^{T} = N(u \ldots n)^{T} - N(u \ldots n)^{T-A-1} - N(u \ldots n)^{T-\underset{,}{A}-1}$$
$$+ N(u \ldots n)^{T-B-2} - N(u)^{A+\underset{,}{A}-B-1} \times N(u \ldots n-1)^{T-B-1}.$$

COROLLAIRE.

(76.) Si l'on avoit $A + \underset{,}{A} < B$; alors il est clair que u & x n'atteindroient pas ensemble la dimension B; mais que $A + \underset{,}{A}$ feroit la plus haute dimension, à laquelle ils atteindroient. L'expression que nous venons de trouver, ne feroit pas alors la véritable; mais si au lieu de B on y met la valeur $A + \underset{,}{A}$ qui lui convient dans ce cas, alors on aura

$$N[(u^{A}, x^{\underset{,}{A}})^{B}, y \ldots n]^{T} = N(u \ldots n)^{T} - N(u \ldots n)^{T-A-1} - N(n \ldots n)^{T-\underset{,}{A}-1} + N(u \ldots n)^{T-A-\underset{,}{A}-2}$$

dans le cas où $A + \underset{,}{A} < B$; en observant que $N(u)^{-1} = 0$, puisqu'en général $N(u)^{A+\underset{,}{A}-B-1} = A + \underset{,}{A} - B$.

PROBLÈME XIII.

On demande la valeur de $N[(u^{A}, x^{\underset{,}{A}})^{B}, y^{\underset{,,}{A}} \ldots n)^{T}$, *ce polynome ayant les conditions mentionnées* (74).

(77.) Il manque donc à ce polynome, tous les termes divisibles par $y^{\underset{,,}{A}+1}$, par $z^{\underset{,,,}{A}+1}$, &c. Mais les conditions que nous supposons, font que l'absence des termes divisibles par $y^{\underset{,,}{A}+1}$ par exemple, n'entraîne celle d'aucun des termes divisibles par $z^{\underset{,,,}{A}+1}$; on verra que le raisonnement est le même pour chacune des autres inconnues; d'où l'on conclura comme on l'a fait (59) que le nombre des termes qui manquent en y, est $N(u \ldots n)^{T-\underset{,,}{A}-1}$; que le nombre des termes qui manquent en z, est $N(u\ldots n)^{T-\overset{\cdot\cdot}{A}-1}$, & ainsi de suite; donc & de ce qui vient d'être dit dans le problème précédent, on conclura

$$N[(u^A, x^{\overset{\cdot}{A}})^B, y^{\overset{\cdot\cdot}{A}}\ldots n]^T = N(u\ldots n)^T - N(u\ldots n)^{T-A-1}$$
$$- N(u\ldots n)^{T-\overset{\cdot}{A}-1} - N(u\ldots n)^{T-\overset{\cdot\cdot}{A}-1} - N(u\ldots n)^{T-\overset{\cdot\cdot\cdot}{A}-1} \&c.$$
$$+ N(u\ldots n)^{T-B-2} - N(u)^{A+\overset{\cdot}{A}-B-1} \times N(u\ldots n-1)^{T-B-1};$$

que par abbréviation nous représenterons par

$$N(u\ldots n)^T - N(u\ldots n)^{T-A-1} \&c.$$
$$+ N(u\ldots n)^{T-B-2} - N(u)^{A+\overset{\cdot}{A}-B-1} \times N(u\ldots n-1)^{T-B-1}.$$

PROBLÈME XIV.

(78.) *Soient*

$$[(u^{a'}, x^{\overset{\cdot}{a}'})^{b'}, y^{\overset{\cdot\cdot}{a}'}\ldots n]^{t'} = 0;$$
$$[(u^{a''}, x^{\overset{\cdot}{a}''})^{b''}, y^{\overset{\cdot\cdot}{a}''}\ldots n]^{t''} = 0,$$
$$[(u^{a'''}, x^{\overset{\cdot}{a}'''})^{b'''}, y^{\overset{\cdot\cdot}{a}'''}\ldots n]^{t'''} = 0 \&c.$$

un nombre quelconque n — 1 *d'équations à un nombre* n *d'inconnues, ayant les conditions mentionnées* (74); & $[(u^A, x^{\overset{\cdot}{A}})^B, y^{\overset{\cdot\cdot}{A}}\ldots n]^T$ *un polynome qui non-seulement ait ces conditions, mais tel que le polynome* $[(u^{A-a'-a''-a'''}, \&c.\ x^{\overset{\cdot}{A}-\overset{\cdot}{a}'-\overset{\cdot}{a}''-\overset{\cdot}{a}'''}, \&c.)^{B-b'-b''-b'''}, \&c.\ y^{\overset{\cdot\cdot}{A}-\overset{\cdot\cdot}{a}'-\overset{\cdot\cdot}{a}''-\overset{\cdot\cdot}{a}'''}, \&c.\ldots n]^{T-t'-t''-t'''}$, &c. *les ait aussi : on demande combien, à l'aide de ces équations, on peut faire disparoître de termes dans le polynome* $[(u^A, x^{\overset{\cdot}{A}})^B, y^{\overset{\cdot\cdot}{A}}\ldots n]^T$, *sans en introduire de nouveaux.*

En appliquant à cette nouvelle espèce de polynomes & d'équations, mot à mot, les raisonnemens que nous avons employés (60), on verra qu'à l'aide de la première équation, on peut faire disparoître un nombre de termes exprimé par

$$N[(u^{A-a'}, x^{\overset{\cdot}{A}-\overset{\cdot}{a}'})^{B-b'}, y^{\overset{\cdot\cdot}{A}-\overset{\cdot\cdot}{a}'}\ldots n]^{T-t'};$$

qu'à l'aide de deux équations, on peut en faire disparoître un nombre exprimé par

$$N[(u^{A-a'}, x^{\overset{\cdot}{A}-\overset{\cdot}{a}'})^{B-b'}, y^{\overset{\cdot\cdot}{A}-\overset{\cdot\cdot}{a}'}\ldots n]^{T-t'} + N[(u^{A-a''}, x^{\overset{\cdot}{A}-\overset{\cdot}{a}''})^{B-b''}, y^{\overset{\cdot\cdot}{A}-\overset{\cdot\cdot}{a}''}\ldots n]^{T-t''}$$
$$- N[(u^{A-a'-a''}, x^{\overset{\cdot}{A}-\overset{\cdot}{a}'-\overset{\cdot}{a}''})^{B-b'-b''}, y^{\overset{\cdot\cdot}{A}-\overset{\cdot\cdot}{a}'-\overset{\cdot\cdot}{a}''}\ldots n]^{T-t'-t''};$$

qu'à l'aide de trois équations, on peut en faire disparoître un nombre exprimé par

$$N[(u^{A-a'}, x'^{A-a'})^{B-b'}, y''^{A-a'} \ldots n]^{T-t'} + N[(u^{A-a''}, x'^{A-a''})^{B-b''}, y''^{A-a''} \ldots n]^{T-t''}$$
$$-N[(u^{A-a'-a''}, x'^{A-a'-a''})^{B-b'-b''}, y''^{A-a'-a''} \ldots n]^{T-t'-t''} + N[(u^{A-a'''}, x'^{A-a'''})^{B-b'''}, y''^{A-a'''} \ldots n]^{T-t'''}$$
$$-N[(u^{A-a'-a'''}, x'^{A-a'-a'''})^{B-b'-b'''}, y''^{A-a'-a'''} \ldots n]^{T-t'-t'''} - N[(u^{A-a''-a'''}, x'^{A-a''-a'''})^{B-b''-b'''}, y''^{A-a''-a'''} \ldots n]^{T-t''-t'''}$$
$$+N[(u^{A-a'-a''-a'''}, x'^{A-a'-a''-a'''})^{B-b'-b''-b'''}, y''^{A-a'-a''-a'''} \ldots n]^{T-t-t'-t'''}$$

& ainsi de suite.

PROBLÈME XV.

(79.) *On demande combien après avoir fait disparoître du polynome* $[(u^A, x'^A)^B, y''^A \ldots n]^T$ *tous les termes qu'on peut en faire disparoître à l'aide d'un nombre* $n-1$ *d'équations de même nature que ce polynome, on demande, dis-je, quel sera le nombre des termes restans.*

D'après le problème précédent, & ayant égard à ce que tous les polynomes qui entrent dans les expressions que nous y avons trouvées, sont tous de même nature, on verra facilement que s'il n'y a qu'une équation, le nombre des termes restans sera

$$d(N[(u^A, x'^A)^B, y''^A \ldots n]^T) \ldots \left(\begin{matrix}T\\-t'\end{matrix} : \begin{matrix}B\\-b'\end{matrix} : \begin{matrix}A\\-a'\end{matrix} : \begin{matrix}A'\\-a'_{\prime}\end{matrix} : \begin{matrix}A''\\-a'_{\prime\prime}\end{matrix} \text{ \&c.}\right)$$

s'il y a deux équations, le nombre des termes restans sera

$$dd(N[(u^A, x'^A)^B, y''^A \ldots n)^T] \ldots \left(\begin{matrix}T\\-t', -t''\end{matrix} : \begin{matrix}B\\-b', b''\end{matrix} : \begin{matrix}A\\-a', -a''\end{matrix} : \begin{matrix}A'\\-a'_{\prime}, -a''_{\prime}\end{matrix} : \begin{matrix}A''\\-a'_{\prime\prime}, -a''_{\prime\prime}\end{matrix} \text{ \&c.}\right)$$

& qu'en général s'il y a $n-1$ équations, le nombre des termes restans sera

$$d^{n-1}(N[(u^A, x'^A)^B, y''^A \ldots n]^T) \ldots$$
$$\ldots \left(\begin{matrix}T\\-t', -t'', -t''', \text{\&c.}\end{matrix} : \begin{matrix}B\\-b', b'', b''', \text{\&c.}\end{matrix} : \begin{matrix}A\\-a', -a'', -a''', \text{\&c.}\end{matrix} : \begin{matrix}A'\\-a'_{\prime}, -a''_{\prime}, -a'''_{\prime}, \text{\&c.}\end{matrix} : \begin{matrix}A'' \text{ \&c.}\\-a'_{\prime\prime}, -a''_{\prime\prime}, -a'''_{\prime\prime}, \text{\&c.}\end{matrix}\right)$$

PROBLÈME XVI.

(80.) *On demande le degré d'équation finale résultante d'un nombre quelconque d'équations de la nature de* $([u^a, x'^a]^b, y''^a \ldots n)^t = 0$, *renfermant pareil nombre d'inconnues?*

Si on conçoit qu'on multiplie l'une de ces équations, l'équation $[(u^a, x'^a)^b, y''^a \ldots n]^t = 0$, par un polynome $[(u^A, x'^A)^B, y''^A \ldots n]^T$ de même nature : le produit $[(u^{A+a}, x_{\prime}^{A_{\prime}+a_{\prime}}]^{B+b}, y_{\prime\prime}^{A_{\prime\prime}+a_{\prime\prime}} \dots n)^{T+t}$ sera de même nature ; donc à l'aide des $n-1$ autres équations on pourra y faire disparoître un nombre de termes, exprimé par

$$d^{n-1}(N[(u^{A+a}, x_{\prime}^{A_{\prime}+a_{\prime}})^{B+b}, y_{\prime\prime}^{A_{\prime\prime}+a_{\prime\prime}} \dots n]^{T+t}) \dots$$
$$\dots \left(\genfrac{}{}{0pt}{}{T+t}{-t',-t'',-t''',\&c.} : \genfrac{}{}{0pt}{}{B+b}{-b',-b'',-b''',\&c.} : \genfrac{}{}{0pt}{}{A+a}{-a',-a'',-a''',\&c.} : \genfrac{}{}{0pt}{}{A_{\prime}+a_{\prime}}{-a'_{\prime},-a''_{\prime},-a'''_{\prime},\&c.} : \genfrac{}{}{0pt}{}{A_{\prime\prime}+a_{\prime\prime}}{-a'_{\prime\prime},-a''_{\prime\prime},-a'''_{\prime\prime},\&c.} : \&c.\right)$$

Donc si D représente le degré de l'équation finale, le nombre des termes qu'il restera à faire disparoître, sera

$$d^{n-1}(N[(u^{A+a}, x_{\prime}^{A_{\prime}+a_{\prime}})^{B+b}, y_{\prime\prime}^{A_{\prime\prime}+a_{\prime\prime}} \dots n]^{T+t}) \dots$$
$$\dots \left(\genfrac{}{}{0pt}{}{T+t}{-t',-t'',-t''',\&c.} : \genfrac{}{}{0pt}{}{B+b}{-b',-b'',-b''',\&c.} : \genfrac{}{}{0pt}{}{A+a}{-a',-a'',-a''',\&c.} : \genfrac{}{}{0pt}{}{A_{\prime}+a_{\prime}}{-a'_{\prime},-a''_{\prime},-a'''_{\prime},\&c.} : \genfrac{}{}{0pt}{}{A_{\prime\prime}+a_{\prime\prime}}{-a'_{\prime\prime},-a''_{\prime\prime},-a'''_{\prime\prime},\&c.} : \&c.\right) - D - 1$$

Or (79) le nombre des termes restans dans le polynome multiplicateur, lorsqu'on y aura fait disparoître tous ceux qu'on peut en faire disparoître à l'aide des $n-1$ équations, sans en introduire de nouveaux, est

$$d^{n-1}(N[(u^{A}, x_{\prime}^{A_{\prime}})^{B}, y_{\prime\prime}^{A_{\prime\prime}} \dots n]^{T}) \dots$$
$$\dots \left(\genfrac{}{}{0pt}{}{T}{-t',-t'',-t''',\&c.} : \genfrac{}{}{0pt}{}{B}{-b',-b'',-b''',\&c.} : \genfrac{}{}{0pt}{}{A}{-a',-a'',-a''',\&c.} : \genfrac{}{}{0pt}{}{A_{\prime}}{-a'_{\prime},-a''_{\prime},-a'''_{\prime},\&c.} : \genfrac{}{}{0pt}{}{A_{\prime\prime}}{-a'_{\prime\prime},-a''_{\prime\prime},-a'''_{\prime\prime},\&c.} : \&c.\right)$$

on aura donc l'équation suivante

$$d^{n-1}(N[(u^{A}, x_{\prime}^{A_{\prime}})^{B}, y_{\prime\prime}^{A_{\prime\prime}} \dots n]^{T}) \dots$$
$$\dots \left(\genfrac{}{}{0pt}{}{T}{-t',-t'',-t''',\&c.} : \genfrac{}{}{0pt}{}{B}{-b',-b'',-b''',\&c.} : \genfrac{}{}{0pt}{}{A}{-a',-a'',-a''',\&c.} : \genfrac{}{}{0pt}{}{A_{\prime}}{-a'_{\prime},-a''_{\prime},-a'''_{\prime},\&c.} : \genfrac{}{}{0pt}{}{A_{\prime\prime}}{-a'_{\prime\prime},-a''_{\prime\prime},-a'''_{\prime\prime},\&c.} : \&c.\right) - 1$$
$$= d^{n-1}(N[(u^{A+a}, x_{\prime}^{A_{\prime}+a_{\prime}})^{B+b}, y_{\prime\prime}^{A_{\prime\prime}+a_{\prime\prime}} \dots n]^{T+t} \dots$$
$$\dots \left(\genfrac{}{}{0pt}{}{T+t}{-t',-t'',-t''',\&c.} : \genfrac{}{}{0pt}{}{B+b}{-b',-b'',-b''',\&c.} : \genfrac{}{}{0pt}{}{A+a}{-a',-a'',-a''',\&c.} : \genfrac{}{}{0pt}{}{A_{\prime}+a_{\prime}}{-a'_{\prime},-a''_{\prime},-a'''_{\prime},\&c.} : \genfrac{}{}{0pt}{}{A_{\prime\prime}+a_{\prime\prime}}{-a'_{\prime\prime},-a''_{\prime\prime},-a'''_{\prime\prime},\&c.} : \&c.\right) - D - 1$$

Donc

$$D = d^{n}(N[(u^{A+a}, x_{\prime}^{A_{\prime}+a_{\prime}})^{B+b}, y_{\prime\prime}^{A_{\prime\prime}+a_{\prime\prime}} \dots n]^{T+t}) \dots$$
$$\dots \left(\genfrac{}{}{0pt}{}{T+t}{-t-t',-t'',-t''',\&c.} : \genfrac{}{}{0pt}{}{B+b}{-b-b',-b'',-b''',\&c.} : \genfrac{}{}{0pt}{}{A+a}{-a,-a',-a'',a''',\&c.} : \genfrac{}{}{0pt}{}{A_{\prime}+a_{\prime}}{-a_{\prime},-a'_{\prime},-a''_{\prime},-a'''_{\prime},\&c.} : \genfrac{}{}{0pt}{}{A_{\prime\prime}+a_{\prime\prime}}{-a_{\prime\prime},-a'_{\prime\prime},-a''_{\prime\prime},-a'''_{\prime\prime},\&c.} : \&c.\right)$$

Donc différenciant n fois de suite la valeur trouvée par ce qui a été dit (75) pour $N[(u^{A+a}, x^{A_{\prime}+a_{\prime}})^{B+b}, y_{\prime\prime}^{A_{\prime\prime}+a_{\prime\prime}} \dots n]^{T+t}$, on aura

aura enfin

$$\begin{aligned}
D = tt't''t''' \&c. &- (t-a).(t'-a').(t''-a'').(t'''-a''').\&c.\\
&- (t-\underset{,}{a}).(t'-\underset{,}{a'}).(t''-\underset{,}{a''}).(t'''-\underset{,}{a'''}).\&c.\\
&- (t-\underset{,,}{a}).(t'-\underset{,,}{a'}).(t''-\underset{,,}{a''}).(t'''-\underset{,,}{a'''}).\&c.\\
&- (t-\underset{,,,}{a}).(t'-\underset{,,,}{a'}).(t''-\underset{,,,}{a''}).(t'''-\underset{,,,}{a'''}).\&c.\\
&- \&c.\\
&+ (t-b).(t'-b').(t''-b'').(t'''-b''').\&c.\\
&- (a+\underset{,}{a}-b).(t'-b').(t''-b'').(t'''-b''').\&c.\\
&- (a'+\underset{,}{a'}-b').(t-b).(t''-b'').(t'''-b''').\&c.\\
&- (a''+\underset{,}{a''}-b'').(t-b).(t'-b').(t'''-b''').\&c.\\
&- (a'''+\underset{,}{a'''}-b''').(t-b).(t'-b').(t''-b'').\&c.
\end{aligned}$$

Le nombre des facteurs dans chaque produit, étant toujours égal au nombre des inconnues.

(81.) Si on suppose $b = t$, $b' = t'$, $b'' = t''$, &c. on aura donc

$$\begin{aligned}
D = tt't''t''' \&c. &- (t-a).(t'-a').(t''-a'').(t'''-a''')\\
&- (t-\underset{,}{a}).(t'-\underset{,}{a'}).(t''-\underset{,}{a''}).(t'''-\underset{,}{a'''})\\
&- (t-\underset{,,}{a}).(t'-\underset{,,}{a'}).(t''-\underset{,,}{a''}).(t'''-\underset{,,}{a'''})\\
&- (t-\underset{,,,}{a}).(t'-\underset{,,,}{a'}).(t''-\underset{,,,}{a''}).(t'''-\underset{,,,}{a'''}).\&c.
\end{aligned}$$

ce qui s'accorde avec ce que nous avons trouvé (62).

S'il n'y a que deux inconnues, alors on a nécessairement $b = t$, & $b' = t'$, & par conséquent $D = tt' - (t-a).(t'-a') - (t-\underset{,}{a}).(t'-\underset{,}{a'})$, ainsi que nous l'avons trouvé (62).

S'il n'y a que trois inconnues, on a donc

$$\begin{aligned}
D = tt't'' &- (t-a).(t'-a').(t''-a'') - (t-\underset{,}{a}).(t'-\underset{,}{a'}).(t''-\underset{,}{a''})\\
&- (t-\underset{,,}{a}).(t'-\underset{,,}{a'}).(t''-\underset{,,}{a''}) + (t-b).(t'-b').(t''-b'')\\
&- (a+\underset{,}{a}-b).(t'-b').(t''-b'') - (a'+\underset{,}{a'}-b').(t-b).(t''-b'')\\
&- (a''+\underset{,}{a''}-b'').(t-b).(t'-b'),
\end{aligned}$$

pour l'expression du degré de l'équation finale résultante de trois équations de cette forme $[(x^a, y^{a}_{,})^b, z^{a}_{,,}]^t = 0$.

Des Polynomes incomplets, & des Equations incomplettes, dans lesquels trois des inconnues ont ces caractères : 1.° Que chacune n'y passe pas un certain degré donné, différent ou le même pour chacune : 2.° Que combinées deux à deux, elles ne s'élèvent pas au-delà d'une dimension donnée, différente ou la même pour chaque combinaison de deux de ces trois inconnues : 3.° Que combinées trois à trois, elles ne s'élevent pas au-dessus d'une dimension donnée. On suppose de plus que les n — 3 *autres inconnues n'y passent pas chacune certains degrés donnés ; mais que dans leurs combinaisons deux à deux, trois à trois, quatre à quatre, &c. tant entr'elles qu'avec les trois premières, elles montent à toutes les dimensions possibles, jusqu'à celle du polynome.*

(82.) Jusqu'ici nous n'avons rencontré qu'une seule forme, pour le polynome multiplicateur, & par conséquent une expression unique pour le degré de l'équation finale. Il n'en est plus de même lorsqu'on s'éleve à de plus grandes généralités. Nous allons voir que le polynome multiplicateur est susceptible de plus d'une forme, & que l'expression du degré de l'équation finale n'est pas unique. Mais avant que de rien faire connoître sur la marche que l'on aura à tenir pour se déterminer entre les différentes formes, nous allons traiter cette nouvelle espèce de polynome, dans tout ce en quoi la marche conserve de l'analogie avec ce que nous avons fait jusqu'ici. Nous employerons pour représenter l'espèce de polynome dont il s'agit, l'expression suivante $([(u^A, x^A)^B, (u^A, y^A)^B, (x^{\underset{'}{A}}, y^{\underset{''}{A}})^{\underset{''}{B}}]^C, z^{\underset{'''}{A}} \ldots n)^T$, qui signifiera que des n inconnues, il y en a trois u, x, y, telles 1.° que u ne passe pas le degré A, x ne passe pas le degré $\underset{'}{A}$, y ne passe pas le degré $\underset{''}{A}$; 2.° que u avec x ne s'élèvent pas au-dessus de la dimension B; u avec y ne s'élèvent pas au-dessus de la dimension $\underset{'}{B}$; x avec y ne s'élèvent pas au-dessus de la dimension $\underset{''}{B}$; 3.° u avec x & avec z ne peuvent ensemble s'élèver à une dimension plus haute que C.

A l'égard des $n - 3$ autres inconnues, chacune n'y passe pas un certain degré donné ; par exemple, z n'y passera pas le degré $A_{\prime\prime\prime}$, u' n'y passera pas le degré A_{iv}, x' n'y passera pas le degré A_{v} ; mais z, u', x' &c. combinées deux à deux, trois à trois, quatre à quatre &c. tant entr'elles qu'avec u, x & y forment toutes les dimensions possibles jusqu'à T qui est celle du polynome.

PROBLÈME XVII.

(83.) *On demande l'expression des conditions générales de l'existence du polynome*

$$([(u^{A}, x^{A_{\prime}})^{B}, (u^{A}, y^{A_{\prime\prime}})^{B_{\prime}}, (x^{A_{\prime}}, y^{A_{\prime\prime}})^{B_{\prime\prime}}]^{C}, z^{A_{\prime\prime}} \ldots n)^{T}.$$

Ces conditions sont de trois sortes ; les premières touchent sur les lettres considérées seule à seule ; les secondes sur les lettres considérées deux à deux ; les troisièmes sur les lettres considérées trois à trois.

Par rapport aux lettres considérées seule à seule, les conditions sont $A < B$; $A_{\prime} < B$; $A < B_{\prime}$; $A_{\prime\prime} < B_{\prime}$; $A_{\prime} < B_{\prime\prime}$; $A_{\prime\prime} < B_{\prime\prime}$; $A_{\prime\prime\prime} < T$; $A_{iv} < T$, &c.

Par rapport aux lettres considérées deux à deux, les conditions sont $B < C$; $B_{\prime} < C$; $B_{\prime\prime} < C$; $A + A_{\prime} > B$; $A + A_{\prime\prime} > B_{\prime}$; $A_{\prime} + A_{\prime\prime} > B_{\prime\prime}$; $A + A_{\prime\prime\prime} > T$; $A + A_{iv} > T$; &c. $A_{\prime} + A_{\prime\prime\prime} > T$; $A_{\prime} + A_{iv} > T$, &c ; $A_{\prime\prime} + A_{\prime\prime\prime} > T$; $A_{\prime\prime} + A_{iv} > T$, &c. $A_{\prime\prime\prime} + A_{iv} > T$; $A_{\prime\prime\prime} + A_{v} > T$, &c. $A_{iv} + A_{v} > T$, &c.

toutes ces conditions sont évidemment nécessaires ; car si, par exemple, on avoit $A + A_{\prime} < B$, il est clair que u & x ne pourroient pas ensemble atteindre la dimension B ; ce qui est contre la supposition.

Par rapport aux lettres considérées trois à trois, les conditions sont $C < T$; $A + B_{\prime\prime} > C$; $A_{\prime} + B_{\prime} > C$; $A_{\prime\prime} + B > C$; $A_{\prime\prime\prime} + B > T$; $A_{\prime\prime\prime} + B_{\prime} > T$; $A_{\prime\prime\prime} + B_{\prime\prime} > T$; $A_{iv} + B > T$; $A_{iv} + B_{\prime} > T$; $A_{iv} + B_{\prime\prime} > T$, &c. $B + B_{\prime} + B_{\prime\prime} > 2C$.

De ces dernières conditions, il n'y a que $B + B_{\prime} + B_{\prime\prime} > 2C$ qui ait besoin d'un mot pour en sentir la nécessité. Or cette condition naît de ce que pour que u, x & y montent en effet à la dimension C, il faut que la somme des trois plus bas degrés auxquels u, x & y puissent se trouver dans la dimension C, soit moindre que la plus haute dimension où ces trois mêmes lettres puissent se trouver ensemble, ce qui est évidemment nécessaire. Or le plus bas degré de u dans la dimension C est $C - B_{\prime\prime}$; celui de x est $C - B_{\prime}$; celui de y est $C - B$; donc $C - B_{\prime\prime} + C - B_{\prime} + C - B < C$, ou $B + B_{\prime} + B_{\prime\prime} > 2C$.

PROBLÈME XVIII

(84.) *On demande la valeur de* $N([(u^A, x^{A_{\prime}})^B, (u^A, y^{A_{\prime\prime}})^{B_{\prime}}, (x^{A_{\prime}}, y^{A_{\prime\prime}})^{B_{\prime\prime}}]^C, z^{A_{\prime\prime\prime}} \ldots n)^T$; *ce polynome ayant les conditions mentionnées* (83).

Nous allons chercher la valeur de $N([(u^A, x^{A_{\prime}})^B, (u^A, y^{A_{\prime\prime}})^{B_{\prime}}, (x^{A_{\prime}}, y^{A_{\prime\prime}})^{B_{\prime\prime}}]^C, z \ldots n)^T$, c'est-à-dire, en supposant $A_{\prime\prime\prime} = A_{iv} =$ &c. $= T$. Il sera facile ensuite, comme nous l'avons vu (77) d'en conclure la valeur cherchée, lorsque ces autres inconnues auront les exposans $A_{\prime\prime\prime}$, A_{iv}, &c.

Concevons donc le polynome $([(u^A, x^{A_{\prime}})^B, (u^A, y^{A_{\prime\prime}})^{B_{\prime}}, (x^{A_{\prime}}, y^{A_{\prime\prime}})^{B_{\prime\prime}}]^C, z \ldots n)^T$ ordonné par rapport à l'une quelconque de trois lettres u, x, y; par rapport à y, par exemple; & nommant s l'exposant de y dans un terme quelconque, on verra que chaque terme peut être représenté par $y^s \times [(u^A, x^{A_{\prime}})^B, z \ldots n-1]^{T-s}$ depuis $s = 0$, jusqu'à ce que s ait atteint la plus petite des valeurs fournies par les trois équations suivantes $s + A = B_{\prime}$, $s + A_{\prime} = B_{\prime\prime}$; $s + B = C$; c'est-à-dire, jusqu'à ce que s soit égale à la plus petite des trois quantités $B_{\prime} - A$; $B_{\prime\prime} - A_{\prime}$; $C - B$. Ce qui est évident, puisque u & y, par exemple, ne pouvant passer ensemble la dimension $B_{\prime}$, dès que $s + A$ sera devenu égal à B', s continuant d'augmenter x ne peut plus avoir pour exposant $A_{\prime}$, & par conséquent la forme $y^s \times ([u^A, x^{A_{\prime}}]^B, z \ldots n-1)^{T-s}$ doit changer.

Il se présente donc les six cas suivans :

$$C - B < B_{\prime} - A < B_{\prime\prime} - A_{\prime}$$
$$C - B < B_{\prime\prime} - A_{\prime} < B_{\prime} - A$$
$$B_{\prime} - A < C - B < B_{\prime\prime} - A_{\prime}$$
$$B_{\prime} - A < B_{\prime\prime} - A_{\prime} < C - B$$
$$B_{\prime\prime} - A_{\prime} < C - B < B_{\prime} - A$$
$$B_{\prime\prime} - A_{\prime} < B_{\prime} - A < C - B$$

Premier Cas.

$$C - B < B_{\prime} - A < B_{\prime\prime} - A_{\prime}$$

(85.) Dans ce cas, la forme $y^s([u^A, x^{A_{\prime}}]^B, z \ldots n - 1)^{T-s}$ aura lieu depuis $s = 0$, jusqu'à $s = C - B$.

Passé $s = C - B$, elle sera $y^s([u^A, x^{A_{\prime}}]^{C-s}, z \ldots n - 1)^{T-s}$, jusqu'à $s = B_{\prime} - A$.

Passé $s = B_{\prime} - A$, elle sera $y^s([u^{B_{\prime}-s}, x^{A_{\prime}}]^{C-s}, z \ldots n - 1)^{T-s}$, jusqu'à $s = B_{\prime\prime} - A_{\prime}$.

Passé $s = B_{\prime\prime} - A_{\prime}$, elle sera $y^s([u^{B_{\prime}-s}, x^{B_{\prime\prime}-s}]^{C-s}, z \ldots n - 1)^{T-s}$, jusqu'à $s = A_{\prime\prime}$.

Il s'agit donc de sommer 1.° $N([u^A, x^{A_{\prime}}]^B, z \ldots n - 1)^{T-s}$ depuis $s = 0$, jusqu'à $s = C - B$;

2.° $N([u^A, x^{A_{\prime}}]^{C-s}, z \ldots n - 1)^{T-s}$ depuis $s = C - B$ exclusivement, jusqu'à $s = B_{\prime} - A$.

3.° $N([u^{B_{\prime}-s}, x^{A_{\prime}}]^{C-s}, z \ldots n - 1)^{T-s}$ depuis $s = B_{\prime} - A$ exclusivement, jusqu'à $s = B_{\prime\prime} - A_{\prime}$.

4.° $N([u^{B_{\prime}-s}, x^{B_{\prime\prime}-s})^{C-s}, z \ldots n - 1)^{T-s}$ depuis $s = B_{\prime\prime} - A_{\prime}$ exclusivement, jusqu'à $s = A_{\prime\prime}$.

Mais comme nous avons vu ci-dessus (75 & 76) que la valeur de $N([u^A, x^{A_{\prime}}]^B, z \ldots n - 1)^T$ (forme qui renferme les quatre que nous venons d'exposer) est susceptible de deux expressions, selon que $A + A_{\prime} > B$, ou $A + A_{\prime} < B$, il faut, avant tout que nous déterminions lequel de ces deux cas a lieu dans chacune de ces quatre formes.

Dans la première on a $A + A_{\prime} > B$, par la ſuppoſition même ; donc depuis $s = 0$, juſqu'à $s = C - B$, on a (75)

$$1.° \ldots N([u^{A}, x'^{A}]^{B}, z \ldots n-1)^{T-s} = N(u \ldots n-1)^{T-s} - N(u \ldots n-1)^{T-A-s-1}$$
$$- N(u \ldots n-1)^{T-A_{\prime}-s-1} + N(u \ldots n-1)^{T-B-s-2} - N(u)^{A+A_{\prime}-B-1} \times N(u \ldots n-2)^{T-B-s-1}$$

Dans la ſeconde, on aura $A + A_{\prime} > C - s$ depuis $s = C - B$, juſqu'à $s = B_{\prime} - A$.

Car pour que cette condition ait lieu, il faut que $s > C - A - A_{\prime}$; or la plus petite valeur de s (hyp.) eſt $C - B$; il faut donc que $C - B > C - A - A_{\prime}$, ou que $A + A_{\prime} > B$, ce qui a lieu par la ſuppoſition ; & d'ailleurs il eſt facile de voir *à priori* que $A + A_{\prime}$ étant $> B$, $A + A_{\prime}$ ſera $> C - s$, puiſque $C - s$ eſt plus petit que B.

Donc depuis $s = C - B$, juſqu'à $s = B_{\prime} - A$, on aura

$$2.° \ldots N([u^{A}, x'^{A}]^{C-s}, z \ldots n-1)^{T-s} = N(u \ldots n-1)^{T-s} - N(u \ldots n-1)^{T-A-s-1}$$
$$- N(u \ldots n-1)^{T-A_{\prime}-s-1} + N(u \ldots n-1)^{T-C-2} - N(u)^{A+A_{\prime}-C+s-1} \times N(u \ldots n-2)^{T-C-1}.$$

Dans la troiſième on aura $B_{\prime} - s + A_{\prime} > C - s$ ou $B_{\prime} + A_{\prime} > C$, & cela par les conditions générales de l'exiſtence du polynome ; donc depuis $s = B_{\prime} - A$, juſqu'à $s = B_{\prime\prime} - A_{\prime}$, on aura

$$3.° \ldots N([u'^{B_{\prime}-s}, y'^{A}]^{C-s}, z \ldots n-1)^{T-s} = N(u \ldots n-1)^{T-s} - N(u \ldots n-1)^{T-B_{\prime}-1}$$
$$- N(u \ldots n-1)^{T-A_{\prime}-s-1} + N(u \ldots n-1)^{T-C-2} - N(u)^{A_{\prime}+B_{\prime}-C-1} \times N(u \ldots n-2)^{T-C-1}.$$

Dans la quatrième, il peut arriver qu'on ait $B_{\prime} - s + B_{\prime\prime} - s > C - s$, ou $B_{\prime} - s + B_{\prime\prime} - s < C - s$, c'eſt-à-dire, $B_{\prime} + B_{\prime\prime} - C > s$, ou $B_{\prime} + B_{\prime\prime} - C < s$; pour ſavoir dans quelle circonſtance l'une ou l'autre aura lieu, on fera attention qu'ici la valeur finale de s eſt $A_{\prime\prime}$; le premier cas aura donc lieu ſi $B_{\prime} + B_{\prime\prime} - C > A_{\prime\prime}$; & le ſecond ſi $B_{\prime} + B_{\prime\prime} - C < A_{\prime\prime}$.

Il ſe préſente donc ici deux cas, ſavoir $B_{\prime} + B_{\prime\prime} - C > A_{\prime\prime}$, & $B_{\prime} + B_{\prime\prime} - C < A_{\prime\prime}$, ou $B_{\prime\prime} - A_{\prime\prime} > C - B_{\prime}$ & $B_{\prime\prime} - A_{\prime\prime} < C - B_{\prime}$.

Dans le premier cas on aura donc depuis $s = B_{\prime\prime} - A_{\prime}$ juſqu'à $s = A_{\prime\prime}$. . . . . .

$$4.^{\circ} \ldots N[(u^{B_{\prime}-s}, x^{B_{\prime\prime}-s})^{C-s}, z \ldots n-1]^{T-s} = N(u \ldots n-1)^{T-s} - N(u \ldots n-1)^{T-B_{\prime}-1}$$
$$- N(u \ldots n-1)^{T-B_{\prime\prime}-1} + N(u \ldots n-1)^{T-C-2} - N(u)^{B_{\prime}+B_{\prime\prime}-C-s-1} \times N(u \ldots n-2)^{T-C-1}.$$

Dans le ſecond cas cette expreſſion aura lieu depuis $s = B_{\prime\prime} - A_{\prime}$, juſqu'à $s = B_{\prime} + B_{\prime\prime} - C$; & depuis $s = B_{\prime} + B_{\prime\prime} - C$ excluſivement, juſqu'à $s = A_{\prime\prime}$, on emploiera (76) l'expreſſion ſuivante

$$5.^{\circ} \ldots N[(u^{B_{\prime}-s}, x^{B_{\prime\prime}-s})^{C-s}, z \ldots n-1]^{T-s} = N(u \ldots n-1)^{T-s} - N(u \ldots n-1)^{T-B_{\prime}-1}$$
$$- N(u \ldots n-1)^{T-B_{\prime\prime}-1} + N(u \ldots n-1)^{T-B_{\prime}-B_{\prime\prime}+s-2};$$

ſommant donc ces quantités dans les intervalles que nous venons de déterminer, & ayant égard à ce qui a été dit (73) on aura

ſi $B_{\prime\prime} - A_{\prime\prime} > C - B_{\prime}$

$$N([(u^{A}, x^{A_{\prime}})^{B}, (u^{A}, y^{A_{\prime\prime}})^{B_{\prime}}, (x^{A_{\prime}} y^{A_{\prime\prime}})^{B_{\prime\prime}}]^{C}, z \ldots n)^{T}$$
$$= N(u \ldots n)^{T} - N(u \ldots n)^{T-A-1} - N(u \ldots n)^{T-A_{\prime}-1} - N(u \ldots n)^{T-A_{\prime\prime}-1}$$
$$+ N(u \ldots n)^{T-B-2} + N(u \ldots n)^{T-B_{\prime}-2} + N(u \ldots n)^{T-B_{\prime\prime}-2}$$
$$- N(u)^{A+A_{\prime}-B-1} \times N(u \ldots n-1)^{T-B-1} - N(u)^{A+A_{\prime\prime}-B_{\prime}-1} \times N(u \ldots n-1)^{T-B_{\prime}-1}$$
$$- N(u)^{A_{\prime}+A_{\prime\prime}-B_{\prime\prime}-1} \times N(u \ldots n-1)^{T-B_{\prime\prime}-1}$$
$$- N(u \ldots n)^{T-C-3} + N(u)^{A+A_{\prime}+A_{\prime\prime}-C-1} \times N(u \ldots n-1)^{T-C-2}$$
$$+ (N(u \ldots 2)^{A+A_{\prime}-B-1} + N(u \ldots 2)^{B_{\prime}+B_{\prime\prime}-A_{\prime\prime}-C-2}$$
$$- N(u)^{A_{\prime}+B_{\prime}-C-1} \times N(u)^{A+B_{\prime\prime}-C-1}) \times N(u \ldots n-2)^{T-C-1}.$$

& ſi $B_{\prime\prime} - A_{\prime\prime} < C - B_{\prime}$

$$N([(u^{A}, x^{A_{\prime}})^{B}, (u^{A}, y^{A_{\prime\prime}})^{B_{\prime}}, (x^{A_{\prime}} y^{A_{\prime\prime}})^{B_{\prime\prime}}]^{C}, z \ldots n)^{T}$$
$$= N(u \ldots n)^{T} - N(u \ldots n)^{T-A-1} - N(u \ldots n)^{T-A_{\prime}-1} - N(u \ldots n)^{T-A_{\prime\prime}-1}$$
$$+ N(u \ldots n)^{T-B-2} + N(u \ldots n)^{T-B_{\prime}-2} + N(u \ldots n)^{T-B_{\prime\prime}-2}$$
$$- N(u)^{A+A_{\prime}-B-1} \times N(u \ldots n-1)^{T-B-1} - N(u)^{A+A_{\prime\prime}-B_{\prime}-1} \times N(u \ldots n-1)^{T-B_{\prime}-1}$$
$$- N(u)^{A_{\prime}+A_{\prime\prime}-B_{\prime\prime}-1} \times N(u \ldots n-1)^{T-B_{\prime\prime}-1} + N(u \ldots n)^{T+A_{\prime\prime}-B_{\prime}-B_{\prime\prime}-2}$$
$$- N(u \ldots n)^{T-C-3} - N(u \ldots n)^{T-C-2}$$
$$+ N(u)^{A+A_{\prime}+B_{\prime}+B_{\prime\prime}-2C-1} \times N(u \ldots n-1)^{T-C-2}$$
$$+ (N(u \ldots 2)^{A+A_{\prime}-B-1} - N(u)^{A_{\prime}+B_{\prime}-C-1} \times N(u)^{A+B_{\prime\prime}-C-1}) \times N(u \ldots n-2)^{T-C-1}.$$

Second Cas.

$$C-B<\underset{\prime\prime}{B}-\underset{\prime}{A}<\underset{\prime}{B}-A.$$

(86.) Ce second cas se subdivisera comme le précédent en ces deux autres $\underset{\prime\prime}{B}-\underset{\prime\prime}{A}>C-\underset{\prime}{B}$ & $B-\underset{\prime\prime}{A}<C-\underset{\prime}{B}$; mais comme, d'ailleurs, il ne diffère du précédent, que par le changement de $\underset{\prime\prime}{B}$ en $\underset{\prime}{B}$, de $\underset{\prime}{A}$ en A & réciproquement ; & que ce changement n'en apporte aucun à la valeur du nombre des termes, ainsi qu'il est facile de le vérifier ; il s'ensuit que les deux valeurs que nous venons de trouver pour le cas précédent, sont également applicables à celui-ci.

Troisième Cas.

$$\underset{\prime}{B}-A<C-B<\underset{\prime\prime}{B}-\underset{\prime}{A}$$

(87.) Dans ce cas la forme $y^s([u^A, x^{\underset{\prime}{A}}]^B, z\ldots n-1)^{T-s}$ aura lieu depuis $s=0$, jusqu'à $s=\underset{\prime}{B}-A$.

Passé $s=\underset{\prime}{B}-A$, la forme sera $y^s([u^{\underset{\prime}{B}-s}, x^{\underset{\prime}{A}}]^B, z\ldots n-1)^{T-s}$, jusqu'à $s=C-B$.

Passé $s=C-B$, elle sera $y^s([u^{\underset{\prime}{B}-s}, x^{\underset{\prime}{A}}]^{C-s}, z\ldots n-1)^{T-s}$, jusqu'à $s=\underset{\prime\prime}{B}-\underset{\prime}{A}$.

Passé $s=\underset{\prime\prime}{B}-\underset{\prime}{A}$, elle sera $y^s([u^{\underset{\prime}{B}-s}, x^{\underset{\prime\prime}{B}-s}]^{C-s}, z\ldots n-1)^{T-s}$, jusqu'à $s=\underset{\prime\prime}{A}$.

Or puisque $A+\underset{\prime}{A}>B$, on aura

$$N([u^A, x^{\underset{\prime}{A}}]^B, z\ldots n-1)^{T-s}=N(u\ldots n-1)^{T-s}-N(u\ldots n-1)^{T-A-s-1}$$
$$-N(u\ldots n-1)^{T-\underset{\prime}{A}-s-1}+N(u\ldots n-1)^{T-B-s-2}-N(u)^{A+\underset{\prime}{A}-B-1}\times N(u\ldots n-2)^{T-B-s-1}$$

Depuis $s=\underset{\prime}{B}-A$ exclusivement, jusqu'à $s=C-B$, on aura $\underset{\prime}{B}-s+\underset{\prime}{A}>B$, ou $s<\underset{\prime}{A}+\underset{\prime}{B}-B$. Car la plus grande valeur de s, dans cet intervalle est $C-B$, or $C-B<\underset{\prime}{A}+\underset{\prime}{B}-B$, puisque par les conditions de l'existence du polynome (83) $\underset{\prime}{A}+\underset{\prime}{B}>C$.

Donc

Donc depuis $S = B_{\prime} - A$ exclusivement, jusqu'à $S = C - B$, on aura

$$N([(u^{B_{\prime}-s}, x^{A_{\prime}})^{B}, z \ldots n-1]^{T-s}) = N(u \ldots n-1)^{T-s} - N(u \ldots n-1)^{T-B_{\prime}-1}$$
$$- N(u \ldots n-1)^{T-A_{\prime}-s-1} + N(u \ldots n-1)^{T-B-s-2} - N(u)^{A_{\prime}+B_{\prime}-B-s-1} \times N(u \ldots n-2)^{T-B-s-1}.$$

Depuis $s = C - B$ exclusivement, jusqu'à $s = B_{\prime\prime} - A_{\prime}$, on aura $B_{\prime} - s + A_{\prime} > C - s$, c'est-à-dire, $B_{\prime} + A_{\prime} > C$; donc

$$N([(u^{B_{\prime}-s}, x^{A_{\prime}})^{C-s}, z \ldots n-1]^{T-s}) = N(u \ldots n-1)^{T-s} - N(u \ldots n-1)^{T-B_{\prime}-1}$$
$$- N(u \ldots n-1)^{T-A_{\prime}-s-1} + N(u \ldots n-1)^{T-C-2} - N(u)^{A_{\prime}+B_{\prime}-C-1} \times N(u \ldots n-2)^{T-C-1}.$$

Depuis $s = B_{\prime\prime} - A_{\prime}$ exclusivement, jusqu'à $s = A_{\prime\prime}$ on aura $B_{\prime} - s + B_{\prime\prime} - s > C - s$, si $B_{\prime\prime} - A_{\prime\prime} > C - B_{\prime}$; mais si $B_{\prime\prime} - A_{\prime\prime} < C - B_{\prime}$, on n'aura $B_{\prime} - s + B_{\prime\prime} - s > C - s$ que depuis $s = B_{\prime\prime} - A_{\prime}$, jusqu'à $s = B_{\prime} + B_{\prime\prime} - C$; & passé $s = B_{\prime} + B_{\prime\prime} - C$, on aura $B_{\prime} - s + B_{\prime\prime} - s < C - s$.

Donc si $B_{\prime\prime} - A_{\prime\prime} > C - B_{\prime}$, on aura

$$N([(u^{B_{\prime}-s}, x^{B_{\prime\prime}-s})^{C-s}, z \ldots n-1]^{T-s}) = N(u \ldots n-1)^{T-s} - N(u \ldots n-1)^{T-B_{\prime}-1}$$
$$- N(u \ldots n-1)^{T-B_{\prime\prime}-1} + N(u \ldots n-1)^{T-C-2} - N(u)^{B_{\prime}+B_{\prime\prime}-C-s-1} \times N(u \ldots n-2)^{T-C-1},$$

jusqu'à $s = A_{\prime\prime}$.

Mais si $B_{\prime\prime} - A_{\prime\prime} < C - B_{\prime}$; cette expression n'aura lieu que jusqu'à $s = B_{\prime} + B_{\prime\prime} - C$; & passé ce terme, on aura

$$N([(u^{B_{\prime}-s}, x^{B_{\prime\prime}-s})^{C-s}, z \ldots n-1]^{T-s}) = N(u \ldots n-1)^{T-s} - N(u \ldots n-1)^{T-B_{\prime}-1}$$
$$- N(u \ldots n-1)^{T-B_{\prime\prime}-1} + N(u \ldots n-1)^{T-B_{\prime}-B_{\prime\prime}+s-2}.$$

Sommant donc ces différentes expressions dans les différens intervalles où elles ont lieu pour chaque cas, on trouvera que si $B_{\prime\prime} - A_{\prime\prime} > C - B_{\prime}$, on aura

$$N([(u^{A}, x^{A_{\prime}})^{B}, (u^{A}, y^{A_{\prime\prime}})^{B_{\prime}}, (x^{A_{\prime}}, y^{A_{\prime\prime}})^{B_{\prime\prime}}]^{C}, z \ldots n)^{T-s}$$
$$= N(u \ldots n)^{T} - N(u \ldots n)^{T-A-1} - N(u \ldots n)^{T-A_{\prime}-1} - N(u \ldots n)^{T-A_{\prime\prime}-1}$$
$$+ N(u \ldots n)^{T-B-2} + N(u \ldots n)^{T-B_{\prime}-2} + N(u \ldots n)^{T-B_{\prime\prime}-2}$$

$$- N(u)^{A+\overset{\prime}{A}-B-1} \times N(u\ldots n-1)^{T-B-1} - N(u)^{A+\overset{\prime\prime}{A}-\overset{\prime}{B}-1} \times N(u\ldots n-1)^{T-\overset{\prime}{B}-1}$$
$$- N(u)^{\overset{\prime}{A}+\overset{\prime\prime}{A}-\overset{\prime\prime}{B}-1} \times N(u\ldots n-1)^{T-\overset{\prime\prime}{B}-1} + N(u\ldots n)^{T+A-B-\overset{\prime}{B}-2}$$
$$+ N(u)^{\overset{\prime}{A}+\overset{\prime\prime}{A}+B+\overset{\prime}{B}-2C-1} \times N(u\ldots n-1)^{T-C-2} - N(u\ldots n)^{T-C-3} - N(u\ldots n)^{T-C-2}$$
$$+ [N(u\ldots 2)^{\overset{\prime}{B}+\overset{\prime\prime}{B}-\overset{\prime\prime}{A}-C-2} - N(u\ldots 2)^{B+\overset{\prime}{A}-C-2} - N(u)^{A+\overset{\prime}{B}-C-1} \times N(u)^{B+\overset{\prime}{B}-\overset{\prime}{A}-C-1}] \times N(u\ldots n-2)^{T-C-1}.$$

Et si $\overset{\prime\prime}{B}-\overset{\prime\prime}{A} < C-\overset{\prime}{B}$, on aura

$$N([(u^{A}, x^{\prime A})^{B}, (u^{A}, y^{\prime\prime A})^{\prime B}, (x^{\prime A}, y^{\prime\prime A})^{\prime\prime B}]^{C}, z\ldots n)^{T}$$
$$= N(u\ldots n)^{T} - N(u\ldots n)^{T-A-1} - N(u\ldots n)^{T-\overset{\prime}{A}-1} - N(u\ldots n)^{T-\overset{\prime\prime}{A}-1}$$
$$+ N(u\ldots n)^{T-B-2} + N(u\ldots n)^{T-\overset{\prime}{B}-2} + N(u\ldots n)^{T-\overset{\prime\prime}{B}-2}$$
$$- N(u)^{A+\overset{\prime}{A}-B-1} \times N(u\ldots n-1)^{T-B-1} - N(u)^{A+\overset{\prime\prime}{A}-\overset{\prime}{B}-1} \times N(u\ldots n-1)^{T-\overset{\prime}{B}-3}$$
$$- N(u)^{\overset{\prime}{A}+\overset{\prime\prime}{A}-\overset{\prime\prime}{B}-1} \times N(u\ldots n-1)^{T-\overset{\prime\prime}{B}-1} + N(u\ldots n)^{T+A-B-\overset{\prime}{B}-2}$$
$$+ N(u\ldots n)^{T+\overset{\prime\prime}{A}-\overset{\prime}{B}-\overset{\prime\prime}{B}-2} - N(u\ldots n)^{T-C-3} - 2N(u\ldots n)^{T-C-2}$$
$$+ N(u)^{\overset{\prime}{A}+2B+\overset{\prime}{B}+\overset{\prime\prime}{B}-3C-1} \times N(u\ldots n-2)^{T-C-2}$$
$$- [N(u\ldots 2)^{\overset{\prime}{A}+B-C-2} + N(u)^{B+\overset{\prime}{B}-A-C-1} \times N(u)^{\overset{\prime}{A}+B-C-1}] \times N(u\ldots n-2)^{T-C-1}.$$

Nous observerons ici, que ces deux résultats ne sont pas tels qu'on les trouveroit immédiatement, par ce qui a été dit (73); mais qu'ils ont éprouvé quelques réductions dont voici l'esprit.

Dans l'application immédiate de ce qui a été dit (73), on trouvera des résultats, tels que $(n-1) \times N(u\ldots n)^{T-C-3} + N(u)^{\overset{\prime}{A}+\overset{\prime}{B}-T} \times N(u\ldots n-1)^{T-C-2}$.

Ce dernier terme n'est autre que

$-(T-\overset{\prime}{A}-\overset{\prime}{B}-1) \times N(u\ldots n-1)^{T-C-2} = -(T-C-2) \times N(u\ldots n-1)^{T-C-2}$ $+ (\overset{\prime}{A}+\overset{\prime}{B}-C-1) \times N(u\ldots n-1)^{T-C-2}$. Or $-(T-C-2) \times N(u\ldots n-1)^{T-C-2}$ $= -nN(u\ldots n)^{T-C-3}$; la quantité $(n-1) \times N(u\ldots n)^{T-C-3}$ $+ N(u)^{\overset{\prime}{A}+\overset{\prime}{B}-T} \times N(u\ldots n-1)^{T-C-2}$ se réduit donc à $(n-1) \times N(u\ldots n)^{T-C-3} - nN(u\ldots n)^{T-C-3} + (\overset{\prime}{A}+\overset{\prime}{B}-C-1) \times N(u\ldots n-1)^{T-C-2}$; c'est-à-dire, à $-N(u\ldots n)^{T-C-3} + (\overset{\prime}{A}+\overset{\prime}{B}-C) \times N(u\ldots n-1)^{T-C-2}$ $- N(u\ldots n-1)^{T-C-2}$. Remarquons de plus que $N(u\ldots n)^{T-\overset{\prime}{C}-3}$

$+ N(u \ldots n-1)^{T-C-2} = N(u \ldots n)^{T-C-2}$; & nous aurons enfin $(n-1) \times N(u \ldots n)^{T-C-3} + N(u)^{\underset{\prime}{A}+\underset{\prime}{B}-T} \times N(u \ldots n-1)^{T-C-2}$ $= -N(u \ldots n)^{T-C-2} + (\underset{\prime}{A}+\underset{\prime}{B}-C) \times N(u \ldots n-1)^{T-C-2}$ $= -N(u \ldots n)^{T-C-2} + N(u)^{\underset{\prime}{A}+\underset{\prime}{B}-C-1} \times N(u \ldots n-1)^{T-C-2}$. Cet exemple ſuffit pour faire trouver les réductions que peuvent avoir ſubi tous les réſultats des différents cas que nous parcourrons.

Quatrième Cas.

$$\underset{\prime}{B} - A < \underset{\prime\prime}{B} - \underset{\prime}{A} < C - B.$$

(88.) Dans ce cas la forme $y^s([u^A, x^{\underset{\prime}{A}}]^B, z \ldots n-1)^{T-s}$ aura lieu depuis $s = 0$, juſqu'à $s = \underset{\prime}{B} - A$.

Paſſé $s = \underset{\prime}{B} - A$, elle ſera $y^s([u^{\underset{\prime}{B}-s}, x^{\underset{\prime}{A}})^B, z \ldots n-1)^{T-s}$ juſqu'à $s = \underset{\prime\prime}{B} - \underset{\prime}{A}$.

Paſſé $s = \underset{\prime\prime}{B} - \underset{\prime}{A}$, elle ſera $y^s([u^{\underset{\prime}{B}-s}, x^{\underset{\prime\prime}{B}-s})^B, z \ldots n-1)^{T-s}$ juſqu'à $s = C - B$.

Paſſé $s = C - B$, elle ſera $y^s([u^{\underset{\prime}{B}-s}, x^{\underset{\prime\prime}{B}-s})^{C-s}, z \ldots n-1)^{T-s}$ juſqu'à $s = \underset{\prime\prime}{A}$.

Or puiſque $\underset{\prime}{A} + A > B$, on aura depuis $s = 0$, juſqu'à $s = \underset{\prime}{B} - A$ $N([u^A, x^{\underset{\prime}{A}}]^B, z \ldots n-1)^{T-s} = N(u \ldots n-1)^{T-s} - N(u \ldots n-1)^{T-A-s-1}$ $- N(u \ldots n-1)^{T-\underset{\prime}{A}-s-1} + N(u \ldots n-1)^{T-B-s-2} - N(u)^{A+\underset{\prime}{A}-B-1} \times N(u \ldots n-1)^{T-B-s-1}$.
Depuis $s = \underset{\prime}{B} - A$ juſqu'à $s = \underset{\prime\prime}{B} - \underset{\prime}{A}$, on aura $\underset{\prime}{B} - s + \underset{\prime}{A} > B$, ou $s < \underset{\prime}{A} + \underset{\prime}{B} - B$; car la plus grande valeur de s dans cet intervalle, eſt $\underset{\prime\prime}{B} - \underset{\prime}{A}$; or $\underset{\prime\prime}{B} - \underset{\prime}{A} < \underset{\prime}{A} + \underset{\prime}{B} - B$; car $\underset{\prime}{A} + \underset{\prime}{B} > C$ (83) ; donc $\underset{\prime}{A} + \underset{\prime}{B} - B > C - B$; or (*hyp.*) $C - B > \underset{\prime\prime}{B} - \underset{\prime}{A}$; donc $\underset{\prime}{A} + \underset{\prime}{B} - B > \underset{\prime\prime}{B} - \underset{\prime}{A}$.

Donc depuis $s = \underset{\prime}{B} - A$, juſqu'à $s = \underset{\prime\prime}{B} - \underset{\prime}{A}$, on aura $N([u^{\underset{\prime}{B}-s}, x^{\underset{\prime}{A}}]^B, z \ldots n-1)^{T-s} = N(u \ldots n-1)^{T-s} - N(u \ldots n-1)^{T-B-1}$

$$-N(u\ldots n-1)^{T-A_{\prime}-s-1}+N(u\ldots n-1)^{T-B-s-2}-N(u)^{A_{\prime}+B_{\prime}-s-1}\times N(u\ldots n-2)^{T-B-s-1}.$$

Depuis $s=B_{\prime\prime}-A_{\prime}$, jusqu'à $s=C-B$, on aura $B_{\prime}-s+B_{\prime\prime}-s>B$, ou $s<\frac{B_{\prime}+B_{\prime\prime}-B}{2}$; car la plus grande valeur de s est $C-B$; or $C-B<\frac{B_{\prime}+B_{\prime\prime}-B}{2}$, ou $2C<B+B_{\prime}+B_{\prime\prime}$, (83).

Donc depuis $s=B_{\prime\prime}-A_{\prime}$, jusqu'à $s=C-B$, on aura

$$N[(u^{B_{\prime}-s}, x^{B_{\prime\prime}-s})^{B}, z\ldots n-1]^{T-s}=N(u\ldots n-1)^{T-s}-N(u\ldots n-1)^{T-B_{\prime}-1}$$
$$-N(u\ldots n-1)^{T-B_{\prime\prime}-1}+N(u\ldots n-1)^{T-B-s-2}-N(u)^{B_{\prime}+B_{\prime\prime}-B-2s-1}\times N(u\ldots n-2)^{T-B-s-1}.$$

Depuis $s=C-B$ jusqu'à $s=A_{\prime\prime}$, on, verra en raisonnant comme ci-devant, que si $B_{\prime\prime}-A_{\prime\prime}>C-B_{\prime}$, on aura

$$N[(u^{B_{\prime}-s}, x^{B_{\prime\prime}-s})^{C-s}, z\ldots n-1]^{T-s}=N(u\ldots n-1)^{T-s}-N(u\ldots n-1)^{T-B_{\prime}-1}$$
$$-N(u\ldots n-1)^{T-B_{\prime\prime}-1}+N(u\ldots n-1)^{T-C-2}-N(u)^{B_{\prime}+B_{\prime\prime}-C-s-1}\times N(u\ldots n-2)^{T-C-1}.$$

Mais si $B_{\prime\prime}-A_{\prime\prime}<C-B_{\prime}$, cette expression n'aura lieu que jusqu'à $s=B_{\prime}+B_{\prime\prime}-C$; & depuis $s=B_{\prime}+B_{\prime\prime}-C$, jusqu'à $s=A_{\prime\prime}$, elle sera

$$N[(u^{B_{\prime}-s}, x^{B_{\prime}-s})^{C-s}, z\ldots n-1]^{T-s}=N(u\ldots n-1)^{T-s}-N(u\ldots n-1)^{T-B_{\prime}-1}$$
$$-N(u\ldots n-1)^{T-B_{\prime\prime}-1}+N(u\ldots n-1)^{T-B_{\prime}-B_{\prime\prime}+s-2}.$$

Sommant donc ces différentes quantités, dans les intervalles pour lesquels elles ont lieu, on trouvera que si $B_{\prime\prime}-A_{\prime\prime}>C-B_{\prime}$, on aura

$$N([(u^{A}, x^{A_{\prime}})^{B}, (u^{A}, y^{A_{\prime}})^{B_{\prime}}, (x^{A}, y^{A_{\prime}})^{B_{\prime\prime}}]^{C}, z\ldots n)^{T}$$
$$=N(u\ldots n)^{T}-N(u\ldots n)^{T-A-1}-N(u\ldots n)^{T-A_{\prime}-1}-N(u\ldots n)^{T-A_{\prime\prime}-1}$$
$$+N(u\ldots n)^{T-B-2}+N(u\ldots n)^{T-B_{\prime}-2}+N(u\ldots n)^{T-B_{\prime\prime}-2}$$
$$-N(u)^{A+A_{\prime}-B-1}\times N(u\ldots n-1)^{T-B-1}-N(u)^{A+A_{\prime\prime}-B_{\prime}-1}\times N(u\ldots n-1)^{T-B_{\prime}-1}$$
$$-N(u)^{A_{\prime}+A_{\prime\prime}-B_{\prime\prime}-1}\times N(u\ldots n-1)^{T-B_{\prime\prime}-1}+N(u\ldots n)^{T+A-B-B_{\prime}-2}$$
$$+N(u\ldots n)^{T+A_{\prime}-B-B_{\prime\prime}-2}+N(u)^{A_{\prime\prime}+2B+B_{\prime}+B_{\prime\prime}-3C-1}\times N(u\ldots n-1)^{T-C-1}$$

$$- N(u\ldots n)^{T-C-3} - 2N(u\ldots n)^{T-C-2}$$

$$+ [N(u\ldots 2)^{B_{\prime}+B_{\prime\prime}-A_{\prime\prime}-C-2} - N(u\ldots 2)^{B+B_{\prime}+B_{\prime\prime}-2C-2}] \times N(u\ldots n-2)^{T-C-1}.$$

Et si $B_{\prime\prime} - A_{\prime\prime} < C - B_{\prime}$, on aura

$$N([(u^{A}, x^{A_{\prime}})^{B}, (u^{A}, y^{A_{\prime\prime}})^{B_{\prime}}, (x^{A_{\prime}}, y^{A_{\prime\prime}})^{B_{\prime\prime}}]^{C}, z\ldots n)^{T}$$

$$= N(u\ldots n)^{T} - N(u\ldots n)^{T-A-1} - N(u\ldots n)^{T-A_{\prime}-1} - N(u\ldots n)^{T-A_{\prime\prime}-1}$$

$$+ N(u\ldots n)^{T-B-2} + N(u\ldots n)^{T-B_{\prime}-2} + N(u\ldots n)^{T-B_{\prime\prime}-2}$$

$$- N(u)^{A+A_{\prime}-B-1} \times N(u\ldots n-1)^{T-B-1} - N(u)^{A+A_{\prime\prime}-B_{\prime}-1} \times N(u\ldots n-1)^{T-B_{\prime}-1}$$

$$- N(u)^{A_{\prime}+A_{\prime\prime}-B_{\prime\prime}-1} \times N(u\ldots n-1)^{T-B_{\prime\prime}-1} + N(u\ldots n)^{T+A-B-B_{\prime}-2}$$

$$+ N(u\ldots n)^{T+A_{\prime}-B-B_{\prime\prime}-2} + N(u\ldots n)^{T+A_{\prime\prime}-B_{\prime}-B_{\prime\prime}-2}$$

$$+ 2N(u)^{B+B_{\prime}+B_{\prime\prime}-2C-1} \times N(u\ldots n-1)^{T-C-2}$$

$$- N(u\ldots 2)^{B+B_{\prime}+B_{\prime\prime}-2C-2} \times N(u\ldots n-2)^{T-C-1} - N(u\ldots n)^{T-C-3} - 3N(u\ldots n)^{T-C-2}.$$

Cinquième Cas.

$$B_{\prime\prime} - A_{\prime} < C - B < B_{\prime} - A.$$

(89.) Ce cinquième cas se subdivise aussi en ces deux autres $B_{\prime\prime} - A_{\prime\prime} > C - B_{\prime}$ & $B_{\prime\prime} - A_{\prime\prime} < C - B_{\prime}$. Mais comme il ne diffère, d'ailleurs, du troisième cas, que par le changement de $B_{\prime}$ en $B_{\prime\prime}$, de A en $A_{\prime}$ & réciproquement, il s'ensuit que pour avoir l'expression du nombre de termes cherché, convenable au cas actuel, il n'y a qu'à changer dans celles du troisième cas, $B_{\prime}$ en $B_{\prime\prime}$, & A en $A_{\prime}$ & réciproquement.

Sixième Cas.

$$B_{\prime\prime} - A_{\prime} < B_{\prime} - A < C - B.$$

(90.) Ce sixième cas se subdivise aussi en ces deux autres $B_{\prime\prime} - A_{\prime\prime} > C - B_{\prime}$ & $B_{\prime\prime} - A_{\prime\prime} < C - B_{\prime}$. Mais comme il ne diffère, d'ailleurs, du quatrième, que par le changement de $B_{\prime}$ en $B_{\prime\prime}$, de A en $A_{\prime}$ & réciproquement, & qu'il est bien facile de voir que ce changement fait dans les deux expressions propres au quatrième cas, n'en occasionne aucun dans leur valeur, il s'ensuit qu'elles ont lieu aussi pour le sixième cas.

Récapitulation & Table des différentes valeurs du nombre de termes cherché dans le Polynome précédent, ainsi que des rapports des grandeurs des quantités auxquelles ces valeurs sont relatives.

(91.) Si on compare entre elles les conditions auxquelles chacune des expressions que nous venons de trouver peuvent avoir lieu, on verra qu'en général la question se subdivise en douze cas. Mais si, pour abréger, on représente par P la quantité $N([(u^{A}, x^{A_{\prime}})^{B}, (u^{A}, y^{A_{\prime\prime}})^{B_{\prime}}, (x^{A_{\prime}}, y^{A_{\prime\prime}})^{B_{\prime\prime}}]^{C}, z\ldots n)^{T}$, on peut voir facilement que P n'est susceptible que de huit valeurs différentes; ensorte qu'il ne faut véritablement distinguer que les huit cas suivans, auxquels correspondront les valeurs de P suivantes. Comme ces différens cas déterminent, à proprement parler, autant de formes différentes, puisque leur expression est celle des conditions auxquelles le polynome peut avoir telle ou telle valeur pour le nombre de ses termes, nous leur donnerons le nom de *Forme*.

Première forme.

$$C - B < B_{\prime} - A;\ C - B < B_{\prime\prime} - A_{\prime};\ C - B_{\prime} < B_{\prime\prime} - A_{\prime\prime}.$$

(92). $P = N(u\ldots n)^{T} - N(u\ldots n)^{T-A-1} - N(u\ldots n)^{T-A_{\prime}-1} - N(u\ldots n)^{T-A_{\prime\prime}-1}$
$+ N(u\ldots n)^{T-B-2} + N(u\ldots n)^{T-B_{\prime}-2} + N(u\ldots n)^{T-B_{\prime\prime}-2}$
$- N(u)^{A+A_{\prime}-B-1} \times N(u\ldots n-1)^{T-B-1} - N(u)^{A+A_{\prime\prime}-B_{\prime}-1} \times N(u\ldots n-1)^{T-B_{\prime}-1}$
$- N(u)^{A_{\prime}+A_{\prime\prime}-B_{\prime\prime}-1} \times N(u\ldots n-1)^{T-B_{\prime\prime}-1} - N(u\ldots n)^{T-C-3}$
$+ N(u)^{A+A_{\prime}+A_{\prime\prime}-C-1} \times N(u\ldots n-1)^{T-C-2} + [N(u\ldots 2)^{A+A_{\prime}-B-1}$
$+ N(u\ldots 2)^{B+B_{\prime\prime}-A_{\prime\prime}-C-2} - N(u)^{A_{\prime}+B_{\prime}-C-1} \times N(u)^{A+B_{\prime\prime}-C-1}] \times N(u\ldots n-2)^{T-C-3}.$

Seconde forme.

$$C-B<B_{,}-A\,;\ C_{,}-B_{,}<B_{,,}-A_{,}\,;\ C_{,,}-B_{,}<B_{,,}-A_{,,}.$$

(93.) $P=N(u\ldots n)^{T}-N(u\ldots n)^{T-A-1}-N(u\ldots n)^{T-A_{,}-1}-N(u\ldots n)^{T-A_{,,}-1}$
$+N(u\ldots n)^{T-B-2}+N(u\ldots n)^{T-B_{,}-2}+N(u\ldots n)^{T-B_{,,}-2}$
$-N(u)^{A+A_{,}-B-1}\times N(u\ldots n-1)^{T-B-1}-N(u)^{A+A_{,,}-B_{,}-1}\times N(u\ldots n-1)^{T-B_{,}-1}$
$-N(u)^{A_{,}+A_{,,}-B_{,,}-1}\times N(u\ldots n-1)^{T-B_{,,}-1}+N(u\ldots n)^{T+A_{,,}-B-B_{,}-B_{,,}-2}$
$-N(u\ldots n)^{T-C-3}-N(u\ldots n)^{T-C-2}+N(u)^{A+A_{,}+B_{,}+B_{,,}-2C-1}\times N(u\ldots n-1)^{T-C-2}$
$+[N(u\ldots 2)^{A+A_{,}-B-1}-N(u)^{A_{,}+B_{,}-C-1}\times N(u)^{A+B_{,,}-C-1}]\times N(u\ldots n-2)^{T-C-1}.$

Troisième forme.

$$C-B>B_{,}-A\,;\ C_{,}-B_{,}<B_{,,}-A_{,}\,;\ C_{,,}-B_{,}<B_{,,}-A_{,,}.$$

(94). $P=N(u\ldots n)^{T}-N(u\ldots n)^{T-A-1}-N(u\ldots n)^{T-A_{,}-1}-N(u\ldots n)^{T-A_{,,}-1}$
$+N(u\ldots n)^{T-B-2}+N(u\ldots n)^{T-B_{,}-2}+N(u\ldots n)^{T-B_{,,}-2}$
$-N(u)^{A+A_{,}-B-1}\times N(u\ldots n-1)^{T-B-1}-N(u)^{A+A_{,,}-B_{,}-1}\times N(u\ldots n-1)^{T-B_{,}-1}$
$-N(u)^{A_{,}+A_{,,}-B_{,,}-1}\times N(u\ldots n-1)^{T-B_{,,}-1}+N(u\ldots n)^{T+A-B-B_{,}-2}-N(u\ldots n)^{T-C-3}$
$-N(u\ldots n)^{T-C-2}+N(u)^{A_{,}+A_{,,}+B+B_{,}-2C-1}\times N(u\ldots n-1)^{T-C-2}$
$+[N(u\ldots 2)^{B_{,}+B_{,,}-A_{,,}-C-2}-N(u\ldots 2)^{B_{,}+A_{,}-C-2}$
$-N(u)^{A_{,}+B_{,}-C-1}\times N(u)^{B+B_{,,}-A_{,}-C-1}]\times N(u\ldots n-2)^{T-C-1}.$

Quatrième forme.

$$C-B>B_{,}-A\,;\ C_{,}-B_{,}<B_{,,}-A_{,}\,;\ C_{,,}-B_{,}>B_{,,}-A_{,,}.$$

(95.) $P=N(u\ldots n)^{T}-N(u\ldots n)^{T-A-1}-N(u\ldots n)^{T-A_{,}-1}-N(u\ldots n)^{T-A_{,,}-1}$
$+N(u\ldots n)^{T-B-2}+N(u\ldots n)^{T-B_{,}-2}+N(u\ldots n)^{T-B_{,,}-2}$
$-N(u)^{A+A_{,}-B-1}\times N(u\ldots n-1)^{T-B-1}-N(u)^{A+A_{,,}-B_{,}-1}\times N(u\ldots n-1)^{T-B_{,}-1}$
$-N(u)^{A_{,}+A_{,,}-B_{,,}-1}\times N(u\ldots n-1)^{T-B_{,,}-1}+N(u\ldots n)^{T+A-B-B_{,}-2}+N(u\ldots n)^{T+A_{,,}-B_{,}-B_{,,}-2}$
$-N(u\ldots n)^{T-C-3}-2N(u\ldots n)^{T-C-2}+N(u)^{A_{,}+B+2B_{,}+B_{,,}-3C-1}\times N(u\ldots n-1)^{T-C-2}$
$-[N(u\ldots 2)^{A_{,}+B_{,}-C-2}+N(u)^{B+B_{,,}-A_{,}-C-1}\times N(u)^{A+B_{,}-C-1}]\times N(u\ldots n-2)^{T-C-1}.$

Cinquième forme.

$$C-B>B_{\prime}-A;\quad C-B>B_{\prime\prime}-A_{\prime};\quad C-B_{\prime}<B_{\prime\prime}-A_{\prime\prime}.$$

$$(96.)\ P=N(u\ldots n)^{T}-N(u\ldots n)^{T-A-1}-N(u\ldots n)^{T-A_{\prime}-1}-N(u\ldots n)^{T-A_{\prime\prime}-1}$$
$$+N(u\ldots n)^{T-B-2}+N(u\ldots n)^{T-B_{\prime}-2}+N(u\ldots n)^{T-B_{\prime\prime}-2}$$
$$-N(u)^{A+A_{\prime}-B-1}\times N(u\ldots n-1)^{T-B-1}+N(u)^{A+A_{\prime\prime}-B_{\prime}-1}\times N(u\ldots n-1)^{T-B_{\prime}-1}$$
$$-N(u)^{A_{\prime}+A_{\prime\prime}-B_{\prime\prime}-1}\times N(u\ldots n-1)^{T-B_{\prime\prime}-1}+N(u\ldots n)^{T+A-B-B_{\prime}-2}+N(u\ldots n)^{T+A_{\prime}-B-B_{\prime\prime}-2}$$
$$-N(u\ldots n)^{T-C-3}-2N(u\ldots n)^{T-C-2}+N(u)^{A_{\prime\prime}+2B+B_{\prime}+B_{\prime\prime}-3C-1}\times N(u\ldots n-1)^{T-C-2}$$
$$+[N(u\ldots 2)^{B_{\prime}+B_{\prime\prime}-A_{\prime\prime}-C-2}-N(u\ldots 2)^{B+B_{\prime}+B_{\prime\prime}-2C-2}]\times N(u\ldots n-2)^{T-C-1}.$$

Sixième forme.

$$C-B>B_{\prime}-A;\quad C-B>B_{\prime\prime}-A_{\prime};\quad C-B_{\prime}>B_{\prime\prime}-A_{\prime\prime}.$$

$$(97.)\ P=N(u\ldots n)^{T}-N(u\ldots n)^{T-A-1}-N(u\ldots n)^{T-A_{\prime}-1}-N(u\ldots n)^{T-A_{\prime\prime}-1}$$
$$+N(u\ldots n)^{T-B-2}+N(u\ldots n)^{T-B_{\prime}-2}+N(u\ldots n)^{T-B_{\prime\prime}-2}$$
$$-N(u)^{A+A_{\prime}-B-1}\times N(u\ldots n-1)^{T-B-1}-N(u)^{A+A_{\prime\prime}-B_{\prime}-1}\times N(u\ldots n-1)^{T-B_{\prime}-1}$$
$$-N(u)^{A_{\prime}+A_{\prime\prime}-B_{\prime\prime}-1}\times N(u\ldots n-1)^{T-B_{\prime\prime}-1}+N(u\ldots n)^{T+A-B-B_{\prime}-2}+N(u\ldots n)^{T+A_{\prime}-B-B_{\prime\prime}-2}$$
$$+N(u\ldots n)^{T+A_{\prime\prime}-B_{\prime}-B_{\prime\prime}-2}+2N(u)^{B+B_{\prime}+B_{\prime\prime}-2C-1}\times N(u\ldots n-1)^{T-C-2}$$
$$-N(u\ldots 2)^{B+B_{\prime}+B_{\prime\prime}-2C-2}\times N(u\ldots n-2)^{T-C-1}-N(u\ldots n)^{T-C-3}-3N(u\ldots n)^{T-C-2}.$$

Septième forme.

$$C-B<B_{\prime}-A;\quad C-B>B_{\prime\prime}-A_{\prime};\quad C-B_{\prime}<B_{\prime\prime}-A_{\prime\prime}.$$

$$(98.)\ P=N(u\ldots n)^{T}-N(u\ldots n)^{T-A-1}-N(u\ldots n)^{T-A_{\prime}-1}-N(u\ldots n)^{T-A_{\prime\prime}-1}$$
$$+N(u\ldots n)^{T-B-2}+N(u\ldots n)^{T-B_{\prime}-2}+N(u\ldots n)^{T-B_{\prime\prime}-2}$$
$$-N(u)^{A+A_{\prime}-B-1}\times N(u\ldots n-1)^{T-B-1}-N(u)^{A+A_{\prime\prime}-B_{\prime}-1}\times N(u\ldots n)^{T-B_{\prime}-1}$$
$$-N(u)^{A_{\prime}+A_{\prime\prime}-B_{\prime\prime}-1}\times N(u\ldots n-1)^{T-B_{\prime\prime}-1}+N(u\ldots n)^{T+A_{\prime}-B-B_{\prime\prime}-2}-N(u\ldots n)^{T-C-3}$$
$$-N(u\ldots n)^{T-C-2}+N(u)^{A+A_{\prime\prime}+B+B_{\prime\prime}-2C-1}\times N(u\ldots n-1)^{T-C-2}+[N(u\ldots 2)^{B_{\prime}+B_{\prime\prime}-A_{\prime\prime}-C-2}$$
$$-N(u\ldots 2)^{B_{\prime\prime}+A-C-2}-N(u)^{A+B_{\prime\prime}-C-1}\times N(u)^{B+B_{\prime}-A-C-1}]\times N(u\ldots n-2)^{T-C-1}.$$

Huitième

Huitième forme.

$$C-B<B_{\prime}-A;\ C-B>B_{\prime\prime}-A_{\prime};\ C-B_{\prime}>B_{\prime\prime}-A_{\prime\prime}.$$

(99.) $$P=N(u\ldots n)^{T}-N(u\ldots n)^{T-A-1}-N(u\ldots n)^{T-A_{\prime}-1}-N(u\ldots n)^{T-A_{\prime\prime}-1}$$
$$+N(u\ldots n)^{T-B-2}+N(u\ldots n)^{T-B_{\prime}-2}+N(u\ldots n)^{T-B_{\prime\prime}-2}$$
$$-N(u)^{A+A_{\prime}-B-1}\times N(u\ldots n-1)^{T-B-1}-N(u)^{A+A_{\prime\prime}-B_{\prime}-1}\times N(u\ldots n-1)^{T-B_{\prime}-1}$$
$$-N(u)^{A_{\prime}+A_{\prime\prime}-B_{\prime\prime}-1}\times N(u\ldots n-1)^{T-B_{\prime\prime}-1}+N(u\ldots n)^{T+A_{\prime}-B-B_{\prime\prime}-2}+N(u\ldots n)^{T+A_{\prime\prime}-B_{\prime}-B_{\prime\prime}-2}$$
$$-N(u\ldots n)^{T-C-3}-2N(u\ldots n)^{T-C-2}+N(u)^{A+B+2B_{\prime\prime}+B_{\prime}-3C-1}\times N(u\ldots n-1)^{T-C-2}$$
$$-[N(u\ldots 2)^{A+B_{\prime\prime}-C-2}+N(u)^{B+B_{\prime}-A-C-1}\times N(u)^{A+B_{\prime\prime}-C-1}]\times N(u\ldots n-2)^{T-C-1}.$$

COROLLAIRE.

(100.) Donc & en raisonnant comme on l'a fait (77), on voit que pour conclure des expressions précédentes la valeur de

$$N([(u^{A},x^{A_{\prime}})^{B},(u^{A},y^{A_{\prime\prime}})^{B_{\prime}},(x^{A_{\prime}},y^{A_{\prime\prime}})^{B_{\prime\prime}}]^{C},z^{A_{\prime\prime\prime}}\ldots n)^{T},$$

ce polynome ayant les conditions mentionnées (82), il ne s'agira que d'ajouter à ces expressions les quantités $-N(u\ldots n)^{T-A_{\prime\prime\prime}-1}$, $-N(u\ldots n)^{T-A_{iv}-1}$, &c.

PROBLÈME XIX.

(101.) *On demande la manière de déterminer la valeur de* $N([(u^{A},x^{A_{\prime}})^{B},(u^{A},y^{A_{\prime\prime}})^{B_{\prime}},(x^{A_{\prime}},y^{A_{\prime\prime}})^{B_{\prime\prime}}]^{C},z^{A_{\prime\prime\prime}}\ldots n)^{T}$, *lorsque quelques-unes des conditions nécessaires à l'existence du polynome* $([(u^{A},x^{A_{\prime}})^{B},(u^{A},y^{A_{\prime\prime}})^{B_{\prime}},(x^{A_{\prime}},y^{A_{\prime\prime}})^{B_{\prime\prime}}]^{C},z\ldots n)^{T}$ *n'ont pas lieu.*

Cette recherche n'intéresse pas l'espèce d'équations que nous avons en vue actuellement ; mais elle est nécessaire pour les classes ultérieures d'équations incomplettes.

Nous nous contenterons de parcourir quelque cas, pour faire voir comment on doit s'y prendre dans tous les autres cas.

Supposons, par exemple, que l'on ait $B+B_{\prime}+B_{\prime\prime}<2C$, toutes les autres conditions ayant lieu d'ailleurs.

Il eſt clair que dans ce cas, les quantités u, x, & y ne peuvent enſemble atteindre à la dimenſion C; il faut donc concevoir la valeur de C diminuée juſqu'à ce que $B + B_{,} + B_{,,}$ devienne plus grand que le double de cette valeur; c'eſt-à-dire, qu'il faut ſuppoſer $C = \frac{B + B_{,} + B_{,,} - r}{2}$, r étant 0 ou 1 ſelon que $B + B_{,} + B_{,,}$ eſt pair ou impair.

Alors pour déterminer la valeur de P (P repréſente le nombre des termes du polynome ci-deſſus), on examinera quels ſont les rapports de grandeur des quantités $B_{,} - A$, $B_{,,} - A_{,}$, $B_{,,} - A_{,,}$, $C - B$ & $C - B_{,}$; c'eſt-à-dire, des quantités $B_{,} - A$, $B_{,,} - A_{,}$; $B_{,,} - A_{,,}$, $\frac{B + B_{,} + B_{,,} - r}{2} - B$, ou $\frac{B_{,} + B_{,,} - B - r}{2}$ & $\frac{B + B_{,,} - B_{,} - r}{2}$. Et l'on ſubſtituera pour C, ſa valeur $\frac{B + B_{,} + B_{,,} - r}{2}$, dans celle des expreſſions trouvées dans le problème précédent, à laquelle ces rapports de grandeur conviennent.

Si on avoit, en même tems, $B + B_{,} + B_{,,} < 2C$; & $A + B_{,,} < C$; alors on voit d'abord qu'il faut diminuer C juſqu'à ce que $C = \frac{B + B_{,} + B_{,,} - r}{2}$. Mais en vertu de ce que $A + B_{,,} < C$, il faut diminuer C, juſqu'à ce que $C = A + B_{,,}$; on fera donc C égal à la plus petite des deux quantités $\frac{B + B_{,} + B_{,,} - r}{2}$, & $A + B_{,,}$. Si on avoit, en même temps, $B + B_{,} + B_{,,} < 2C$; $A_{,} + B_{,} < C$; $A + B_{,,} < C$; on égaleroit C à la plus petite des trois quantités $\frac{B + B_{,} + B_{,,} - r}{2}$, $A_{,} + B_{,}$, $A + B_{,,}$.

Si on avoit $B + B_{,} + B_{,,} < 2C$, $A + A_{,} < B$, on feroit d'abord $B = A + A_{,}$; & alors ſi $A + A_{,} + B_{,} + B_{,,} > 2C$, il n'y aura pas d'autre changement à faire : mais ſi $A + A_{,} + B_{,} + B_{,,} < 2C$, on fera, en outre, $C = \frac{A + A_{,} + B_{,} + B_{,,} - r}{2}$, r étant 0 ou 1 ſelon que $A + A_{,} + B_{,} + B_{,,}$ eſt pair ou impair.

Ces exemples suffisent pour faire voir, comment on doit s'y prendre dans tous les cas.

PROBLÈME XX.

(102.) *Soient un nombre* $n-1$ *d'équations de la forme*

$$([(u^{a'}, x^{a'_{'}})^{b'_{'}}, (u^{a'}, y^{a'_{''}})^{b'_{'}}, (x^{a'_{'}}, y^{a'_{''}})^{b'_{''}}]^{c'}, z^{a'_{'''}} \ldots n)^{t'} = 0$$

ayant les conditions générales mentionnées (83), *& renfermant un nombre* n *d'inconnues. Soit de plus*

$$([(u^{A}, x^{A_{'}})^{B}, (u^{A}, y^{A_{''}})^{B_{'}}, (x^{A_{'}}, y^{A_{''}})^{B_{''}}]^{C}, z^{A_{'''}} \ldots n)^{T}$$

un polynome, ayant les mêmes conditions générales, & les conditions particulières qui déterminent l'une des huit formes exposées (91 & s.). *Supposons de plus que ce polynome soit tel qu'en mettant* $A-a'$ *au lieu de* A; $\underset{'}{A}-\underset{'}{a'}$ *au lieu de* $\underset{'}{A}$ &c; $B-b'$ *au lieu de* B; $\underset{'}{B}-\underset{'}{b'}$, *au lieu de* $\underset{'}{B}$ &c. $C-c'$ *au lieu de* C; $T-t'$ *au lieu de* T; *le polynome satisfasse à ces mêmes conditions. Qu'il en soit de même, en mettant* $A-a''$, $\underset{'}{A}-\underset{'}{a''}$, &c. $B-b''$, $\underset{'}{B}-\underset{'}{b''}$, &c. &c. *au lieu de* A, $\underset{'}{A}$, &c. B, $\underset{'}{B}$, &c. &c. *Qu'il en soit de même en mettant* $A-a'-a''$, $\underset{'}{A}-\underset{'}{a'}-\underset{'}{a''}$, &c. $B-b'-b''$, $\underset{'}{B}-\underset{'}{b'}-\underset{'}{b''}$, &c. &c. *au lieu de* A, $\underset{'}{A}$, &c. B, $\underset{'}{B}$, &c. &c. *& ainsi de suite : on demande combien, à l'aide des* $n-1$ *équations, on pourra faire disparoître de termes dans le premier de ces polynomes, sans en introduire de nouveaux.*

D'après ce qui a été dit (60) & en raisonnant de la même manière, on verra que s'il n'y a qu'une équation, le nombre des termes qu'on peut faire disparoître, est

$$N([(u^{A-a'}, x^{A_{'}-a'_{'}})^{B-b'}, (u^{A-a'}, y^{A_{''}-a'_{''}})^{B_{'}-b'_{'}}, (x^{A_{'}-a'_{'}}, y^{A_{''}-a'_{''}})^{B_{''}-b'_{''}}]^{C-c'}, z^{A_{'''}-a'_{'''}} \ldots n)^{T-t'}.$$

Que s'il y en a deux, le nombre des termes qu'on peut faire disparoître, sans en introduire de nouveaux, est

$$N([(u^{A-a'}, x^{A_{'}-a'_{'}})^{B-b'}, (u^{A-a}, y^{A_{''}-a'_{'}})^{B_{'}-b'_{'}}, (x^{A_{'}-a'_{'}}, y^{A_{''}-a'_{''}})^{B_{''}-b'_{''}}]^{C-c'}, z^{A_{'''}-a'_{'''}} \ldots n)^{T-t'}$$

$$+ N([(u^{A-a''}, x^{A_{'}-a''_{'}})^{B-b''}, (u^{A-a''}, y^{A_{''}-a''_{''}})^{B_{'}-b''_{'}}, (x^{A_{'}-a''_{'}}, y^{A_{''}-a'_{''}})^{B_{''}-b''_{''}}]^{C-c''}, z^{A_{'''}-a''_{'''}} \ldots n)^{T-t''}$$

$$N([(u^{A-a'-a''}, x^{A_{'}-a'_{'}-a''_{'}})^{B-b'-b''}, (u^{A-a'-a''}, y^{A_{''}-a'_{''}-a''_{''}})^{B_{'}-b'_{'}-b''_{'}}, (x^{A_{'}-a'_{'}-a''_{'}}, y^{A_{''}-a'_{''}-a''_{''}})^{B_{''}-b'_{''}-b''_{''}}]^{C-c'-c''}, z^{A_{'''}-a'_{'''}-a''_{'''}} \ldots n)^{T}$$

Que s'il y en a trois, le nombre des termes sera exprimé par une fonction longue à transcrire, à la vérité, mais facile à imaginer après ce qui a été dit (60), ainsi que pour quatre, cinq, &c.

PROBLÈME XXI.

(103.) *Les mêmes choses étant supposées comme dans le Problème précédent, on demande, quel sera le nombre des termes restans dans le polynome, lorsqu'on en aura fait disparoître tous ceux qu'il est possible d'en faire disparoître, à l'aide des* n — 1 *équations, sans en introduire de nouveaux.*

D'après ce qui a été dit (60 & 102), & les conditions exigées dans le problème précédent, qui rendent de même nature tous les polynomes qui entrent dans l'expression du nombre des termes qu'on peut faire disparoître, le nombre des termes restans sera

$$d^{n-1}\left(N\left([(u^{A}, x^{A_{\prime}})^{B}, (u^{A}, y^{A_{\prime\prime}})^{B_{\prime}}, (x^{A_{\prime}}, y^{A_{\prime\prime}})^{B_{\prime\prime}}]^{C}, z^{A_{\prime\prime\prime}} \ldots n\right)^{T} \ldots \right.$$

$$\left(\overset{T}{-t', -t'', \&c.} \vdots \overset{C}{-c', -c'', \&c.} \vdots \overset{B}{-b', -b'', \&c.} \vdots \overset{B_{\prime}}{-b'_{\prime}, -b''_{\prime}, \&c.} \vdots \overset{B_{\prime\prime}}{-b'_{\prime\prime}, -b''_{\prime\prime}, \&c.} \vdots \overset{A}{-a', -a'', \&c.} \vdots \overset{A_{\prime}}{-a'_{\prime}, -a''_{\prime}, \&c.} \vdots \overset{A_{\prime\prime}}{-a'_{\prime\prime}, -a''_{\prime\prime}, \&c.} \vdots \overset{A_{\prime\prime\prime}\,\&c.}{-a'_{\prime\prime\prime}, -a''_{\prime\prime\prime}, \&c.}\right)$$

PROBLÈME XXII.

(104.) *Supposant un nombre* n *d'équations de la forme* $([(u^{a}, x^{a_{\prime}})^{b}, (u^{a}, y^{a_{\prime\prime}})^{b_{\prime}}, (x^{a_{\prime}}, y^{a_{\prime\prime}})^{b_{\prime\prime}}]^{c}, z^{a_{\prime\prime\prime}} \ldots n)^{t} = 0$, *ayant les conditions générales mentionnées (83), & renfermant un nombre* n *d'inconnues : on demande le degré de l'équation finale résultante de l'élimination de* n — 1 *de ces inconnues.*

Concevons qu'on multiplie l'une quelconque de ces équations, celle, par exemple, que nous venons de rapporter, par le polynome $([(u^{A}, x^{A_{\prime}})^{B}, (u^{A}, y^{A_{\prime\prime}})^{B_{\prime}}, (x^{A_{\prime}}, y^{A_{\prime\prime}})^{B_{\prime\prime}}]^{C}, z^{A_{\prime\prime\prime}} \ldots n)^{T}$ qui, outre les conditions mentionnées (102), ait encore les mêmes conditions relativement à l'équation-produit

$$([(u^{A+a}, x^{A_{\prime}+a_{\prime}})^{B+b}, (u^{A+a}, y^{A_{\prime\prime}+a_{\prime\prime}})^{B_{\prime}+b_{\prime}}, (x^{A_{\prime}+a_{\prime}}, y^{A_{\prime\prime}+a_{\prime\prime}})^{B_{\prime\prime}+b_{\prime\prime}}]^{C+c}, z^{A_{\prime\prime\prime}+a_{\prime\prime\prime}} \ldots n)^{T+t}$$

& aux polynomes qui peuvent exprimer le nombre des termes qu'on peut en faire disparoître à l'aide des $n - 1$ autres équations.

Alors tous les polynomes qui entrent dans l'expreſſion du nombre des termes reſtans tant dans le polynome-multiplicateur, que dans l'équation-produit, étant de même nature, [ſans que, pour cela, il ſoit néceſſaire que les équations ſoient de même nature, c'eſt-à-dire, qu'elles tombent ou ne tombent pas toutes dans une ſeule des formes expoſées (91. & ſuiv.)]; alors, dis-je, il ne s'agit que d'appliquer mot-à-mot ce qui a été dit (62). On verra donc facilement que la valeur du degré de l'équation finale eſt

$$D = d^n N\left(\left[\left(u^{A+a}, x'^{A_{\prime}+a_{\prime}}\right)^{B+b}, \left(u^{A+a}, y'^{A_{\prime}+a_{\prime}}\right)^{B_{\prime}+b_{\prime}}, \left(x'^{A_{\prime}+a_{\prime}}, y''^{A_{\prime\prime}+a_{\prime\prime}}\right)^{B_{\prime\prime}+b_{\prime\prime}}\right]^{C+c}, z'''^{A_{\prime\prime\prime}+a_{\prime\prime\prime}} \ldots n\right)^{T+t}.$$

$$\ldots \left(\frac{T+t}{-t, -t', \&c.} : \frac{C+c}{-c, -c', \&c.} : \frac{B+b}{-b, -b', \&c.} : \&c. : \frac{A+a, \&c.}{-a, -a', \&c.} : \&c.\right)$$

(105.) Mais il ſe préſente ici pluſieurs objets à diſcuter.

1.° Il faut rendre raiſon pourquoi nous avons aſſujetti le polynome-multiplicateur aux conditions mentionnées (102); en voici la raiſon.

Demander le degré de l'équation finale, c'eſt demander de trouver une fonction rationnelle des quantités $a\ a_{\prime}\ a_{\prime\prime}\ a_{\prime\prime\prime}$, &c. $b\ b_{\prime}\ b_{\prime\prime}$; c; t; $a'\ a'_{\prime}\ a'_{\prime\prime}$, &c. $b'\ b'_{\prime}\ b'_{\prime\prime}$; c'; t'; $a''\ a''_{\prime}\ a''_{\prime\prime}\ a''_{\prime\prime\prime}$, &c. $b''\ b''_{\prime}\ b''_{\prime\prime}$; c''; t''; &c. &c. indépendante des quantités $A\ A_{\prime}\ A_{\prime\prime}\ A_{\prime\prime\prime}$, &c. $B\ B_{\prime}\ B_{\prime\prime}$; C; T, laquelle ſoit l'expreſſion du plus bas degré où l'équation finale puiſſe être amenée, ſans ſuppoſer aucune relation particulière entre les coëfficiens des équations données.

La fonction qui donnera D, doit donc être telle que les quantités A, $A_{\prime}$, &c. B, $B_{\prime}$, &c. en diſparoiſſent d'elles-mêmes: mais il eſt évident que pour que cette condition ait lieu, il faut que tous les différens polynomes qui, par le nombre de leurs termes, expriment la valeur du degré de l'équation finale, ou la valeur de D, ſoient tous des polynomes de même nature; car s'il n'en étoit pas ainſi, l'expreſſion du nombre des termes de l'un d'entre eux, tombant dans une des formes expoſées (91. & ſ.), tandis que celle du nombre des termes d'un autre tomberoit dans une autre forme, ces deux expreſſions ne pourroient avoir la propriété de ſe changer l'une en l'autre par le ſeul échange des quantités $a\ a_{\prime}\ a_{\prime\prime}$, &c. d'une des équations, avec celles qui appartiennent à une autre équation, qualité abſolument néceſſaire pour que le réſultat de ces différens nombres de termes forme une différencielle exacte d'un ordre égal au nombre des équations, & devienne une fonction des quantités a, $a_{\prime}$, $a_{\prime\prime}$, &c. indépendante des quantités A, $A_{\prime}$, $A_{\prime\prime}$, &c. Toute expreſſion de D dans laquelle les quantités A, $A_{\prime}$, $A_{\prime\prime}$, &c. ſubſiſteroient, indiqueroit que la forme du polynome-multiplicateur, ou des polynomes qui concourent à l'expreſſion de D, ne peut avoir lieu.

(106.) 2.° Puiſque (91. & ſuiv.) nous avons trouvé huit expreſſions différentes de la valeur du nombre des termes de l'eſpèce de polynomes dont nous traitons actuellement, il s'enſuit donc que nous aurons auſſi huit expreſſions différentes de la valeur du degré de l'équation finale. Mais ces huit expreſſions de la valeur de D ſont-elles toutes également admiſſibles, ou bien appartiennent-elles à des cas différents dans leſquels les équations données peuvent ſe trouver : & alors quels ſont les moyens de diſtinguer ces cas ?

Sans doute, ces huit expreſſions de la valeur de D, appartiennent à différens cas dans leſquelles les équations données peuvent ſe trouver, ſans ceſſer d'avoir les conditions générales mentionnées (83). Mais pour diſtinguer ces cas, il faut actuellement nous occuper d'une queſtion dont nous n'avons fait aucune mention juſqu'ici, pour ne pas charger l'attention du Lecteur avant que cela devînt néceſſaire.

Du plus grand nombre de termes qu'il ſoit poſſible de faire diſparoître dans un polynome donné, ſans y en introduire de nouveaux, en employant un nombre donné d'équations.

(107.) Pour ne point trop charger notre diſcours de calcul, nous raiſonnerons ſur un polynome d'une forme très-ſimple, & nous ſuppoſerons auſſi que les équations données ſont de cette forme que nous ſuppoſons être $(u^A \ldots n)^T$, les expoſans A $A_{\prime}$ $A_{\prime\prime}$, &c. n'étant aſſujettis à aucune condition. Il ſera aiſé de voir que ce que nous allons dire, s'applique également à toute forme plus générale.

Lorsqu'il n'y a qu'une équation, comme $(u^{a'} \ldots n)^{t'} = 0$, le plus grand nombre de termes qu'on puisse faire disparoître dans le polynome, à l'aide de cette équation, sans y en introduire de nouveaux, est $N(u^{A-a'} \ldots n)^{T-t'}$: il n'y a à cela aucune difficulté (60).

Mais lorsqu'il y a seulement deux équations, le plus grand nombre de termes qu'on puisse faire disparoître dans le polynome $(u^A \ldots n)^T$, à l'aide de ces deux équations, sans en introduire de nouveaux, est-il toujours exprimé par

$$N(u^{A-a'} \ldots n)^{T-t'} + N(u^{A-a''} \ldots n)^{T-t''} - N(u^{A-a'-a''} \ldots n)^{T-t'-t''}$$

comme nous paroissons l'avoir supposé jusqu'à présent ?

Nous l'avons supposé légitimement pour les polynomes qui peuvent être d'usage dans la théorie actuelle : mais à prendre la question que nous traitons actuellement, dans toute son étendue, cette quantité n'exprime pas toujours le plus grand nombre de termes qu'on puisse faire disparoître sans en introduire de nouveaux.

Pour en donner un exemple, supposons qu'on ait le polynome complet $(x, y, z)^3$, & deux équations incomplettes telles que $[x, (y, z)^1]^2 = 0$, c'est-à-dire, qui ne sont incomplettes que relativement à y & z lesquels ne peuvent ni ensemble, ni séparément passer la dimension 1.

Le plus grand nombre de termes qu'on puisse faire disparoître sans en introduire de nouveaux, semble, d'après ce que nous avons dit jusqu'ici, être

$$N[x, (y, z)^{3-1}]^{3-2} + N[x, (y, z)^{3-1}]^{3-2} - N[x, (y, z)^{3-2}]^{3-4},$$

ou $2N[x, (y, z)^2]^1 - N[x, (y, z)^1]^{-1}$; mais comme $[x, (y, z)^2]^1$ n'a d'autres termes que $[x, (y, z)^1]^1$ ou que $(x, y, z)^1$, & que $N[x, (y, z)^1]^{-1} = N(x, y, z)^{-1} = 0$; on a donc $2N(x, y, z)^1$, ou 8 pour le plus grand nombre de termes qu'il semble qu'on puisse faire disparoître dans le polynome $(x, y, z)^3$ à l'aide de deux équations telles que $[x, (y, z)^1]^2 = 0$. En sorte que multipliant la première par $Ax + By + Cz + E$, & la seconde par $A'x + B'y + C'z + E'$, on pourra, ſans introduire aucun nouveau terme, faire diſparoître huit termes dans le polynome $(x, y, z)^3$ ayant des coëfficiens quelconques.

Cependant on peut en faire diſparoître 9, ſans en introduire de nouveaux. Il n'y a qu'à multiplier la première équation par le polynome $(x, y, z)^2$, & la ſeconde par un pareil polynome; le premier à cauſe des termes qu'on peut y faire diſparoître à l'aide de la ſeconde équation, ne fournira que $N(x, y, z)^2 - N(x, y, z)^0$ de coëfficiens; le ſecond en fournira $N(x, y, z)^2$; en ſorte qu'à l'aide des deux, on en fera diſparoître un nombre qui ſera égal à $2N(x, y, z)^2 - N(x, y, z)^0$. Mais comme en même temps on en aura introduit 10 dans la dimenſion quatre; ceux-ci, pour les faire diſparoître, exigeront 10 coëfficiens; on aura donc pour le nombre de termes qu'on pourra faire diſparoître, ſans qu'il s'en trouve de nouveaux, le nombre $2N(x, y, z)^2 - N(x, y, z)^0 - 10 = 20 - 1 - 10 = 9$.

(108.) Il y a donc deux manières de ſatisfaire à la condition de ne pas introduire de nouveaux termes La première en n'en introduiſant ni dans le fait ni en apparence; c'eſt-à-dire, en n'employant pour polynomes-multiplicateurs des équations données, que des polynomes qui dans la multiplication ne donneront point de termes plus élevés que ceux du polynome propoſé. La ſeconde, en en introduiſant en apparence; c'eſt-à-dire, en employant pour polynomes-multiplicateurs des équations, des polynomes qui dans la multiplication produiront à la vérité des termes plus élevés que ceux du polynome propoſé, mais que l'on pourra faire diſparoître enſuite.

(109.) On voit donc que ſi l'on demande quel eſt le plus grand nombre de termes qu'on puiſſe faire diſparoître dans le polynome $(u^A \ldots n)^T$, à l'aide des deux équations $(u^{a'} \ldots n)^{t'} = 0$, $(u^{a''} \ldots n)^{t''} = 0$, ſans en introduire de nouveaux; il faut concevoir qu'on ait multiplié la première par le polynome indéterminé $(u^{A'} \ldots n)^{T'}$, & la ſeconde par le polynome indéterminé $(u^{A''} \ldots n)^{T''}$, & qu'on ait ajouté les deux produits $(u^{A'+a'} \ldots n)^{T'+t'}$, $(u^{A''+a''} \ldots n)^{T''+t''}$, au polynome propoſé $(u^A \ldots n)^T$.

Alors ſuppoſant $T' + t' > T$, $T'' + t'' > T$, $A' + a' > A$, &c. il il faudra pour que, par l'un des deux polynomes, on puisse faire disparoître les nouveaux termes introduits par l'autre, il faudra, dis-je, supposer $T'' + t'' = T' + t'$, $A'' + a'' = A' + a'$, &c. d'où l'on tire $T'' = T' + t' - t''$, $A'' = A' + a' - a''$, &c. d'où l'on voit que l'on a jusqu'à présent un nombre de coëfficiens $= N(u^{A'} \ldots n)^{T'} + N(u^{A' + a' - a''} \ldots n)^{T' + t' - t''}$.

Mais, comme à l'aide de la seconde équation, on peut faire disparoître dans le premier polynome, sans y introduire de nouveaux termes, un nombre de termes exprimé par $N(u^{A' - a''} \ldots n)^{T' - t''}$; nos deux polynomes-multiplicateurs ne donnent véritablement qu'un nombre de coëfficiens $= N(u^{A'} \ldots n)^{T'} + N(u^{A' + a' - a''} \ldots n)^{T' + t' - t''} - N(u^{A' - a''} \ldots n)^{T' - t''}$. Or pour faire disparoître les nouveaux termes introduits, il faudra un nombre de coëfficiens $= N(u^{A' + a'} \ldots n)^{T' + t'} - N(u^{A} \ldots n)^{T}$; donc le nombre des termes qu'on pourra véritablement faire disparoître, sans qu'il s'en trouve de nouveaux, sera

$$N(u^{A} \ldots n)^{T} - [N(u^{A' + a'} \ldots n)^{T' + t'} - N(u^{A'} \ldots n)^{T'} - N(u^{A' + a' - a''} \ldots n)^{T' + t' - t''} + N(u^{A' - a''} \ldots n)^{T' - t''}].$$

(110.) Pour distinguer les deux cas, nous dirons dorénavant que les termes que l'on introduit ainsi, pour les faire disparoître ensuite, sont des termes *d'introduction fictive.*

(111.) Donc pour qu'en admettant des termes d'introduction fictive, on puisse faire disparoître plus de termes qu'en ne les admettant point, il faut que le nombre des termes restans dans le polynome, soit plus petit dans le premier cas que dans le second; il faut donc que

$$N(u^{A' + a'} \ldots n)^{T' + t'} - N(u^{A'} \ldots n)^{T'} - N(u^{A' + a' - a''} \ldots n)^{T' + t' - t''} + N(u^{A' - a''} \ldots n)^{T' - t''}$$
$$< N(u^{A} \ldots n)^{T} - N(u^{A - a'} \ldots n)^{T - t'} - N(u^{A - a''} \ldots n)^{T - t''} + N(u^{A - a' - a''} \ldots n)^{T - t' - t''}$$

T' étant $> T - t'$; $A' > A - a'$, &c.

Donc s'il est possible de satisfaire à cette condition, on pourra faire disparoître plus de termes par l'introduction fictive que sans elle.

Et pour faire disparoître le plus grand nombre de termes possible, il faudra que T', A', &c. aient des valeurs telles que

$$N(u^{A'+a'}\ldots n)^{T'+t'} - N(u^{A'}\ldots n)^{T'} - N(u^{A'+a'-a''}\ldots n)^{T'+t'-t''} + N(u^{A'-a''}\ldots n)^{T'-t''}$$

soit un *minimum*.

(112.) Quoiqu'il en soit, remarquons que cette dernière expression est précisément celle du nombre des termes restans dans le polynome $(u^{A'+a'}\ldots n)^{T'+t'}$, lorsqu'on en a fait disparoître, à l'aide des deux équations, tous les termes qu'il est possible d'en faire disparoître sans en introduire de nouveaux, & cela sans introduction fictive.

Donc il est toujours possible de trouver un polynome $(u^{A}\ldots n)^{T}$ tel qu'en ayant fait disparoître, sans introduction fictive, tous les termes qu'il est possible d'en faire disparoître à l'aide de deux équations, le nombre des termes soit le plus petit qu'il est possible; c'est-à-dire, ne puisse pas être diminué en y employant l'introduction fictive.

Voyons maintenant pour trois équations.

(113.) Concevons qu'on multiplie la première par le polynome $(u^{A'}\ldots n)^{T'}$, la seconde par le polynome $(u^{A''}\ldots n)^{T''}$, & la troisième par le polynome $(u^{A'''}\ldots n)^{T'''}$, & qu'on ajoute les trois produits au polynome proposé $(u^{A}\ldots n)^{T}$; on aura en tout, un nombre de coëfficiens $= N(u^{A'}\ldots n)^{T'} + N(u^{A''}\ldots n)^{T''} + N(u^{A'''}\ldots n)^{T'''}$; mais tous ces coëfficiens ne seront pas également propres à faire disparoître des termes dans le polynome proposé.

Supposons $T' + t' > T$; $A' + a' > A$; &c. $T'' + t'' > T$; $A'' + a'' > A$; &c. $T''' + t''' > T$; $A''' + a''' > A$; &c. pour plus de généralité.

Remarquons d'abord qu'une des conditions essentielles, pour pouvoir faire disparoître les termes d'introduction fictive, est que deux au moins des quantités $T' + t'$, $T'' + t''$, $T''' + t'''$, soient égales entr'elles; qu'il en soit de même à l'égard des quantités

$$A' + a', \quad A'' + a'', \quad A''' + a''', \text{ \&c.}$$

Ajoutons que pour que le nombre des termes qu'on fera disparoître soit le plus grand qu'il est possible, il faut que ces trois quantités ſoient égales entr'elles; car il eſt clair que ſi on en ſuppoſoit une plus petite que les deux autres, on auroit évidemment moins de coëfficiens, qu'en les ſuppoſant toutes trois égales.

Nous avons donc $T''=T'+t'-t''$, $T'''=T'+t'-t'''$, $A''=A'+a'-a''$, $A'''=A'+a'-a'''$, &c.

Suppoſons actuellement (ce qu'on peut toujours faire) que le polynome $(u^{A'}\ldots n)^{T'}$ ſoit tel que l'introduction fictive ne puiſſe pas faire diſparoître plus de termes qu'on ne le peut faire ſans elle; alors le nombre des coëfficiens utiles du polynome $(u^{A'}\ldots n)^{T'}$ ſera

$$N(u^{A'}\ldots n)^{T'}-N(u^{A'-a''}\ldots n)^{T'-t''}-N(u^{A'-a'''}\ldots n)^{T'-t'''}+N(u^{A'-a''-a'''}\ldots n)^{T'-t''-t'''},$$

en vertu des termes qu'on peut y faire diſparoître à l'aide des deux dernières équations.

Le nombre des coëfficiens utiles du polynome $(u^{A''}\ldots n)^{T''}$, c'eſt-à-dire, du polynome $(u^{A'+a'-a''}\ldots n)^{T'+t'-t''}$ ſera $N(u^{A'+a'-a''}\ldots n)^{T'+t'-t''}-N(u^{A'+a'-a''-a'''}\ldots n)^{T'+t'-t''-t'''}$ à cauſe des termes qu'on peut y faire diſparoître à l'aide de la dernière équation.

Enfin le nombre des coëfficiens utiles du polynome $(u^{A'''}\ldots n)^{T'''}$ ſera $N(u^{A'+a'-a'''}\ldots n)^{T'+t'-t'''}$.

Sur la totalité de ces coëfficiens utiles, il faudra en employer pour détruire les termes d'introduction fictive, un nombre $=N(u^{A'+a'}\ldots n)^{T'+t'}-N(u^{A}\ldots n)^{T}$; retranchant donc le reſte, de $N(u^{A}\ldots n)^{T}$, on aura pour le nombre des termes reſtans ſans qu'il s'en trouve aucun d'introduit, la quantité

$$N(u^{A'+a'}\ldots n)^{T'+t'}-N(u^{A'}\ldots n)^{T'}-N(u^{A'+a'-a''}\ldots n)^{T'+t'-t''}+N(u^{A'-a''}\ldots n)^{T'-t''}$$
$$-N(u^{A'+a'-a'''}\ldots n)^{T'+t'-t'''}+N(u^{A'-a'''}\ldots n)^{T'-t'''}$$
$$+N(u^{A'+a'-a''-a'''}\ldots n)^{T'+t'-t''-t'''}-N(u^{A'-a'-a'''}\ldots n)^{T-t''-t'''},$$

il faudra donc que cette quantité ſoit un *minimum*.

Remarquons que cette expreſſion eſt préciſément celle du nombre des termes qui reſteroient dans le polynome $(u^{A'+a'}\ldots n)^{T'+t'}$, après en avoir fait diſparoître tous les termes qu'il eſt poſſible d'en faire diſparoître, à l'aide des trois équations, & ſans introduction fictive.

(114.) Donc il eſt toujours poſſible de trouver un polynome $(u^{A}\ldots n)^{T}$, tel qu'en ayant fait diſparoître, ſans introduction fictive, tous les termes qu'il eſt poſſible d'en faire diſparoître, à l'aide de trois équations, le nombre des termes reſtans ſoit le plus petit qu'il eſt poſſible ; c'eſt-à-dire, ne puiſſe pas être diminué, en y employant l'introduction fictive. On voit maintenant ce qu'il y a à dire pour un plus grand nombre d'équations.

Mais s'il eſt poſſible, comme nous venons de le démontrer, de trouver toujours un ſemblable polynome, il peut ne l'être pas toujours que les polynomes partiels qui entrent dans l'expreſſion du nombre des termes reſtans, ſoient tous des polynomes de même nature. Or comme la détermination de la valeur du degré de l'équation finale (105) exige néceſſairement cette condition, il s'enſuit que c'eſt à la poſſibilité ou impoſſibilité que tous ces polynomes ſoient de même nature, que nous pourrons reconnoître entre les différentes valeurs de D qui ſe préſentent (106), quelle eſt celle qui peut être admiſe légitimement.

(115.) Comme nous avons établi que le plus petit nombre de termes reſtans dans le polynome-multiplicateur avoit pour expreſſion néceſſaire la quantité $d^{n-1}N(u^{A}\ldots n)^{T}$, il faudra donc que cette quantité ſoit un *minimum*.

Or en la ſuppoſant telle, il faut que par introduction fictive, ſoit à l'aide de polynomes de même nature, ſoit à l'aide de polynomes de différente nature, on ne puiſſe faire diſparoître qu'un moindre nombre de termes, ou que le nombre des termes reſtans ſoit plus grand ; concevons donc un polynome de même nature & repréſenté par $(u^{A'}\ldots n)^{T'}$ tel que $T' > T$, & $A' > A$, &c. Il faudra donc que

$$d^{n-1}N(u^{A'}\ldots n)^{T'} > d^{n-1}N(u^{A}\ldots n)^{T}$$

ou plus fidèlement,

$$d^{n-1}N(u^{A'}\ldots n)^{T}\ldots\left(\begin{matrix}T' \\ -t',-t'',\&c.\end{matrix} : \begin{matrix}A'\ \&c. \\ -a',-a'',\&c.\end{matrix}\right) > d^{n-1}N(u^{A}\ldots n)^{T}\ldots\left(\begin{matrix}T \\ -t',-t'',\&c.\end{matrix} : \begin{matrix}A\ \&c. \\ -a',-a'',\&c.\end{matrix}\right).$$

Donc

$$d^n N(u^{A'}\dots n)^{T'}\dots\left(\underset{-(T'-T),\ -t',-t'',\ \&c.}{T'} : \underset{-(A'-A),\ -a',-a'',\ \&c.}{A'} : \&c.\right) > 0$$

ou $$d^n N(u^{A'}\dots n)^{T'}\dots\left(\underset{(T'-T),\ t',\ t'',\ \&c.}{T'} : \underset{(A'-A),\ a',\ a'',\ \&c.}{A'} : \&c.\right) > 0.$$

(116.) C'eſt donc-à-dire, que ſi on différencie n fois de ſuite la quantité $N(u^{A'}\dots n)^{T'}$, dans laquelle $(u^{A'}\dots n)^{T'}$ repreſente un polynome quelconque; ſi on la différencie n fois de ſuite en faiſant varier T', ſucceſſivement de t', t'', &c. & de la quantité quelconque $T'-T$; en faiſant varier A' ſucceſſivement de a', a'', &c. & de la quantité quelconque $A'-A$, &c. le réſultat de ces différenciations doit être plus grand que o, quelques ſoient $T'-T$, $A'-A$, &c.

Donc ſi on raſſemble tous les termes affectés de $T'-T$, il faudra que leur ſomme ſoit poſitive ou plus grande que o; il en ſera de même de la ſomme des termes affectés de $A'-A$; & ainſi de ſuite.

Détermination des ſymptômes auxquels on reconnoît parmi les différentes expreſſions de la valeur du degré de l'équation finale, quelle eſt celle que l'on doit choiſir ou rejetter.

(117.) On voit donc qu'il y aura toujours autant de conditions à remplir, que le polynome-multiplicateur renferme d'expoſans différens. Si toutes ces conditions ſont remplies, la valeur de D eſt admiſſible; ſi une ſeule manque, elle eſt à rejetter.

Mais il faut obſerver que comme rien ne détermine à prendre l'une des équations propoſées, plutôt que toute autre, pour équation-multiplicande, il faudra faire autant de fois l'examen de ces conditions, qu'il y a d'équations ou d'inconnues: & l'on ne ſe déterminera pour une valeur de D, que dans le cas où elle aura été confirmée par toutes ces différentes épreuves.

On ne doit pas craindre, au reſte, qu'il ne s'en trouve aucune qui ſatisfaſſe; car on voit, à *priori*, qu'il y a toujours au moins une valeur de D poſſible. Mais il pourra arriver que pluſieurs systêmes de conditions satisfassent, & alors toutes les valeurs de D correspondantes, seront également admissibles.

Sur cela il faut observer, 1.° que toutes les valeurs de D qui résulteront d'une nouvelle combinaison des équations, c'est-à-dire, de l'échange tacit de l'équation multiplicande, seront toutes les mêmes, c'est ce qu'on verra facilement dans peu, par le développement de la valeur générale de D trouvée (104); développement dans lequel il sera facile de voir que l'échange des exposans d'une équation avec ceux d'un autre, n'apporte aucun changement dans la valeur de D.

2.° Que les valeurs de D se trouveront encore égales, toutes les fois que les équations pourront appartenir indifféremment à une forme ou à une autre.

3.° Que s'il arrive que l'on trouve plusieurs valeurs inégales pour D, elles finiront par être réduites à une seule, par l'examen que l'on fera en échangeant les exposans dans l'épreuve des conditions. On sent bien que cela doit être ainsi, puisqu'il ne peut y avoir qu'une seule équation finale; mais comme on pourroit croire qu'il seroit possible que quelqu'une des formes introduisît un facteur superflu dans l'équation finale, ce qui donneroit lieu en effet, à différentes valeurs de D, il faut faire voir qu'il n'en sera pas ainsi, c'est-à-dire, que s'il y a plusieurs valeurs de D, elles ne pourront subsister, après toutes les vérifications des conditions, qu'autant qu'elles seront égales.

En effet, si deux valeurs inégales de D pouvoient coéxister, des deux équations auxquelles elles appartiendroient, l'une seroit nécessairement facteur de l'autre: celle-ci auroit donc au moins une racine qu'il seroit possible d'éviter; donc il seroit possible de faire disparoître dans l'équation-produit qui l'a donnée, un terme de plus qu'on ne l'a fait; mais l'examen des conditions pour la vérification de la valeur de D, constate qu'on y a fait disparoître le plus grand nombre de termes possible; donc il n'y a lieu à aucune racine qu'on puisse éviter; donc il ne peut subsister de valeurs inégales de D. Donc si l'examen des conditions donne plusieurs valeurs de D, ce ne pourront être que des valeurs égales; c'est qu'alors les équations proposées appartiennent tout à la fois à plusieurs formes.

Développement des différentes valeurs du degré de l'Equation finale, résultantes de l'expression générale trouvée (104); & développement des systèmes de conditions qui légitiment ces valeurs.

(118.) On voit donc 1.° que pour avoir les différentes valeurs de D qui peuvent avoir lieu pour les équations incomplettes de l'espèce dont il a été question (82. & suiv.), il ne s'agit plus que de concevoir qu'on ait substitué dans la valeur de P propre à l'une quelconque des formes exposées (91. & suiv.), les exposans de l'équation-produit; de différencier cette valeur n fois de suite, en faisant varier chaque exposant de l'équation-produit, successivement de tous les exposans correspondans dans les équations données. 2.° Que pour avoir les conditions qui rendront admissible cette valeur de D, il faut (116) différencier n fois de suite la valeur de P appartenante à la même forme, en faisant varier successivement chacun de ses exposans, de tous les exposans correspondans de toutes les équations, autres que celle qu'on prend tacitement pour équation-multiplicande, & d'une quantité arbitraire; puis supposer la somme de termes qui multiplie chaque quantité arbitraire, plus grande que zéro.

Or il est facile de voir que les résultats de la première opération fourniront immédiatement ceux de la seconde; & que l'opération pour déterminer les conditions dont il s'agit, se réduira à prendre la somme de termes qui, dans la valeur de D, multiplieront l'un des exposans de l'équation-multiplicande, & de supposer cette somme plus grande que zéro.

Pour ne pas multiplier les calculs, nous bornerons ce développement au cas où l'on auroit seulement trois équations & trois inconnues. Les procédés étant absolument les mêmes pour un plus grand nombre d'équations & d'inconnues, & n'y ayant de différence que dans la multitude des termes des résultats, nous ne limitons rien en prenant ce parti, & nous répandrons plus de clarté.

Application de la Théorie précédente aux équations à trois inconnues.

(119.) Les huit expressions que nous avons trouvées pour P (91. & suiv.), se simplifient, lorsqu'il n'est question que de trois inconnues; parce qu'alors on a $C = T$, ce qui annéantit les termes où entre $T - C$; car $N(u \ldots n)^{T-C-1}$, $N(u \ldots n)^{T-C-2}$, & $N(u \ldots n)^{T-C-3}$ deviennent $N(u \ldots n)^{-1}$, $N(u \ldots n)^{-2}$ $N(u \ldots n)^{-3}$ qui sont chacun $= 0$ (39).

Réduisant donc les valeurs de P d'après cette considération, & différenciant comme il vient d'être dit (118), on trouvera, pour chacune des huit formes, les différentes valeurs de D, & les conditions correspondantes, suivantes.

Première Forme.

(120.) Le polynome-multiplicateur étant supposé tel que l'on ait

$$C - B < B_{\prime} - A; \quad C - B < B_{\prime\prime} - A_{\prime}; \quad C - B_{\prime} < B_{\prime\prime} - A_{\prime\prime}.$$

$$\begin{aligned} D = {} & t\,t'\,t'' - (t - a).(t' - a').(t'' - a'') - (t - a_{\prime}).(t' - a'_{\prime}).(t'' - a''_{\prime}) \\ & - (t - a_{\prime\prime}).(t' - a'_{\prime\prime}).(t'' - a''_{\prime\prime}) + (t - b).(t' - b').(t'' - b'') \\ & + (t - b_{\prime}).(t' - b'_{\prime}).(t'' - b''_{\prime}) + (t - b_{\prime\prime}).(t' - b'_{\prime\prime}).(t'' - b''_{\prime\prime}) \\ & - (a + a_{\prime} - b).(t' - b').(t'' - b'') - (a' + a'_{\prime} - b').(t - b).(t'' - b'') \\ & - (a'' + a''_{\prime} - b'').(t - b).(t' - b') - (a + a_{\prime\prime} - b_{\prime}).(t' - b'_{\prime}).(t'' - b''_{\prime}) \\ & - (a' + a'_{\prime\prime} - b'_{\prime}).(t - b_{\prime}).(t'' - b''_{\prime}) - (a'' + a''_{\prime\prime} - b''_{\prime}).(t - b_{\prime}).(t' - b'_{\prime}) \\ & - (a_{\prime} + a_{\prime\prime} - b_{\prime\prime}).(t' - b'_{\prime\prime}).(t'' - b''_{\prime\prime}) - (a'_{\prime} + a'_{\prime\prime} - b'_{\prime\prime}).(t - b_{\prime\prime}).(t'' - b''_{\prime\prime}) \\ & - (a''_{\prime} + a''_{\prime\prime} - b''_{\prime\prime}).(t - b_{\prime\prime}).(t' - b'_{\prime\prime}). \end{aligned}$$

Conditions pour que cette valeur de D *ait lieu.*

Ces conditions, d'après ce qui vient d'être dit (118) se trouvent en prenant, par exemple, tout ce qui, dans la valeur de D, est multiplié par t, & le supposant > 0; en prenant tout ce qui est multiplié

multiplié par b, & le ſuppoſant > 0, & ainſi de ſuite.

$$\left.\begin{array}{l} t't'' - (t'-a').(t''-a'') - (t'-a'_{\prime}).(t''-a''_{\prime}) - (t'-a'_{\prime\prime}).(t''-a''_{\prime\prime}) \\ + (t'-b').(t''-b'') + (t'-b'_{\prime}).(t''-b''_{\prime}) + (t'-b'_{\prime\prime}).(t''-b''_{\prime\prime}) \\ \quad - (a'+a'_{\prime}-b').(t''-b'') - (a''+a''_{\prime}-b'').(t'-b') \\ \quad - (a'+a'_{\prime\prime}-b'_{\prime}).(t''-b''_{\prime}) - (a''+a''_{\prime\prime}-b''_{\prime}).(t'-b'_{\prime}) \\ \quad - (a'_{\prime}+a'_{\prime\prime}-b'_{\prime\prime}).(t''-b''_{\prime\prime}) - (a''_{\prime}+a''_{\prime\prime}-b''_{\prime\prime}).(t'-b'_{\prime\prime}) \end{array}\right\} > 0$$

$$(a'+a'_{\prime}-b').(t''-b'') - (a''+a''_{\prime}-b'').(t'-b') > 0$$

$$(a'+a'_{\prime\prime}-b'_{\prime}).(t''-b''_{\prime}) + (a''+a''_{\prime\prime}-b''_{\prime}).(t'-b'_{\prime}) > 0$$

$$(a'_{\prime}+a'_{\prime\prime}-b'_{\prime\prime}).(t''-b''_{\prime\prime}) + (a''_{\prime}+a''_{\prime\prime}-b''_{\prime\prime}).(t'-b'_{\prime\prime}) > 0$$

$$(t'-a').(t''-a'') - (t'-b').(t''-b'') - (t'-b'_{\prime}).(t''-b''_{\prime}) > 0$$

$$(t'-a'_{\prime}).(t''-a''_{\prime}) - (t'-b').(t''-b'') - (t'-b'_{\prime\prime}).(t''-b''_{\prime\prime}) > 0$$

$$(t'-a'_{\prime\prime}).(t''-a''_{\prime\prime}) - (t'-b'_{\prime}).(t''-b''_{\prime}) - (t'-b'_{\prime\prime}).(t''-b''_{\prime\prime}) > 0$$

Conditions dont la ſeconde, la 3.me & la 4.me auront toujours lieu, parce que (83) les conditions générales de l'exiſtence des équations dont il s'agit, exigent que $a'+a'_{\prime} > b'$; $a''+a''_{\prime} > b''$; $a'+a'_{\prime\prime} > b'_{\prime}$; $a''+a''_{\prime\prime} > b''_{\prime}$; $a'_{\prime}+a'_{\prime\prime} > b'_{\prime\prime}$; $a''+a''_{\prime\prime} > b''_{\prime\prime}$.

Seconde Forme.

$$C-B < B_{\prime}-A;\ C-B < B_{\prime\prime}-A_{\prime};\ C-B_{\prime} > B_{\prime\prime}-A_{\prime\prime}.$$

(121.) $D = tt't'' - (t-a).(t'-a').(t''-a'') - (t-a_{\prime}).(t'-a'_{\prime}).(t''-a''_{\prime})$
$\quad - (t-a_{\prime\prime}).(t'-a'_{\prime\prime}).(t''-a''_{\prime\prime}) + (t-b).(t'-b').(t''-b'')$
$\quad + (t-b_{\prime}).(t'-b'_{\prime}).(t''-b''_{\prime}) + (t-b_{\prime\prime}).(t'-b'_{\prime\prime}).(t''-b''_{\prime\prime})$
$- (a+a_{\prime}-b).(t'-b').(t''-b'') - (a'+a'_{\prime}-b').(t-b).(t''-b'')$
$- (a''+a''_{\prime}-b'').(t-b).(t'-b') - (a+a_{\prime\prime}-b_{\prime}).(t'-b'_{\prime}).(t''-b''_{\prime})$
$- (a'+a'_{\prime\prime}-b'_{\prime}).(t-b_{\prime}).(t''-b''_{\prime}) - (a''+a''_{\prime\prime}-b''_{\prime}).(t-b_{\prime}).(t'-b'_{\prime})$
$- (a_{\prime}+a_{\prime\prime}-b_{\prime\prime}).(t'-b'_{\prime\prime}).(t''-b''_{\prime\prime}) - (a'_{\prime}+a'_{\prime\prime}-b'_{\prime\prime}).(t-b_{\prime\prime}).(t''-b''_{\prime\prime})$
$\quad - (a''_{\prime}+a''_{\prime\prime}-b''_{\prime\prime}).(t-b_{\prime\prime}).(t'-b'_{\prime\prime})$
$+ (t+a_{\prime\prime}-b_{\prime}-b_{\prime\prime}).(t'+a'_{\prime\prime}-b'_{\prime}-b'_{\prime\prime}).(t''+a''_{\prime\prime}-b''_{\prime}-b''_{\prime\prime}).$

Conditions.

$$\left.\begin{aligned}
&t't''-(t'-a').(t''-a'')-(t'-a_{\prime}').(t''-a_{\prime}'')-(t'-a_{\prime\prime}').(t''-a_{\prime\prime}'')\\
&+(t'-b').(t''-b'')+(t'-b_{\prime}').(t''-b_{\prime}'')+(t'-b_{\prime\prime}').(t''-b_{\prime\prime}'')\\
&-(a'+a_{\prime}'-b').(t''-b'')-(a''+a_{\prime}''-b'').(t'-b')-(a'+a_{\prime\prime}'-b_{\prime}').(t''-b_{\prime}'')\\
&-(a''+a_{\prime\prime}''-b_{\prime}'').(t'-b_{\prime}')-(a_{\prime}'+a_{\prime\prime}'-b_{\prime\prime}').(t''-b_{\prime\prime}'')\\
&-(a_{\prime}''+a_{\prime\prime}''-b_{\prime\prime}'').(t'-b_{\prime\prime}')+(t'+a_{\prime\prime}'-b_{\prime}'-b_{\prime\prime}').(t''+a_{\prime\prime}''-b_{\prime}''-b_{\prime\prime}'')
\end{aligned}\right\}>0$$

$$(a'+a_{\prime}'-b').(t''-b'')+(a''+a_{\prime}''-b'').(t'-b')>0.$$

$$\left.\begin{aligned}
&(a'+a_{\prime\prime}'-b_{\prime}').(t''-b_{\prime}'')+(a''+a_{\prime\prime}''-b_{\prime}'').(t'-b_{\prime}')\\
&-(t'+a_{\prime\prime}'-b_{\prime}'-b_{\prime\prime}').(t''+a_{\prime\prime}''-b_{\prime}''-b_{\prime\prime}'')
\end{aligned}\right\}>0;$$

$$\left.\begin{aligned}
&(a_{\prime}'+a_{\prime\prime}'-b_{\prime\prime}').(t''-b_{\prime\prime}'')+(a_{\prime}''+a_{\prime\prime}''-b_{\prime\prime}'').(t'-b_{\prime\prime}')\\
&-(t'+a_{\prime\prime}'-b_{\prime}'-b_{\prime\prime}').(t''+a_{\prime\prime}''-b_{\prime}''-b_{\prime\prime}'')
\end{aligned}\right\}>0.$$

$$(t'-a').(t''-a'')-(t'-b').(t''-b'')-(t'-b_{\prime}').(t''-b_{\prime}'')>0$$

$$(t'-a_{\prime}').(t''-a_{\prime}'')-(t'-b').(t''-b'')-(t'-b_{\prime\prime}').(t''-b_{\prime\prime}'')>0.$$

$$\left.\begin{aligned}
&(t'-a_{\prime\prime}').(t''-a_{\prime\prime}'')-(t'-b_{\prime}').(t''-b_{\prime}'')-(t'-b_{\prime\prime}').(t''-b_{\prime\prime}'')\\
&+(t'+a_{\prime\prime}'-b_{\prime}'-b_{\prime\prime}').(t''+a_{\prime\prime}''-b_{\prime}''-b_{\prime\prime}'')
\end{aligned}\right\}>0;$$

Troisième Forme.

$$C-B>B_{\prime}-A_{\prime};\quad C-B<B_{\prime\prime}-A_{\prime};\quad C-B_{\prime}<B_{\prime\prime}-A_{\prime\prime}.$$

(122.) $$\begin{aligned}
D={}&t\,t'\,t''-(t-a).(t'-a').(t''-a'')-(t-a_{\prime}).(t'-a_{\prime}').(t''-a_{\prime}'')\\
&-(t-a_{\prime\prime}).(t'-a_{\prime\prime}').(t''-a_{\prime\prime}'')+(t-b).(t'-b').(t''-b'')\\
&+(t-b_{\prime}).(t'-b_{\prime}').(t''-b_{\prime}'')+(t-b_{\prime\prime}).(t'-b_{\prime\prime}').(t''-b_{\prime\prime}'')\\
&-(a+a_{\prime}-b).(t'-b').(t''-b'')-(a'+a_{\prime}'-b').(t-b).(t''-b'')\\
&-(a''+a_{\prime}''-b'').(t-b).(t'-b')-(a+a_{\prime\prime}-b_{\prime}).(t'-b_{\prime}').(t''-b_{\prime}'')\\
&-(a'+a_{\prime\prime}'-b_{\prime}').(t-b_{\prime}).(t''-b_{\prime}'')-(a_{\prime}''+a_{\prime\prime}''-b_{\prime\prime}'').(t-b_{\prime}).(t'-b_{\prime}')\\
&-(a_{\prime}+a_{\prime\prime}-b_{\prime\prime}).(t'-b_{\prime\prime}').(t''-b_{\prime\prime}'')-(a_{\prime}'+a_{\prime\prime}'-b_{\prime\prime}').(t-b_{\prime\prime}).(t''-b_{\prime\prime}'')\\
&-(a_{\prime}''+a_{\prime\prime}''-b_{\prime\prime}'').(t-b_{\prime\prime}).(t'-b_{\prime\prime}')+(t+a-b-b_{\prime}).(t'+a'-b'-b_{\prime}').(t''+a''-b''-b_{\prime}'')
\end{aligned}$$

Conditions.

$$\left.\begin{aligned}
&t't''-(t'-a').(t''-a'')-(t'-a_{\prime}').(t''-a_{\prime}'')-(t'-a_{\prime\prime}').(t''-a_{\prime\prime}'')\\
&+(t'-b').(t''-b'')+(t'-b_{\prime}').(t''-b_{\prime}'')+(t'-b_{\prime\prime}').(t''-b_{\prime\prime}'')\\
&-(a'+a_{\prime}'-b').(t''-b'')-(a''+a_{\prime}''-b'').(t'-b')-(a'+a_{\prime\prime}'-b_{\prime}').(t''-b_{\prime}'')\\
&-(a''+a_{\prime\prime}''-b_{\prime}'').(t'-b_{\prime}')-(a_{\prime}'+a_{\prime\prime}'-b_{\prime\prime}').(t''-b_{\prime\prime}'')-(a_{\prime}''+a_{\prime\prime}''-b_{\prime\prime}'').(t'-b_{\prime\prime}')\\
&+(t'+a'-b'-b_{\prime}').(t''+a''-b''-b_{\prime}'')
\end{aligned}\right\}>0$$

$$\left.\begin{aligned}&(a'+a'_{,}-b').(t''-b'')+(a''+a''_{,}-b'').(t'-b')\\&\quad-(t'+a'-b'-b'_{,}).(t''+a''-b''-b''_{,})\end{aligned}\right\}>0$$

$$\left.\begin{aligned}&(a'+a'_{,,}-b'_{,}).(t''-b''_{,})+(a''+a''_{,,}-b''_{,}).(t'-b'_{,})\\&\quad-(t'+a'-b'-b'_{,}).(t''+a''-b''-b''_{,})\end{aligned}\right\}>0$$

$$(a'_{,}+a'_{,,}-b'_{,,}).(t''-b''_{,,})+(a''_{,}+a''_{,,}-b''_{,,}).(t'-b'_{,,})>0$$

$$\left.\begin{aligned}&(t'-a').(t''-a'')-(t'-b').(t''-b'')-(t'-b'_{,}).(t''-b''_{,})\\&\quad+(t'+a'-b'-b'_{,}).(t''+a''-b''-b''_{,})\end{aligned}\right\}>0$$

$$(t'-a'_{,}).(t''-a''_{,})-(t'-b').(t''-b'')-(t'-b'_{,,}).(t''-b''_{,,})>0$$

$$(t'-a'_{,,}).(t''-a''_{,,})-(t'-b'_{,}).(t''-b''_{,})-(t'-b'_{,,}).(t''-b''_{,,})>0.$$

Quatrième Forme.

$$C-B>B_{,}-A;\ C-B<B_{,,}-A_{,};\ C-B_{,}>B_{,,}-A_{,,}.$$

(123.)
$$\begin{aligned}D=\;&tt't''-(t-a).(t'-a').(t''-a'')-(t-a_{,}).(t'-a'_{,}).(t''-a''_{,})\\
&-(t-a_{,,}).(t'-a'_{,,}).(t''-a''_{,,})+(t-b).(t'-b').(t''-b'')\\
&+(t-b_{,}).(t'-b'_{,}).(t''-b''_{,})+(t-b_{,,}).(t'-b'_{,,}).(t''-b''_{,,})\\
&-(a+a_{,}-b).(t'-b').(t''-b'')-(a'+a'_{,}-b').(t-b).(t''-b'')\\
&-(a''+a''_{,}-b'').(t-b).(t'-b')-(a+a_{,,}-b_{,}).(t'-b'_{,}).(t''-b''_{,})\\
&-(a'+a'_{,,}-b'_{,}).(t-b_{,}).(t''-b''_{,})-(a''+a''_{,,}-b''_{,}).(t-b_{,}).(t'-b'_{,})\\
&-(a_{,}+a_{,,}-b_{,,}).(t'-b'_{,,}).(t''-b''_{,,})-(a'_{,}+a'_{,,}-b'_{,,}).(t-b_{,,}).(t'-b'_{,,})\\
&\qquad-(a''_{,}+a''_{,,}-b''_{,,}).(t-b_{,,}).(t'-b'_{,,})\\
&+(t+a-b-b_{,}).(t'+a'-b'-b'_{,}).(t''+a''-b''-b''_{,})\\
&+(t+a_{,,}-b_{,}-b_{,,}).(t'+a'_{,,}-b'_{,}-b'_{,,}).(t''+a''_{,,}-b''_{,}-b''_{,,}).\end{aligned}$$

Conditions.

$$\left.\begin{aligned}&t't''-(t'-a').(t''-a'')-(t'-a'_{,}).(t''-a''_{,})-(t'-a'_{,,}).(t''-a''_{,,})\\
&+(t'-b').(t''-b'')+(t'-b'_{,}).(t''-b''_{,})+(t'-b'_{,,}).(t''-b''_{,,})\\
&-(a'+a'_{,}-b').(t''-b'')-(a''+a''_{,}-b'').(t'-b')-(a'+a'_{,,}-b'_{,}).(t''-b''_{,})\\
&-(a''+a''_{,,}-b''_{,}).(t'-b'_{,})-(a'_{,}+a'_{,,}-b'_{,,}).(t''-b''_{,,})-(a''_{,}+a''_{,,}-b''_{,,}).(t'-b'_{,,})\\
&+(t'+a'-b'-b'_{,}).(t''+a''-b''-b''_{,})+(t'+a'_{,,}-b'_{,}-b'_{,,}).(t''+a''_{,,}-b''_{,}-b''_{,,})\end{aligned}\right\}>0$$

$$(a'+a'_{,}-b').(t''-b'')+(a''+a''_{,}-b'').(t'-b')-(t'+a'-b'-b'_{,}).(t''+a''-b''-b''_{,})>0$$

$$\left.\begin{aligned}&(a'+a'_{,,}-b'_{,}).(t''-b''_{,})+(a''+a''_{,,}-b''_{,}).(t'-b'_{,})-(t'+a'-b'-b'_{,}).(t''+a''-b''-b''_{,})\\&\quad-(t'+a'_{,,}-b'_{,}-b'_{,,}).(t''+a''_{,,}-b''_{,}-b''_{,,})\end{aligned}\right\}>0$$

$$\left.\begin{aligned}&(a'_{\prime}+a'_{\prime\prime}-b'_{\prime\prime}).(t''-b''_{\prime\prime})+(a''_{\prime}+a''_{\prime\prime}-b''_{\prime\prime}).(t'-b'_{\prime\prime})\\&\qquad-(t'+a'_{\prime\prime}-b'_{\prime}-b'_{\prime\prime}).(t''+a''_{\prime\prime}-b''_{\prime}-b''_{\prime\prime})\end{aligned}\right\}>0$$

$$\left.\begin{aligned}&(t'-a').(t''-a'')-(t'-b').(t''-b'')-(t'-b'_{\prime}).(t''-b''_{\prime})\\&\qquad+(t'+a'-b'-b'_{\prime}).(t''+a''-b''-b''_{\prime})\end{aligned}\right\}>0$$

$$(t'-a'_{\prime}).(t''-a''_{\prime})-(t'-b').(t''-b'')-(t'-b'_{\prime\prime}).(t''-b''_{\prime\prime})>0$$

$$\left.\begin{aligned}&(t'-a'_{\prime\prime}).(t''-a''_{\prime\prime})-(t'-b'_{\prime}).(t''-b''_{\prime})-(t'-b'_{\prime\prime}).(t''-b''_{\prime\prime})\\&\qquad+(t'+a'_{\prime\prime}-b'_{\prime}-b'_{\prime\prime}).(t''+a''_{\prime\prime}-b''_{\prime}-b''_{\prime\prime})\end{aligned}\right\}>0.$$

Cinquième Forme.

$$C-B>B_{\prime}-A\,;\quad C-B>B_{\prime\prime}-A_{\prime}\,;\quad C-B_{\prime}<B_{\prime\prime}-A_{\prime}.$$

(124.) $D=tt't''-(t-a).(t'-a').(t''-a'')-(t-a_{\prime}).(t'-a'_{\prime}).(t''-a''_{\prime})$
$-(t-a_{\prime\prime}).(t'-a'_{\prime\prime}).(t''-a''_{\prime\prime})+(t-b).(t'-b').(t''-b'')$
$+(t-b_{\prime}).(t'-b'_{\prime}).(t''-b''_{\prime})+(t-b_{\prime}).(t'-b'_{\prime\prime}).(t''-b''_{\prime\prime})$
$-(a+a_{\prime}-b).(t'-b').(t''-b'')-(a'+a'_{\prime}-b').(t-b).(t''-b'')$
$-(a''+a''_{\prime}-b'').(t-b).(t'-b')-(a+a_{\prime\prime}-b_{\prime}).(t'-b'_{\prime}).(t''-b''_{\prime})$
$-(a'+a'_{\prime\prime}-b'_{\prime}).(t-b_{\prime}).(t''-b''_{\prime})-(a''+a''_{\prime\prime}-b''_{\prime}).(t-b_{\prime}).(t'-b'_{\prime})$
$-(a_{\prime}+a_{\prime\prime}-b_{\prime\prime}).(t'-b'_{\prime\prime}).(t''-b''_{\prime\prime})-(a'_{\prime}+a'_{\prime\prime}-b'_{\prime\prime}).(t-b_{\prime\prime}).(t''-b''_{\prime\prime})$
$-(a''_{\prime}+a''_{\prime\prime}-b''_{\prime\prime}).(t-b_{\prime\prime}).(t'-b'_{\prime\prime})+(t+a-b-b_{\prime}).(t'+a'-b'-b'_{\prime}).(t''+a''-b$
$+(t+a_{\prime}-b-b_{\prime\prime}).(t'+a'_{\prime}-b'-b'_{\prime\prime}).(t''+a''_{\prime}-b''-b''_{\prime\prime}).$

Conditions.

$$\left.\begin{aligned}&t't''-(t'-a').(t''-a'')-(t'-a'_{\prime}).(t''-a''_{\prime})-(t'-a'_{\prime\prime}).(t''-a''_{\prime\prime})\\&+(t'-b').(t''-b'')+(t'-b'_{\prime}).(t''-b''_{\prime})+(t'-b'_{\prime\prime}).(t''-b''_{\prime\prime})\\&-(a'+a'_{\prime}-b').(t''-b'')-(a''+a''_{\prime}-b'').(t'-b')-(a'+a'_{\prime\prime}-b'_{\prime}).(t''-b''_{\prime})\\&-(a''+a''_{\prime\prime}-b''_{\prime}).(t'-b'_{\prime})-(a'_{\prime}+a'_{\prime\prime}-b'_{\prime\prime}).(t''-b''_{\prime\prime})-(a''_{\prime}+a''_{\prime\prime}-b''_{\prime\prime}).(t'-b'_{\prime\prime})\\&+(t'+a'-b'-b'_{\prime}).(t''+a''-b''-b''_{\prime})+(t'+a'_{\prime}-b'-b'_{\prime\prime}).(t''+a''_{\prime}-b''-b''_{\prime\prime})\end{aligned}\right\}>$$

$$\left.\begin{aligned}&(a'+a'_{\prime}-b').(t''-b'')+(a''+a''_{\prime}-b'').(t'-b')-(t'+a'-b'-b'_{\prime}).(t''+a''-b''-b''_{\prime})\\&\qquad-(t'+a'_{\prime}-b'-b'_{\prime\prime}).(t''+a''_{\prime}-b''-b''_{\prime\prime})\end{aligned}\right\}>$$

$$(a'+a'_{\prime\prime}-b'_{\prime}).(t''-b''_{\prime})+(a''+a''_{\prime\prime}-b''_{\prime}).(t'-b'_{\prime})-(t'+a'-b'-b'_{\prime}).(t''+a''-b''-b''_{\prime})>$$

$$(a'_{\prime}+a'_{\prime\prime}-b'_{\prime\prime}).(t''-b''_{\prime\prime})+(a''_{\prime}+a''_{\prime\prime}-b''_{\prime\prime}).(t'-b'_{\prime\prime})-(t'+a'_{\prime}-b'-b'_{\prime\prime}).(t''+a''_{\prime}-b''-b''_{\prime\prime})>$$

$$\left.\begin{aligned}&(t'-a').(t''-a'')-(t'-b').(t''-b'')-(t'-b'_{\prime}).(t''-b''_{\prime})\\&\qquad+(t'+a'-b'-b'_{\prime}).(t''+a''-b''-b''_{\prime})\end{aligned}\right\}>0$$

$$\left.\begin{aligned}(t'-a'_{,}).(t''-a''_{,})-(t'-b').(t''-b'')-(t'-b'_{,,}).(t''-b''_{,,})\\ +(t'+a'_{,}-b'-b'_{,,}).(t''+a''_{,}-b''-b''_{,,})\end{aligned}\right\}>0$$

$$(t'-a'_{,,}).(t''-a''_{,,})-(t'-b'_{,}).(t''-b''_{,})-(t'-b'_{,,}).(t''-b''_{,,})>0;$$

Sixième Forme.

$$C-B>B_{,}-A;\quad C-B>B_{,,}-A_{,};\quad C-B_{,}>B_{,,}-A_{,}.$$

(125). $D=tt't''-(t-a).(t'-a').(t''-a'')-(t-a_{,}).(t'-a'_{,}).(t''-a''_{,})$
$-(t-a_{,,}).(t'-a'_{,,}).(t''-a''_{,,})+(t-b).(t'-b').(t''-b'')+(t-b_{,}).(t'-b'_{,}).(t''-b''_{,})$
$+(t-b_{,,}).(t'-b'_{,,}).(t''-b''_{,,})-(a+a_{,}-b).(t'-b').(t''-b'')$
$-(a'+a'_{,}-b').(t-b).(t''-b'')-(a''+a''_{,}-b'').(t-b).(t'-b')$
$-(a+a_{,,}-b_{,}).(t'-b'_{,}).(t''-b''_{,})-(a'+a'_{,,}-b'_{,}).(t-b_{,}).(t''-b''_{,})$
$-(a''+a''_{,,}-b''_{,}).(t-b_{,}).(t'-b'_{,})-(a_{,}+a_{,,}-b_{,,}).(t'-b'_{,,}).(t''-b''_{,,})$
$-(a'_{,}+a'_{,,}-b'_{,,}).(t-b_{,,}).(t''-b''_{,,})-(a''_{,}+a''_{,,}-b''_{,,}).(t-b_{,,}).(t'-b'_{,,})$
$+(t+a-b-b_{,}).(t'+a'-b'-b'_{,}).(t''+a''-b''-b''_{,})$
$+(t+a_{,}-b-b_{,,}).(t'+a'_{,}-b'-b'_{,,}).(t''+a''_{,}-b''-b''_{,,})$
$+(t+a_{,,}-b_{,}-b_{,,}).(t'+a'_{,,}-b'_{,}-b'_{,,}).(t''+a''_{,,}-b''_{,}-b''_{,,}).$

Conditions.

$$\left.\begin{aligned}t't''-(t'-a').(t''-a'')-(t'-a'_{,}).(t''-a''_{,})-(t'-a'_{,,}).(t''-a''_{,,})\\ +(t'-b').(t''-b'')+(t'-b'_{,}).(t''-b''_{,})+(t'-b'_{,,}).(t''-b''_{,,})\\ -(a'+a'_{,}-b').(t''-b'')-(a''+a''_{,}-b'').(t'-b')-(a'+a'_{,,}-b'_{,}).(t''-b''_{,})\\ -(a''+a''_{,,}-b''_{,}).(t'-b'_{,})-(a'_{,}+a'_{,,}-b'_{,,}).(t''-b''_{,,})-(a''+a''_{,,}-b''_{,,}).(t'-b'_{,,})\\ +(t'+a'-b'-b'_{,}).(t''-a''-b''-b''_{,})+(t'+a'_{,}-b'-[illegible]).(t''+a''_{,}-b''-b''_{,,})\\ +(t'+a'_{,,}-b'_{,}-b'_{,,}).(t''+a''_{,,}-b''_{,}-b''_{,,})\end{aligned}\right\}>0$$

$$\left.\begin{aligned}(a'+a'_{,}-b').(t''-b'')+(a''+a''_{,}-b'').(t'-b')-(t'+a'-b'-b'_{,}).(t''+a''-b''-b''_{,})\\ -(t'+a'_{,}-b'-b'_{,,}).(t''+a''_{,}-b''-b''_{,,})\end{aligned}\right\}>0$$

$$\left.\begin{aligned}(a'+a'_{,,}-b'_{,}).(t''-b''_{,})+(a''+a''_{,,}-b''_{,}).(t'-b'_{,})-(t'+a'-b'-b'_{,}).(t''+a''-b''-b''_{,})\\ -(t'+a'_{,,}-b'_{,}-b'_{,,}).(t''+a''_{,,}-b''_{,}-b''_{,,})\end{aligned}\right\}>0$$

$$\left.\begin{aligned}(a'_{,}+a'_{,,}-b'_{,,}).(t''-b''_{,,})+(a''_{,}+a''_{,,}-b''_{,,}).(t'-b'_{,,})-(t'+a'_{,}-b'-b'_{,,}).(t''+a''_{,}-b''-b''_{,,})\\ -(t'+a'_{,,}-b'_{,}-b'_{,,}).(t''+a''_{,,}-b''_{,}-b''_{,,})\end{aligned}\right\}>0$$

$$\left.\begin{aligned}(t'-a').(t''-a'')-(t'-b').(t''-b'')-(t'-b'_{,}).(t''-b''_{,})\\ +(t'+a'-b'-b'_{,}).(t''\pm a''+b''-b''_{,})\end{aligned}\right\}>0$$

$$\left.\begin{aligned}&(t'-a'_{\prime}).(t''-a''_{\prime})-(t'-b').(t''-b'')-(t'-b'_{\prime\prime}).(t''-b''_{\prime\prime})\\&\qquad+(t'+a'_{\prime}-b'-b'_{\prime\prime}).(t''+a''_{\prime}-b''-b''_{\prime\prime})\end{aligned}\right\}>0$$

$$\left.\begin{aligned}&(t'-a'_{\prime\prime}).(t''-a''_{\prime\prime})-(t'-b'_{\prime}).(t''-b''_{\prime})-(t'-b'_{\prime\prime}).(t''-b''_{\prime\prime})\\&\qquad+(t'+a'_{\prime\prime}-b'_{\prime}-b'_{\prime\prime}).(t''+a''_{\prime\prime}-b''_{\prime}-b''_{\prime\prime})\end{aligned}\right\}>0$$

Septième Forme.

$$C-B<B_{\prime}-A;\quad C-B>B_{\prime\prime}-A_{\prime};\quad C-B_{\prime}<B_{\prime\prime}-A_{\prime\prime}.$$

(126.)
$$\begin{aligned}D=tt't''&-(t-a).(t'-a').(t''-a'')-(t-a_{\prime}).(t'-a'_{\prime}).(t''-a''_{\prime})\\
&-(t-a_{\prime\prime}).(t'-a'_{\prime\prime}).(t''-a''_{\prime\prime})+(t-b).(t'-b').(t''-b'')\\
&+(t-b_{\prime}).(t'-b'_{\prime}).(t''-b''_{\prime})+(t-b_{\prime\prime}).(t'-b'_{\prime\prime}).(t''-b''_{\prime\prime})\\
&-(a+a_{\prime}-b).(t'-b').(t''-b'')-(a'+a'_{\prime}-b').(t-b).(t''-b'')\\
&-(a''+a''_{\prime}-b'').(t-b).(t'-b')-(a+a_{\prime\prime}-b_{\prime}).(t'-b'_{\prime}).(t''-b''_{\prime})\\
&-(a'+a'_{\prime\prime}-b'_{\prime}).(t-b_{\prime}).(t''-b''_{\prime})-(a''+a''_{\prime\prime}-b''_{\prime}).(t-b_{\prime}).(t'-b'_{\prime})\\
&-(a_{\prime}+a_{\prime\prime}-b_{\prime\prime}).(t'-b'_{\prime\prime}).(t''-b''_{\prime\prime})-(a'_{\prime}+a'_{\prime\prime}-b'_{\prime\prime}).(t-b_{\prime\prime}).(t''-b''_{\prime\prime})\\
&-(a''_{\prime}+a''_{\prime\prime}-b''_{\prime\prime}).(t-b_{\prime\prime}).(t'-b'_{\prime\prime})+(t+a_{\prime}-b-b_{\prime\prime}).(t'+a'_{\prime}-b'-b'_{\prime\prime}).(t''+a''_{\prime}-b''\text{-}\ldots\end{aligned}$$

Conditions.

$$\left.\begin{aligned}&t't''-(t'-a').(t''-a'')-(t'-a'_{\prime}).(t''-a''_{\prime})-(t'-a'_{\prime\prime}).(t''-a''_{\prime\prime})\\
&+(t'-b').(t''-b'')+(t'-b'_{\prime}).(t''-b''_{\prime})+(t'-b'_{\prime\prime}).(t''-b''_{\prime\prime})\\
&\qquad-(a'+a'_{\prime}-b').(t''-b'')-(a''+a''_{\prime}-b'').(t'-b')\\
&\qquad-(a'+a'_{\prime\prime}-b'_{\prime}).(t''-b''_{\prime})-(a''+a''_{\prime\prime}-b''_{\prime}).(t'-b'_{\prime})\\
&\qquad-(a'_{\prime}+a'_{\prime\prime}-b'_{\prime\prime}).(t''-b''_{\prime\prime})-(a''_{\prime}+a''_{\prime\prime}-b''_{\prime\prime}).(t'-b'_{\prime\prime})\\
&\qquad\qquad+(t'+a'_{\prime}-b'-b'_{\prime\prime}).(t''+a''_{\prime}-b''-b''_{\prime\prime})\end{aligned}\right\}>0$$

$$\left.\begin{aligned}&(a'+a'_{\prime}-b').(t''-b'')+(a''+a''_{\prime}-b'').(t'-b')\\&\qquad-(t'+a'_{\prime}-b'-b'_{\prime\prime}).(t''+a''_{\prime}-b''-b''_{\prime\prime})\end{aligned}\right\}>0$$

$$(a'+a'_{\prime\prime}-b'_{\prime}).(t''-b''_{\prime})+(a''+a''_{\prime\prime}-b''_{\prime}).(t'-b'_{\prime})>0$$

$$\left.\begin{aligned}&(a'_{\prime}+a'_{\prime\prime}-b'_{\prime\prime}).(t''-b''_{\prime\prime})+(a''_{\prime}+a''_{\prime\prime}-b''_{\prime\prime}).(t'-b'_{\prime\prime})\\&\qquad-(t'+a'_{\prime}-b'-b'_{\prime\prime}).(t''+a''_{\prime}-b''-b''_{\prime\prime})\end{aligned}\right\}>0$$

$$(t'-a').(t''-a'')-(t'-b').(t''-b'')-(t'-b'_{\prime}).(t''-b''_{\prime})>0$$

$$\left.\begin{aligned}&(t'-a'_{\prime}).(t''-a''_{\prime})-(t'-b').(t''-b'')-(t'-b'_{\prime\prime}).(t''-b''_{\prime\prime})\\&\qquad+(t'+a'_{\prime}-b'-b'_{\prime\prime}).(t''+a''_{\prime}-b''-b''_{\prime\prime})\end{aligned}\right\}>0$$

$$(t'-a'_{\prime\prime}).(t''-a''_{\prime\prime})-(t'-b'_{\prime}).(t''-b''_{\prime})-(t'-b'_{\prime\prime}).(t''-b''_{\prime\prime})>0.$$

Huitième Forme.

$$C-B<B_{\prime}-A_{\prime};\quad C-B>B_{\prime\prime}-A_{\prime};\quad C-B_{\prime}>B_{\prime\prime}-A_{\prime\prime}.$$

(127.) $$\begin{aligned}D={}&tt't''-(t-a)\cdot(t'-a')\cdot(t''-a'')-(t-a_{\prime})\cdot(t'-a'_{\prime})\cdot(t''-a''_{\prime})\\
&-(t-a_{\prime\prime})\cdot(t'-a'_{\prime\prime})\cdot(t''-a''_{\prime\prime})+(t-b)\cdot(t'-b')\cdot(t''-b'')\\
&+(t-b_{\prime})\cdot(t'-b'_{\prime})\cdot(t''-b''_{\prime})+(t-b_{\prime\prime})\cdot(t'-b'_{\prime\prime})\cdot(t''-b''_{\prime\prime})\\
&-(a+a_{\prime}-b)\cdot(t'-b')\cdot(t''-b'')-(a'+a'_{\prime}-b')\cdot(t-b)\cdot(t''-b'')\\
&-(a''+a''_{\prime}-b'')\cdot(t-b)\cdot(t'-b')-(a+a_{\prime\prime}-b_{\prime})\cdot(t'-b'_{\prime})\cdot(t''-b''_{\prime})\\
&-(a'+a'_{\prime\prime}-b'_{\prime})\cdot(t-b_{\prime})\cdot(t''-b''_{\prime})-(a''+a''_{\prime\prime}-b''_{\prime})\cdot(t-b_{\prime})\cdot(t'-b'_{\prime})\\
&-(a_{\prime}+a_{\prime\prime}-b_{\prime\prime})\cdot(t'-b'_{\prime\prime})\cdot(t''-b''_{\prime\prime})-(a'_{\prime}+a'_{\prime\prime}-b'_{\prime\prime})\cdot(t-b_{\prime\prime})\cdot(t''-b'_{\prime\prime})\\
&-(a''_{\prime}+a''_{\prime\prime}-b''_{\prime\prime})\cdot(t-b_{\prime\prime})\cdot(t'-b'_{\prime\prime})+(t+a_{\prime}-b-b_{\prime\prime})\cdot(t'+a'_{\prime}-b'-b'_{\prime\prime})\cdot(t''+a''_{\prime\prime}-b''-b''_{\prime\prime})\\
&+(t+a_{\prime\prime}-b_{\prime}-b_{\prime\prime})\cdot(t'+a'_{\prime\prime}-b'_{\prime}-b'_{\prime\prime})\cdot(t''+a''_{\prime\prime}-b''_{\prime}-b''_{\prime\prime}).\end{aligned}$$

Conditions.

$$\left.\begin{aligned}&t't''-(t'-a')\cdot(t''-a'')-(t'-a'_{\prime})\cdot(t''-a''_{\prime})-(t'-a'_{\prime\prime})\cdot(t''-a''_{\prime\prime})\\
&+(t'-b')\cdot(t''-b'')+(t'-b'_{\prime})\cdot(t''-b''_{\prime})+(t'-b'_{\prime\prime})\cdot(t''-b''_{\prime\prime})\\
&-(a'+a'_{\prime}-b')\cdot(t''-b'')-(a''+a''_{\prime}-b'')\cdot(t'-b')-(a'+a'_{\prime\prime}-b'_{\prime})\cdot(t''-b''_{\prime})\\
&-(a''+a''_{\prime\prime}-b''_{\prime})\cdot(t'-b'_{\prime})-(a'_{\prime}+a'_{\prime\prime}-b'_{\prime\prime})\cdot(t''-b''_{\prime\prime})-(a''_{\prime}+a''_{\prime\prime}-b''_{\prime\prime})\cdot(t'-b'_{\prime\prime})\\
&+(t'+a'_{\prime}-b'-b'_{\prime\prime})\cdot(t''+a''_{\prime}-b''-b''_{\prime\prime})+(t'+a'_{\prime\prime}-b'_{\prime}-b'_{\prime\prime})\cdot(t''+a''_{\prime\prime}-b''_{\prime}-b''_{\prime\prime})\end{aligned}\right\}>0$$

$$\left.\begin{aligned}&(a'+a'_{\prime}-b')\cdot(t''-b'')+(a''+a''_{\prime}-b'')\cdot(t'-b')\\
&-(t'+a'_{\prime}-b'-b'_{\prime\prime})\cdot(t''+a''_{\prime}-b''-b''_{\prime\prime})\end{aligned}\right\}>0$$

$$\left.\begin{aligned}&(a'+a'_{\prime\prime}-b'_{\prime})\cdot(t''-b''_{\prime})+(a''+a''_{\prime\prime}-b''_{\prime})\cdot(t'-b'_{\prime})\\
&-(t'+a'_{\prime\prime}-b'_{\prime}-b'_{\prime\prime})\cdot(t''+a''_{\prime\prime}-b''_{\prime}-b''_{\prime\prime})\end{aligned}\right\}>0$$

$$\left.\begin{aligned}&(a'_{\prime}+a'_{\prime\prime}-b'_{\prime\prime})\cdot(t''-b''_{\prime\prime})+(a''_{\prime}+a''_{\prime\prime}-b''_{\prime\prime})\cdot(t'-b'_{\prime\prime})\\
&-(t'+a'_{\prime}-b'-b'_{\prime\prime})\cdot(t''+a''_{\prime}-b''-b''_{\prime\prime})-(t'+a'_{\prime\prime}-b'_{\prime}-b'_{\prime\prime})\cdot(t''+a''_{\prime\prime}-b''_{\prime}-b''_{\prime\prime})\end{aligned}\right\}>0$$

$$(t'-a')\cdot(t''-a'')-(t'-b')\cdot(t''-b'')-(t'-b'_{\prime})\cdot(t''-b''_{\prime})>0$$

$$\left.\begin{aligned}&(t'-a'_{\prime})\cdot(t''-a'')-(t'-b')\cdot(t''-b'')-(t'-b'_{\prime\prime})\cdot(t''-b''_{\prime\prime})\\
&+(t'+a'_{\prime}-b'-b'_{\prime\prime})\cdot(t''+a''_{\prime}-b''-b''_{\prime\prime})\end{aligned}\right\}>0$$

$$\left.\begin{aligned}&(t'-a')\cdot(t''-a''_{\prime\prime})-(t'-b'_{\prime})\cdot(t''-b''_{\prime})-(t'-b'_{\prime\prime})\cdot(t''-b''_{\prime\prime})\\
&+(t'+a'_{\prime\prime}-b'_{\prime}-b'_{\prime\prime})\cdot(t''+a''_{\prime\prime}-b''_{\prime}-b''_{\prime\prime})\end{aligned}\right\}>0$$

Remarque générale.

(128.) La méthode que nous employons pour arriver à l'expression du degré de l'équation finale, consiste donc, comme on le voit, dans l'énumération du nombre des termes de l'équation-produit, & du plus grand nombre de termes qu'on peut faire disparoître dans cette équation, à l'aide des $n - 1$ autres équations; ensorte que la valeur de D augmentée de l'unité est l'expression du plus petit nombre de termes auquel l'équation-produit puisse être réduite. Rien n'y exprime si tous ces termes restans doivent être en x pur, ou en y pur, ou en z pur, &c. ou en x & y, ou en x & z, &c. ou en x, y, z, &c.

Nous pouvons donc delà tirer cette conclusion générale, que *le degré de l'équation finale résultante d'un nombre quelconque d'équations à pareil nombre d'inconnues, est le même pour chacune de ces inconnues.* Nous supposons toujours ici la plus grande généralité; c'est-à-dire, que nous faisons abstraction de toute relation particulière entre les coëfficiens des équations proposées. Nous verrons dans le second Livre quelles peuvent être les relations entre ces coëfficiens, qui donneroient lieu à l'abaissement de l'équation finale de quelques-unes des inconnues, sans donner lieu à l'abaissement de quelques autres.

Applications à divers exemples.

(129.) Supposons d'abord que, des trois équations proposées, l'une soit seulement du premier degré : supposons, par exemple,

$$a'' = a''_{,} = a''_{,,} = b'' = b''_{,} = b''_{,,} = t'' = 1.$$

Alors toutes les différentes formes calculées (120 & suiv.) s'accorderont à donner

$$D = tt' - (t - b).(t' - b') - (t - b_{,}).(t' - b'_{,}) - (t - b_{,,}).(t' - b'_{,,});$$

& les conditions relatives à chaque forme se réduisent toutes à la seule condition $b' + b'_{,} + b'_{,,} > 2t'$, laquelle (83) a nécessairement lieu.

Comparons présentement ce résultat avec celui qu'on pourroit attendre de la méthode d'élimination successive.

Les

Les trois équations proposées sont

$$[(x^{a}, y^{a_\prime})^{b}, (x^{a}, z^{a_{\prime\prime}})^{b_\prime}, (y^{a_\prime}, z^{a_{\prime\prime}})^{b_{\prime\prime}}]^{t} = 0,$$

$$[(x^{a'}, y^{a'_\prime})^{b'}, (x^{a'}, z^{a'_{\prime\prime}})^{b'_\prime}, (y^{a'_\prime}, z^{a'_{\prime\prime}})^{b'_{\prime\prime}}]^{t'} = 0,$$

$$(x, y, z)^{1} = 0.$$

Si on conçoit que dans les deux premières on substitue la valeur de z donnée par la troisième, avec un peu d'attention on verra qu'elles deviendront de cette forme

$$(x^{b_\prime}, y^{b_{\prime\prime}})^{t} = 0,$$
$$(x^{b'_\prime}, y^{b'_{\prime\prime}})^{t'} = 0.$$

Or le degré de l'équation finale de ces deux équations doit (62) être $tt' - (t - b_\prime).(t' - b'_\prime) - (t - b_{\prime\prime}).(t' - b'_{\prime\prime})$; il excède donc le véritable degré, de la quantité $(t - b).(t' - b')$.

Si au lieu de supposer $a'' = a''_\prime = a''_{\prime\prime} = b'' = b''_\prime = b''_{\prime\prime} = t'' = 1$, nous avions supposé $a' = a'_\prime = a'_{\prime\prime} = b' = b'_\prime = b'_{\prime\prime} = t' = 1$, nous aurions été conduits aux mêmes conclusions que nous venons de trouver sur les valeurs de D, & sur les conditions.

Mais si nous avions supposé $a = a_\prime = a_{\prime\prime} = b = b_\prime = b_{\prime\prime} = t = 1$, nous aurions trouvé toutes les formes s'accorder à donner encore la même valeur pour D, mais les conditions ne seroient pas généralement les mêmes ; ce qui fait voir qu'alors le polynome-multiplicateur ne peut pas avoir indifféremment chacune des huit formes ; mais (117) il y en aura toujours au moins une qui lui conviendra.

(130.) Supposons $b = b_\prime = b_{\prime\prime} = t$; $b' = b'_\prime = b'_{\prime\prime} = t'$; $b'' = b''_\prime = b''_{\prime\prime} = t''$; nous tomberons dans les équations de la forme $(x^a \ldots 3)^t = 0$, avec les conditions mentionnées (58) ; c'est-à-dire, que les inconnues x, y, z dans leurs combinaisons deux à deux & trois à trois, montent à toutes les dimensions possibles, jusqu'à la dimension t de l'équation ; mais seule à seule, elles ne peuvent passer les degrés a, $a_\prime$, $a_{\prime\prime}$.

Dans le cas actuel, on trouvera que des huit formes exposées (120 & suiv.), il n'y a que la première qui puisse avoir lieu ; & que dans chacune des sept autres, il y a quelques conditions qui ne peuvent être satisfaites. Cette première forme donnera

$$D = t t' t'' - (t - a).(t' - a').(t'' - a'')$$
$$-(t - a_{,}).(t' - a'_{,}).(t'' - a''_{,}) - (t - a_{,,}).(t' - a'_{,,}).(t'' - a''_{,,}),$$

ce qui s'accorde avec ce que nous avons trouvé (62). Et les conditions pour l'existence de cette valeur de D, se réduisent à la seule condition suivante

$$t' t'' - (t' - a').(t'' - a'') - (t' - a'_{,}).(t'' - a''_{,}) - (t' - a'_{,,}).(t'' - a''_{,,}) > 0,$$

condition qui ne peut manquer d'avoir lieu dans le cas actuel, où l'on suppose $a' + a'_{,} > t'$, $a'' + a''_{,} > t''$, $a' + a'_{,} > t'$, $a'' + a''_{,,} > t''$, &c.

En effet le cas où la valeur de

$$t' t'' - (t' - a').(t'' - a'') - (t' - a'_{,}).(t'' - a''_{,}) - (t' - a'_{,,}).(t'' - a''_{,,})$$

est la plus petite qu'il est possible, est celui où $t' - a'$, $t'' - a''$, $t' - a'$, &c. ont les plus grandes valeurs possibles ; c'est-à-dire, le cas où l'on a $t' - a' = a'_{,}$, $t'' - a'' = a''_{,}$, $t' - a'_{,} = a'_{,,}$, &c. Or dans ce cas la condition se réduit à $a' a'' > 0$.

Il n'en seroit pas de même si quelqu'une des conditions $a' + a'_{,} > t'$, &c. n'avoit pas lieu ; alors on trouveroit qu'aucune des huit formes ne peut avoir lieu : & cela est tout simple, puisqu'alors on auroit faussement supposé $b' = t'$, puisque $a' + a'_{,}$ étant $< t'$, par l'hypothèse, il ne seroit pas possible que b' qui (83) est plus petit que $a' + a'_{,}$ fût $= t'$.

Si l'on demandoit, par exemple, quel est le degré de l'équation finale résultante de trois équations de cette forme

$$axy + bxz + cyz + dx + ey + fz + g = 0,$$

c'est-à-dire, de trois équations telles que

$$[(x^1, y^1)^2, (x^1, z^1)^2, (y^1, z^1)^2]^2 = 0,$$

on auroit $D = 8 - 1 - 1 - 1 = 5$; & la condition unique ci-dessus se réduiroit à $4 - 1 - 1 - 1 > 0$, ou $1 > 0$, ce qui a lieu.

Mais on auroit tort de vouloir conclure de la même formule, la valeur de D pour trois équations de cette forme

$$[(x^1, y^1)^2, (x^1, z^1)^2, (y^1, z^1)^2]^3 = 0,$$

c'est-à-dire, pour trois équations telles que

$$axyz + bxy + cxz + dyz + ex + fy + gz + h = 0,$$

parce que dans celle-ci les combinaisons des inconnues, deux à deux, n'atteignent pas la dimension même de l'équation.

Pour avoir la valeur de D pour ces équations, il faut employer les expressions générales des valeurs de D trouvées (120 & *suiv.*); en supposant

$$b = a + a_{,}\,,\quad b_{,} = a + a_{,,}\,,\quad b_{,,} = a_{,} + a_{,,}\,;$$

$$b' = a' + a'_{,}\,,\quad b'_{,} = a' + a'_{,,}\,,\quad b'_{,,} = a'_{,} + a'_{,,}\,;$$

$$b'' = a'' + a''_{,}\,,\quad b''_{,} = a'' + a''_{,,}\,,\quad b''_{,,} = a''_{,} + a''_{,,}\,;$$

on trouvera $D = 6$.

Si pour trois équations telles que celles dont nous parlons dans cet exemple, on vouloit employer le procédé de la méthode d'élimination successive, en substituant dans deux de ces équations la valeur de z, par exemple, tirée de la troisième; on auroit d'abord deux équations en x & y, de la forme $(x^2, y^2)^4 = 0$. Puis éliminant y à l'aide de ces deux-ci, on seroit conduit (62) à une équation du degré $16 - 4 - 4$, c'est-à-dire, du degré 8.

(131.) Supposons $b = b_{,} = t$; $b' = b'_{,} = t'$; $b'' = b''_{,} = t''$. On verra qu'il n'y a que la forme première (120) qui puisse subsister; elle donne

$$\begin{aligned} D = tt't'' &- (t - a).(t' - a').(t'' - a'') - (t - a_{,}).(t' - a'_{,}).(t'' - a''_{,}) \\ &- (t - a_{,,}).(t' - a'_{,,}).(t'' - a''_{,,}) + (t - b_{,,}).(t' - b'_{,,}).(t'' - b''_{,,}) \\ &- (a_{,} + a_{,,} - b_{,,}).(t' - b'_{,,}).(t'' - b''_{,,}) - (a'_{,} + a'_{,,} - b'_{,,}).(t - b_{,,}).(t'' - b''_{,,}) \\ &- (a''_{,} + a''_{,,} - b''_{,,}).(t - b_{,,}).(t' - b'_{,,}) \end{aligned}$$

& pour conditions, la seule condition suivante

$$\begin{aligned} &t't'' - (t' - a').(t'' - a'') - (t' - a'_{,}).(t'' - a''_{,}) - (t' - a'_{,,}).(t'' - a''_{,,}) \\ &+ (t' - b'_{,,}).(t'' - b''_{,,}) - (a'_{,} + a'_{,,} - b'_{,,}).(t'' - b''_{,,}) - (a''_{,} + a''_{,,} - b''_{,,}).(t' - b'_{,,}) > 0 \end{aligned}$$

toutes les autres ayant évidemment lieu. Quant à celle-ci, elle ne peut manquer d'avoir lieu non plus par ce que nous avons dit (117).

Il est possible, généralement parlant, que cette condition ne soit pas satisfaite; mais ce ne sera que quand les conditions nécessaires à l'existence des équations proposées (83), n'auront pas lieu; par exemple, si l'on avoit $\underset{\prime}{a} + \underset{\prime\prime}{a} < \underset{\prime\prime}{b}$, $\underset{\prime}{a'} + \underset{\prime\prime}{a'} < \underset{\prime\prime}{b'}$ & ainsi de suite; mais il est visible qu'alors l'expression de la forme des équations seroit fausse, & réductible à une autre: *Voyez* (101). Ainsi la valeur de D que nous venons de donner, est l'expression générale & unique du degré de l'équation finale dans trois équations de cette forme $[x^a, (y^{\underset{\prime}{a}} z^{\underset{\prime\prime}{a}})^{\underset{\prime\prime}{b}}]^t = 0$.

Supposons, plus particulièrement, que $\underset{\prime}{a} = \underset{\prime\prime}{a} = \underset{\prime\prime}{b} = 1$; $\underset{\prime}{a'} = \underset{\prime\prime}{a'} = \underset{\prime\prime}{b'} = 1$; $\underset{\prime}{a''} = \underset{\prime\prime}{a''} = \underset{\prime\prime}{b''} = 1$. Alors a ne peut avoir que ces deux valeurs $a = t$, ou $a = t - 1$; de même $a' = t'$ ou $a' = t' - 1$, & $a'' = t''$ ou $a'' = t'' - 1$. Dans le premier cas, la valeur de D est $D = t + t' + t'' - 2$; & dans le second cas $D = t + t' + t'' - 3$.

En effet, dans le premier cas, les trois équations peuvent être représentées par

$$(x \ldots 1)^t + (x \ldots 1)^{t-1} \cdot y + (x \ldots 1)^{t-1} \cdot z = 0$$
$$(x \ldots 1)^{t'} + (x \ldots 1)^{t'-1} \cdot y + (x \ldots 1)^{t'-1} \cdot z = 0$$
$$(x \ldots 1)^{t''} + (x \ldots 1)^{t''-1} \cdot y + (x \ldots 1)^{t''-1} \cdot z = 0.$$

Or il est facile de voir que si on substitue, dans la première, les valeurs de y & de z tirées des deux autres, on aura en x une équation du degré $t + t' + t'' - 2$. Mais on ne verroit pas aussi facilement qu'il doit en être de même de l'équation en y, & de l'équation en z: au lieu que l'esprit de la méthode par laquelle nous arrivons à la valeur générale de D, fait voir que le degré de l'équation finale est toujours le même pour chacune des trois inconnues, du moins abstraction faite de toute relation particulière entre les coëfficiens.

(132.) Supposons que des trois inconnues x, y, z, il n'entre dans la première équation que les deux x & y:

Que dans la seconde, il n'entre que les deux inconnues x & z :

Et que dans la troisième, il n'entre que les deux inconnues y & z.

On aura $a_{\prime\prime}=0$, $a'_{\prime}=0$, $a''=0$.

De-là il suit que $b_{\prime\prime}=a_{\prime}$, $b_{\prime}=a$, $b=t$, $b'=a'$, $b'_{\prime}=t'$, $b'_{\prime\prime}=a'_{\prime\prime}$, $b''=a''_{\prime}$, $b''_{\prime}=a''_{\prime\prime}$, $b''_{\prime\prime}=t''$.

Si on substitue ces différentes valeurs dans chacune des formes de la valeur de D données (120 & suiv.), on trouvera qu'elles s'accordent toutes à donner

$$D=tt't''-t.(t'-a'_{\prime\prime}).(t''-a''_{\prime\prime})-t'.(t-a_{\prime}).(t''-a''_{\prime})-t''.(t-a).(t'-a')$$
$$-(a+a_{\prime}-t).(t'-a').(t''-a''_{\prime})-(a'+a'_{\prime\prime}-t').(t-a).(t''-a''_{\prime\prime})$$
$$-(a''_{\prime}+a''_{\prime\prime}-t'').(t-a_{\prime}).(t'-a'_{\prime\prime}),$$

& les conditions relatives à chacune de ces valeurs égales détermineront dans quelle forme doit être pris le polynome-multiplicateur.

Pour terminer ce qu'il y a à dire sur les équations analogues à celles que nous avons considérées jusqu'ici, nous allons donner une idée de la manière de déterminer le nombre des termes des polynomes de cette espèce, recherche à laquelle nous avons réduit celle du degré de l'équation finale.

Considérations générales sur le degré de l'Equation finale, dans les autres équations incomplettes analogues à celles que nous avons traitées jusqu'ici.

(133.) APRÈS tout ce que nous venons de dire, on voit, sans doute, que ce que nous entendons par équations analogues à celles dont il a été question jusqu'ici, ce sont celles où sur un nombre quelconque n d'inconnues, il y en a un nombre n' telles 1.° Que chacune de ces n' inconnues ne passe pas un certain degré donné, différent ou le même pour chacune : 2.° Que ces mêmes inconnues ne peuvent, dans leurs combinaisons deux à deux, s'élever au-delà de certaines dimensions : 3.° Que dans leurs combinaiſons trois à trois, elles ne peuvent s'élever au-delà de certaines dimenſions données : 4.° Que dans leurs combinaiſons quatre à quatre, elles ne peuvent s'élever au-delà de certaines dimenſions données ; & ainſi de ſuite, juſqu'aux combinaiſons n' à n' : 5.° Et qu'enfin les autres inconnues au nombre de $n - n'$, peuvent tant entr'elles qu'avec les n' inconnues, ſe trouver à toutes les dimenſions poſſibles juſqu'à la plus haute dimenſion de l'équation.

(134.) Nous entendrons, par polynomes ou équations de *même forme*, ceux dont la compoſition eſt analogue, comme l'eſt celle des équations que nous venons de décrire ; & par polynomes ou équations de *même nature*, ceux dont l'expreſſion du nombre des termes eſt de même forme, c'eſt-à-dire, eſt compoſée de la même manière.

Par exemple, à l'occaſion des équations traitées (82), nous avons vu que l'expreſſion du nombre des termes du polynome-multiplicateur eſt ſuſceptible de huit formes différentes, le polynome ayant toujours la forme

$$([(u^A, x^{\dot{A}})^B, (u^A, y^{\ddot{A}})^{\dot{B}}, (x^{\dot{A}}, y^{\ddot{A}})^{\ddot{B}}]^C, z^{\dddot{A}} \ldots n)^T.$$

Si on conçoit en même temps un autre polynome

$$([(u^{A-a}, x^{\dot{A}-\dot{a}})^{B-b}, (u^{A-a}, y^{\ddot{A}-\ddot{a}})^{\dot{B}-\dot{b}}, (x^{\dot{A}-\dot{a}}, y^{\ddot{A}-\ddot{a}})^{\ddot{B}-\ddot{b}}]^{C-c}, z^{\dddot{A}-\dddot{a}} \ldots n)^{T-t}$$

ce polynome eſt de même forme que l'autre ; mais il peut être de même nature, ou de nature différente : il ſera de même nature, ſi les relations entre ſes différens expoſans, étant les mêmes que celles des différens expoſans du premier, permettent, pour avoir l'expreſſion du nombre de ſes termes, d'employer la même formule qui ſert à trouver le nombre des termes du premier : il ſera, au contraire, de nature différente, ſi pour avoir le nombre des termes de l'un, on eſt obligé d'employer une formule différente de celle qui peut donner le nombre des termes de l'autre.

(135.) De même que nous avons vu (84 & ſuiv.) que l'expreſſion du nombre des termes du polynome

$$([(u^A, x^{\dot{A}})^B, (u^A, y^{\ddot{A}})^{\dot{B}}, (x^{\dot{A}}, y^{\ddot{A}})^{\ddot{B}}]^C, z^{\dddot{A}} \ldots n)^T$$

étoit ſuſceptible de huit formes différentes, & qu'il en réſultoit, pour la valeur de D ou de l'expreſſion du degré de l'équation finale, huit formes différentes; de même en général, pour toutes les autres équations dont nous venons (133) de décrire la composition, D aura autant d'expressions différentes, que pourra en avoir l'expression du nombre des termes d'un polynome de même forme.

(136.) En général on concevra toujours, à l'instar de ce que nous avons fait jusqu'ici, l'une des équations multipliée par un polynome de même forme : le produit ou l'équation-produit qui en résultera, sera toujours dans ces sortes d'équations, de même forme ; & par les mêmes raisonnemens que nous avons employés jusqu'ici, & appliqués mot-à-mot, on verra de même que l'expression du nombre des termes restans, tant dans le polynome-multiplicateur que dans l'équation-produit, après qu'on en aura fait disparoître le plus grand nombre de termes qu'il est possible d'en faire disparoître à l'aide des $n - 1$ autres équations, sans en introduire de nouveaux, sera toujours une différencielle exacte de l'ordre $n - 1$; & qu'enfin la valeur de D qui en résultera, sera une différencielle exacte de l'ordre n, laquelle, par conséquent, ne renfermera plus aucun des exposans du polynome-multiplicateur, mais sera une fonction des différens exposans des équations données.

(137.) On voit donc que la question de trouver la valeur de D dans toutes ces équations, est réduite actuellement à trouver l'expression du nombre des termes d'un polynome quelconque de la forme de ceux dont il s'agit ici. Il ne s'agira plus que de la différencier de la manière que nous avons assez exposée jusqu'ici.

(138.) Mais comme toutes les différentes valeurs de D qui résulteront des différentes expressions que l'on trouvera pour le nombre des termes du polynome-multiplicateur, ne seront pas toutes également admissibles dans tous les cas : on voit, par ce qui a été dit (117) que pour avoir les symptomes qui détermineront la légitimité de l'admission de l'une quelconque de ces valeurs, il faudra, dans chaque valeur de D, prendre la somme des termes qui multiplient un même exposant de l'une quelconque des équations, & examiner si elle est plus grande que zéro, c'est-à-dire, positive : si cet examen fait, par rapport à chacun des exposans de la même équation, donne tous résultats positifs, la valeur sera admiſſible, lorſqu'elle ſoutiendra cette même épreuve à l'égard de toutes les équations ; dans le cas au contraire, où l'on rencontrera un ſeul réſultat négatif, la valeur de D ne peut convenir : néanmoins il s'en trouvera toujours au moins une qui ſoutiendra cet examen : & dans le cas où il s'en trouvera pluſieurs, elles ſeront égales.

(139.) La ſimilitude de ce qu'il y a à faire actuellement, avec ce que nous fait juſqu'ici, nous diſpenſeroit donc de pourſuivre davantage cette branche d'équations incomplettes. Mais nous ne devons pas la quitter avant que d'avoir du moins donné une idée des différentes formes des termes que l'on rencontrera à ſommer dans la recherche du nombre des termes des polynomes de cette claſſe, & de la manière de les ſommer. D'ailleurs nous devons auſſi acquitter la promeſſe que nous avons faite (67) de donner la valeur du degré de l'équation finale dans toutes les équations de la forme $(u^a \ldots n)^t = 0$, les expoſans $a, a_{\prime}, a_{\prime\prime}$, &c, n'étant aſſujettis à aucune condition que celle de $a + a_{\prime} + a_{\prime\prime} + a_{\prime\prime\prime}$, &c. $> t$, en comprenant tous les expoſans $a, a_{\prime}, a_{\prime\prime}$, &c, condition ſans laquelle l'équation ne peut exiſter.

Nous allons commencer par cette recherche.

PROBLÈME XXIII.

(140.) *On demande la valeur de* $N(u^A \ldots n)^T$, *les expoſans* $A, A_{\prime}, A_{\prime\prime}$, &c. *étant quelconques.*

Cette valeur eſt très-facile à déduire de ce que nous avons dit (41); mais il ne ſera pas inutile de la rechercher ici par la méthode que nous avons deja employée, & que nous emploirons toujours dorénavant pour ces ſortes de recherches.

Suppoſons d'abord qu'il n'y ait qu'un ſeul expoſant A; c'eſt-à-dire, que toutes les autres inconnues montent au degré T.

Concevons le polynome ordonné par rapport à la lettre à laquelle cet expoſant appartient, par rapport à u, & nommons s l'expoſant de u, dans un terme quelconque. Chaque terme ſera de la forme $u^s(x \ldots n-1)^{T-s}$, depuis $s = 0$, juſqu'à $s = A$.

Il

Il faut donc sommer $N(x\ldots n-1)^{T-s}$, depuis $s=0$, jusqu'à $s=A$. Or cette somme est $N(u\ldots n)^{T}-N(u\ldots n)^{T-A-1}$.

(141.) Supposons actuellement que $n-2$ inconnues seulement, montent au degré T; & que les deux autres u & x, ne passent pas les degrés A & $\underset{\prime}{A}$ respectivement.

Je conçois le polynome $(u^{A}, x^{\underset{\prime}{A}}, y, z\ldots n)^{T}$ ordonné par rapport à x; chaque terme sera de la forme $x^{s}(u^{A}, y, z\ldots n-1)^{T-s}$ depuis $s=0$, jusqu'à $s=\underset{\prime}{A}$, ou jusqu'à $s+A=T$, selon que $\underset{\prime}{A}<T-A$, ou $\underset{\prime}{A}>T-A$; il se présente donc deux cas.

Premier Cas.

$$\underset{\prime}{A}<T-A, \text{ ou } \underset{\prime}{A}+A<T.$$

Dans ce cas, la forme $x^{s}(u^{A}, y, z\ldots n-1)^{T-s}$ aura lieu dans toute l'étendue du polynome : il n'est donc question que de sommer $N(u^{A}, y, z\ldots n-1)^{T-s}$ depuis $s=0$, jusqu'à $s=\underset{\prime}{A}$. Or nous venons de voir que $N(u^{A}, y, z\ldots n-1)^{T-s}$ $=N(u\ldots n-1)^{T-s}-N(u\ldots n-1)^{T-A-s-1}$. Sommant donc cette quantité, on aura, pour le cas de $\underset{\prime}{A}<T-A$,

$$N(u^{A}, x^{\underset{\prime}{A}}, y, z\ldots n)^{T}=N(u\ldots n)^{T}-N(u\ldots n)^{T-A-1}$$
$$-N(u\ldots n)^{T-\underset{\prime}{A}-1}+N(u\ldots n)^{T-A-\underset{\prime}{A}-2}.$$

Second Cas.

$$\underset{\prime}{A}>T-A, \text{ ou } A+\underset{\prime}{A}>T.$$

Dans ce cas, la forme $x^{s}(u^{A}, y, z\ldots n-1)^{T-s}$ n'aura lieu que depuis $s=0$, jusqu'à $s=T-A$; passé $s=T-A$, elle sera $x^{s}(u, y, z\ldots n-1)^{T-s}$ ou $x^{s}(u\ldots n-1)^{T-s}$ jusqu'à $s=\underset{\prime}{A}$. Nous avons donc à sommer 1.° $N(u^{A}, y, z\ldots n-1)^{T-s}$ depuis $s=0$, jusqu'à $s=T-A$; 2.° $N(u\ldots n-1)^{T-s}$ depuis $s=T-A$ exclusivement, jusqu'à $s=\underset{\prime}{A}$. Donc on trouvera pour le cas de $A + A_{\prime} > T$,

$$N(u^{A}, x^{A_{\prime}} \ldots n)^{T} = N(u \ldots n)^{T} - N(u \ldots n)^{T-A-1} - N(u \ldots n)^{T-A_{\prime}-1}.$$

(142.) Supposons que $n - 3$ inconnues seulement, montent au degré T; & que les trois autres ne passent pas les degrés A, $A_{\prime}$, $A_{\prime\prime}$ respectivement.

Je conçois le polynome $(u^{A}, x^{A_{\prime}}, y^{A_{\prime\prime}}, z \ldots n)^{T}$ ordonné par rapport à y; chaque terme sera de la forme $y^{s}(u^{A}, x^{A_{\prime}}, z \ldots n-1)^{T-s}$ depuis $s = 0$, jusqu'à $s = A_{\prime\prime}$, ou jusqu'à $s + A_{\prime} = T$, ou jusqu'à $s + A = T$; c'est-à-dire, jusqu'à s égale à la plus petite des trois quantités $A_{\prime\prime}$; $T - A_{\prime}$; $T - A$.

Il se présente donc les six cas suivans

$A_{\prime\prime} < T - A_{\prime} < T - A$	$T - A_{\prime} < T - A < A_{\prime\prime}$
$A_{\prime\prime} < T - A < T - A_{\prime}$	$T - A < A_{\prime\prime} < T - A_{\prime}$
$T - A_{\prime} < A_{\prime\prime} < T - A$	$T - A < T - A_{\prime} < A_{\prime\prime}$.

Premier Cas.

$$A_{\prime\prime} < T - A_{\prime} < T - A.$$

Dans ce cas la forme $y^{s}(u^{A}, x^{A_{\prime}} \ldots n-1)^{T-s}$ aura lieu dans toute l'étendue du polynome : on a donc à sommer $N(u^{A}, x^{A_{\prime}} \ldots n-1)^{T-s}$ depuis $s = 0$, jusqu'à $s = A_{\prime\prime}$.

Or (141) $N(u^{A}, x^{A_{\prime}} \ldots n-1)^{T-s} = N(u \ldots n-1)^{T-s}$ $- N(u \ldots n-1)^{T-A-s-1} - N(u \ldots n-1)^{T-A_{\prime}-s-1} + N(u \ldots n-1)^{T-A-A_{\prime}-s-2}$,

si $A + A_{\prime} < T - s$;

& $N(u^{A}, x^{A_{\prime}} \ldots n-1)^{T-s} = N(u \ldots n-1)^{T-s}$ $- N(u \ldots n-1)^{T-A-s-1} - N(u \ldots n-1)^{T-A_{\prime}-s-1}$,

si $A + A_{\prime} > T - s$.

Or comme la valeur finale de s est $A_{\prime\prime}$, le cas actuel se subdivise donc en deux autres, savoir

$$A + A_{\prime} < T - A_{\prime\prime};\quad A + A_{\prime} > T - A_{\prime\prime}.$$

Et comme la première valeur de s est o, il peut arriver aussi deux autres cas; savoir $A + A_{\prime} < T$; & $A + A_{\prime} > T$, dont le second ne pouvant avoir lieu avec le premier des deux autres, il il en résulte seulement les trois cas suivans

$$A + A_{\prime} < T;\quad A + A_{\prime} < T - A_{\prime\prime};$$
$$A + A_{\prime} < T;\quad A + A_{\prime} > T - A_{\prime\prime};$$
$$A + A_{\prime} > T;\quad A + A_{\prime} > T - A_{\prime\prime}.$$

Dans le premier cas, on aura à sommer seulement la première expression depuis $s = 0$, jusqu'à $s = A_{\prime\prime}$.

Dans le second cas, on aura à sommer 1.° la première expression depuis $s = 0$, jusqu'à $s = T - A - A_{\prime}$; 2.° la seconde, depuis $s = T - A - A_{\prime}$, exclusivement jusqu'à $s = A_{\prime\prime}$.

Dans le troisième cas, on aura à sommer la seconde expression seule, depuis $s = 0$, jusqu'à $s = A_{\prime\prime}$.

Donc si $A + A_{\prime} < T$; $A + A_{\prime} < T - A_{\prime\prime}$, on aura

$$N(u^{A}, x^{A_{\prime}}, y^{A_{\prime\prime}}, z \ldots n)^{T} = N(u \ldots n)^{T} - N(u \ldots n)^{T-A-1} - N(u \ldots n)^{T-A_{\prime}-1}$$
$$- N(u \ldots n)^{T-A_{\prime\prime}-1} + N(u \ldots n)^{T-A-A_{\prime}-2} + N(u \ldots n)^{T-A-A_{\prime\prime}-2}$$
$$+ N(u \ldots n)^{T-A_{\prime}-A_{\prime\prime}-2} - N(u \ldots n)^{T-A-A_{\prime}-A_{\prime\prime}-3}.$$

Si $A + A_{\prime} < T$; $A + A_{\prime} > T - A_{\prime\prime}$, on aura

$$N(u^{A}, x^{A_{\prime}}, y^{A_{\prime\prime}}, z \ldots n)^{T} = N(u \ldots n)^{T} - N(u \ldots n)^{T-A-1} - N(u \ldots n)^{T-A_{\prime}-1}$$
$$- N(u \ldots n)^{T-A_{\prime\prime}-1} + N(u \ldots n)^{T-A-A_{\prime}-2} + N(u \ldots n)^{T-A-A_{\prime\prime}-2}$$
$$+ N(u \ldots n)^{T-A_{\prime}-A_{\prime\prime}-2}.$$

Si $A + A_{\prime} > T$; $A + A_{\prime} > T - A_{\prime\prime}$, on aura

$$N(u^{A}, x^{A_{\prime}}, y^{A_{\prime\prime}}, z \ldots n)^{T} = N(u \ldots n)^{T} - N(u \ldots n)^{T-A-1} - N(u \ldots n)^{T-A_{\prime}-1}$$
$$- N(u \ldots n)^{T-A_{\prime\prime}-1} + N(u \ldots n)^{T-A-A_{\prime\prime}-2} + N(u \ldots n)^{T-A_{\prime}-A_{\prime\prime}-2}.$$

Second Cas.

$$A_{\prime\prime} < T - A < T - A_{\prime}.$$

Comme ce second cas ne diffère du premier que par le changement de A en $A_{\prime}$ & réciproquement, & que ce changement n'en apporte aucun à l'expression du nombre des termes, ce cas ne fournit rien de nouveau.

Troisième Cas.

$$T - A_{\prime} < A_{\prime\prime} < T - A.$$

Dans ce cas, la forme $y^s\,(u^A, x^{A_{\prime}}, z \ldots n)^{T-s}$ n'aura lieu que jusqu'à $s = T - A_{\prime}$; passé $s = T - A_{\prime}$, elle sera $y^s\,(u^A \ldots n-1)^{T-s}$, jusqu'à $s = A_{\prime\prime}$. On aura donc à sommer 1.° $N(u^A, x^{A_{\prime}}, z \ldots n-1)^{T-s}$ depuis $s = 0$, jusqu'à $s = T - A_{\prime}$; 2.° $N(u^A \ldots n-1)^{T-s}$, depuis $s = T - A_{\prime}$ exclusivement, jusqu'à $s = A_{\prime\prime}$. Or on a

$$N(u^A, x^{A_{\prime}}, z \ldots n-1)^{T-s} = N(u \ldots n-1)^{T-s} - N(u \ldots n-1)^{T-A-s-1}$$
$$- N(u \ldots n-1)^{T-A_{\prime}-s-1} + N(u \ldots n-1)^{T-A-A_{\prime}-s-2},$$
$$\text{si } A + A_{\prime} < T - s,$$
$$N(u^A, x^{A_{\prime}}, z \ldots n-1)^{T-s} = N(u \ldots n-1)^{T-s} - N(u \ldots n-1)^{T-A-s-1}$$
$$- N(u \ldots n-1)^{T-A_{\prime}-s-1},$$
$$\text{si } A + A_{\prime} > T - s;$$

& $N(u^A \ldots n-1)^{T-s} = N(u \ldots n-1)^{T-s} - N(u \ldots n-1)^{T-A-s-1}$.

Or comme s a pour première valeur zéro, il peut arriver que $A + A_{\prime} < T$, & que $A + A_{\prime} > T$.

Dans le premier cas, on aura à sommer 1.° la première expression depuis $s = 0$, jusqu'à $s = T - A - A_{\prime}$.

2.° La seconde depuis $s = T - A_{\prime} - A$ exclusivement, jusqu'à $s = T - A_{\prime}$; 3.° la troisième depuis $s = T - A_{\prime}$ exclusivement, jusqu'à $s = A_{\prime\prime}$.

Dans le second cas, on aura à sommer 1.° la seconde expression depuis $s = o$, jusqu'à $s = T - A_{\prime}$, & la troisième depuis $s = T - A_{\prime}$ exclusivement, jusqu'à $s = A_{\prime\prime}$.

Donc si $A + A_{\prime} < T$, on aura

$$N(u^{A}, x^{A_{\prime}}, y^{A_{\prime\prime}}, z\ldots n)^{T} = N(u\ldots n)^{T} - N(u\ldots n)^{T-A-1} - N(u\ldots n)^{T-A_{\prime}-1} - N(u\ldots n)^{T-A_{\prime\prime}-1} + N(u\ldots n)^{T-A-A_{\prime}-2} + N(u\ldots n)^{T-A-A_{\prime\prime}-2};$$

& si $A + A_{\prime} > T$, on aura

$$N(u^{A}, x^{A_{\prime}}, y^{A_{\prime\prime}}, z\ldots n)^{T} = N(u\ldots n)^{T} - N(u\ldots n)^{T-A-1} - N(u\ldots n)^{T-A_{\prime}-1} - N(u\ldots n)^{T-A_{\prime\prime}-1} + N(u\ldots n)^{T-A-A_{\prime\prime}-2}.$$

Quatrième Cas.

$$T - A_{\prime} < T - A < A_{\prime\prime}.$$

Dans ce cas, la forme $y^{s}(u^{A}, x^{A_{\prime}}, z\ldots n-1)^{T-s}$ n'aura lieu que depuis $s = o$, jusqu'à $s = T - A_{\prime}$.

Passé $s = T - A_{\prime}$, elle sera $y^{s}(u^{A}, x, z\ldots n-1)^{T-s}$ jusqu'à $s = T - A$.

Passé $s = T - A$, elle sera $y^{s}(u, x, z\ldots n-1)^{T-s}$ ou $y^{s}(u\ldots n-1)^{T-s}$ jusqu'à $s = A_{\prime\prime}$.

On aura donc à sommer 1.° $N(u^{A}, x^{A_{\prime}}, z\ldots n-1)^{T-s}$ depuis $s = o$, jusqu'à $s = T - A_{\prime}$; 2.° $N(u^{A}\ldots n-1)^{T-s}$ depuis $s = T - A_{\prime}$ exclusivement, jusqu'à $s = T - A$; 3.° $N(u\ldots n-1)^{T-s}$ depuis $s = T - A$ exclusivement, jusqu'à $s = A_{\prime}$.

Or on a

$$N(u^{A}, x^{A_{\prime}}, z\ldots n-1)^{T-s} = N(u\ldots n-1)^{T-s} - N(u\ldots n-1)^{T-A-s-1} - N(u\ldots n-1)^{T-A_{\prime}-s-1} + N(u\ldots n-1)^{T-A-A_{\prime}-s-2},$$

si $A + A_{\prime} < T - s$,

$$N(u^{A}, x^{A_{\prime}}, z \ldots n-1)^{T-s} = N(u \ldots n-1)^{T-s} - N(u \ldots n-1)^{T-A-s-1}$$
$$- N(u \ldots n-1)^{T-A_{\prime}-s-1},$$
$$\text{si } A + A_{\prime} > T-s,$$

$$N(u^{A} \ldots n-1)^{T-s} = N(u \ldots n-1)^{T-s} - N(u \ldots n-1)^{T-A-s-1},$$
$$\& \; N(u \ldots n-1)^{T-s} = N(u \ldots n-1)^{T-s}.$$

Donc, comme s doit avoir zéro, pour première valeur, il peut arriver deux cas, sçavoir $A + A_{\prime} < T$, & $A + A_{\prime} > T$.

Dans le premier cas, on aura à sommer 1.° la première expression depuis $s = 0$, jusqu'à $s = T - A - A_{\prime}$; 2.° la seconde expression, depuis $s = T - A - A_{\prime}$ exclusivement, jusqu'à $s = T - A_{\prime}$; 3.° la troisième depuis $s = T - A_{\prime}$ exclusivement, jusqu'à $s = T - A$; 3.° la quatrième depuis $s = T - A$ exclusivement, jusqu'à $s = A_{\prime\prime}$.

Dans le second cas, on aura à sommer 1.° la seconde expression depuis $s = 0$, jusqu'à $s = T - A_{\prime}$; 2.° la troisième depuis $s = T - A_{\prime}$ exclusivement, jusqu'à $s = T - A$; 3.° la quatrième depuis $s = T - A$ exclusivement, jusqu'à $s = A_{\prime\prime}$.

Donc si $A + A_{\prime} < T$, on aura

$$N(u^{A}, x^{A_{\prime}}, y^{A_{\prime\prime}}, z \ldots n)^{T} = N(u \ldots n)^{T} - N(u \ldots n)^{T-A-1}$$
$$- N(u \ldots n)^{T-A_{\prime}-1} - N(u \ldots n)^{T-A_{\prime\prime}-1} + N(u \ldots n)^{T-A-A_{\prime}-2};$$

& si $A + A_{\prime} > T$, on aura

$$N(u^{A}, x^{A_{\prime}}, y^{A_{\prime}}, z \ldots n)^{T} = N(u \ldots n)^{T} - N(u \ldots n)^{T-A-1}$$
$$- N(u \ldots n)^{T-A_{\prime}-1} - N(u \ldots n)^{T-A_{\prime\prime}-1}.$$

Cinquième Cas.

$$T - A < A_{\prime\prime} < T - A_{\prime}.$$

Comme ce cas ne diffère du troisième, que par le changement de $A_{\prime}$ en A, & réciproquement, on fera ce changement dans l'expression du nombre des termes propre au troisième cas.

Sixième Cas.

$$T - A < T - A_{\prime} < A_{\prime\prime}.$$

Comme ce cas ne diffère du quatrième, que par le changement de $A_{\prime}$ en A, & réciproquement, & que ce changement n'en produit aucun dans l'expression du nombre des termes propre au quatrième cas, il s'ensuit que ce sixième cas n'offre rien de nouveau.

(143.) Rassemblons maintenant tous les différens cas, & les valeurs correspondantes du nombre des termes, & nous verrons que le tout se réduit aux cas & aux expressions suivantes.

1.° $A + A_{\prime} + A_{\prime\prime} < T$; $A + A_{\prime} < T$; $A + A_{\prime\prime} < T$; $A_{\prime} + A_{\prime\prime} < T$.

$$N(u^{A}, x^{A_{\prime}}, y^{A_{\prime\prime}}, z \ldots n)^{T} = N(u \ldots n)^{T} - N(u \ldots n)^{T-A-1} - N(u \ldots n)^{T-A_{\prime}-1} - N(u \ldots n)^{T-A_{\prime\prime}-1} + N(u \ldots n)^{T-A-A_{\prime}-2} + N(u \ldots n)^{T-A-A_{\prime\prime}-2} + N(u \ldots n)^{T-A_{\prime}-A_{\prime\prime}-2} - N(u \ldots n)^{T-A-A_{\prime}-A_{\prime\prime}-3}.$$

2.° $A + A_{\prime} + A_{\prime\prime} > T$; $A + A_{\prime} < T$; $A + A_{\prime\prime} < T$; $A_{\prime} + A_{\prime\prime} < T$.

$$N(u^{A}, x^{A_{\prime}}, y^{A_{\prime\prime}}, z \ldots n)^{T} = N(u \ldots n)^{T} - N(u \ldots n)^{T-A-1} - N(u \ldots n)^{T-A_{\prime}-1} - N(u \ldots n)^{T-A_{\prime\prime}-1} + N(u \ldots n)^{T-A-A_{\prime}-2} + N(u \ldots n)^{T-A-A_{\prime\prime}-2} + N(u \ldots n)^{T-A_{\prime}-A_{\prime\prime}-2}.$$

3.° $A + A_{\prime} + A_{\prime\prime} > T$; $A + A_{\prime} > T$; $A + A_{\prime\prime} < T$; $A_{\prime} + A_{\prime\prime} < T$.

$$N(u^{A}, x^{A_{\prime}}, y^{A_{\prime\prime}}, z \ldots n)^{T} = N(u \ldots n)^{T} - N(u \ldots n)^{T-A-1} - N(u \ldots n)^{T-A_{\prime}-1} - N(n \ldots n)^{T-A_{\prime\prime}-1} + N(u \ldots n)^{T-A-A_{\prime\prime}-2} + N(u \ldots n)^{T-A_{\prime}-A_{\prime\prime}-2}.$$

4.° $A+A_{\prime}+A_{\prime\prime}>T$; $A+A_{\prime}<T$; $A+A_{\prime\prime}<T$; $A_{\prime}+A_{\prime\prime}>T$.

$$N(u^{A}, x^{A_{\prime}}, y^{A_{\prime\prime}}, z\ldots n)^{T} = N(u\ldots n)^{T} - N(u\ldots n)^{T-A-1} - N(u\ldots n)^{T-A_{\prime}-1} - N(u\ldots n)^{T-A_{\prime\prime}-1} + N(u\ldots n)^{T-A-A_{\prime}-2} + N(u\ldots n)^{T-A-A_{\prime\prime}-2}.$$

5.° $A+A_{\prime}+A_{\prime\prime}>T$; $A+A_{\prime}<T$; $A+A_{\prime\prime}>T$; $A_{\prime}+A_{\prime\prime}<T$.

$$N(u^{A}, x^{A_{\prime}}, y^{A_{\prime\prime}}, z\ldots n)^{T} = N(u\ldots n)^{T} - N(u\ldots n)^{T-A-1} - N(u\ldots n)^{T-A_{\prime}-1} - N(u\ldots n)^{T-A_{\prime\prime}-1} + N(u\ldots n)^{T-A-A_{\prime}-2} + N(u\ldots n)^{T-A_{\prime}-A_{\prime\prime}-2}.$$

6.° $A+A_{\prime}+A_{\prime\prime}>T$; $A+A_{\prime}>T$; $A+A_{\prime\prime}>T$; $A_{\prime}+A_{\prime\prime}<T$.

$$N(u^{A}, x^{A_{\prime}}, y^{A_{\prime\prime}}, z\ldots n)^{T} = N(u\ldots n)^{T} - N(u\ldots n)^{T-A-1} - N(u\ldots n)^{T-A_{\prime}-1} - N(u\ldots n)^{T-A_{\prime\prime}-1} + N(u\ldots n)^{T-A_{\prime}-A_{\prime\prime}-2}.$$

7.° $A+A_{\prime}+A_{\prime\prime}>T$; $A+A_{\prime}>T$; $A+A_{\prime\prime}<T$; $A_{\prime}+A_{\prime\prime}>T$.

$$N(u^{A}, x^{A_{\prime}}, y^{A_{\prime\prime}}, z\ldots n)^{T} = N(u\ldots n)^{T} - N(u\ldots n)^{T-A-1} - N(u\ldots n)^{T-A_{\prime}-1} - N(u\ldots n)^{T-A_{\prime\prime}-1} + N(u\ldots n)^{T-A-A_{\prime\prime}-2}.$$

8.° $A+A_{\prime}+A_{\prime\prime}>T$; $A+A_{\prime}<T$; $A+A_{\prime\prime}>T$; $A_{\prime}+A_{\prime\prime}>T$.

$$N(u^{A}, x^{A_{\prime}}, y^{A_{\prime\prime}}, z\ldots n)^{T} = N(u\ldots n)^{T} - N(u\ldots n)^{T-A-1} - N(u\ldots n)^{T-A_{\prime}-1} - N(u\ldots n)^{T-A_{\prime\prime}-1} + N(u\ldots n)^{T-A-A_{\prime}-2}.$$

9.° $A+A_{\prime}+A_{\prime\prime}>T$; $A+A_{\prime}>T$; $A+A_{\prime\prime}>T$; $A_{\prime}+A_{\prime\prime}>T$.

$$N(u^{A}, x^{A_{\prime}}, y^{A_{\prime\prime}}, z\ldots n)^{T} = N(u\ldots n)^{T} - N(u\ldots n)^{T-A-1} - N(u\ldots n)^{T-A_{\prime}-1} - N(u\ldots n)^{T-A_{\prime\prime}-1},$$

(144.) D'après ces exemples il eſt trop facile de voir comment, par la même méthode, on peut déduire la valeur de $N(u^{A}\ldots n)^{T}$, pour quatre, cinq, &c. expoſans différens, & pour tous les différens cas qui peuvent ſe préſenter, pour que nous croyions devoir pouſſer plus loin ces calculs, dans leſquels on n'aura jamais à ſommer d'autres quantités que de la forme $N(u\ldots n-1)^{P-s}$. Mais nous pouvons faire remarquer comment on peut facilement, de ce qui précède, conclure pour quelque cas que ce ſoit, la valeur de $N(u^{A}\ldots n)^{T}$. Voici la règle

règle que l'inspection des expressions précédentes fournit, & que l'on peut d'ailleurs confirmer par plusieurs raisonnemens actuellement très-faciles.

(145.) On combinera par addition, tous les exposans $A\ A_{'}\ A_{''}\ A_{'''}$, &c. deux à deux, trois à trois, quatre à quatre, &c. & on en comparera les résultats avec T, par les signes $>$ & $<$. Toute combinaison avec le signe $>$ devant T, n'entrera point dans l'expression de la valeur du nombre de termes cherché: ce sera le contraire pour toute combinaison avec le signe $<$ devant T; & alors cette combinaison augmentée d'autant d'unités qu'il y entre de quantités $A\ A_{'}\ A_{''}$, &c. & retranchée de T, donnera l'exposant de $N(u \ldots n)$ dans le terme qu'elle doit fournir à l'expression générale. Le signe de ce terme sera $+$ ou $-$ selon que le nombre des quantités A, $A_{'}$, &c. qui entrent dans son exposant, sera pair ou impair.

Par exemple, supposons qu'on demande la valeur de $N(u^{A}, x^{A_{'}}, y^{A_{''}}, z^{A_{'''}}, u' \ldots n)^{T}$, dans le cas de $A + A_{'} < T$; $A + A_{''} < T$; $A + A_{'''} < T$; $A_{'} + A_{''} < T$; $A_{'} + A_{'''} < T$; $A_{''} + A_{'''} < T$; $A + A_{'} + A_{''} < T$; $A + A_{'} + A_{'''} < T$; $A + A_{''} + A_{'''} > T$; $A_{'} + A_{''} + A_{'''} > T$; $A + A_{'} + A_{''} + A_{'''} > T$, on trouvera

$$N(u^{A}, x^{A_{'}}, y^{A_{''}}, z^{A_{'''}}, u' \ldots n)^{T} = N(u \ldots n)^{T} - N(u \ldots n)^{T-A-1}$$
$$- N(u \ldots n)^{T-A_{'}-1} - N(u \ldots n)^{T-A_{''}-1} - N(u \ldots n)^{T-A_{'''}-1}$$
$$+ N(u \ldots n)^{T-A-A_{'}-2} + N(u \ldots n)^{T-A-A_{''}-2} + N(u \ldots n)^{T-A-A_{'''}-2}$$
$$+ N(u \ldots n)^{T-A_{'}-A_{''}-2} + N(u \ldots n)^{T-A_{'}-A_{'''}-2} + N(u \ldots n)^{T-A_{''}-A_{'''}-}$$
$$- N(u \ldots n)^{T-A-A_{'}-A_{''}-3} - N(u \ldots n)^{T-A-A_{'}-A_{'''}-3},$$

Détermination générale de la valeur du degré de l'équation finale dans quelque cas que ce soit des équations de la forme $(u^a, \ldots n)^t = 0$.

(146.) Puisque d'après tout ce qui a été dit jusqu'ici, il n'est plus question que de différencier $N(u^{A+a} \ldots n)^{T+t}$, ou simplement $N(u^A \ldots n)^T$, en faisant varier successivement T de t, t', t'', &c. A de a, a', a'', &c. $A_{,}$ de $a_{,}$, $a'_{,}$, $a''_{,}$, &c. & ainsi de suite; rien n'est donc plus facile que de calculer toutes les différentes valeurs de D qui peuvent donner le degré de l'équation finale dans les équations dont il s'agit, & les conditions qui rendront admissibles ces valeurs de D.

C'est ainsi qu'on trouvera donc facilement que pour trois équations & trois inconnues, on aura

Première Forme.

$$A + A_{,} + A_{,,} < T;\ A + A_{,} < T;\ A + A_{,,} < T;\ A_{,} + A_{,,} < T.$$

$$\begin{aligned} D = tt't'' &- (t-a).(t'-a').(t''-a'') - (t-a_{,}).(t'-a'_{,}).(t''-a''_{,}) \\ &- (t-a_{,,}).(t'-a'_{,,}).(t''-a''_{,,}) + (t-a-a_{,}).(t'-a'-a'_{,}).(t''-a''-a''_{,}) \\ &+ (t-a-a_{,,}).(t'-a'-a'_{,,}).(t''-a''-a''_{,,}) + (t-a_{,}-a_{,,}).(t'-a'_{,}-a'_{,,}).(t''-a''_{,}-a''_{,,}) \\ &- (t-a-a_{,}-a_{,,}).(t'-a'-a'_{,}-a'_{,,}).(t''-a''-a''_{,}-a''_{,,}). \end{aligned}$$

Conditions.

$$\left.\begin{aligned} &t't'' - (t'-a').(t''-a'') - (t'-a'_{,}).(t''-a''_{,}) - (t'-a'_{,,}).(t''-a''_{,,}) \\ &+ (t'-a'-a'_{,}).(t''-a''-a''_{,}) + (t'-a'-a'_{,,}).(t''-a''-a''_{,,}) \\ &+ (t'-a'_{,}-a'_{,,}).(t''-a''_{,}-a''_{,,}) - (t'-a'-a'_{,}-a'_{,,}).(t''-a''-a''_{,}-a''_{,,}) \end{aligned}\right\} > 0$$

$$\left.\begin{aligned} &(t'-a').(t''-a'') - (t'-a'-a'_{,}).(t''-a''-a''_{,}) - (t'-a'-a'_{,,}).(t''-a''-a''_{,,}) \\ &+ (t'-a'-a'_{,}-a'_{,,}).(t''-a''-a''_{,}-a''_{,,}) \end{aligned}\right\} > 0$$

$$\left.\begin{aligned} &(t'-a'_{,}).(t''-a''_{,}) - (t'-a'-a'_{,}).(t''-a''-a''_{,}) - (t'-a'_{,}-a'_{,,}).(t''-a''_{,}-a''_{,,}) \\ &+ (t'-a'-a'_{,}-a'_{,,}).(t''-a''-a''_{,}-a''_{,,}) \end{aligned}\right\} > 0$$

$$\left.\begin{aligned} &(t'-a'_{,,}).(t''-a''_{,,}) - (t'-a'-a'_{,,}).(t''-a''-a''_{,,}) - (t'-a'_{,}-a'_{,,}).(t''-a''_{,}-a''_{,,}) \\ &+ (t'-a'-a'_{,}-a'_{,,}).(t''-a''-a''_{,}-a''_{,,}) \end{aligned}\right\} > 0;$$

Seconde Forme.

$$A+A_{,}+A_{,,}>T;\ A+A_{,}<T;\ A+A_{,,}<T;\ A_{,}+A_{,,}<T.$$

$$D = tt't'' - (t-a).(t'-a').(t''-a'') - (t-a_{,}).(t'-a'_{,}).(t''-a''_{,}) - (t-a_{,,}).(t'-a'_{,,}).(t''-a''_{,,}) + (t-a-a_{,}).(t'-a'-a'_{,}).(t''-a''-a''_{,}) + (t-a-a_{,,}).(t'-a'-a'_{,,}).(t''-a''-a''_{,,}) + (t-a_{,}-a_{,,}).(t'-a'_{,}-a'_{,,}).(t''-a''_{,}-a''_{,,});$$

Conditions.

$$\left.\begin{array}{r} t't'' - (t'-a').(t''-a'') - (t'-a'_{,}).(t''-a''_{,}) - (t'-a'_{,,}).(t''-a''_{,,}) \\ + (t'-a'-a'_{,}).(t''-a''-a''_{,}) + (t'-a'-a'_{,,}).(t''-a''-a''_{,,}) \\ + (t'-a'_{,}-a'_{,,}).(t''-a''_{,}-a''_{,,}) \end{array}\right\} > 0$$

$$(t'-a').(t''-a'') - (t'-a'-a'_{,}).(t''-a''-a''_{,}) - (t'-a'-a'_{,,}).(t''-a''-a''_{,,}) > 0$$

$$(t'-a'_{,}).(t''-a''_{,}) - (t'-a'-a'_{,}).(t''-a''-a''_{,}) - (t'-a'_{,}-a'_{,,}).(t''-a''_{,}-a''_{,,}) > 0$$

$$(t'-a'_{,,}).(t''-a''_{,,}) - (t'-a'-a'_{,,}).(t''-a''-a''_{,,}) - (t'-a'_{,}-a'_{,,}).(t''-a''_{,}-a''_{,,}) > 0$$

Troisième Forme.

$$A+A_{,}+A_{,,}>T;\ A+A_{,}>T;\ A+A_{,,}<T;\ A_{,}+A_{,,}<T.$$

$$D = tt't'' - (t-a).(t'-a').(t''-a'') - (t-a_{,}).(t'-a'_{,}).(t''-a''_{,}) - (t-a_{,,}).(t'-a'_{,,}).(t''-a''_{,,}) + (t-a-a_{,,}).(t'-a'-a'_{,,}).(t''-a''-a''_{,,}) + (t-a_{,}-a_{,,}).(t'-a'_{,}-a'_{,,}).(t''-a''_{,}-a''_{,,}).$$

Conditions.

$$\left.\begin{array}{r} t't'' - (t'-a').(t''-a'') - (t'-a'_{,}).(t''-a''_{,}) - (t'-a'_{,,}).(t''-a''_{,,}) \\ + (t'-a'-a'_{,,})(t''-a''-a''_{,,}) + (t'-a'_{,}-a'_{,,}).(t''-a''_{,}-a''_{,,}) \end{array}\right\} > 0$$

$$(t'-a').(t''-a'') - (t'-a'-a'_{,,}).(t''-a''-a''_{,,}) > 0$$

$$(t'-a'_{,}).(t''-a''_{,}) - (t'-a'_{,}-a'_{,,}).(t''-a''_{,}-a''_{,,}) > 0$$

$$(t'-a'_{,,}).(t''-a''_{,,}) - (t'-a'-a'_{,,}).(t''-a''-a''_{,,}) - (t'-a'_{,}-a'_{,,}).(t''-a''_{,}-a''_{,,}) > 0.$$

Quatrième Forme.

$$A + A_{\prime} + A_{\prime\prime} > T;\ A + A_{\prime} < T;\ A + A_{\prime\prime} < T;\ A_{\prime} + A_{\prime\prime} > T.$$

$$\begin{aligned} D = tt't'' &- (t-a)\cdot(t'-a')\cdot(t''-a'') - (t-a_{\prime})\cdot(t'-a'_{\prime})\cdot(t''-a''_{\prime}) \\ &- (t-a_{\prime\prime})\cdot(t'-a'_{\prime\prime})\cdot(t''-a''_{\prime\prime}) + (t-a-a_{\prime})\cdot(t'-a'-a'_{\prime})\cdot(t''-a''-a''_{\prime}) \\ &+ (t-a-a_{\prime\prime})\cdot(t'-a'-a'_{\prime\prime})\cdot(t''-a''-a''_{\prime\prime}). \end{aligned}$$

Conditions.

$$\left.\begin{aligned} t't'' - (t'-a')\cdot(t''-a'') - (t'-a'_{\prime})\cdot(t''-a''_{\prime}) - (t'-a'_{\prime\prime})\cdot(t''-a''_{\prime\prime}) \\ + (t'-a'-a'_{\prime})\cdot(t''-a''-a''_{\prime}) + (t'-a'-a'_{\prime\prime})\cdot(t''-a''-a''_{\prime\prime}) \end{aligned}\right\} > 0$$

$$(t'-a')\cdot(t''-a'') - (t'-a'-a'_{\prime})\cdot(t''-a''-a''_{\prime}) - (t'-a'-a'_{\prime\prime})\cdot(t''-a''-a''_{\prime\prime}) > 0$$

$$(t'-a'_{\prime})\cdot(t''-a'') - (t'-a'-a'_{\prime})\cdot(t''-a''-a''_{\prime}) > 0$$

$$(t'-a'_{\prime\prime})\cdot(t''-a''_{\prime\prime}) - (t'-a'-a'_{\prime\prime})\cdot(t''-a''-a''_{\prime\prime}) > 0.$$

Cinquième Forme.

$$A + A_{\prime} + A_{\prime\prime} > T;\ A + A_{\prime} < T;\ A + A_{\prime\prime} > T;\ A_{\prime} + A_{\prime\prime} < T.$$

$$\begin{aligned} D = tt't'' &- (t-a)\cdot(t'-a')\cdot(t''-a'') - (t-a_{\prime})\cdot(t'-a'_{\prime})\cdot(t''-a''_{\prime}) \\ &- (t-a_{\prime})\cdot(t'-a'_{\prime\prime})\cdot(t''-a''_{\prime\prime}) + (t-a-a_{\prime})\cdot(t'-a'-a'_{\prime})\cdot(t''-a''-a''_{\prime}) \\ &+ (t-a_{\prime}-a_{\prime\prime})\cdot(t'-a'_{\prime}-a'_{\prime\prime})\cdot(t''-a''_{\prime}-a''_{\prime\prime}). \end{aligned}$$

Conditions.

$$\left.\begin{aligned} t't'' - (t'-a')\cdot(t''-a'') - (t'-a'_{\prime})\cdot(t''-a''_{\prime}) - (t'-a'_{\prime\prime})\cdot(t''-a''_{\prime\prime}) \\ + (t'-a'-a'_{\prime})\cdot(t''-a''-a''_{\prime}) + (t'-a'_{\prime}-a'_{\prime\prime})\cdot(t''-a''_{\prime}-a''_{\prime\prime}) \end{aligned}\right\} > 0$$

$$(t'-a')\cdot(t''-a'') - (t'-a'-a'_{\prime})\cdot(t''-a''-a''_{\prime}) > 0.$$

$$(t'-a'_{\prime})\cdot(t''-a''_{\prime}) - (t'-a'-a'_{\prime})\cdot(t''-a''-a''_{\prime}) - (t'-a'_{\prime}-a'_{\prime\prime})\cdot(t''-a''_{\prime}-a''_{\prime\prime}) > 0$$

$$(t'-a'_{\prime\prime})\cdot(t''-a''_{\prime\prime}) - (t'-a'_{\prime}-a'_{\prime\prime})\cdot(t''-a''_{\prime}-a''_{\prime\prime}) > 0.$$

Sixième Forme.

$$A + A_{\prime} + A_{\prime\prime} > T;\ A + A_{\prime} > T;\ A + A_{\prime\prime} > T;\ A_{\prime} + A_{\prime\prime} < t.$$

$$\begin{aligned} D = tt't'' &- (t-a)\cdot(t'-a')\cdot(t''-a'') - (t-a_{\prime})\cdot(t'-a'_{\prime})\cdot(t''-a''_{\prime}) \\ &- (t-a_{\prime\prime})\cdot(t'-a'_{\prime\prime})\cdot(t''-a''_{\prime\prime}) + (t-a_{\prime}-a_{\prime\prime})\cdot(t'-a'_{\prime}-a'_{\prime\prime})\cdot(t''-a''_{\prime}-a''_{\prime\prime}). \end{aligned}$$

Conditions.

$$\left.\begin{array}{r} t't'' - (t'-a').(t''-a'') - (t'-a_{\prime}').(t''-a_{\prime}'') - (t'-a_{\prime\prime}').(t''-a_{\prime\prime}'') \\ + (t'-a_{\prime}'-a_{\prime\prime}').(t''-a_{\prime}''-a_{\prime\prime}'') \end{array}\right\} > 0$$

$$(t'-a').(t''-a'') > 0$$

$$(t'-a_{\prime}').(t''-a_{\prime}'') - (t'-a_{\prime}'-a_{\prime\prime}').(t''-a_{\prime}''-a_{\prime\prime}'') > 0$$

$$(t'-a_{\prime\prime}').(t''-a_{\prime\prime}'') - (t'-a_{\prime}'-a_{\prime\prime}').(t''-a_{\prime}''-a_{\prime\prime}'') > 0.$$

Septième Forme.

$$A + A_{\prime} + A_{\prime\prime} > T;\quad A + A_{\prime} > T;\quad A + A_{\prime\prime} < T;\quad A_{\prime} + A_{\prime\prime} > T.$$

$$\begin{array}{l} D = t\,t'\,t'' - (t-a).(t'-a').(t''-a'') - (t-a_{\prime}).(t'-a_{\prime}').(t''-a_{\prime}'') \\ \quad - (t-a_{\prime\prime}).(t'-a_{\prime\prime}').(t''-a_{\prime\prime}'') + (t-a-a_{\prime\prime}).(t'-a'-a_{\prime\prime}').(t''-a''-a_{\prime\prime}''). \end{array}$$

Conditions.

$$\left.\begin{array}{r} t't'' - (t'-a').(t''-a'') - (t'-a_{\prime}').(t''-a_{\prime}'') - (t'-a_{\prime\prime}').(t''-a_{\prime\prime}'') \\ + (t'-a'-a_{\prime\prime}').(t''-a''-a_{\prime\prime}'') \end{array}\right\} > 0$$

$$(t'-a').(t''-a'') - (t'-a'-a_{\prime\prime}').(t''-a''-a_{\prime\prime}'') > 0$$

$$(t'-a_{\prime}').(t''-a_{\prime}'') > 0$$

$$(t'-a_{\prime\prime}').(t''-a_{\prime\prime}'') - (t'-a'-a_{\prime\prime}').(t''-a''-a_{\prime\prime}'') > 0.$$

Huitième Forme.

$$A + A_{\prime} + A_{\prime\prime} > T;\quad A + A_{\prime} < T;\quad A + A_{\prime\prime} > T;\quad A_{\prime} + A_{\prime\prime} > T.$$

$$\begin{array}{l} D = t\,t'\,t'' - (t-a).(t'-a').(t''-a'') - (t-a_{\prime}).(t'-a_{\prime}').(t''-a_{\prime}'') \\ - (t-a_{\prime\prime}).(t'-a_{\prime\prime}').(t''-a_{\prime\prime}'') + (t-a-a_{\prime}).(t'-a'-a_{\prime}').(t''-a''-a_{\prime}'') \end{array}$$

Conditions.

$$\left.\begin{array}{r} t't'' - (t'-a').(t''-a'') - (t'-a_{\prime}').(t''-a_{\prime}'') - (t'-a_{\prime\prime}').(t''-a_{\prime\prime}'') \\ + (t'-a'-a_{\prime}').(t''-a''-a_{\prime}'') \end{array}\right\} > 0$$

$$(t'-a').(t''-a'') - (t'-a'-a_{\prime}').(t''-a''-a_{\prime}'') > 0$$

$$(t'-a_{\prime}').(t''-a_{\prime}'') - (t'-a'-a_{\prime}').(t''-a''-a_{\prime}'') > 0$$

$$(t'-a_{\prime\prime}').(t''-a_{\prime\prime}'') > 0.$$

Neuvième Forme.

$$A + A_{'} + A_{''} > T;\ A + A_{'} > T;\ A + A_{''} > T;\ A_{'} + A_{''} > T.$$

$$D = t\,t'\,t'' - (t-a).(t'-a').(t''-a'') - (t-a_{'}).(t'-a'_{'}).(t''-a''_{'})$$
$$- (t-a_{''}).(t'-a'_{''}).(t''-a''_{''})$$

Conditions.

$$t'\,t'' - (t'-a').(t''-a'') - (t'-a'_{'}).(t''-a''_{'}) - (t'-a'_{''}).(t''-a''_{''}) > 0$$

$$(t'-a').(t''-a'') > 0$$

$$(t'-a'_{'}).(t''-a''_{'}) > 0$$

$$(t'-a'_{''}).(t''-a''_{''}) > 0.$$

Il eſt donc bien facile actuellement de déterminer pour un nombre quelconque d'inconnues, toutes les valeurs de D pour les équations de la forme $(u^{a}\ldots n)^{t} = 0$, $a, a_{'}, a_{''}$, &c. étant quelconques, & les conditions particulières à chaque valeur de D. Ce que nous avons dit (145), met en état de calculer avec la plus grande facilité, toutes les différentes formes que peut avoir la valeur de $N(u^{A}\ldots n)^{T}$, qui, par la différenciation, donne immédiatement la valeur de D, laquelle donne en même tems, avec facilité, les conditions qui lui ſont propres : il n'y a plus ſur tout cela, que le plus ou le moins de longueur de calcul.

Remarques.

(147.) 1°. Dans le cas de trois équations & de trois inconnues ſeulement, nous aurions pu déduire les formes que nous venons de donner (146) de celles que nous avons données (120 & *ſuiv.*) dans leſquelles (à l'exception de la premiere, dont nous parlerons tout à l'heure) elles ſont compriſes comme cas particuliers. Dans le cas d'un plus grand nombre d'inconnues, les équations de la forme $(u^{A}\ldots n)^{t} = 0$, ſeront auſſi des cas particuliers des équations dont (133) nous avons décrit la compoſition. Mais comme le nombre des formes de celles-ci s'accroît conſidérablement avec le nombre des inconnues ; que d'ailleurs les expreſſions deviennent de plus en plus compoſées : nous avons jugé devoir faire remarquer par l'exemple des équations à trois inconnues, comment on peut plus facilement trouver les valeurs de D pour un nombre quelconque d'inconnues & d'équations de la forme $(u^A \ldots n)^t = 0$, qu'en dérivant ces valeurs, des formes plus générales dont nous venons de parler.

(148.) 2.° La première des neuf formes que nous venons de présenter (146) ne peut se déduire d'aucune des huit que nous avons exposées (120 & *suiv.*); & la raison en est simple. C'est qu'à parler exactement, il ne peut y avoir d'équations ou de polynomes qui tombent dans cette forme. En effet, dans le cas de trois inconnues, si l'on avoit $a + a_{\prime} + a_{\prime\prime} < t$; il est clair que ces trois inconnues ne monteroient pas ensemble à la dimension t, ce qui est contre la supposition : elles ne pourroient monter qu'à la dimension $a + a_{\prime} + a_{\prime\prime}$, & alors elles tombent dans les formes données (120 & *suiv*). Dans ce que nous avons dit (83 & *suiv.*) nous avons expressément exclu le cas de $A + A_{\prime} + A_{\prime\prime} < T$, il est donc tout simple qu'il ne se trouve pas compris dans les huit formes données (120 & *suiv.*).

Pour terminer ce qu'il y a à dire sur les équations analogues à celles que nous avons considérées jusqu'ici, nous allons donner une idée de la manière de déterminer le nombre des termes des polynomes de cette espèce, recherche à laquelle nous avons réduit celle du degré de l'équation finale.

Considérations générales sur le nombre des termes des autres Polynomes analogues à ceux que nous avons examinés.

(149.) La recherche du degré de l'équation finale dans les équations analogues à celles que nous avons considérées jusqu'à présent, est donc réduite à celle du nombre des termes des polynomes. Avant que de passer à des polynomes d'une autre forme, il n'est pas inutile que nous donnions une idée des attentions qu'il faut avoir, pour ne laisser échapper aucunes des formes différentes que peut avoir l'expression du nombre des termes de ceux dont il s'agit ici, ainsi que pour ne point en admettre de fausses, ce à quoi on pourroit être exposé. Nous dirons aussi un mot des différentes espèces de quantités qu'on aura à sommer, & de la manière de les sommer.

(150.) Supposons donc un polynome renfermant un nombre n d'inconnues, dont chacune ne peut passer un degré donné, différent ou le même pour chacune; mais dont quatre de ces inconnues soient telles que, deux à deux, elles ne puissent s'élever au-delà de certaines dimensions données; que trois à trois, elles ne passent pas certaines dimensions données; que quatre à quatre, elles ne passent pas une dimension donnée; & qu'enfin les autres, dans leurs combinaisons tant entr'elles, qu'avec ces quatre, s'élèvent à toutes les dimensions possibles jusqu'à celle du polynome. Nous représenterons un pareil polynome, par l'expression suivante

$$([(u^{A}, x^{A_{\prime}})^{B}, (u^{A}, y^{A_{\prime\prime}})^{B_{\prime}}, (x^{A_{\prime}}, y^{A_{\prime\prime}})^{B_{\prime\prime}}]^{C}, [(u^{A}, x^{A_{\prime}})^{B}, (u^{A}, z^{A_{\prime\prime\prime}})^{B_{\prime\prime\prime}}, (x^{A_{\prime}}, z^{A_{\prime\prime\prime}})^{B_{IV}}]^{C_{\prime}}, \ldots$$

$$\ldots [(u^{A}, y^{A_{\prime\prime}})^{B_{\prime}}, (u^{A}, z^{A_{\prime\prime\prime}})^{B_{\prime\prime\prime}}, (y^{A_{\prime\prime}}, z^{A_{\prime\prime\prime}})^{B_{V}}]^{C_{\prime\prime}}, [(x^{A_{\prime}}, y^{A_{\prime\prime}})^{B_{\prime\prime}}, (x^{A_{\prime}}, z^{A_{\prime\prime\prime}})^{B_{IV}}, (y^{A_{\prime\prime}}, z^{A_{\prime\prime\prime}})^{B_{V}}]^{C_{\prime\prime\prime}}, r^{A_{IV}} \ldots n)^{T}.$$

Pour montrer comment on en déterminera le nombre des termes, nous commencerons, comme nous l'avons fait (84) par supposer que les exposans A_{IV}, A_{V}, &c. des inconnues autres que u, x, y, z, sont chacun $= T$; parce qu'il est facile (77) quand on a le nombre des termes dans ce cas, de l'avoir dans l'autre.

Concevons, présentement, le polynome ordonné par rapport à l'une quelconque des quatre lettres u, x, y, z; par rapport à z, par exemple; chaque terme sera de la forme

$$z^{s}([(u^{A}, x^{A_{\prime}})^{B}, (u^{A}, y^{A_{\prime\prime}})^{B_{\prime}}, (x^{A_{\prime}}, y^{A_{\prime\prime}})^{B_{\prime\prime}}]^{C}, r \ldots n-1)^{T-s}$$

depuis $s = 0$, jusqu'à s égale à la plus petite des sept quantités

$$B_{V} - A_{\prime\prime};\ B_{IV} - A_{\prime};\ B_{\prime\prime\prime} - A;\ C_{\prime\prime\prime} - B_{\prime\prime};\ C_{\prime\prime} - B_{\prime};\ C_{\prime} - B;\ E - C.$$

De tous les différens cas que ceci peut présenter, prenons le suivant qui peut nous fournir plusieurs exemples des attentions dont il s'agit.

$$B_{V} - A_{\prime\prime} < B_{IV} - A_{\prime} < B_{\prime\prime\prime} - A < C_{\prime\prime\prime} - B_{\prime\prime} < C_{\prime\prime} - B_{\prime} < C_{\prime} - B < E - C.$$

Il s'ensuit que depuis $s = 0$, la forme de chaque terme sera

$$z^{s}([(u^{A}, x^{A_{\prime}})^{B}, (u^{A}, y^{A_{\prime\prime}})^{B_{\prime}}, (x^{A_{\prime}}, y^{A_{\prime\prime}})^{B_{\prime\prime}}]^{C}, r \ldots n-1)^{T-s},$$

jusqu'à $s = B_{V} - A_{\prime\prime}$.

Passé

Passé $s = B_{\text{v}} - A_{''}$, la forme sera

$z^{s}([(u^{A}, x^{A_{'}})^{B}, (u^{A}, y_{\text{v}}^{B-s})^{B_{'}}, (x^{A_{'}}, y_{\text{v}}^{B-s})^{B_{''}}]^{C}, r \ldots n-1)^{T-s}$,
jusqu'à $s = B_{\text{iv}} - A_{'}$.

Passé $s = B_{\text{iv}} - A_{'}$, elle sera

$z^{s}([(u^{A}, x_{\text{iv}}^{B-s})^{B}, (u^{A}, y_{\text{v}}^{B-s})^{B_{'}}, (x_{\text{iv}}^{B-s}, y_{\text{v}}^{B-s})^{B_{''}}]^{C}, r \ldots n-1)^{T-s}$,
jusqu'à $s = B_{'''} - A$.

Passé $s = B_{'''} - A$, elle sera

$z^{s}([(u_{'''}^{B-s}, x_{\text{iv}}^{B-s})^{B}, (u_{'''}^{B-s}, y_{\text{v}}^{B-s})^{B_{'}}, (x_{\text{iv}}^{B-s}, y_{\text{v}}^{B-s})^{B_{''}}]^{C}, r \ldots n-1)^{T-s}$,
jusqu'à $s = C_{'''} - B_{''}$.

Passé $s = C_{'''} - B_{''}$, elle sera

$z^{s}([(u_{'''}^{B-s}, x_{\text{iv}}^{B-s})^{B}, (u_{'''}^{B-s}, y_{\text{v}}^{B-s})^{B_{'}}, (x_{\text{iv}}^{B-s}, y_{\text{v}}^{B-s})^{C_{'''}-s}]^{C}, r \ldots n-1)^{T-s}$,
jusqu'à $s = C_{''} - B_{'}$.

Passé $s = C_{''} - B_{'}$, elle sera

$z^{s}([(u_{'''}^{B-s}, x_{\text{iv}}^{B-s})^{B}, (u_{'''}^{B-s}, y_{\text{v}}^{B-s})^{C_{''}-s}, (x_{\text{iv}}^{B-s}, y_{\text{v}}^{B-s})^{C_{'''}-s}]^{C}, r \ldots n-1)^{T-s}$,
jusqu'à $s = C_{'} - B$.

Passé $s = C_{'} - B$, elle sera

$z^{s}([(u_{'''}^{B-s}, x_{\text{iv}}^{B-s})^{C_{'}-s}, (u_{'''}^{B-s}, y_{\text{v}}^{B-s})^{C_{''}-s}, (x_{\text{iv}}^{B-s}, y_{\text{vi}}^{B-s})^{C_{'''}-s}]^{C}, r \ldots n-1)^{T-s}$,
jusqu'à $s = E - C$.

Passé $s = E - C$, elle sera

$z^{s}([(u_{'''}^{B-s}, x_{\text{iv}}^{B-s})^{C_{'}-s}, (u_{'''}^{B-s}, y_{\text{v}}^{B-s})^{C_{''}-s}, (x_{\text{iv}}^{B-s}, y_{\text{v}}^{B-s})^{C_{'''}-s}]^{E-s}, r \ldots n-1)^{T-s}$,
jusqu'à $s = A_{'''}$ qui est la plus grande valeur que s puisse avoir.

Il n'est donc plus question que de trouver, par ce qui a été dit (84 *& suiv.*), le nombre des termes de chacun de ces huit polynomes, & de sommer ces huit expressions, chacune dans l'étendue dans laquelle elle a lieu.

Mais il faut bien remarquer que l'étendue dans laquelle chaque polynome a lieu, ne détermine pas celle dans laquelle l'expression du nombre de ses termes aura lieu. Par exemple, le troisième polynome aura lieu depuis $s = B_{\text{iv}} - A_{'}$, jusqu'à $s = B_{'''} - A$;

mais l'expreſſion du nombre de ſes termes, appartenant à l'une quelconque des huit formes données (92 *& ſuiv.*), aux premiers inſtans où ce polynome a lieu, peut enſuite appartenir à une autre de ces huit formes avant que s ſoit devenu $= B_{\prime\prime\prime} - A$: elle peut appartenir conſécutivement, à pluſieurs de ces huit formes avant que $s = B_{\prime\prime\prime} - A$; la même choſe peut avoir lieu, pour les autres polynomes; & même il peut arriver que l'expreſſion du nombre des termes, appartienne à des formes que l'on déduit des huit expoſées (92 *& ſuiv.*), que l'on en déduit, dis-je, en vertu de ce qui a été dit (101).

En effet, ſuppoſons par exemple, que A, $A_{\prime}$, $A_{\prime\prime}$; B, $B_{\prime}$, $B_{\prime\prime}$; C, ſoient tels que l'expreſſion du nombre des termes du premier & du ſecond polynome, ſe trouvent appartenir chacune à la forme ſixième, qui ſuppoſe $C - B > B_{\prime} - A$; $C - B > B_{\prime\prime} - A_{\prime}$; $C - B_{\prime} > B_{\prime\prime} - A_{\prime\prime}$.

En paſſant au troiſième polynome, l'expreſſion du nombre de ſes termes appartiendra encore à cette même forme ſixième, tant qu'on aura

$$C - B > B_{\prime} - A;\ C - B > B_{\prime\prime} - B_{IV} + s;\ C - B_{\prime} > B_{\prime\prime} - B_{V} + s,$$

Mais dès que s qui croît continuellement, aura changé quelque choſe à ces rapports de grandeur, on tombera dans une autre forme, & l'on conçoit auſſi, que ces variations de forme ſeront encore plus fréquentes dans les polynomes qui ſuivent le troiſième, & pourront être telles qu'elles donnent lieu à parcourir, non-ſeulement les huit formes expoſées (92 *& ſuiv.*), mais encore toutes celles qu'on peut en dériver de la manière enſeignée (101).

Pour pouvoir juger quelles ſont les différentes formes dans leſquelles on paſſera ſucceſſivement, il faut obſerver que l'état de la queſtion, & le cas dans lequel on ſuppoſe être, ſuffiront toujours pour en décider.

Par exemple, ſuppoſons que les rapports de grandeur des quantités A, $A_{\prime}$, $A_{\prime\prime}$; B, $B_{\prime}$, $B_{\prime\prime}$; & C, ſoient tels que l'expreſſion du nombre des termes du premier de nos huit polynomes appartienne à la sixième forme; on aura donc

$$C - B > B_{\prime} - A;\ C - B > B_{\prime\prime} - A_{\prime};\ C - B_{\prime} > B_{\prime\prime} - A_{\prime\prime}.$$

le premier de nos huit polynomes ayant d'ailleurs les conditions générales énoncées (83).

Le second de ces huit polynomes appartiendra encore à la même forme tant qu'on aura $C - B > B_{\prime} - A$; $C - B > B_{\prime\prime} - A_{\prime}$; $C - B_{\prime} > B_{\prime\prime} - B_{\text{v}} + s$, parce qu'ici, ce qui étoit $A_{\prime\prime}$ dans le premier polynome, est devenu $B_{\text{v}} - s$. Or dès l'instant qu'on aura $C - B_{\prime} < B_{\prime\prime} - B_{\text{v}} + s$, l'expression du nombre des termes ne pourra plus être prise dans la forme sixième, mais elle appartiendra à la forme cinquième; il reste donc à sçavoir si l'on pourra avoir $C - B_{\prime} < B_{\prime\prime} - B_{\text{v}} + s$ avant que d'avoir $s = B_{\text{iv}} - A_{\prime}$, c'est-à-dire, avant que de parvenir au troisième polynome. Or pour que cela ait lieu, il faut que $C - B_{\prime} - B_{\prime\prime} + B_{\text{v}} < B_{\text{iv}} - A_{\prime}$. Ainsi, si l'on a $C - B_{\prime} - B_{\prime\prime} + B_{\text{v}} > B_{\text{iv}} - A_{\prime}$, l'expression du nombre des termes du second polynome appartiendra à la sixième forme depuis $s = B_{\text{v}} - A_{\prime\prime}$ jusqu'à $s = B_{\text{iv}} - A_{\prime}$, c'est-à-dire, dans toute l'étendue dans laquelle ce polynome a lieu. Mais si au contraire, on a $C - B_{\prime} - B_{\prime\prime} + B_{\text{v}} < B_{\text{iv}} - A_{\prime}$; l'expression du nombre des termes du second polynome, n'appartiendra à la forme sixième que depuis $s = B_{\text{v}} - A_{\prime\prime}$, jusqu'à $s = C - B_{\prime} - B_{\prime\prime} + B_{\text{v}}$; & passé ce terme, jusqu'à $s = B_{\text{iv}} - A_{\prime}$, elle appartiendra à la forme cinquième.

Mais il faut de plus, pour que ce second cas ait lieu, que $C - B_{\prime} - B_{\prime\prime} + B_{\text{v}} > B_{\text{v}} - A_{\prime\prime}$, c'est-à-dire, que $C > B_{\prime} + B_{\prime\prime} - A_{\prime\prime}$; condition qui a lieu par l'hypothèse, puisqu'elle n'est autre que $C - B_{\prime} > B_{\prime\prime} - A_{\prime\prime}$.

Venons au troisième polynome; & supposons que des deux cas que nous venons de voir, ce soit le premier qui ait eu lieu, dans le second polynome. Alors l'expression du nombre des termes du troisième polynome continuera d'appartenir à la forme sixième tant qu'on aura

$$C - B > B_{\prime} - A\,;\quad C - B > B_{\prime\prime} - B_{IV} + s\,;\quad C - B_{\prime} > B_{\prime\prime} - B_{V} + s\,;$$

donc elle peut cesser d'appartenir à cette forme, dans deux circonstances : la premiere, lorsqu'on aura $C - B < B_{\prime\prime} - B_{IV} + s$; la seconde, lorsqu'on aura $C - B_{\prime} < B_{\prime\prime} - B_{V} + s$. Mais pour que cela empêche l'expression du nombre des termes, d'appartenir à la sixième forme, il faut que s soit plus petit que $B_{\prime\prime\prime} - A$; il faut donc que $C - B - B_{\prime\prime} + B_{IV} < B_{\prime\prime\prime} - A$, & $C - B_{\prime} - B_{\prime\prime} + B_{V} < B_{\prime\prime\prime} - A$; il se présente donc quatre cas

$$C - B - B_{\prime\prime} + B_{IV} < B_{\prime\prime\prime} - A\,;\quad C - B_{\prime} - B_{\prime\prime} + B_{V} < B_{\prime\prime\prime} - A\,;$$

$$C - B - B_{\prime\prime} + B_{IV} < B_{\prime\prime\prime} - A\,;\quad C - B_{\prime} - B_{\prime\prime} + B_{V} > B_{\prime\prime\prime} - A\,;$$

$$C - B - B_{\prime\prime} + B_{IV} > B_{\prime\prime\prime} - A\,;\quad C - B_{\prime} - B_{\prime\prime} + B_{V} < B_{\prime\prime\prime} - A\,;$$

$$C - B - B_{\prime\prime} + B_{IV} > B_{\prime\prime\prime} - A\,;\quad C - B_{\prime} - B_{\prime\prime} + B_{V} > B_{\prime\prime\prime} - A.$$

Dans le dernier cas, l'expression du nombre des termes continuera d'appartenir à la sixième forme, dans toute l'étendue du troisième polynome.

Dans le troisième cas, elle n'appartiendra à cette forme, que depuis $s = B_{IV} - A_{\prime}$, jusqu'à $s = C - B_{\prime} - B_{\prime\prime} + B_{V}$; après quoi elle appartiendra à la forme cinquième depuis $s = C - B_{\prime} - B_{\prime\prime} + B_{V}$, jusqu'à $s = B_{\prime\prime\prime} - A$.

Dans le second cas, l'expression du nombre des termes ne continuera d'appartenir à la forme 6.me que jusqu'à $s = C - B - B_{\prime\prime} + B_{IV}$; passé ce terme, elle appartiendra à la forme quatrième jusqu'à $s = B_{\prime\prime\prime} - A$.

Dans le premier cas, l'expression du nombre des termes ne continuera d'appartenir à la forme sixième, que jusqu'à $s =$ à la plus petite des deux quantités $C - B_{\prime} - B_{\prime\prime} + B_{V}$, & $C - B - B_{\prime\prime} + B_{IV}$; ce qui donne ces deux cas

$$C - B_{\prime} - B_{\prime\prime} + B_{V} > C - B - B_{\prime\prime} + B_{IV},$$

$$\&\quad C - B_{\prime} - B_{\prime\prime} + B_{V} < C - B - B_{\prime\prime} + B_{IV},$$

$$\text{ou}\quad B + B_{V} > B_{\prime} + B_{IV} \quad \&\quad B + B_{V} < B_{\prime} + B_{IV}.$$

Si $B + B_{\text{v}} < B_{\prime} + B_{\text{iv}}$; passé $s = C - B_{\prime} - B_{\prime\prime} + B_{\text{v}}$, l'expression du nombre des termes appartiendra à la forme cinquième jusqu'à $s = C - B - B_{\prime\prime} + B_{\text{iv}}$; & passé $s = C - B - B_{\prime\prime} + B_{\text{iv}}$, elle appartiendra à la forme troisième, jusqu'à $s = B_{\prime\prime\prime} - A$. On voit ce qu'il y a à dire dans le cas de $B + B_{\text{v}} > B_{\prime} + B_{\text{iv}}$.

(151.) Voilà qui suffit pour voir comment on doit se conduire pour les polynomes suivans, tant qu'on supposera, comme nous l'avons fait tacitement jusqu'ici, que ces polynomes ont les conditions énoncées (83).

Mais ces conditions n'ont pas toujours nécessairement lieu : il est donc à propos d'ajouter ici les caractères auxquels on distinguera les cas où ces conditions doivent avoir lieu, de ceux où elles ne sont pas nécessaires.

Remarquons d'abord que le premier de nos huit polynomes doit nécessairement avoir les conditions mentionnées (83), sans quoi le polynome, dont nous traitons actuellement, ne seroit pas de la classe dont nous le supposons.

2.° Le second polynome doit avoir aussi ces mêmes conditions ; mais on ne le voit pas aussi évidemment : voici comment on peut s'en convaincre. Supposons qu'il manque à quelqu'une : par exemple, supposons qu'on puisse avoir $A_{\prime} + B_{\text{v}} - s < B_{\prime\prime}$, avant que d'arriver à $s = B_{\text{iv}} - A_{\prime}$; alors il est clair que passé $s = A_{\prime} + B_{\text{v}} - B_{\prime\prime}$, les deux inconnues x & y ne pouvant plus former ensemble que la dimension $A_{\prime} + B_{\text{v}} - s$, z ne pourroit plus avec x & y monter à une dimension plus élevée que $A_{\prime} + B_{\text{v}}$; or la supposition que $A_{\prime} + B_{\text{v}} - B_{\prime\prime} < B_{\text{iv}} - A_{\prime}$, & celle que $B_{\text{iv}} - A_{\prime} < B_{\prime\prime\prime} - A < C_{\prime\prime\prime} - B_{\prime\prime}$, donnent $A_{\prime} + B_{\text{v}} - B_{\prime\prime} < C_{\prime\prime\prime} - B_{\prime\prime}$, ou $A_{\prime} + B_{\text{v}} < C_{\prime\prime\prime}$; donc, on ne peut supposer que $A_{\prime} + B_{\text{v}} - s < B_{\prime\prime}$ avant que $s = B_{\text{iv}} - A_{\prime}$, sans contredire l'état de la question qui exige que x, y & z, puissent ensemble atteindre la dimension $C_{\prime\prime\prime}$. On verra de même que toute autre supposition que le second polynome puiffe manquer à l'une des conditions mentionnées (83), ne peut avoir lieu.

(152.) Mais ce que nous devons faire remarquer auffi, c'eft qu'en même tems qu'on découvrira, par cette méthode, fi le polynome partiel qu'on examine, eft, ou non, affujetti aux conditions mentionnées (83), on découvrira auffi les conditions de l'exiftence du polynome principal. C'eft ainfi qu'ayant vu tout à l'heure, que l'on ne pouvoit fans contrarier l'état de la queftion, fuppofer $A_{\prime} + B_{\mathrm{v}} < C_{\prime\prime\prime}$, j'en conclus que $A_{\prime} + B_{\mathrm{v}} > C_{\prime\prime\prime}$ eft une des conditions de l'exiftence du polynome principal, de celui qui fait l'objet de toute cette difcuffion. On verra de même que l'on doit avoir $A + B_{\mathrm{v}} - s > B_{\prime}$, ou, en mettant pour s fa plus grande valeur, dans le même fecond polynome, $A + B_{\mathrm{v}} - B_{\mathrm{iv}} + A_{\prime} > B_{\prime}$, ou $A + B_{\mathrm{v}} - B_{\prime} > B_{\mathrm{iv}} - A_{\prime}$, & par conféquent (*hyp.*) $A + B_{\mathrm{v}} - B_{\prime} > B_{\mathrm{v}} - A_{\prime\prime}$, ou $A + A_{\prime\prime} > B_{\prime}$, autre condition de l'exiftence du polynome principal.

Dans le troifième polynome, on verra de même qu'il doit avoir dans toute fon étendue, c'eft-à-dire, depuis $s = B_{\mathrm{iv}} - A_{\prime}$ jufqu'à $s = B_{\prime\prime\prime} - A$, toutes les conditions mentionnées (83). Par exemple, on y aura toujours $B_{\mathrm{iv}} - s + B_{\mathrm{v}} - s > B_{\prime\prime}$; car fi on fuppofoit $B_{\mathrm{iv}} + B_{\mathrm{v}} - 2s < B_{\prime\prime}$ avant que $s = B_{\prime\prime\prime} - A$, x, y & z ne pourroient plus former enfemble que la dimenfion $B_{\mathrm{iv}} + B_{\mathrm{v}} - s$, dès qu'on auroit paffé $s = \frac{B_{\mathrm{iv}} + B_{\mathrm{v}} - B_{\prime\prime}}{2}$; donc lorfqu'on arriveroit à $s = B_{\prime\prime\prime} - A$, ils ne pourroient former enfemble que la dimenfion $B_{\mathrm{iv}} + B_{\mathrm{v}} - B_{\prime\prime\prime} + A$; mais puifqu'on a $\frac{B_{\mathrm{iv}} + B_{\mathrm{v}} - B_{\prime\prime}}{2} < B_{\prime\prime\prime} - A$, on a $B_{\mathrm{iv}} + B_{\mathrm{v}} - B_{\prime\prime} - B_{\prime\prime\prime} + A < B_{\prime\prime\prime} - A < C_{\prime\prime\prime} - B_{\prime\prime}$; on auroit donc $B_{\mathrm{iv}} + B_{\mathrm{v}} - B_{\prime\prime\prime} + A < C_{\prime\prime\prime}$; c'eft-à-dire, que x, y & z ne formeroient pas enfemble la dimenfion $C_{\prime\prime\prime}$; donc ils ne pourroient jamais y atteindre, quelque valeur qu'on donnât à s, puifque $B_{\mathrm{iv}} + B_{\mathrm{v}} - s$ deviendra d'autant plus petit qu'on prendra s plus grand.

Donc aussi $\frac{B_{iv}+B_{v}-B_{''}}{2} > B_{'''}-A$, ou $B_{iv}+B_{v}-B_{''} > 2(B_{'''}-A)$, est une des conditions essentielles de l'existence du polynome total.

On verra de même que le quatrième polynome partiel est assujetti, dans toute son étendue, aux conditions mentionnées (83), & l'on en déduira facilement de nouvelles conditions de l'existence du polynome total.

Quant au cinquième, il n'en est pas de même. On verra bien, en raisonnant comme nous venons de le faire, que $B_{'''}-s+B_{iv}-s > B$; $B_{'''}-s+B_{v}-s > B_{'}$, doivent avoir lieu dans toute l'étendue de ce polynome, & qu'il en est de même de plusieurs autres des conditions mentionnées (83); mais il ne sera pas indispensable, par exemple, que $B_{iv}-s+B_{v}-s > C_{'''}-s$; parce que la condition relative à $C_{'''}$, c'est-à-dire, la condition que x, y & z doivent ensemble monter à la dimension $C_{'''}$, étant actuellement exprimée, la relation entre $B_{iv}-s+B_{v}-s$ & $C_{'''}-s$ n'est plus assujétie.

Il se présente donc deux cas, sçavoir $B_{iv}-s+B_{v}-s > C_{'''}-s$ jusqu'à ce que $s=B_{'''}-A$, au moins; & $B_{iv}-s+B_{v}-s < C_{'''}-s$ avant que $s=B_{'''}-A$; dans le premier cas, le cinquième polynome sera encore assujéti à toutes les conditions mentionnées (83). Mais dans le second cas, la condition qui donneroit $B+B_{'}+C_{''}-s > 2C$, se changera en $B+B_{'}+B_{iv}+B_{v}-2s > 2C$, c'est-à-dire, que $B+B_{'}+B_{iv}+B_{v}-2(B_{'''}-A) > 2C$ sera alors une des conditions essentielles de l'existence du polynome total dont un des caractères particuliers seroit $B_{iv}-s+B_{v}-s < C_{'''}-s$, c'est-à-dire, $B_{iv}+B_{v}-B_{'''}+A < C_{'''}$. Ainsi pour le cinquième polynome, l'on aura ou $B_{iv}+B_{v}-B_{'''}+A > C_{'''}$, ou $B_{iv}+B_{v}-B_{'''}+A < C_{'''}$; dans le premier cas, $B+B_{'}+C_{'''}-B_{'''}+A > 2C$ sera une condition essentielle de l'existence du polynome total; dans le second cas, ce sera $B + B_{'} + B_{IV} + B_{V} - 2(B_{'''} - A) > 2C$ qui sera la condition essentielle correspondante, de l'existence du polynome total.

On verra de même, que dans le sixième polynome partiel, on doit avoir $B_{'''} + B_{IV} - 2s > B$ dans toute l'étendue de ce polynome; mais que $B_{'''} - s + B_{V} - s > C_{''} - s$, ainsi que $B_{IV} - s + B_{V} - s > C_{'''} - s$, ne sont pas essentiellement nécessaires dans toute l'étendue du polynome; en sorte qu'on aura quatre nouveaux cas, dont il est à présent facile de fixer les caractères, & les conditions qui en résultent pour l'existence du polynome total.

Dans le septième polynome, aucune des conditions $B_{'''} - s + B_{IV} - s > C_{'} - s$, $B_{'''} - s + B_{V} - s > C_{''} - s$, $B_{IV} - s + B_{V} - s > C_{'''} - s$, ne sera essentielle dans toute l'étendue du polynome; on pourra avoir les huit cas que la comparaison de ces trois inégalités peut fournir; & l'on déterminera par des raisonnemens semblables aux précédens, les caractères de chacun de ces cas, & les conditions qui en résultent pour l'existence du polynome total.

Par exemple, dans le cas où l'on aura tout à la fois $B_{'''} + B_{IV} - s < C_{'}$; $B_{'''} + B_{V} - s < C_{''}$; $B_{IV} + B_{V} - s < C_{'''}$; les caractères du polynome seront $B_{'''} + B_{IV} - E + C < C_{'}$; $B_{'''} + B_{V} - E + C < C_{''}$; $B_{IV} + B_{V} - E + C < C_{'''}$;

Et $B_{'''} - s + B_{IV} - s + B_{'''} - s + B_{V} - s + B_{IV} - s + B_{V} - s > 2C$, ou $B_{'''} + B_{IV} + B_{V} - 3s > C$; c'est-à-dire, $B_{'''} + B_{IV} + B_{V} - 3(E - C) > C$, sera une des conditions essentielles de l'existence du polynome.

A l'égard du huitième polynome, on pourra faire toutes les suppositions qui pourront se concilier avec $s < A_{'''}$.

On voit donc, que dès le cinquième polynome, l'expression du nombre des termes pourra ne plus appartenir immédiatement à aucune des huit formes exposées (92 & *suiv.*); mais on pourra toujours la déduire de l'une de ces formes, en observant ce qui a été dit (101).

(153.)

(153.) Il ne nous reste donc plus qu'à parler de la nature des termes que l'on aura à sommer, & de la manière de les sommer.

Après l'exposé que nous venons de faire, & en réfléchissant sur les différentes combinaisons des exposans $A, A_{'}, A_{''}; B, B_{'}, B_{''}; C; T$, dans les huit formes données (92 & suiv.), & sur celles qu'on peut en déduire pour les cas mentionnés (101), on verra qu'outre les termes de la forme $N(u\ldots n-1)^{P-s}$, $N(u\ldots n-1)^{P+s}$, $N(u)^{Q+Rs} \times N(u\ldots n-2)^{P\mp s}$ que nous avons (69 & suiv.) enseigné à sommer, il s'en présentera des formes suivantes $N(u\ldots n-1)^{P\mp 2s}$, $N(u\ldots n-1)^{P\mp 3s}$, &c. $N(u\ldots n-1)^{\frac{P\mp s}{2}}$, &c. $N(u)^{Q+Rs} \times N(u\ldots n-2)^{P\mp 2s}$, $N(u)^{Q+Rs} \times N(u\ldots n-2)^{\frac{P\mp s}{2}}$, &c. & dans les autres polynomes analogues, on rencontrera en général des termes de la forme

$$N(u\ldots p)^{A'+B's} \times N(u\ldots q)^{\frac{P+Qs}{k}}.$$

(154.) Comme notre objet n'est pas de donner ici une Théorie détaillée de la sommation de ces sortes de quantités, mais seulement de mettre sur la voie, nous nous bornerons à faire voir comment on sommera $N(u\ldots n-1)^{P+2s}$, $N(u\ldots n-1)^{P-2s}$, $N(u\ldots n-1)^{\frac{P-s}{2}}$, $N(u\ldots n-1)^{\frac{P+s}{2}}$.

A l'égard de $N(u)^{Q+Rs} \times N(u\ldots n-2)^{\frac{P\mp s}{2}}$, ou même $N(u\ldots 2)^{Q+Rs} \times N(u\ldots n-3)^{\frac{P\mp s}{2}}$, ou $N(u\ldots 3)^{Q+Rs} \times N(u\ldots n-4)^{\frac{P\mp s}{2}}$, &c. on pourra toujours ramener leur sommation à celle de $N(u\ldots n-1)^{\frac{P\mp s}{2}}$, en imitant l'exemple suivant.

(155.) Si l'on avoit, par exemple, $N(u\ldots 2)^{Q+3s} \times N(u\ldots n-2)^{\frac{P-s}{2}}$; on sçait (35) que $N(u\ldots 2)^{Q+3s} = \frac{(Q+3s+1).(Q+3s+2)}{2}$; on supposera cette dernière quantité $= A + B.\left(\frac{P-s}{2}\right) + C.\left(\frac{P-s}{2} - 1\right).\left(\frac{P-s}{2}\right)$; faisant les multiplications indiquées, & comparant terme à terme, les termes affectées de s dans chaque membre, on aura facilement A, B & C. Considérant donc ces quantités comme connues, la quantité $N(u\ldots 2)^{Q+3s} \times N(u\ldots n-2)^{\frac{P-s}{2}}$ sera changée en $A \times N(u\ldots n-2)^{\frac{P-s}{2}} + B.\left(\frac{P-s}{2}\right).N(u\ldots n-2)^{\frac{P-s}{2}}$

$$+ C.\left(\frac{P-s}{2} - 1\right).\left(\frac{P-s}{2}\right) N(u\ldots n-2)^{\frac{P-s}{2}}.$$

Or $\frac{P-s}{2} N(u\ldots n-2)^{\frac{P-s}{2}} = (n-1) \times N(u\ldots n-1)^{\frac{P-s}{2}-1}$

$= (n-1) \times N(u\ldots n-1)^{\frac{P-2-s}{2}}$, qui est toujours de la forme $N(u\ldots n-1)^{\frac{P-s}{2}}$; c'est-à-dire, qui se somme par les mêmes moyens.

Pareillement $\left(\frac{P-s}{2} - 1\right).\left(\frac{P-s}{2}\right).N(u\ldots n-2)^{\frac{P-s}{2}}$

$= (n-1)n \times N(u\ldots n)^{\frac{P-s}{2}-2} = (n-1)n \times N(u\ldots n)^{\frac{P-4-s}{2}}$ qui est encore de la forme $N(u\ldots n)^{\frac{P-s}{2}}$.

On voit donc, en général, qu'on pourra toujours, & comment on pourra ramener $N(u\ldots p)^{A'+B's} \times N(u\ldots q)^{\frac{P+Qs}{k}}$, à la forme $N(u\ldots q)^{\frac{P+Qs}{k}}$.

Il n'est donc plus question que de s'occuper des termes de la forme $N(u\ldots n-1)^{P+Qs}$, & $N(u\ldots n-1)^{\frac{P+Qs}{k}}$. Faisons voir sur $N(u\ldots n-1)^{P-2s}$, sur $N(u\ldots n-1)^{P+2s}$, sur $N(u\ldots n-1)^{\frac{P-s}{2}}$, & sur $N(u\ldots n-1)^{\frac{P+s}{2}}$, comment on aura à procéder pour toute autre valeur de Q & de k.

(156.) Pour sommer les quantités de la forme * $N(u\ldots n-1)^{P-2s}$,

* Il n'est pas nécessaire, je pense, d'insister pour faire observer que $P-2s$, dans les objets que nous considérons dans cet Ouvrage, est essentiellement un nombre entier positif; il en est de même de $\frac{P\mp s}{2}$, & en général de $\frac{P+Qs}{k}$ dans $N(u\ldots n-1)^{\frac{P+Qs}{k}}$.

je différencie $N(u\ldots n)^{P-2s-1}$, en faisant varier s de -1, & j'ai $N(u\ldots n)^{P-2s-1} - N(u\ldots n)^{P-2s+1}$

$$= \frac{(P-2s).(P-2s+1).(P-2s+2)\ldots(P-2s+n-1) - (P-2s+2).(P-2s+3).(P-2s+4)\ldots(P-2s+n+}{1.2.3\ldots n}$$

$$= \frac{(P-2s+2).(P-2s+3)\ldots(P-2s+n-1)}{1.2.3\ldots(n-2)} \times \frac{(P-2s).(P-2s+1) - (P-2s+n).(P-2s+n+}{(n-1)n}$$

$$= \frac{(P-2s+2).(P-2s+3)\ldots(P-2s+n-1)}{1.2.3\ldots(n-2)} \times \left(\frac{-2n(P-2s+1) - n.(n-1)}{n.(n-1)}\right)$$

$$= \frac{-2(P-2s+1).(P-2s+2).(P-2s+3)\ldots(P-2s+n-1)}{1.2.3\ldots(n-2).(n-1)} - \frac{(P-2s+2).(P-2s+3)\ldots(P-2s+n-}{1.2.3\ldots(n-2)}$$

$$= -2N(u\ldots n-1)^{P-2s} - N(u\ldots n-2)^{P-2s+1}.$$

Donc

$$dN(u\ldots n)^{P-2s-1} = -2N(u\ldots n-1)^{P-2s} - N(u\ldots n-2)^{P-2s+1}.$$

Donc

$$\int N(u\ldots n-1)^{P-2s} = -\tfrac{1}{2}N(u\ldots n)^{P-2s-1} - \tfrac{1}{2}\int N(u\ldots n-2)^{P-2s+1}.$$

Donc, par la même raison,

$$\int N(u\ldots n-2)^{P-2s+1} = -\tfrac{1}{2}N(u\ldots n-1)^{P-2s} - \tfrac{1}{2}\int N(u\ldots n-3)^{P-2s+2}.$$

$$\int N(u\ldots n-3)^{P-2s+2} = -\tfrac{1}{2}N(u\ldots n-2)^{P-2s+1} - \tfrac{1}{2}\int N(u\ldots n-4)^{P-2s+3},$$

& ainsi de suite.

Donc $\int N(u\ldots n-1)^{P-2s} = -\frac{1}{2}N(u\ldots n)^{P-2s-1} + \frac{1}{4}N(u\ldots n-1)^{P-2s}$

$$-\tfrac{1}{8}N(u\ldots n-2)^{P-2s+1} + \tfrac{1}{16}N(u\ldots n-3)^{P-2s+2} - \&c. + C.$$

Donc si on demande cette somme depuis $s = K$ inclusivement, jusqu'à $s = L$ inclusivement, L étant $> K$, on aura

$$\int N(u\ldots n-1)^{P-2s} = -\tfrac{1}{2}N(u\ldots n)^{P-2L-1} + \tfrac{1}{2}N(u\ldots n)^{P-2K+1}$$
$$+ \tfrac{1}{4}N(u\ldots n-1)^{P-2L} - \tfrac{1}{4}N(u\ldots n-1)^{P-2K+2} - \tfrac{1}{8}N(u\ldots n-2)^{P-2L+1}$$
$$+ \tfrac{1}{8}N(u\ldots n-2)^{P-2K+3} + \tfrac{1}{16}N(u\ldots n-3)^{P-2L+2} - \tfrac{1}{16}N(u\ldots n-3)^{P-2K+4} - \&c.$$

En continuant cette série, jusqu'à ce que $n = 0$, inclusivement, & observant que dans ce cas $N(u\ldots n)^R = 1$, quelque soit R.

(157.) Pour sommer les quantités de la forme $N(u\ldots n-1)^{P+2s}$

depuis $s = R$ inclusivement, jusqu'à $s = L$ inclusivement; L étant $> R$, on trouvera

$$\int N(u\ldots n-1)^{P+2s} = \tfrac{1}{2}N(u\ldots n)^{P+2L+1} - \tfrac{1}{2}N(u\ldots n)^{P+2K-1}$$
$$-\tfrac{1}{4}N(u\ldots n-1)^{P+2L+2} + \tfrac{1}{4}N(u\ldots n-1)^{P+2K} + \tfrac{1}{8}N(u\ldots n-2)^{P+2L+3}$$
$$-\tfrac{1}{8}N(u\ldots n-2)^{P+2K+1} - \tfrac{1}{16}N(u\ldots n-3)^{P+2L+4} + \tfrac{1}{16}N(u\ldots n-3)^{P+2K+2} + \&c.$$

En différenciant $N(u\ldots n)^{P+2s+1}$, opérant & raisonnant comme ci-dessus.

(158.) Si par un procédé semblable, on différencie $N(u\ldots n)^{P+3s+2}$, on trouvera

$$dN(u\ldots n)^{P+3s+2} = 3N(u\ldots n-1)^{P+3s} + 3N(u\ldots n-2)^{P+3s+1}$$
$$+ N(u\ldots n-3)^{P+3s+2};$$

d'où l'on conclura

$$\int N(u\ldots n-1)^{P+3s} = \tfrac{1}{3}N(u\ldots n)^{P+3s+2} - \int N(u\ldots n-2)^{P+3s+1}$$
$$-\tfrac{1}{3}\int N(u\ldots n-3)^{P+3s+2};$$

& par la même raison,

$$\int N(u\ldots n-2)^{P+3s+1} = \tfrac{1}{3}N(u\ldots n-1)^{P+3s+3} - \int N(u\ldots n-3)^{P+3s+2}$$
$$-\tfrac{1}{3}\int N(u\ldots r-4)^{P+3s+3}$$

$$\int N(u\ldots n-3)^{P+3s+2} = \tfrac{1}{3}N(u\ldots n-2)^{P+3s+4} - \int N(u\ldots n-4)^{P+3+3}$$
$$-\tfrac{1}{3}\int N(u\ldots n-5)^{P+3s+4},$$

& ainsi de suite; d'où il est facile de conclure la valeur de $\int N(u\ldots n-1)^{P+3s}$.

(159.) On voit par-là ce qu'il y a à faire pour avoir la valeur de $\int N(u\ldots n-1)^{P-3s}$, & en général pour avoir celle de $\int N(u\ldots n-1)^{P+Qs}$.

(160.) Passons aux quantités de la forme $N(u\ldots n-1)^{\frac{P+s}{2}}$.

D'après ce qu'on a vu (156 *Note*), on peut remarquer que lorsqu'il se présentera à sommer des quantités de cette forme, dans la matière qui fait l'objet de cet Ouvrage, $P+s$ a toujours une double valeur, représentée généralement par $P+r+s$, r étant zéro ou 1, selon que $P+s$ est pair ou impair : nous supposerons donc qu'il s'agit de sommer $N(u\ldots n-1)^{\frac{P+r+s}{2}}$ & comme s varie de 1, pour avoir la valeur de $\int N(u\ldots n-1)^{\frac{P+r+s}{2}}$, il faut partager $N(u\ldots n-1)^{\frac{P+r+s}{2}}$, en ces deux parties $N(u\ldots n-1)^{\frac{P+s}{2}}$ & $N(u\ldots n-1)^{\frac{P+r+s}{2}}$, dont la première exprimera toutes les quantités $N(u\ldots n-1)^{\frac{P+r+3s}{2}}$, dans lesquelles $P+s$ est pair ; & la seconde toutes celles où il est impair.

Il s'agira donc de sommer $N(u\ldots n-1)^{\frac{P+s}{2}}$, s variant de 2 ; & de sommer pareillement $N(u\ldots n-1)^{\frac{P+r+s}{2}}$, s variant de 2. Réunissant les deux sommes, on aura la valeur totale de $\int N(u\ldots n-1)^{\frac{P+r+s}{2}}$, s variant de 1.

Mais comme il est évident que $\int N(u\ldots n-1)^{\frac{P+r+s}{2}}$ se déduira de $\int N(u\ldots n-1)^{\frac{P+s}{2}}$, en changeant seulement P en $P+r$, nous n'avons donc à nous occuper que de $\int N(u\ldots n-1)^{\frac{P+s}{2}}$.

Pour sommer $N(u\ldots n-1)^{\frac{P+s}{2}}$, s variant de 2, je remarque que si je fais $\frac{P+s}{2}=z$, lorsque s variera de 2, z ne variera que de 1 ; la question est donc réduite à sommer $N(u\ldots n-1)^{z}$, z variant de 1. Or cette somme est $N(u\ldots n)^{z}$, c'est-à-dire, $N(u\ldots n)^{\frac{P+s}{2}}$. On aura donc de même

$$\int N(u\ldots n-1)^{\frac{P+r+s}{2}}=N(u\ldots n)^{\frac{P+r+s}{2}}.$$

Donc

$$\int N(u\ldots n-1)^{\frac{P+s}{2}}=N(u\ldots n)^{\frac{P+s}{2}}+N(u\ldots n)^{\frac{P+r+s}{2}}+C.$$

Donc si on demande cette somme depuis $s=K$ inclusivement, jusqu'à $s=L$ inclusivement, L étant $>K$, il faudra distinguer d'abord deux cas ; sçavoir $P+L$ pair, & $P+L$ impair. Dans le premier cas, la somme depuis s égale à un nombre quelconque, jusqu'à $s=L$, sera $N(u\ldots n)^{\frac{P+L}{2}}+N(u\ldots n)^{\frac{P+L+r-1}{2}}+C$, c'est-à-dire, $2N(u\ldots n)^{\frac{P+L}{2}}+C$.

Si au contraire $P+L$ eſt impair, la ſomme depuis s égale à un nombre quelconque, juſqu'à $s = L$ ſera

$$N(u\ldots n)^{\frac{P+r+L}{2}} + N(u\ldots n)^{\frac{P+L-1}{2}} + C;$$

c'eſt-à-dire,

$$N(u\ldots n)^{\frac{P+L+1}{2}} + N(u\ldots n)^{\frac{P+L-1}{2}} + C.$$

Donc par la même raiſon, ſi $P+K-1$ eſt pair, la ſomme depuis s égale au même nombre quelconque que pour $P+L$, juſqu'à $s = K-1$, ſera $2N(u\ldots n)^{\frac{P+K-1}{2}} + C$; & ſi $P+K-1$ eſt impair, elle ſera $N(u\ldots n)^{\frac{P+K}{2}} + N(u\ldots n)^{\frac{P+K-2}{2}}$.

Donc ſelon les quatre cas qui peuvent avoir lieu, on aura comme il ſuit:

Si $P+L$ & $P+K-1$ ſont tous deux pairs, on aura

$$\int N(u\ldots n-1)^{\frac{P+s}{2}} = 2N(u\ldots n)^{\frac{P+L}{2}} - 2N(u\ldots n)^{\frac{P+K-1}{2}}.$$

Si $P+L$ eſt pair, & $P+K-1$ impair, on aura

$$\int N(u\ldots n-1)^{\frac{P+s}{2}} = 2N(u\ldots n)^{\frac{P+L}{2}} - N(u\ldots n)^{\frac{P+K}{2}} - N(u\ldots n)^{\frac{P+K-2}{2}}.$$

Si $P+L$ eſt impair, & $P+K-1$ pair, on aura

$$\int N(u\ldots n-1)^{\frac{P+s}{2}} = N(u\ldots n)^{\frac{P+L+1}{2}} + N(u\ldots n)^{\frac{P+L-1}{2}} - 2N(u\ldots n)^{\frac{P+K-1}{2}}.$$

Enfin ſi $P+L$ & $P+K-1$ ſont tous deux impairs, on aura

$$\int N(u\ldots n)^{\frac{P+s}{2}} = N(u\ldots n)^{\frac{P+L+1}{2}} + N(u\ldots n)^{\frac{P+L-1}{2}} - N(u\ldots n)^{\frac{P+K}{2}} - N(u\ldots n)^{\frac{P+K-2}{2}}.$$

Il eſt trop facile de voir actuellement comment on doit ſommer $N(u\ldots n-1)^{\frac{P-s}{2}}$, pour que nous nous y arrêtions.

(161.) Si l'on avoit $N(u\ldots n-1)^{\frac{P+3s}{2}}$ à ſommer; on auroit, par les mêmes raiſons que ci-deſſus (160),

$N(u\ldots n-1)^{\frac{P+3s}{2}}$ à ſommer, s variant de 2, pour les valeurs paires de $P+3s$; & $N(u\ldots n-1)^{\frac{P+r+3s}{2}}$, s variant de 2, pour les valeurs impaires de $P+3s$.

Pour ſavoir maintenant comment on ſommera $N(u\ldots n-1)^{\frac{P+3s}{2}}$ pour les valeurs paires de $P+3s$, s variant de 2; ſi on fait $\frac{P+3s}{2}=z$, il eſt clair que s variant de 2, z variera de 3; il ſera donc queſtion de ſommer $N(u\ldots n-1)^z$, z variant de 3. Ou bien faiſant $z=Q+3z'$, de ſommer $N(u\ldots n-1)^{Q+3z'}$, z' variant de 1, ce qui eſt facile d'après ce que nous avons dit (158).

(162.) A l'égard de la conſtante Q que nous introduiſons ici, voici à quoi elle ſervira.

Puiſque nous avons fait $\frac{P+3s}{2}=z$, & $z=Q+3z'$, nous avons donc $\frac{P+3s}{2}=Q+3z'$, z' étant un nombre entier poſitif. Or de-là on tire $z'=\frac{P+3s-2Q}{6}$; il faut donc prendre Q tel que lorſqu'on mettra pour s les valeurs extrêmes $K-1$, & L dont il a déja été queſtion ci-deſſus, $P+3s-2Q$ ſoit diviſible par 6; ce qui eſt facile.

(163.) On voit donc par-là comment on s'y prendra pour ſommer $N(u\ldots n-1)^{\frac{P+Qs}{2}}$; & même, en général, pour ſommer $N(u\ldots n-1)^{\frac{P+Qs}{k}}$.

En effet, ſi on avoit, par exemple, $N(u\ldots n-1)^{\frac{P+s}{3}}$; comme $\frac{P+s}{3}$ doit être un nombre entier, cette expreſſion, lorſqu'elle ſe préſentera à ſommer, ſera toujours telle que $\frac{P+s}{3}$, ſera réellement de la forme $\frac{P+r+s}{3}$, r étant 0, ou 1, ou 2, ſelon que $P+s$ excédera de 0, de 2, ou de 1, le plus grand multiple de 3 qu'il puiſſe renfermer. En ſorte qu'il faudra ſommer $\frac{P+s}{3}$, s variant de 3, puis $\frac{P+s+1}{3}$, s variant de 3;

puis enfin $\frac{P+s+2}{3}$, s variant de 3, & réunir ces trois sommes : or faisant $\frac{P+s}{3}=z$, la question se réduira à sommer $N(u\ldots n-1)^t$, z variant de 1 ; puis dans cette somme, on substituera $P+1$, & $P+2$ successivement au lieu de P.

On verra aussi que la somme totale sera susceptible de plusieurs expressions différentes, selon que les quantités

$P+L$, $P+L+1$, $P+L+2$, $P+K-1$, $P+K$, $P+K+1$,

excéderont de 0, ou de 1, ou de 2, leur plus grand multiple de 3 ; mais après l'exemple que nous avons donné (160), nous pouvons nous dispenser d'entrer dans ce détail.

Conclusion pour les Equations incomplettes du premier ordre.

(164.) Les équations incomplettes du premier ordre sont donc celles qui, sur un nombre n d'inconnues qu'elles renferment, en ont un nombre $p =$ ou $< n$, qui ont les conditions suivantes.

1.° Que chacune de ces inconnues qui sont au nombre de p, ne peut passer un certain degré donné, différent ou le même pour chacune.

2.° Que ces mêmes inconnues, dans leurs combinaisons deux à deux, ne peuvent s'élever au-delà d'une certaine dimension donnée, différente ou la même pour chaque combinaison de ces deux inconnues.

3.° Que ces mêmes inconnues, dans leurs combinaisons trois à trois, ne peuvent s'élever au-delà d'une certaine dimension donnée, différente ou la même pour chaque combinaison de trois de ces inconnues.

4.° Que ces mêmes inconnues, dans leurs combinaisons quatre à quatre, ne peuvent s'élever au-delà d'une certaine dimension donnée, différente ou la même pour chaque combinaison de quatre de ces inconnues.

5.° Et ainsi de suite jusqu'à la combinaison de ces inconnues prises p à p, laquelle ne peut s'élever au-delà d'une dimension donnée.

6.° Enfin

6°. Enfin les autres inconnues qui ſont au nombre de $n - p$, montent, tant dans leurs combinaiſons entr'elles, que dans leurs combinaiſons avec les p précédentes inconnues, à toutes les dimenſions poſſibles, juſqu'à celle de l'équation.

Ces équations étant en même nombre que les inconnues qu'elles renferment, il ſera donc toujours poſſible de déterminer le degré de l'équation finale réſultante de l'élimination de $n - 1$ de ces inconnues.

En effet, il eſt facile de voir, actuellement, 1.° Que la forme la plus générale que l'on puiſſe adopter pour le polynome-multiplicateur, eſt la forme même de ces équations : 2.° Que la forme de chacun des polynomes qui, par le nombre de leurs termes, expriment le nombre de termes qu'il eſt poſſible de faire diſparoître tant dans le polynome-multiplicateur, que dans l'équation-produit, ſera auſſi la même que celle de ces équations.

De plus, on s'aſſurera par le même raiſonnement que nous avons employé (105), que tous ces différens polynomes doivent être de même nature.

Et puiſque nous avons fait voir la manière de déterminer le nombre des termes d'un polynome quelconque du premier ordre; & que, par tout ce que nous avons dit juſqu'ici, on a le moyen de déterminer auſſi le nombre des termes que l'on peut faire diſparoître tant dans le polynome-multiplicateur, que dans l'équation-produit; on aura donc toujours, d'après ce que nous avons enſeigné juſqu'ici, l'expreſſion du nombre des termes reſtans; & par conſéquent celle du degré de l'équation finale, en quantités abſolument connues, & tout-à-fait indépendantes du polynome-multiplicateur.

Mais ſi on ſe rappelle ce que nous avons obſervé (117) ſur les équations incomplettes du premier ordre relativement à trois ſeulement de leurs inconnues, & où nous avons trouvé huit expreſſions différentes du nombre des termes de ces ſortes de polynomes, & par conſéquent huit expreſſions différentes du degré de l'équation finale, on doit s'attendre que le nombre de ces différentes expreſſions ſe multipliera prodigieuſement à meſure que les polynomes ou les équations renfermeront un plus grand nombre de variétés d'expoſans dans leur compoſition : on peut en prendre une idée, en jettant de nouveau les yeux ſur le peu que nous avons dit à ce ſujet (150 & *ſuiv.*).

Mais en reliſant ce que nous avons dit (117), on verra que dans cette multitude d'expreſſions différentes du degré de l'équation finale, il ſera toujours poſſible de déterminer quelle eſt celle qui ſeule peut avoir lieu, & les ſymptômes qui caractériſent tous les différens cas que ces équations peuvent comprendre.

On voit, en même tems, que ce ſeroit un travail prodigieux, que d'entreprendre de déterminer toutes les différentes expreſſions du degré de l'équation finale réſultante d'un nombre quelconque d'équations qui ſeroient incomplettes du premier ordre, relativement à quatre ſeulement de leurs inconnues. Mais ce qu'on peut remarquer en général, c'eſt que ſi toutes les équations ſont de même nature, on n'aura jamais beſoin de parcourir toutes les différentes expreſſions du degré de l'équation finale, pour avoir celle qui leur convient : elle réſultera immédiatement de la différentiation de l'expreſſion du nombre des termes d'un polynome de même nature que ces équations : au lieu que dans le cas où ces équations ne ſont pas toutes de même nature, on ne peut être aſſûré du véritable degré de l'équation finale, que par l'examen de toutes les formes dont le polynome-multiplicateur eſt ſuſceptible, & de toutes les conditions qui en réſultent ; c'eſt-à-dire, que par un examen ſemblable à celui que nous avons fait connoître (118 & *ſuiv.*), mais appliqué à un objet infiniment plus étendu.

Au reſte, c'eſt la nature de la choſe qui le veut ainſi : il n'eſt pas plus poſſible de réduire à un plus petit nombre les différentes expreſſions que notre méthode préſente, qu'il ne l'eſt de réduire, au-deſſous de 24 par exemple, le nombre des combinaiſons dont quatre lettres ſont ſuſceptibles. C'eſt avoir fait, ce me ſemble, tout ce qu'il eſt poſſible de faire ſur cet objet, que d'avoir donné le moyen de connoître toutes les différentes expreſſions poſſibles, & parmi toutes ces expreſſions, celle qui eſt uniquement propre à la queſtion : exiger plus, ſeroit exiger l'impoſſible.

SECTION III.

Des Polynomes incomplets, & des Équations incomplettes des second, troisième, quatrième, &c. ordres.

(165.) QUELQUE étendus que soient les polynomes & les équations que nous avons considérés dans les deux Sections précédentes, ils ne comprennent cependant pas encore tous les polynomes, & toutes les équations possibles ; ou du moins leur forme n'a pas encore toute la généralité nécessaire, pour que nous puissions dire dès à présent qu'il n'est aucune espèce d'équations algébriques dont nous ne puissions déterminer le plus bas degré de l'équation finale.

Pour embrasser toutes les variétés qui peuvent avoir influence sur le degré de l'équation finale, il ne suffit pas de considérer quelles sont les plus hautes dimensions auxquelles les inconnues, soit seules, soit dans leurs combinaisons deux à deux, trois à trois, quatre à quatre, cinq à cinq, &c. peuvent atteindre dans chacune des équations proposées : ces variétés ont sans doute une très-grande influence sur le degré de l'équation finale ; mais il est encore un très-grand nombre d'équations, où cette considération seule ne donneroit que la limite du degré de l'équation finale.

Outre les variétés que nous avons considérées jusqu'ici, on peut encore en concevoir d'analogues, mais qui n'auroient lieu que pendant un certain nombre de dimensions consécutives de l'équation, & auxquelles succéderoient des variétés analogues, lesquelles n'auroient encore lieu que pendant un certain nombre de dimensions consécutives de l'équation, & ainsi à l'infini.

(166.) Pour expliquer plus clairement notre idée, & faire connoître ce que nous entendons par un polynome incomplet d'un certain ordre ; il faut concevoir un polynome qui, étant d'abord incomplet du premier ordre, vient à être mutilé d'un certain nombre de termes, à compter depuis une certaine dimension quelconque de ce polynome, jusqu'à la dimension la plus élevée ;

de manière que considéré depuis cette dimension jusqu'à la dimension la plus élevée, il est incomplet du premier ordre, mais avec des exposans différens de ceux du polynome formé par les dimensions inférieures.

Par exemple, si on conçoit que dans le polynome $(x^A, y^{A}_{\prime})^T$, on supprime, passé la dimension $T_{\prime} < T$, tous les termes où x passeroit le degré $A' < A$, & tous les termes où y passeroit le degré $A'_{\prime} < A_{\prime}$; on aura un polynome à deux inconnues, & du second ordre; polynome que nous représenterons de cette manière. . . . . $\begin{pmatrix} x^{A'}, y^{A'}_{\prime} \\ x^{A}, y^{A}_{\prime} \end{pmatrix}^{T}_{T_{\prime}}$.

Pareillement, si dans le polynome

$$[(x^A, y^{A}_{\prime})^B, (x^A, z^{A}_{\prime\prime})^{B_{\prime}}, (y^{A}_{\prime}, z^{A}_{\prime\prime})^{B_{\prime\prime}}]^T$$

on supprime, par-delà la dimension $T_{\prime} < T$, tous les termes où x, y & z passeroient les degrés A', $A'_{\prime}$, $A'_{\prime\prime}$ respectivement plus petits que A, $A_{\prime}$, $A_{\prime\prime}$; & qu'on en supprime encore, à compter de la dimension $T_{\prime} + 1$, tous les termes où x, y & z combinés deux à deux passeroient les dimensions B', $B'_{\prime}$, $B'_{\prime\prime}$ respectivement plus petites que B, $B_{\prime}$, $B_{\prime\prime}$; on aura un polynome incomplet à trois inconnues, & du second ordre, polynome que nous représenterons par

$$\left[\begin{pmatrix} x^{A'}, y^{A'}_{\prime} \\ x^{A}, y^{A}_{\prime} \end{pmatrix}^{B'}_{B}, \begin{pmatrix} x^{A'}, z^{A'}_{\prime\prime} \\ x^{A}, z^{A}_{\prime\prime} \end{pmatrix}^{B'_{\prime}}_{B_{\prime}}, \begin{pmatrix} y^{A'}_{\prime}, z^{A'}_{\prime\prime} \\ y^{A}_{\prime}, z^{A}_{\prime\prime} \end{pmatrix}^{B'_{\prime\prime}}_{B_{\prime\prime}}\right]^{T}_{T_{\prime}}.$$

Si on conçoit que dans le polynome $\begin{pmatrix} x^{A'}, y^{A'}_{\prime} \\ x^{A}, y^{A}_{\prime} \end{pmatrix}^{T}_{T_{\prime\prime}}$, on supprime, passé la dimension $T_{\prime} < T$ & $> T_{\prime\prime}$, tous les termes où x passeroit le degré $A'' < A'$, & tous les termes où y passeroit le degré $A''_{\prime} < A'_{\prime}$, on aura un polynome incomplet du troisième ordre, que nous représenterons par $\begin{pmatrix} x^{A''}, y^{A''}_{\prime} \\ x^{A'}, y^{A'}_{\prime} \\ x^{A}, y^{A'}_{\prime} \end{pmatrix}^{T}_{\substack{T \\ \prime \\ T \\ \prime\prime}}$, ou bien de cette autre manière $(x^{A'', A', A}, y^{A'', A', A}_{\prime})^{T, T_{\prime}, T_{\prime\prime}}$.

Et en général, si nous représentons par A, $\overline{A}$, $\overline{\overline{A}}$, $\overline{\overline{\overline{A}}}$, &c. les différens plus grands exposans d'une même inconnue dans les intervalles entre les dimensions T, $\overline{T}$, $\overline{\overline{T}}$, $\overline{\overline{\overline{T}}}$, &c. nous représenterons un polynome d'un ordre quelconque par $(u^{A, \overline{A}, \overline{\overline{A}}, \overline{\overline{\overline{A}}}, \&c.} \ldots n)^{T, \overline{T}, \overline{\overline{T}}, \overline{\overline{\overline{T}}}, \&c.}$, en ne le supposant incomplet que par rapport aux inconnues considérées seule à seule. S'il l'est aussi, par rapport aux inconnues combinées deux à deux, trois à trois ; à la manière employée dans les deux Sections précédentes pour représenter ces polynomes, nous joindrions la manière actuelle. Par exemple, au lieu du polynome

$$\left[\begin{pmatrix} x^{A'}, y^{A'}_{\prime} \\ x^{A}, y^{A}_{\prime} \end{pmatrix}^{B'}_{B}, \begin{pmatrix} x^{A'}, z^{A'}_{\prime\prime} \\ x^{A}, z^{A}_{\prime\prime} \end{pmatrix}^{B'_{\prime}}_{B_{\prime}}, \begin{pmatrix} y^{A'}_{\prime}, z^{A'}_{\prime\prime} \\ y^{A}_{\prime}, z^{A}_{\prime\prime} \end{pmatrix}^{B'_{\prime\prime}}_{B_{\prime\prime}}\right]^{T}_{T_{\prime}},$$

nous écririons

$$[(x^{A, \overline{A}}, y^{A_{\prime}, \overline{A}_{\prime}}_{\prime})^{B, \overline{B}}, (x^{A, \overline{A}}, z^{A_{\prime\prime}, \overline{A}_{\prime\prime}}_{\prime\prime})^{B_{\prime}, \overline{B}_{\prime}}, (y^{A_{\prime}, \overline{A}_{\prime}}_{\prime}, z^{A_{\prime\prime}, \overline{A}_{\prime\prime}}_{\prime\prime})^{B_{\prime\prime}, \overline{B}_{\prime\prime}}]^{T, \overline{T}}.$$

On voit par-là ce que nous entendons par des polynomes de différens ordres.

(167.) Il n'en est pas, à beaucoup près, des polynomes & des équations d'un ordre supérieur au premier, comme des polynomes du premier ordre. Dans les équations incomplettes du premier ordre, le polynome-multiplicateur, & l'équation-produit sont toujours des polynomes de même ordre que ces équations ; & il en est de même de tous les polynomes particuliers qui, par le nombre de leurs termes, concourent à donner l'expression du degré de l'équation finale.

Au contraire, dans les équations incomplettes d'un ordre supérieur au premier, le polynome-multiplicateur, l'équation-produit,

& tous les polynomes qui, par le nombre de leurs termes, doivent entrer dans l'expression du degré de l'équation finale, sont tous des polynomes de différens ordres.

(168.) D'après cette observation, on prévoit aisément que la forme du polynome-multiplicateur n'est pas à beaucoup près aussi déterminée que dans les équations incomplettes du premier ordre; ensorte qu'il n'arrivera pas toujours que le polynome qu'on adoptera pour polynome-multiplicateur, conduise à une expression du degré de l'équation finale, qui soit une différentielle exacte d'un ordre égal au nombre des équations : & toutes les fois que cela manquera d'arriver, il est indubitable que la forme adoptée pour le polynome-multiplicateur, n'est pas propre à faire connoître le degré de l'équation finale. Ce ne pourroit donc être qu'en prenant pour polynome-multiplicateur, un polynome d'un ordre indéfini qu'on pourroit parvenir à trouver la véritable expression du degré de l'équation finale. Mais nous devons observer qu'en cherchant à déterminer ce polynome par la seule condition qui puisse le déterminer, c'est-à-dire, par la condition que l'expression du degré de l'équation finale devint une différencielle exacte d'un ordre égal au nombre des équations, on feroit conduit à un travail interminable, par le nombre infini de cas & de subdivisions de cas différens qui se présenteroient, selon les différens rapports de grandeur entre les variétés des exposans des équations.

On ne doit donc pas s'attendre à voir ici cette matière traitée avec la même généralité avec laquelle nous avons traité les équations incomplettes du premier ordre. Quand la considération du travail que nous venons d'indiquer, ne nous en détourneroit pas, le prodigieux nombre de quantités que nous aurions à mettre sous les yeux, rendroit seul la chose impraticable.

(169.) Nous nous bornerons donc à faire connoître la méthode, en n'employant pour polynome-multiplicateur que le polynome le plus simple que l'on puisse d'abord se proposer d'employer : & nous n'appliquerons qu'aux équations à deux & à trois inconnues. On verra que dès celles-ci ce polynome est insuffisant pour donner l'expression générale du degré de l'équation finale, dans tous les cas possibles ; & que par conséquent pour l'avoir dans les cas, autres que ceux que nous exposerons, il faudroit employer un polynome-multiplicateur ayant plus de variétés d'exposans indéterminés.

Quant aux équations à deux inconnues, le polynome le plus simple réussira toujours.

Au reste, si pour avoir l'expression générale du degré de l'équation finale, dans quelque cas que ce soit des équations incomplettes d'un ordre quelconque, il est indispensable de se livrer à un travail immense, il ne faut pas en conclure qu'il faille nécessairement se livrer à ce travail, pour connoître le degré de l'équation finale pour un cas déterminé quelconque. C'est l'expression générale seule qui exigeroit ce travail. Mais, par ce que nous dirons dans le second Livre, sur le procédé pour l'élimination, on sera toujours sûr d'arriver à l'équation finale la plus basse qu'il soit possible.

Du nombre des termes des Polynomes incomplets d'un ordre quelconque.

(170.) Pour ne point fatiguer l'attention par des expressions de calcul trop composées, nous n'employerons que l'expression $(u^{A, \overline{A}, \overline{\overline{A}}, \overline{\overline{\overline{A}}}, \&c.} \ldots n)^{T, \overline{T}, \overline{\overline{T}}, \overline{\overline{\overline{T}}}, \&c.}$ pour représenter un polynome d'un ordre quelconque, soit que la nature de ce polynome soit fixée par les exposans de chaque inconnue seulement, soit qu'elle soit fixée par les exposans des dimensions des combinaisons de ces inconnues comparées deux à deux, trois à trois, &c.

Problème XXIV.

On demande la valeur de $N(u^{A, \overline{A}, \overline{\overline{A}}, \overline{\overline{\overline{A}}}, \&c.} \ldots n)^{T, \overline{T}, \overline{\overline{T}}, \overline{\overline{\overline{T}}}, \&c.}$

(171.) Supposons d'abord qu'il ne s'agit que de $(u^{A, \overline{A}} \ldots n)^{T, \overline{T}}$. Si on compare ce polynome à $(u^{\overline{A}} \ldots n)^{T}$, on voit que depuis T jusqu'à $\overline{T}$, il manque, au premier, un nombre de termes $=$ $[N(u^{\overline{A}} \ldots n)^{T} - N(u^{\overline{A}} \ldots n)^{\overline{T}}] - [N(u^{A} \ldots n)^{T} - N(u^{A} \ldots n)^{\overline{T}}]$

$$= dd\,N(u^{\overline{A}} \ldots n)^{T} \ldots \left(\begin{matrix} T & \vdots & \overline{A} \\ T-\overline{T}, 0 & \vdots & 0, \overline{A}-A \end{matrix} \right).$$

Donc

$$N(u^{A,\bar{A}\ldots n})^{T} = N(u^{\bar{A}}\ldots n)^{T} - ddN(u^{\bar{A}}\ldots n)^{T}\ldots\left(\begin{matrix} T \\ T-\bar{T},0 \end{matrix} : \begin{matrix} \bar{A} \\ 0,\bar{A}-A \end{matrix}\right).$$

Prenons actuellement $N(u^{A,\bar{A},\bar{\bar{A}}}\ldots n)^{T,\bar{T},\bar{\bar{T}}}$: & comparant de même au polynome $(u^{\bar{\bar{A}}}\ldots n)^{T}$, on verra qu'il manque au polynome proposé.

1.° Depuis T, jusqu'à $\bar{T}$, un nombre de termes

$$= dd\,N(u^{\bar{\bar{A}}}\ldots n)^{T}\ldots\left(\begin{matrix} T \\ T-\bar{T},0 \end{matrix} : \begin{matrix} \bar{\bar{A}} \\ 0,\bar{\bar{A}}-A \end{matrix}\right).$$

2.° Depuis $\bar{T}$, jusqu'à $\bar{\bar{T}}$, un nombre de termes

$$= ddN(u^{\bar{\bar{A}}}\ldots n)^{\bar{T}}\ldots\left(\begin{matrix} \bar{T} \\ \bar{T}-\bar{\bar{T}},0 \end{matrix} : \begin{matrix} \bar{\bar{A}} \\ 0,\bar{\bar{A}}-\bar{A} \end{matrix}\right).$$

Donc $N(u^{A,\bar{A},\bar{\bar{A}}}\ldots n)^{T,\bar{T},\bar{\bar{T}}} = N(u^{\bar{\bar{A}}}\ldots n)^{T}$

$$- ddN(u^{\bar{\bar{A}}}\ldots n)^{T}\ldots\left(\begin{matrix} T \\ T-\bar{T},0 \end{matrix} : \begin{matrix} \bar{\bar{A}} \\ 0,\bar{\bar{A}}-A \end{matrix}\right)$$

$$- dd\,N(u^{\bar{\bar{A}}}\ldots n)^{\bar{T}}\ldots\left(\begin{matrix} \bar{T} \\ \bar{T}-\bar{\bar{T}},0 \end{matrix} : \begin{matrix} \bar{\bar{A}} \\ 0,\bar{\bar{A}}-\bar{A} \end{matrix}\right).$$

Et continuant de raisonner de la même manière, on trouvera que $N(u^{A,\bar{A},\bar{\bar{A}},\bar{\bar{\bar{A}}}},\ldots n)^{T,\bar{T},\bar{\bar{T}},\bar{\bar{\bar{T}}}} = N(u^{\bar{\bar{\bar{A}}}}\ldots n)^{T}$

$$- ddN(u^{\bar{\bar{\bar{A}}}}\ldots n)^{T}\ldots\left(\begin{matrix} T \\ T-\bar{T},0 \end{matrix} : \begin{matrix} \bar{\bar{\bar{A}}} \\ 0,\bar{\bar{\bar{A}}}-A \end{matrix}\right)$$

$$- ddN(u^{\bar{\bar{\bar{A}}}}\ldots n)^{\bar{T}}\ldots\left(\begin{matrix} \bar{T} \\ \bar{T}-\bar{\bar{T}},0 \end{matrix} : \begin{matrix} \bar{\bar{\bar{A}}} \\ 0,\bar{\bar{\bar{A}}}-\bar{A} \end{matrix}\right)$$

$$- ddN(u^{\bar{\bar{\bar{A}}}}\ldots n)^{\bar{\bar{T}}}\ldots\left(\begin{matrix} \bar{\bar{T}} \\ \bar{\bar{T}}-\bar{\bar{\bar{T}}},0 \end{matrix} : \begin{matrix} \bar{\bar{\bar{A}}} \\ 0,\bar{\bar{\bar{A}}}-\bar{\bar{A}} \end{matrix}\right),$$

& ainsi de suite.

De la forme du Polynome-multiplicateur, & des Polynomes qui, par le nombre de leurs termes, influent sur le degré de l'équation finale résultante d'un nombre donné d'équations incomplettes d'un ordre quelconque.

(172.) Le polynome-multiplicateur, l'équation-produit, & les polynomes particuliers qui, par le nombre de leurs termes, expriment celui des termes qu'on peut faire disparoître tant dans le polynome-multiplicateur, que dans l'équation-produit ; tous ces polynomes & équations, étant d'ordres différens, il faudroit un peu plus d'art pour déterminer la forme de chacun, que nous n'en avons employé dans la seconde Section, si en donnant d'abord au polynome-multiplicateur une forme indéterminée quelconque, nous voulions en conclure celles des autres polynomes dont le nombre des termes entre dans l'expression du degré de l'équation finale : d'ailleurs les détails de calcul dans lesquels il faudroit entrer, deviendroient trop longs.

Mais en réfléchissant un peu sur ce que nous avons dit dans la seconde Section, sur les polynomes qui, par le nombre de leurs termes, expriment celui des termes qu'on peut faire disparoître tant dans le polynome-multiplicateur, que dans l'équation-produit, pour les polynomes & équations incomplettes du premier ordre, on peut en conclure une manière générale de trouver les caractères principaux de la forme que doivent avoir ces polynomes, pour les équations incomplettes d'un ordre quelconque.

Pour faire bien entendre ce dont il s'agit, rappellons les idées suivantes.

(173.) Supposant un nombre quelconque n d'équations incomplettes du premier ordre, représentées par

$$(u^a \ldots n)^t = 0, \ (u^{a'} \ldots n)^{t'} = 0, \ (u^{a'} \ldots n)^{t''} = 0, \text{ \&c.}$$

& prenant $(u^A \ldots n)^T$ pour le polynome-multiplicateur de la première.

Nous avons vu, qu'à l'aide de la seconde équation seule, on ne pouvoit faire disparoître dans le polynome-multiplicateur, qu'un nombre de termes $= N(u^{A-a'} \ldots n)^{T-t'}$; & dans l'équation

T

produit, un nombre de termes $= N(u^{A+a-a'} \ldots n)^{T+t-t'}$.

Qu'à l'aide de la seconde & de la troisième seules, on ne pouvoit faire disparoître dans le polynome-multiplicateur, qu'un nombre de termes

$$= N(u^{A-a'} \ldots n)^{T-t'} - N(u^{A-a'-a''} \ldots n)^{T-t'-t''} + N(u^{A-a''} \ldots n)^{T-t''};$$

& dans l'équation-produit, un nombre de termes

$$= N(u^{A+a-a'} \ldots n)^{T+t-t'} - N(u^{A+a-a'-a''} \ldots n)^{T+t-t'-t''}$$
$$+ N(u^{A+a-a''} \ldots n)^{T+t-t''};$$

& ainsi de suite, (*Voyez* 60 & *suiv.*)

Concevons qu'on fasse $A - a' - a'' = A'$ & $T - t' - t'' = T'$; alors, le polynome-multiplicateur sera $(u^{A'+a'+a''} \ldots n)^{T'+t'+t''}$; l'équation-produit sera $(u^{A'+a+a'+a''} \ldots n)^{T+t+t'+t''}$; le nombre de termes qu'on peut faire disparoître, à l'aide de la seconde & troisième équations seules, sera

$$N(u^{A'+a''} \ldots n)^{T'+t''} - N(u^{A'} \ldots n)^{T'} + N(u^{A'+a'} \ldots n)^{T'+t'}$$

pour le polynome-multiplicateur;

$$\& \; N(u^{A'+a+a''} \ldots n)^{T'+t+t''} - N(u^{A'+a} \ldots n)^{T'+t} + N(u^{A'+a+a'} \ldots n)^{T'+t+t'}$$

pour l'équation-produit.

(174.) On voit donc généralement que si ayant pris arbitrairement un polynome quelconque du premier ordre $(u^{A} \ldots n)^{T}$, on conçoit qu'on vienne à le multiplier successivement par toutes les équations du premier ordre, proposées; il en résultera un polynome $(u^{A'+a+a'+a''+a'''+\&c.} \ldots n)^{T+t+t'+t''+t'''+\&c.}$ que l'on peut regarder comme le générateur de tous les autres polynomes qui peuvent avoir lieu dans la question actuelle.

En effet 1.° la forme de ce polynome sera celle de l'équation-produit.

2.° Le polynome $(u^{A+a'+a'+a''+\&c.} \ldots n)^{T+t'+t''+t'''+\&c}$ sera la forme du polynome-multiplicateur.

3.° $N(u^{A+a''+a'''+\&c.} \ldots n)^{T+t''+t'''+\&c.}$ sera le nombre de termes qu'on peut faire disparoître dans le polynome-multiplicateur, à l'aide de la seconde équation seule; pareillement

$N(u^{A+a'+a''', \&c.} \ldots n)^{T+t'+t''', \&c.}$ fera le nombre des termes qu'on peut faire disparoître dans le polynome-multiplicateur à l'aide de la troisième équation seule ; &

$$N(u^{A+a''+a''', \&c.} \ldots n)^{T+t''+t''', \&c.} - N(u^{A+a''', \&c.} \ldots n)^{T+t''', \&c.}$$
$$+ N(u^{A+a'+a''', \&c.} \ldots n)^{T+t'+t''', \&c.}$$

le nombre des termes qu'on peut faire disparoître à l'aide de la seconde & de la troisième équations.

4.° Et l'on verra de même que le nombre des termes qu'on peut faire disparoître dans l'équation-produit, par la seconde & la troisième équations, est

$$N(u^{A+a+a''+a''', \&c.} \ldots n)^{T+t+t''+t''', \&c.} - N(u^{A+a+a''', \&c.} \ldots n)^{T+t+t''', \&c.}$$
$$+ N(u^{A+a+a'+a''', \&c.} \ldots n)^{T+t+t'+t''', \&c.}.$$

Et l'on voit, en général, qu'il sera toujours facile de trouver l'expression du nombre de termes que l'on peut faire disparoître, à l'aide d'un nombre quelconque d'équations.

C'est en envisageant les choses de cette manière, que nous allons actuellement traiter les équations incomplettes de différens ordres. Mais pour ne point interrompre le fil de ce que nous dirons sur cette matière, nous placerons ici quelques notions utiles pour la réduction des différencielles que nous rencontrerons.

Notions utiles pour la réduction des différencielles qui entrent dans l'expression du nombre des termes d'un polynome d'un ordre quelconque.

(175.) L'EXPRESSION du nombre des termes d'un polynome incomplet d'un ordre supérieur au premier, renferme, comme on l'a vu (171), des différences secondes. Les variations de ces différences, lorsqu'il s'agit d'appliquer à la recherche du degré de l'équation finale, sont des composés des variétés des exposans des équations données; mais pour pouvoir démêler parmi ces différences secondes, quelles sont celles dont la réunion, par les signes + ou −, peuvent former des différencielles exactes d'un ordre égal au nombre des équations, il est nécessaire de décomposer ces différences secondes, en d'autres différences secondes, dont la variation soit la même autant qu'il sera possible : c'est dans la vue d'en donner les moyens que nous plaçons ici les notions suivantes.

(176.) Si l'on a une quantité telle que $d[F(u)]\ldots\binom{u}{a+b}$ dans laquelle par $F(u)$ nous entendons une fonction quelconque de u; & qu'on demande de la décomposer en différencielles dont l'une ait a pour variation, & l'autre, b pour variation, on aura

$$d[F(u)]\ldots\binom{u}{a+b}=d[F(u)]\ldots\binom{u}{a}+d[F(u+a)]\ldots\binom{u+a}{b}.$$

En effet, il est facile de voir que l'accroissement que prend $F(u)$, lorsque u devient $u+a+b$, est composé de l'accroissement que prend $F(u)$, lorsque u devient $u+a$, & de l'accroissement que prend $F(u+a)$, lorsque $u+a$ devient $u+a+b$.

(177.) Donc par la même raison $dd[F(u)\ldots\binom{u}{a+b,\,c+d}$

$$=dd[F(u)]\ldots\binom{u}{a,\,c+d}+dd[F(u+a)]\ldots\binom{u+a}{b,\,c+d}$$

$$=dd[F(u)]\ldots\binom{u}{a,\,c}+dd[F(u+c)]\ldots\binom{u+c}{a,\,d}$$

$$+dd[F(u+a)]\ldots\binom{u+a}{b,\,c}+dd[F(u+a+c)]\ldots\binom{u+a+c}{b,\,d}.$$

(178.) Si au contraire on avoit $d[F(u)]\ldots\binom{u}{a-b}$, on auroit

$$d[F(u)]\ldots\binom{u}{a-b}=d[F(u)]\ldots\binom{u}{a}+d[F(u+a)]\ldots\binom{u+a}{-b}.$$

(179.) Et si on avoit $d[F(u)]\ldots\binom{u}{-a-b}$, on auroit

$$d[F(u)]\ldots\binom{u}{-a-b}=d[F(a)]\ldots\binom{u}{-a}+d[F(u-a)]\ldots\binom{u-a}{-b}.$$

(180.) Les quantités auxquelles nous aurons à appliquer ces principes, sont des quantités de cette forme

$$ddN(u^{A+\bar{a}+\bar{a}'}\ldots n)^{T+t+t'}\ldots\left[\begin{matrix}T+t+t' \\ -(t'-\bar{t}'),\,0\end{matrix} : \begin{matrix}A+\bar{a}+\bar{a}' \\ 0,\,-(\bar{a}-a+\bar{a}'-a')\end{matrix}\right],$$

dans laquelle les deux variations de $T+t+t'$ sont $-(t'-\bar{t}')$ & 0; & celles de $A+\bar{a}+\bar{a}'$ sont 0, & $-(\bar{a}-a+\bar{a}'-a')$:

or l'objet sera de réduire ces différencielles à d'autres où il n'y ait d'autres variations que $-(t'-\overline{t'})$, o, $-(\overline{a'}-a')$ & $-(\overline{a}-a)$. On aura donc

$$ddN(u^{A+\overline{a}+\overline{a'}}\ldots n)^{T+t+t'}\ldots\begin{pmatrix}T+t+t' & : & A+\overline{a}+\overline{a'}\\ -(t'-\overline{t'}),0 & : & 0,-[\overline{a}-a+\overline{a'}-\overline{a'}]\end{pmatrix}$$

$$=ddN(u^{A+\overline{a}+\overline{a'}}\ldots n)^{T+t+t'}\ldots\begin{pmatrix}T+t+t' & : & A+\overline{a}+\overline{a'}\\ -(t'-\overline{t'}),0 & : & 0,-[\overline{a}-a]\end{pmatrix}$$

$$+ddN(u^{A+a+\overline{a'}}\ldots n)^{T+t+t'}\ldots\begin{pmatrix}T+t+t' & : & A+a+\overline{a'}\\ -(t'-\overline{t'}),0 & : & 0,-[\overline{a'}-a']\end{pmatrix}.$$

Au reste, quoique toutes les variations qui se rencontreront dans les différencielles qui vont se présenter, soient négatives, nous les présenterons sous une forme positive, pour plus de simplicité : comme leur résultat doit être une différencielle d'un ordre égal à la dimension de la quantité différenciée, cela est indifférent (16) pour la valeur finale.

Problème XXV.

Soient $(u^{a,\overline{a}}\ldots n)^{t,\overline{t}}=0$, $(u^{a',\overline{a'}}\ldots n)^{t',\overline{t'}}=0$, $(u^{a'',\overline{a''}}\ldots n)^{t'',\overline{t''}}=0$, &c. *un nombre* n *d'équations incomplettes du second ordre, renfermant chacune les mêmes inconnues au nombre de* n. *On demande le degré de l'équation finale.*

(181.) Concevons d'abord qu'il n'y ait que deux équations : & feignant que nous avons multiplié la seconde par le polynome $(u^{A}\ldots n)^{T}$, ce qui donnera le polynome du second ordre $(u^{A+a',A+\overline{a'}}\ldots n)^{T+t',T+\overline{t'}}$, imaginons que nous multiplions celui-ci par la première équation, ce qui donnera le polynome du quatrième ordre

$$(u^{A+a+a',A+\overline{a'}+a,A+a'+\overline{a},A+\overline{a'}+\overline{a}}\ldots n)^{T+t+t',T+\overline{t'}+t,T+t'+\overline{t},T+\overline{t'}+\overline{t}}$$

dans lequel l'ordre des quantités

$$A+a+a',\ A+\overline{a'}+a,\ A+a'+\overline{a},\ A+\overline{a'}+\overline{a},$$

& des quantités

$$T+t+t',\ T+\overline{t'}+t,\ T+t'+\overline{t},\ T+\overline{t'}+\overline{t}.$$

N'est assujéti qu'à l'égard de la première & de la dernière qui sont telles que la première est la plus petite, & la dernière la plus grande dans la première ſuite : c'eſt le contraire dans la ſeconde ſuite.

Quant aux deux quantités intermédiaires, la première peut être plus grande ou plus petite que la ſeconde.

Cela poſé, il eſt facile de voir, 1.° Qu'on peut toujours faire diſparoître, dans le polynome $(u^{A+a', A+\overline{a'}} \ldots n)^{T+t', T+\overline{t'}}$, à l'aide de la ſeconde équation, un nombre de termes exprimé par $N(u^{A} \ldots n)^{T}$.

2.° Qu'on peut, pareillement, à l'aide de la même ſeconde équation, faire diſparoître dans le polynome

$$(u^{A+a'+a, A+\overline{a'}+a, A+a'+\overline{a}, A+\overline{a'}+\overline{a}} \ldots n)^{T+t'+t, T+\overline{t'}+t, T+t'+\overline{t}, T+\overline{t'}+\overline{t}},$$

un nombre de termes $= N(u^{A+a, A+\overline{a}} \ldots n)^{T+t, T+\overline{t}}$.

Donc ſi on conçoit qu'ayant pris arbitrairement un polynome de la forme $(u^{A+a', A+\overline{a'}} \ldots n)^{T+t', T+\overline{t'}}$, on multiplie la première équation, par ce polynome, on pourra toujours réduire l'équation-produit qui en réſultera, à un nombre de termes exprimé par

$$N(u^{A+a'+a, A+\overline{a'}+a, A+a'+\overline{a}, A+\overline{a'}+\overline{a}} \ldots n)^{T+t'+t, T+\overline{t'}+t, T+t'+\overline{t}, T+\overline{t'}+\overline{t}}$$
$$- N(u^{A+a, A+\overline{a}} \ldots n)^{T+t, T+\overline{t}} - N(u^{A+a', A+\overline{a'}} \ldots n)^{T+t', T+\overline{t'}} + N(u^{A} \ldots n)^{T}.$$

(182.) Suppoſons à préſent qu'il y ait trois équations; & prenons un polynome de la forme

$$(u^{A+a'+a'', A+\overline{a}+a'', A+a'+\overline{a''}, A+\overline{a'}+\overline{a''}} \ldots n)^{T+t'+t'', T+\overline{t'}+t'', T+t'+\overline{t''}, T+\overline{t'}+\overline{t''}};$$

forme dans laquelle les variétés des expoſans de u, ainſi que celles des expoſans du polynome peuvent ſe ſuccéder dans pluſieurs ordres différens.

Concevons qu'on multiplie la première équation par ce polynome; on aura une équation-produit dans laquelle la ſuite des expoſans de A, & celle des variétés de T, ſeront

$$A+a+a'+a'',\ A+a+\overline{a'}+a'',\ A+a+a'+\overline{a''},\ A+a+a'+\overline{a''},\ A+\overline{a}+a'+a'',$$
$$A+\overline{a}+\overline{a'}+a'',\ A+\overline{a}+a'+\overline{a''},\ A+\overline{a}+\overline{a'}+\overline{a''}.$$

$$T+t+t'+t'',\ T+t+\overline{t'}+t'',\ T+t+t'+\overline{t''},\ T+t+\overline{t'}+\overline{t''},\ T+\overline{t}+t'+t'',$$
$$T+\overline{t}+\overline{t'}+t'',\ T+\overline{t}+t'+\overline{t''},\ T+\overline{t}+\overline{t'}+\overline{t''}.$$

Et si, pour abréger, on représente le nombre des termes de ce polynome ou de cette équation-produit, par N', on verra ; 1.° qu'on peut toujours réduire le nombre des termes du polynome-multiplicateur, à un nombre exprimé par

$$N(u^{A+a'+a'', A+\overline{a'}+a'', A+a'+\overline{a''}, A+\overline{a'}+\overline{a''}} \ldots n)^{T+t'+t'', T+\overline{t'}+t'', T+t'+\overline{t''}, T+\overline{t'}+\overline{t''}}$$

$$-N(u^{A+a', A+\overline{a'}} \ldots n)^{T+t', T+\overline{t'}} - N(u^{A+a'', A+\overline{a'}} \ldots n)^{T+t'', T+\overline{t''}} + N(u^{A} \ldots n)^{T};$$

& cela, à l'aide des deux dernières équations.

2.° Et que par conséquent à l'aide de ces deux mêmes équations, & des coëfficiens du polynome-multiplicateur, on pourra réduire l'équation-produit à un nombre de termes exprimé par

$$N' - N(u^{A+a+a', A+a+\overline{a'}, A+\overline{a}+a', A+\overline{a}+\overline{a'}})^{T+t+t', T+t+\overline{t'}, T+\overline{t}+t', T+\overline{t}+\overline{t'}}$$

$$-N(u^{A+a+a'', A+a+\overline{a''}, A+\overline{a}+a'', A+\overline{a}+\overline{a''}})^{T+t+t'', T+t+\overline{t''}, T+\overline{t}+t'', T+\overline{t}+\overline{t''}}$$

$$+N(u^{A+a, A+\overline{a}})^{T+t, T+\overline{t}}$$

$$-N(u^{A+a'+a'', A+\overline{a'}+a'', A+a'+\overline{a''}, A+\overline{a'}+\overline{a''}})^{T+t'+t'', T+\overline{t'}+t'', T+t'+\overline{t''}, T+\overline{t'}+\overline{t''}}$$

$$+N(u^{A+a', A+\overline{a'}})^{T+t', T+\overline{t'}} + N(u^{A+a'', A+\overline{a''}})^{T+t'', T+\overline{t''}} - N(u^{A})^{T}.$$

Il est facile de voir maintenant, comment, pour un nombre quelconque d'équations, on trouvera le nombre des termes restans dans l'équation-produit.

(183.) Donc s'il est possible d'avoir, par ce moyen, une expression générale du degré de l'équation finale de ces sortes d'équations, il faut que l'expression du nombre des termes restans, se trouve être une différencielle exacte de l'ordre n.

Si la chose n'a pas lieu, c'est une preuve que la forme que nous venons de prendre pour le polynome-multiplicateur, n'est pas celle qui convient généralement, & que ce polynome est d'un autre ordre.

(184.) La forme que nous venons de prendre pour le polynome-multiplicateur, est bonne généralement pour les équations à deux inconnues, incomplettes d'un ordre quelconque. Il n'en est pas de même pour un plus grand nombre d'inconnues : elle ne peut avoir lieu que dans certains cas.

Voyons d'abord comment elle a généralement lieu pour les équations à deux inconnues, incomplettes d'un ordre quelconque. Nous verrons ensuite quelque cas où elle a lieu pour les équations incomplettes à un plus grand nombre d'inconnues, & nous terminerons en faisant voir comment on arrivera à déterminer cette forme dans les autres cas.

(185.) Supposons donc deux équations, & deux inconnues.

Je prends donc, pour polynome-multiplicateur, un polynome de cette forme

$$(u^{A+a', A+\bar{a}'} \ldots 2)^{T+t', T+\bar{t}'}.$$

L'équation-produit qui est alors

$$(u^{A+a+a', A+a+\bar{a}', A+\bar{a}+a', A+\bar{a}+\bar{a}'} \ldots 2)^{T+t+t', T+t+\bar{t}', T+\bar{t}+t', T+\bar{t}+\bar{t}'}$$

présente les deux cas suivans relatifs aux exposans de u, & les deux cas suivans relatifs aux variétés dans les exposans des dimensions de cette équation

$$A+a+\bar{a}' < A+\bar{a}+a', \ \& \ A+a+\bar{a}' > A+\bar{a}+a',$$

$$T+t+\bar{t}' > T+\bar{t}+t', \ \& \ T+t+\bar{t}' < T+\bar{t}+t',$$

qui sont la même chose que

$$\bar{a}-a > \bar{a}'-a', \ \& \ \bar{a}-a < \bar{a}'-a'$$

$$t-\bar{t} > t'-\bar{t}', \ \& \ t-\bar{t} < t'-\bar{t}'.$$

Et comme chacun de ces deux derniers cas peut avoir lieu avec chacun des deux premiers, il s'ensuit qu'on a les quatre cas suivans.

$$t-\bar{t} > t'-\bar{t}'; \ \bar{a}-a > \bar{a}'-a'$$

$$t-\bar{t} > t'-\bar{t}'; \ \bar{a}-a < \bar{a}'-a'$$

$$t-\bar{t} < t'-\bar{t}'; \ \bar{a}-a > \bar{a}'-a'$$

$$t-\bar{t} < t'-\bar{t}'; \ \bar{a}-a < \bar{a}'-a'.$$

Dans le premier cas, l'équation-produit sera telle que nous venons de la représenter.

Dans le second cas, sa forme sera

$$(u^{A+a+a', A+a+\bar{a}', A+\bar{a}+\bar{a}'} \ldots 2)^{T+t+t', T+t+\bar{t}', T+\bar{t}+\bar{t}'},$$

c'est-à-dire,

c'est-à-dire, qu'elle sera un polynome du troisième ordre, parce que dès la dimension $T+t+\bar{t'}$, le plus grand exposant de u étant plus grand que la troisième variété $A+\bar{a}+a'$, celle-ci n'est plus une variété.

Dans le troisième cas, la forme sera

$$(u^{A+a+a',\,A+\bar{a}+a',\,A+\bar{a}+\bar{a'}} \ldots 2)^{T+t+t',\,T+\bar{t}+t',\,T+\bar{t}+\bar{t'}},$$

puisque l'exposant $A+\bar{a}+a'$, plus grand que $A+a+\bar{a'}$, entrant dès la dimension $T+\bar{t}+t'$, plus grande que $T+t+\bar{t'}$, couvrira la variété $A+a+\bar{a'}$, laquelle ne sera par conséquent plus une variété.

Dans le quatrième cas, la forme sera

$$(u^{A+a+a',\,A+\bar{a}+a',\,A+a+\bar{a'},\,A+\bar{a}+\bar{a'}} \ldots 2)^{T+t+t',\,T+\bar{t}+t',\,T+t+\bar{t'},\,T+\bar{t}+\bar{t'}}.$$

Donc, dans le premier cas, si on nomme D le nombre des termes restans dans l'équation finale, on aura

$$D = N(u^{A+a+a',\,A+a+\bar{a'},\,A+\bar{a}+a',\,A+\bar{a}+\bar{a'}} \ldots 2)^{T+t+t',\,T+t+\bar{t'},\,T+\bar{t}+t',\,T+\bar{t}+t}$$

$$-N(u^{A+a,\,A+\bar{a}} \ldots 2)^{T+t,\,T+\bar{t}} - N(u^{A+a',\,A+\bar{a'}} \ldots 2)^{T+t',\,T+\bar{t'}} + N(u^{A} \ldots 2)^{T}.$$

Or (171) on a

$$1.^{\circ}\ N(u^{A+a+a',\,A+a+\bar{a'},\,A+\bar{a}+a',\,A+\bar{a}+\bar{a'}} \ldots 2)^{T+t+t',\,T+t+\bar{t'},\,T+\bar{t}+t',\,T+\bar{t}+\bar{t'}}$$

$$= N(u^{A+\bar{a}+\bar{a'}} \ldots 2)^{T+t+t'} - dd\,N(u^{A+\bar{a}+\bar{a'}} \ldots 2)^{T+t+t'} \ldots \left(\begin{matrix} T+t+t' \\ t'-\bar{t'},0 \end{matrix} : \begin{matrix} A+\bar{a}+\bar{a'} \\ 0,\bar{a}-a+\bar{a'}-a' \end{matrix}\right)$$

$$- dd\,N(u^{A+\bar{a}+\bar{a'}} \ldots 2)^{T+t+\bar{t'}} \ldots \left(\begin{matrix} T+t+\bar{t'} \\ t-\bar{t}-t'+\bar{t'},0 \end{matrix} : \begin{matrix} A+\bar{a}+\bar{a'} \\ 0,\bar{a}-a \end{matrix}\right),$$

$$- dd\,N(u^{A+\bar{a}+\bar{a'}} \ldots 2)^{T+\bar{t}+t'} \ldots \left(\begin{matrix} T+\bar{t}+t' \\ t'-\bar{t'},0 \end{matrix} : \begin{matrix} A+\bar{a}+\bar{a'} \\ 0,\bar{a'}-a' \end{matrix}\right).$$

$$2.^{\circ}\ N(u^{A+a,\,A+\bar{a}} \ldots 2)^{T+t,\,T+\bar{t}} = N(u^{A+\bar{a}} \ldots 2)^{T+t}$$

$$- dd\,N(u^{A+\bar{a}} \ldots 2)^{T+t} \ldots \left(\begin{matrix} T+t \\ t-\bar{t},0 \end{matrix} : \begin{matrix} A+\bar{a} \\ 0,\bar{a}-a \end{matrix}\right).$$

$$3.^{\circ}\ N(u^{A+a',\,A+\bar{a'}} \ldots 2)^{T+t',\,T+\bar{t'}} = N(u^{A+\bar{a'}} \ldots 2)^{T+t'}$$

$$- dd\,N(u^{A+\bar{a'}} \ldots 2)^{T+t'} \ldots \left(\begin{matrix} T+t' \\ t'-\bar{t'},0 \end{matrix} : \begin{matrix} A+\bar{a'} \\ 0,\bar{a'}-a' \end{matrix}\right).$$

D'ailleurs (180) on a

$$1.^\circ\ ddN(u^{A+\bar{a}+\bar{a}'}\ldots 2)^{T+t+t'}\ldots\left(\begin{matrix} T+t+t' \\ t'-\bar{t}',0 \end{matrix} : \begin{matrix} A+\bar{a}+\bar{\bar{a}}' \\ 0,\bar{a}-a+\bar{a}-a' \end{matrix}\right)$$

$$= ddN(u^{A+\bar{a}+\bar{a}'}\ldots 2)^{T+t+t'}\ldots\left(\begin{matrix} T+t+t' \\ t'-\bar{t}',0 \end{matrix} : \begin{matrix} A+\bar{a}+\bar{a}' \\ 0,\bar{a}-a \end{matrix}\right)$$

$$+ ddN(u^{A+a+\bar{a}'}\ldots 2)^{T+t+t'}\ldots\left(\begin{matrix} T+t+t' \\ t'-\bar{t}',0 \end{matrix} : \begin{matrix} A+a+\bar{a}' \\ 0,\bar{a}'-a' \end{matrix}\right).$$

$$2.^\circ\ ddN(u^{A+\bar{a}+\bar{a}'}\ldots 2)^{T+t+\bar{t}'}\ldots\left(\begin{matrix} T+t+\bar{t}' \\ t-\bar{t}-t'+\bar{t}',0 \end{matrix} : \begin{matrix} A+\bar{a}+\bar{a}' \\ 0,\bar{a}-a \end{matrix}\right)$$

$$= ddN(u^{A+\bar{a}+\bar{a}'}\ldots 2)^{T+t+\bar{t}'}\ldots\left(\begin{matrix} T+t+\bar{t}' \\ t-\bar{t},0 \end{matrix} : \begin{matrix} A+\bar{a}+\bar{a}' \\ 0,\bar{a}-a \end{matrix}\right)$$

$$- ddN(u^{A+\bar{a}+\bar{a}'}\ldots 2)^{T+\bar{t}+\bar{t}'}\ldots\left(\begin{matrix} T+\bar{t}+\bar{t}' \\ t'-\bar{t}',0 \end{matrix} : \begin{matrix} A+\bar{a}+\bar{a}' \\ 0,\bar{a}-a \end{matrix}\right).$$

Faisant donc toutes les substitutions, on aura

$$D = N(u^{A+\bar{a}+\bar{a}}\ldots 2)^{T+t+t'} - N(u^{A+\bar{a}}\ldots 2)^{T+t'} - N(u^{A+\bar{a}'}\ldots 2)^{T+t'} + N(u^{A}\ldots 2)^{T}$$

$$- ddN(u^{A+\bar{a}+\bar{a}'}\ldots 2)^{T+t+t'}\ldots\left(\begin{matrix} T+t+t' \\ t'-\bar{t}',0 \end{matrix} : \begin{matrix} A+\bar{a}+\bar{a}' \\ 0,\bar{a}-a \end{matrix}\right)$$

$$- ddN(u^{A+a+\bar{a}'}\ldots 2)^{T+t+t'}\ldots\left(\begin{matrix} T+t+t' \\ t'-\bar{t}',0 \end{matrix} : \begin{matrix} A+a+\bar{a}' \\ 0,\bar{a}'-a' \end{matrix}\right)$$

$$- ddN(u^{A+\bar{a}+\bar{a}'}\ldots 2)^{T+t+\bar{t}'}\ldots\left(\begin{matrix} T+t+\bar{t}' \\ t-\bar{t},0 \end{matrix} : \begin{matrix} A+\bar{a}+\bar{a}' \\ 0,\bar{a}-a \end{matrix}\right)$$

$$+ ddN(u^{A+\bar{a}+\bar{a}'}\ldots 2)^{T+\bar{t}+\bar{t}'}\ldots\left(\begin{matrix} T+\bar{t}+\bar{t}' \\ t'-\bar{t}',0 \end{matrix} : \begin{matrix} A+\bar{a}+\bar{a}' \\ 0,\bar{a}-a \end{matrix}\right)$$

$$- ddN(u^{A+\bar{a}+\bar{a}'}\ldots 2)^{T+\bar{t}+t'}\ldots\left(\begin{matrix} T+\bar{t}+t' \\ t'-\bar{t}',0 \end{matrix} : \begin{matrix} A+\bar{a}+\bar{a}' \\ 0,\bar{a}'-a' \end{matrix}\right)$$

$$+ ddN(u^{A+\bar{a}}\ldots 2)^{T+t}\ldots\left(\begin{matrix} T+t \\ t-\bar{t},0 \end{matrix} : \begin{matrix} A+\bar{a} \\ 0,\bar{a}-a \end{matrix}\right)$$

$$+ ddN(u^{A+\bar{a}'}\ldots 2)^{T+t'}\ldots\left(\begin{matrix} T+t' \\ t'-\bar{t}',0 \end{matrix} : \begin{matrix} A+\bar{a}' \\ 0,\bar{a}'-a' \end{matrix}\right).$$

Présentement, si on fait attention que

$$1.^\circ\ - ddN(u^{A+\bar{a}+\bar{a}'}\ldots 2)^{T+t+t'}\ldots\left(\begin{matrix} T+t+t' \\ t'-\bar{t}',0 \end{matrix} : \begin{matrix} A+\bar{a}+\bar{a}' \\ 0,\bar{a}-a \end{matrix}\right)$$

$$+ ddN(u^{A+\bar{a}+\bar{a}'}\ldots 2)^{T+\bar{t}+\bar{t}'}\ldots\left(\begin{matrix} T+\bar{t}+\bar{t}' \\ t'-\bar{t},0 \end{matrix} : \begin{matrix} A+\bar{a}+\bar{a}' \\ 0,\bar{a}-a \end{matrix}\right),$$

$$= -d^3 N(u^{A+\overline{a}+\overline{a'}} \ldots 2)^{T+t+t'} \ldots \left(\begin{matrix} T+t+t' \\ t'-\overline{t'}, 0, t-\overline{t}+t'-\overline{t'} \end{matrix} : \begin{matrix} A+\overline{a}+\overline{a'} \\ 0, \overline{a}-a, 0 \end{matrix}\right) = 0.$$

2.° Que pareillement $-dd N(u^{A+\overline{a}+\overline{a'}} \ldots 2)^{T+t+\overline{t'}} \ldots \left(\begin{matrix} T+t+\overline{t'} \\ t-\overline{t}, 0 \end{matrix} : \begin{matrix} A+\overline{a}+\overline{a'} \\ 0, \overline{a}-a \end{matrix}\right)$

$$+ dd N(u^{A+\overline{a}} \ldots 2)^{T+t} \ldots \left(\begin{matrix} T+t \\ t-\overline{t}, 0 \end{matrix} : \begin{matrix} A+\overline{a} \\ 0, \overline{a}-a \end{matrix}\right)$$

$$= -d^3 N(u^{A+\overline{a}+\overline{a'}} \ldots 2)^{T+t+\overline{t'}} \ldots \left(\begin{matrix} T+t+t' \\ t-\overline{t}, 0, \overline{t'} \end{matrix} : \begin{matrix} A+\overline{a}+\overline{a'} \\ 0, \overline{a}-a, \overline{a'} \end{matrix}\right) = 0;$$

3.° Que $-dd N(u^{A+\overline{a}+\overline{a'}} \ldots 2)^{T+\overline{t}+t'} \ldots \left(\begin{matrix} T+\overline{t}+t' \\ t'-\overline{t'}, 0 \end{matrix} : \begin{matrix} A+\overline{a}+\overline{a'} \\ 0, \overline{a'}-a' \end{matrix}\right)$

$$+ dd N(u^{A+\overline{a'}} \ldots 2)^{T+t'} \ldots \left(\begin{matrix} T+t' \\ t'-\overline{t'}, 0 \end{matrix} : \begin{matrix} A+\overline{a'} \\ 0, \overline{a'}-a' \end{matrix}\right)$$

$$= -d^3 N(u^{A+\overline{a}+\overline{a'}} \ldots 2)^{T+\overline{t}+t'} \ldots \left(\begin{matrix} T+\overline{t}+t' \\ t'-\overline{t'}, 0, \overline{t} \end{matrix} : \begin{matrix} A+\overline{a}+\overline{a'} \\ 0, \overline{a'}-a', \overline{a} \end{matrix}\right) = 0;$$

4.° Et qu'enfin

$$N(u^{A+\overline{a}+\overline{a'}} \ldots 2)^{T+t+t'} - N(u^{A+\overline{a}} \ldots 2)^{T+t} - N(u^{A+\overline{a'}} \ldots 2)^{T+t'} + N(u^{A} \ldots 2)^{T}$$

$$= dd N(u^{A+\overline{a}+\overline{a'}} \ldots 2)^{T+t+t'} \ldots \left(\begin{matrix} T+t+t' \\ t, t' \end{matrix} : \begin{matrix} A+\overline{a}+\overline{a'} \\ \overline{a}, \overline{a'} \end{matrix}\right).$$

On verra que la valeur de D se réduit à

$$D = dd N(u^{A+\overline{a}+\overline{a'}})^{T+t+t'} \ldots \left(\begin{matrix} T+t+t' \\ t, t' \end{matrix} : \begin{matrix} A+\overline{a}+\overline{a'} \\ \overline{a}, \overline{a'} \end{matrix}\right)$$

$$- dd N(u^{A+\overline{a}+\overline{a'}} \ldots 2)^{T+t+t'} \ldots \left(\begin{matrix} T+t+t' \\ t'-\overline{t'}, 0 \end{matrix} : \begin{matrix} A+\overline{a}+\overline{a'} \\ 0, \overline{a'}-a' \end{matrix}\right).$$

C'est-à-dire, $D = tt' - (t-\overline{a}).(t'-\overline{a'}) - (t'-\overline{t'}).(\overline{a'}-a')$.

(186.) Après le détail que nous venons de donner au calcul du premier cas, il est sans doute superflu de nous arrêter de même sur chacun des trois autres : nous nous contenterons donc de donner les résultats. Mais auparavant, nous ferons observer que si $\underset{\prime}{a}$ & $\underset{\prime}{\overline{a}}$ représentent les deux variétés des exposans de la seconde inconnue dans la première équation ; & que $\underset{\prime}{a'}$, $\underset{\prime}{\overline{a'}}$ représentent les quantités analogues pour la seconde équation, on aura relativement à cette seconde inconnue les deux cas suivans

$$\underset{,}{\bar{a}} - \underset{,}{a} > \underset{,}{\bar{a}}' - \underset{,}{a}' \quad \& \quad \underset{,}{\bar{a}} - \underset{,}{a} < \underset{,}{\bar{a}}' - \underset{,}{a}',$$

lesquels pouvant avoir lieu avec chacun des quatre précédens, il en résulte que la valeur du degré D de l'équation finale dans les équations incomplettes du second ordre, à deux inconnues, est susceptible de huit valeurs relatives aux huit différens rapports de grandeur entre les exposans des équations & des inconnues.

On trouvera ces huit valeurs telles qu'on les voit dans la table suivante, où pour abréger, nous avons fait

$$D' = tt' - (t - \bar{a}).(t' - \bar{a}') - (t - \underset{,}{\bar{a}}).(t' - \underset{,}{\bar{a}}').$$

Table des différentes valeurs du degré de l'équation finale dans tous les cas possibles des équations incomplettes du second ordre, à deux inconnues.

Cas	Valeurs correspondantes de D.
$t - \bar{t} < t' - \bar{t}'$; $\bar{a} - a < \bar{a}' - a'$; $\underset{,}{\bar{a}} - \underset{,}{a} < \underset{,}{\bar{a}}' - \underset{,}{a}'$	$D = D' - (t - \bar{t}).(a - a + \underset{,}{\bar{a}} - \underset{,}{a})$
$t - \bar{t} < t' - \bar{t}'$; $\bar{a} - a > \bar{a}' - a'$; $\underset{,}{\bar{a}} - \underset{,}{a} < \underset{,}{\bar{a}}' - \underset{,}{a}'$	$D = D' - (t - \bar{t}).(\bar{a}' - a' + \underset{,}{\bar{a}} - \underset{,}{a})$
$t - \bar{t} < t' - \bar{t}'$; $\bar{a} - a < \bar{a}' - a'$; $\underset{,}{\bar{a}} - \underset{,}{a} > \underset{,}{\bar{a}}' - \underset{,}{a}'$	$D = D' - (t - \bar{t}).(\bar{a} - a + \underset{,}{\bar{a}}' - \underset{,}{a}')$
$t - \bar{t} < t' - \bar{t}'$; $\bar{a} - a > \bar{a}' - a'$; $\underset{,}{\bar{a}} - \underset{,}{a} > \underset{,}{\bar{a}}' - \underset{,}{a}'$	$D = D' - (t - \bar{t}).(\bar{a}' - a' + \underset{,}{\bar{a}}' - \underset{,}{a}')$
$t - \bar{t} > t' - \bar{t}'$; $\bar{a} - a < \bar{a}' - a'$; $\underset{,}{\bar{a}} - \underset{,}{a} < \underset{,}{\bar{a}}' - \underset{,}{a}'$	$D = D' - (t' - \bar{t}').(\bar{a} - a + \underset{,}{\bar{a}} - \underset{,}{a})$
$t - \bar{t} > t' - \bar{t}'$; $\bar{a} - a > \bar{a}' - a'$; $\underset{,}{\bar{a}} - \underset{,}{a} < \underset{,}{\bar{a}}' - \underset{,}{a}'$	$D = D' - (t' - \bar{t}').(\bar{a}' - a' + \underset{,}{\bar{a}} - \underset{,}{a})$
$t - \bar{t} > t' - \bar{t}'$; $\bar{a} - a < \bar{a}' - a'$; $\underset{,}{\bar{a}} - \underset{,}{a} > \underset{,}{\bar{a}}' - \underset{,}{a}'$	$D = D' - (t' - \bar{t}').(\bar{a} - a + \underset{,}{\bar{a}}' - \underset{,}{a}')$
$t - \bar{t} > t' - \bar{t}'$; $\bar{a} - a > \bar{a}' - a'$; $\underset{,}{\bar{a}} - \underset{,}{a} > \underset{,}{\bar{a}}' - \underset{,}{a}'$	$D = D' - (t' - \bar{t}').(\bar{a}' - a' + \underset{,}{\bar{a}}' - \underset{,}{a}')$.

(187.) Supposons actuellement que les deux équations proposées soient du troisième ordre, & représentées par

$$(u^{a, \bar{a}, \bar{\bar{a}}} \ldots 2)^{t, \bar{t}, \bar{\bar{t}}} = 0, \quad (u^{a', \bar{a}', \bar{\bar{a}}'} \ldots 2)^{t', \bar{t}', \bar{\bar{t}}'} = 0.$$

D'après ce qui a été dit (181 *& suiv.*), on doit prendre pour polynome-multiplicateur un polynome de cette forme

$$(u^{A+a', A+\bar{a}', A+\bar{\bar{a}}'} \ldots 2)^{T+t', T+\bar{t}', T+\bar{\bar{t}}'},$$

alors l'équation-produit aura pour variétés dans les exposans de u,

& pour variétés dans les exposans de ses dimensions, les deux suites ci-dessous

$$A+a+a',\ A+\bar{a}+a',\ A+\bar{\bar{a}}+a',\ A+a+\bar{a'},\ A+\bar{a}+\bar{a'}\ A+\bar{\bar{a}}+\bar{a'}\ A+a+\bar{\bar{a'}},$$
$$A+\bar{a}+\bar{\bar{a'}},\ A+\bar{\bar{a}}+\bar{\bar{a'}},$$

$$T+t+t',\ T+\bar{t}+t',\ T+\bar{\bar{t}}+t',\ T+t+\bar{t'},\ T+\bar{t}+\bar{t'},\ T+\bar{\bar{t}}+\bar{t'},\ T+t+\bar{\bar{t'}},$$
$$T+\bar{t}+\bar{\bar{t'}},\ T+\bar{\bar{t}}+\bar{\bar{t'}}.$$

Suites dans lesquelles l'ordre de succession des différens termes, peut être différent de celui qu'on voit ici, selon les différens rapports de grandeur des quantités

$$a,\ a';\ \bar{a},\ \bar{a'};\ \bar{\bar{a}},\ \bar{\bar{a'}};\ t,\ t';\ \bar{t},\ \bar{t'};\ \bar{\bar{t}},\ \bar{\bar{t'}};$$

il n'y a que les deux extrêmes dont la position dans chaque suite soit invariable.

Mais pour nous borner au calcul d'un seul cas, supposons que l'ordre actuel de ces quantités soit celui qui convient à leurs rapports de grandeur; c'est-à-dire, supposons $A+\bar{\bar{a}}+\bar{\bar{a'}}$ le plus grand de tous; $A+\bar{a}+\bar{\bar{a'}}$ plus grand que tous ceux qui le précédent, mais plus petit que celui qui le suit; $A+a+\bar{\bar{a'}}$ plus grand que chacun de ceux qui le précédent, mais plus petit que tous ceux qui le suivent, & ainsi de suite; supposons le contraire pour les quantités $T+\bar{\bar{t}}+\bar{\bar{t'}}$, $T+\bar{t}+\bar{\bar{t'}}$, $T+t+\bar{\bar{t'}}$, prises dans le même ordre. Toutes ces conditions se réduisent aux suivantes

$$\bar{\bar{a'}}-\bar{a'}>\bar{\bar{a}}-a\ ;\ \bar{a'}-a'>\bar{\bar{a}}-a$$
$$t'-\bar{t'}>t-\bar{\bar{t}}\ ;\ t'-\bar{\bar{t'}}>t-\bar{\bar{t}}.$$

L'équation-produit sera donc alors un polynome incomplet du neuvième ordre; le nombre des termes qu'on pourra y faire disparoître, à l'aide de la seconde équation, sera celui des termes du polynome $(u^{A+a,\ A+\bar{a},\ A+\bar{\bar{a}}} \ldots 2)^{T+t,\ T+\bar{t},\ T+\bar{\bar{t}}}$.

Et le nombre des termes qu'on pourra faire disparoître dans le polynome-multiplicateur, à l'aide de la même seconde équation, sera celui des termes du polynome $(u^{A} \ldots 2)^{T}$.

Donc, si on représente par N' le nombre des termes de l'équation-produit; par N'' celui des termes qu'on peut y faire disparoître à l'aide de la seconde équation ; par N''' le nombre des termes du polynome-multiplicateur ; & par N^{iv} le nombre des termes qu'on peut faire disparoître dans ce dernier, à l'aide de la seconde équation, on a actuellement les valeurs de N', N'', N''', N^{iv}.

Si on traite ces valeurs comme nous avons fait (185), & qu'on substitue les résultats dans l'équation $D = N' - N'' - N''' + N^{iv}$, D représentant le degré de l'équation finale, on trouvera

$$\begin{aligned}
D = {} & ddN(u^{A+\bar{\bar{a}}+\bar{\bar{a}}'})^{T+t+t'} \ldots \left(\begin{matrix} T+t+t' \\ t,\ t' \end{matrix} ; \begin{matrix} A+\bar{\bar{a}}+\bar{\bar{a}}' \\ \bar{\bar{a}},\ \bar{\bar{a}}' \end{matrix}\right) \\
& - ddN(u^{A+\bar{\bar{a}}+\bar{\bar{a}}'})^{T+t+t'} \ldots \left(\begin{matrix} T+t+t' \\ t-\bar{\bar{t}},\ 0 \end{matrix} ; \begin{matrix} A+\bar{\bar{a}}+\bar{\bar{a}}' \\ 0,\ \bar{\bar{a}}-a+\bar{\bar{a}}'-a' \end{matrix}\right) \\
& - ddN(u^{A+\bar{\bar{a}}+\bar{\bar{a}}'})^{T+\bar{t}+t'} \ldots \left(\begin{matrix} T+\bar{t}+t' \\ \bar{t}-\bar{\bar{t}},\ 0 \end{matrix} ; \begin{matrix} A+\bar{\bar{a}}+\bar{\bar{a}}' \\ 0,\ \bar{\bar{a}}-\bar{a}+\bar{\bar{a}}'-a' \end{matrix}\right) \\
& - ddN(u^{A+\bar{\bar{a}}+\bar{\bar{a}}'})^{T+t+\bar{t}'} \ldots \left(\begin{matrix} T+t+\bar{t}' \\ t-\bar{t},\ 0 \end{matrix} ; \begin{matrix} A+\bar{\bar{a}}+\bar{\bar{a}}' \\ 0,\ \bar{\bar{a}}-a+\bar{\bar{a}}'-\bar{a}' \end{matrix}\right) \\
& - ddN(u^{A+\bar{\bar{a}}+\bar{\bar{a}}'})^{T+\bar{t}+\bar{t}'} \ldots \left(\begin{matrix} T+\bar{t}+\bar{t}' \\ \bar{t}-\bar{\bar{t}},\ 0 \end{matrix} ; \begin{matrix} A+\bar{\bar{a}}+\bar{\bar{a}}' \\ 0,\ \bar{\bar{a}}-\bar{a}+\bar{\bar{a}}'-\bar{a}' \end{matrix}\right) \\
& + ddN(u^{A+\bar{\bar{a}}+\bar{\bar{a}}'})^{T+\bar{\bar{t}}+\bar{t}'} \ldots \left(\begin{matrix} T+\bar{\bar{t}}+\bar{t}' \\ t-\bar{\bar{t}},\ 0 \end{matrix} ; \begin{matrix} A+\bar{\bar{a}}+\bar{\bar{a}}' \\ 0,\ \bar{\bar{a}}'-a' \end{matrix}\right),
\end{aligned}$$

c'est-à-dire,

$$\begin{aligned}
D = {} & tt' - (t-\bar{\bar{a}}).(t'-\bar{\bar{a}}') - (t-\bar{t}).(\bar{\bar{a}}-a+\bar{\bar{a}}'-a') \\
& - (\bar{t}-\bar{\bar{t}}).(\bar{\bar{a}}-\bar{a}+\bar{\bar{a}}'-a') - (t-\bar{t}).(\bar{\bar{a}}-a+\bar{\bar{a}}'-\bar{a}') - \\
& - (t-\bar{\bar{t}}).(\bar{\bar{a}}-\bar{a}+\bar{\bar{a}}'-\bar{a}') + (t-\bar{\bar{t}}).(\bar{\bar{a}}'-a') ;
\end{aligned}$$

qui en faisant attention que $t-\bar{\bar{t}} = t-\bar{t}+\bar{t}-\bar{\bar{t}}$, se réduit à

$$\begin{aligned}
D = {} & tt' - (t-\bar{\bar{a}}).(t'-\bar{\bar{a}}') - 2(t-\bar{t}).(\bar{\bar{a}}-a) - 2(t-\bar{\bar{t}}).(\bar{\bar{a}}-\bar{a}) \\
& - (2t-\bar{t}-\bar{\bar{t}}).(\bar{\bar{a}}'-\bar{a}').
\end{aligned}$$

On trouvera de même la valeur de D qui convient à chacun des autres cas auxquels peuvent donner lieu les rapports de grandeurs des quantités

$$\bar{\bar{a}}-a,\ \bar{\bar{a}}-\bar{a},\ \bar{a}-a,\ \bar{\bar{a}}'-a',\ \bar{\bar{a}}'-\bar{a}',\ \bar{a}'-a' ;$$

$$t-\bar{t},\ t-\bar{\bar{t}},\ \bar{t}-\bar{\bar{t}},\ t'-\bar{t}',\ t'-\bar{\bar{t}}',\ \bar{t}'-\bar{\bar{t}}' ;$$

& cela, soit que l'équation-produit soit, comme dans le cas

que nous venons d'examiner, un polynome incomplet du neuvième ordre, soit que, comme il arrivera souvent aussi par les rapports des quantités t aux quantités a, elle soit un polynome de tout autre ordre inférieur.

Et d'après ce que nous avons dit (186), on n'aura plus de peine à trouver la valeur de D, ayant égard aux quantités analogues à a, $\overline{a}$, $\overline{\overline{a}}$, a', $\overline{a'}$, $\overline{\overline{a'}}$, pour la seconde inconnue.

(188.) En général, si l'on fait attention que pour les équations incomplettes de quelque ordre que ce soit, à deux inconnues, le degré de l'équation finale est toujours exprimé par une fonction qui n'est composée d'aucune différencielle d'un ordre moindre que le second : on voit que dans quelque cas que ce soit, on pourra toujours assigner la fonction des exposans des deux équations données, qui est l'expression du degré de l'équation finale.

(189.) Il n'en est pas de même dans les équations à un plus grand nombre d'inconnues. La forme que nous avons indiquée (181 & *suiv.*), ne sera pas toujours propre à réduire l'expression du degré de l'équation finale à être une fonction de différencielles dont aucune ne soit d'un ordre moindre que le nombre des inconnues. Par exemple, pour les équations à trois inconnues, de la forme $(u^{a, \overline{a}} \ldots 3)^{t, \overline{t}} = 0$; le polynome-multiplicateur ne peut pas, généralement parlant, être un polynome incomplet d'un ordre moindre que le polynome

$$(u^{A+a'+a'', A+a'+\overline{a''}, A+\overline{a'}+a'', A+\overline{a'}+\overline{a''}} \ldots 3)^{T+t'+t'', T+t'+\overline{t''}, T+\overline{t'}+t'', T+\overline{t'}+\overline{t}}$$

qui est celui (181 & *suiv.*) qu'on doit en effet prendre pour polynome-multiplicateur de l'équation $(u^{a, \overline{a}} \ldots 3)^{t, \overline{t}} = 0$; mais il se peut, & il arrivera dans plusieurs cas, que ce polynome-multiplicateur devra être incomplet d'un ordre supérieur. Il n'est pas néanmoins impossible de déterminer d'une manière directe quelle doit être cette forme dans chaque cas, & par conséquent le degré de l'équation finale en fonction des exposans des équations & des inconnues; mais c'est un travail extrêmement compliqué. Nous allons faire voir quelques-uns des cas, où la forme indiquée (181 & *suiv.*) est suffisante : nous donnerons ensuite une idée de la marche qu'on doit tenir pour déterminer le degré de l'équation finale, dans tous les cas; & nous verrons dans le second Livre que le procédé que nous enseignerons pour l'élimination, conduira toujours à l'équation du degré le plus bas possible, quand même on n'auroit pas de moyens pour s'assurer antérieurement de ce degré.

(190.) Proposons-nous donc de déterminer le degré de l'équation finale pour trois équations à trois inconnues de la forme

$$(u^{a,\overline{a}}\ldots 3)^{t,\overline{t}}=0,\ (u^{a',\overline{a}'}\ldots 3)^{t',\overline{t}'}=0,\ (u^{a'',\overline{a}''}\ldots 3)^{t'',\overline{t}''}=0.$$

Prenons pour polynome-multiplicateur de la première, le polynome

$$(u^{A+a'+a'',A+a'+\overline{a}'',A+\overline{a}'+a'',A+\overline{a}'+\overline{a}''}\ldots 3)^{T+t'+t'',T+t'+\overline{t}'',T+\overline{t}'+t'',T+\overline{t}'+\overline{t}''}$$

dans lequel l'ordre des quantités peut être différent de celui qu'on voit ici, selon les rapports de grandeur de ces quantités.

L'équation-produit sera un polynome du huitième ordre, dans lequel les variétés des exposans de l'inconnue u, & des exposans du polynome seront telles qu'il suit

$$A+a+a'+a'',\ A+a+a'+\overline{a}'',\ A+a+\overline{a}'+a'',\ A+a+\overline{a}'+\overline{a}'',\ A+\overline{a}+a'+a'',$$
$$A+\overline{a}+a'+\overline{a}'',\ A+\overline{a}+\overline{a}'+a'',\ A+\overline{a}+\overline{a}'+\overline{a}'';$$

$$T+t+t'+t'',\ T+t+t'+\overline{t}'',\ T+t+\overline{t}'+t'',\ T+t+\overline{t}'+\overline{t}'',\ T+\overline{t}+t'+t'',$$
$$T+\overline{t}+t'+\overline{t}'',\ T+\overline{t}+\overline{t}'+t'',\ T+\overline{t}+\overline{t}'+\overline{t}''.$$

Si on nomme N' le nombre des termes de cette équation;

N'' le nombre des termes qu'on peut faire disparoître dans cette équation, à l'aide de la seconde;

N''' le nombre des termes qu'on peut y faire disparoître, à l'aide de la troisième équation;

N^{iv} le nombre de termes qu'à l'aide de la troisième équation, on peut faire disparoître dans le polynome, à l'aide duquel on peut faire disparoître le nombre N'' de termes dans l'équation-produit.

Si on nomme pareillement $\underset{'}{N}'$, $\underset{'}{N}''$, $\underset{'}{N}'''$, $\underset{'}{N}^{\text{iv}}$, les quantités qui, pour

pour le polynome-multiplicateur, sont analogues à ce que sont $\underset{\prime}{N}'$, $\underset{\prime}{N}''$, $\underset{\prime}{N}'''$, $\underset{\prime}{N}^{\text{iv}}$ pour l'équation-produit, on aura pour l'expression du degré de l'équation finale

$$D = N' - N'' - N''' + N^{\text{iv}} - \underset{\prime}{N}' + \underset{\prime}{N}'' + \underset{\prime}{N}''' - \underset{\prime}{N}^{\text{iv}}.$$

Or, d'après ce qui a été dit (171), il est facile d'avoir N' pour un cas quelconque des différens rapports de grandeur des exposans. Quant à N'', N''', N^{iv}, $\underset{\prime}{N}'$, &c. il est facile de voir que N'' est le nombre des termes d'un polynome incomplet du quatrième ordre dont les variétés sont telles qu'il suit

$$A + a + a'', \quad A + a + \overline{a''}, \quad A + \overline{a} + a'', \quad A + \overline{a} + \overline{a''}$$

$$T + t + t'', \quad T + t + \overline{t''}, \quad T + \overline{t} + t'', \quad T + \overline{t} + \overline{t''}.$$

Que N''' est le nombre des termes d'un polynome incomplet du quatrième ordre dont les variétés sont

$$A + a + a', \quad A + a + \overline{a'}, \quad A + \overline{a} + a', \quad A + \overline{a} + \overline{a'}$$

$$T + t + t', \quad T + t + \overline{t'}, \quad T + \overline{t} + t', \quad T + \overline{t} + \overline{t'}.$$

Que N^{iv} est le nombre des termes d'un polynome incomplet du second ordre dont les variétés sont

$$A + a, \quad A + \overline{a}$$

$$T + t, \quad T + \overline{t}.$$

Que $\underset{\prime}{N}'$ est le nombre des termes d'un polynome incomplet du quatrième ordre dont les variétés sont

$$A + a' + a'', \quad A + a' + \overline{a''}, \quad A + \overline{a'} + a'', \quad A + \overline{a'} + \overline{a''}$$

$$T + t' + t'', \quad T + t' + \overline{t''}, \quad T + \overline{t'} + t'', \quad T + \overline{t'} + \overline{t''}.$$

Que $\underset{\prime}{N}''$ est le nombre des termes d'un polynome incomplet du second ordre dont les variétés sont

$$A + a'', \quad A + \overline{a''}$$

$$T + t'', \quad T + \overline{t''}.$$

Que $\underset{\prime}{N}'''$ est le nombre des termes d'un polynome incomplet du second ordre dont les variétés sont

$$A + a', \quad A + \overline{a'}$$

$$T + t', \quad T + \overline{t'}.$$

Et qu'enfin N^{iv} eſt le nombre des termes du polynome incomplet du premier ordre $(u^A \ldots 3)^T$.

On aura donc facilement, pour chaque cas des différens rapports de grandeur des expoſans, l'expreſſion de chacune des quantités qui entrent dans la valeur de D.

Mais puiſque le réſultat de leur ſubſtitution dans l'expreſſion de D, n'eſt pas généralement un compoſé de différencielles dont aucune ne ſoit d'un ordre inférieur à trois, bornons-nous à un des cas où le réſultat de cette ſubſtitution peut être tel.

Suppoſons, par exemple, que les trois équations données ſont telles que $t - \overline{t} = t' - \overline{t'} = t'' - \overline{t''}$.

Alors pluſieurs des variétés des expoſans de u, dans l'équation-produit, répondront à une même dimenſion, & la ſuite de ces variétés pourra être écrite ainſi

$$A + a + a' + a'',\ A + a + a' + \overline{a''},\ A + a + \overline{a'} + \overline{a''},\ A + \overline{a} + \overline{a'} + \overline{a''},$$
$$A + a + \overline{a'} + a'',\ A + \overline{a} + a' + \overline{a''},$$
$$A + \overline{a} + a' + a'',\ A + \overline{a} + \overline{a'} + a''.$$

$$T + t + t' + t'',\ T + t + t' + \overline{t''},\ T + t + \overline{t'} + \overline{t''},\ T + \overline{t} + \overline{t'} + \overline{t''}.$$

C'eſt-à-dire, que l'équation-produit ne ſera alors qu'un polynome du quatrième ordre, dont la forme ſera abſolument déterminée par le plus grand des trois expoſans

$$A + a + a' + \overline{a''},\ A + a + \overline{a'} + a'',\ A + \overline{a} + a' + a'',$$

& le plus grand des trois expoſans

$$A + a + \overline{a'} + \overline{a''},\ A + \overline{a} + a' + \overline{a''},\ A + \overline{a} + \overline{a'} + a''.$$

Ainſi le cas de $t - \overline{t} = t' - \overline{t'} = t'' - \overline{t''}$ préſente les ſix cas ſuivans

$\overline{a} - a > \overline{a'} - a' > \overline{a''} - a''$	$\overline{a'} - a' > \overline{a''} - a'' > \overline{a} - a$
$\overline{a} - a > \overline{a''} - a'' > \overline{a'} - a'$	$\overline{a''} - a'' > \overline{a} - a > \overline{a'} - a'$
$\overline{a'} - a' > \overline{a} - a > \overline{a''} - a''$	$\overline{a''} - a'' > \overline{a'} - a' > \overline{a} - a.$

Prenons le premier de ces ſix cas : l'équation-produit ſera

donc un polynome du quatrième ordre dont les variétés feront

$$A+a+a'+a'',\ A+\overline{a}+a'+a'',\ A+\overline{a}+\overline{a'}+a'',\ A+\overline{a}+\overline{a'}+\overline{a''},$$
$$T+t+t'+t'',\ T+t+t'+\overline{t''},\ T+t+\overline{t'}+\overline{t''},\ T+\overline{t}+\overline{t'}+\overline{t''}.$$

Le polynome dont N'' exprime le nombre des termes, fera du troisième ordre, & aura pour variétés

$$A+a+a'',\ A+\overline{a}+a'',\ A+\overline{a}+\overline{a''}.$$
$$T+t+t'',\ T+t+\overline{t''},\ T+\overline{t}+\overline{t''}.$$

Le polynome dont N''' exprime le nombre des termes, fera du troisième ordre, & aura pour variétés

$$A+a+a',\ A+\overline{a}+a',\ A+\overline{a}+\overline{a'}.$$
$$T+t+t',\ T+t+\overline{t'},\ T+\overline{t}+\overline{t'}.$$

Le polynome dont N^{IV} exprime le nombre des termes, fera du second ordre, & aura pour variétés

$$A+a,\ A+\overline{a}.$$
$$T+t,\ T+\overline{t}.$$

Le polynome dont $\underset{\cdot}{N}'$ exprime le nombre des termes, fera du troisième ordre, & aura pour variétés

$$A+a'+a'',\ A+\overline{a'}+a'',\ A+\overline{a'}+\overline{a''}.$$
$$T+t'+t'',\ T+t'+\overline{t''},\ T+\overline{t'}+\overline{t''}.$$

Le polynome dont $\underset{\cdot}{N}''$ exprime le nombre des termes, aura pour variétés

$$A+a'',\ A+\overline{a''}.$$
$$T+t'',\ T+\overline{t''}.$$

Le polynome dont $\underset{\cdot}{N}'''$ exprime le nombre des termes, aura pour variétés

$$A+a',\ A+\overline{a'}.$$
$$T+t',\ T+\overline{t'}.$$

Préfentement, fi à l'aide de ce qui a été dit (171 & 180), on détermine les valeurs de N', N'', &c. & fi on les ſubſtitue dans l'expreſſion de D, on trouvera

$$D = d^3 N(u^{A+\bar{a}+\bar{a}'+\bar{a}''})^{T+t+t'+t''} \ldots \left(\begin{matrix} T+t+t'+t'' \\ t,\ t',\ t'' \end{matrix} \vdots \begin{matrix} A+\bar{a}+\bar{a}'+\bar{a}'' \\ \bar{a},\ \bar{a}',\ \bar{a}'' \end{matrix}\right)$$

$$- d^3 N(u^{A+\bar{a}+\bar{a}'+\bar{a}''})^{T+t+t'+\bar{t}''} \ldots \left(\begin{matrix} T+t+t'+\bar{t}'' \\ t''-\bar{t}'',\ 0,\ t'-\bar{t}'+\bar{t}'' \end{matrix} \vdots \begin{matrix} A+\bar{a}+\bar{a}'+\bar{a}'' \\ 0,\ \bar{a}'-a',\ \bar{a}'' \end{matrix}\right)$$

$$- d^3 N(u^{A+\bar{a}+a'+\bar{a}''})^{T+t+t'+\bar{t}''} \ldots \left(\begin{matrix} T+t+t'+\bar{t}'' \\ t''-\bar{t}'',\ 0,\ t' \end{matrix} \vdots \begin{matrix} A+\bar{a}+a'+\bar{a}'' \\ 0,\ \bar{a}''-a'',\ a' \end{matrix}\right)$$

$$- d^3 N(u^{A+\bar{a}+\bar{a}'+\bar{a}''})^{T+t+\bar{t}'+\bar{t}''} \ldots \left(\begin{matrix} T+t+\bar{t}'+\bar{t}'' \\ t''-\bar{t}'',\ 0,\ t-t'+\bar{t}' \end{matrix} \vdots \begin{matrix} A+\bar{a}+\bar{a}'+\bar{a}'' \\ 0,\ \bar{a}''-a'',\ \bar{a}' \end{matrix}\right)$$

qui ſe réduit à

$$D = tt't'' - (t-\bar{a}).(t'-\bar{a}').(t''-\bar{a}'') - (t''-\bar{t}'').(\bar{a}'-a').(t'-\bar{t}'+\bar{t}''-\bar{a}'')$$
$$- (t''-\bar{t}'').(\bar{a}''-a'').(t-\bar{a}+\bar{t}'-a').$$

(191.) On trouvera de la même manière la valeur de D, qui répond à chacun des cinq autres cas.

(192.) La valeur de D peut encore être exprimée en fonction des expoſans des équations & des inconnues, en employant un polynome-multiplicateur tel qu'il a été dit (190). 1.° Lorſque $\bar{a} - a = \bar{a}' - a' = \bar{a}'' - a''$; 2.° lorſque l'une quelconque des trois équations n'eſt incomplette que du premier ordre; 3.° & enfin dans quelques autres cas dont nous ne pourſuivrons pas l'examen.

Concluſion pour les équations incomplettes d'un ordre quelconque.

(193.) De tout ce qui précède, on peut conclure 1.° pour les équations complettes de quelque degré que ce ſoit, en quelque nombre qu'elles ſoient, & renfermant un pareil nombre d'inconnues; 2.° pour les équations incomplettes du premier ordre, ſoit qu'elles ſoient incomplettes ſeulement relativement à chaque inconnue conſidérée ſeule à ſeule, comme le ſont les équations traitées (140 *& ſuiv.*), ſoit qu'elles ſoient incomplettes relativement aux inconnues conſidérées deux à deux, trois à trois, quatre à quatre, &c. on peut, dis-je, conclure qu'en prenant un polynome incomplet du premier ordre, & d'une forme auſſi générale ſeulement que les équations propoſées, polynome que pour plus de ſimplicité je repréſente par $(u^A \ldots n)^T$, & feignant qu'on le multiplie ſucceſſivement par toutes les équations propoſées, il en réſultera toujours un polynome du premier ordre qui ſera la forme de l'équation que juſqu'ici nous avons nommé l'*équation-produit*.

Que ſi on feint également que l'on forme tous les produits poſſibles du polynome $(u^A \ldots n)^T$ par les produits des équations propoſées, multipliées deux à deux, trois à trois, quatre à quatre, &c. tous les différens produits qui en réſulteront, ſeront également des polynomes du premier ordre, & repréſenteront les différens polynomes qui, par le nombre de leurs termes, concourent à l'expreſſion du degré de l'équation finale.

Qu'il ſera toujours poſſible de prendre le polynome $(u^A \ldots n)^T$, tel que l'expreſſion du degré de l'équation finale compoſée des nombres de termes de tous ces différens polynomes, devienne une différencielle exacte d'un ordre égal au nombre des inconnues ou des équations, & par conſéquent une fonction des quantités connues ou expoſans qui déterminent la nature de ces équations; c'eſt-à-dire, que pour déterminer le degré de l'équation finale, ſoit dans les équations complettes, ſoit dans les équations incomplettes du premier ordre, la conſidération des polynomes incomplets du premier ordre ſuffit.

A l'égard des équations incomplettes d'ordres ſupérieurs au premier; ſi on prend de même un polynome $(u^A \ldots n)^T$ du premier ordre, & qu'on le conçoive multiplié ſucceſſivement, comme ci-deſſus, par toutes les équations propoſées : en ſuppoſant cette forme propre à la détermination du degré de l'équation finale, le produit total, & les produits partiels de ce polynome par les produits des équations propoſées multipliées deux à deux, trois à trois, quatre à quatre, &c. ſeront propres à repréſenter tous les différens polynomes qui, par le nombre de leurs termes, concourent à l'expreſſion du degré de l'équation finale.

Mais il n'y a que pour les équations à deux inconnues où cette forme ſimple ſuffiſe pour trouver l'expreſſion générale du degré de l'équation finale : & dans les équations à un plus grand nombre d'inconnues, elle ne peut faire trouver le degré de l'équation finale, que pour certains rapports de grandeur entre les variétés des exposans des équations & des inconnues; parce que les nombres de termes des différens polynomes qui concourrent à l'expression du degré de l'équation finale, ne pouvant plus former généralement des quantités semblables, parce qu'ils appartiennent à des polynomes de différens ordres, la totalité de ces expressions ne peut pas, d'après cette seule forme, donner généralement une différencielle exacte d'un ordre égal au nombre des inconnues.

On voit donc qu'au lieu du polynome $(u^{A} \ldots n)^{T}$, il faudroit en général, prendre un polynome $(u^{A, \bar{A}, \bar{\bar{A}}, \bar{\bar{\bar{A}}}, \&c.} \ldots n)^{T, \bar{T}, \bar{\bar{T}}, \bar{\bar{\bar{T}}}, \&c.}$ & feignant les mêmes multiplications que ci-devant, en conclure les différentes expressions tant de l'équation-produit & du polynome-multiplicateur, que des autres polynomes que nous sçavons actuellement devoir entrer dans l'expression du degré de l'équation finale. Alors dans cette expression générale & indéterminée du degré de l'équation finale, on détermineroit les valeurs des quantités $\bar{\bar{\bar{A}}}-A, \bar{\bar{A}}-A, \bar{A}-A$, &c. $T-\bar{\bar{\bar{T}}}, T-\bar{\bar{T}}, T-\bar{T}$, &c. par la condition que la totalité des termes qui composent cette expression générale, devient une différencielle exacte d'un ordre égal au nombre des inconnues.

Mais si on fait attention qu'en prenant $(u^{A} \ldots n)^{T}$, on est conduit pour le cas seulement de trois équations & trois inconnues, à une équation-produit du huitième ordre; & au nombre prodigieux de cas que cette équation présente, on verra qu'en prenant la forme immédiatement moins simple $(u^{A, \bar{A}} \ldots n)^{T, \bar{T}}$, on seroit conduit à une équation-produit du seizième ordre, laquelle présenteroit encore un plus grand nombre de cas à discuter tant entre les variétés des exposans connus, qu'entre les variétés indéterminées $A, \bar{A}; T, \bar{T}$.

Il n'est donc pas étonnant que nous ne poursuivions pas plus loin ces recherches.

Quoiqu'il en soit, on voit qu'on parviendra toujours, par cette méthode, à déterminer le degré de l'équation finale, dans quelque équation que ce soit, puisqu'il n'y a point d'équation qui ne soit comprise dans la forme des équations incomplettes d'un ordre quelconque, & point de polynome-multiplicateur qui ne ſoit compris dans la forme d'un polynome-multiplicateur d'un ordre quelconque.

Il arrivera à la vérité ſans doute bien ſouvent, qu'il faudra bien du travail avant que de s'être aſſuré de la vraie forme du polynome $(u^{A, \overline{A}, \overline{\overline{A}}, \overline{\overline{\overline{A}}}, \&c.} \ldots n)^{T, \overline{T}, \overline{\overline{T}}, \overline{\overline{\overline{T}}}, \&c.}$ c'eſt-à-dire, avant d'avoir conſtaté ſi pour un cas général propoſé quelconque, il peut être $(u^{A} \ldots n)^{T}$, ou $(u^{A, \overline{A}} \ldots n)^{T, \overline{T}}$, ou $(u^{A, \overline{A}, \overline{\overline{A}}} \ldots n)^{T, \overline{T}, \overline{\overline{T}}}$, ou, &c.

Mais nous reviendrons ſur cet objet dans la ſuite de cet Ouvrage, & nous donnerons une idée de la manière de trouver l'expreſſion du degré de l'équation finale, en employant ſeulement le polynome $(u^{A} \ldots n)^{T}$ conçu multiplié comme ci-deſſus. Nous aurons donc donné des moyens aſſurés de déterminer, dans quelque cas que ce ſoit, le plus bas degré où puiſſe monter l'équation finale réſultante d'un nombre quelconque d'équations algébriques quelconques, renfermant un pareil nombre d'inconnues, lorſque ces équations ont toute la généralité poſſible entre leurs coëfficiens. Nous ferons plus, nous donnerons même les moyens de déterminer le plus bas degré poſſible, lorſque des relations quelconques entre les coëfficiens des équations donnent lieu à l'abaiſſement de l'équation finale.

THÉORIE GÉNÉRALE DES ÉQUATIONS A UN NOMBRE QUELCONQUE D'INCONNUES, ET DE DEGRÉS QUELCONQUES.

LIVRE SECOND.

DANS lequel on donne le procédé pour arriver à l'équation finale résultante d'un nombre quelconque d'équations à pareil nombre d'inconnues, & où l'on expose plusieurs propriétés générales des Quantités & des Équations algébriques.

OBSERVATIONS GÉNÉRALES.

(194.) LA méthode par laquelle, dans le Livre premier; nous sommes parvenus à déterminer le degré de l'équation finale, indique assez que l'art d'éliminer, à la fois, toutes les inconnues moins une, se réduit à la méthode d'élimination dans les équations du premier degré, à un nombre quelconque d'inconnues. Il paroîtroit donc qu'il reste peu de choses à dire sur cette matière, puisqu'on a des méthodes pour avoir rapidement l'expression de chacune des inconnues dans les équations du premier degré. Mais quand même la méthode, pour déterminer les valeurs des inconnues dans les équations du premier degré, auroit toute la perfection que nous nous proposons de lui donner, nous laisserions en terminant ici nos recherches, plus d'un objet qu'il importe de développer, & nous abandonnerions plusieurs points importans de la Théorie générale des équations.

En effet 1.° nous avons vu dans le Livre précédent qu'on ne devoit pas regarder tous les coëfficiens du polynome-multiplicateur comme pouvant être employés indistinctement à l'élimination: il

Il est donc indispensable de faire connoître quels sont ceux qui y sont véritablement utiles, & ce qu'on doit, ou ce qu'on peut faire des autres.

2.° Ce n'est que pour plus de facilité à présenter nos idées sur le degré de l'équation finale, que nous avons réduit la question à concevoir que l'on multiplie l'une seulement des équations proposées, par un polynome indéterminé, & qu'à l'aide des autres équations on fasse disparoître, tant dans ce polynome, que dans l'équation-produit, tous les termes qu'il est possible d'en faire disparoître sans en introduire de nouveaux. L'opération nécessaire pour faire disparoître ces termes, ou pour en disposer d'une manière quelconque, autorisée par l'état de la question, ramène véritablement la question de l'élimination, à multiplier chaque équation par un polynome-multiplicateur particulier, & à faire de tous ces produits une somme dans laquelle, après la destruction des termes que l'état de la question anéantit, il ne doit rester d'autres termes que ceux qui doivent composer l'équation finale.

Il est donc indispensable de faire connoître ces différens polynomes-multiplicateurs.

3.° Il ne suffit pas d'avoir, par ce moyen, réduit l'élimination dans les équations de degrés quelconques, à l'élimination dans les équations du premier degré : il importe que ces dernières soient au plus petit nombre possible, avec la condition de ne rien dissimuler des connoissances relatives au problème qu'expriment les équations proposées. Car il faut bien remarquer, & nous en verrons des exemples par la suite, que si un plus petit nombre de coëfficiens indéterminés, employés pour la solution d'une question, conduit à une solution plus simple, ce n'est quelquefois qu'en ne donnant qu'une partie des connoissances qu'on peut avoir sur cette question, & en dissimulant les autres.

Lorsqu'une question, traitée analytiquement, admet plus de coëfficiens indéterminés qu'elle n'en a besoin relativement à un certain point de vue, on est sans doute le maître, généralement parlant, de déterminer les coëfficiens surnuméraires par telles conditions que l'on juge à propos. Mais si dans la vue de simplifier les calculs, on les suppose égaux à zéro, cette supposition peut détacher, de l'expression générale des coëfficiens, certains facteurs qui expriment des propriétés de la question : c'est ce que la suite éclaircira.

4.° Il ne suffit pas de s'être assuré, par les moyens donnés dans le premier Livre, du plus bas degré auquel l'équation finale peut monter, lorsqu'aucune relation particulière entre les coëfficiens des équations données ne peut donner lieu à aucun abaissement ultérieur de ce degré. Il importe de connoître quelles sont les relations qui pourroient donner lieu à cet abaissement ultérieur. Cette dernière connoissance est d'autant plus nécessaire, que sans elle on seroit exposé à admettre des solutions qui ne peuvent avoir lieu.

La seule méthode d'élimination qu'on connoisse jusqu'à présent pour ne pas donner de racines inutiles, la méthode d'élimination successive; cette méthode, dis-je, qui n'a d'ailleurs cette propriété de ne point donner de racines inutiles, que lorsqu'il n'y a que deux équations & deux inconnues, n'a pas même cette propriété sans exceptions. C'est une remarque qui, ce me semble, ne s'est présentée jusqu'ici à aucun Analyste. Cette méthode évite, à la vérité, de donner à l'équation finale un degré plus élevé que ne le comportent généralement les degrés particuliers des deux équations données; mais elle ne donne aucune connoissance des symptômes auxquels on peut reconnoître si quelques relations particulières entre les coëfficiens de ces deux équations ne permettent pas un abaissement du degré de l'équation finale : en sorte que le résultat qu'elle donne, reste du même degré soit que cette relation ait lieu, soit qu'elle n'ait pas lieu.

Il s'agit donc de faire voir comment, dans quelques cas que ce soit, on arrivera à l'équation finale du plus bas degré possible, à celle qui ne donnera pour la question aucune solution qui ne satisfasse à toutes les équations à la fois.

Enfin, après avoir exposé quelle est la manière la plus générale de résoudre le problème de l'élimination, sans introduire rien qui n'ait rapport à la question, & sans en rien écarter qui y ait rapport; nous ferons voir comment on peut le résoudre de la manière la plus simple, c'est-à-dire, avec le plus petit nombre de coëfficiens, lorsqu'on ne veut pas se mettre en peine des relations particulières qui donneroient lieu à l'abaissement. Mais ces connoissances, & plusieurs autres dont nous nous occuperons successivement, ayant pour base la Théorie de l'élimination dans les équations du premier degré, nous commencerons par nous attacher à donner à celle-ci, toute la perfection qui nous a paru être encore à desirer.

Nouvelle méthode pour l'élimination dans les Équations du premier degré à un nombre quelconque d'inconnues.

(195.) A meſure que l'analyſe a fait des progrès, on s'eſt exercé ſur des queſtions plus compoſées, & l'on s'eſt bientôt apperçu que le choix des méthodes pour traiter les équations, n'étoit point du tout indifférent, lorſque ces équations étoient un peu nombreuſes. On a remarqué que pour les équations du premier degré, les plus faciles à traiter, on arrivoit par certaines méthodes, à des réſultats plus compliqués que par d'autres, quoique de même valeur. On a cherché à éviter ces cauſes de complication, & M. Cramer a donné le premier, dans ſon analyſe des lignes courbes, une règle pour obtenir la valeur de chaque inconnue, dans ces ſortes d'équations, dégagée de toute quantité ſuperflue.

J'ai donné enſuite dans les Mémoires de l'Académie des Sciences, *pour l'année 1764*, une règle qui m'a paru d'une pratique beaucoup plus facile, puiſqu'à proprement parler, elle n'exige d'autre attention que celle qu'il faut pour écrire des lettres.

Mrs Vandermonde & de la Place ont donné depuis dans les Mémoires de l'Académie, *pour l'année 1772, ſecond Volume*, de nouveaux moyens, pour conſtruire avec facilité les formules d'élimination propres à ces ſortes d'équations.

Mais lorſqu'il a été queſtion d'appliquer ces différentes méthodes au problème de l'élimination, envisagé dans toute ſon étendue, je me ſuis bientôt apperçu qu'ils laiſſoient tous encore beaucoup à deſirer du côté de la pratique.

(196.) Tant que les équations propoſées renferment tous les termes dont elles ſont ſuſceptibles, aucune de ces méthodes ne fait calculer aucun terme ſuperflu. Mais auſſi, lorſqu'il manque quelques termes à ces équations, on ne profite point de ces ſimplifications. Les formules admettent toujours les mêmes quantités, & ce n'eſt qu'après avoir conſtruit ces formules, qu'une comparaiſon longue & ſucceſſive des équations données, avec ces formules, met à même d'exclure les termes que l'état des équations propoſées anéantit. Il faut conſtruire ces formules dans toute la généralité dont les équations ſont ſuſceptibles, & faire par conséquent le même travail que si les équations avoient toute cette généralité.

Or telle est la nature du problème général de l'élimination, ramené à l'élimination dans les équations du premier degré, que jamais toutes les inconnues de celles-ci ne se trouvent toutes à la fois dans toutes ces équations : & comme le nombre de ces inconnues est très-considérable, on voit que les formules générales d'élimination pourroient aller jusqu'à donner beaucoup plus en travail superflu qu'en travail utile : & nous ne craignons pas d'ajouter, que ce travail deviendroit bientôt impraticable.

(197.) Au lieu donc de nous proposer pour but seulement, de donner des formules générales d'élimination dans les équations du premier degré, nous nous proposons de donner une règle qui soit indifféremment & également applicable aux équations prises dans toute leur généralité, & aux équations considérées avec les simplifications qu'elles pourront offrir : une règle dont la marche soit la même pour les unes que pour les autres, mais qui ne fasse calculer que ce qui est absolument indispensable pour avoir la valeur des inconnues que l'on cherche : une règle qui s'applique indifféremment aux équations numériques & aux équations littérales, sans obliger de recourir à aucune formule. Telle est, si je ne me trompe, la règle suivante.

Règle générale pour calculer, toutes à la fois, ou séparément, les valeurs des inconnues dans les équations du premier degré, soit littérales, soit numériques.

(198.) Soient u, x, y, z, &c. des inconnues dont le nombre soit n, ainsi que celui des équations.

Soient a, b, c, d, &c. les coëfficiens respectifs de ces inconnues dans la première équation.

a', b', c', d', &c. les coëfficiens des mêmes inconnues dans la seconde équation.

a'', b'', c'', d'', &c. les coëfficiens des mêmes inconnues dans la troisième équation ; & ainsi de suite.

Supposez tacitement que le terme tout connu de chaque équation soit affecté aussi d'une inconnue que je représente par t.

Formez le produit $u\,x\,y\,z\,t$ de toutes ces inconnues écrites dans tel ordre que vous voudrez d'abord ; mais cet ordre une fois admis, conservez-le jusqu'à la fin de l'opération.

Echangez successivement, chaque inconnue, contre son coëfficient dans la première équation, en observant de changer le signe à chaque échange pair * : ce résultat sera, ce que j'appelle, une *premiere ligne.*

Echangez dans cette *première ligne*, chaque inconnue, contre son coëfficient dans la seconde équation, en observant, comme ci-devant, de changer le signe à chaque échange pair ; & vous aurez une *seconde ligne.*

Echangez dans cette *seconde ligne*, chaque inconnue, contre son coëfficient dans la troisième équation, en observant de changer le signe à chaque échange pair ; & vous aurez une *troisième ligne.*

Continuez de la même manière jusqu'à la dernière équation inclusivement ; & la dernière *ligne* que vous obtiendrez, vous donnera les valeurs des inconnues de la manière suivante.

Chaque inconnue aura pour valeur une fraction dont le numérateur sera le coëfficient de cette même inconnue dans la dernière ou *n.e ligne*, & qui aura constamment pour dénominateur le coëfficient que l'inconnue introduite t se trouvera avoir dans cette même *n.e ligne.*

(199.) Par exemple, soient les deux équations

$$ax + by + c = 0,$$
$$a'x + b'y + c' = 0.$$

On demande la valeur de x, & celle de y.

J'introduis dans ces deux équations, l'inconnue t, comme il suit

$$ax + by + ct = 0,$$
$$a'x + b'y + c't = 0.$$

Et je forme le produit $x\,y\,t$.

* Nous supposons tous les coëfficiens avec le signe +. Si le contraire avoit lieu, il est clair qu'on y auroit égard en donnant un signe contraire à celui que la règle prescrit.

Je change dans ce produit x en a, puis y en b, puis t en c, & observant de changer le signe, au changement pour y, j'ai cette première ligne

$$ayt - bxt + cxy.$$

Je change dans cette première ligne x en a', y en b', t en c', & observant le changement prescrit pour les signes, j'ai cette seconde ligne

$$ab't - ac'y - a'bt + bc'x + a'cy - b'cx$$

$$\text{ou} \quad (ab' - a'b)t - (ac' - a'c)y + (bc' - b'c)x.$$

D'où (198) je conclus $x = \frac{bc' - b'c}{ab' - a'b}$, $y = \frac{-(ac' - a'c)}{ab' - a'b}$.

(200.) Soient les trois équations suivantes

$$\begin{aligned} ax + by + cz + d &= 0, \\ a'x + b'y + c'z + d' &= 0, \\ a''x + b''y + c''z + d'' &= 0. \end{aligned}$$

Je les écris ainsi

$$\begin{aligned} ax + by + cz + dt &= 0, \\ a'x + b'y + c'z + d't &= 0, \\ a''x + b''y + c''z + d''t &= 0. \end{aligned}$$

Je forme le produit $xyzt$.

Je change successivement x en a, y en b, z en c, t en d, & observant la règle des signes, j'ai pour première ligne

$$ayzt - bxzt + cxyt - dxyz.$$

Je change successivement x en a', y en b', z en c', t en d', & observant la règle des signes, j'ai pour seconde ligne

$$(ab' - a'b)zt - (ac' - a'c)yt + (ad' - a'd)yz + (bc' - b'c)xt - (bd' - b'd)xz + (cd' - c'd)xy.$$

Je change successivement x en a'', y en b'', z en c'', t en d'', & observant la règle des signes, j'ai pour troisième ligne

$$[(ab' - a'b)c'' - (ac' - a'c)b'' + (bc' - b'c)a'']t - [(ab' - a'b)d'' - (ad' - a'd)b'' + (bd' - b'd)a'']z$$
$$+ [(ac' - a'c)d' - (ad - a'd)c'' + (cd' - c'd)a'']y - [(bc' - b'c)d'' - (bd' - b'd)c'' + (cd' - c'd)b'']x.$$

D'où (198) je tire

$$x = \frac{-[(bc'-b'c)d''-(bd'-b'd)c''+(cd'-c'd)b'']}{(ab'-a'b)c''-(ac'-a'c)b''+(bc'-b'c)a''},$$

$$y = \frac{+[(ac'-a'c)d''-(ad'-a'd)c''+(cd'-c'd)a'']}{(ab'-a'b)c''-(ac'-a'c)b''+(bc'-b'c)a''},$$

$$z = \frac{-[(ab'-a'b)d''-(ad'-a'd)b''+(bd'-b'd)a'']}{(ab'-a'b)c''-(ac'-a'c)b''+(bc'-b'c)a''}.$$

(201.) Que si l'on ne vouloit avoir qu'une seule des inconnues, x par exemple; alors on omettroit dans le calcul de chaque ligne, les termes dans lesquels on verroit que ni x, ni t, ne doivent se trouver.

Si on vouloit avoir les valeurs de deux des inconnues, seulement; de x & z par exemple; on n'omettroit dans le calcul de chaque ligne, que les termes où l'on verroit que ni x, ni z, ni t, ne doivent se trouver.

Cette observation nous sera très-utile par la suite; car dans le grand nombre de coëfficiens indéterminés que nous aurons à employer, il n'y en aura qu'un certain nombre dont nous aurons besoin d'avoir la valeur.

(202.) Au reste, s'il s'agissoit de construire des formules générales d'élimination, il suffiroit non seulement de calculer la valeur d'une seule inconnue, mais seulement le coëfficient que cette inconnue doit avoir dans la dernière *ligne*; car on sçait que le dénominateur se conclud facilement du numérateur, & que le numérateur de la valeur de chaque inconnue, se conclud aussi très-facilement du numérateur de la valeur de l'une d'entr'elles.

Ainsi dans l'exemple précédent, pour avoir la valeur de x, j'aurois à calculer la valeur de $xyzt$, en omettant tous les termes où x ne se trouveroit pas. Or avec une légère attention, on voit que cela revient à calculer la valeur de yzt.

On auroit donc comme il suit.

Première ligne..... $bzt - cyt + dyz$.

Second ligne....... $(bc'-b'c)t-(bd'-b'd)z+(cd'-c'd)y$.

Troisième ligne..... $(bc'-b'c)d''-(bd'-b'd)c''+(cd'-c'd)b''$.

C'est le numérateur de la valeur de x, en observant de changer tous les signes, parce qu'en ne calculant que yzt, on ne doit pas perdre de vue que y étoit originairement à une place de n.° pair dans $xyzt$.

(203.) Pourſuivons, en faiſant voir l'application uniforme de notre règle aux équations où toutes les inconnues n'entrent point, & aux équations numériques.

Suppoſons qu'on ait les trois équations ſuivantes

$$au + bx + e = 0,$$
$$a'u + c'y + e' = 0,$$
$$b''x + c''y + e'' = 0.$$

Je calcule donc la valeur de $uxyz$ en introduiſant (198) la nouvelle inconnue z, & j'ai comme il ſuit.

Première ligne. . . . . $axyz - buyz - euxy$.

Seconde lig. . . $-ac'xz + ae'xy - a'byz + bc'uz - be'uy - a'exy - ec'ux$,

ou $-ac'xz + (ae' - a'e)xy - a'byz + bc'uz - be'uy - ec'ux$.

Troiſième ligne. . . $-ac'b''z + ac'e''x + (ae' - a'e)b''y - (ae' - a'e)c''x$
$- a'bc''z + a'be''y - bc'e''u + be'c''u + b''ec'u$,

ou $-(ac'b'' + a'bc'')z + [(ae' - a'e)b'' + a'be'']y - [(ae' - a'e)c'' - ac'e'']x$
$+ [(e'c'' - e''c')b + b''c'e]u$.

D'où l'on tire

$$u = \frac{-[(e'c'' - e''c')b + b''c'e]}{ac'b'' + a'bc''}$$

$$x = \frac{(ae' - a'e)c'' - ac'e''}{ac'b'' + a'bc''}$$

$$y = \frac{-[(ae' - a'e)b'' + a'be'']}{ac'b'' + a'bc''}.$$

(204.) Pour donner un exemple de l'application aux équations numériques, prenons les quatre équations ſuivantes

$$2u + 3x - 8 = 0$$
$$3u + 2y - 9 = 0$$
$$4x + 3z - 20 = 0$$
$$2y + z - 10 = 0.$$

Ayant

Ayant formé (198) le produit $uxyzt$,

J'ai pour première ligne.... $2xyzt - 3uyzt - 8uxyz$.

Seconde ligne........ $-4xzt + 18xyz - 9yzt + 6uzt - 27uyz$
$- 24xyz - 16uxz$,

ou................ $-4xzt - 6xyz - 9yzt + 6uzt - 27uyz - 16uxz$;

Troisième ligne...... $-16zt + 12xt + 80xz - 24yz - 18xy + 27yt$
$+ 180yz - 18ut - 120uz - 81uy + 64uz - 48ux$,

ou $-16zt + 12xt + 80xz + 156yz - 18xy + 27yt - 18ut - 56uz - 81uy - 48ux$.

Quatrième ligne......... $38t + 152z + 114y + 76x + 38u$.

D'où (198) l'on tire $u = \frac{38}{38}$, $x = \frac{76}{38}$, $y = \frac{114}{38}$, $z = \frac{152}{38}$; c'est-à-dire, $u = 1$, $x = 2$, $y = 3$, $z = 4$.

(205.) Si dans le cours du calcul l'une des lignes devient o, c'est une preuve que l'équation que l'on employe actuellement, est comprise dans quelques-unes de celles qu'on a employées avant elles, & n'exprime rien de plus pour la question; en sorte que le nombre des équations n'est pas véritablement égal au nombre des inconnues; alors cette équation est à rejetter.

Par exemple, si l'on avoit ces trois équations

$$2x + 3y + 5z + 6 = 0,$$
$$3x + y + 2z + 5 = 0,$$
$$10x + 8y + 14z + 22 = 0.$$

On auroit pour première ligne... $2yzt - 3xzt + 5xyt - 6xyz$.

Pour seconde ligne...... $-7zt + 11yt - 8yz + xt - 9xz + 13xy$.

Et pour troisième ligne.... $-98t + 154z + 88t - 242y - 64z + 112y + 10t$
$- 22x - 90z + 126x + 130y - 104x$;

c'est-à-dire, zéro.

Donc la troisième équation ne signifie rien de plus que les deux autres : donc le problème est indéterminé, & exprimé par les deux premières équations seulement.

(206.) Si dans le cours des opérations ou à la fin, l'une ou quelques-unes des inconnues disparoissent, en sorte qu'elles ne ſe trouvent point dans la dernière ligne ; alors on doit en conclure que cette inconnue ou ces inconnues qui manquent à la dernière ligne, ont chacune pour valeur zéro.

Par exemple, ſi on avoit les trois équations

$$2x + 4y + 5z - 22 = 0,$$
$$3x + 5y + 2z - 30 = 0,$$
$$5x + 6y + 4z - 43 = 0.$$

On auroit pour première lig. . . $2yzt - 4xzt + 5xyt + 22xyz.$

Pour ſeconde ligne . . . . $-2zt + 11yt + 6yz - 17xt + 10xz - 106xy.$

Et pour troiſième ligne. . . $-27t - 81y - 135x.$

D'où (198) l'on tire $x = \frac{-135}{-27}$, $y = \frac{-81}{-27}$, $z = \frac{0}{-27}$; c'eſt-à-dire, $x = 5$, $y = 3$, $z = 0$.

(207.) On peut encore tirer de la règle que nous venons de donner (198), une conſéquence utile, que nous ne devons pas omettre.

S'il s'agiſſoit, après avoir calculé les valeurs des inconnues, de les ſubſtituer dans une quantité quelconque où ces inconnues entrent, & ne paſſent pas le premier degré ; on aura l'équivalent de cette ſubſtitution, en procédant au calcul d'une nouvelle *ligne*, comme ſi la quantité dans laquelle il s'agit de ſubſtituer, étoit une équation, & diviſant cette nouvelle ligne par le coëfficient que l'inconnue introduite t, aura dans la ligne précédente.

Par exemple, ſi on demande quelle eſt la valeur de la quantité $a''x + b''y + c''$, dans la ſuppoſition qu'on ait les deux équations ſuivantes

$$ax + by + c = 0,$$
$$a'x + b'y + c' = 0.$$

Je forme le produit xyt.

J'ai pour première ligne . . . $ay t - bxt + cxy.$

Pour ſeconde ligne . . . . . . $(ab' - a'b)t - (ac' - a'c)y + (bc' - b'c)x.$

Pour troiſième ligne. . . . . $(ab' - a'b)c'' - (ac' - a'c)b'' + (bc' - b'c)a'';$

donc le résultat de la substitution est

$$\frac{(ab'-a'b)c''-(ac'-a'c)b''+(bc'-b'c)a''}{ab'-a'b}.$$

Nous verrons par la suite comment on doit s'y prendre pour calculer le résultat de la même substitution dans une quantité où les inconnues passeroient le premier degré.

(208.) Comme les équations du premier degré dont nous ferons usage par la suite, sont toutes tellement conditionnées qu'elles ne renferment aucun terme absolument connu, & qu'elles ont autant d'inconnues plus une qu'il y a d'équations, nous ferons à leur sujet quelques remarques qui leur sont particulières.

(219.) Si l'on a un nombre quelconque d'équations du premier degré, dont aucune ne renferme aucun terme absolument connu, & dont le nombre soit moindre d'une unité que le nombre des inconnues, alors la valeur d'une de ces inconnues est arbitraire; & celles de toutes les autres sont proportionnelles à cette valeur arbitraire.

Ainsi si l'on a, par exemple, les deux équations

$$ax+by+cz=0,$$
$$a'x+b'y+c'z=0,$$

& que l'on conçoive qu'ayant donné à z une valeur quelconque, l'unité par exemple, on calcule ensuite la valeur correspondante de x, & celle de y; pour avoir les autres valeurs de x & y, correspondantes à toute autre valeur de z, il n'y aura qu'à multiplier la valeur de x & celle de y, correspondantes à $z=1$, par la nouvelle valeur qu'on veut donner à z.

Ainsi pour $z=1$, on trouveroit $x=\frac{bc'-b'c}{ab'-a'b}$, $y=\frac{-(ac'-a'c)}{ab'-a'b}$;

donc pour $z=m$, on aura $x=\frac{(bc'-b'c)}{ab'-a'b}.m$, $y=\frac{-(ac'-a'c)}{ab'-a'b}.m$.

(210.) Delà il est facile de conclure que pour calculer les valeurs des inconnues dans ces sortes d'équations, on pourra s'y prendre de la manière suivante.

Faire le calcul qui a été prefcrit (198) en regardant l'une des inconnues comme ayant été introduite en exécution de ce qui eft dit (198). Et alors on prendra pour valeur de chaque inconnue, fon coëfficient dans la dernière des lignes qu'on aura à calculer. Ce fera une des valeurs de chacune de ces inconnues. Si on veut en avoir d'autres, on multipliera la valeur de chaque inconnue, qu'on vient de trouver, par un même nombre quelconque.

Ainfi pour avoir toutes les valeurs de x, y, z dans les deux équations

$$ax + by + cz = 0,$$
$$a'x + b'y + c'z = 0.$$

Je forme le produit xyz.

J'ai pour première ligne ... $ayz - bxz + cxy$.

Et pour feconde ligne ..... $(ab' - a'b)z - (ac' - a'c)y + (bc' - b'c)x$.

D'où je conclus

$$z = ab' - a'b,\ y = -(ac' - a'c),\ x = bc' - b'c.$$

Et pour avoir toutes les autres valeurs correfpondantes de x, y, z, j'écris $z = (ab' - a'b).m$, $y = -(ac' - a'c).m$, $x = (bc' - b'c).m$, m étant un nombre quelconque entier ou fractionnaire, pofitif ou négatif.

(211.) Mais comme nous n'aurons befoin, par la fuite, que d'une feule valeur quelconque, de chacune des inconnues, nous nous arrêterons à celle qui réfulte immédiatement du calcul de ce que nous appellons la dernière ligne.

(212.) De-là & de ce qui a été dit (207), on peut conclure que fi on a autant d'équations, fans aucun terme abfolument connu, qu'on a d'inconnues; on aura le réfultat de la fubftitution des valeurs de ces inconnues, dans la dernière équation, c'eft-à-dire, qu'on aura l'équation de condition néceffaire pour que toutes ces équations puiffent avoir lieu à la fois, en procédant au calcul d'une nouvelle ligne. Cette nouvelle ligne égalée à zéro, fera l'équation de condition.

Par exemple, si on a les trois équations

$$a x + b y + c z = 0,$$
$$a' x + b' y + c' z = 0,$$
$$a'' x + b'' y + c'' z = 0.$$

J'aurai pour première ligne... $ayz - bxz + cxy$.

Pour seconde ligne.......... $(ab' - a'b)z - (ac' - a'c)y + (bc' - b'c)x$.

Pour troisième ligne........ $(ab' - a'b)c'' - (ac' - a'c)b'' + (bc' - b'c)a''$.

L'équation de condition est donc

$$(ab' - a'b)c'' - (ac' - a'c)b'' + (bc' - b'c)a'' = 0.$$

Terminons par une remarque qui toute simple qu'elle est, nous sera néanmoins fort utile par la suite.

(213.) Les trois équations précédentes auront lieu à la fois, si l'équation de condition a lieu; mais elles peuvent avoir lieu encore dans un autre cas; c'est celui où l'on auroit tout à la fois

$$x = 0, \; y = 0, \; z = 0.$$

Cette solution qui est évidente, résulte aussi de ce que nous avons dit (206).

(214.) Au reste, la règle générale que nous venons de donner pour calculer les inconnues dans les équations du premier degré, est encore susceptible de quelques degrés de perfection: mais nous ne les ferons connoître que lorsqu'arrivés à traiter les équations qui les rendent nécessaires, on pourra plus facilement en saisir le rapport avec ce que nous venons d'exposer.

Méthode pour trouver des fonctions d'un nombre quelconque de quantités, qui soient zéro par elles-mêmes.

(215.) Lorsque le nombre des quantités qui entrent dans un calcul, est un peu considérable, on sçait qu'on ne donne point ordinairement aux différens produits qui composent le résultat, tout le développement dont ils sont susceptibles; mais qu'au contraire on rassemble, le plus qu'il est possible, les termes qui doivent subir des opérations semblables, & qu'on se contente d'indiquer ces opérations. Cette méthode, qui ſimplifie en effet les calculs, a néanmoins l'inconvénient d'empêcher d'apercevoir les termes qui ſe détruiroient dans le réſultat. Il s'agit ici de conſerver à cette méthode ſes avantages, en la délivrant d'ailleurs du vice dont nous venons de parler.

Dans un Mémoire ſur l'élimination, publié dans les Mémoires de l'Académie *pour 1764*, nous avons fait uſage de fonctions de la nature de celles dont il s'agit ici ; mais ces fonctions étoient faciles à trouver ; en ſorte que n'ayant pas beſoin d'en conſidérer d'une autre eſpèce, nous ne nous ſommes point occupés alors de la méthode néceſſaire pour en trouver dans des cas plus compoſés.

Lorſque nous avons voulu procéder à l'application de notre méthode d'élimination, nous ſommes arrivés à des réſultats que nous ſçavions d'ailleurs ſuſceptibles de réduction ; mais ſans le ſecours des fonctions que nous allons enſeigner à trouver, il ne reſtoit d'autre parti à prendre, pour trouver le réſultat de cette réduction, que d'entrer dans le développement des différentes parties, travail qui auroit été rebutant. Il eſt donc indiſpenſable que nous faſſions connoître ici, ces ſortes de fonctions, & la manière de les trouver. L'analyſe peut en retirer de l'utilité.

(216.) Concevons un nombre n d'équations du premier degré renfermant un nombre $n+1$ d'inconnues, & ſans aucun terme abſolument connu.

Imaginons que l'on augmente le nombre de ces équations, de l'une d'entr'elles; alors il eſt clair que ce que nous appellons (198) la dernière ligne, ſera non-ſeulement l'équation de condition néceſſaire pour que ce nombre $n+1$ d'équations ait lieu; mais encore (205) que cette équation de condition aura lieu ; en ſorte qu'elle ſera une fonction des coëfficiens de ces équations, laquelle ſera zéro par elle-même.

Voilà donc un moyen très-ſimple pour trouver un nombre $n+1$ de fonctions d'un nombre $n+1$ de quantités, leſquelles fonctions ſoient zéro par elles-mêmes.

(217.) Par exemple, ſoient les deux équations

$$a x + b y + c z = 0,$$
$$a' x + b' y + c' z = 0.$$

A ces deux équations, joignons la répétition de la première, c'est-à-dire, feignons que les trois équations

$$ax + by + cz = 0,$$
$$a'x + b'y + c'z = 0,$$
$$ax + by + cz = 0,$$

sont trois équations différentes pour lesquelles nous cherchons l'équation de condition.

Nous aurons pour première ligne ... $ayz - bxz + cxy$.

Pour seconde ligne .... $(ab' - a'b)z - (ac' - a'c)y + (bc' - b'c)x$;

Pour troisième ligne .... $(ab' - a'b)c - (ac' - a'c)b + (bc' - b'c)a$.

Donc

$$(ab' - a'b)c - (ac' - a'c)b + (bc' - b'c)a = 0,$$

est l'équation de condition.

Or il est clair que la troisième équation n'exprimant rien de différent de la première, cette dernière quantité doit être zéro par elle-même; donc si on a ces deux suites de quantités

$$a, b, c,$$
$$a', b', c'.$$

On peut être assuré qu'on aura toujours

$$(ab' - a'b)c - (ac' - a'c)b + (bc' - b'c)a = 0.$$

Et si au lieu de joindre la première équation, c'eût été la seconde, nous aurions trouvé de même

$$(ab' - a'b)c' - (ac' - a'c)b' + (bc' - b'c)a' = 0.$$

(218.) Soient pareillement les trois équations

$$ax + by + cz + dt = 0,$$
$$a'x + b'y + c'z + d't = 0,$$
$$a''x + b''y + c''z + d''t = 0,$$

auxquelles nous joignons l'équation

$$ax + by + cz + dt = 0.$$

Nous aurons pour première lig... $ayzt - bxzt + cxyt - dxyz.$

Pour seconde ligne......... $(ab' - a'b)zt - (ac' - a'c)yt + (ad' - a'd)yz$
$+ (bc' - b'c)xt - (bd' - b'd)xz + (cd' - c'd)xy.$

Pour troisième ligne......... $[(ab' - a'b)c'' - (ac' - a'c)b'' + (bc' - b'c)a'']t$
$- [(ab' - a'b)d'' - (ad' - a'd)b'' + (bd' - b'd)a'']z$
$+ [(ac' - a'c)d'' - (ad' - a'd)c'' + (cd' - c'd)a'']y - [(bc' - b'c)d'' - (bd' - b'd)c'' + (cd' - c'd)b'']x.$

Et enfin pour quatrième ligne, ou pour équation de condition qui aura toujours lieu

$$\left.\begin{array}{l}[(ab' - a'b)c'' - (ac' - a'c)b'' + (bc' - b'c)a'']d - [(ab' - a'b)d'' - (ad' - a'd)b'' + (bd' - b'd)a'']c \\ + [(ac' - a'c)d' - (ad' - a'd)c'' + (cd' - c'd)a'']b - [(bc' - b'c)d'' - (bd' - b'd)c'' + (cd' - c'd)b']a\end{array}\right\} = 0.$$

Donc si on a les trois suites de quantités

$$\begin{array}{cccc} a, & b, & c, & d, \\ a', & b', & c', & d', \\ a'', & b'', & c'', & d'', \end{array}$$

on sera toujours assuré que les trois fonctions suivantes de ces douze quantités, seront zéro par elles-mêmes

$$\left.\begin{array}{l}[(ab' - a'b)c'' - (ac' - a'c)b'' + (bc' - b'c)a'']d - [(ab' - a'b)d'' - (ad' - a'd)b'' + (bd' - b'd)a')c \\ + [(ac' - a'c)d' - (ad' - a'd)c'' + (cd' - c'd)a']b - [(bc' - b'c)d'' - (bd' - b'd)c'' + (cd' - c'd)b'']a\end{array}\right\} = 0;$$

$$\left.\begin{array}{l}[(ab' - a'b)c'' - (ac' - a'c)b'' + (bc' - b'c)a'']d' - [(ab' - a'b)d'' - (ad' - a'd)b'' + (bd' - b'd)a'']c' \\ + [(ac' - a'c)d' - (ad' - a'd)c'' + (cd' - c'd)a'']b' - [(bc' - b'c)d'' - (bd' - b'd)c'' + (cd' - c'd)b'']a'\end{array}\right\} = 0;$$

$$\left.\begin{array}{l}[(ab' - a'b)e'' - (ac' - a'c)b'' + (bc' - b'c)a'']d' - [(ab' - a'b)d'' - (ad' - a'd)b'' + (bd' - b'd)a'']c'' \\ + [(ac' - a'c)d' - (ad' - a'd)c'' + (cd - c'd)a'']b'' - [(bc' - b'c)d'' - (bd' - b'd)c'' + (cd' - c'd)b'']a'\end{array}\right\} = 0;$$

Il ne peut donc à présent être que long, mais facile, d'étendre le nombre de ces théorèmes. Mais ce ne sont pas les seuls que nous ayons besoin de faire connoître.

(219.) Supposons actuellement les deux suites de quantités

$$\begin{array}{l} a, b, c, d, e, f, \text{\&c.} \\ a', b', c', d', e', f', \text{\&c.} \end{array}$$

On voit donc qu'en les combinant trois à trois, on aura cette

cette suite d'équations

$$(ab'-a'b)c-(ac'-a'c)b+(bc'-b'c)a=0,$$
$$(ab'-a'b)c'-(ac'-a'c)b'+(bc'-b'c)a'=0,$$
$$(ab'-a'b)d-(ad'-a'd)b+(bd'-b'd)a=0,$$
$$(ab'-a'b)d'-(ad'-a'd)b'+(bd'-b'd)a'=0,$$
$$(ab'-a'b)e-(ae'-a'e)b+(be'-b'e)a=0,$$
$$(ab'-a'b)e'-(ae'-a'e)b'+(be'-b'e)a'=0,$$

&c.

$$(bc'-b'c)d-(bd'-b'd)c+(cd'-c'd)b=0,$$
$$(bc'-b'c)d'-(bd'-b'd)c'+(cd'-c'd)b'=0,$$
$$(bc'-b'c)e-(be'-b'e)c+(ce'-c'e)b=0,$$
$$(bc'-b'c)e'-(be'-b'e)c'+(ce'-c'e)b'=0,$$
$$(bc'-b'c)f-(bf'-b'f)c+(cf'-c'f)b=0$$
$$(bc'-b'c)f'-(bf'-b'f)c'+(cf'-c'f)b'=0,$$

& ainsi de suite.

Prenons maintenant deux quelconques de ces équations, les deux premières, par exemple,

$$(ab'-a'b)c-(ac'-a'c)b+(bc'-b'c)a=0.$$
$$(ab'-a'b)c'-(ac'-a'c)b'+(bc'-b'c)a'=0.$$

Multiplions la première par d', & la seconde par d, & retranchant le second produit du premier, nous aurons

$$(ab'-a'b).(cd'-c'd)-(ac'-a'c).(bd'-b'd)+(bc'-b'c).(ad'-a'd)=0.$$

(220.) Donc si on a les suites de quantités

$$a,\ b,\ c,\ d,$$
$$a',\ b',\ c',\ d',$$

on sera toujours assuré que

$$(ab'-a'b).(cd'-c'd)-(ac'-a'c).(bd'-b'd)+(bc'-b'c).(ad'-a'd)=0.$$

Donc si on a les deux suites de quantités

$$a,\ b,\ c,\ d,\ e,\ f,\ \&c.$$
$$a',\ b',\ c',\ d',\ e',\ f',\ \&c.$$

& qu'on les combine quatre à quatre ; on trouvera facilement ;

par ce procédé, des fonctions de quatre quelconque des quantités de chacune de ces deux suites, qui sont zéro par elles-mêmes.

(221.) Soient maintenant, les trois suites de quantités

$$\begin{array}{l} a,\ b,\ c,\ d,\ e,\ f,\ \&c. \\ a',\ b',\ c',\ d',\ e',\ f',\ \&c. \\ a'',\ b'',\ c'',\ d'',\ e'',\ f'',\ \&c. \end{array}$$

Selon ce que nous avons vu (218), on aura pour les quatre quantités a, b, c, d, par exemple, les trois équations suivantes

$$\left.\begin{array}{l} [(ab'-a'b)c''-(ac'-a'c)b''+(bc'-b'c)a'']d-[(ab'-a'b)d''-(ad'-a'd)b''+(bd'-b'd)a'']c \\ +[(ac'-a'c)d''-(ad'-a'd)c''+(cd'-c'd)a'']b-[(bc'-b'c)d''-(bd'-b'd)c''+(cd'-c'd)b'']a \end{array}\right\}=0;$$

$$\left.\begin{array}{l} [(ab'-a'b)c''-(ac'-a'c)b''+(bc'-b'c)a'']d'-[(ab'-a'b)d''-(ad'-a'd)b''+(bd'-b'd)a'']c' \\ +[(ac'-a'c)d''-(ad'-a'd)c''+(cd'-c'd)a'']b'-[(bc'-b'c)d''-(bd'-b'd)c''+(cd'-c'd)b'']a' \end{array}\right\}=0;$$

$$\left.\begin{array}{l} [(ab'-a'b)c''-(ac'-a'c)b''+(bc'-b'c)a'']d''-[(ab'-a'b)d''-(ad'-a'd)b''+(bd'-b'd)a'']c'' \\ +[(ac'-a'c)d''-(ad'-a'd)c''+(cd'-c'd)a'']b''-[(bc'-b'c)d''-(bd'-b'd)c''+(cd'-c'd)b'']a'' \end{array}\right\}=0;$$

Concevons présentement que je multiplie la première de ces trois équations par e', la seconde par e, & que je retranche le second produit du premier.

Que je multiplie la première équation par e'', la troisième par e, & que je retranche le second produit du premier.

Que je multiplie la seconde équation par e'', la troisième par e', & que je retranche le second produit du premier.

Alors nous aurons les trois équations suivantes

$$\left.\begin{array}{l} [(ab'-a'b)c''-(ac'-a'c)b''+(bc'-b'c)a''].(de'-d'e)-[(ab'-a'b)d''-(ad'-a'd)b''+(bd'-b'd)a''].(ce'-c'e) \\ +[(ac'-a'c)d''-(ad'-a'd)c''+(cd'-c'd)a''].(be'-b'e)-[(bc'-b'c)d''-(bd'-b'd)c''+(cd'-c'd)b''].(ae'-a'e) \end{array}\right\}=0,$$

$$\left.\begin{array}{l} [(ab'-a'b)c''-(ac'-a'c)b''+(bc'-b'c)a''].(de''-d''e)-[(ab'-a'b)d''-(ad'-a'd)b''+(bd'-b'd)a''].(ce''-c''e) \\ +[(ac'-a'c)d''-(ad'-a'd)c''+(cd'-c'd)a''].(be''-b''e)-[(bc'-b'c)d''-(bd'-b'd)c''+(cd'-c'd)b''].(ae''-a''e) \end{array}\right\}=0,$$

$$\left.\begin{array}{l} [(ab'-a'b)c''-(ac'-a'c)b''+(bc'-b'c)a''].(d'e''-d''e')-[(ab'-a'b)d''-(ad'-a'd)b''+(bd'-b'd)a''].(c'e''-c''e') \\ +[(ac'-a'c)d''-(ad'-a'd)c''+(cd'-c'd)a''].(b'e''-b''e')-[(bc'-b'c)d''-(bd'-b'd)c''+(cd'-c'd)b''].(a'e''-a''e') \end{array}\right\}=0.$$

On voit donc par là comment, en combinant les termes de ces

trois ſuites cinq à cinq, on trouvera des fonctions de cinq des quantités de chaque ſuite, qui ſont zéro par elles-mêmes.

(221.) Concevons que de ces trois dernières équations, on multiplie la première par f'', la ſeconde par f', & la troiſième par f; qu'enſuite on ajoute enſemble la première & la dernière, & que de leur ſomme on retranche la ſeconde; on aura

$$\left.\begin{array}{l} [(ab'-a'b)c''-(ac'-a'c)b''+(bc'-b'c)a''].[(de'-d'e)f''-(de''-d''e)f'+(d'e''-d''e')f] \\ -[(ab'-a'b)d''-(ad'-a'd)b''+(bd'-b'd)a''].[(ce'-c'e)f''-(ce''-c''e)f'+(c'e''-c''e')f] \\ +[(ac'-a'c)d''-(ad'-a'd)c''+(cd'-c'd)a''].[(be'-b'e)f''-(be''-b''e)f'+(b'e''-b''e')f] \\ -[(bc'-b'c)d''-(bd'-b'd)c''+(cd'-c'd)b''].[(ae'-a'e)f''-(ae''-a''e)f'+(a'e''-a''e')f] \end{array}\right\} = o$$

On voit donc par là comment, en combinant les termes des trois ſuites ſix à ſix, on trouvera des fonctions de ſix des quantités de chaque ſuite, qui ſont zéro par elles-mêmes.

Remarquons que la quantité $(ab'-a'b)c''-(ac'-a'c)b'' +(bc'-b'c)a''$, peut être écrite ainſi,

$$(ab'-a'b)c''-(ab''-a''b)c'+(a'b''-a''b')c;$$

en ſorte que pour plus de régularité, nous écrirons l'équation précédente, en cette manière

$$\left.\begin{array}{l} [(ab'-a'b)c''-(ab''-a''b)c'+(a'b''-a''b')c].[(de'-d'e)f''-(de''-d''e)f'+(d'e''-d''e')f] \\ -[(ab'-ab)d''-(ab''-a''b)d'+(a'b''-a''b')d].[(ce'-c'e)f''-(ce''-c''e)f'+(c'e''-c''e')f] \\ +[(ac'-a'c)d''-(ac''-a''c)d'+(a'c''-a''c')d].[(be'-b'e)f''-(be''-b''e)f'+(b'e''-b''e')f] \\ -[(bc'-b'c)d''-(bc''-b''c)d'+(b'c''-b''c')d].[(ae'-a'e)f''-(ae''-a''e)f'+(a'e''-a''e')f] \end{array}\right\} =$$

(223.) En voilà aſſez pour faire connoître la route qu'on doit tenir, pour trouver ces ſortes de théorêmes. On voit qu'il y a une infinité d'autres combinaiſons à faire, & qui donneront chacune de nouvelles fonctions, qui ſeront zéro par elles-mêmes; mais cela eſt facile à trouver actuellement.

De la forme du Polynome-multiplicateur, ou des Polynomes-multiplicateurs propres à donner l'Équation finale.

(224.) La manière dont nous avons enviſagé l'élimination dans le cours du premier Livre, conſiſte, ainſi qu'on l'a vu, à concevoir qu'ayant multiplié l'une des équations par un polynome, dont on a ſupprimé d'ailleurs tous les termes qu'il eſt poſſible de faire diſparoître à l'aide des autres équations, on faſſe auſſi diſparoître à l'aide des mêmes équations, tous les termes qu'il eſt poſſible de faire diſparoître dans l'équation-produit; alors le nombre des coëfficiens introduits par le polynome-multiplicateur, doit être ſuffiſant pour faire diſparoître tous les termes affectés des inconnues, autres que celle qui doit reſter dans l'équation finale.

Dorénavant nous conſidérerons l'élimination d'une manière qui ne diffère de celle-là qu'en apparence, & qui eſt la même quant au fonds.

Nous concevrons qu'on multiplie chacune des équations données, par un polynome particulier, & qu'on ajoute tous ces produits. Le réſultat ſera ce que nous appellerons l'*Équation-ſomme*, laquelle deviendra l'équation finale par l'anéantiſſement de tous les termes affectés des inconnues qu'il s'agit d'éliminer.

Il s'agit donc actuellement 1.° de fixer la forme que doit avoir chacun de ces polynomes-multiplicateurs. 2.° De déterminer le nombre des coëfficiens qui, dans chacun, ne peuvent être conſidérés comme utiles à l'élimination. 3.° De faire connoître s'il y a un choix à faire parmi les termes qu'on doit ou qu'on peut rejetter dans chaque polynome-multiplicateur. 4.° Si on peut ſe diſpenſer de les rejetter, quel eſt le meilleur emploi qu'on peut en faire.

Examinons d'abord la première de ces queſtions.

(225.) La forme que doit avoir chaque polynome-multiplicateur, eſt aſſez facile à déterminer d'après tout ce qui a été dit dans le Livre premier. Mais la manière dont nous avons conſidéré cet objet (174), eſt plus propre à y répandre du jour: & c'eſt de cette manière que nous allons le conſidérer ici.

(226.) Nous ſuppoſerons que toutes les équations données ſont incomplettes du même ordre; parce que les équations incomplettes des ordres inférieurs, ne ſont que des cas particuliers des équations incomplettes des ordres ſupérieurs. En ſorte qu'on peut les ſuppoſer toutes de l'ordre de celle de ces équations qui ſera incomplette de l'ordre le plus élevé.

Nous les ſuppoſons d'ailleurs incomplettes, par une raiſon

ſemblable ; parce que les équations complettes ſont compriſes dans les équations incomplettes.

(227.) Cela poſé, feignons qu'après avoir pris un polynome incomplet du premier ordre, mais le plus général qu'il eſt poſſible, on le multiplie par l'une des équations ; qu'on multiplie ce produit par la ſeconde équation, ce nouveau produit par la troiſième, & ainſi de ſuite ; le produit final ſervira à trouver les polynomes-multiplicateurs particuliers de chaque équation, de la manière ſuivante.

Pour avoir, par exemple, la forme du polynome-multiplicateur de la première équation ; ſupprimez dans les variétés d'expoſans du produit final, tout ce qui appartient à cette première équation, & vous aurez la forme du polynome-multiplicateur de cette première équation.

Pareillement, pour avoir le polynome-multiplicateur de la ſeconde : ſupprimez dans les variétés d'expoſans du produit final, tout ce qui appartient à cette ſeconde équation, & vous aurez la forme du polynome-multiplicateur de cette ſeconde équation ; & ainſi de ſuite.

Eclairciſſons cela par quelques exemples.

(228.) Soient, par exemple, les deux équations

$$(x^{a}, y^{\underset{,}{a}})^{b} = 0, \quad (x^{a'}, y^{\underset{,}{a}'})^{b'} = 0.$$

Ce que nous appellons le produit final, ſera

$$(x^{A+a+a'}, y^{\underset{,}{A}+\underset{,}{a}+\underset{,}{a}'})^{B+b+b'},$$

ainſi qu'il eſt aiſé de voir.

Donc ſupprimant des variétés d'expoſans $A + a + a'$, $\underset{,}{A} + \underset{,}{a} + \underset{,}{a}'$, $B + b + b'$, d'une part, tout ce qui a rapport à la première équation ; d'une autre part, tout ce qui a rapport à la ſeconde ; on aura $(x^{A+a'}, y^{\underset{,}{A}+\underset{,}{a}'})^{B+b'}$ pour la forme du polynome-multiplicateur de la première ; & $(x^{A+a}, y^{\underset{,}{A}+\underset{,}{a}})^{B+b}$ pour la forme du polynome-multiplicateur de la ſeconde.

Supposons les trois équations

$$[(x^{a}, y^{\underset{\prime}{a}})^{b}, (x^{a}, z^{\underset{\prime\prime}{a}})^{\underset{\prime}{b}}, (y^{\underset{\prime}{a}}, z^{\underset{\prime\prime}{a}})^{\underset{\prime\prime}{b}}]^{c} = 0,$$

$$[(x^{a'}, y^{\underset{\prime}{a'}})^{b'}, (x^{a'}, z^{\underset{\prime\prime}{a'}})^{\underset{\prime}{b'}}, (y^{\underset{\prime}{a'}}, z^{\underset{\prime\prime}{a'}})^{\underset{\prime\prime}{b'}}]^{c'} = 0,$$

$$[(x^{a''}, y^{\underset{\prime}{a''}})^{b''}, (x^{a''}, z^{\underset{\prime\prime}{a''}})^{\underset{\prime}{b''}}, (y^{\underset{\prime}{a''}}, z^{\underset{\prime\prime}{a''}})^{\underset{\prime\prime}{b''}}]^{c''} = 0,$$

Voyez (82).

La forme du produit final sera

$$[(x^{A+a+a'+a''}, y^{\underset{\prime}{A}+\underset{\prime}{a}+\underset{\prime}{a'}+\underset{\prime}{a''}})^{B+b+b'+b''}, (x^{A+a+a'+a''}, z^{\underset{\prime\prime}{A}+\underset{\prime\prime}{a}+\underset{\prime\prime}{a'}+\underset{\prime\prime}{a''}})^{\underset{\prime}{B}+\underset{\prime}{b}+\underset{\prime}{b'}+\underset{\prime}{b''}}, \ldots$$
$$\ldots (y^{\underset{\prime}{A}+\underset{\prime}{a}+\underset{\prime}{a'}+\underset{\prime}{a''}}, z^{\underset{\prime\prime}{A}+\underset{\prime\prime}{a}+\underset{\prime\prime}{a'}+\underset{\prime\prime}{a''}})^{\underset{\prime\prime}{B}+\underset{\prime\prime}{b}+\underset{\prime\prime}{b'}+\underset{\prime\prime}{b''}}]^{C+c+c'+c''}.$$

Supprimant successivement des variétés d'exposans, tout ce qui appartient à la première, à la seconde, & à la troisième équations, on aura

$$[(x^{A+a'+a''}, y^{\underset{\prime}{A}+\underset{\prime}{a'}+\underset{\prime}{a''}})^{B+b'+b''}, (x^{A+a'+a''}, z^{\underset{\prime\prime}{A}+\underset{\prime\prime}{a'}+\underset{\prime\prime}{a''}})^{\underset{\prime}{B}+\underset{\prime}{b'}+\underset{\prime}{b''}}, \ldots$$
$$\ldots (y^{\underset{\prime}{A}+\underset{\prime}{a'}+\underset{\prime}{a''}}, z^{\underset{\prime\prime}{A}+\underset{\prime\prime}{a'}+\underset{\prime\prime}{a''}})^{\underset{\prime\prime}{B}+\underset{\prime\prime}{b'}+\underset{\prime\prime}{b''}}]^{C+c'+c''}$$

pour la forme du polynome-multiplicateur de la première équation;

$$[(x^{A+a+a''}, y^{\underset{\prime}{A}+\underset{\prime}{a}+\underset{\prime}{a''}})^{B+b+b''}, (x^{A+a+a''}, z^{\underset{\prime\prime}{A}+\underset{\prime\prime}{a}+\underset{\prime\prime}{a''}})^{\underset{\prime}{B}+\underset{\prime}{b}+\underset{\prime}{b''}}, \ldots$$
$$\ldots (y^{\underset{\prime}{A}+\underset{\prime}{a}+\underset{\prime}{a''}}, z^{\underset{\prime\prime}{A}+\underset{\prime\prime}{a}+\underset{\prime\prime}{a''}})^{\underset{\prime\prime}{B}+\underset{\prime\prime}{b}+\underset{\prime\prime}{b''}}]^{C+c+c''}$$

pour la forme du polynome-multiplicateur de la seconde équation;

$$[(x^{A+a+a'}, y^{\underset{\prime}{A}+\underset{\prime}{a}+\underset{\prime}{a'}})^{B+b+b'}, (x^{A+a+a'}, z^{\underset{\prime\prime}{A}+\underset{\prime\prime}{a}+\underset{\prime\prime}{a'}})^{\underset{\prime}{B}+\underset{\prime}{b}+\underset{\prime}{b'}}, \ldots$$
$$(y^{\underset{\prime}{A}+\underset{\prime}{a}+\underset{\prime}{a'}}, z^{\underset{\prime\prime}{A}+\underset{\prime\prime}{a}+\underset{\prime\prime}{a'}})^{\underset{\prime\prime}{B}+\underset{\prime\prime}{b}+\underset{\prime\prime}{b'}}]^{C+c+c'}$$

pour la forme du polynome-multiplicateur de la troisième équation.

(229.) Au reste, il n'est pas toujours indispensable dans la formation de ce que nous appellons le produit final, d'employer le polynome incomplet du premier ordre, le plus général possible. Il suffit qu'il comprenne les mêmes variétés d'exposans que les équations données considérées comme incomplettes du premier ordre.

Ainsi, dans le cas où les équations seroient toutes incomplettes de la forme $(u^{a}, x^{a'}, y^{a''} \ldots n) = 0$, qui eſt la plus ſimple de toutes ; il ſuffiroit d'employer un polynome de la forme $(u^{A}, x^{A'}, y^{A''} \ldots n)^{B}$, pour générateur du produit final.

De la néceſſité de ne point employer à l'élimination tous les coëfficiens des différens polynomes-multiplicateurs.

(230.) Nous avons déja dit plus d'une fois qu'on ne devoit pas regarder tous les coëfficiens des polynomes-multiplicateurs, comme étant tous utiles à l'élimination : & particulièrement ce que nous avons dit (45) ſur les équations complettes, le prouve aſſez. Nous jugeons cependant utile de revenir ici ſur cet objet d'autant plus important que ſi on ſe permettoit d'employer à l'élimination un ſeul coëfficient pris ſur le nombre de ceux que nous avons dit être à rejetter, l'équation finale à laquelle on ſeroit conduit, ſeroit fauſſe, ou au moins identique, c'eſt-à-dire, que tous les termes ſe détruiroient d'eux-mêmes, & ne feroient par conſequent rien connoître ; c'eſt ce qu'il faut faire voir actuellement.

Concevons, en effet, qu'ayant un nombre quelconque d'équations entre un pareil nombre d'inconnues, on multiplie chacune par un polynome dont chaque terme ait un coëfficient indéterminé : & qu'ayant ajouté enſemble tous ces produits, on ſuppoſe que la ſomme, égalée à zéro, doit donner l'équation finale. Que pour obtenir cette équation finale, on égale à zéro le coëfficient total de chaque terme affecté d'une ou de pluſieurs des inconnues, autres que celle qui doit reſter dans l'équation finale. Il arrivera preſque toujours qu'après ces différentes ſuppoſitions, il reſtera encore pluſieurs coëfficiens dont la valeur ne ſera encore déterminée par aucune condition. Si dans la perſuaſion qu'on en feroit le meilleur emploi poſſible, on croyoit pouvoir ſe permettre de les employer à détruire les termes les plus élevés de l'équation finale, afin de réduire celle-ci au plus bas degré poſſible ; il arriveroit encore très-ſouvent qu'on auroit plus de ces coëfficiens indéterminés qu'on n'auroit de termes à détruire ; d'où il s'enſuivroit que l'équation finale pourroit alors être réduite à zéro, indépendamment de toutes valeurs particulières des inconnues ; concluſion qu'on ne peut admettre, que dans le ſeul cas où cette équation deviendroit identique ; c'eſt-à-dire, dans le cas d'une ſolution illuſoire.

Mais quand même le nombre des coëfficiens indéterminés qui peuvent reſter après la deſtruction des termes affectés des inconnues, autres que celle qu'il eſt queſtion de conſerver, ne ſurpaſſeroit pas le nombre des termes où entre cette dernière inconnue, il n'en ſeroit pas plus permis pour cela d'employer ces coëfficiens à la deſtruction d'une partie des termes de l'équation finale.

D'abord on conçoit bien que cette équation finale eſt compoſée néceſſairement d'un nombre déterminé de termes, ou qu'elle eſt néceſſairement d'un degré déterminé qu'on ne peut être le maître d'abaiſſer à volonté.

Mais pour voir clairement comment l'équation à laquelle on arriveroit en faiſant un pareil uſage des coëfficiens indéterminés, ne pourroit être qu'une équation abſurde, ou du moins une équation identique, il faut remarquer que par un pareil procédé, on n'auroit fait aucune mention de l'état de la queſtion : on n'auroit point du tout exprimé que les équations propoſées ont lieu.

En effet, ſi on imagine que les équations propoſées, au lieu d'être des équations, ſoient des polynomes dont les inconnues ne ſoient liées entr'elles par aucunes relations connues ; & qu'on faſſe, de ces polynomes, l'uſage que nous faiſions tout à l'heure des équations propoſées ; il eſt clair qu'à l'aide des coëfficiens indéterminés, nous pouvons faire ſur le polynome total les mêmes choſes qu'il étoit queſtion de faire ſur la prétendue équation finale ; or il eſt clair que le polynome qui en réſulteroit, n'auroit que des relations arbitraires avec les polynomes partiels dont il a été compoſé ; la prétendue équation finale, trouvée par le même procédé, n'auroit donc auſſi que des relations arbitraires avec les équations propoſées : la ſuppoſition que cette équation finale auroit lieu, ſeroit une ſuppoſition abſolument gratuite ; puiſque n'y ayant point exprimé que les équations particulières ont lieu, il n'eſt pas poſſible que cette équation ſe ſoit impregnée (qu'on permette cette expreſſion) des conditions de la queſtion, exprimées par ces équations particulières.

Par

Par exemple, ſi on avoit les deux équations

$$ax^2 + bxy + cy^2 + dx + ey + f = 0,$$

$$a'x^2 + b'xy + c'y^2 + d'x + e'y + f' = 0;$$

& ſi ayant multiplié la première par le polynome

$$Ax^2 + Bxy + Cy^2 + Dx + Ey + F,$$

& la ſeconde, par le polynome

$$A'x^2 + B'xy + C'y^2 + D'x + E'y + F',$$

on ajoutoit les deux produits : on auroit une équation de la forme $(x \ldots 2)^4 = 0$.

Comme on peut toujours, à l'aide de la ſeconde équation, faire diſparoître un terme dans le polynome-multiplicateur de la première, on n'a véritablement en tout, que onze coëfficiens qui puiſſent être employés à l'élimination, & qui ſerviront à faire diſparoître les dix termes affectés de y, par exemple.

Mais ſi croyant pouvoir abaiſſer l'équation finale, on employoit les douze coëfficiens qu'offrent les deux polynomes-multiplicateurs, tant pour détruire les termes affectés de y, que pour détruire le terme x^4; alors on arriveroit à une équation qui, ſi elle n'étoit point identique, ſeroit en effet du troiſième degré, mais qui n'appartiendroit point à la queſtion, puiſqu'on n'y auroit pas exprimé l'exiſtence des équations particulières. Les valeurs de x qu'on concluroit de cette équation, ne ſeroient donc nullement propres à ſatisfaire aux deux équations propoſées : en un mot, cette prétendue équation finale, ſeroit une équation purement arbitraire, & ſans aucune liaiſon avec la queſtion.

Il y a donc un certain nombre de coëfficiens qui ne peuvent être employés à l'élimination : & ce n'eſt qu'en les employant à tout autre uſage qu'à la deſtruction de nouveaux termes de l'équation-ſomme, qu'on peut être aſſuré qu'on donne à celle-ci toutes les qualités néceſſaires pour devenir l'équation finale, pour être l'expreſſion de toutes les conditions de la queſtion.

Du nombre des coëfficiens qui, dans chaque polynome-multiplicateur, sont utiles à l'élimination.

(231.) Nous venons de faire voir de quelle importance il est de ne pas employer à l'élimination les coëfficiens que les équations proposées peuvent anéantir. Il ne faut pas en conclure qu'on ne peut mieux faire que de les omettre; qu'on ne peut les employer à faciliter ou à simplifier le travail de l'élimination. Au contraire, nous verrons dans peu qu'on peut en tirer un parti avantageux pour rendre les calculs plus commodes, en ménageant, ou procurant à la suite de ces calculs, une symmétrie que la similitude des équations proposées admet, & que la simple exclusion des coëfficiens inutiles à l'élimination, masqueroit. Mais on doit conclure qu'il n'est permis d'employer aucun de ces coëfficiens à la destruction d'aucun terme de l'équation-somme, c'est-à-dire, de l'équation résultante de l'addition des produits particuliers de chaque équation par son polynome-multiplicateur.

(232.) En ne considérant qu'une seule équation-produit, comme nous l'avons fait dans le premier Livre, nous n'avions besoin de connoître le nombre des coëfficiens inutiles à l'élimination, que pour le seul polynome-multiplicateur que nous considérions alors. Mais actuellement que nous employons autant de polynomes-multiplicateurs que d'équations, il faut dire un mot du nombre de leurs coëfficiens inutiles à l'élimination. Cela est facile d'après ce que nous avons dit jusqu'ici.

(233.) Si l'on se rappelle ce que nous avons dit dans le premier Livre, on verra facilement, que le nombre des coëfficiens utiles, dans le premier polynome-multiplicateur des équations entre lesquelles il s'agit d'éliminer, sera toujours égal au nombre des coëfficiens de ce polynome, moins le nombre des termes qu'on peut faire disparoître dans ce polynome, à l'aide des $n - 1$ autres équations, n étant le nombre total des équations :

Que le nombre des coëfficiens utiles du second polynome-multiplicateur, sera le nombre total des coëfficiens ou des termes de ce polynome, moins le nombre de termes qu'on peut faire disparoître dans ce polynome, à l'aide des $n - 2$ dernières équations;

Que le nombre des coëfficiens utiles dans le troisième polynome-multiplicateur, sera le nombre des termes de ce polynome, moins le nombre des termes qu'on peut faire disparoître dans ce polynome, à l'aide des $n-3$ autres équations; & ainsi de suite jusqu'au dernier, dont le nombre des coëfficiens utiles sera précisément égal au nombre de ses termes.

Quant au nombre de termes qu'on peut faire disparoître dans chacun de ces polynomes, à l'aide du nombre d'équations qui lui correspond, nous avons fait voir aussi comment on le détermine. Mais à ce que nous avons dit alors, nous ajouterons le moyen de trouver la forme des polynomes qui représentent ces nombres de termes. D'après ce que nous venons de dire (227) sur la forme des polynomes-multiplicateurs eux-mêmes, un exemple suffira.

Supposons trois équations de la forme

$$(u^{a}\ldots 3)^{t}=0,$$
$$(u^{a'}\ldots 3)^{t'}=0,$$
$$(u^{a''}\ldots 3)^{t''}=0.$$

Le polynome-multiplicateur de la première (227) sera donc

$$(u^{A+a'+a''}\ldots 3)^{T+t'+t''};$$

celui de la seconde, sera

$$(u^{A+a+a''}\ldots 3)^{T+t+t''};$$

& celui de la troisième sera

$$(u^{A+a+a'}\ldots 3)^{T+t+t'}.$$

Le nombre des termes qu'on peut faire disparoître dans le premier, à l'aide de la seconde équation, sera $N(u^{A+a''}\ldots 3)^{T+t''}$.

Mais comme pour parvenir à faire disparoître ce nombre de termes, on employe le polynome $(u^{A+a''}\ldots 3)^{T+t''}$, dans lequel on peut, à l'aide de la troisième équation, faire disparoître un nombre de termes $=N(u^{A}\ldots 3)^{T}$; le nombre de termes qu'on peut véritablement faire disparoître dans le premier polynome à l'aide de la seconde équation, ne sera que

$$N(u^{A+a''}\ldots 3)^{T+t''}-N(u^{A}\ldots 3)^{T}.$$

Le nombre de termes qu'on peut faire disparoître dans le même polynome, à l'aide de la troisième équation, est $N(u^{A+a'}\ldots 3)^{T+t'}$.

Donc à l'aide de la seconde & de la troisième équation, on peut faire disparoître dans le polynome-multiplicateur de la première, un nombre de termes

$$= N(u^{A+a''}\ldots 3)^{T+t''} - N(u^{A}\ldots 3)^{T} + N(u^{A+a'}\ldots 3)^{T+t'}.$$

Quant au second polynome-multiplicateur, on voit facilement actuellement que n'y ayant à considérer pour lui que la dernière ou troisième équation, le nombre des termes qu'on peut en faire disparoître, est $N(u^{A+a}\ldots 3)^{T+t}$.

On voit donc par-là comment on doit s'y prendre pour déterminer la forme des polynomes qui, par le nombre de leurs termes, expriment celui des termes qu'on peut faire disparoître dans chacun des polynomes-multiplicateurs qu'on employera à l'élimination.

Du choix des termes qu'on doit ou qu'on peut exclure dans chaque Polynome-multiplicateur.

(234.) Nous avons suffisamment prouvé jusqu'ici, qu'on ne doit pas admettre tous les coëfficiens des polynomes-multiplicateurs, & nous avons déterminé le nombre de ceux qu'on doit rejetter.

Mais il ne suffit pas de savoir combien on doit exclure de termes, il faut sçavoir encore quels sont ces termes qu'on doit exclure, ou du moins savoir s'il y a un choix à faire; si cette exclusion doit porter sur certains termes plutôt que sur d'autres.

Quoiqu'il y ait sur ce point une très-grande liberté, comme on va le voir, elle n'est cependant pas illimitée.

(235.) Lorsqu'on fait disparoître dans un polynome donné, à l'aide d'un certain nombre d'équations données, autant de termes qu'il est possible d'en faire disparoître, on ne fait autre chose qu'exprimer dans ce polynome toutes les conditions de la question consignées dans ces équations.

Or l'expression de ces conditions ne dépendant pas plus particulièrement de l'un quelconque des termes de ces équations, que de tout autre, mais bien de la totalité de ces termes, il est facile de voir qu'il n'y a aucune raiſon pour faire diſparoître les termes d'une certaine forme, plutôt que les termes de toute autre forme.

Par exemple, lorſqu'en parlant des équations complettes (45), nous avons ſuppoſé qu'on fît diſparoître du polynome-multiplicateur, tous les termes diviſibles par $y^{t'}$, tous les termes diviſibles par $z^{t''}$, &c. nous nous ſommes bornés alors à cette idée, parce qu'elle nous ſuffiſoit; & que ſimple en elle-même, plus près des idées que l'on avoit juſques-là, elle étoit la meilleure pour fixer l'eſprit. Mais on ſe tromperoit, ſi l'on penſoit qu'on eſt aſſujetti à faire diſparoître telle ou telle puiſſance, tels ou tels produits des inconnues, plutôt que toute autre puiſſance ou tout autre produit. On peut indifféremment faire diſparoître tels termes que l'on voudra, pourvu ſeulement qu'on ait égard aux conſidérations ſuivantes.

Non-ſeulement le nombre des termes qu'on peut faire diſparoître dans la totalité du polynome, eſt déterminé; mais celui du plus grand nombre de termes qu'il ſoit poſſible de faire diſparoître dans chaque dimenſion de ce polynome, l'eſt auſſi; & c'eſt ce à quoi il eſt important de faire attention pour ne pas exclure, dans quelque dimenſion que ce ſoit, plus de termes qu'on n'eſt autoriſé à le faire. Car il ne ſuffit pas de n'exclure de la totalité des termes du polynome, que le nombre des termes ci-devant déterminé; il faut encore ne pas en exclure, dans quelque dimenſion que ce ſoit, au-delà d'un certain nombre que l'on trouve facilement, en cette manière.

Suppoſons, par exemple, les trois équations ſuivantes que nous prenons complettes, pour plus de clarté & de ſimplicité ſeulement.

$$(x, y, z)^2 = 0,$$
$$(x, y, z)^2 = 0,$$
$$(x, y, z)^2 = 0.$$

Elles ont chacune (227) pour polynome-multiplicateur, un polynome de cette forme $(x, y, z)^{T+6}$. Dans celui qui ſera employé à la première équation, on peut, ainſi que nous l'avons fait voir, faire diſparoître, au total, un nombre de termes

$$= N(x, y, z)^{T+4} = N(x, y, z)^{T+2} + N(x, y, z)^{T+4}.$$

Mais si sur ce nombre de termes, on demande, combien il y en aura de la plus haute dimension; on voit que ce nombre est

$$d[N(x,y,z)^{T+4} - N(x,y,z)^{T+2} + N(x,y,z)^{T+4}] \ldots (T),$$

$$\text{ou } N(x,y)^{T+4} - N(x,y)^{T+2} + N(x,y)^{T+4}.$$

Donc, dans la première dimension du polynome-multiplicateur de la première équation, on ne peut se permettre d'exclure un nombre de termes plus grand que

$$N(x,y)^{T+4} - N(x,y)^{T+2} + N(x,y)^{T+4}.$$

(236.) Mais si on ne peut pas se permettre d'en exclure un nombre plus grand que celui qui vient d'être déterminé, on peut au contraire en exclure moins; & faire porter l'excédent sur les dimensions suivantes, si on le juge à propos.

Ainsi dans la seconde dimension, où l'on ne peut se permettre d'exclure un nombre de termes plus grand que $N(x,y)^{T+3} - N(x,y)^{T+1} + N(x,y)^{T+3}$, si dans la première on en a exclu un nombre $= N(x,y)^{T+4} - N(x,y)^{T+2} + N(x,y)^{T+4}$; on pourra, dis-je, exclure de cette seconde, un nombre de termes $= N(x,y)^{T+3} - N(x,y)^{T+1} + N(x,y)^{T+3} + q$, si on n'a exclu de la première qu'un nombre de termes $= N(x,y)^{T+4} - N(x,y)^{T+2} + N(x,y)^{T+4} - q$.

On voit actuellement ce qu'il y a à dire sur les autres dimensions. Voilà toute la limitation à laquelle on est assujéti. On est d'ailleurs le maître de faire porter l'exclusion, dans chaque dimension, sur tel terme que l'on voudra. Peu importe, pourvu qu'on n'exclue pas plus de termes que nous ne venons de voir qu'on peut se le permettre.

(237.) Quoique nous ayons pris pour exemple, des équations complettes, on voit sans doute aisément, qu'ainsi que nous l'avons dit, ce n'est que pour plus de clarté; il sera toujours facile de déterminer, dans quelque cas que ce soit, le nombre de termes dont on peut disposer dans chaque dimension de chaque polynome,

Du meilleur emploi qu'on peut faire des coëfficiens des termes qu'on est en droit d'exclure de chaque polynome-multiplicateur.

(238.) Si l'on fait attention à tout ce que nous venons de dire sur le nombre des termes qu'on peut exclure de chaque polynome-multiplicateur ; & que ce que nous appellons la *première*, la *seconde*, la *troisième*, &c équations, sont des dénominations purement arbitraires, en sorte qu'on peut prendre pour première, seconde, troisième, &c. équations, telle de ces équations qu'on voudra ; on verra bientôt qu'on n'est pas tellement assujéti à faire disparoître un nombre déterminé de termes dans l'un quelconque des polynomes-multiplicateurs, qu'il paroîtroit résulter de la manière dont nous avons envisagé la chose jusqu'à présent.

Ce à quoi on est indispensablement assujéti, c'est au nombre total de coëfficiens inutiles, dans la totalité des polynomes-multiplicateurs, ainsi qu'au nombre total de coëfficiens inutiles dans une dimension quelconque de même numéro de chacun de ces polynomes-multiplicateurs.

En effet, selon qu'on prendra pour première équation, telle ou telle des équations données, on verra qu'on est le maître de disposer de plus ou moins de termes dans un même polynome-multiplicateur. Mais on verra en même tems, que la totalité des termes qu'on peut faire disparoître dans la totalité des polynomes, reste constamment la même, quelques variations qu'on fasse dans l'ordre des équations, & par conséquent des polynomes.

Soient, par exemple, les trois équations

$$(x, y, z)^{t} = 0,$$
$$(x, y, z)^{t'} = 0,$$
$$(x, y, z)^{t''} = 0.$$

Le polynome-multiplicateur de la première, est $(x, y, z)^{T+t'+t''}$;

Celui de la seconde, est .... $(x, y, z)^{T+t+t''}$.

Celui de la troisième, est .... $(x, y, z)^{T+t+t'}$.

On peut, dans le premier, faire disparoître un nombre de termes, exprimé par

$$N(x,y,z)^{T+t''} - N(x,y,z)^{T} + N(x,y,z)^{T+t'};$$

On peut en faire disparoître dans le second, un nombre exprimé par $N(x,y,z)^{T+t}$.

Et rien dans le troisième.

Donc, au total, on peut faire disparoître dans les trois polynomes, un nombre de termes exprimé par

$$N(x,y,z)^{T+t} + N(x,y,z)^{T+t'} + N(x,y,z)^{T+t''} - N(x,y,z)^{T}.$$

Changeons maintenant l'ordre des équations; écrivons les ainsi

$$(x, y, z)^{t'} = 0,$$
$$(x, y, z)^{t} = 0,$$
$$(x, y, z)^{t''} = 0.$$

Le polynome-multiplicateur de la première, sera $(x,y,z)^{T+t+t''}$.

Celui de la seconde, sera .... $(x,y,z)^{T+t'+t''}$.

Celui de la troisième, sera .... $(x,y,z)^{T+t+t'}$.

On pourra, dans le premier, faire disparoître un nombre de termes exprimé par

$$N(x,y,z)^{T+t''} - N(x,y,z)^{T} + N(x,y,z)^{T+t}.$$

Dans le second, un nombre exprimé par $N(x,y,z)^{T+t'}$.

Et rien dans le troisième.

Donc au total, on peut faire disparoître dans les trois polynomes, un nombre de termes exprimé par

$$N(x,y,z)^{T+t} + N(x,y,z)^{T+t'} + N(x,y,z)^{T+t''} - N(x,y,z)^{T}.$$

On voit donc qu'en effet, le nombre de termes qu'on peut faire disparoître dans l'un quelconque des polynomes-multiplicateurs, varie selon l'ordre qu'on aura adopté pour la succession des équations; mais que le nombre total des termes qu'on peut faire disparoître dans la totalité des trois polynomes, reste constamment le même.

On

On démontrera de la même manière, qu'il en est de même du nombre total des termes de la plus haute ou première dimension de chaque polynome : qu'il en est même du nombre total des termes de la seconde dimension de chaque polynome ; & ainsi de suite.

(239.) Jusqu'ici, comme ces termes sont absolument inutiles à l'élimination, nous les avons toujours considérés comme devant être exclus. Cette exclusion n'est pas indispensable : il suffit ainsi qu'on peut le conclure de ce qui a été dit (230), de ne point les compter au nombre des coëfficiens qu'on a à calculer pour arriver à l'équation finale, ou en général, au but qu'on se propose.

En effet, de même qu'on peut toujours parvenir à faire disparoître dans un polynome donné, à l'aide d'un certain nombre d'équations données, un certain nombre de termes ; de même, & par le même moyen, on peut donner à un pareil nombre de termes de ce polynome, des coëfficiens tels qu'on le voudra. On peut donc faire des coëfficiens inutiles à l'élimination, tout ce que l'on voudra d'ailleurs, pourvu qu'aucun ne soit compté au nombre des coëfficiens utiles à l'élimination.

(240.) On peut donc, lorsqu'il s'agira de procéder à l'élimination, admettre tous les différens termes dont les différens polynomes-multiplicateurs sont susceptibles ; & lorsqu'on aura formé l'équation-somme, on sera le maître d'y déterminer arbitrairement, & par telles conditions que l'on voudra, tant dans la totalité, que dans chaque dimension, un nombre de coëfficiens égal au nombre de ceux que l'on fait être inutiles à la question, pourvu seulement qu'on ne les employe pas à la destruction d'aucun nouveau terme.

(241.) Avec cette seule attention, on prendra tels de ces coëfficiens qu'on voudra, pour en former des équations arbitraires, & par conséquent pour déterminer ces coëfficiens : on n'aura jamais à craindre d'être conduit à une équation absurde, puisqu'en cela on ne fait qu'exécuter ce que l'état de la question suggère.

(242.) Il est inutile, sans doute, d'observer qu'il faut éviter de comprendre dans ces équations arbitraires, celles qui anéantiroient des termes que l'on veut conserver. Quoique l'équation finale à laquelle on arriveroit alors, ne fut point une question absurde, elle ne seroit pas néanmoins ce que l'on cherche; il y resteroit alors un ou plusieurs termes affectés de quelques-unes des inconnues qu'il est question d'éliminer.

(243.) Il y a encore une chose à éviter dans la formation de ces équations arbitraires; mais cette attention très-rarement nécessaire, ne pourra être bien sentie que par des exemples; ainsi nous n'en parlerons que par la suite.

(244.) C'est par cet usage des coëfficiens inutiles que nous sommes enfin parvenus à donner à nos calculs une forme régulière, propre à les rendre aussi simples & aussi expéditifs qu'il est possible; propre à y démêler certains facteurs qu'il est important de connoître pour avoir sur le résultat d'un système quelconque d'équations, toutes les connoissances qu'elles renferment tacitement. Au lieu que sans cet emploi des coëfficiens inutiles, on ne reconnoîtroit plus dans le cours du calcul, l'espèce de symmétrie que l'on sent bien devoir avoir lieu dans le résultat de plusieurs équations de forme semblable : elle se trouveroit masquée dans tout le cours du calcul : & les facteurs dont nous venons de parler, combinés avec d'autres facteurs non symmétriques, deviendroient très-difficiles, & pratiquement parlant, impossibles à reconnoître, lorsqu'on vient à traiter des équations un peu composées, ou un peu nombreuses.

(245.) Mais comme il importe beaucoup de ne pas introduire dans les résultats des calculs, des facteurs étrangers, ou qui ne fassent rien connoître de ce qui appartient essentiellement aux équations proposées, on peut s'imposer pour règle générale, dans la formation des équations arbitraires, de se conduire de manière à n'avoir à calculer que les coëfficiens utiles à l'élimination, c'est-à-dire, à n'avoir à calculer qu'un nombre de coëfficiens égal au nombre de ceux-là : & si la chose n'est pas possible *, comme il arrive quelquefois, il faut se conduire de manière à n'avoir à calculer que le plus petit nombre de coëfficiens possible au-delà du nombre des coëfficiens utiles à l'élimination.

Or le moyen d'y parvenir, est de former avec tous les coëfficiens inutiles, s'il est possible, ou avec le plus grand nombre possible de ces coëfficiens, un pareil nombre d'équations arbi-

* Du moins, lorsqu'on veut conserver la symmétrie propre à faciliter les calculs.

traires, lesquelles ne renferment point d'autres coëfficiens : en observant d'ailleurs de n'en former dans chaque dimension, qu'autant qu'il est permis par ce qui a été dit (235).

Alors (212 & 213) il ne peut résulter de toutes ces équations que deux choses; savoir, une équation de condition, & que chacun de ces coëfficiens soit = 0.

L'équation de condition, quoique souvent inutile à l'objet principal de la question, signifiera cependant toujours quelque chose de relatif aux équations, tel, par exemple, que des cas où elle peut être résolue plus simplement, ou à l'aide de polynomes-multiplicateurs plus simples.

Quant à la conclusion des coëfficiens égaux à zéro, elle procurera à la suite du calcul la plus grande simplification possible.

Sur quoi il faut observer que puisque nous ne conservons les coëfficiens inutiles, que pour en disposer ensuite pour donner aux calculs la forme la plus symmétrique qu'il se pourra, il faut conséquemment à cette idée, faire entrer dans chaque équation arbitraire, tous les coëfficiens analogues, c'est-à-dire, les coëfficiens qui appartiennent à des termes semblables dans chaque polynome-multiplicateur.

Nous n'en dirons pas davantage pour le présent sur le choix, l'emploi & l'usage des coëfficiens inutiles : les exemples que nous donnerons par la suite, acheveront d'éclaircir ces idées générales.

Divers autres usages des méthodes exposées dans cet Ouvrage, pour la Théorie générale des Equations.

(246.) Les moyens d'arriver à l'équation la plus simple, résultante d'un nombre quelconque d'équations de quelque degré que ce soit, ne sont pas les seuls avantages qu'on puisse retirer du travail qui nous occupe. On peut encore, par ces mêmes moyens, parvenir à trouver la valeur la plus simple d'une fonction quelconque composée, comme on le voudra, des inconnues qui entrent dans ces équations; & cette valeur la plus simple on peut la trouver avec des conditions particulières, & propres à satisfaire à quelques vues utiles.

Par exemple, ſi ayant les trois équations quelconques

$$(x, y, z)^t = 0,$$
$$(x, y, z)^{t'} = 0,$$
$$(x, y, z)^{t''} = 0;$$

on demandoit quelle eſt, en vertu de l'exiſtence de ces trois équations, la valeur de $(x, y, z)^T$, ou en général, de tout autre polynome formé de x, y & z, cette valeur étant réduite au plus petit nombre de termes poſſible.

Si pour ſimplifier les idées, nous ſuppoſons qu'il ne s'agit que du polynome $(x, y, z)^T$, il eſt clair 1.° que ſi on multiplie

la première équation, par le polynome $(x, y, z)^{T-t}$,

la ſeconde, par le polynome........ $(x, y, z)^{T-t'}$,

la troiſième, par le polynome....... $(x, y, z)^{T-t''}$,

& qu'on ajoute enſemble les trois produits, & le polynome propoſé, la ſomme aura la même valeur que le polynome propoſé.

2.° Qu'à l'aide des coëfficiens introduits par les trois polynomes-multiplicateurs, & en faiſant attention que la condition de l'exiſtence des trois équations, en rend inutiles un nombre que nous ſavons actuellement déterminer, il ſera toujours poſſible d'anéantir dans cette ſomme un nombre déterminé de termes.

3.° Que le moindre nombre de termes auquel on pourra la réduire, ſera moindre d'une unité que le nombre des termes de l'équation finale réſultante des trois équations propoſées.

4.° Que ces termes qui compoſeront le polynome final, valeur du polynome propoſé $(x, y, z)^T$, ſeront d'ailleurs ceux que l'on voudra.

5.° Que par conſéquent, on peut avoir le polynome $(x, y, z)^T$, exprimé tout en x, ou tout en y, ou tout en z.

(247.) C'eſt donc le moyen de faire ce dont nous avons parlé (207), c'eſt-à-dire, d'obtenir le réſultat de la ſubſtitution des valeurs que x, y & z peuvent avoir dans les trois équations proposées, d'avoir, dis-je, le résultat de leur substitution dans le polynome proposé, du moins d'avoir tout ce qu'il est possible d'en avoir de rationnel; & le surplus s'obtient par la résolution de l'équation finale.

(248.) Nous avons supposé, dans ce que nous venons de dire, que T étoit plus grand que $t\,t'\,t''$ qui (47) est l'expression du degré de l'équation finale résultante des trois équations proposées; si au contraire on avoit $T < t\,t'\,t''$, alors supposant $T' = t\,t'\,t''$, on multiplieroit

la première équation par $(x, y, z)^{T'-t}$,

la seconde par........ $(x, y, z)^{T'-t'}$,

& la troisième par...... $(x, y, z)^{T'-t''}$;

& on opéreroit comme il vient d'être dit.

(249.) Il n'est cependant pas nécessaire de recourir à des polynomes aussi élevés que lorsqu'il s'agit d'avoir la valeur de $(x, y, z)^T$ toute en x, ou toute en y, ou toute en z. Dans tout autre cas on peut se contenter d'employer les polynomes-multiplicateurs

$$(x, y, z)^{T-t}, (x, y, z)^{T-t'}, (x, y, z)^{T-t''}.$$

Par exemple, si on demandoit la valeur de $x^3 y z$ conclu des trois équations

$$(x, y, z)^3 = 0,$$
$$(x, y, z)^3 = 0,$$
$$(x, y, z)^3 = 0,$$

exprimée en x, y, z, & avec la condition que non-seulement x^3, mais encore y^3 & z^3, n'entraînent point dans cette valeur : comme $x^3 y z$ est de la dimension 5, je multiplierois chacune des trois équations proposées par un polynome de la forme $(x, y, z)^{5-3}$ ou $(x, y, z)^2$, & ayant ajouté les produits avec $x^3 y z$, j'observerois que les polynomes-multiplicateurs étant de degrés inférieurs aux équations proposées, on ne peut y faire disparoître aucun terme à l'aide de ces équations; que par conséquent aucun des coëfficiens indéterminés de ces polynomes ne sera inutile. J'aurois donc, pour résoudre la question, un nombre de coëfficiens $= 3 N(x, y, z)^{1} = 30$; or (59) ce nombre est précisément celui des termes divisibles soit par x^3, soit par y^3, soit par z^3, dans la somme qui est de la forme $(x, y, z)^5$; donc il sera possible d'avoir cette somme sans que x, y & z s'y trouvent élevés chacun à un degré plus haut que 2; & puisque cette somme est la valeur de $x^3 y z$, on a donc la valeur de $x^3 y z$ telle qu'elle a été demandée.

(250.) En parlant des équations complettes nous avons dit (45) que si l'on avoit un nombre quelconque d'équations

$$(u \ldots n)^{t} = 0,$$
$$(u \ldots n)^{t'} = 0,$$
$$(u \ldots n)^{t''} = 0,$$
$$(u \ldots n)^{t'''} = 0,$$
&c.

on pouvoit toujours, à l'aide des $n - 1$ dernières, trouver les valeurs de $x^{t'-1}$, $y^{t''-1}$, $z^{t'''-1}$, &c. On voit donc actuellement la vérité de cette assertion, & comment la chose pourroit être exécutée, si on en voit besoin pour procèder à l'élimination.

(251.) C'est ici le lieu d'éclaircir, & de prouver plus régulièrement ce que nous avons dit (56).

Nous avons dit (56) que lorsque, d'un nombre donné d'équations, on tire les valeurs d'un pareil nombre de termes; que si ces termes ont un diviseur commun entr'eux, ces valeurs ne sont pas les seules que ces équations puissent fournir; & que par conséquent si, dans la solution d'une équation, on ne faisoit usage que de ces valeurs, la question ne seroit pas résolue, parce qu'on n'y auroit pas exprimé tout ce que les équations proposées renferment.

Par exemple, supposant les trois équations

$$(x, y, z)^2 = 0,$$
$$(x, y, z)^2 = 0,$$
$$(x, y, z)^2 = 0,$$

dont nous sçavons que l'équation finale doit être du huitième degré.

Si ayant pris pour polynome-multiplicateur de la première, un polynome $(x, y, z)^6$ tel qu'il convient pour arriver à l'équation finale, nous tirions des deux autres équations les valeurs de z^2, de yz, & de leurs multiples, pour les substituer tant dans ce polynome-multiplicateur, que dans l'équation-produit; alors nous ne ferions pas disparoître tous les termes qu'il est possible de faire disparoître; & l'équation finale à laquelle nous arriverions, n'appartiendroit pas à la question que les équations proposées expriment. Il seroit encore possible de conclure des deux dernières équations la valeur d'un, & souvent de plusieurs autres termes. Par exemple ici, on pourroit encore conclure la valeur de y^2.

En effet, concevons qu'on multiplie ces deux équations, respectivement par

$$A'x + B'y + C'z + D', \ \& \ A''x + B''y + C''z + D'',$$

& qu'on ajoute les deux produits ensemble & à y^2; la somme sera donc la valeur de y^2. Or, à l'aide des coëfficiens indéterminés qui sont au nombre de 8 *, je puis faire disparoître tous les termes divisibles par z^2 & par yz; & avoir par conséquent la valeur de y^2 résultante de la substitution des valeurs de z^2 & de yz, c'est-à-dire, propre à ne plus introduire ni z^2 ni yz. Donc si je ne substituois dans l'équation-produit qui doit donner l'équation finale, que les valeurs de z^2 & de yz tirées des deux dernières équations, je n'exprimerois pas tout ce que renferment ces deux équations; je n'arriverois donc qu'à une équation finale qui n'appartiendroit pas à la question. Il n'en est pas de même, lorsque les valeurs que vous tirez des $n - 1$ équations, n'ont pas un diviseur commun. Ces valeurs substituées dans le polynome-multiplicateur & dans l'équation-produit, par-tout où elles peuvent être substituées, exprimeront tout ce que ces $n - 1$ équations peuvent dire.

En effet, dans l'exemple précédent, si après avoir tiré des deux dernières équations la valeur de y^2 & celle de z^2, on croyoit pouvoir en tirer encore celle d'un autre terme; celle, par exemple de x^2y. En operant, comme ci-dessus, on n'auroit que

* Il faut ici huit coëfficiens pour faire disparoître ces sept termes, parce que les sept équations du premier degré que l'on aura, sont chacune, sans aucun terme absolument connu.

huit coëfficiens pour faire disparoître les termes divisibles par y^2 & par z^2, lesquels sont au nombre de huit. On seroit donc (212) conduit à une équation de condition, sans pouvoir déterminer la valeur de x^2y dégagée de y^2, ou de z^2 ou de quelqu'un de leurs multiples. Donc la substitution des valeurs de y^2 & de z^2 suffit pour l'expression des conditions de la question.

Considérations utiles pour abréger considérablement le calcul des coëfficiens qui servent à l'élimination.

(252.) Nous pouvons encore ajouter considérablement aux simplifications déja très-grandes que la méthode exposée (195 & *suiv.*) pour le calcul des inconnues dans les équations du premier degré, offre dans le procédé de l'élimination. Nous supposerons, dans ce que nous allons dire, que les équations proposées sont toutes complettes, & du même degré : il sera facile d'en faire l'application aux équations incomplettes, ainsi que nous le ferons voir ensuite ; mais l'exposition sera plus claire, en se représentant d'abord les équations comme complettes.

(253.) Supposant les coëfficiens déterminés des termes de chaque équation donnée, représentés par les mêmes lettres distinguées seulement par des accens, ainsi que nous l'avons pratiqué jusqu'ici ; supposant la même chose pour les coëfficiens indéterminés des polynomes-multiplicateurs de chaque équation ; il est aisé de sentir que le coëfficient d'un terme quelconque de l'un des polynomes-multiplicateurs, se trouvant dans un terme quelconque de l'équation-somme, affecté d'un coëfficient déterminé de l'un des termes quelconque de l'équation dont ce polynome est multiplicateur ; il est aisé, dis-je, de sentir que le coëfficient indéterminé du même terme de chaque autre polynome-multiplicateur, se trouvera aussi dans le même terme de l'équation-somme, & s'y trouvera affecté du coëfficient déterminé du même terme de l'équation dont ce polynome est multiplicateur.

Donc s'il n'y a que deux équations, en égalant à zéro le coëfficient total de chaque terme de l'équation-somme, les équations particulières qui en résulteront, seront de cette forme

$$Aa + A'a' = 0,\; Ab + A'b' + Bc + B'c' = 0,\; Af + A'f' + Bd + B'd' + Ce + C'e' = 0;$$

& ainsi de suite.

S'il

S'il y a trois équations, les mêmes équations particulières seront de cette forme

$$Aa + A'a' + A''a'' = 0, \quad Ab + A'b' + A''b'' + Bc + B'c' + B''c'' = 0,$$

$$Ad + A'd' + A''d'' + Be + B'e' + B''e'' + Cf + C'f' + C''f'' = 0;$$

& ainsi de suite, &c.

Et ces équations seront au nombre de $n - 1$, si n est le nombre des coëfficiens indéterminés.

Ces équations peuvent être calculées beaucoup plus rapidement qu'en suivant littéralement la règle que nous avons donnée (198).

(254.) Nous avons vu (198) que dans le calcul des *lignes*, il importoit peu dans quel ordre on eût primitivement écrit le produit des inconnues qui sert à calculer ces lignes, pourvu que leur ordre fût conservé dans toute la suite du calcul. Dans les équations dont il s'agit à présent, il y a beaucoup à gagner à choisir l'ordre dans lequel on écrit d'abord le produit des inconnues, quoiqu'il n'y ait à cela aucune obligation.

L'ordre le plus convenable est de groupper toutes les lettres semblables : on n'est pas pour cela assujéti à aucun ordre particulier entre ces grouppes.

Par exemple, si les inconnues sont

$$A, B, C, D;$$

$$A', B', C', D'.$$

Entre toutes les différentes manières d'écrire ces huit lettres à la suite les unes des autres, je préfère, & m'arrête à l'une quelconque des suivantes,

$$AA'BB'CC'DD', \quad BB'AA'CC'DD', \quad DD'BB'AA'CC', \text{ \&c.}$$

Si les inconnues sont

$$A, B, C, D,$$

$$A', B', C', D',$$

$$A'', B'', C'', D'',$$

entre toutes les différentes manières d'écrire ces douze inconnues à la suite les unes des autres, je préfère l'une quelconque des ſuivantes

$AA'A''BB'B''CC'C''DD'D''$, $BB'B''AA'A''CC'C''DD'D''$, $CC'C''DD'D''AA'A''BB'B''$, &c.

& ainſi de ſuite.

C'eſt-à-dire, que l'ordre dans lequel on écrira les grouppes, eſt abſolument arbitraire.

(255.) Examinons préſentement les conſéquences que ce choix nous offrira dans la pratique de la règle donnée (198). Mais remarquons auparavant qu'il n'eſt pas indiſpenſable, dès le commencement du calcul des lignes, d'écrire le produit de toutes les inconnues. S'il y a des équations plus ſimples les unes que les autres, on peut préférer de commencer par celles-là; & alors en les employant, on peut ſe diſpenſer d'écrire les grouppes des inconnues qu'elles ne renferment pas, & ne les introduire que lorſqu'on viendra à employer les équations qui les renferment.

(256.) Suppoſons donc qu'on ait les trois équations ſuivantes

$$Aa + A'a' = 0,$$

$$Ab + A'b' + Bc + B'c' = 0;$$

$$Bd + B'd' = 0.$$

En calculant la valeur de $AA'BB'$, nous aurions

première ligne... $(aA' - a'A)BB'$,

ſeconde ligne.... $(ab' - a'b)BB' - (aA' - a'A).(cB' - c'B)$,

troiſième ligne.. $(ab' - a'b).(dB' - d'B) + (aA' - a'A).(cd' - c'd)$.

Si l'on obſerve attentivement la compoſition de ces différentes lignes, on verra facilement que chaque combinaiſon comme ab', ou cd', ou cB', ou aA', eſt toujours accompagnée de ſa correſpondante $a'b$, $c'd$, $c'B$, $a'A$, avec un ſigne contraire.

Que dans la dernière ligne, dans celle qui donne les valeurs des quantités $A, A'; B, B'$, chaque combinaiſon dB' ou $d'B$, aA' ou $a'A$, a pour multiplicateur le ſyſtème $ab' - a'b$, ou $cd' - c'd$ des deux combinaiſons de coëfficiens déterminés: d'après cela, avec un peu de réflexion, on verra qu'on peut énoncer ainsi le procédé pour arriver aux valeurs des coëfficiens de l'un des polynomes-multiplicateurs, & pour en conclure celles des coëfficiens de l'autre polynome.

(257.) Procédez au calcul des lignes ci-dessus, en ne faisant d'échange (198) que pour un seul des deux coëfficiens analogues : faites cet échange toujours dans le même ordre, c'est-à-dire, par exemple, toujours sur celui de ces deux coëfficiens qui se trouve écrit le premier. Observez d'écrire les coëfficiens déterminés, que vous substituez pour échange, dans le même ordre que ceux auxquels vous les substituez.

Alors au lieu des quantités $ab' - a'b$, $cd' - cd'$, &c. vous n'aurez dans la dernière *ligne*, ou dans les *lignes* consécutives, que les combinaisons ab', cd', &c. mais comme vous sçavez que ab' ne va point sans $a'b$, que cd' ne va point sans $c'd$, &c. vous les rétablirez facilement, lorsque vous le jugerez à propos, si vous employez un signe pour exprimer cette abbréviation : ainsi dorénavant, nous écrirons en cette manière (ab') au lieu de $ab' - a'b$; (ac') au lieu de $ac' - a'c$; (bc') au lieu de $bc' - b'c$ *.

Lorsque vous aurez déterminé, selon ce qui a été dit (198), les valeurs des coëfficiens indéterminés qui se trouveront dans la dernière ligne, vous aurez les valeurs de leurs analogues, en changeant le signe des premières, & l'accent de la lettre qui se trouvera seule, ou hors des parenthèses.

Ainsi, dans l'exemple ci-dessus, j'aurois

première ligne..... $aA'BB'$,

seconde ligne..... $(ab')BB' - aA'cB'$,

troisième ligne..... $(ab')dB' + aA'(cd')$;

d'où (198) je conclurois $A' = a(cd')$, $B' = d(ab')$; & changeant le signe, & en même temps l'accent des lettres hors des parenthèses, $A = -d'(cd')$, $B = -d'(ab')$.

* Nous ne donnerons cette signification, aux parenthèses, que lorsqu'elles seront appliquées à des monomes; les parenthèses appliquées à des quantités complettes, continueront d'avoir leur signification ordinaire.

(258.) Soient, pour second exemple, les cinq équations suivantes

$$Aa + A'a' = 0,$$

$$Ab + A'b' + Bc + B'c' = 0,$$

$$Ad + A'd' + Be + B'e' + Cf + C'f' = 0,$$

$$Bg + B'g' + Ch + C'h' = 0,$$

$$Cl + C'l' = 0.$$

J'aurois comme il suit

première ligne.... $aA'BB'$,

seconde ligne...... $[(ab')BB' - aA'cB']CC'$,

troisième ligne.... $[(ab')eB' - (ad')cB' + aA'(ce')]CC' + [(ab')BB' - aA'cB']fC'$;

quatrième ligne... $[(ab').(eg') - (ad').(cg')]CC' - [(ab')eB' - (ad')cB' + aA'(ce')]hC'$
$+ [(ab']gB' + aA'(cg')]fC'$,

en omettant les termes où resteroient BB' & $A'B'$ qui disparoîtroient dans la ligne suivante.

cinquième ligne... $[(ab').(eg') - (ad').(cg')]lC' + (hl').[(ab')eB' - (ad')cB' + aA'(ce')]$
$- (fl').[(ab')gB' + aA'(cg')]$;

d'où (198) l'on tire

$$A' = -a(cg').(fl') + a(ce').(hl'),$$

$$B' = -g(ab').(fl') + e(ab').(hl') - c(ad').(hl'),$$

$$C' = l[(ab').(eg') - (ad').(cg')];$$

& (257) par conséquent

$$A = a'(cg').(fl') - a'(ce').(hl'),$$

$$B = g'(ab').(fl') - e'(ab').(hl') + c'(ad').(hl'),$$

$$C = -l'[(ab').(eg') - (ad').(cg')].$$

(259.) Lorsque les polynomes-multiplicateurs sont au nombre de trois, alors, non-seulement chaque combinaison comme ab', ou ab'', ou $a'b''$, &c. est toujours accompagnée de sa correspondante $a'b$, $a''b$, $a''b'$, avec un signe contraire; mais encore chaque combinaison comme $(ab' - a'b)c''$ est accompagnée de ces deux autres $-(ab'' - a''b)c'$ & $+(a'b'' - a''b')c$; c'est-à-dire, que les valeurs des coëfficiens indéterminés sont des fonctions de combinaisons telles que

$$(ab' - a'b)c'' - (ab'' - a''b)c' + (a'b'' - a''b')c,$$

& de $ab' - a'b$, $ac' - a'c$, $ac'' - a''c$, &c.

De plus si A, A', A'' représentent trois de ces coëfficiens ; des combinaisons de deux dimensions $ab' - a'b$, $ab'' - a''b$, $a'b'' - a''b'$, ce sera la combinaison $a'b'' - a''b'$ qui entrera dans la valeur de A ; la combinaison $ab' - a'b$ entrera dans la valeur de A'' ; & la combinaison $ab'' - a''b$ entrera dans celle de A', laquelle sera de signe contraire aux deux autres.

Par exemple, si on a les cinq équations

$$Aa + A'a' + A''a'' = 0,$$
$$Ab + A'b' + A''b'' = 0,$$
$$Ac + A'c' + A''c'' + Bd + B'd' + B''d'' = 0;$$
$$Be + B'e' + B''e'' = 0,$$
$$Bf + B'f' + B''f'' = 0.$$

Si on calcule la valeur de $AA'A''BB'B''$ conformément à ce qui a été dit (198), on aura comme il suit

Première ligne... $aA'A'' - a'AA'' + a''AA'$,

seconde ligne... $[(ab' - a'b)A'' - (ab'' - a''b)A' + (a''b' - a''b')A]BB'B''$,

troisième ligne.. $[(ab' - a'b)c'' - (ab'' - a''b)c' + (a'b'' - a''b')c]BB'B''$
$- [(ab' - a'b)A'' - (ab'' - a''b)A' + (a'b'' - a''b')A].(dB'B'' - d'BB'' + d''BB')$;

quatrième ligne. $[(ab' - a'b)c'' - (ab'' - a''b)c' + (a'b'' - a''b')c].(eB'B'' - e'BB'' + e''BB')$
$+ [(ab' - a'b)A'' - (ab'' - a''b)A' + (a'b'' - a'b)A].[(de' - d'e)B'' - (dc' - d'c)B' + (d'e' - d''e')B]$;

cinquième ligne. $[(ab' - a'b)c'' - (ab' - a''b)c' + (a'b'' - a''b')c].[(ef' - e'f)B'' - (ef'' - e''f)B' + (e'f' - e''f')B$
$- [(a'b' - a'b)A'' - (ab'' - a'b)A' + (a'b'' - a''b')A].[(de' - d'e)f'' - (de'' - d''e)f' + (d'e'' - d''e')f$.

Résultat dans lequel (198) chaque quantité A ou B, A' ou B', &c. ayant pour valeur son coëfficient, il est évident que ces valeurs ont les qualités que nous avons annoncées.

D'après ces observations, si par abbréviation nous représentons une quantité de la forme

$$(ab' - a'b)c'' - (ab'' - a''b)c' + (a'b'' - a''b')c,$$

ou $(ab')c'' - (ab')c' + (a'b'')c$, par la seule quantité $(ab'c'')$, on peut donc, à l'exemple de ce que nous avons fait (257), réduire tout le calcul à ce qui suit.

(260.) Dans le calcul des *lignes*, échangez seulement, relativement à chaque grouppe $AA'A''$, $BB'B''$, ou $CC'C''$, &c. celle de ces lettres qui se trouve la première dans l'ordre de la lecture; échangez, dis-je, cette lettre contre son coëfficient dans l'équation que vous employez pour le calcul de cette ligne; à mesure que vous aurez épuisé un grouppe, renfermez-en le résultat entre deux parenthèses : & lorsqu'arrivé à la dernière ligne vous voudrez conclure les valeurs des inconnues qui y restent, renfermez aussi entre deux parenthèses, chaque combinaison de deux dimensions, qui s'y trouvera; & pour de celles-ci, conclure les valeurs des inconnues analogues, opérez comme dans cet exemple-ci.

Supposons que j'aie trouvé $A'' = (ab') . (bc'd'')$. Je passe successivement de A'' à A' & de A' à A; dans ce passage j'échange dans la quantité de deux dimensions seulement l'accent $''$ en $'$ & $'$ en $''$, & le signe; ce qui me donne $A' = -(ab'') . (bc'd'')$; dans celui-ci j'échange l'accent $'$ en zéro & zéro en $'$, dans la quantité de deux dimensions seulement, & le signe; ce qui me donne $A = (a'b'') . (bc'd'')$.

D'après ces observations si nous reprenons les cinq équations

$$Aa + A'a' + A''a'' = 0,$$
$$Ab + A'b' + A''b'' = 0,$$
$$Ac + A'c' + A''c'' + Bd + B'd' + B''d'' = 0,$$
$$Be + B'e' + B''e'' = 0,$$
$$Bf + B'f' + B''f'' = 0.$$

Nous pourrons donc procéder au calcul de $AA'A''BB'B''$ d'une manière beaucoup plus expéditive, comme il suit

Première ligne... $a\,A'\,A''$,

Seconde ligne... $a\,b'A''\,B\,B'B''$,

Troisième ligne.. $(ab'c'')B\,B'B'' - a\,b'A''d\,B'B''$,

Quatrième ligne. $(ab'c'')e\,B'\,B'' + a\,b'A''d\,e'\,B''$,

Cinquième ligne. $(ab'c'').(ef')B'' - (ab')A''(d\,e'f'')$.

D'où l'on tire

$$A'' = -(ab').(de'f''), \quad B'' = (ef').(ab'c'');$$

& par conféquent

$$A' = +(ab'').(de'f''), \quad B' = -(ef'').(ab'c'');$$

&....; $A = -(a'b'').(de'f''), \quad B = +(e'f'').(ab'c'').$

Valeurs qui en fe rappellant la fignification des parenthèfes, reviennent abfolument à celles que nous avons trouvées d'abord.

(261.) S'il y avoit quatre polynomes-multiplicateurs, les grouppes feroient de quatre coëfficiens; & alors on feroit l'échange de chaque lettre de chaque grouppe, contre fon coëfficient dans l'équation qu'on employe au calcul de la ligne actuelle, & cela jufqu'à ce que ce grouppe fut épuifé : à mefure que chaque grouppe feroit épuifé, on en renfermeroit le réfultat entre deux parenthèfes, ce qui donneroit des quantités de la forme $(a\,b'c''d''')$. Et lorfqu'arrivé à la dernière ligne, vous voudrez conclure les valeurs des inconnues qui s'y trouvent; renfermez auffi entre deux parenthèfes, chaque combinaifon de trois dimenfions qui s'y trouvera : & pour de celles-ci conclure les valeurs des inconnues analogues, opérez comme dans l'exemple que voici.

Suppofons que j'aie trouvé $A''' = (a\,b'c'').(de'f''g''')$; je pafferai fucceffivement de A''' à A'', de A'' à A'; & de A' à A; favoir de A''' à A'', en changeant dans la quantité de trois dimenfions feulement $''$ en $'''$, & le figne; ce qui donne $A'' = -(a\,b'c''').(de'f''g''')$. De A'' à A', je changerai dans la quantité de trois dimenfions feulement $'$ en $''$ & le figne, ce qui donne $A' = +(a\,b''c''').(de'f''g''')$. De A' à A, je changerai dans la quantité de trois dimenfions feulement, zéro en $'$, & le figne, ce qui donne $A = -(a'b''c''').(de'f''g''')$.

Il eft bien facile actuellement d'étendre cette règle à un plus grand nombre de polynomes.

(262.) Quant aux quantités de la forme $(a\,b'c''d''')$, & en général de la forme $(a\,b'c''d'''e^{\text{IV}}f^{\text{V}}, \&c.)$ il fera toujours facile de les avoir, en obfervant qu'elles ne font autre chofe que la valeur de l'équation de condition néceſſaire pour qu'un nombre n (n étant le nombre de ces quantités) d'équations renfermant un nombre n d'inconnues du premier degré, ſans aucun terme abſolument connu, puiſſent avoir lieu à la fois.

Par exemple, $(a\,b')$ eſt la valeur de l'équation de condition néceſſaire, pour que les deux équations ſuivantes puiſſent avoir lieu,

$$a\,x + b\,y = 0,$$
$$a'\,x + b'\,y = 0.$$

Pareillement $(a\,b'\,c'')$ eſt la valeur de l'équation de condition néceſſaire, pour que les trois équations ſuivantes aient lieu

$$a\,x + b\,y + c\,z = 0,$$
$$a'\,x + b'\,y + c'\,z = 0,$$
$$a''x + b''y + c''z = 0.$$

Il en eſt de même de $(a\,b'\,c''\,d''')$ à l'égard des quatre équations

$$a\,x + b\,y + c\,z + d\,t = 0,$$
$$a'\,x + b'\,y + c'\,z + d'\,t = 0,$$
$$a''x + b''y + c''z + d''t = 0,$$
$$a'''x + b'''y + c'''z + d'''t = 0;$$

& ainſi de ſuite.

Ces quantités ſeront donc toujours faciles à calculer par la règle que nous avons donnée (212).

(263.) Mais ſi on veut ſe diſpenſer de toute attention ſur les changemens dans les accens & dans les ſignes, lorſqu'il s'agit de conclure de la valeur des inconnues qui entrent dans la dernière ligne, celle des inconnues analogues, on le pourra toujours dans la matière qui nous occupe principalement ici ; car on peut toujours ſe diſpenſer de chercher l'expreſſion particulière de chaque inconnue. En effet, nous n'avons à calculer la valeur de chaque inconnue, que pour la ſubſtituer enſuite dans une dernière quantité où cette inconnue ſe trouve ; or cette ſubſtitution s'opère ainſi que nous l'avons dit (207), en procédant au au calcul d'une nouvelle ligne, à l'aide de cette dernière quantité considérée comme équation.

Par exemple, si on demandoit quelle est la valeur de

$$Ag + A'g' + A''g'' + Bh + B'h' + B''h'';$$

en vertu des cinq équations proposées (260); ayant trouvé pour dernière ligne la quantité

$$(ab'c'')ef'B'' - ab'A''(de'f''),$$

je procéderois au calcul d'une nouvelle ligne en employant la quantité

$$Ag + A'g' + A''g'' + Bh + B'h' + B''h''$$

comme une nouvelle équation, & j'aurois

$$(ab'c'').(ef'h'') - (ab'g'').(de'f''),$$

pour résultat de la substitution des valeurs de A, A', A'', B, B', B'', dans la quantité proposée, & cela sans entrer dans le détail de l'expression de la valeur de chacune de ces quantités *.

(264.) Cette manière de procéder au calcul des inconnues, en les grouppant, n'est pas applicable seulement à notre objet; elle peut en général être appliquée dans toutes les équations du premier degré.

Si l'on avoit, par exemple, les quatre équations suivantes

$$ax + by + cz + dt + e = 0,$$
$$a'x + b'y + c'z + d't + e' = 0,$$
$$a''x + b''y + c''z + d''t + e'' = 0,$$
$$a'''x + b'''y + c'''z + d'''t + e''' = 0.$$

En se rappellant que (198) chaque inconnue a pour valeur le coëfficient qu'elle se trouve avoir dans la dernière *ligne*, divisé constamment par celui que l'inconnue introduite aura dans cette même *ligne*, on verra bientôt qu'on peut réduire le calcul à chercher le coëfficient de l'une quelconque des inconnues dans la dernière ligne; parce que de la même manière qu'on en aura calculé un, on calculera de même tous les autres : ou même, lorsqu'on en aura calculé un, on pourra en déduire tous les

* Ce résultat doit naturellement avoir un diviseur; mais comme nous n'aurons à faire ces substitutions que dans des équations où ce diviseur sera commun à tous les termes, nous pourrons toujours l'omettre.

autres, lorſque les équations auront toute la généralité poſſible *. Or pour avoir la valeur du coëfficient d'une des inconnues dans la dernière ligne, la queſtion ſe réduit à calculer la valeur du produit des autres inconnues. Mais pour ne pas ſe tromper ſur les ſignes, il faudra toujours ne pas perdre de vue, la place que cette inconnue eſt cenſée occuper dans le produit de toutes les inconnues. Ainſi, dans le cas préſent, au lieu de calculer généralement la dernière *ligne* pour avoir $xyztu$, je calcule ſeulement cette dernière ligne, pour $yztu$: & pour l'avoir de la manière la plus commode, je grouppe en cette manière, $yz.tu$, & je procède comme il ſuit, au calcul des lignes, obſervant que y eſt cenſé à la ſeconde place.

Première ligne.. $-bz.tu - yz.du$,

Seconde ligne.. $+(bc').tu - bz.d'u + b'z.du + yz.(de')$,

Troiſième ligne. $-(bc').d''u + (bc'').d'u - bz.(d'e'') - (b'c'').du + b'z.(de'') - b''z.(de')$,

Quatrième ligne $+(bc').(d''e''') - (bc'').(d'e''') + (bc''').(d'e'') + (b'c'').(de''') - (b'c''').(de'') + (b''c''').(de')$,

c'eſt le coëfficient de x dans la dernière ligne.

Pour avoir celui de u, je calculerois de même la valeur de $xyzt$, en le grouppant ainſi $xy.zt$, & je trouverois pour valeur du coëfficient de u dans la dernière ligne, la quantité

$$(ab').(c''d''') - (ab'').(c'd''') + (ab''').(c'd'') + (a'b'').(cd''') - (a'b''').(cd'') + (a''b''').(cd');$$

D'où je conclus

$$x = \frac{+(bc').(d''e''') - (bc'').(d'e''') + (bc''').d'e'') + (b'c'').(de''') - (b'c''').(de'') + (b''c''').(de')}{(ab).(c''d''') - (ab'').(c'd''') + (ab''').(cd'') + (a'b'').(cd''') - (a'b''').(cd'') + (a''b''').(cd')};$$

& ainſi de ſuite.

(265.) Si j'avois les cinq équations ſuivantes

$$ax + by + cz + dr + et + f = 0,$$
$$a'x + b'y + c'z + d'r + e't + f' = 0,$$
$$a''x + b''y + c''z + d''r + e''t + f'' = 0,$$
$$a'''x + b'''y + c'''z + d'''r + e'''t + f''' = 0,$$
$$a^{\text{IV}}x + b^{\text{IV}}y + c^{\text{IV}}z + d^{\text{IV}}r + e^{\text{IV}}t + f^{\text{IV}} = 0.$$

* Voyez le Cours de Mathématiques à l'uſage des Gardes de la Marine, *tome III*, *page* 98.

Je calculerois, par exemple, le coëfficient de x dans la dernière ligne, en calculant $yz\,r.tu$, ou $yz.rtu$, ou $yz.rt.u$.

Si j'avois six équations dont les inconnues fussent x, y, z, r, s & t, je calculerois, par exemple, le coëfficient de x, en calculant ou $yz.rs.tu$, ou $yzrs.tu$, ou $yzr.stu$, & ainsi de suite.

(266.) Pour donner un exemple frappant de l'avantage de notre méthode pour profiter des simplifications auxquelles l'absence de quelques termes peut donner lieu.

Supposons qu'on ait les douze équations suivantes

$$\begin{array}{l}
Aa + A'a' + A''a'' = 0,^{*} \\
Ab + A'b' + A''b'' = 0, \\
Ac + A'c' + A''c'' + Ba + B'a' + B''a'' = 0, \\
Bb + B'b' + B''b'' = 0, \\
Bc + B'c' + B''c'' = 0, \\
Bd + B'd' + B''d'' + Ca + C'a' + C''a'' = 0; \\
Cb + C'b' + C''b'' = 0, \\
Cc + C'c' + C''c'' = 0, \\
Cd + C'd' + C''d'' + Da + D'a' + D''a'' = 0, \\
Db + D'b' + D''b'' = 0, \\
Dc + D'c' + D''c'' = 0, \\
Ad + A'd' + A''d'' + Da + D'a' + D''a'' = 0,
\end{array}$$

& que l'on demande l'équation de condition nécessaire pour que toutes ces équations aient lieu.

Je groupe les inconnues trois à trois, & n'introduisant chaque groupe qu'à mesure que ces lettres entrent dans l'équation que j'emploie, je calcule comme il suit

Première ligne... $aA'A''$,

Seconde ligne.... $ab'A''.BB'B''$,

Troisième ligne... $(ab'c'')BB'B'' - ab'A''.aB'B''$,

Quatrième ligne... $(ab'c'')bB'B'' + ab'A''.ab'B''$,

Cinquième ligne.. $[(ab'c'')bc'B'' - ab'A''.(ab'c'')]CC'C''$,

* Quoique nous ayons répété les mêmes lettres pour coëfficiens dans plusieurs de ces équations, cela ne change rien au procédé, ni à la forme du résultat : c'est seulement pour ne pas multiplier le nombre des lettres différentes.

Sixième ligne.... $(ab'c'').(bc'd'')CC'C''+(ab'c'').ab'A''.aC'C''$,

en supprimant le terme où resteroit B'; qui, ne se trouvant plus dans les équations restantes, ne peut plus avoir aucune influence sur l'équation finale.

Septième ligne... $(ab'c'').(bc'd'')bC'C''-(abc'')ab'A''.ab'C''$,

Huitième ligne... $[(ab'c'').(bc'd'')bc'C''+(ab'c'')ab'A''.(ab'c'')]DD'D''$,

Neuvième ligne... $(ab'c'').(bc'd'')^2DD'D''-(ab'c'')^2.ab'A''.aD'D''$,

en supprimant le terme où resteroit C''.

Dixième ligne.... $(ab'c'').(bc'd'')^2bD'D''+(ab'c'')^2.ab'A''.ab'D''$,

Onzième ligne... $(ab'c'').(bc'd'')^2bc'D''-(ab'c'')^3.ab'A''$,

Douzième ligne... $(ab'c'').(bc'd'')^3-(ab'c'')^3(ab'd'')]$.

L'équation de condition est donc

$$(ab'c'').[(bc'd'')^3-(ab'c'')^2(ab'd'')]=0.$$

(267.) Venons présentement aux coëfficiens indéterminés des polynomes-multiplicateurs des équations incomplettes.

Jusqu'ici nous avons supposé les équations complettes & du même degré. La symmétrie qui règne alors dans les coëfficiens de ces équations, & de leurs polynomes-multiplicateurs, nous a tracé une route pour calculer facilement les coëfficiens indéterminés de ceux-ci. Quoique cette symmétrie ne soit plus aussi parfaite quand les équations sont de différens degrés, ou quand elles sont incomplettes; néanmoins, comme on peut considérer le cas où les équations sont de différens degrés & incomplettes, comme un cas particulier des équations complettes de même degré, & dont un certain nombre de coëfficiens déterminés seroient zéro, il est à présumer qu'on doit retrouver dans le calcul des équations incomplettes de différens degrés, des vestiges des avantages que nous avons rencontrés dans le calcul des équations complettes.

Pour les retrouver, envisageons la question comme il suit.

(268.) Soient

$$A,\ B,\ C,\ D,\ E,\ F,\ \&c.$$
$$A',\ B',\ C',\ D',\ E',\ F',\ \&c.$$
$$A'',\ B'',\ C'',\ D'',\ E'',\ F'',\ \&c.$$
$$\&c.$$

les coëfficiens des polynomes-multiplicateurs, lorſqu'ils ſont tous du même degré.

Si les équations propoſées ne ſont pas toutes du même degré, ou ſi elles ſont incomplettes, leurs polynomes-multiplicateurs ne pouvant non plus être du même degré, il manquera à quelques-uns d'entr'eux, un certain nombre de termes dans les dimenſions ſupérieures.

Suppoſons, par exemple, qu'il doive en manquer trois dans le premier, & deux dans le ſecond. Alors la différence des deux cas conſiſte en ce que, dans le premier cas, il étoit queſtion de calculer la valeur de

$$A\,A'\,A''\,B\,B'\,B''\,C\,C'\,C''\,D\,D'\,D''\,E\,E'\,E''\,F\,F'\,F'', \&c.$$

& que dans le ſecond cas, il n'eſt queſtion de calculer que celle de

$$A''B''\,C'\,C''\,D\,D'\,D''\,E\,E'\,E''\,F\,F'\,F'', \&c.$$

C'eſt donc à dire que continuant de donner aux termes ſemblables, tant des équations, que de leurs polynomes-multiplicateurs, des coëfficiens repréſentés par les mêmes lettres diſtinguées ſeulement par des accens; ſi on obſerve encore de groupper les coëfficiens analogues, on pourra, en procédant au calcul des *lignes* ſelon les règles données juſqu'ici, arriver au réſultat, en profitant de toutes les ſimplifications que peut procurer ce qui reſte de ſymmétrique dans les équations propoſées, & dans leurs polynomes-multiplicateurs.

Il faudra ſeulement obſerver que ſi dans le cours du calcul des lignes, le coëfficient ou l'inconnue, pour lequel on doit faire actuellement l'échange, ne ſe trouvoit pas dans l'équation qu'on emploie, il ne faudroit pas moins, ſi ſon analogue s'y trouve, faire l'échange comme s'il ne manquoit pas.

(269.) Par exemple, si on avoit les trois équations suivantes

$$Aa + Bb + Cc + C'c' = 0,$$
$$Bd + Ce = 0,$$
$$Bf + Ch + C'h' = 0,$$

& qu'il fût question d'avoir les valeurs de A, B, C & C'. Comme il n'y a ici de lettres qui aient leurs analogues, que C & C', je ne grouppe que ces deux-ci. Mais en procédant au calcul des lignes, j'agirai tacitement, comme si le terme $C'e'$ se trouvoit dans la seconde équation, sauf à y avoir égard dans le résultat, ce qui sera toujours facile, puisqu'il ne s'agira que de supposer $e' = 0$.

Ainsi la question actuelle est donc de calculer $AB.CC'$, ce que l'on fera comme il suit

Première ligne $(aB - bA).CC' + AB.cC'$,

Seconde ligne $ad.CC' - (aB - bA).eC' - dA.cC' + AB.(ce')$,

Troisième lig. $ad.hC' - af.eC' + (aB - bA).(eh') + dA.(ch') - fA.(ce')$

D'où l'on tire

$$A = d.(ch') - f(ce') - b(eh'),$$
$$B = a(eh'),$$
$$C' = ad.h - af.e,$$

& par conséquent (257) $C = -ad.h' + af.e'$.

C'est-à-dire, à cause de $e' = 0$.

$$A = d.(ch') + fc'e - beh',$$
$$B = aeh',$$
$$C' = adh - aef,$$
$$C = -adh'.$$

(270.) Parillement, si on avoit les sept équations suivantes

$$Ca + A'd' + A''d'' = 0,$$
$$Cb + A'e' + A''e'' + B'b' + B'd'' = 0,$$
$$Cc + B'e' + B''e'' = 0,$$
$$A'f' + A''f'' = 0,$$
$$Cd + C'd' + C''d'' = 0,$$
$$Ce + C'e' + C''e'' + B'f' + B''f'' = 0,$$
$$Cf + C'f' + C''f'' = 0,$$

& qu'on demandât l'équation de condition.

Je groupperois en cette manière $A'A''\, B'B''\, CC'C''$, c'est-à-dire, que je distinguerois trois grouppes, savoir $A'A''$, $B'B''$, & $CC'C''$; & dans le calcul du grouppe $CC'C''$, j'agirois comme si a, b, c, qui entrent dans les équations proposées, étoient accompagnées de leurs analogues a', b', c' & a'', b'', c'', quantités dont l'introduction n'allonge en rien le calcul, & le facilite en conservant la symmétrie; & à la fin du calcul, j'aurois égard à ce que

$$a' = 0, \; a'' = 0, \; b' = 0, \; b'' = 0, \; c' = 0, \; c'' = 0.$$

Applications de ce qui précède, à différens exemples : interprétation & usages de divers facteurs que l'on rencontre dans le calcul des coëfficiens de l'équation finale.

(271.) Non-seulement il importe à la perfection, & même à la certitude de l'Analyse, de ne pas donner à l'équation finale un degré plus élevé qu'elle ne doit l'avoir généralement, c'est-à-dire, indépendamment de toute relation particulière entre les coëfficiens des équations données; mais la vraie méthode d'élimination doit avoir encore la propriété de conduire à l'équation finale du plus bas degré possible, lorsque des relations particulières entre les coëfficiens peuvent donner lieu à la dépression du degré de l'équation générale. Elle doit donner les symptomes auxquels on peut reconnoître la possibilité de cet abaissement, & les moyens de se le procurer.

(272.) Or les relations particulières qui peuvent donner lieu à la dépression de l'équation générale, peuvent s'offrir de deux manières, ou par un facteur commun à tous les termes de cette équation, lequel devenant zéro anéantit cette équation, & fait par conféquent connoître que la fuppofition que ce facteur foit égal à zéro, eft un des moyens de fatisfaire à toutes les équations propofées ; ou par l'évanouiffement du coëfficient de quelques-uns des termes des plus hautes dimenfions de l'équation finale. Cette feconde manière, dont la dépreffion peut avoir lieu, eft la feule que l'on connoiffe jufqu'ici. Quant au facteur qui peut donner pareillement lieu à la dépreffion, il échappe à la méthode d'élimination pour deux inconnues, & par conféquent à toute méthode connue d'élimination.

(273.) Si c'eft donc une perfection dans une méthode d'élimination, de ne point donner de facteur qui accroiffe le degré général, il faut convenir que ce n'eft pas la feule qui foit à defirer pour les befoins & même la certitude de l'Analyfe. Il ne faut pas toujours fe propofer d'éviter les facteurs que l'Analyfe préfente. Quand l'Analyfe eft appliquée comme il convient à une queftion, elle ne donne rien qui n'ait quelque rapport à la queftion. Si outre l'objet qu'on a particulièrement en vue, elle donne certains facteurs que l'on ne prévoyoit pas, ces facteurs énoncent quelque chofe de relatif à la queftion. En les omettant, en les prévenant, on courre le rifque d'omettre des connoiffances utiles à la queftion, & même d'admettre des conféquences qu'elle rejette. C'eft ainfi que nous verrons, que faute de connoître le facteur qui eft le fymptôme de la dépreffion de l'équation finale, on feroit expofé à admettre des racines qui n'appartiennent nullement aux équations propofées.

(274.) Ce n'eft donc un vice dans une méthode d'élimination, de donner des facteurs à l'équation finale, que lorfque ces facteurs n'ont aucun rapport à la queftion. Mais c'en feroit un dans l'analyfe, de ne pas faire connoître tout ce qui peut appartenir à la queftion.

(275.) Or quand on fe propofe d'éliminer entre plufieurs équations données, le véritable état de la queftion, eft de déterminer toutes les manières poffibles de fatisfaire à ces équations. La queftion prife dans ce fens général, donne lieu généralement à deux efpèces de facteurs, dont l'une fait connoître la poffibilité de la dépreffion de l'équation finale, & dont l'autre indique des manières particulières de fatisfaire à toutes les équations

propofées

propoſées, dans certains cas. Tant qu'on donnera à l'analyſe toute l'étendue qu'elle doit avoir, elle offrira ces facteurs. Si on la reſtraint, on en diminuera le nombre : mais je doute fort qu'on puiſſe les éviter dans tous les cas.

(276.) Tel eſt le caractère de la méthode que nous allons expoſer. Nous donnerons deux procédés pour arriver à l'équation finale. Par le premier, jamais cette équation n'aura un degré plus élevé qu'elle ne doit l'avoir ; mais on aura toujours un grand nombre de coëfficiens à calculer, parce qu'indépendamment de l'équation finale, l'analyſe donnera aux coëfficiens de cette équation finale des facteurs qui indiqueront, ou les cas de dépreſſion, ou des ſolutions particulières.

Par le ſecond procédé, le calcul pour arriver à l'équation finale, ſera incomparablement plus court ; il y aura beaucoup moins de facteurs ; mais ces facteurs pourront dans quelque cas, compliquer le degré de l'équation finale. Nous verrons cependant, que la plupart du temps ces facteurs ſeront préſentés dans le cours du calcul, d'une manière diſtincte, en ſorte qu'on pourra les extraire avant la fin du calcul ; mais dans le cas où une trop grande complication du calcul empêcheroit de les appercevoir, nous ferons voir comment on doit s'y prendre, pour, à l'aide des connoiſſances acquiſes dans le premier Livre, ſur le vrai degré de l'équation finale, parvenir à trouver quel eſt ce facteur.

(277.) Ainſi, ſi l'on n'a pour objet que d'arriver le plus promptement qu'il eſt poſſible, à l'équation finale indépendante de toute relation particulière entre les coëfficiens, on emploiera le ſecond procédé.

Mais ſi l'on veut connoître ſur les équations propoſées tout ce que peut dire l'Analyſe, ſans rien dire qui n'ait trait à la queſtion, alors il faut employer le premier procédé.

(278.) Propoſons-nous d'abord d'avoir l'équation en x, réſultante de ces deux équations

$$\begin{aligned} & ax^2 + bxy + cy^2 = 0, \\ & + dx + ey \\ & + f \end{aligned}$$

& .... $\begin{aligned} & d'x + e'y = 0; \\ & + f' \end{aligned}$

Le polynome-multiplicateur de la première, doit donc (227) être de la forme $(x,y)^{T+1}$; & celui de la seconde, de la forme $(x,y)^{T+2}$, T étant tout ce qu'on voudra. Mais comme il convient de prendre les polynomes-multiplicateurs les plus simples, & que nous voyons que l'équation finale ne devant (47) être que du second degré, il suffit que le polynome-multiplicateur de la première soit du degré zéro, nous ferons $T+1=0$, ou $T=-1$; & le polynome-multiplicateur de la seconde sera par conséquent de la forme $(x,y)^1$.

Il faut donc multiplier la première équation par C, & la seconde par $A'x+B'y+C'$.

Cependant, pour faire connoître en même temps, ce qui arriveroit si nous prenions des polynomes-multiplicateurs plus élevés, supposons seulement $T=0$; en sorte que les deux polynomes-multiplicateurs seront $(x,y)^1$ & $(x,y)^2$; c'est-à-dire,

$$Dx+Ey+F, \quad \& \quad A'x^2+B'xy+C'y^2+D'x+E'y+F'.$$

Nous aurons pour équation-somme, l'équation suivante

$$\begin{array}{llll}
Dax^3 & +Dbx^2y & +Dcxy^2 & +Ecy^3=0, \\
+A'd' & +Ea & +Eb & +C'e' \\
 & +B'd' & +C'd' & \\
 & +A'e' & +B'e' & \\
 & & & \\
+Ddx^2 & +Dexy & +Eey^2 & \\
+D'd' & +D'e' & +E'e' & \\
+Fa & +Ed & +Fc & \\
+A'f' & +E'd' & +C'f' & \\
 & +Fb & & \\
 & B'f' & & \\
 & & & \\
+Dfx & +Efy & & \\
+D'f' & +E'f' & & \\
+Fd & +Fe & & \\
+F'd' & +F'e' & & \\
 & & & \\
+Ff & & & \\
+F'f'. & & &
\end{array}$$

Examinons d'abord combien il y a de coëfficiens inutiles à l'élimination. Leur nombre d'après tout ce qui a été dit jufqu'ici, eft $N(x,y)^0$ ou 1. Il y a donc un coëfficient dont nous pouvons difpofer à volonté. Le meilleur ufage que nous puiffions en faire, eft de le fuppofer $= 0$; peu importe d'ailleurs lequel. Je fuppofe donc $C' = 0$.

Maintenant, puifque l'équation finale ne doit être que du fecond degré, il doit donc être poffible de faire difparoître non-feulement les termes affectés de y, mais encore le terme x^3.

Egalant donc à zéro la fomme des coëfficiens de chaque terme de la plus haute dimenfion, on aura quatre équations du premier degré, fans aucun terme abfolument connu, & quatre inconnues feulement, puifqu'on a fait $C' = 0$. Donc (213) chacune de ces inconnues fera $= 0$; c'eft-à-dire, qu'on aura

$$A' = 0,\ B' = 0,\ D = 0,\ E = 0,\ C' = 0.$$

Donc, en effet, nous avions d'abord fait le choix le plus parfait.

L'équation-fomme fe réduit donc, en effet, à la fuivante

$$\begin{array}{llll} D'd'x^2 & + D'e'xy & + E'e'y^2 = 0. \\ + Fa & + E'd' & + Fc \\ & + Fb & \\ \\ + D'f'x & + E'f'y & \\ + Fd & + Fe & \\ + F'd' & + F'e' & \\ & + Ff & \\ & + F'f'. & \end{array}$$

Si donc conformément à ce qui a été dit (198 & 267), on calcule la valeur de $D'E'FF'$, on trouve facilement, comme il fuit, les valeurs de D', E', F, F'.

Première ligne. $- D'e'.FF' + D'E'.cF'$, par le terme y^2.

Seconde ligne.. $- e'e'.FF' + D'e'.bF' + e'E'.cF' - D'd'.cF' - D'E'.(bc')$, par le terme xy.

Troifième ligne. $- e'e'.cF' - D'e'.(be') + e'f'.cF' - (e'E' - D'd').(ce')$, à caufe de (bc') ou $bc' - b'c = 0$.

D'où l'on tire $D' = d'(ce') - e'(be')$, $E' = - e'(ce')$,

$F' = c.e'f' - e.e'e'$, & par conséquent $F = + e'.e'e'$, ou (à cause de $b' = 0$, & $c' = 0$), $D' = cd'e' - be'e'$, $E' = - ce'e'$, $F' = ce'f' - ee'e'$, $F = e'^3$.

Il ne s'agit donc plus, pour avoir l'équation en x, que de ſubſtituer ces valeurs dans les coëfficiens des termes en x pur, & dans le terme ſans x.

Cette ſubſtitution donne

$$e'[(cd'd' - bd'e' + ae'e')x^2 + [(de' - d'e)e' - f'(be' - 2cd')]x + (fe' - f'e)e' + cf'f'] = 0.$$

Quant à l'équation en y, on voit bien que le procédé eſt tout-à-fait ſemblable; d'ailleurs, il ſuffit pour l'avoir, de changer a en c, d en e, & d' en e'.

Il faut maintenant nous arrêter ſur quelques obſervations auxquelles ce réſultat peut donner lieu.

(279.) On peut remarquer que l'équation finale que nous venons de trouver, a pour facteur commun e'. Or comme nous n'avons aucun coëfficient ſuperflu, nous pouvons être aſſurés que l'équation finale ne renferme rien qui n'appartienne à la queſtion. Mais ſi on ſuppoſoit $e' = 0$, l'équation finale diſparoiſſant, que pourroit ſignifier ce réſultat?

Il ſignifieroit que $e' = 0$ ſatisfait aux deux équations propoſées.

En effet l'équation $d'x + e'y + f' = 0$, donne $y = \frac{-d'x - f'}{e'}$ qui, dans le cas de $e' = 0$, devient $y = \frac{-d'x - f'}{0}$; & comme on a en même temps $d'x + f' = 0$; on a donc $y = \frac{0}{0}$; or il eſt clair que cette valeur ſubſtituée dans l'autre équation en x & y, en fait diſparoître tous les termes; elle y ſatisfait donc.

Mais cette valeur de e' a encore une autre ſignification; elle apprend qu'alors l'équation en x n'eſt pas du ſecond degré, mais ſeulement du premier. C'eſt une obſervation que nous verrons être générale, que l'équation finale calculée d'après le plus petit nombre des coëfficiens poſſible, aura toujours deux ſortes de facteurs, dont l'une marquera ſimplement que dans le cas où l'un de ces facteurs eſt zéro, les équations ſont ſatisfaites dans le sens que nous venons de voir ; & dont l'autre sera le *Critérium* auquel on pourra juger, si l'équation finale est ou n'est pas susceptible d'abaissement. Ici, où il n'y a qu'un seul facteur e', il a les deux significations à la fois.

En effet, si on cherche la condition pour que l'équation finale soit seulement du premier degré, on voit qu'il faut abaisser d'une unité le degré du polynome-multiplicateur ; ce qui donne, pour polynome-multiplicateur de la première équation, un polynome de cette forme $(x, y)^{-1}$, dont le nombre des coëfficiens est zéro ; & pour polynome-multiplicateur de la seconde, un polynome de cette forme $(x, y)^{0}$, dont le nombre des termes est 1. Donc il suffit de multiplier la seconde équation par le coëfficient indéterminé quelconque A ; ce qui donne

$$Ad'x + Ae'y + Af' = 0,$$

dans laquelle, pour avoir l'équation finale, il ne s'agit plus que de supposer $Ae' = 0$. Or comme, par l'hypothèse, A ne peut être zéro, il faut donc que $e' = 0$; donc pour que l'équation finale ne soit que du premier degré, c'est-à-dire, soit susceptible d'abaissement, il faut qu'on ait $e' = 0$.

Donc réciproquement $e' = 0$ est le signe de la possibilité de l'abaissement de l'équation finale.

(280.) Si après avoir divisé par e', l'équation finale du second degré, trouvée ci-dessus, on fait $e' = 0$, cette équation se réduira à

$$cd'd'x^2 + 2f'cd'x + cf'f' = 0, \text{ ou } c.(d'x + f')^2 = 0,$$

qui donne $d'x + f' = 0$, comme elle le doit ; mais qui annonce deux valeurs égales de x. On peut regarder cette conclusion comme bonne, puisque y aura deux valeurs qui auront chacune pour correspondante en x, la quantité $x = \frac{-f'}{d'}$. Mais on se tromperoit beaucoup, si on pensoit que toutes les racines de l'équation finale dégagée de ses facteurs sans x, auront toujours lieu, même dans le cas de la possibilité de l'abaissement de l'équation.

L'exemple suivant va fournir une preuve que dans ce cas, toutes ces racines ne sont pas admissibles.

(281.) Proposons-nous donc, pour second exemple, d'avoir l'équation finale en x, résultante des deux équations suivantes

$$\begin{array}{l} a x y \quad = 0, \\ + b x + c y \\ \quad + d. \end{array}$$

$$\begin{array}{l} a' x y \quad = 0, \\ + b' x + c' y \\ \quad + d'. \end{array}$$

Le polynome-multiplicateur de chacune, doit (227) être de cette forme $(x^{A+1}, y^{A+1})^{T+2}$. Et comme l'équation finale ne doit (62) être que du second degré, nous pouvons, pour simplifier, supposer $A = 0$, $A = 0$, & $T = 0$.

Multipliant donc ces deux équations, respectivement par les deux polynomes $(x^1, y^1)^2$, $(x^1, y^1)^2$, c'est-à-dire, par

$$Axy + Bx + Cy + D, \; \& \; A'xy + B'x + C'y + D',$$

& ajoutant les deux produits, nous aurons, pour équation-somme, une équation de la forme suivante, dans laquelle nous n'écrivons que les termes du premier produit; parce que ceux du second étant analogues, sont faciles à suppléer par la pensée

$$\begin{array}{lll} & Aax^2y^2 & \\ & + Abx^2y + Acxy^2 & \\ & + Ba \quad\quad + Ca & \\ + Bbx^2 & + Adxy & + Ccy^2 \\ & + Bc & \\ & + Cb & \\ & + Da & \\ + Bdx & + Cdy & \\ + Bb & + Dc & \\ + Dd. & & \end{array}$$

Le nombre des coëfficiens inutiles eſt $N(x^0, y^0)^0 = 1$. Je puis donc ſuppoſer l'un quelconque des coëfficiens $= 0$; mais vû la ſimilitude des deux équations, comme il n'y a pas de raiſon pour prendre ce coëfficient plutôt dans un des polynomes-multiplicateurs, que dans l'autre, je le détermine par une équation arbitraire qui ſe rapporte également à l'un & l'autre polynome.

Je ſuppoſe donc, par exemple, $Ac + A'c' = 0$; & comme l'équation $Aa + A'a' = 0$, qu'on aura, pour la deſtruction du terme $x^2 y^2$, combinée avec celle-là, donnera $A = 0$, & $A' = 0$ (213), je vois qu'il n'eſt plus queſtion que de calculer la valeur de $BB'CC'DD'$.

Mais pour m'aſſurer que le nombre des coëfficiens que j'emploie, eſt le plus petit qu'il eſt poſſible, j'examine auparavant ſi parmi les équations que j'ai à calculer, il n'y en a pas encore qui ſoient dans le cas de donner des coëfficiens égaux à zéro : & je vois que les équations fournies par les termes xy^2 & y^2 ſont dans ce cas, la première étant

$$Ac + A'c' + Ca + C'a' = 0,$$

c'eſt-à-dire, $Ca + C'a' = 0$, & la ſeconde étant

$$Cc + C'c' = 0,$$

leſquelles donnent $C = 0$, $C' = 0$.

La queſtion réduite au plus petit nombre de coëfficiens poſſible, conſiſte donc à calculer la valeur de $BB'.DD'$.

Parcourant donc ſucceſſivement les termes x^2y, xy & y, je trouve comme il ſuit

Première ligne... $aB'.DD'$,

Seconde ligne... $(ac')DD' - aB'.aD'$,

Troiſième ligne.. $(ac')cD' + aB'(ac')$,

d'où (198) l'on tire $D' = c.(ac')$, $B' = a(ac')$, & par conſéquent (257) $D = -c'(ac')$ & $B = -a'(ac')$.

Subſtituant ces valeurs dans les termes qui reſtent dans l'équation-ſomme, on a

$$-(ac')[(ab')x^2 + [(ad') - (bc')]x + (cd')] = 0.$$

(282.) Voici donc encore un facteur commun (ac'); & ce facteur égalé à zéro, est le symptôme auquel on peut reconnoître quand est-ce que l'équation sera susceptible d'abaissement.

En effet, si on cherche la condition pour qu'elle puisse être abaissée, il ne s'agit que d'employer des polynomes-multiplicateurs d'un degré moindre d'une unité; c'est-à-dire, qu'il faut employer des polynomes de cette forme $(x, y)^0$, puisque ceux qu'on a véritablement employés, se sont réduits au premier degré. Il faut donc multiplier la première équation par A, & la seconde par A'.

On aura donc pour équation-somme, une équation de cette forme

$$\begin{array}{rl} Aaxy & = 0, \\ + Abx + Acy & \\ + Ad, & \end{array}$$

où nous n'avons, pour plus de simplicité, écrit que les termes du premier produit, parce que ceux du second étant semblables, sont faciles à suppléer.

Et comme, par l'hypothèse A & A' ne doivent pas être zéro, les deux équations fournies par les termes xy & y, conduiront à ce qui suit

Première ligne... aA',

Seconde ligne.... (ac'),

c'est-à-dire, qu'on aura pour équation de condition $(ac') = 0$, & pour valeurs de A' & A, les quantités $A' = a$, $A = -a'$.

Substituant ces valeurs dans les termes restans de l'équation-somme, elle se réduit à $(ab')x + (ad') = 0$, qui donne la seule valeur que x puisse avoir dans ce cas.

Mais si après avoir divisé par (ac') l'équation finale du second degré, trouvée ci-dessus, on y exprime la condition $(ac') = 0$, c'est-à-dire, $ac' - a'c = 0$, en mettant pour c' sa valeur $\frac{a'c}{a}$, elle devient

$$(ab')x^2 + [(ad') + (ab')\tfrac{c}{a}]x + (ad')\tfrac{c}{a} = 0,$$

qui

qui se décompose en ces deux facteurs

$$(ab')x + (ad')$$
$$\& \ldots\ldots x + \frac{c}{a}.$$

Or, de ces deux facteurs, je dis qu'il n'y a que le premier qui puisse avoir lieu; c'est-à-dire, qu'on peut supposer $(ab')x + (ad') = 0$, mais nullement $x + \frac{c}{a} = 0$, ou $ax + c = 0$; ensorte que la valeur $x = -\frac{c}{a}$ ne peut avoir de correspondante en y.

En effet, si l'on substitue cette valeur de x dans chacune des deux équations proposées, en ayant d'ailleurs égard à la supposition $(ac') = 0$, y disparoît dans chacune; donc il est impossible d'avoir une valeur de y correspondante à $x = -\frac{c}{a}$.

(283.) Malgré cette preuve sans réplique, il faut lever une objection qu'on seroit peut-être tenté de faire.

On pourroit peut-être penser que la valeur $x = -\frac{c}{a}$ a pour correspondante en y, une valeur infinie; car dans la supposition de y infinie, la quantité $axy + bx + cy + d$ se réduit à $axy + cy$; & la quantité $a'xy + b'x + c'y + d'$ se réduit à $a'xy + c'y$; les deux équations dans cette hypothèse semblent donc se réduire à

$$axy + cy = 0,$$
$$\& \ldots\ldots a'xy + c'y = 0,$$

lesquelles dans la supposition de $(ac') = 0$, ont lieu toutes deux en supposant $ax + c = 0$.

Mais il faut bien observer que la quantité $axy + bx + cy + d$ ne se réduit à $axy + cy$ dans l'hypothèse de y infinie, qu'autant que $axy + cy$ peut-être censé infini à l'égard de $bx + d$; or le contraire a lieu, puisqu'on prétend que l'équation $axy + cy = 0$ est vraie. On auroit donc tout à la fois $axy + cy$ infinie, & $axy + cy = 0$, ce qui est absurde. Donc on ne peut supposer y infinie; donc à $x = -\frac{c}{a}$ il ne répond aucune valeur de y, finie ou infinie.

Que si l'on insistoit en disant qu'à la vérité, dans le cas de y infinie, on ne doit point négliger $bx + d$ vis-à-vis de $axy + cy$ non plus que $b'x + d'$ vis-à-vis de $a'xy + c'y$; mais que les deux équations

$$axy + cy + bx + d = 0,$$
$$a'xy + c'y + b'x + d' = 0,$$

ne peuvent pas moins avoir lieu dans le cas de $x = -\frac{c}{a}$, en supposant y infinie; parce que la première devient

$$0y + bx + d = 0;$$

& la seconde à cause de $c' = \frac{a'c}{a}$, devient

$$0 \cdot \frac{a'}{a} y + b'x + d' = 0, \text{ ou } 0y + \frac{a}{a'} \cdot (b'x + d') = 0,$$

chacune desquelles peut avoir lieu en supposant y infinie.

La réponse seroit, qu'il ne suffit pas que chaque équation soit satisfaite en supposant y infinie; il faut encore que cet infini soit de même valeur pour chaque équation; or pour la première il faudroit que $y = -\frac{(bx + d)}{0}$, & pour la seconde $y = -\frac{(b'x + d')a}{0 \cdot a'}$ valeurs qui diffèrent, même d'une quantité infinie, lorsque comme on le suppose ici, $x = -\frac{c}{a}$.

Il y a dans la Théorie des Équations beaucoup de cas semblables à celui que nous venons d'examiner, où chaque équation peut être satisfaite en supposant y infinie; mais pour que cette valeur puisse être regardée comme appartenant à la question, il faut que cette valeur infinie soit la même pour chaque équation, ou du moins que d'une équation à l'autre elle ne diffère que d'une quantité finie.

284. Nous ne pouvons donc ne pas faire observer ici que la méthode ordinaire d'élimination pour les équations à deux inconnues, la seule que l'on ait eue, jusqu'ici, exempte de donner à l'équation finale un degré plus élevé que ne le comportent généralement les degrés particuliers des deux équations,

n'eſt pas néanmoins à l'abri de donner des racines inutiles & même fauſſes. En effet, en ſuivant cette méthode, on eſt conduit immédiatement à l'équation

$$(ab')x^2 + [(ad') - (bc')]x + (cd') = 0,$$

ſans aucune indication des cas où il n'y aura qu'une racine de cette équation qui ſoit admiſſible.

C'eſt que cette méthode d'élimination eſt fondée ſur une manière trop bornée d'enviſager la queſtion, & qui exclud du réſultat, les ſymptômes qu'une Analyſe plus générale nous fait ici découvrir.

(285.) Propoſons-nous, pour troiſième exemple, de trouver l'équation finale en x, réſultante des deux équations ſuivantes

$$ax^2 + bxy + cy^2 + dx + ey + f = 0,$$
$$a'x^2 + b'xy + c'y^2 + d'x + e'y + f' = 0.$$

Le polynome-multiplicateur de chacune ſera de la forme $(x, y)^{T+2}$. Et comme (47) l'équation finale ne doit pas paſſer le ſecond degré, le polynome-multiplicateur le plus ſimple eſt $(x, y)^2$ ou $Ax^2 + Bxy + Cy^2 + Dx + Ey + F$, pour la première équation, & $A'x^2 + B'xy + C'y^2 + D'x + E'y + F'$ pour la ſeconde. Multipliant donc, & ajoutant les deux produits, on aura pour équation-ſomme, une équation de la forme ſuivante dans laquelle nous avons omis les termes du ſecond produit, parce qu'il eſt facile de les ſuppléer par la penſée.

$$\begin{array}{lllll}
Aax^4 & + Abx^3y & + Acx^2y^2 & + Bcxy^3 & + Ccy^4 = 0, \\
 & + Ba & + Bb & + Cb & \\
 & & + Ca & & \\
+ Adx^3 & + Aex^2y & + Bexy^2 & + Cey^3 & \\
+ Da & + Bd & + Cd & + Ec & \\
 & + Db & + Dc & & \\
 & + Ea & + Eb & & \\
+ Afx^2 & + Bfxy & + Cfy^2 & & \\
+ Dd & + De & + Ee & & \\
+ Fa & + Ed & + Fc & & \\
 & + Fb & & & \\
+ Dfx & + Efy & & & \\
+ Fd & + Fe & & & \\
+ Ff & & & &
\end{array}$$

Le nombre des coëfficiens inutiles à l'élimination étant $N(x, y)^{\circ} = 1$, je puis diſpoſer arbitrairement d'un des coëfficiens ; mais comme il n'y a pas de raiſon pour prendre ce coëfficient dans l'un des polynomes plutôt que dans l'autre, je le détermine par une équation arbitraire qui ait une égale relation avec l'un & avec l'autre. Quoique le choix de cette équation ſoit, généralement parlant, aſſez indifférent, je préfère cependant celui qui peut donner lieu à la diſparition de quelques coëfficiens. Je préfère, par exemple, de ſuppoſer $Cb + C'b' = 0$, ou $Ca + C'a' = 0$, ou $Ce + C'e' = 0$, ou &c. parce que l'une de ces ſuppoſitions, avec l'équation $Cc + C'c'$ qu'on aura pour l'anéantiſſement du terme y^4, donnera $C = 0$, $C' = 0$.

Cela poſé, il n'eſt donc plus queſtion que de calculer la valeur de $AA'BB'DD'EE'FF'$. Parcourant donc ſucceſſivement les termes x^3y, x^2y^2, xy^3, x^2y, xy^2, y^3, xy & y ; j'aurai comme il ſuit

Première ligne... $bA'.BB' + AA'.aB'$,

Seconde ligne.... $(bc')BB' - bA'.bB' + cA'.aB' + AA'(ab')$;

Troiſième ligne.. $[(bc')cB' + (bc')bA' - (ac')cA']DD'.EE'$,

Quatrième ligne. $[(bc').(cd') + (bc').(be') - (ac').(ce')]DD'.EE' - [(bc')cB' + (bc')bA' - (ac')cA']$
$(bD'.EE' + DD'.aE')$.

Faiſons, pour abréger, $(bc').(cd') + (bc').(be')$ $- (ac').(ce') = (1)$, & nous aurons

Quatrième ligne. $(1)\, DD'.EE' - [(bc')cB' + (be')bA' - (ac')cA'].(bD'.EE' + DD'.aE')$;

Cinquième ligne. $(1)\,(cD'.EE' + DD'.bE') - (bc').(ce').(bD'.EE' + DD'.aE') + [(bc')cB' + (bc')bA'$
$- (ac')cA'].[(bc')EE' - bD'.bE' + cD'.aE' + (ab')DD']$,

Sixième ligne... $(1)\,[-cD'.cE' + (bc')DD'] - (bc').(ce').[-bD'.cE' + (ac')DD'] - [(bc')cB' + (bc')bA'$
$- (ac')cA'].[(bc')cE' + (bc')bD' - (ac')cD']$,

Septième ligne... $\left.(1)\,[-(ce').cE' + (cd')cD' + (bc')eD'] - (bc').(ce').[-(be')cE' + (cd')bD' + (ac')eD']\right\} FF'$
$- (be').(cf').[(bc)cE' + (bc')bD' - (ac')cD'] + (1)\,[(bc)bA' - (ac')cA']$
$- [(1).cD'.cE' - (bc').(ce').bD'.cE' + [(bc')bA' - (ac')cA'].(bc')cE']bF'$,

en omettant les termes où reſteroient DD', B' & $A'D'$, qui, dans le calcul des lignes ſuivantes, diſparoîtront, ou fourniront des termes qui diſparoîtront enſuite.

Huitième ligne.. $[-(1)\,(ce')^2 + (bc').(be).(ce')^2] - (bc')^2.(ce').(cf')]\, FF'$
$\left.- (1)[-ce')cE' + (cd')cD' + (bc')eD'] + (bc').(ce').[-(be')cE' + (cd')bD' + (ac')eD'\right\} CF'$
$+ (be').(cf').[(bc')cE' + (bc')bD' - (ac')cD'] - (1)\,[(bc')bA' - (ac')cA']$

$$+[(1)(ce')cD' - (bc').(ce')^2 bD'] + (be').(ce').[(bc')bA' - (ac')cA']bF'$$
$$-(bc').[(1)cD'.cE' - (bc').(ce').bD'.cE' + [(bc')bA' - (ac')cA'].(bc')cE']];$$

Neuvième ligne... $[-(1)(ce')^2 + (bc').(be').(ce')^2 - (bc')^2.(ce').(cf')]eF' + [(1)(ce').(cf$
$$-(bc').(be').(ce').(cf' + (bc')^2.(cf')^2]cF'$$
$$+(ce').[(1)[(cd')cD' + (bc')eD'] - (bc').(ce').[(cd')bD' + (ac')eD']$$
$$-(bc').(cf').[(bc')bD' - (ae')cD'] + (1)[(bc')bA' - (ac')cA']]$$
$$-(be')[(1)(ce')cD' - (bc').(ce')^2 bD' + (bc').(ce').[(bc')bA' - (ac')cA']$$
$$+(bc').(cf')[(1)cD' - (bc').(ce')bD' + (bc').[(bc')bA' - (ac')cA']],$$

en omettant les termes où resteroit E' dont nous n'avons pas besoin.

Avant que de conclure de cette neuvième ligne, les valeurs de $A, A'; D, D'$, &c. nous ferons remarquer que le coëfficient de F', ainsi que celui de A', ont pour facteur commun la quantité

$$-(bc').(be').(ce') + (1)(ce') + (bc')^2.(cf').$$

Quant à D', quoiqu'il ait aussi ce même facteur, cela n'est pas aussi facile à appercevoir ; mais voici comment on parvient à le découvrir.

D'après les Théorêmes exposés (219) on a $(bc')e - (be')c + (ce')b = 0$; substituant dans le coëfficient des termes où se trouve eD', pour $(bc')e$ sa valeur tirée de cette dernière équation, on aura pour la totalité des coëfficiens de D', la quantité suivante

$$\left.\begin{array}{l} -(bc').(ce')^2.(cd') \\ -2(bc')^2.(ce').(cf') \\ +(bc').(be').(ce')^2 \\ -(1).(ce')^2 \\ +(ac').(ce')^3 \end{array}\right\} bD' \quad \left.\begin{array}{l} +(1).(ce').(cd') \\ +(bc').(ac').(ce').(cf') \\ +(1).(bc').(cf') \\ -(ac').(ce')^2.(be') \end{array}\right\} cD'$$

qui, en substituant pour $(ac').(ce')$ sa valeur $(bc').(be') + (bc').(cd') - (1)$, devient

$$\left.\begin{array}{l} -2(bc')^2.(ce').(cf') \\ +2(bc')^2.(be').(ce')^2 \\ -2(1).(ce')^2 \end{array}\right\} bD' \quad \left.\begin{array}{l} +(1).(ce').(cd') \\ +(bc')^2.(cf').(cd') \\ -(bc').(ce').(be').(cd') \\ +(1).(ce').(be') \\ +(bc')^2.(cf').(be') \\ -(bc').(ce').(be')^2 \end{array}\right\} cD'$$

c'est-à-dire ; $-2[(bc')^2.(cf') + (1).(ce') - (bc').(be').(ce')].(ce')bD'$
$$+[(bc')^2.(cf') + (1).(ce') - (bc').(be').(ce')][(cd') + (be')]cD'.$$

Faisant donc, pour abréger, $(bc')^2.(cf') + (1)(ce') - (bc').(be').(ce') = (2)$, on aura pour conclure les valeurs de $A, A'; D, D'; F, F'$, la quantité suivante

$$(2)\,([(cf')c-(ce')e]F' + ([(cd')+(be')]c-2(ce')b)D' + [(bc')b-(ac')c]A'),$$

d'où l'on tire

$$A'=(2).[(bc')b-(ac')c],\ D'=(2).([(cd')+(be')]c-2(ce')b),\ F'=(2).[(cf')c-(ce')e$$

& par conséquent

$$A=-(2).[(bc')b'-(ac')c'],\ D=-(2).([(cd')+(be')]c'-2(ce')b'],\ F=-(2).[(cf')c'-(ce')e$$

Substituant ces valeurs dans les termes restans dans l'équation-somme, on aura l'équation finale suivante

$$(2)\left\{\begin{array}{l}(ac')^2\\-(ab').(bc')\end{array}\right\}x^4+\left.\begin{array}{l}(bc').(bd')\\-2(ac').(cd')\\-(be').(ac')\\+2(ab').(ce')\end{array}\right\}x^3+\left.\begin{array}{l}(bc').(bf')\\-2(ac').(cf')\\+(cd')^2\\+(be').(cd')\\-2(ce').(bd')\\+(ae').(ce')\end{array}\right\}x^2+\left.\begin{array}{l}2(cd').(cf')\\+(be').(cf')\\-2(ce').(bf')\\+(ce').(de')\end{array}\right\}x+\left.\begin{array}{l}(cf')^2\\-(ce').(ef')\end{array}\right\}=$$

laquelle (220) en vertu des équations

$$(ab').(ce')-(ac').(be')+(bc').(ae')=0,$$
$$(bc').(de')-(bd').(ce')+(cd').(be')=0,$$
$$(bc').(ef')-(be').(cf')+(ce').(bf')=0,$$

peut être changée en cette autre

$$(2)\left\{\begin{array}{l}(ac')^2,\\-(ab').(bc')\end{array}\right\}x^4+\left.\begin{array}{l}(bc').(bd')\\-2(ac').(cd')\\+(ab').(ce')\\-(bc').(ae')\end{array}\right\}x^3+\left.\begin{array}{l}(bc').(bf')\\-2(ac').(cf')\\+(cd')^2\\-(ce').(bd')\\-(bc').(de')\\+(ae').(ce')\end{array}\right\}x^2+\left.\begin{array}{l}2(cd').(cf')\\-(ce').(bf')\\+(bc').(cf')\\+(ce').(de')\end{array}\right\}x+\left.\begin{array}{l}(cf')^2\\-(ce').(ef')\end{array}\right\}=$$

qui ne diffère de celle qu'on trouve par les formules résultantes de la méthode ordinaire d'élimination, que par le facteur (2) qui échappe à cette méthode, & dont il faut parler actuellement.

(286.) Ce facteur (2) est précisément celui qui exprime dans quels cas l'équation en x peut être abaissée & réduite au troisième degré, ſans que pour cela il s'en ſuive la même choſe pour l'équation en y.

Dans le cas où l'on auroit $(ac')^2-(ab').(bc')=0$, l'équation en x ne ſeroit que du troiſième degré; & il en ſeroit de même de celle en y. C'eſt le ſeul cas que l'on connoiſſe. Mais ſi l'on avoit $(2)=0$, l'équation en x ne ſeroit auſſi que du troiſième degré; & c'eſt ce dont la méthode ordinaire d'élimination n'avertit point.

Pour ſe convaincre que dans le cas où l'on aura $(2)=0$, l'équation ne ſera que du troiſième degré, on n'a qu'à chercher l'équation finale en x, en n'employant que des polynomes-multiplicateurs du premier degré. En ſuivant les mêmes procédés que ci-deſſus, on arrivera à l'équation de condition $(2)=0$. Donc en effet ce facteur (2) eſt le ſyptôme de l'abaiſſement de l'équation finale.

(287.) A cette occaſion nous ferons une remarque, tant pour juſtifier ce que nous avons avancé (279), que pour éclaircir ce que nous aurons à dire par la ſuite.

Nous avons dit (279) que l'équation finale trouvée par notre méthode, offriroit toujours deux eſpèces de facteurs, dont l'une indiqueroit le cas où l'équation peut être abaiſſée, & l'autre feroit connoître une ſolution qui a naturellement lieu par l'abſence de quelques-uns des termes des équations propoſées.

Dans l'exemple que nous venons de traiter, & dans celui qui le précéde, nous n'avons rencontré que la première eſpèce de facteur : pourquoi cela? C'eſt que nous avons fait ce qu'il falloit pour éviter le facteur, ou les facteurs de la ſeconde eſpèce.

En effet, dans l'exemple actuel, nous avons réduit la queſtion à calculer ſeulement dix coëfficiens, quoique ſur douze que renferment les deux polynomes, il n'y en ait véritablement qu'un qui ſoit du nombre de ceux que (230) nous appellons inutiles à l'élimination. Or ſi nous avions calculé ſur le pied de onze coëfficiens; c'eſt-à-dire, ſi au lieu de ſuppoſer $C=0$, & $C'=0$, comme il eſt permis, mais non pas indiſpenſable, nous euſſions ſeulement ſuppoſé $C=0$, & calculé la valeur de $AA'BB'C'DD'EE'FF'$, nous aurions trouvé à l'équation finale, pour facteur, le coëfficient c', lequel ſi on le ſuppoſe $=0$, n'indique pas que l'équation puisse s'abaisser ; mais indique une solution de la nature de celles que nous avons décrites (279). Car dans le cas de $c' = o$, on a $y^2 = \frac{o}{o}$, qui substituée dans l'autre équation, y satisfait en effet.

Si au lieu de supposer $C = o$, & de conserver C' pour le faire entrer dans le calcul général de $AA'BB'$, &c. nous persistons à supposer, comme nous l'avons fait (285) $Cb + C'b' = o$; mais qu'en même temps, au lieu de supprimer tout de suite, C & C' dans tous les termes où ils se recontrent, nous procédions au calcul de $AA'BB'CC'DD'EE'FF'$ en faisant usage des onze équations que nous aurons alors ; nous trouverons à l'équation finale, pour facteur la quantité $bc' - b'c$, facteur, à la vérité, plus composé qu'il ne doit être en n'employant que le nombre de coëfficiens utiles à l'élimination, mais qui est une répétition variée de l'espèce de facteurs dont il s'agit. En effet, si l'on appelle E, l'équation finale dégagée de ce facteur, l'équation finale qu'on trouve alors, est donc $(bc' - b'c) E = o$.

Or en faisant $C' = o$, on auroit eu $c'E = o$. En faisant $C = o$, on trouvera $cE = o$; l'équation $(bc' - b'c) E = o$ peut donc être censée la réunion de ces deux-ci $bc'E = o$, & $- b'cE = o$; or ces deux équations présentent ces six cas $b = o, c' = o, E = o, b' = o, c = o, E = o$. Et chacun des quatre cas $b = o$, $c' = o$, $b' = o$, $c = o$, est en effet le signe d'une solution de la nature de celle mentionnée (279) ; car, par exemple, $b = o$, donne dans la première des deux équations proposées $xy = \frac{-ax^2 \quad cy^2 - dx - ey - f}{o}$, qui, à cause de $ax^2 + cy^2 + dx + ey + f = o$, n'est autre que $xy = \frac{o}{o}$, qui substitué dans la seconde, y satisfait en effet.

(288.) On voit donc que si nous n'avons pas trouvé dans l'exemple ci-dessus & dans celui qui le précéde, les facteurs de la seconde espèce, c'est que nous les avons évités : & comme ils n'apprennent rien qu'on ne sache d'ailleurs, on fait toujours bien de s'en débarrasser lorsqu'on le peut. Je dis, lorsqu'on le peut ; car quoique cela soit possible le plus souvent, cela ne l'est cependant pas toujours, comme nous le verrons dans peu.

(289.) Nous avons cru devoir développer cet examen des

facteurs,

facteurs, pour préparer le Lecteur au parti que nous prendrons quelquefois de préferer de calculer quelques coëfficiens de plus qu'il n'est absolument nécessaire. Parce qu'en prenant ce parti, nous aurons pour but de conserver dans le calcul une symmétrie qui contribue beaucoup à le faciliter; & que quelquefois au contraire, en préférant le plus petit nombre de coëfficiens, on trouble la symmétrie, & le facteur quoique plus simple, est moins facile à trouver. Mais dans le cas où l'on calculera avec plus de coëfficiens qu'il n'est nécessaire pour l'élimination, le facteur qu'on trouvera, ne fera que renfermer, d'une manière plus étendue, ce qu'auroit exprimé le facteur trouvé en n'employant que le nombre de coëfficiens utiles à l'élimination.

(290.) Revenons maintenant à l'examen du facteur (2). Si dans l'expression de ce facteur, on met, pour (1), sa valeur

$$(bc').(be') - (ac').(ce') + (bc').(cd'),$$

on aura

$$(2) = (bc').(cd').(ce') - (ac').(ce')^2 + (bc')^2.(cf').$$

Donc toutes les fois qu'on aura entre les coëfficiens des deux équations données la relation exprimée par l'équation

$$(bc').(cd').(ce') - (ac').(ce')^2 + (bc')^2.(cf') = 0,$$

l'équation en x ne sera que du troisième degré. On l'aura, en employant ainsi que nous l'avons déja dit, pour polynomes-multiplicateurs, deux polynomes qui soient seulement du premier degré.

Ainsi faisant dans l'équation-somme, trouvée (285),

$$A = 0,\ A' = 0,\ B = 0,\ B' = 0,\ C = 0,\ C' = 0,$$

elle se réduira à la forme

$$\begin{array}{llll}
Dax^3 & +Dbx^2y & +Dcxy^2 & +Ecy^3 = 0, \\
 & +Ea & +Eb & \\
 & & & \\
+Ddx^2 & +Dexy & +Eey^2 & \\
+Fa & +Ed & Fc & \\
 & +Fb & & \\
 & & & \\
+Dfx & +Efy & & \\
+Fd & +Fe & & \\
 & & & \\
+Ff & & &
\end{array}$$

Et les termes y^3, xy^2, x^2y, y^2, xy donneront pour dernière ligne, ou pour déterminer $D, D'; E, E'; F, F'$, la quantité

$$-(ce').(bc')bF' - [-(bc').(be') + (ac').(ce') - (bc').(cd')]cF' \\ - [-(bc')bD' + (ac')cD' - (bc')cE'].(bc'),$$

laquelle combinée avec l'équation fournie par le terme y, donne l'équation de condition

$$(bc').(cd').(ce') - (ac').(ce')^2 + (bc')^2.(cf') = 0,$$

ainsi que nous l'avons annoncé; & en même temps, donne

$$F' = -(ce').(bc')b + [(bc').(be') - (ac').(ce') + (bc').(cd')]c,$$
$$D' = (bc').(bc')b - (ac').(bc')c,$$

& par conséquent

$$F = (bc').(ce')b' - [(bc').(be') - (ac').(ce') + (bc').(cd')]c'$$
$$D = -(bc')^2b' + (ac').(bc')c'.$$

Substituant dans les termes restans de l'équation-somme, on a

$$\begin{array}{llll} -(ab').(bc')^2x^3 + (bc')^3.(bd')x^2 & + (bc')^2.(bf')x & - (bc').(ce').(bf') = 0, \\ + (ac')^2.(bc') \quad - 2(ac').(bc').(cd') & - (ac').(be').(cf') & + (bc').(be').(cf') \\ \qquad\qquad + (ab').(bc').(ce') & - (be').(ce').(bd') & - (ac').(ce').(cf') \\ \qquad\qquad - (bc').(be').(ce') & + (bc').(be').(cd') & + (be').(cd').(cf') \\ \qquad\qquad + (ac')^2.(ce') & - (ac').(ce').(cd') & \\ & + (bc').(cd').(cd') & \end{array}$$

Si on multiplie cette derniere équation par (ce'), & qu'ensuite on y substitue au lieu de $(ac').(ce')^2$ sa valeur

$$(bc').(cd').(ce') + (bc')^2.(cf')$$

fournie par l'équation de condition, on verra facilement qu'alors l'équation a pour facteur (bc'). Ce facteur est le symptôme auquel on reconnoîtra si l'équation finale, déja réductible au troisième degré, est susceptible d'être abaissée au second.

C'est-à-dire, que si les deux équations

$$(bc').(cd').(ce') - (ac').(ce')^2 + (bc')^2.(cf') = 0,$$
$$\& \quad (bc') = 0,$$

ont lieu à la fois; ou, ce qui revient au même, si les deux

équations

$$(ac').(ce')^2 = 0,$$
$$\&\quad (bc') = 0,$$

ont lieu à la fois; l'équation finale sera réductible au second degré.

Or l'équation $(ac').(ce')^2 = 0$, donne ces deux cas, $(ce') = 0$, & $(ac') = 0$.

Dans le premier cas, il est évident que si l'on a tout à la fois $(ce') = 0$, & $(bc') = 0$, l'équation finale sera en effet du second degré. Car si après avoir multiplié par c' la première des deux équations données, on en retranche la seconde multipliée par c, on aura $(ac')x^2 - (cd')x - (cf') = 0$.

Dans le second cas, si l'on a tout à la fois $(ac') = 0$, & $(bc') = 0$, la même opération donneroit

$$(cd')x + (ce')y + (cf') = 0\,;$$

or il est évident que cette équation combinée avec une des deux proposées, ne peut encore donner qu'une équation du second degré.

(291.) Nous sommes entrés, comme on le voit, dans un assez grand détail sur les deux équations qui ont fait la matière du dernier exemple; mais ce détail nous paroît justifié par les conséquences qu'il fournit; nous laissons au Lecteur à en faire l'application à l'équation en y; il est facile de voir que les conséquences seront analogues, à la vérité, mais non pas les mêmes.

Par exemple, l'équation

$$(bc').(cd').(ce') - (ac').(ce')^2 + (bc')^2.(cf') = 0$$

qui doit avoir lieu pour que l'équation en x, puisse être abaissée au troisième degré, devient

$$-(ab').(ae').(ad') + (ac').(ad')^2 + (ab')^2.(af') = 0$$

par le changement de a en c, de a' en c', de d en e, & d' en e' changement nécessaire pour appliquer à l'équation en y, ce que nous avons dit de l'équation en x. On voit donc que l'abaissement d'une des deux équations, n'entraîne pas nécessairement l'abaissement de l'autre.

(292.) Prenons maintenant, pour exemple, les trois équations suivantes

$$\begin{array}{llllll}
ax^2 & +bxy & +cxz & +dy^2 & +eyz & +fz^2 = 0, \\
+gx & +hy & +kz & & & \\
+l & & & & &
\end{array}$$

$$\begin{array}{lll}
g'x & +h'y & +k'z = 0, \\
+l' & &
\end{array}$$

$$\begin{array}{lll}
g''x & +h''y & +k''z = 0, \\
+l'' & &
\end{array}$$

La forme des polynomes-multiplicateurs de la première, seconde, & troisième équations, est

$$(x,y,z)^{T+2},\ (x,y,z)^{T+3},\ (x,y,z)^{T+3};$$

& comme l'équation finale ne doit pas (47) passer le second degré, on peut, pour plus de simplicité, supposer $T+2=0$.

On multipliera donc la première équation par L,

la seconde par . . . . . . $G'x+H'y+K'z+L'$,

la troisième par . . . . . $G''x+H''y+K''z+L''$.

Ajoutant les trois produits, on aura pour équation-somme, l'équation suivante

$$\begin{array}{llllll}
Lax^2 & +Lbxy & +Lcxz & +Ldy^2 & +Leyz & +Lfz^2 = 0; \\
+G'g' & +G'h' & +G'k' & +H'h' & +H'k' & +K'k' \\
+G''g'' & +G''h'' & +G''k'' & +H''h'' & +H''k'' & +K''k'' \\
 & +H'g' & +K'g' & & +K'h' & \\
 & +H''g'' & +K''g'' & & +K''h'' & \\
+Lgx & +Lhy & +Lkz & & & \\
+G'l' & +H'l' & +K'l' & & & \\
+G''l'' & +H''l'' & +K''l'' & & & \\
+L'g' & +L'h' & +L'k' & & & \\
+L''g'' & +L''h'' & +L''k'' & & & \\
+Ll & & & & & \\
+L'l' & & & & & \\
+L''l'' & & & & &
\end{array}$$

Présentement, le nombre des coëfficiens inutiles à l'élimination eſt

$$N(x,y,z)^{T+1}+N(x,y,z)^{T+1}-N(x,y,z)^{T}+N(x,y,z)^{T+2};$$

c'eſt-à-dire,

$$2N(x,y,z)^{-1}+N(x,y,z)^{0}-N(x,y,z)^{-2}=0+1-0=1.$$

Il y a donc un des coëfficiens dont nous pouvons diſpoſer arbitrairement; mais pour conſerver la ſymmétrie, au lieu d'en ſuppoſer un $=0$, je forme une équation arbitraire qui ait un égal rapport avec les deux équations ſymmétriques; je ſuppoſe, par exemple, $K'h'+K''h''=0$.

Alors, avec cette équation, & celles que fourniſſent les termes z^2, yz, y^2, xz, xy, z & y, en procédera au calcul de $G'G''H'H''K'K''LL'L''$, en commençant pour plus de facilité, par $K'K''$, puis $K'K''L$, & conſécutivement $K'K''LHH'$, $K'K''LHH'GG'$ & $K'K''LHH'GG'L'L''$.

On trouvera, dès la quatrième ligne, que $(k'h'')$ eſt facteur commun; & on pourra, pour ſimplifier, le ſupprimer.

A la dernière ligne, on trouvera de nouveau pour facteur $(k'h'')$; le ſupprimant auſſi, pour ſimplifier, on aura en négligeant dans le calcul de cette ligne les coëfficiens $H, H'; K, K'$, qui n'entrent point dans l'équation finale, la quantité ſuivante

$$[f(h'l'')-k(k'h'')]h'L''-[e(h'l'')-d(k'l'')+k(k'h'')]k'L''+(k'h'')^2L$$
$$+[c(k'h'')+f(h'g'')]h'G''-[e(h'g'')-d(k'g'')-b(k'h'')]k'G'',$$

d'où l'on tire

$$L''=[f(h'l'')-k(k'h'')]h'-[e(h'l'')-d(k'l'')+k(k'h'')]k'$$
$$G''=[c(k'h'')+f(h'g'')]h'-[e(h'g'')-d(k'g'')-b(k'h'')]k'$$
$$L=(k'h'')^2$$

& par conſéquent

$$L'=-[f(h'l'')-k(k'h'')]h''+[e(h'l'')-d(k'l'')+k(k'k')]k''$$
$$G'=-[c(k'h')+f(h'g'')]h''+[e(h'g'')-d(k'g'')-b(k'h'')]k'',$$

& ſubſtituant dans les termes reſtans de l'équation-ſomme, on aura facilement l'équation finale.

(293.) On peut, ſans doute, arriver à cette équation finale par une voie incomparablement plus courte, en déterminant, à l'aide des deux dernières équations, les valeurs de y & z en x, & les ſubſtituant dans la première.

Mais il ne s'agit pas encore des moyens d'arriver le plus promptement qu'il eſt poſſible, à l'équation finale : notre objet principal eſt d'expoſer la méthode qui conduit à ne rien omettre de ce qui peut appartenir aux équations propoſées. Or, en ſuivant le procédé le plus court, on ne trouveroit pas dans l'équation finale, le facteur $(k'h'')$ que nous venons de rencontrer deux fois dans le calcul des coëfficiens, & qui par conſéquent donne $(k'h'')^2$ pour facteur de l'équation finale : il s'agit actuellement d'examiner ce qu'il ſignifie.

Si on ſuppoſe $(k'h'') = 0$, alors l'équation finale n'eſt que du premier degré ; & en effet, ſi on multiplie la ſeconde équation par h'', & qu'on en retranche la troiſième multipliée par h', on aura $(g'h'')x - (h'l'') = 0$, qui ne peut en effet donner qu'une ſeule valeur pour x.

Quant à ce qu'on trouve $(k'h'')$ deux fois facteur, voici d'où cela vient.

Si au lieu de ſuppoſer arbitrairement, comme nous l'avons fait, $K'h' + K''h'' = 0$, nous euſſions ſuppoſé $K' = 0$, nous aurions trouvé à l'équation finale, pour facteur $(k'h'')k''$ qui ſe décompoſe en $(k'h'')$ & k'', dont le premier a la ſignification que nous venons de voir, & dont le ſecond a la ſignification que nous avons expliquée (279 & 287). Mais en formant l'équation arbitraire $K'h' + K''h'' = 0$, nous employons un coëfficient de plus que nous n'y ſommes obligés ; nous avons néceſſairement un facteur plus fort d'une dimenſion ; c'eſt le facteur $(k'h'')$, mais qui, comme nous l'avons dit (287), renferme avec plus d'étendue, tout ce qu'auroit dit le facteur $(k'h'')k''$. En effet le facteur $(k'h'').(k'h'')$ eſt l'aſſemblage de $(k'h'').k'h''$ & de $-(k'h'').k''h'$; or ceux-ci indiquent pour $k' = 0$, $h' = 0$, $k'' = 0$, $h'' = 0$, des ſolutions de la nature de celles que nous avons décrites (279 & 287). Il les préſente d'une manière plus étendue que le facteur $(k'h'')k''$. Mais comme on a le facteur $(k'h'')k''$ en ſuppoſant $K' = 0$; on auroit le facteur $(k'h'')k'$, en ſuppoſant $K'' = 0$; on auroit le facteur $(k'h'')h''$, en supposant $H' = 0$; & ainsi de suite.

Tout cela confirme donc parfaitement ce que nous avons dit jusqu'ici de la nature des facteurs de l'équation finale.

Remarques générales sur les Symptômes auxquels on peut reconnoître la possibilité de l'abaissement de l'équation finale, & sur la manière de déterminer ces Symptômes.

(294.) Il résulte de ce que nous avons dit jusqu'ici, que les symptômes auxquels on peut reconnoître la possibilité de l'abaissement de l'équation finale, sont de deux sortes : l'une qui a lieu, lorsque l'équation finale a un facteur commun à tous ses termes ; & l'autre qui a lieu, lorsque dans l'équation finale dégagée de ce facteur commun, le coëfficient total de la plus haute puissance de l'inconnue peut devenir zéro, par des relations particulières entre les coëfficiens des équations finales.

(295.) Il paroîtroit donc que pour connoître les conditions de la possibilité de l'abaissement de l'équation finale, en vertu de l'une ou de l'autre de ces deux causes, il faudroit procéder au calcul de l'équation finale générale ; & que ce ne pourroit être que par l'inspection de cette équation qu'on pourroit juger, tant par le facteur commun à tous ses termes, que par les coëfficiens de la plus haute puissance de l'inconnue, & des puissances immédiatement inférieures, si l'abaissement est possible.

(296.) Mais pour connoître les symptômes de la première espèce, il n'est pas nécessaire de déterminer l'équation finale générale : c'est-à-dire, qu'on peut déterminer le facteur commun à tous ses termes, sans connoître cette équation même. Quant aux symptômes de la seconde espèce, nous en parlerons après avoir enseigné la manière générale de déterminer le facteur dont il s'agit.

(297.) Supposons donc que les équations proposées soient représentées par les équations suivantes

$$(u \ldots n)^t = 0\,;$$
$$(u \ldots n)^{t'} = 0\,,$$
$$(u \ldots n)^{t''} = 0.$$

Les polynomes-multiplicateurs nécessaires pour arriver à l'équation finale seront

$$(u\ldots n)^{T+t'+t''+\&c.}$$
$$(u\ldots n)^{T+t+t''+\&c.}$$
$$(u\ldots n)^{T+t+t'+\&c.}$$
&c.

Concevant qu'on ait réduit ces polynomes au plus petit nombre de termes possible, par les moyens que nous donnerons dans peu; il ne resteroit autre chose à faire pour arriver à l'équation finale, que de former l'équation-somme, comme nous l'avons fait dans les exemples précédens, & de calculer les coëfficiens indéterminés.

Or si l'équation finale est susceptible d'abaissement, cela peut arriver de deux manières; ou parce que tous les coëfficiens indéterminés qui entreront dans la plus haute dimension de l'équation-somme seront chacun $= 0$; ou parce que les relations des coëfficiens déterminés des termes de la plus haute dimension de chacune des équations proposées, seront telles qu'en égalant à zéro chacun des termes de la plus haute dimension de l'équation-somme, à l'exception de celui qui doit composer la plus haute puissance de l'équation finale, il en résultera nécessairement l'anéantissement de cette plus haute puissance.

Dans le premier cas, il est évident, que par la supposition même, la forme des polynomes-multiplicateurs est réduite à

$$(u\ldots n)^{T+t'+t''+\&c.-1.}$$
$$(u\ldots n)^{T+t+t''+\&c.-1.}$$
$$(u\ldots n)^{T+t+t'+\&c.-1.}$$
&c.

(298.) Donc réciproquement si on veut savoir à quelle condition l'équation finale peut être abaissée d'un degré, on formera l'équation-somme en n'employant pour polynomes-multiplicateurs, que les polynomes

$$(u\ldots u)^{T+t'+t''+\&c.-1.}$$
$$(u\ldots n)^{T+t+t''+\&c.-1.}$$
$$(u\ldots n)^{T+t+t'+\&c.-1.}$$
&c.

Alors,

Alors, comme on aura un coëfficient indéterminé de moins qu'il n'est nécessaire pour faire disparoître tous les termes qu'on a à faire disparoître, on sera conduit à une équation de condition qui sera le symptôme demandé, si elle n'a qu'un seul facteur ; & qui, si elle a plusieurs facteurs, indiquera différens cas où l'abaissement peut avoir lieu ; ou bien sera telle que quelques-uns de ces facteurs indiqueront les cas d'abaissement, tandis que d'autres indiqueront des solutions particulières, telles que celles dont nous avons parlé (279 & 287). Mais cette équation de condition renfermera toujours le facteur, ou les facteurs, qui sont le symptôme de l'abaissement.

(299.) Quant à ce que nous disons que dans l'équation-somme formée par les polynomes-multiplicateurs

$$(u \ldots n)^{T+t'+t''+\&c.-1}, \&c.$$

il n'y aura qu'un coëfficient indéterminé de moins qu'il n'est nécessaire pour faire disparoître tous les termes qu'on a à faire disparoître : voici comment on peut s'en convaincre.

Ne supposons pour plus de simplicité, que trois inconnues : le nombre des termes de la plus haute dimension de l'équation-somme, seroit $N(u \ldots 2)^{T+t+t'+t''}$ s'il s'agissoit de l'équation finale générale.

Le nombre des termes de la plus haute dimension du premier polynome-multiplicateur, diminué du nombre des coëfficiens inutiles à l'élimination, seroit

$$N(u \ldots 2)^{T+t'+t''} - N(u \ldots 2)^{T+t''} - N(u \ldots 2)^{T+t'} + N(u \ldots 2)^{T}.$$

Le nombre des termes de la plus haute dimension du second polynome-multiplicateur, diminué du nombre des coëfficiens inutiles à l'élimination, seroit

$$N(u \ldots 2)^{T+t+t''} - N(u \ldots 2)^{T+t}.$$

Le nombre des termes de la plus haute dimension du troisième polynome-multiplicateur, seroit $N(u \ldots 2)^{T+t+t'}$.

Cela posé, je dis qu'on a l'équation suivante

$$(A) \ldots N(u \ldots 2)^{T+t+t'+t''} = N(u \ldots 2)^{T+t'+t''} - N(u \ldots 2)^{T+t''} - N(u \ldots 2)^{T+t} + N(u \ldots 2)^{T} + N(u \ldots 2)^{T+t+t''} - N(u \ldots 2)^{T+t} + N(u \ldots 2)^{T+t+t'} :$$

c'est-à-dire, que le nombre total des termes de la plus haute dimension de l'équation-somme générale, est précisément égal au nombre de coëfficiens utiles fourni par chacune des plus hautes dimensions des trois polynomes-multiplicateurs.

En effet, l'équation (A) peut être écrite ainsi

$$\left.\begin{array}{l} N(u\ldots z)^{T+t+t'+t''} - N(u\ldots z)^{T+t'+t''} - N(u\ldots z)^{T+t+t'} + N(u\ldots z)^{T+t'} \\ - N(u\ldots z)^{T+t+t''} + N(u\ldots z)^{T+t''} + N(u\ldots z)^{T+t} - N(u\ldots z)^{T} \end{array}\right\} = 0,$$

c'est - à - dire,

$$d d N(u\ldots z)^{T+t+t'+t''} \ldots \left(\begin{smallmatrix} T+t+t'+t'' \\ t,\, t'' \end{smallmatrix}\right)$$

$$- d d N(u\ldots z)^{T+t+t''} \ldots \left(\begin{smallmatrix} T+t+t'' \\ t,\, t'' \end{smallmatrix}\right) = 0,$$

ou $d^3 N(u\ldots z)^{T+t+t'+t''} \ldots \left(\begin{smallmatrix} T+t+t'+t'' \\ t,\, t'',\, t' \end{smallmatrix}\right) = 0;$

or (12) $d^3 N(u\ldots z)^{T+t+t'+t''} \ldots \left(\begin{smallmatrix} T+t+t'+t'' \\ t,\, t'',\, t' \end{smallmatrix}\right)$ est en effet $= 0$.

Donc puisque les plus hautes dimensions des trois polynomes-multiplicateurs ne fournissent qu'autant de coëfficiens utiles qu'il y a de termes dans la plus haute dimension de l'équation-somme, ils ne donnent qu'un coëfficient de plus qu'il n'y a de termes à faire disparoître dans cette dimension pour le calcul général de l'équation finale; donc lorsqu'on suppose tous ces coëfficiens égaux à zéro, il n'y aura dans l'équation-somme restante, qu'un coëfficient de moins qu'il n'est nécessaire.

(300.) Ainsi pour trouver l'équation de condition qui donne lieu à l'abaissement de l'équation finale, & qui correspond au facteur commun à tous les termes de l'équation, il ne s'agit donc que de multiplier chacune des équations-proposées, par un polynome d'une dimension moindre d'une unité que celle qui conviendroit à l'équation finale générale. Alors égalant à zéro chacun des termes de l'équation-somme, autres que ceux qui ne renferment que l'inconnue de l'équation finale, on sera conduit à l'équation de condition qui donne les symptômes d'abaissement de la première espèce. Et la quantité qui compose cette équation de condition, sera en même temps le facteur commun à tous les termes de l'équation finale générale.

(301.) En forte que, si lorsque les coëfficiens des équations proposées sont numériques, on procédoit au calcul de l'équation finale, on trouveroit que dans la dernière des *lignes* qui (198) servent au calcul des coëfficiens indéterminés, tous les termes deviendroient zéro, dans le cas de la possibilité de l'abaissement. Donc réciproquement, si dans le calcul des lignes, la dernière devient zéro, c'est une preuve que l'équation peut être abaissée d'un degré, & qu'on doit, pour avoir l'équation finale, employer des polynomes dont la dimension soit moindre d'une unité, que dans le cas où l'équation finale n'est pas susceptible d'abaissement.

En effet, puisque la dernière ligne devient zéro, c'est une preuve (205) que parmi toutes les équations employées au calcul des lignes, il y en a une qui n'exprime rien qui ne soit compris dans toutes les autres; donc parmi les coëfficiens indéterminés, il y en a un d'arbitraire. Or si, comme on en est le maître, on le prend dans la plus haute dimension, & si on le suppose $= 0$; alors n'ayant plus dans cette plus haute dimension qu'autant de coëfficiens utiles, qu'on a de termes à faire disparoître; & les équations pour l'anéantissement de ces termes, étant toutes sans aucun terme absolument connu, chacun des coëfficiens de chaque plus haute dimension, sera nécessairement $= 0$ (206). Donc en effet, pour arriver à l'équation finale, il suffira d'employer des polynomes-multiplicateurs d'une dimension moindre d'une unité, que celle qu'ils auroient pour pouvoir donner l'équation finale générale.

Si le degré de l'équation finale est susceptible d'être abaissé de deux unités; un raisonnement semblable fait voir qu'on parviendra à cette équation finale, en employant des polynomes-multiplicateurs d'une dimension moindre de deux unités que celle qui leur conviendroit, pour pouvoir donner l'équation finale générale: & ainsi de suite. Et réciproquement, en employant des polynomes-multiplicateurs d'une dimension moindre de deux unités, & procédant au calcul des lignes, on aura les deux équations de condition nécessaires pour que l'équation finale puisse être d'un degré moindre de deux unités, que l'équation finale générale.

Sur quoi il faut observer que l'une de ces équations de condition qui sembleroit peut-être d'abord devoir être précisément la même que dans le cas de l'abaissement d'un degré seulement, ne sera cependant pas la même en apparence, mais seulement quant au fonds. Elle sera cette équation combinée avec la seconde, laquelle sera le facteur commun à tous les termes de l'équation finale abaissée d'un degré seulement, & le symptôme de la possibilité de son abaissement ultérieur : c'est ce dont nous avons vu un exemple (290).

(302.) Puisque les polynomes-multiplicateurs sont d'autant plus simples que l'équation finale est plus susceptible d'abaissement, il s'ensuit que le calcul des équations de condition nécessaires pour la possibilité de cet abaissement, sera d'autant plus facile, qu'il y aura lieu à un plus grand abaissement.

(303). Il n'en est pas de même des symptômes d'abaissement de la seconde espèce. A l'exception du symptôme de l'abaissement d'un degré seulement, dans l'équation finale, il y aura toujours pour déterminer les symptômes d'abaissement ultérieur, si non autant de calcul à faire que pour avoir l'équation finale, du moins un calcul dépendant presque de tous les coëfficiens indéterminés.

Voyons d'abord ce qui regarde le symptôme d'abaissement d'un degré seulement.

Puisque, selon que nous venons de le voir (299), le nombre des coëfficiens utiles de la plus haute dimension des polynomes-multiplicateurs, est précisément égal au nombre des termes de la plus haute dimension de l'équation-somme, il s'ensuit que si pour connoître le cas de l'abaissement d'un degré dans l'équation finale, nous égalons à zéro chacun des termes de la plus haute dimension de l'équation-somme, nous serons conduits (206 & 213) à trouver chaque coëfficient $= 0$, ou à une équation de condition entre les coëfficiens de chaque plus haute dimension des équations proposées. Le premier cas étant celui que nous avons examiné, il ne peut donc être question que du second ; on multipliera donc la plus haute dimension seulement de chaque équation, par la plus haute dimension seulement de son polynome-multiplicateur, & ayant ajouté tous les produits ; dans la somme, qui sera la plus haute dimension de l'équation-somme, on égalera à zéro chaque terme affecté d'une ou de plusieurs des inconnues ; & procédant au calcul des *lignes*, la dernière *ligne* sera l'équation de condition demandée.

Par exemple, si on a les deux équations

$$\begin{aligned} &ax^2 + bxy + cy^2 = 0, \\ +&dx + ey \\ +&f \end{aligned}$$

$$\begin{aligned} &a'x^2 + b'xy + c'y^2 = 0, \\ +&d'x + e'y \\ +&f' \end{aligned}$$

On multipliera d'une part $ax^2 + bxy + cy^2$ par $Ax^2 + Bxy + Cy^2$, & de l'autre part $a'x^2 + b'xy + c'y^2$ par $A'x^2 + B'xy + C'y^2$; la somme des produits sera

$$\begin{array}{lllll} Aax^4 & + Abx^3y & + Acx^2y^2 & + Bcxy^3 & + Ccy^4 \\ + A'a' & + A'b' & + A'c' & + B'c' & + C'c' \\ & + Ba & + Bb & + Cb & \\ & + B'a' & + B'b' & + C'b'. & \\ & & + Ca & & \\ & & + C'a' & & \end{array}$$

faisant attention qu'il y a un coëfficient inutile, & le déterminant. Comme on a fait (285), on aura $C = 0$, & $C' = 0$.

On aura donc à calculer les équations suivantes

$$\begin{aligned} &Aa + A'a' = 0, \\ &Ab + A'b' + Ba + B'a' = 0, \\ &Ac + A'c' + Bb + B'b' = 0, \\ &Bc + B'c' = 0. \end{aligned}$$

On aura donc comme il suit.

Première ligne. . . . . $aA'BB'$

Seconde ligne. . . . . $(ab')BB' - aA'aB'$

Troisième ligne. . . . $(ab')bB' - (ac')aB' + aA'(ab')$

Quatrième ligne. . . . $(ab').(bc') - (ac')^2$,

c'est le symptôme de la possibilité de la réduction de l'équation finale au troisième degré.

En effet, si l'on compare avec l'équation finale trouvée (285), on verra que $(ab').(bc') - (ac')^2$ est le coëfficient de x^4 dans l'équation finale, laquelle sera donc réduite au troisième degré, si l'on a $(ab').(bc') - (ac')^2 = 0$. On trouvera de même, pour un nombre quelconque d'équations, l'équation de condition nécessaire pour que l'équation finale perde son premier terme seulement, & se réduise par conséquent à un degré moindre d'une unité.

(304.) Quant aux équations de condition nécessaires pour l'évanouissement des termes qui suivent immédiatement le premier, il ne paroît pas qu'il y ait de voie plus courte pour les obtenir, que de procéder absolument au calcul de l'équation finale, comme nous l'avons fait (285). On observera seulement que, selon le terme pour lequel on veut avoir cette équation de condition, on n'aura à calculer qu'un certain nombre de coëfficiens, & que par conséquent on pourra simplifier le calcul, d'après ce qui a été dit (201).

Par exemple, si je voulois avoir l'équation de condition nécessaire pour que le second terme de l'équation finale trouvée (285) disparoisse, sans connoître d'ailleurs cette équation finale, je remarquerois que le terme x^3 dans l'équation-somme, est $(Ad + A'd' + Da + D'a')x^3$; ensorte que je n'ai besoin de calculer que A, A', D, D', c'est-à-dire seulement A' & D'; calcul que je simplifierois, en ayant égard à ce qui a été dit (201).

(305.) Mais si les équations de condition qui font perdre à l'équation finale ses termes les plus élevés, ne peuvent être déterminées que par un calcul dont le travail est peu différent de celui de l'équation finale, il s'en faut bien que ces équations de condition soient aussi importantes à connoître que celles qui déterminent les symptômes d'abaissement de la première espèce.

En effet, dans le cas où l'équation est susceptible d'abaissement par l'anéantissement des coëfficiens des termes supérieurs de l'équation finale générale, on n'a point à craindre que l'équation finale calculée sans cette connoissance, se trouve plus élevée qu'il ne convient. Le calcul la donnera immédiatement toute mutilée des termes qu'elle doit perdre.

Mais dans le cas où l'équation finale est susceptible d'abaissement, parce que le facteur commun à tous ses termes est zéro; l'équation finale dégagée de ce facteur, ayant tous les termes dont l'équation finale générale est susceptible, ne fait rien connoître de la possibilité de cet abaissement : en sorte qu'en employant une méthode qui éviteroit ce facteur, on seroit induit en erreur sur le véritable nombre des racines utiles à la question. Ce facteur est donc important à connoître : ou du moins la méthode qui fait passer nécessairement par ce facteur, est donc seule généralement sûre.

A parler exactement, on n'a pas besoin de savoir antérieurement, si ce facteur est zéro ou non, parce que la suite du calcul le fera connoître, ainsi que nous l'avons observé (301). Mais comme les polynomes-multiplicateurs doivent être plus simples dans ce cas, que pour l'équation finale générale ; il est utile d'avoir des moyens de s'en assûrer avant que de procéder au calcul de l'équation finale.

Au contraire, lorsque l'abaissement ne doit avoir lieu que par la destruction des coëfficiens des termes les plus élevés de l'équation finale, les polynomes-multiplicateurs ne restent pas moins du même degré que pour l'équation finale générale, en sorte qu'on ne gagne rien, pour le calcul, à en être instruit d'avance.

Moyen de diminuer considérablement le nombre des coëfficiens employés à l'élimination. Simplifications qui en résultent dans la forme des Polynomes-multiplicateurs.

(306.) Nous avons enseigné précédemment à déterminer le nombre des coëfficiens inutiles à l'élimination, & nous avons donné aux autres le nom de *Coëfficiens utiles*, parce que ce n'est qu'en employant ces coëfficiens utiles qu'on peut être assûré d'arriver à la connoissance de tout ce qui peut appartenir aux équations proposées, soit en les considérant de la manière la plus générale, soit en les considérant par rapport aux relations particulières qui peuvent avoir lieu entre leurs coëfficiens déterminés.

Mais les exemples précédens font assez connoître que les coëfficiens que nous appellons utiles, ne sont pas toujours indispensables pour avoir sur les équations proposées, toutes les connoissances qui peuvent importer. En effet, plus on admettra de coëfficiens indéterminés, & plus l'équation finale acquerera de facteurs de la nature de ceux que nous avons observés jusqu'ici.

Or comme les facteurs nouveaux, introduits par l'augmentation du nombre des coëfficiens indéterminés, ne ſont que la replique de ce que ſignifient ceux qu'on obtiendroit avec le plus petit nombre de coëfficiens poſſible, ou n'expriment que des ſolutions de la nature de celles que nous avons décrites (279 & 287), & par conſéquent, n'expriment, alors, rien qu'on ne ſache d'avance; c'eſt donc perfectionner la méthode, que de faire connoître le moyen de donner l'excluſion, lorſque cela eſt poſſible, aux coëfficiens qui peuvent introduire de pareils facteurs : or cela l'eſt dans un très-grand nombre de cas, quoique cela ne le ſoit pas toujours, ainſi que nous en avons vu un exemple (292).

(307.) Pour bien faire entendre ce dont il s'agit, prenons d'abord un exemple.

Suppoſons qu'il ſoit queſtion de trouver l'équation finale en x, réſultante de trois équations de cette forme $(x, y, z)^2 = 0$.

On peut (224) prendre pour polynome-multiplicateur de chacune, un polynome de cette forme $(x, y, z)^{T+4}$. Mais comme (47) le degré de l'équation finale ne doit pas paſſer le huitième, on voit qu'on ne peut pas généralement ſuppoſer T plus petit que 2; enſorte que le polynome du degré le moins élevé qu'il ſoit permis d'employer eſt $(x, y, z)^6$.

Mais qu'arriveroit-il ſi, ſans donner à l'équation, un degré plus élevé que 8, on admettoit en général le polynome $(x, y, z)^{T+4}$? Le voici.

Tous les coëfficiens des dimenſions ſupérieures à 6, dans chaque polynome-multiplicateur, ſeroient chacun $= 0$, ou du moins on pourroit toujours les ſuppoſer chacun $= 0$.

En effet, la dimenſion ſupérieure $T + 4$ des trois polynomes-multiplicateurs, fourniroit un nombre de coëfficiens $= 3N(x, y)^{T+4}$.

Mais, ſur ce nombre, il y en auroit (231) un nombre $= 3N(x,y)^{T+2} - N(x,y)^T$ qui ſeroient inutiles à l'élimination; donc pour faire diſparoître tous les termes de la plus haute dimenſion de l'équation-ſomme, c'eſt-à-dire, tous les termes de la dimenſion $T + 6$, on auroit un nombre de coëfficiens

$$= 3N(x,y)^{T+4} - 3N(x,y)^{T+2} + N(x,y)^T.$$

Or

Or le nombre des termes de cette dimenſion de l'équation-ſomme, eſt $N(x,y)^{T+6}$; la différence de ces deux nombres de termes, ſeroit donc

$$N(x,y)^{T+6} - 3N(x,y)^{T+4} + 3N(x,y)^{T+2} - N(x,y)^{T},$$

c'eſt-à-dire,

$$[N(x,y)^{T+6} - N(x,y)^{T+4} - N(x,y)^{T+4} + N(x,y)^{T+2}]$$

$$-[N(x,y)^{T+4} - N(x,y)^{T+2} - N(x,y)^{T+2} + N(x,y)^{T}],$$

ou $d^3 N(x,y)^{T+6} \ldots \left(\begin{smallmatrix} & T & \\ 2, & 2, & 2 \end{smallmatrix}\right)$, c'eſt-à-dire, $= 0$.

Donc pour faire diſparoître, comme il eſt néceſſaire, dans chaque dimenſion de l'équation-ſomme, ſupérieure à la huitième, tous les termes de cette dimenſion, on n'auroit préciſément qu'autant de coëfficiens indéterminés qu'il y a de termes à faire diſparoître; donc (213) chacun de ces coëfficiens ſeroit $= 0$, ou du moins pourroit être ſuppoſé $= 0$.

En les admettant, on ne feroit que donner aux termes de l'équation-ſomme, pour facteur, la quantité qui formeroit l'équation de condition réſultante des équations particulières fournies en égalant à zéro les termes des dimenſions ſupérieures à la huitième.

On peut donc, & on doit pour la ſimplicité, ſe borner pour chaque polynome-multiplicateur des équations dont il s'agit, à la forme $(x,y,z)^6$: & ce qu'une forme plus élevée feroit connoître de plus, ne feroient que des ſolutions de la nature de celles décrites (279 & 287), ou des répétitions de ce que cette forme la plus ſimple juſqu'à préſent, feroit connoître.

Mais la forme $(x,y,z)^6$ n'eſt pas encore la plus ſimple qu'il ſoit poſſible. En partant de cette forme, on trouveroit (231 & *ſuiv.*) que le nombre des coëfficiens utiles à l'élimination, eſt

$$3N(x,y,z)^6 - 3N(x,y,z)^4 + N(x,y,z)^2,$$

c'eſt-à-dire 157; & cela eſt, en effet. Mais ces coëfficiens, utiles dans le ſens que nous venons d'expliquer ci-deſſus, ne ſont pas tous indiſpenſables; il y en a un aſſez grand nombre qui n'auroient d'autre effet ſur l'équation finale, que de lui donner des facteurs qui n'indiqueroient que des ſolutions de la nature de celles décrites (279 & 287), ou qui ne feroient que la répétition de ce que diroient les facteurs de l'équation finale trouvée avec le plus petit nombre de coëfficiens possible.

Pour connoître ces nouveaux termes auxquels on peut donner l'exclusion, je prends d'abord les termes de l'équation-somme où y & z montent ensemble ou séparément à la dimension 8. Leur nombre est $N(y)^8$. Le nombre de coëfficiens que les trois polynomes-multiplicateurs auront introduits dans ces termes de la dimensions 8, est $3N(y)^6$; mais sur ce nombre, il y en a d'inutiles, au nombre de $3N(y)^4 - N(y)^2$; donc pour faire disparoître le nombre $N(y)^8$ des termes où y & z dans l'équation-somme montent à la dimension 8, on a un nombre de coëfficiens $= 3N(y)^6 - 3N(y)^4 + N(y)^2$; c'est-à-dire, que pour éliminer neuf termes on a $12 - 15 + 3$ ou neuf coëfficiens seulement; donc (213) chacun de ces coëfficiens sera $= 0$. Donc on peut se dispenser d'admettre dans chacun des polynomes-multiplicateurs, les termes où y & z montent ensemble ou séparément à la dimension 6. Donc cette forme peut être réduite à $[x,(y,z)^5]^6$.

Si on analyse, de même, les termes de l'équation-somme où y & z pourront monter ensemble à la dimension 7, d'après la nouvelle forme des polynomes-multiplicateurs; on verra que leur nombre est $2N(y)^7$; que les polynomes y introduiront, un nombre de coëfficiens utiles, exprimé par $6N(y)^5 - 6N(y)^3 + 2N(y)^1$; on n'aura donc pour faire disparoître les seize termes où y & z dans l'équation-somme, montent ensemble à la dimension 7, qu'un nombre de coëfficiens $= 36 - 24 + 4 = 16$; donc (213) chacun de ces coëfficiens sera $= 0$.

La forme des polynomes-multiplicateurs peut donc être réduite à $[x(y,z)^4]^6$.

On verra de même que pour vingt-un termes où y & z monteront ensemble ou séparément à la dimension 6 dans l'équation-somme résultante de cette nouvelle forme, on n'aura qu'un nombre de coëfficiens utiles exprimé par

$$9N(y)^4 - 9N(y)^2 + 3N(y)^0 = 45 - 27 + 3 = 21;$$

donc chacun de ces coëfficiens sera $= 0$. La forme des polynomes-multiplicateurs peut donc être réduite à $[x, (y, z)^3]^6$.

Pareillement, pour vingt-quatre termes où y & z monteront ensemble ou séparément à la dimension 5 dans l'équation-somme résultante de cette nouvelle forme, on n'aura qu'un nombre de coëfficiens

$$= 12 N(y)^3 - 12 N(y)^1 + 4 N(y)^{-1} = 48 - 24 + 0 = 24;$$

donc chacun de ces coëfficiens sera $= 0$. La forme des polynomes-multiplicateurs peut donc être réduite à $[x, (y, z)^2]^6$.

C'est-là la forme la plus simple, eu égard à la dimension totale de x, y & z, & à la dimension totale de y & z; nous verrons par la suite qu'elle peut être encore réduite; mais en l'employant, le nombre de coëfficiens qui, dans la forme $(x, y, z)^6$, auroit été de 157, ne sera plus que de 87.

(308.) En général, soient t, t', t'', &c. les exposans du degré de chacune des équations que, pour plus de simplicité, nous considérons comme complettes : & soit D le degré de l'équation finale, que (47) nous savons être $= t\,t'\,t''$ &c.

Soient $(u \ldots n)^{T-t}$ le polynome-multiplicateur de la première équation.

$(u \ldots n)^{T-t'}$, celui de la seconde,

$(u \ldots n)^{T-t''}$, celui de la troisième;

& ainsi de suite.

Ayant égard au nombre de termes qu'on peut faire disparoître dans le premier de ces polynomes, à l'aide des $n-1$ dernières équations, on aura

$$d^{n-1}[N(u \ldots n)^{T-t}] \ldots \left(\begin{smallmatrix} T-t \\ t',\ t'',\ t''',\ \&c. \end{smallmatrix}\right)$$

pour le nombre des coëfficiens utiles du premier polynome-multiplicateur.

Par la même raison,

$$d^{n-2}[N(u \ldots n)^{T-t'}] \ldots \left(\begin{smallmatrix} T-t' \\ t'',\ t''',\ \&c. \end{smallmatrix}\right)$$

sera le nombre des coëfficiens utiles du second polynome-multiplicateur.

$d^{n-3}[N(u\ldots n)^{T-t''}]\ldots\left(\begin{smallmatrix}T-t''\\ t''', \&c.\end{smallmatrix}\right)$ sera le nombre des coëfficiens utiles du troisième polynome-multiplicateur.

Et ainsi de suite.

Donc pour obtenir l'équation finale, on a en tout, un nombre de coëfficiens

$$= d^{n-1}[N(u\ldots n)^{T-t}]\ldots\left(\begin{smallmatrix}T-t\\ t', t'', t''', \&c.\end{smallmatrix}\right) + d^{n-2}[N(u\ldots n)^{T-t'}]\ldots\left(\begin{smallmatrix}T-t'\\ t'', t''', \&c.\end{smallmatrix}\right)$$
$$+ d^{n-3}[N(u\ldots n)^{T-t''}]\ldots\left(\begin{smallmatrix}T-t''\\ t''', \&c.\end{smallmatrix}\right) + \&c.$$

Or le nombre des termes à faire disparoître dans l'équation-somme, pour avoir cette équation finale, est $N(u\ldots n)^T - D - 1$; il faut donc qu'on ait

$$N(u\ldots n)^T - D - 1 = d^{n-1}[N(u\ldots n)^{T-t}]\ldots\left(\begin{smallmatrix}T-t\\ t', t'', t''', \&c.\end{smallmatrix}\right)$$
$$+ d^{n-2}[N(u\ldots n)^{T-t'}]\ldots\left(\begin{smallmatrix}T-t'\\ t'', t''', \&c.\end{smallmatrix}\right)$$
$$+ d^{n-3}[N(u\ldots n)^{T-t''}]\ldots\left(\begin{smallmatrix}T-t''\\ t''', \&c.\end{smallmatrix}\right) + \&c. - 1;$$

c'est-à-dire,

$$(A)\ldots N(u\ldots n)^T - d^{n-1}[N(u\ldots n)^{T-t}]\ldots\left(\begin{smallmatrix}T-t\\ t', t'', t''', \&c\end{smallmatrix}\right)$$
$$- d^{n-2}[N(u\ldots n)^{T-t'}]\ldots\left(\begin{smallmatrix}T-t'\\ t'', t''', \&c.\end{smallmatrix}\right)$$
$$- d^{n-3}[N(u\ldots n)^{T-t''}]\ldots\left(\begin{smallmatrix}T-t''\\ t''', \&c.\end{smallmatrix}\right) - \&c. = D = t\,t'\,t''\ \&c.$$

quelque soit T.

C'est-à-dire, que la différence entre le nombre des termes de l'équation-somme, & le nombre des coëfficiens utiles de tous les polynomes-multiplicateurs, est égale à l'exposant D ou $t\,t'\,t''$ &c. du degré de l'équation finale.

Observons, cependant, que lorsque nous disons que cette égalité doit avoir lieu quelque soit T, cela doit s'entendre quelleque soit la valeur de T au-dessus de $t\,t'\,t''$ &c.

Concevons donc, maintenant, qu'on prenne T plus grand que $t\,t'\,t''$ &c. d'une quantité quelconque q.

Alors le nombre des termes de l'équation-ſomme augmentera de $d[N(u\ldots n)^{T}]\ldots\binom{T}{q}$; & le nombre total des coëfficiens utiles des polynomes-multiplicateurs augmentera de

$$d\left(d^{n-1}[N(u\ldots n)^{T-t}]\ldots\binom{T-t}{t',t',t'',\&c.}+d^{n-2}[N(u\ldots n)^{T-t'}]\ldots\binom{T-t'}{t'',t'',\&c.}\right.$$
$$\left.+\,d^{n-3}[N(u\ldots n)^{T-t'}]\ldots\binom{T-t''}{t''',\&c.}+\&c.\right)\ldots\binom{T}{q}.$$

On aura donc (12), à cauſe de l'équation (A)

$$\left.\begin{array}{r} d\,N(u\ldots n)^{T}\ldots\binom{T}{q}-d\left(d^{n-1}[N(u\ldots n)^{T-t}]\ldots\binom{T-t}{t',t'',t''',\&c.}\right. \\ -\,d\left(d^{n-2}[N(u\ldots n)^{T-t'}]\ldots\binom{T-t'}{t'',t''',\&c.}\right. \\ -\,d\left(d^{n-3}[N(u\ldots n)^{T-t''}]\ldots\binom{T-t''}{t''',\&c.}+\&c.\right) \end{array}\right\}\ldots\binom{T}{q}=0$$

Donc on n'aura, pour faire diſparoître les termes des dimenſions ſupérieures à $t\,t'\,t''$ &c. dans l'équation-ſomme ; on n'aura, dis-je, qu'un nombre de coëfficiens préciſément égal au nombre de ces termes; donc (213) on pourra ſuppoſer chacun de ces coëfficiens $= 0$.

Donc il ſeroit ſuperflu d'admettre pour polynomes-multiplicateurs des équations propoſées, des polynomes plus élevés que $N(u\ldots n)^{D-t}$, $N(u\ldots n)^{D-t'}$, $N(u\ldots n)^{D-t''}$, &c. reſpectivement.

(309.) Avant que de paſſer à l'examen des autres termes qu'on peut encore rejeter, arrêtons-nous un moment pour faire voir que l'expreſſion de D que préſente l'équation (A) que nous venons de rencontrer, ne diffère point, au fonds, de celle que nous avons trouvée (46); c'eſt-à-dire, ne diffère point de $d^{n}N(u\ldots n)^{T}\ldots\binom{T}{t,\,t',\,t'',\,\&c.}$, quoiqu'il ne paroiſſe pas ainſi à l'inſpection. Un exemple ſuffira.

Suppoſons qu'il n'y ait que trois équations ; alors l'équation (A) devient

$$N(u\ldots 3)^{T}-d\,d[N(u\ldots 3)^{T-t}]\ldots\binom{T-t}{t',t''}$$
$$-\,d[N(u\ldots 3)^{T-t'}]\ldots\binom{T-t'}{t''}-N(u\ldots 3)^{T-t''}=D.$$

Or $N(u\ldots 3)^{T} - N(u\ldots 3)^{T-t''} = d[N(u\ldots 3)^{T}]\ldots\binom{T}{t''}$;

on a donc

$$d[N(u\ldots 3)^{T}]\ldots\binom{T}{t''} - dd[N(u\ldots 3)^{T-t}]\ldots\binom{T-t}{t',t''}$$
$$- d[N(u\ldots 3)^{T-t'}]\ldots\binom{T-t'}{t''} = D:$$

Mais

$$d[N(u\ldots 3)^{T}]\ldots\binom{T}{t''} - d[N(u\ldots 3)^{T-t'}]\ldots\binom{T-t'}{t''} = dd[N(u\ldots 3)^{T}]\ldots\binom{T}{t',t''};$$

on a donc

$$dd[N(u\ldots 3)^{T}]\ldots\binom{T}{t',t''} - dd[N(u\ldots 3)^{T-t}]\ldots\binom{T-t}{t',t''} = D;$$

c'eſt-à-dire, $d^{3}[N(u\ldots 3)^{T}]\ldots\binom{T}{t',t'',t'''} = D$.

Et comme il eſt aiſé de voir que le raiſonnement eſt le même pour toute autre valeur de n, il s'enſuit donc généralement que l'équation (A), n'eſt au fonds, que l'équation

$$d^{n}[N(u\ldots n)^{T}]\ldots\binom{T}{t,t',t'',\&c.} = D.$$

(310.) Venons maintenant aux autres termes qu'on peut omettre dans les polynomes-multiplicateurs.

Suppoſons encore, pour plus de ſimplicité, que les équations propoſées ſoient des équations complettes, dont les degrés ſoient reſpectivement t, t', t'', t''', &c.

Pour connoître les termes de l'équation-ſomme, qui, dans leur totalité, ne renfermeront que préciſément autant de coëfficiens utiles qu'il y aura d'équations pour les déterminer, je remarque que s'il y a en effet de ſemblables termes, l'équation-ſomme après leur ſuppreſſion, ſera de la forme $[u, (x\ldots n-1)^{B}\ldots n]^{T}$; c'eſt-à-dire, que u étant l'inconnue relativement à laquelle on veut avoir l'équation finale, les autres inconnues au nombre de $n-1$, ne paſſeront pas enſemble ou ſéparément la dimenſion B.

Mais au lieu de ſuppoſer à B ſa plus petite valeur poſſible, ſuppoſons lui généralement une autre valeur quelconque entre cette plus petite valeur, & T.

Alors, d'après tout ce que nous avons dit dans le premier Livre, on trouvera facilement 1.° que le premier polynome-multiplicateur sera.... $[u,(x\ldots n-1)^{B-t}\ldots n]^{T-t}$.

Que le second sera.. $[u,(x\ldots n-1)^{B-t'}\ldots n]^{T-t'}$.

Que le troisième sera $[u,(x\ldots n-1)^{B-t''}\ldots n]^{T-t''}$; & ainsi de suite.

2.° Que le nombre des coëfficiens utiles du premier polynome-multiplicateur sera

$$d^{n-1}(N[u,(x\ldots n-1)^{B-t}\ldots n]^{T-t})\ldots\left(\begin{matrix}T-t & B-t \\ t',t'',t''',\&c. & t',t'',t''',\&c.\end{matrix}\right).$$

Que le nombre des coëfficiens utiles du second polynome-multiplicateur sera

$$d^{n-2}(N[u,(x\ldots n-1)^{B-t'}\ldots n]^{T-t'})\ldots\left(\begin{matrix}T-t' & B-t' \\ t'',t''',\&c. & t'',t''',\&c.\end{matrix}\right).$$

Que le nombre des coëfficiens utiles du troisième polynome-multiplicateur sera

$$d^{n-3}(N[u,(x\ldots n-1)^{B-t''}\ldots n]^{T-t''})\ldots\left(\begin{matrix}T-t'' & B-t'' \\ t''',\&c. & t''',\&c.\end{matrix}\right);$$

& ainsi de suite.

D'où, en raisonnant comme nous l'avons fait (308), on conclura

$$(A)\ldots N[u,(x\ldots n-1)^{B}\ldots n]^{T}-d^{n-1}(N[u,(x\ldots n-1)^{B-t}\ldots n]^{T-t})\ldots\left(\begin{matrix}T-t & B-t \\ t',t',t''',\&c. & t',t'',t''',\&c.\end{matrix}\right)$$
$$-d^{n-2}(N[u,(x\ldots n-1)^{B-t'}\ldots n]^{T-t'})\ldots\left(\begin{matrix}T-t' & B-t' \\ t'',t''',\&c. & t'',t''',\&c.\end{matrix}\right)$$
$$-d^{n-3}(N[u,(x\ldots n-1)^{B-t''}\ldots n]^{T-t''})\ldots\left(\begin{matrix}T-t'' & B-t'' \\ t''',\&c. & t''',\&c.\end{matrix}\right)-\&c.=D.$$

Concevons maintenant que T restant le même, on fasse varier B d'une quantité quelconque q; alors on aura

$$)\ldots d\left\{\begin{matrix}N[u,(x\ldots n-1)^{B}\ldots n]^{T}-d^{n-1}N[u,(x\ldots n-1)^{B-t}\ldots n]^{T-t}\ldots\left(\begin{matrix}T-t & B-t \\ t,t'',t'',\&c. & t',t'',t'',\&c.\end{matrix}\right) \\ -d^{n-2}N[u,(x\ldots n-1)^{B-t'}\ldots n]^{T-t'}\ldots\left(\begin{matrix}T-t' & B-t' \\ t'',t'',\&c. & t'',t'',\&c.\end{matrix}\right)-d^{n-3}N[u,(x\ldots n-1)^{B-t''}\ldots n]^{T-t''}\ldots\left(\begin{matrix}T-t'' & B-t'' \\ t'',\&c. & t''',\&c.\end{matrix}\right)\end{matrix}\right\}\ldots($$

Observons à présent que la valeur de B n'étant point assujétie ici, comme l'est celle de T qui ne peut pas être au-dessous de $t\,t'\,t''$ &c. il n'y a d'autre condition pour B, ſinon que l'équation (C) ait lieu. Or cette condition aura toujours lieu juſqu'à $B = t + t' + t'' + t''' +$ &c. $- n + 2$.

En effet, il faut pour que l'équation (C) ait lieu que l'expreſſion de $N(x \ldots n-1)^{B-q}$, celles de $N(x \ldots n-1)^{B-t-q}$, de $N(x \ldots n-1)^{B-t'-q}$, &c. celles de $N(x \ldots n-1)^{B-t-t'-q}$ de $N(x \ldots n-1)^{B-t-t''-q}$, &c. celles de $N(x \ldots n-1)^{B-t-t'-t''-q}$, &c. ſoient toutes des nombres entiers poſitifs; or ſi on ſe rappelle qu'en général $N(x \ldots n-1)^{B-r} = \frac{(B-r+1).(B-r+2)\ldots(B-r+n-1)}{1 \, . \, 2 \, . \, 3 \, \ldots \, n-1}$;
on verra que cette expreſſion ſera un nombre entier poſitif juſqu'à $B - r + n - 1 = 0$, c'eſt-à-dire, juſqu'à $r = B + n - 1$.

Mais la plus grande valeur actuelle de r, eſt $r = t + t' + t'' + t''' +$ &c. $+ q$; on a donc $B = t + t' + t'' + t''' +$ &c. $+ q - n + 1$.

Or la plus petite valeur qu'on puiſſe ſuppoſer à q, eſt $q = 1$; on a donc $B = t + t' + t'' + t''' +$ &c. $- n + 2$; c'eſt la plus petite valeur qu'on puiſſe ſuppoſer à B, pour que B ſoit encore ſuſceptible de diminution.

Donc ſi on ſuppoſe $B = t + t' + t'' + t''' +$ &c. $- n + 1$, B ne ſera plus ſuſceptible d'abaiſſement; & en le ſuppoſant plus grand, on ne feroit qu'introduire des coëfficiens ſuperflus.

(311.) Donc dans les équations complettes $(u \ldots n)^t = 0$, $(u \ldots n)^{t'} = 0$, $(u \ldots n)^{t''} = 0$, &c. Il ſuffit de prendre pour polynomes-multiplicateurs, les polynomes

$$[u, (x \ldots n-1)^{t'+t''+\&c. - n+1} \ldots n]^{D-t},$$

$$[u, (x \ldots n-1)^{t+t''+\&c. - n+1} \ldots n]^{D-t'},$$

$$[u, (x \ldots n-1)^{t+t'+\&c. - n+1} \ldots n]^{D-t''}, \ \&c.$$

(312.) Ainſi dans les équations complettes à deux inconnues, par exemple; les deux polynomes-multiplicateurs les plus ſimples, ſeront généralement

$$(x^{D-t}, y^{t'-1})^{D-t}, \ \& \ (x^{D-t'}, y^{t-1})^{D-t'}.$$

Dans les équations complettes à trois inconnues, les trois polynomes-

polynomes-multiplicateurs les plus ſimples, quant à la dimenſion totale des trois inconnues, & à la dimenſion totale des deux inconnues à éliminer, ſeront

$$[x^{D-t}, (y, z)^{t'+t''-2}]^{D-t}, \quad [x^{D-t'}, (y, z)^{t+t''-2}]^{D-t'};$$

$$[x^{D-t''}, (y, z)^{t+t'-2}]^{D-t''}.$$

(313.) Il ſera preſque toujours poſſible de rejetter encore d'autres termes dans chaque polynome-multiplicateur. Mais pour déterminer ces termes, on ſe conduira comme nous l'expliquerons dans peu.

(314.) Remarquons que ſi toutes les équations propoſées étoient du premier degré, alors les polynomes-multiplicateurs ſeroient tous de la forme $[u^0, (x \ldots n - 1)^0]^0$; c'eſt-à-dire, qu'il ſuffiroit de multiplier chaque équation par un ſeul coëfficient indéterminé. Et il eſt évident qu'en effet cela doit être ainſi.

(315.) Concluons auſſi que ſi les équations propoſées ne ſont pas complettes; mais ſi elles ſont incomplettes de la forme $[u^a, (x \ldots n - 1)^b \ldots n]^t = 0$, b étant la plus haute dimenſion à laquelle les $n - 1$ inconnues qu'il s'agit d'éliminer, peuvent monter enſemble ou ſéparément; concluons, dis-je, que ſi D repréſente le degré de l'équation finale, le polynome-multiplicateur de chacune des équations propoſées ne peut, ſans ſuperfluité, être pris plus compoſé que

$$[u^{D-a}, (x \ldots n - 1)^{b'+b''+b''', \&c. - n + 1} \ldots n]^{T-t},$$

$$[u^{D-a'}, (x \ldots n - 1)^{b+b''+b''', \&c. - n + 1} \ldots n]^{T-t'},$$

$$[u^{D-a''}, (x \ldots n - 1)^{b+b'+b''', \&c. - n + 1} \ldots n]^{T-t''},$$

$$[u^{D-a'''}, (x \ldots n - 1)^{b+b'+b'', \&c. - n + 1} \ldots n]^{T-t'''}, \&c.$$

reſpectivement.

Quant à la valeur de T, on la déterminera, en obſervant qu'elle doit ſatisfaire aux inégalités ſuivantes

$$D - a + b' + b'' + b''' + \&c. - n + 1 > T - t,$$

$$D - a' + b + b'' + b''' + \&c. - n + 1 > T - t',$$

$$D - a'' + b + b' + b''' + \&c. - n + 1 > T - t'',$$

$$D - a''' + b + b' + b'' + \&c. - n + 1 > T - t''';$$

& ainſi de ſuite.

C'est-à-dire, qu'on prendra T égal à la plus petite des quantités

$$D + t - a + b' + b'' + b''' + \&c. - n + 1,$$
$$D + t' - a' + b + b'' + b''' + \&c. - n + 1,$$
$$D + t'' - a'' + b + b' + b''' + \&c. - n + 1,$$
$$D + t''' - a''' + b + b' + b'' + \&c. - n + 1, \&c.$$

En le prenant plus grand, on auroit un polynome qui ne seroit qu'en apparence du degré T; & en le prenant plus petit, il arriveroit quelquefois qu'il n'auroit pas une assez grande généralité, & que les polynomes-multiplicateurs ne satisferoient, par conséquent, pas à la question.

(316.) Dans les autres polynomes incomplets, on pourra toujours aussi réduire considérablement le nombre des coëfficiens; & on pourroit même leur appliquer généralement ce que nous venons de dire.

Mais pour ne pas être exposé à tomber dans l'erreur sur le véritable nombre de coëfficiens utiles à l'élimination que les polynomes-multiplicateurs, ainsi réduits, sembleroient offrir, il faudra se guider d'après ce que nous dirons dans peu, à l'occasion des équations de la forme $[x, (y, z)^1]^2 = 0$.

En effet, après avoir ainsi tronqué la forme générale que l'on devroit naturellement donner aux polynomes-multiplicateurs, d'après ce que nous avons dit (231 *& suiv.*), la nouvelle forme qu'ils prennent, n'est souvent plus propre à faire juger du plus grand nombre de termes qu'il soit possible de faire disparoître dans chacun, & par conséquent du nombre de coëfficiens ou du nombre d'équations arbitraires, ni dans la totalité de l'équation-somme, ni dans chacune de ses dimensions. On pourroit être exposé à avoir plus de coëfficiens qu'on n'en a besoin. A la vérité, par la connoissance du degré de l'équation finale, on verroit bien combien on en a de trop, & par conséquent combien on peut former d'équations arbitraires, au total; mais il faut savoir de plus combien on en peut former pour chaque dimension de l'équation-somme; car si on en formoit plus, pour une dimension quelconque, qu'il n'est permis d'après ce que nous avons dit jusqu'ici, on arriveroit à une équation finale qui seroit ou identique, ou fausse. Mais la remarque à laquelle nous renvoyons, permettra de faire usage des simplifications dont nous parlons, en donnant les moyens de reconnoître combien il reste de coëfficiens arbitraires dans l'équation-somme résultante des polynomes-multiplicateurs, ainsi réduits, & à quelles dimensions ils appartiennent.

Continuation des Applications, &c.

(317.) Proposons-nous de déterminer généralement les polynomes-multiplicateurs les plus simples, des équations incomplettes du premier ordre, à deux inconnues, représentées par $(x^a, y^{\underset{,}{a}})^t = 0$, & $(x^{a'}, y^{\underset{,}{a}'})^{t'} = 0$.

Selon ce qui a été dit (233), la forme la plus générale du polynome-multiplicateur de la première, est $(x^{A+a'}, y^{\underset{,}{A}+\underset{,}{a}'})^{T+t'}$; & celle du polynome-multiplicateur de la seconde, est $(x^{A+a}, y^{\underset{,}{A}+\underset{,}{a}})^{T+t}$.

Soit D le degré de l'équation finale, que nous savons (62) avoir pour valeur

$$tt' - (t-a).(t'-a') - (t-\underset{,}{a}).(t'-\underset{,}{a}');$$

on aura donc $A + a + a' = D$, & par conséquent $A = D - a - a'$; c'est la plus petite valeur qu'on puisse supposer à A.

A l'égard de $\underset{,}{A}$; puisque $\underset{,}{a}$ est la plus haute dimension à laquelle y monte dans la première équation; & $\underset{,}{a}'$ la plus haute dimension de y dans la seconde; il suffira conformément à ce qui a été observé (315), de supposer $\underset{,}{A} + \underset{,}{a}' = \underset{,}{a}' - 1$, ou $\underset{,}{A} + \underset{,}{a} = \underset{,}{a} - 1$; c'est-à-dire, $\underset{,}{A} = -1$.

Les deux polynomes-multiplicateurs deviendront donc $(x^{D-a}, y^{\underset{,}{a}'-1})^{T+t'}$ & $(x^{D-a'}, y^{\underset{,}{a}-1})^{T+t}$. Il reste donc à déterminer T. Or suivant ce qui a été dit (315), il faut prendre T égal à la plus petite des deux valeurs, comprises dans les deux inégalités suivantes

$$D - a + \underset{,}{a}' - 1 > T + t',$$

$$D - a' + \underset{,}{a} - 1 > T + t,$$

ou $T < D - a - t' + \underset{,}{a}' - 1$ & $T < D - a' - t + \underset{,}{a} - 1$;

On prendra donc

$$T = D - a - t' + a_{\prime} - 1\text{, ou } T = D - a' - t + a_{\prime} - 1$$

ſelon que

$$D - a - t' + a_{\prime} - 1 \left\{\begin{matrix} < \\ \text{ou} > \end{matrix}\right\} D - a' - t + a_{\prime} - 1\text{;}$$

c'eſt-à-dire, ſelon que

$$a_{\prime} + a' - t' \left\{\begin{matrix} < \\ \text{ou} > \end{matrix}\right\} a_{\prime} + a - t\text{;}$$

& l'on aura les polynomes-multiplicateurs auſſi ſimples qu'il eſt poſſible de les avoir généralement.

(318.) Si l'on ſe rappelle l'exemple que nous avons donné (281), on verra qu'en y appliquant ce que nous venons de dire, on auroit $T = -1$; en ſorte que chaque polynome-multiplicateur convenable à cet exemple, ſeroit $(x^1, y^0)^1$, c'eſt-à-dire, $A_{\prime} x + B$. C'eſt en effet le plus ſimple auquel nous ſoyons parvenus (281).

(319.) Si on ſuppoſe que les deux équations propoſées ſoient de la forme $(x^2, y^2)^3 = 0$; on aura $(x^5, y)^6$ pour la forme des deux polynomes-multiplicateurs : & $(x^7, y^3)^9 = 0$ ſera la forme de l'équation-ſomme. Mais la dimenſion ſupérieure de cette équation ayant deux termes à anéantir, & chaque polynome ne fourniſſant pour cela qu'un coëfficient, chacun de ces deux coëfficiens ſera $= 0$; en ſorte que la forme de chaque polynome-multiplicateur peut être réduite à $(x^5, y)^5$. Mais cette réduction, comme on le voit, eſt particulière & dépendante de l'examen de l'équation-ſomme : on ne ſeroit point aſſez autoriſé à la faire antérieurement à cet examen, ainſi qu'on va le voir par l'exemple ſuivant.

Suppoſons que les deux équations propoſées ſoient de la forme $(x^3, y^3)^6 = 0$. Le degré de l'équation finale ſera 18, & la forme des polynomes-multiplicateurs, conformément à ce qui a été dit (315), ſera $(x^{15}, y^2)^{17}$; & c'eſt la forme la plus ſimple qu'il ſoit poſſible d'employer. L'équation-ſomme n'aura qu'un terme dans ſa dimenſion ſupérieure à laquelle chaque polynome-multiplicateur fournira un coëfficient; il n'arrivera donc pas, comme dans le cas précédent, que chaque coëfficient ſoit néceſſairement $= 0$. Si on prenoit la forme $(x^{15}, y^2)^{16}$, on trouveroit moins de coëfficiens indéterminés qu'il n'eſt néceſſaire pour l'élimination.

On voit donc que quoiqu'il ſoit quelquefois poſſible de diminuer la dimenſion totale des polynomes-multiplicateurs, au-delà de ce qui a été dit, on ne peut ſe le permettre arbitrairement. C'eſt une réduction accidentelle, & dont on ne peut juger que par l'examen de l'équation-ſomme.

(320.) Prenons, pour nouvel exemple, de ce que nous avons dit juſqu'ici, trois équations de cette forme

$$\begin{array}{lll} ax^2 & + bxy & + cxz = 0 \\ + dx & + ey & + fz \\ + g & & \end{array}$$

& propoſons-nous d'avoir l'équation en x.

La forme générale de chacun des polynomes-multiplicateurs, eſt $[x, (y, z)^{T+2}]^{T+4}$ (231 *& ſuiv.*). Mais en vertu de ce que nous avons dit (311), on doit prendre la forme beaucoup plus ſimple $[x, (y, z)^0]^{T+4}$ ou $(x)^{T+4}$. Et comme l'équation finale (131) ne doit être que du quatrième degré, on aura $(x)^2$ pour la forme la plus ſimple de chaque polynome-multiplicateur.

Concevons donc qu'on multiplie chaque équation par un polynome de la forme $Ax^2 + Bx + C$, & qu'on ajoute les trois produits; l'équation-ſomme ſera de la forme

$$\begin{array}{lll} Aax^4 & + Abx^3y & + Acx^3z = 0, \\[1ex] + Adx^3 & + Aex^2y & + Afx^2z \\ + Ba & + Bb & + Bc \\[1ex] + Agx^2 & + Bexy & + Bfxz \\ + Bd & + Cb & + Cc \\ + Ca & & \\[1ex] + Bgx & + Cey & + Cfz \\ + Cd & & \\[1ex] + Cg & & \end{array}$$

Ici il n'y a aucun coëfficient inutile; parce que, quoiqu'on puiſſe bien par exemple dans le polynome $Ax^2 + Bx + C$, faire diſparoître deux termes à l'aide des deux dernières équations, on ne le pourroit néanmoins qu'en en introduiſant de nouveaux, ce qui anéantiroit la forme que nous avons fait voir convenir au polynome-multiplicateur.

Il n'est donc plus question que de calculer la valeur de $AA'A''BB'B''CC'C''$.

Nous aurons donc comme il suit, en parcourant successivement x^3z, x^3y, x^2z, x^2y, xz, xy, z & y.

Première ligne..... $cA'A''$.

Seconde ligne...... $-(bc')A''BB'B''$ [à cause de $(cb') = -(bc')$].

Troisième ligne... $-(bc'f'')BB'B'' + (bc')A''cB'B''$.

Quatrième ligne.. $[-(bc'f'')bB'B'' + (bc'e'')cB'B'' + (bc')A''(bc')B'']CC'C''$.

Cinquième ligne.. $[-(bc'f'').(bf')B'' + (bc'e'').(cf')B'' - (bc'f'').(bc')A'']CC'C''$
$+ [-(bc'f'')bB'B'' + (bc'e'')cB'B'' + (bc')A''(bc')B'']cC'C''$.

Sixième ligne....... $[(bc'f'').(be'f'') - (bc'e'').(ce'f'')]CC'C'' - [-(bc'f'').(bf')B''$
$+ (bc'e'').(cf')B'' - (bc'f'').(bc')A'']bC'C'' + [-(bc'f'').(be')B''$
$+ (bc'e'').(ce')B'' - (bc'e'').(bc')A'']cC'C'' - [-(bc'f'')bB'B''$
$+ (bc'e'')cB'B'' + (bc')A''(bc')B''](bc')C''$.

Septième ligne..... $[(bc'f'').(be'f'') - (bc'e'').(ce'f'')]fC'C'' + [-(bc'f'').(bf')B''$
$+ (bc'e'').cf')B'' - (bc'f'').(bc')A''](bf')C'' - [-(bc'f'').(be')B''$
$+ (bc'e'').(ce')B'' - (bc'e'').(bc')A''].(cf')C''$,

en omettant les termes où resteroient $B'B''$ & $A''B''$ qui disparoîtroient à la fin.

Huitième ligne.... $-[(bc'f'').(be'f'') - (bc'e'').(ce'f'')].(ef')C'' + [-(bc'f'').(bf')B''$
$+ (bc'e'').(cf')B'' - (bc'f'').(bc')A''].(be'f'') - [-(bc'f'').(be')B''$
$+ (bc'e'').(ce')B'' - (bc'e'').(bc')A''].(ce'f'')$;

d'où l'on tire

$$A'' = (b'ce'').(ce'f'').(bc') - (bc'f'').(be'f'').(bc')$$

$$B'' = -(bc'e'').(ce'f'').(ce') + (bc'e'').(be'f'').(cf') - (bc'f'').(be'f'').(bf') + (bc'f'').(ce'f'').(be')$$

$$C'' = [(bc'e'').(ce'f'') - (bc'f'').(be'f'')].(ef').$$

Mais d'après ce qui a été dit (218), on a

$$(bc'e'')f - (bc'f'')e + (be'f'')c - (ce'f'')b = 0,$$

$$\& \quad (bc'e'')f' - (bc'f'')e' + (be'f'')c' - (ce'f'')b' = 0,$$

d'où en multipliant la première de ces deux équations par f', la seconde par f, & retranchant, on tire

$$(be'f'').(cf') = (ce'f'').(bf') + (bc'f'').(ef').$$

Multipliant pareillement la première par e', la seconde par e, & retranchant, on a

$$(ce'f'').(be') = -(bc'e'').(ef') + (be'f'').(ce').$$

Subſtituant dans la valeur de B'', elle ſe change en cette autre

$$B'' = [(bc'e'').(ce'f'') - (bc'f'').(be'f'')]\,[(bf') - (ce')].$$

Donc faiſant, pour abréger, $(bc'e'').(ce'f'') - (bc'f'').(be'f'') = (1)$, on a

$$\left.\begin{array}{l} A'' = (1)\,(bc') \\ B'' = (1)\,[(bf') - (ce')] \\ C'' = (1)\,(ef') \end{array}\right\}\ \text{\& par conſéquent}\ \left\{\begin{array}{l} A' = -(1)\,(bc'') \\ B' = -(1)\,[(bf'') - (ce'')] \\ C'' = -(1)\,(ef'') \end{array}\right\}\ \&\ \left\{\begin{array}{l} A = (1)\,(b'c'') \\ B = (1)\,[(bf'') - (e'e'')] \\ C = (1)\,(e'f''). \end{array}\right.$$

Subſtituant dans les termes reſtans de l'équation-ſomme, on a

$$\begin{array}{llllll} (1) \times [(ab'c'')x^4 & + (bc'd'')x^3 & + (bc'g'')x^2 & + (bf'g'')x & + (ef'g'')] = 0. \\ & + (ab'f'') & + (bf'g'') & - (ce'g') & \\ & - (ac'e'') & - (ce'g'') & + (de'f'') & \\ & & + (ae'f'') & & \end{array}$$

Cette équation, abſtraction faite du facteur (1), eut été très-facile à trouver, en ſubſtituant, tout ſimplement, dans l'une des trois équations propoſées, les valeurs de y & z tirées des deux autres ; mais, ainſi que nous l'avons dit, nous traiterons plus bas des moyens les plus expéditifs pour arriver à l'équation finale, dégagée de ces ſortes de facteurs, autant qu'il eſt poſſible. Ce qui nous importe, & fait ici notre objet, c'eſt le facteur (1).

Or ce facteur eſt, ainſi que nous l'avons déja annoncé pluſieurs fois, le ſymptôme auquel on peut reconnoître le cas où l'équation pourra être abaiſſée au troiſième degré ; c'eſt-à-dire, que cet abaiſſement aura lieu, ſi l'on a

$$(1) \text{ ou } (bc'e'').(ce'f'') - (bc'f'').(be'f'') = 0.$$

C'eſt ce qu'il eſt facile de confirmer, en prenant pour polynomes-multiplicateurs des équations propoſées, des polynomes de cette forme $Bx + C$; alors on arrivera, par le calcul des *ſignes*, à l'équation de condition

$$(bc'e'').(ce'f'') - (bc'f'').(be'f'') = 0.$$

(321.) L'équation en y ou en z, quoiqu'auſſi du quatrième degré, ne ſera pas à beaucoup près auſſi ſimple ; mais comme notre objet n'eſt pas tant ici de faire du calcul, que d'expoſer la méthode pour en faire, nous nous diſpenſerons d'autant plus volontiers d'entrer dans ce détail, que nous donnerons par la fuite, une méthode beaucoup plus courte pour arriver à l'une ou à l'autre de ces deux équations.

Attentions qu'il faut avoir, lorsque, pour les équations incomplettes, on emploie des polynomes-multiplicateurs d'une forme plus simple que la forme générale déterminée (231 & suiv.).

(322.) Nous avons, dans l'exemple précédent, réduit à $[x, (y, z)^0]^{T+4}$ la forme de chaque polynome-multiplicateur, & ensuite à $(x)^2$.

Mais dans la forme générale $[x, (y, z)^{T+2}]^{T+4}$, si en partant de la connoissance antérieure que nous avons, que l'équation finale ne doit être que du quatrième degré, nous avions d'abord réduit cette forme à $[x, (y, z)^{T+2}]^2$, & ensuite à $[x, (y, z)^2]^2$ ou $(x, y, z)^2$, parce que T ne peut plus avoir de valeur plus grande que zéro; alors il est facile de voir que les trois polynomes-multiplicateurs fourniroient trente coëfficiens, sur lesquels il y en auroit trois dont on pourroit disposer arbitrairement; en sorte qu'on auroit en tout vingt-sept coëfficiens pour l'élimination. Or comme l'équation-somme ne renferme que vingt-cinq termes affectés de y & z, il en résulte qu'il y a un coëfficient de plus qu'il n'est nécessaire; d'où l'on pourroit être tenté de croire qu'on pourroit l'employer à abaisser l'équation d'un degré.

Cette persuasion paroîtroit d'autant plus fondée, qu'on ne peut en effet, à l'aide des équations proposées, faire disparoître plus de trois coëfficiens dans les polynomes-multiplicateurs; savoir deux dans le premier, & un dans le second. En multipliant la seconde & la troisième équations par A & A' respectivement, & les ajoutant au premier polynome-multiplicateur, il est visible qu'on ne peut y disposer que de deux termes. Pareillement en multipliant la troisième équation par A'', & ajoutant au second polynome-multiplicateur, on ne peut, dans celui-ci, disposer que d'un seul terme.

En vain même, pour en faire disparoître un plus grand nombre

nombre dans le premier, tenteroit-on de lui ajouter les produits de chacune des deux dernières équations par des polynomes plus élevés, avec la condition d'anéantir à l'aide des coëfficiens indéterminés, les nouveaux termes qu'on introduiroit : on ne trouveroit jamais la possibilité de lui ôter plus de deux termes.

Il paroîtroit donc que l'on a en effet vingt-sept coëfficiens utiles à l'élimination, & que par conséquent l'équation finale pourroit être abaissée au troisième degré.

Pour résoudre cette difficulté, il faut observer qu'on ne peut s'arrêter à la forme $(x, y, z)^2$, qu'après s'être assuré de deux choses; la première, c'est que chacun des coëfficiens des dimensions supérieures de chacun des polynomes-multiplicateurs de formes plus élevées, est zéro : la seconde que l'anéantissement de chacun de ces coëfficiens, ne suppose pas tacitement celui de quelqu'un des termes du polynome restant $(x, y, z)^2$.

Prenons donc un polynome plus élevé, par exemple, le polynome $[x, (y, z)^2]^3$, pour premier polynome-multiplicateur.

On peut, à l'aide des deux dernières équations, faire disparoître huit termes dans ce polynome, savoir six dans la dimension 3, & deux dans la totalité des suivantes. Mais si on en anéantissoit six dans la dimension 3, on contrediroit la supposition que le polynome est du troisième degré; il faut concevoir qu'on en anéantit seulement cinq dans la dimension 3, & les trois autres dans la totalité des dimensions inférieures; c'est-à-dire, dans le polynome $(x, y, z)^2$.

Dans le second polynome où l'on ne peut, à l'aide de la dernière équation, faire disparoître que trois termes dans la dimension 3, & un dans la totalité des autres dimensions, il restera trois termes dans la dimension supérieure.

Et comme il n'y a point d'équation pour faire disparoître aucun terme dans le troisième polynome-multiplicateur, on aura donc en tout, dans les dimensions supérieures des trois polynomes-multiplicateurs, dix coëfficiens; c'est-à-dire, précisément autant qu'il y aura de termes à faire disparoître dans la dimension 5 de l'équation produit; donc chacun de ces coëfficiens sera égal à zéro.

Mais en conservant un terme dans la dimension 3 du premier

polynome-multiplicateur, nous venons de voir qu'on devenoit le maître de diſpoſer d'un terme de plus dans ſes dimenſions inférieures qui compoſent le polynome $(x, y, z)^2$; donc en effet, ainſi que nous l'avons fait preſſentir ci-deſſus, l'anéantiſſement des dimenſions ſupérieures des polynomes-multiplicateurs, ſuppoſe tacitement celui d'un des termes d'une des dimenſions inférieures de l'un de ces polynomes. Donc, dans l'objet dont il s'agit, en prenant pour polynomes-multiplicateurs des polynomes de la forme $(x, y, z)^2$, quoiqu'il ſemble d'abord qu'on ait vingt-ſept coëfficiens utiles à l'élimination, il n'y en a véritablement que vingt-ſix; & en employant le vingt-ſeptieme à l'anéantiſſement du terme x^4, on n'arriveroit qu'à une équation identique, ou à une équation fauſſe: *voyez* (230).

(323.) On peut obſerver ici la confirmation & la preuve de ce que nous avons dit (236); ſavoir que ſi l'on ne peut dans chaque dimenſion d'un polynome ou d'une équation diſpoſer arbitrairement de plus de coëfficiens que nous ne l'avons dit alors, on peut en même temps diſpoſer arbitrairement d'un moindre nombre, & porter les autres conditions arbitraires, ſur des coëfficiens des dimenſions inférieures.

En effet, s'il étoit néceſſaire de faire diſparoître dans la première dimenſion, par exemple, du premier polynome-multiplicateur, autant de termes que les autres équations donnent lieu de le faire, non-ſeulement la choſe ſeroit ſouvent impoſſible; mais encore il arriveroit ſouvent qu'il ne reſteroit plus aſſez des coëfficiens indéterminés pour anéantir les termes de l'équation-produit.

Suppoſons, par exemple, qu'on prît $[x, (y, z)^3]^4$ pour la forme des polynomes-multiplicateurs dans l'exemple dont il vient d'être queſtion; il faudroit donc faire diſparoître dans la plus haute dimenſion du premier polynome-multiplicateur, onze termes; mais il n'en a que dix.

Si on les faiſoit diſparoître tous, il ne reſteroit plus de la part des dimenſions ſupérieures des deux autres polynomes-multiplicateurs, que ſix coëfficiens, puiſqu'on en pourroit auſſi faire diſparoître ſix dans le ſecond. Or l'équation-produit auroit dix termes à anéantir.

(324.) Cette remarque nous conduit à une obſervation importante ſur l'uſage des polynomes-multiplicateurs d'une forme plus ſimple que la forme générale expoſée (224); ſur leur uſage dans les équations incomplettes.

Les polynomes-multiplicateurs de ces ſortes d'équations, peuvent ſans doute, comme ceux des équations complettes, être pris beaucoup plus ſimples que ceux que préſente immédiatement la forme générale. Mais on s'expoſeroit à tomber ſouvent dans des difficultés pareilles à celle dont nous venons de parler à l'occaſion de l'exemple précédent, ſi on adoptoit la forme plus ſimple ſur la conſidération ſeule du degré de l'équation finale. On s'expoſeroit à trouver ou trop de coëfficiens, comme dans ce même exemple; ou trop peu, comme nous en avons vu un exemple (319). Or dans le premier cas on peut être induit en erreur ſur l'emploi des coëfficiens ſurnuméraires; & dans le ſecond cas, on manque ſon but.

(325.) Voici donc la marche qu'il convient d'obſerver, pour employer avec ſûreté les polynomes plus ſimples qui peuvent ſe préſenter.

On commencera par déterminer, ſelon ce qui a été dit (224), la forme la plus générale que ces polynomes puiſſent avoir. On déterminera enſuite, par la connoiſſance du degré de l'équation finale, le plus haut expoſant de l'inconnue dont il s'agit d'avoir l'équation; on déterminera, dis-je, le plus haut expoſant qu'elle doit avoir dans chaque polynome-multiplicateur.

Quant aux plus hauts expoſans des autres inconnues & de leurs combinaiſons deux à deux, &c. ils ſont beaucoup plus arbitraires; mais ils ſont aſſujettis aux conditions (83 *& ailleurs*) de l'exiſtence des polynomes-multiplicateurs, & de tous leurs dérivés qui concourent à l'expreſſion du nombre des coëfficiens arbitraires, ainſi qu'à celles de la forme dans laquelle tous ces polynomes doivent être pris (120 *& ſuiv.*). On prendra donc pour chacun de ces expoſans indéterminés, la plus petite valeur qui puiſſe ſatisfaire à ces conditions.

Cela poſé, commençant par la plus haute dimenſion de l'équation-ſomme, il peut arriver deux cas; elle peut être plus grande que D, D étant le degré de l'équation finale; & elle peut être ſeulement $= D$.

Dans le second cas, il n'y a rien à attendre pour la diminution de la dimension totale d'aucun des polynomes-multiplicateurs.

Dans le premier cas, au contraire, il arrivera très-souvent que les polynomes-multiplicateurs pourront être pris d'une dimension moins élevée : & voici à quoi on le reconnoîtra.

On déterminera d'une part le nombre des termes de la plus haute dimension de l'équation-somme ; ce qui sera facile en faisant varier de — 1, l'expression générale du nombre des termes de cette équation.

On déterminera, de même, le nombre de coëfficiens utiles à l'élimination qui peuvent être fournis par la plus haute dimension de chacun des polynomes-multiplicateurs. Alors si la somme des nombres de ces coëfficiens utiles, est plus grande que le nombre des termes de la plus haute dimension de l'équation-somme, il ne pourra y avoir lieu à aucun abaissement de la dimension totale d'aucun des polynomes-multiplicateurs ; mais si la somme des nombres de coëfficiens utiles de chaque plus haute dimension des polynomes-multiplicateurs, est plus petite que le nombre des termes de la plus haute dimension de l'équation-somme, ou lui est seulement égale ; alors on peut abaisser d'une unité la dimension totale de chacun des polynomes-multiplicateurs.

S'il y a égalité, il n'y aura pas autre chose à observer, pour passer à l'examen de la dimension suivante, lequel se fera absolument de la même manière.

Mais si la somme des nombres des coëfficiens utiles de la plus haute dimension de chaque polynome-multiplicateur, est plus petite que le nombre des termes de la plus haute dimension de l'équation-somme : c'est une preuve de la surabondance des coëfficiens que nous appellons inutiles à l'élimination ; & comme, ainsi que nous l'avons dit (236 & 323), il n'y a pas d'obligation à les employer tous dans cette dimension, on doit feindre que sur le nombre des coëfficiens inutiles à l'élimination, dans cette dimension, on en emploie, comme utiles, un nombre égal à celui qui peut completter le nombre des termes de la plus haute dimension de l'équation-somme.

Par exemple, si N est le nombre des termes de la plus haute dimension de l'équation-somme, N' la somme des nombres des coëfficiens utiles de chaque plus haute dimenſion des polynomes-multiplicateurs ; & N'' la ſomme des nombres des coëfficiens inutiles de chaque plus haute dimenſion de ces mêmes polynomes. Si, comme nous le ſuppoſons, $N' < N$; au lieu de ſe regarder comme ayant un nombre N'' de coëfficiens inutiles dans la plus haute dimenſion de l'équation-ſomme, on ſuppoſera qu'on n'en a qu'un nombre $= N'' - (N - N') = N'' + N' - N$, & que les $N - N'$ autres ſont utiles à l'élimination : & comme alors on ſe trouvera avoir autant de coëfficiens que de termes à faire diſparoître ; chaque coëfficient étant alors $= 0$ (213), il en réſulte que la plus haute dimenſion de chaque polynome-multiplicateur peut être diminuée d'une unité.

Mais comme, ſur N'' équations arbitraires, on ne ſera cenſé en avoir encore formé qu'un nombre $= N'' + N' - N$, il reſtera en faveur des dimenſions inférieures de l'équation-ſomme un nombre $N - N'$ d'équations arbitraires à former.

On procédera donc à l'examen de la dimenſion ſuivante de l'équation-ſomme, en raiſonnnant de la même manière, & tenant compte des équations arbitraires qui reſtent ſur la première.

Et ſi d'après cet examen la plus haute dimenſion de chaque polynome-multiplicateur peut encore être abaiſſée d'une unité, on obſervera de tenir compte en même temps du nombre total d'équations arbitraires que les deux dimenſions ſupérieures de l'équation-ſomme auront laiſſées à former.

On continuera cet examen juſqu'à ce que la totalité du nombre des coëfficiens utiles de la plus haute dimenſion actuelle de chaque polynome-multiplicateur devienne plus grande que le nombre des termes de la plus haute dimenſion actuelle de l'équation-ſomme ; à moins que dans le cours de cet examen, cette plus haute dimenſion de l'équation-ſomme, ne devînt égale au degré de l'équation finale. Alors, dans l'un & dans l'autre cas, on ſera arrivé aux polynomes les moins élevés qu'il ſoit poſſible de prendre pour polynomes-multiplicateurs. Je dis aux polynomes les moins élevés, & non pas aux polynomes les plus ſimples ; car ils pourront encore être ſuſceptibles de perdre pluſieurs de leurs termes, ainſi que nous allons le voir.

(326.) On pourra donc, pour procéder à l'élimination, ſe borner à employer des polynomes de la dimenſion qu'on aura ainsi déterminée; mais en même temps, pour ne pas être induit en erreur, par la nouvelle forme qu'ils auront, sur le véritable nombre de coëfficiens inutiles qui leur restera, ou sur le véritable nombre d'équations arbitraires qu'on pourra former, il faudra avoir soin de tenir compte du nombre de ces équations arbitraires fournies par les dimensions omises, & qui n'ont point encore été employées.

(327.) Après avoir ainsi déterminé la dimension totale la plus simple qu'on puisse donner aux polynomes-multiplicateurs; pour connoître les autres termes qu'on peut leur faire perdre encore, il faudra faire relativement à la dimension totale des $n-1$ inconnues qu'on a à éliminer, le même examen que nous venons de faire relativement à la dimension totale des n inconnues; & lorsque par cet examen on aura pareillement déterminé la valeur de la plus basse dimension totale qu'on puisse donner à ces $n-1$ inconnues, on procédera à un pareil examen relativement à la dimension totale des $n-2$ inconnues qui montent à la plus haute des dimensions formées par les combinaisons de ces inconnues $n-2$ à $n-2$; puis à un semblable examen sur la dimension totale des $n-3$ de ces mêmes $n-1$ inconnues, qui montent à la plus haute des dimensions formées par les combinaisons de ces inconnues $n-3$ à $n-3$. Par-là on déterminera, avant toute opération pour l'élimination, les polynomes les plus simples qu'il soit possible d'employer; & tenant compte, à mesure, des équations arbitraires qui sont censées n'avoir pas été employées, on n'aura plus à craindre d'être trompé par la forme nouvelle des polynomes-multiplicateurs, sur le véritable nombre d'équations arbitraires qu'il sera encore possible de former. Eclaircissons cela par quelques exemples.

Continuation des Applications, &c.

(328.) Proposons-nous de déterminer la forme la plus simple des polynomes-multiplicateurs propres à l'élimination dans trois équations de cette forme

$$\begin{aligned} & axy + bxz + cyz = 0 \\ + & dx + ey + fz \\ + & g \end{aligned}$$

c'est-à-dire, dans trois équations de la forme $(x^1, y^1, z^1)^2 = 0$.

Cette forme est celle dont (130) nous avons enseigné à déterminer le degré de l'équation finale ; & ce degré est $8 - 1 - 1 - 1 = 5$.

Conformément à qui a été dit (224), je prends d'abord $(x^{A+2}, y^{A_{\prime}+2}, z^{A_{\prime\prime}+2})^{T+4}$ pour la forme de chaque polynome-multiplicateur.

$(x^{A+1}, y^{A_{\prime}+1}, z^{A_{\prime\prime}+1})^{T+2}$, & $(x^{A}, y^{A_{\prime}}, z^{A_{\prime\prime}})^{T}$ feront celles des polynomes qui, par le nombre de leurs termes, concourent à l'expression du nombre des coëfficiens arbitraires.

Or tous ces polynomes devant être de même forme & (105) de la forme des équations proposées, on doit avoir

$$A + A_{\prime} > T,\ A + A_{\prime\prime} > T,\ A_{\prime} + A_{\prime\prime} > T;$$
$$A + 1 + A_{\prime} + 1 > T + 2,\ A + 1 + A_{\prime\prime} + 1 > T + 2,\ A_{\prime} + 1 + A_{\prime\prime} + 1 > T + 2;$$

& ainsi de suite; c'est-à-dire, que toutes ces inégalités doivent avoir lieu, ou que, tout au plus, doivent-elles être des égalités.

Maintenant, puisque le degré de l'équation finale est 5, je vois que je ne puis supposer $A < 2$; je suppose donc $A = 2$; d'où je vois que T ne peut pas être supposé < 2 ; je suppose donc $T = 2$.

A l'égard de $A_{\prime}$ & $A_{\prime\prime}$, comme on doit avoir $A_{\prime} + A_{\prime\prime} > T$, ou tout au plus $= T = 2$, je vois que je ne puis supposer à $A_{\prime}$ & $A_{\prime\prime}$ une valeur plus petite, pour chacun, que 1 ; je fais donc $A_{\prime} = 1$, & $A_{\prime\prime} = 1$.

Ainsi la forme générale la plus simple, sans considérer ce que les coëfficiens arbitraires peuvent permettre d'y simplifier, est $(x^4, y^3, z^3)^6$ pour chaque polynome-multiplicateur.

Présentement, pour connoître si cette forme peut être simplifiée tant pour la dimension totale 6 du polynome, que pour la dimension totale 6 des deux inconnues y & z, & pour leur dimension particulières 3 & 3, je procède conformément à ce qui a été dit (325 & *suiv.*), comme il suit.

La forme de l'équation-somme étant $(x^5, y^4, z^4)^8 = 0$, la dimension 8 aura dix-neuf termes. Mais le nombre des coëfficiens utiles de la dimension 6 des trois polynomes-multiplicateurs est dix-neuf ; on a donc autant de coëfficiens utiles qu'il y a de termes à faire disparoître ; chacun de ces coëfficiens sera donc $= 0$.

La forme des polynomes-multiplicateurs peut donc être réduite à $(x^4, y^3, z^3)^5$.

En examinant de même la dimension 7 de l'équation-somme, on trouvera qu'elle a vingt-un termes ; & la dimension 5 des trois polynomes-multiplicateurs donne vingt-un coëfficiens utiles ; donc chacun de ces coëfficiens sera $= 0$; donc la forme de chaque polynome-multiplicateur peut être réduite à $(x^4, y^3, z^3)^4$.

Si on examine de même la dimension 6 de l'équation-somme, on trouvera vingt-un termes ; & la dimension 4 des trois polynomes-multiplicateurs donne vingt-deux coëfficiens ; donc chacun n'est pas nécessairement $= 0$; donc l'excédent peut être utile pour l'anéantissement des termes des dimensions inférieures ; donc la dimension 4 ne peut être abaissée. La forme la plus simple, quant à la dimension totale, est donc $(x^4, y^3, z^3)^4$.

Il faut donc actuellement examiner la forme $(x^4, y^3, z^3)^4$ des polynomes-multiplicateurs, relativement à la plus haute dimension 4, à laquelle puissent s'élever les deux inconnues y & z qui sont à éliminer.

La forme de l'équation-somme étant à présent $(x^5, y^4, z^4)^6$ ne peut donner que trois termes en y & z purs, qui soient de la dimension 6. Mais les trois polynomes-multiplicateurs n'ont qu'un seul coëfficient utile, parmi ceux des termes en y & z purs qui sont de la dimension 4, & les 8 autres sont arbitraires. On peut donc (325) dans chacun des polynomes-multiplicateurs, supprimer les termes où y & z montent ensemble à la dimension 4, en concevant que sur les huit équations arbitraires qu'on pourroit former, on n'en forme que six ; alors il restera à tenir compte des deux autres équations arbitraires, dans l'équation-somme, ce que l'on fera de la manière suivante.

La forme des polynomes-multiplicateurs est donc $[x^4, (y^3, z^3)^3]^4$; & celle de l'équation-somme, est par conséquent $[x^5, (y^4, z^4)^5]^6$.

Le nombre des termes où, dans celle-ci, y & z monteront ensemble

ensemble à la dimension 5, est huit; & le nombre des coëfficiens utiles des termes des polynomes-multiplicateurs où y & z montent à la dimension 3, est douze; mais comme il y a deux équations arbitraires qui n'ont pas été employées, on peut diminuer de 2 ce nombre de coëfficiens utiles, qui par-là se réduit à dix; & comme il est plus grand que le nombre des termes 8 qu'on a à faire disparoître, il faut en conclure (325), qu'on ne peut abaisser davantage la dimension totale de y & z, à moins que ce ne soit par l'abaissement dont la dimension particulière de chacun pourroit être susceptible, ce qui reste à examiner.

On peut donc prendre $[x^4, (y^3, z^3)^3]^4$ pour la forme de chaque polynome-multiplicateur, en se souvenant qu'on peut y disposer arbitrairement de deux coëfficiens de plus qu'il ne se présenteroit naturellement.

La forme de l'équation-somme étant à présent $[x^5, (y^4, z^4]^5)^6$, il y aura cinq termes en z^4; & pour les faire disparoître, les polynomes-multiplicateurs fourniront six coëfficiens utiles; mais comme il nous reste deux équations arbitraires qui n'ont point été employées, ne comptons donc que sur quatre coëfficiens utiles; alors (325) nous conclurons, comme ci-dessus, qu'on peut exclure les termes z^3 dans chacun des polynomes-multiplicateurs; & nous aurons encore à tenir compte d'une équation arbitraire.

Or il est clair qu'en raisonnant de même pour y^4, nous verrons qu'y comprise l'équation arbitraire qui nous reste, nous aurons autant de coëfficiens utiles que de termes en y^4 à faire disparoître; donc on peut réduire la forme des polynomes-multiplicateurs à $[x^4 (y^2, z^2)^3]^4$.

Dans cet état de la forme des polynomes-multiplicateurs, on peut encore abaisser la dimension totale de y & z.

En effet, dans l'équation-somme qui sera de la forme $[x^5, (y^3, z^3)^5]^6$, il n'y aura que quatre termes où y & z puissent monter ensemble à la dimension 5; mais le nombre des coëfficiens utiles des termes qui peuvent donner ceux-là, se trouvera être zéro, avec douze coëfficiens inutiles; donc si on conçoit (325) que des douze équations arbitraires on n'en forme que huit, on pourra réduire la forme $[x^4, (y^2, z^2)^3]^4$ à la forme $[x^4, (y^2, z^2)^2]^4$, en conservant la mémoire qu'il y aura dans les trois polynomes-multiplicateurs, quatre coëfficiens arbitraires au-delà de ce que leur forme nouvelle présente naturellement.

Et si l'on examine, comme nous venons de le faire ci-dessus, s'il est possible d'abaisser la dimension particulière de z, on verra que l'équation-somme qui sera de la forme $[x^5, (y^3, z^3)^4]^6$, aura sept termes en z^3 : que les polynomes-multiplicateurs donneront, pour ceux-ci, neuf coëfficiens utiles; mais comme il reste quatre coëfficiens ou quatre équations arbitraires, on ne doit compter que cinq coëfficiens utiles; donc on peut supprimer z^2, & dans la forme $[x^4, (y^2, z^1)^2]^4$ qui en résultera, il y aura encore deux coëfficiens arbitraires au-delà de ce qu'elle présente naturellement.

Et comme dans un semblable examen pour y^2, on aura sept termes en y^3 dans l'équation-somme, avec neuf coëfficiens utiles de la part des polynomes-multiplicateurs, sur lesquels il faut en déduire deux pour les deux équations arbitraires qui restent à employer; on voit donc aussi qu'on peut supprimer y^2; & que par conséquent les polynomes-multiplicateurs peuvent être réduits à la forme $[x^4, (y^1, z^1)^2]^4$.

On peut encore arriver à une forme plus simple : en effet, l'équation-somme, d'après la forme que nous venons de déterminer, sera $[x^5, (y^2, z^2)^4]^6 = 0$, laquelle aura trois termes seulement où y & z monteront ensemble à la dimension 4. Mais les termes des polynomes-multiplicateurs qui les auront fournis, n'auront aucun coëfficient utile à l'élimination; & ces coëfficiens qui seront au nombre de neuf, seront tous arbitraires; donc si on conçoit qu'on en détermine seulement six par des équations arbitraires, & qu'on en emploie trois à l'anéantissement des trois termes dont il s'agit, chacun de ces coëfficiens sera $= 0$, & la forme des polynomes-multiplicateurs pourra être réduite à $[x^4, (y^1, z^1)^1]^4$, avec trois coëfficiens arbitraires, ou trois équations arbitraires dans l'équation-somme.

Enfin pour la forme la plus simple qu'il soit possible d'employer, on aura $[x^4, y^1, z^0]^4$ ou simplement $(x^4, y^1)^4$.

Car en prenant la forme $[x^4, (y^1, z^1)^1]^4$, l'équation-somme qui seroit de la forme $[x^5, (y^2, z^2)^3]^6 = 0$, aura neuf termes en z^2. Or pour ces neuf termes, les trois polynomes-multiplicateurs fourniſſent douze coëfficiens utiles; mais comme, ainſi que nous venons de le dire, il reſte trois coëfficiens arbitraires; ſi on détermine trois de ces douze coëfficiens par trois équations arbitraires, on n'aura que neuf coëfficiens pour faire diſparoître les neuf termes en z^2; donc chacun de ces douze coëfficiens peut être ſuppoſé $= 0$; donc on peut encore ſupprimer les termes en z dans chacun des trois polynomes-multiplicateurs; donc leur forme peut être réduite à $(x^4, y^1)^4$, & c'eſt la plus ſimple; car les termes en y^2 dans l'équation-ſomme, étant auſſi au nombre de neuf, pour leſquels les polynomes-multiplicateurs fourniront douze coëfficiens utiles, on n'a plus la liberté de ſuppoſer aucun coëfficient $= 0$.

(329.) Nous avons vu ci-deſſus (320) que pour trois équations de cette forme $[x, (y, z)^1]^2 = 0$, le polynome-multiplicateur de la forme la plus ſimple, étoit $(x)^1$. Mais (322) nous avons vu qu'on pourroit prendre auſſi, pour polynome-multiplicateur, un polynome de la forme $(x, y, z)^2$, en obſervant toutes fois qu'on auroit alors la liberté de former, dans l'équation-ſomme, une équation arbitraire par de-là le nombre 3 de celles que la forme $(x, y, z)^2$ donne naturellement.

Puſqu'il reſte un coëfficient arbitraire, il y a lieu de préſumer que cette forme eſt encore réductible; & cela eſt en effet.

Car l'équation-ſomme, qui ſera de la forme $[x, (y, z)^3]^4$, aura huit termes où y & z monteront à la dimenſion 3, ſoit enſemble, ſoit ſéparément. Or les termes des trois polynomes-multiplicateurs, qui fourniſſent ces huit termes, donneront neuf coëfficiens utiles, leſquels à cauſe de l'équation arbitraire dont nous venons de parler, peuvent être réduits à huit; donc n'ayant qu'autant de coëfficiens qu'il y a de termes à faire diſparoître, chacun de ces coëfficiens ſera $= 0$; donc on peut réduire la forme $(x, y, z)^2$ à la forme $[x, (y, z)^1]^2$; & comme nous avons vu (315) que celle-ci pouvoit être réduite à $(x)^2$, voilà donc les différentes formes de polynomes-multiplicateurs qui ſembloient ſe préſenter, ramenées à une ſeule.

(330.) Nous avons (307) réduit à $[x, (y, z)^2]^6$ la forme des polynomes-multiplicateurs des trois équations de la forme

$(x, y, z)^2 = 0$. Cette forme $[x, (y, z)^2]^6$ peut encore, ainsi que nous l'avons dit, être réduite.

En effet, l'équation-somme, qui sera de la forme $[x, (y, z)^4]^8$ aura cinq termes en z^4 ; mais les termes des trois polynomes-multiplicateurs, qui donneront ces termes en z^4, ne fourniront aucun coëfficient utile, mais seulement quinze coëfficiens arbitraires ; donc si on conçoit qu'on n'en détermine arbitrairement que dix, & qu'on emploie les cinq autres à la destruction des termes en z^4, chacun de ces quinze coëfficiens sera $= 0$; & par conséquent la forme $[x, (y, z)^2]^6$ pourra être réduite à $[x, (y^2, z^1)^2]^6$ avec cinq coëfficiens arbitraires sur la totalité des trois polynomes-multiplicateurs.

Mais il ne faut pas perdre de vue que ces cinq coëfficiens arbitraires qui restent, & qui donneront cinq équations arbitraires à former dans l'équation-somme, ne sont pas cependant tellement arbitraires qu'on puisse prendre ces cinq équations par-tout où l'on voudra dans l'équation-somme. En se rappellant ce que nous avons dit (234), on verra qu'on ne peut former qu'une seule équation arbitraire dans la plus haute dimension de l'équation-somme ; une seule dans la dimension suivante, si l'on en a déja formé une dans la dimension supérieure ; ou deux seulement, si l'on n'en a pas formé dans cette dimension supérieure : une seule dans la troisième dimension en descendant, si l'on en a formé dans chacune des deux supérieures, ou trois si l'on n'y en a pas formé, & ainsi de suite.

Si dans la vue de simplifier tout d'un coup le calcul, on prenoit la forme $[x, (y^2, z^1)^2]^6$ pour celle des polynomes-multiplicateurs des équations de la forme $(x, y, z)^2 = 0$, sans avoir fait l'examen que nous venons de faire ; on trouveroit donc cinq coëfficiens de plus que l'on n'en a besoin. D'après l'observation que nous avons faite (322), on ne pourroit plus être tenté d'en employer aucun à la destruction des termes les plus élevés de l'équation finale ; & l'on sauroit bien qu'il faut les déterminer par toute autre équation arbitraire ; mais on voit que cet arbitraire n'est pas illimité ; & si l'on alloit former dans une des dimensions supérieures de l'équation-somme, plus d'équations arbitraires que nous ne venons de le dire, quoiqu'en moindre nombre qu'on n'a de coëfficiens arbitraires, on manqueroit l'équation finale, & l'on n'arriveroit qu'à une équation identique, ou à une équation fausse.

(331.) On peut juger par ces observations, si la Théorie que nous donnons actuellement, importoit à la perfection & à sûreté de l'Analyse algébrique; & ce qu'on doit penser des solutions où employant la méthode des coëfficiens indéterminés, on se contenteroit de faire voir qu'on a plus de coëfficiens qu'on n'en a besoin pour la solution dont il s'agit.

(332.) Après avoir donné les exemples que nous avons présentés jusqu'ici, tant sur la manière de calculer la valeur des coëfficiens des polynomes-multiplicateurs, que sur celle de les réduire au plus petit nombre possible, il ne reste plus qu'à donner un exemple de la manière de déterminer ces mêmes polynomes-multiplicateurs, dans le cas où l'expression générale du nombre de leurs termes est susceptible de plusieurs formes différentes, ainsi que nous avons vu (120 & *suiv.*).

(333.) Prenons donc pour exemple les trois équations suivantes

$$\begin{array}{l} \quad fyz \qquad\qquad = 0, \\ + hx + ky + lz \\ + m \end{array}$$

$$\begin{array}{l} \quad e'xz \qquad\qquad = 0, \\ + h'x + k'y + l'z \\ + m' \end{array}$$

$$\begin{array}{l} + h''x + k''y + l''z = 0, \\ + m'' \end{array}$$

Ces équations rapportées à la forme exposée (82), sont des formes suivantes

$$[(x^1,y^1)^1,(x^1,z^1)^1,(y^1,z^1)^2]^2 = 0;$$

$$[(x^1,y^1)^1,(x^1,z^1)^2,(y^1,z^1)^1]^2 = 0;$$

$$[(x^1,y^1)^1,(x^1,z^1)^1,(y^1,z^1)^1]^1 = 0.$$

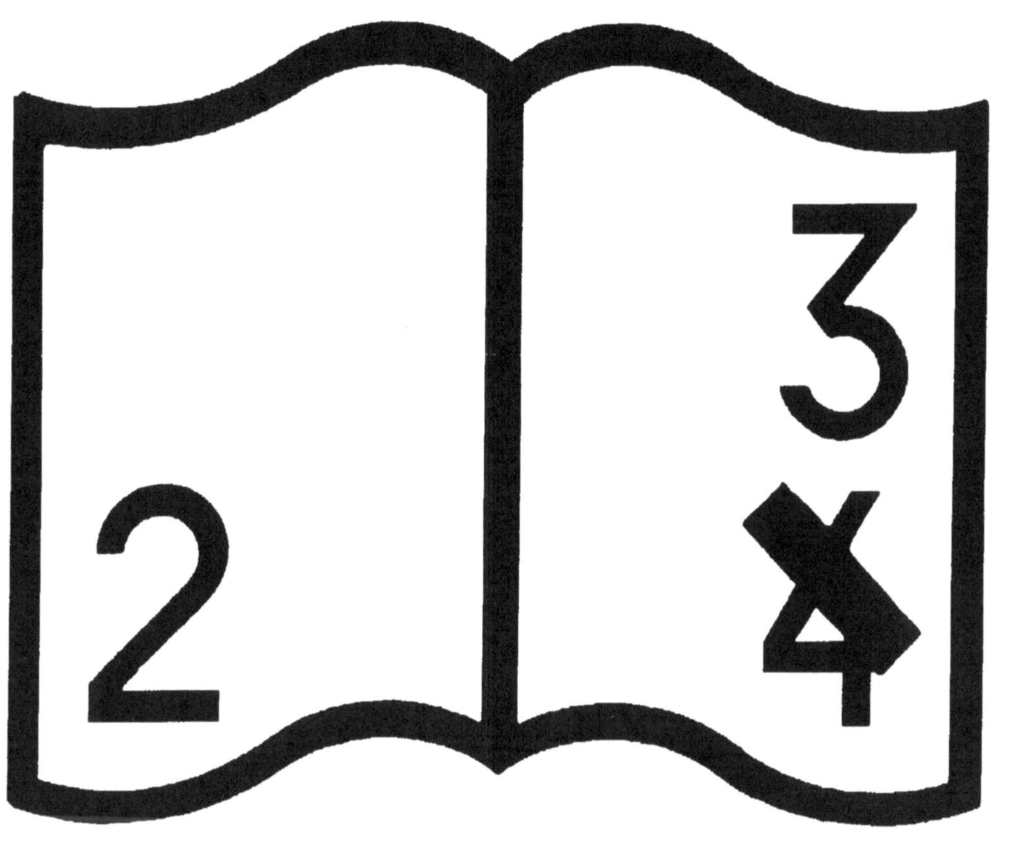

Pagination incorrecte — date incorrecte

NF Z 43-120-12

D'après ce qui a été dit (224 & 233), on aura

$$[(x^{A+3}, y^{A+3}_{\prime})^{B+3}, (x^{A+3}, z^{A+3}_{\prime\prime})^{B+4}_{\prime}, (y^{A+3}_{\prime}, z^{A+3}_{\prime\prime})^{B+4}_{\prime\prime}]^{T+5} = 0$$

pour la forme de l'équation-somme.

Celle du polynome-multiplicateur de la première équation sera

$$[(x^{A+2}, y^{A+2}_{\prime})^{B+2}, (x^{A+2}, z^{A+2}_{\prime\prime})^{B+3}_{\prime}, (y^{A+2}_{\prime}, z^{A+2}_{\prime\prime})^{B+2}_{\prime\prime}]^{T+3}.$$

Celle du Polynome-multiplicateur de la seconde sera

$$[(x^{A+2}, y^{A+2}_{\prime})^{B+2}, (x^{A+2}, z^{A+2}_{\prime\prime})^{B+2}_{\prime}, (y^{A+2}_{\prime}, z^{A+2}_{\prime\prime})^{B+3}_{\prime\prime}]^{T+3}.$$

Celle du polynome-multiplicateur de la troisième sera

$$[(x^{A+2}, y^{A+2}_{\prime})^{B+2}, (x^{A+2}, z^{A+2}_{\prime\prime})^{B+3}_{\prime}, (y^{A+2}_{\prime}, z^{A+2}_{\prime\prime})^{B+3}_{\prime\prime}]^{T+4}.$$

Celles des trois polynomes dont les nombres des termes entrent dans l'expression du nombre des termes qu'on peut faire disparoître dans le premier des trois polynomes-multiplicateurs, à l'aide de la seconde & de la troisième équations, seront comme il suit

$$[(x^{A+1}, y^{A+1}_{\prime})^{B+1}, (x^{A+1}, z^{A+1}_{\prime\prime})^{B+1}_{\prime}, (y^{A+1}_{\prime}, z^{A+1}_{\prime\prime})^{B+1}_{\prime\prime}]^{T+1},$$

$$[(x^{A+1}, y^{A+1}_{\prime})^{B+1}, (x^{A+1}, z^{A+1}_{\prime\prime})^{B+2}_{\prime}, (y^{A+1}_{\prime}, z^{A+1}_{\prime\prime})^{B+1}_{\prime\prime}]^{T+2},$$

$$\& \quad [(x^{A}, y^{A}_{\prime})^{B}, (x^{A}, z^{A}_{\prime\prime})^{B}_{\prime}, (y^{A}_{\prime}, z^{A}_{\prime\prime})^{B}_{\prime\prime}]^{T}.$$

Enfin celle du polynome dont le nombre des termes exprime celui des termes qu'on peut faire disparoître dans le second polynome-multiplicateur, à l'aide de la troisième équation, sera

$$[(x^{A+1}, y^{A+1}_{\prime})^{B+1}, (x^{A+1}, z^{A+1}_{\prime\prime})^{B+1}_{\prime}, (y^{A+1}_{\prime}, z^{A+1}_{\prime\prime})^{B+2}_{\prime\prime}]^{T+2}.$$

Cela posé, les trois équations proposées qui sont généralement comprises dans les formes exposées (120 & *suiv.*), tombent particulièrement dans le cas examiné (129); & l'on voit par-là 1°. Que le degré de l'équation finale est 3 : 2°. Que les polynomes que nous venons de présenter, & qui (105) doivent tous appartenir à une même quelconque des formes exposées (120 & *suiv.*), peuvent appartenir indifféremment à toutes. Prenons-les donc dans la première forme (120), comme s'ils ne pouvoient appartenir qu'à cette forme.

Les conditions qui déterminent cette forme (en faisant attention que ce que nous y appellons C, est ici T) sont

$$T-B<B_{\prime}-A\,;\; T-B<B_{\prime\prime}-A_{\prime}\,;\; T-B_{\prime}<B_{\prime\prime}-A_{\prime\prime}.$$

Puisque l'équation-produit, & tous les autres polynomes ci-dessus doivent tomber dans cette même forme, on aura donc comme il suit

$$T+5-B-3<B+4-A-B-3\,;\; T+5-B-3<B_{\prime\prime}+4-A_{\prime}-3\,;\; T+5-B_{\prime}-4<B_{\prime\prime}+4-A_{\prime\prime}-3\,;$$

c'est-à-dire,

$$T-B+1<B_{\prime}-A\,;\; T-B+1<B_{\prime\prime}-A_{\prime}\,;\; T-B_{\prime}<B_{\prime\prime}-A_{\prime\prime}.$$

Pareillement

$$T-B+1<B_{\prime}-A+1\,;\; T-B+1<B_{\prime\prime}-A_{\prime}\,;\; T-B_{\prime}<B_{\prime\prime}-A_{\prime\prime}$$
$$T-B+1<B_{\prime}-A\,;\; T-B+1<B_{\prime\prime}-A_{\prime}+1\,;\; T-B_{\prime}+1<B_{\prime\prime}-A_{\prime\prime}+1$$
$$T-B+2<B_{\prime}-A+1\,;\; T-B+2<B_{\prime\prime}-A_{\prime}+1\,;\; T-B_{\prime}+1<B_{\prime\prime}-A_{\prime\prime}+1$$
$$T-B<B_{\prime}-A\,;\; T-B<B_{\prime\prime}-A_{\prime}\,;\; T-B_{\prime}<B_{\prime\prime}-A_{\prime\prime}$$
$$T-B+1<B_{\prime}-A+1\,;\; T-B+1<B_{\prime\prime}-A_{\prime}\,;\; T-B_{\prime}<B_{\prime\prime}-A_{\prime\prime}$$
$$T-B<B_{\prime}-A\,;\; T-B<B_{\prime\prime}-A_{\prime}\,;\; T-B_{\prime}<B_{\prime\prime}-A_{\prime\prime}$$
$$T-B+1<B_{\prime}-A\,;\; T-B+1<B_{\prime\prime}-A_{\prime}+1\,;\; T-B_{\prime}<B_{\prime\prime}-A_{\prime\prime}.$$

Toutes ces inégalités qui, comme il est aisé de le voir, se réduiront toujours à trois, pour les équations à trois inconnues, se réduisent ici aux trois suivantes

$$T-B<B_{\prime}-A-1\,;\; T-B<B_{\prime\prime}-A_{\prime}-1\,;\; T-B_{\prime}<B_{\prime\prime}-A_{\prime\prime}.$$

Donc pourvu que les quantités $T, B, B_{\prime}, B_{\prime\prime}, A, A_{\prime}, A_{\prime\prime}$ satisfassent à ces trois inégalités, l'équation-produit, & les sept autres polynomes appartiendront tous à une même forme, ainsi qu'il est nécessaire.

On peut donc prendre arbitrairement pour ces quantités, tels nombres que l'on voudra, pourvu 1.° qu'ils satisfassent à ces conditions; 2.° Qu'ils satisfassent aussi aux conditions générales de l'existence des polynomes mentionnées (83); 3.° Enfin que $A + 3$ ne soit pas plus petit que 3 (si c'est l'équation en x qu'on veut avoir, puisque l'équation finale doit être du troisième degré.

Or pour que les conditions générales de l'existence de tous ces polynomes soient satisfaites, il suffit qu'elles le soient sur le polynome

$$[(x^{A}, y^{A_{\prime}})^{B}, (x^{A}, z^{A_{\prime\prime}})^{B_{\prime}}, (y^{A_{\prime}}, z^{A_{\prime\prime}})^{B_{\prime\prime}}]^{T}.$$

Cela posé, comme les inégalités ci-dessus comprennent aussi le cas d'égalité, je suppose tout de suite

$$T - B = B_{\prime} - A - 1;\ T - B = B_{\prime\prime} - A_{\prime} - 1;\ T - B_{\prime} = B_{\prime\prime} - A_{\prime\prime};$$

& j'en tire

$$T = 2B + A_{\prime\prime} - A_{\prime} - A - 2;\ B_{\prime} = B + A_{\prime\prime} - A - 1;\ B_{\prime\prime} = B + A_{\prime\prime} - A - 1;$$

Je suppose arbitrairement $A = A_{\prime} = A_{\prime\prime}$, & j'ai

$$T = 2B - A - 2,\ B_{\prime} = B - 1,\ B_{\prime\prime} = B - 1.$$

Et comme la plus petite valeur de A qui puisse actuellement satisfaire à l'existence du polynome dont il vient d'être question, est $A = 2$; je suppose donc $A = A_{\prime} = A_{\prime\prime} = 2$; alors la plus petite valeur que je puisse donner à B sans manquer aux conditions de l'existence du polynome, est $B = 4$, j'ai donc

$$T = 4,\ B = 4,\ B_{\prime} = 3,\ B_{\prime\prime} = 3,\ A = 2,\ A_{\prime} = 2,\ A_{\prime\prime} = 2,$$

& le polynome-générateur devient

$$[(x^{2}, y^{2})^{4}, (x^{2}, z^{2})^{3}, (y^{2}, z^{2})^{3}]^{4}.$$

Cela posé, l'équation-produit, & les sept polynomes ci-dessus, prendront donc les formes suivantes

$$[(x^{5}, y^{5})^{7}, (x^{5}, z^{5})^{7}, (y^{5}, z^{5})^{7}]^{9} = 0,$$

$$[(x^{4}, y^{4})^{6}, (x^{4}, z^{4})^{6}, (y^{4}, z^{4})^{5}]^{7}$$

$$[(x^{4}, y^{4})^{6},$$

$$[(x^4, y^4)^6, (x^4, z^4)^5, (y^4, z^4)^6]^7$$
$$[(x^4, y^4)^6, (x^4, z^4)^6, (y^4, z^4)^6]^8$$
$$[(x^3, y^3)^5, (x^3, z^3)^4, (y^3, z^3)^4]^5$$
$$[(x^3, y^3)^5, (x^3, z^3)^5, (y^3, z^3)^4]^6$$
$$[(x^2, y^2)^4, (x^2, z^2)^3, (y^2, z^2)^3]^4$$
$$[(x^3, y^3)^5, (x^3, z^3)^4, (y^3, z^3)^5]^6.$$

D'après lesquelles & ce qui a été dit (325 *& suiv.*), il est aisé à présent de déterminer avec sûreté les formes plus simples que peuvent avoir les trois polynomes-multiplicateurs.

On trouvera, par exemple, que la plus haute dimension de l'équation-somme, aura dix termes à faire disparoître ; & que la totalité des coëfficiens utiles de la plus haute dimension de chaque polynome-multiplicateur, ne sera que de dix, sur vingt-quatre coëfficiens au total ; donc quisqu'on n'a qu'autant de coëfficiens utiles qu'il y a de termes à faire disparoître ; si on suppose d'ailleurs = o chacun des quatorze coëfficiens arbitraires, chacun des dix coëfficiens utiles sera aussi = o. Donc la dimension totale de chaque polynome-multiplicateur, peut être diminuée d'une unité. Mais si on examine de même la dimension suivante de l'équation-somme, on trouvera qu'elle a dix-huit termes pour la destruction desquels on aura dix-neuf coëfficiens utiles ; donc la dimension totale ne peut plus être abaissée, à moins que ce ne soit d'après l'abaissement de la dimension totale de y & z, ou d'après l'abaissement particulier de chacun. On fera pareil examen relativement à la dimension totale de y & z, puis enfin relativement à y, & relativement à z, ainsi qu'on l'a vu ci-devant.

(334.) On voit par-là que quand les équations proposées ne tombent pas toutes dans une même forme, celle des polynomes-multiplicateurs se présente d'une manière plus composée : en effet dans l'exemple donné (328) où l'équation finale doit être du cinquième degré, tandis que, dans celui-ci, elle ne doit être que du troisième, nous sommes arrivés bien plus promptement &

bien plus facilement à la forme générale, & à la forme la plus réduite des polynomes-multiplicateurs, parce que les équations proposées étoient toutes de même forme : & cependant les équations dont il s'agit à présent, ne sont que des cas particuliers de celles dont il s'agissoit alors.

Quoique les polynomes-multiplicateurs se présentent, dans le cas actuel, d'une manière bien plus composée que dans l'autre, il n'en est pas moins vrai qu'ils sont susceptibles d'être réduits à une forme plus simple que ceux du cas précédent. Mais pour arriver à cette forme plus simple, il faut nécessairement partir d'une forme qui ne peut être déterminée avec sûreté qu'en suivant le procédé dont nous venons de donner un exemple. Ce n'est qu'en partant de cette forme générale qu'on sera assûré, à chaque pas, du vrai nombre de coëfficiens arbitraires qui entreront successivement dans toutes les formes de plus en plus simples par lesquelles on arrivera enfin à la plus simple de toutes.

En partant subitement d'une forme plus simple ; par exemple, d'une forme plus simple que celle que nous avons déterminée (328); il semble qu'on ne pourroit courir aucun risque de s'égarer, puisque les équations actuelles n'étant que des cas particuliers de celles dont il s'agissoit alors, les polynomes doivent en effet être plus simples, ou du moins tout au plus aussi composés.

Mais il faut bien remarquer qu'en partant de cette forme, on ne seroit plus assûré que la forme des polynomes qui expriment le nombre des coëfficiens arbitraires, fut celle qui exprime leur plus grand nombre ; & alors n'ayant rien pour guider, on pourroit arriver ou à une équation finale fausse, ou à une équation identique.

(335.) On voit donc que si pour arriver à l'équation finale, on veut opérer sur les équations telles qu'elles sont proposées, il n'y a aucune sûreté à le faire autrement que nous ne le prescrivons. Il faut absolument connoître le degré de l'équation finale, & la forme générale des polynomes-multiplicateurs de chaque équation, ainsi que des polynomes qui, par le nombre de leurs termes, expriment celui des équations arbitraires que l'on pourra former.

(336.) Au reste, on peut, si on le veut, se dispenser de

passer par ces formes plus composées, en calculant l'équation finale résultante de pareil nombre d'équations de même forme, & d'une forme à comprendre les équations proposées. Par exemple, dans le cas présent, on pourroit calculer l'équation finale résultante de trois équations de cette forme

$$(x^1, y^1)^2, (x^1, z^1)^2, (y^1, z^1)^2 = 0,$$
$$(x^1, y^1)^2, (x^1, z^1)^2, (y^1, z^1)^2 = 0,$$
$$[(x^1, y^1)^1, (x^1, z^1)^1, (y^1, z^1)^1]^1 = 0.$$

Celle-ci comprendroit sûrement l'équation finale cherchée, comme un cas particulier, & la donneroit par la comparaison des coëfficiens de ces dernières équations, avec les coëfficiens des équations proposées. Mais il arriveroit presque toujours que cette équation finale seroit d'un degré plus élevé qu'elle ne doit être. A la vérité, nous savons, d'après ce qui a été dit (*294 & suiv.*), à quels caractères on reconnoîtra si l'abaissement peut avoir lieu, & quels moyens il faut employer pour y parvenir; en sorte qu'à la rigueur, on peut par ce moyen arriver à l'équation finale la plus basse pour les trois équations dont il s'agit.

Mais si l'on y fait bien attention, on verra que ce seroit s'abuser que d'avoir recours à ce moyen, comme plus simple.

En effet, on ne parviendroit à l'équation finale la plus basse, qu'après avoir exécuté tout au long le calcul de l'élimination, & cela sur des équations plus composées que les équations proposées : travail dont on doit à présent sentir toute la longueur, & qu'on ne doit se déterminer à entreprendre que lorsqu'on s'est assûré qu'on n'aura à calculer que des quantités indispensables pour le résultat.

Au lieu que l'examen de la véritable forme des polynomes-multiplicateurs, de la forme la plus simple à employer pour les équations proposées, telles qu'elles sont, n'exige qu'une énumération méthodique, & par un procédé certain, du nombre des termes de l'équation-somme, des polynomes-multiplicateurs, & des polynomes qui, par le nombre de leurs termes, expriment celui des termes qu'on peut faire disparoître. Enumération qui donne l'exclusion à plusieurs termes de ces polynomes, sans qu'on ait besoin de procéder au calcul de l'équation-somme.

(337.) On voit donc par-là, que la recherche du degré de l'équation finale, n'est rien moins qu'une recherche de pure spéculation dans la Théorie des équations. Indépendamment de l'utilité qu'elle peut avoir dans tous les cas où il est moins question de la valeur des racines, que de leur nombre, & ces cas ne sont pas rares (*Voyez, par exemple*, 48), on voit ici que la forme qu'on doit donner aux polynomes-multiplicateurs pour arriver avec sûreté à l'équation finale, dépend absolument de la connoissance antérieure du degré de l'équation finale. Tant qu'on n'aura pas cette connoissance, on aura des coëfficiens arbitraires à la vérité, mais qui ne seront pas tellement arbitraires qu'on ne puisse se tromper dans les déterminations qu'on en feroit.

Des Equations où le nombre des inconnues est moindre d'une unité, que le nombre de ces équations. Procédé le plus expéditif pour arriver à l'équation finale résultante d'un nombre quelconque d'équations à pareil nombre d'inconnues.

(338.) LORSQUE le nombre des équations surpasse celui des inconnues, d'une unité, alors l'équation finale est une équation de condition entre les coëfficiens des équations proposées. Mais cette équation de condition peut être plus ou moins simple, selon le procédé qu'on emploiera pour y arriver. Celui que nous allons donner, & qui est une suite de ce que nous avons dit jusqu'ici, nous paroît le plus simple. Il est, en même temps, la méthode la plus expéditive pour arriver à l'équation finale résultante d'un nombre quelconque d'équations à pareil nombre d'inconnues.

En effet, lorsque le nombre des inconnues est le même que celui des équations, on peut toujours en représentant par une seule lettre la totalité des termes en x (si c'est par rapport à x qu'on veut avoir l'équation finale) qui affectent une même puissance ou un même produit des autres inconnues ; on peut toujours, dis-je, donner à la question la forme d'une question où le nombre des inconnues est moindre d'une unité que le nombre des équations.

Par exemple, si l'on a l'équation

$$ax^2 + bxy + cy^2 + dx + ey + f = 0.$$

En faisant $c = A$, $bx + e = B$, $ax^2 + dx + f = C$, on peut mettre l'équation sous cette forme

$$Ay^2 + By + C = 0,$$

c'est-à-dire sous la forme d'un équation à une seule inconnue.

Si l'on a l'équation à trois inconnues

$$\begin{array}{llllll} ax^2 + bxy + cxz + dy^2 + eyz + fz^2 = 0; \\ \quad + gx \quad + hy \quad + kz \\ \quad + l \end{array}$$

En faisant $d = A$, $e = B$, $f = C$, $bx + h = D$, $cx + k = E$, $ax^2 + gx + l = F$, on peut mettre cette équation sous la forme suivante

$$\begin{array}{lll} Ay^2 + Byz + Cz^2 = 0, \\ \quad + Dy \quad + Ez \\ \quad + F \end{array}$$

c'est-à-dire, sous la forme d'une équation à deux inconnues.

En prenant ce parti, on abrège considérablement les calculs que notre première méthode exige, parce qu'on a un bien moindre nombre de coëfficiens à calculer. Mais avant que de présenter cela tout-à-fait à l'avantage de cette seconde méthode, il est utile de débuter par la comparaison de l'une & de l'autre.

(339.) En laissant aux équations tout leur développement naturel, on est toujours sûr par la première méthode de ne jamais excéder le degré auquel l'équation finale doit monter, même lorsque des relations particulières entre les coëfficiens, peuvent donner lieu à l'abaissement de l'équation générale. On n'obtient cet avantage, à la vérité, que par le calcul d'un très-grand nombre de coëfficiens. Mais lorsque, par les procédés que nous avons fait connoître, on a réduit ces coëfficiens au plus petit nombre possible, on est assûré de trouver dans le résultat, non-ſeulement l'équation finale qui a lieu, abſtraction faite de toute relation particulière entre les coëfficiens, mais encore tous les ſymptomes qui peuvent indiquer la poſſibilité de l'abaiſſement de cette équation, ce qu'aucune méthode n'a donné juſqu'à préſent. En un mot, on trouve dans le réſultat tout ce qu'il y a à connoître ſur les équations propoſées, & l'on évite, ainſi que nous l'avons vu (282), de donner à l'équation finale des racines qui ne peuvent appartenir à la queſtion, inconvénient auquel on eſt expoſé dans la méthode ordinaire pour les équations à deux inconnues, & qui ſeroit encore plus grand dans l'application de cette méthode à un plus grand nombre d'inconnues, quand même on auroit des moyens d'éviter que cette application n'ajoutât au degré général de l'équation finale. En un mot, notre première méthode envisagée analytiquement, eſt, ce me ſemble, auſſi parfaite qu'il eſt poſſible.

Mais du côté de la pratique; c'eſt-à-dire, à conſidérer la commodité & la célérité des calculs, la ſeconde préſente de très-grands avantages. N'employant qu'un nombre de coëfficiens beaucoup moins conſidérable, ſes réſultats ſeront plus ſimples, ainſi que les moyens pour les obtenir. En ſuppoſant que les équations propoſées n'aient entre leurs coëfficiens aucune relation qui donne lieu à l'abaiſſement de l'équation finale, elle donnera cette équation finale de la manière la plus expéditive qu'il paroît poſſible de l'obtenir.

Nous diſons de la manière la plus expéditive qu'il paroît poſſible de l'obtenir, & non pas toujours l'équation la plus ſimple qu'il ſoit poſſible. En effet, quoique les réſultats de cette ſeconde méthode comparés à ceux que l'on tenteroit d'obtenir par la méthode d'élimination ſucceſſive, ſoient immenſément moins compoſés, & dégagés des facteurs exceſſivement compliqués & étrangers à la queſtion, auxquels cette dernière conduit ſans pouvoir d'ailleurs les faire reconnoître; elle ne ſera pas néanmoins généralement exempte de donner à l'équation finale un ou pluſieurs facteurs. Ces facteurs, à la vérité, ne ſeront pas étrangers à la queſtion; mais ils n'indiqueront preſque toujours que des ſolutions de la nature de celles que nous avons fait connoître (279 & 287); en ſorte que ne procurant ſur la queſtion que des lumières ſouvent faciles à prévoir, il ſeroit à déſirer ſans doute qu'ils ne ſe mêlaſſent pas à la question générale. Mais quoiqu'on puisse éviter ces facteurs dans plusieurs cas, & qu'en particulier on le puisse toujours lorsqu'il n'y a que deux équations, il paroît fort douteux qu'on puisse avoir une méthode générale pour arriver à l'équation finale d'un nombre quelconque d'équations, sans avoir de ces facteurs parasites ; dès qu'il est question de méthodes générales, la nature de l'Analyse appelle indifféremment les solutions générales, & les solutions particulières ; & voilà la cause qui peut faire douter que dans cette seconde méthode, on parvienne à éviter généralement les facteurs dont il s'agit.

Mais si d'un côté il ne paroît pas possible d'éviter généralement ces facteurs, du moins arrivera-t-il fort souvent qu'ils se manifesteront avant la fin du calcul, comme nous en avons déja eu des exemples, & comme nous en aurons encore. Alors on pourra les extraire, & simplifier par-là le reste du calcul. Dans le petit nombre de cas où le facteur n'arrivera qu'avec l'équation finale, il pourra être plus difficile de le distinguer ; nous en donnerons cependant les moyens.

Voilà, ce me semble, tout ce qu'on peut désirer sur cette seconde méthode d'élimination : ou qu'elle évite les facteurs qu'il n'est point important de calculer ; ou si elle ne peut les éviter, qu'elle les fasse connoître, en sorte qu'on puisse les extraire de l'équation finale.

Des Polynomes-multiplicateurs propres à l'élimination dans cette seconde méthode.

(340.) Ce que nous avons dit de la forme générale des polynomes-multiplicateurs dans les équations, lorsque leur nombre est égal à celui des inconnues, s'applique également dans le cas où le nombre des inconnues est moindre d'une unité que le nombre des équations.

Cette forme doit toujours être telle que l'expression du degré de l'équation finale soit une différencielle exacte d'un ordre égal au nombre des équations: Or dans le cas où l'on a une équation de plus qu'il n'y a d'inconnues, le résultat de l'élimination devant être une équation de condition, c'est-à-dire, ne renfermer aucune des inconnues, le degré de l'équation finale doit être zéro.

C'eſt auſſi ce qui aura toujours lieu, en prenant la forme des polynomes-multiplicateurs telle que nous le diſons. Car ſi l'on a, par exemple, trois inconnues & quatre équations repréſentées par

$$(u \dots 3)^{t} = 0,$$
$$(u \dots 3)^{t'} = 0,$$
$$(u \dots 3)^{t''} = 0,$$
$$(u \dots 3)^{t'''} = 0.$$

Leurs polynomes-multiplicateurs reſpectifs ſeront

$$(u \dots 3)^{T+t'+t''+t'''},$$
$$(u \dots 3)^{T+t+t''+t'''},$$
$$(u \dots 3)^{T+t+t'+t'''},$$
$$(u \dots 3)^{T+t+t'+t''}.$$

Le nombre des coëfficiens utiles du premier ſera

$$d^3 N(u \dots 3)^{T+t'+t''+t'''} \dots \binom{T+t'+t''+t'''}{t',\, t'',\, t'''}.$$

Le nombre des coëfficiens utiles du ſecond ſera

$$d^2 N(u \dots 3)^{T+t+t''+t'''} \dots \binom{T+t+t''+t'''}{t'',\, t'''}.$$

Le nombre des coëfficiens utiles du troiſième ſera

$$d\, N(u \dots 3)^{T+t+t'+t'''} \dots \binom{T+t+t'+t'''}{t'''}.$$

Et enfin le nombre des coëfficiens utiles du quatrième ſera

$$N(u \dots 3)^{T+t+t'+t''}.$$

Puis donc que le nombre des termes à faire diſparoître, eſt le nombre total des termes de l'équation-ſomme, moins un, il faut que

$$N(u \dots 3)^{T+t+t'+t''+t'''} = d^3 N(u \dots 3)^{T+t'+t''+t'''} \dots \binom{T+t'+t''+t'''}{t',\, t'',\, t'''}$$
$$+ d^2 N(u \dots 3)^{T+t+t''+t'''} \dots \binom{T+t+t''+t'''}{t'',\, t'''}$$
$$+ dN(u \dots 3)^{T+t+t'+t'''} \dots \binom{T+t+t'+t'''}{t'''} + N(u \dots 3)^{T+t+t'+t''}.$$

Or cette équation, ainſi que nous en avons déja eu des exemples

exemples (309) peut être ramenée à celle-ci

$$d^4 N(u \ldots 3)^{T+t+t'+t''+t'''} \ldots \binom{T+t+t'+t''+t'''}{t,\ t',\ t'',\ t'''} = 0,$$

équation qui a évidemment lieu, puiſque $N(u \ldots 3)^{T+t+t'+t''+t'''}$ n'eſt qu'une fonction de trois dimenſions (12 & 39).

(341.) Quant aux équations incomplettes, la forme générale que nous avons enſeigné à déterminer, lorſque le nombre des inconnues eſt égal à celui des équations, conviendra encore également, lorſque le nombre des inconnues ſera moindre d'une unité que le nombre des équations : mais il faut ajouter quelques obſervations.

(342.) Si l'on ſe rappelle ce que nous avons dit (84 & *ſuiv.*), on pourroit penſer que la forme des polynomes-multiplicateurs n'étant pas unique, on auroit beſoin auſſi pour le cas actuel, de vérifications ſemblables à celles qui ont été preſcrites (120 & *ſuiv.*) pour s'aſſurer entre toutes les différentes formes, quelle eſt celle, ou quelles ſont celles, qu'on peut admettre ou qu'on doit rejetter. Il faut donc faire voir que dans le cas préſent, toutes les différentes formes expoſées (120 & *ſuiv.*), & toutes celles qui pourront avoir lieu dans toutes les autres équations, ſeront toutes admiſſibles. Il n'y aura d'autres conditions à ſatisfaire, ſi non que tous les polynomes-multiplicateurs des équations propoſées, l'équation-ſomme, & tous les polynomes qui, par le nombre de leurs termes, expriment celui des termes qu'on peut faire diſparoître dans chaque polynome-multiplicateur, appartiennent tous à une même forme, peu importe d'ailleurs laquelle.

(343.) En effet, ſi pour plus de ſimplicité, nous ne conſidérons, comme nous l'avons fait (*Livre premier*) qu'un ſeul polynome-multiplicateur; l'expreſſion du nombre des termes reſtans après en avoir fait diſparoître tous ceux qu'il eſt poſſible d'en faire diſparoître, à l'aide de toutes les équations, autres que celle dont nous conſidérons actuellement le polynome-multiplicateur, ſera une différentielle exacte de l'ordre n, $n+1$ étant le nombre total des équations.

Par la même raiſon, l'expreſſion du nombre des termes reſtans, en admettant les termes d'introduction fictive (110), ſera auſſi une différentielle exacte de l'ordre n; donc la différence entre le nombre des termes restans sans introduction fictive, & le nombre des termes restans en vertu de l'introduction fictive, sera une différentielle exacte de l'ordre $n + 1$. Mais comme le nombre des inconnues est n, la dimension totale des variables qui entrent dans l'expression de ce nombre de termes, ne peut aussi être que n; donc cette dernière différentielle sera $= 0$; donc l'introduction fictive ne fera pas disparoître plus de termes qu'on n'en feroit disparoître sans elle; & comme ce raisonnement est applicable à chacune des formes dont peut être susceptible l'expression du nombre des termes, on peut prendre le polynome-multiplicateur dans telle de ces formes que l'on voudra.

Donc la forme des polynomes-multiplicateurs n'est assujétie par aucune des conditions mentionnées (120 *& suiv.*).

(344.) Il n'y a donc d'autres conditions à observer que de prendre tous les polynomes-multiplicateurs dans une même quelconque des formes mentionnées (120 *& suiv.*), & d'assujétir à cette même forme, l'équation-somme, & tous les polynomes qui, par le nombre de leurs termes, expriment celui des termes qu'on peut faire disparoître dans chacun des polynomes-multiplicateurs.

Procédé de la Méthode.

(345.) NON-SEULEMENT on imitera pour déterminer la forme générale des polynomes-multiplicateurs, ce qui a été fait (224) pour le cas où le nombre des équations étoit égal à celui des inconnues; mais on se conformera encore au procédé que nous avons prescrit (306 *& suiv.*) dans le même cas, pour réduire ces polynomes-multiplicateurs à la forme la plus simple, c'est-à-dire, au plus petit nombre de termes possible.

Et dans le cas où l'expression du nombre des termes de la forme qu'on aura adoptée, sera elle-même susceptible de plusieurs formes différentes, on prendra arbitrairement l'une quelconque de ces formes, & on y assujétira tous les différens polynomes dont on fera usage, soit comme polynomes-multiplicateurs, soit comme concourans à l'expression du nombre des termes qu'on peut faire disparoître dans ces polynomes-multiplicateurs.

Les polynomes-multiplicateurs étant ainsi choisis, & réduits enſuite à la forme la plus ſimple, on ſuivra pour le calcul de l'équation finale, le même procédé que dans le premier cas, à l'exception ſeulement qu'on ne ſe propoſera pas de déterminer les valeurs particulières de ces coëfficiens indéterminés, valeurs dont on n'a nullement beſoin, & dont nous avons même vu qu'à parler exactement, on n'avoit pas beſoin non plus dans la première méthode. On fera ſucceſſivement le calcul des différentes *lignes*, en parcourant ſucceſſivement tous les différens termes de l'équation-ſomme, dans tel ordre qu'on le jugera à propos : la dernière ligne égalée à zéro, ſera l'équation de condition, ou l'équation finale cherchée.

Eclairciſſons tout cela par des exemples.

I.er EXEMPLE GÉNÉRAL.

(346.) Propoſons-nous, pour premier exemple général, l'élimination dans les équations de degré quelconques, à deux inconnues.

Ces équations miſes ſous la forme d'une ſeule inconnue, ſont donc repréſentées par $(x\ldots 1)^{t}=0$, $(x\ldots 1)^{t'}=0$.

Le polynome-multiplicateur de la première (224) eſt, en général, de la forme $(x\ldots 1)^{T+t'}$; & celui de la ſeconde, de la forme $(x\ldots 1)^{T+t}$.

Sous cette forme le degré de l'équation finale devant être zéro, rien ne détermine la valeur de T ſi non que $T+t'$ ne ſoit pas plus petit que t', ſans quoi on donneroit l'excluſion à des termes que l'équation $(x\ldots 1)^{t'}$ ne donne pas moyen d'exclure.

Je ſuppoſe donc $T=0$; & les polynomes-multiplicateur deviennent $(x\ldots 1)^{t'}$ & $(x\ldots 1)^{t}$.

Pour ſavoir ſi l'on ne peut pas encore réduire cette forme, j'obſerve que le nombre des coëfficiens inutiles eſt 1, & dans la plus haute dimenſion. Je vois donc que dans la plus haute dimenſion de l'équation-ſomme, laquelle eſt de la forme $(x\ldots 1)^{t+t'}=0$, je n'aurai qu'un coëfficient utile pour faire diſparoître le terme $x^{t+t'}$; ce coëfficient ſera donc $=0$, ſi, comme j'en ſuis le maître, je ſuppoſe ſon analogue dans l'autre polynome-multiplicateur $=0$.

La forme des deux polynomes-multiplicateurs, peut donc ê[tre] réduite à $(x\ldots 1)^{t'-1}$, & $(x\ldots 1)^{t-1}$; ce qui s'accor[de] parfaitement avec ce que nous avons dit dans les *Mémoires* [de] *l'Académie des Sciences, année 1764*, & qu'alors nous avo[ns] trouvé par une voie bien différente.

(347.) Ainsi s'il s'agit de deux équations de la forme

$$ax^2 + bx + c = 0,$$

je multiplie chacune par un polynome de la forme $Ax + B$ & j'ai pour équation-somme, une équation de cette forme

$$\begin{array}{l} Aax^3 + Abx^2 + Acx + Bc = 0, \\ \qquad\quad + Ba \quad + Bb \end{array}$$

Egalant à zéro le coëfficient total de x^3, celui de x^2, &c. [je] procède au calcul de $AA'BB'$, comme il suit :

Première ligne...... $aA'BB'$

Seconde ligne .... $(ab')BB' - aA'aB'$

Troisième ligne..... $(ab')bB' - (ac')aB'$

en rejettant le terme où resteroit A' qui n'étant point dans l[a] dernière équation, ne peut plus influer sur l'équation finale.

Quatrième ligne..... $(ab').(bc') - (ac')^2$.

On a donc pour équation finale $(ab').(bc') - (ac')^2 = 0$

(348.) Si les deux équations proposées sont de cette forme

$$ax^3 + bx^2 + cx + d = 0.$$

Chaque polynome-multiplicateur étant (346) de la forme

$$Ax^2 + Bx + C.$$

L'équation-somme sera de la forme

$$\begin{array}{l} Aax^5 + Abx^4 + Acx^3 + Adx^2 + Bdx + Cd = 0, \\ \qquad\quad + Ba \quad + Bb \quad + Bc \quad + Cc \\ \qquad\qquad\qquad\quad + Ca \quad + Cb. \end{array}$$

On aura donc comme il ſuit

Première ligne.... $aA'BB'$

Seconde ligne..... $[(ab')BB' - aA'aB']CC'$

Troiſième ligne... $[(ab')bB' - (ac')aB' + aA'(ab')]CC' + [(ab')BB' - aA'aB']aC'$

Quatrième ligne... $[(ab').(bc') - (ac').(ac') + (ad').(ab')]CC' - [(ab')bB' - (ac')aB']bC'$
$+ [(ab')cB' - (ad')aB']aC'$

En rejettant les termes où reſteroient A' & BB' qui ne peuvent plus avoir d'influence ſur l'équation finale

Cinquième ligne... $[(ab').(bc') - (ac').(ac') + (ad').(ab')]cC' - [(ab').(bd') - (ac').(ad')]bC'$
$+ [(ab').(cd') - (ad').(ad')]aC'$

En rejettant les termes ou reſteroit B'

Sixième ligne. ... $[(ab').(bc') - (ac').(ac') + (ad').(ab')](cd') - [(ab').(bd') - (ac').(ad')](bd')$
$+ [(ab').(cd') - (ad')^2](ad')$

L'équation finale eſt donc

$$\left.\begin{array}{r}[(ab').(bc') - (ac')^2 + (ad').(ab')](cd') - [(ab').(bd') - (ac').(ad')](bd') \\ + [(ab').(cd') - (ad')^2](ad')\end{array}\right\} = 0.$$

Il eſt trop facile actuellement d'appliquer aux degrés ſupérieurs, pour que nous croyons devoir multiplier ces calculs.

II.e EXEMPLE GÉNÉRAL.

(349.) Propoſons-nous pour ſecond exemple général, l'élimination dans les équations complettes à trois inconnues.

Ces équations miſes ſous la forme d'équations à deux inconnues, peuvent être repréſentées par trois équations de cette forme

$$(x \ldots 2)^t = 0,$$
$$(x \ldots 2)^{t'} = 0,$$
$$(x \ldots 2)^{t''} = 0.$$

Le polynome-multiplicateur de la première ſera... $(x \ldots 2)^{T+t'+t''}$,

Celui de la ſeconde ſera.................. $(x \ldots 2)^{T+t+t''}$,

Et celui de la troiſième ſera............. $(x \ldots 2)^{T+t+t'}$.

Mais le degré de l'équation finale devant être zéro, T n'eſt assujéti par aucune condition, si non que

$$T+t'+t''>t'+t'',\ T+t+t''>t+t'',\ T+t+t'>t+t',$$

ou que tout au plus il y ait égalité. Ces conditions résultent de ce que l'expression du nombre des termes qu'on peut faire disparoître dans l'un quelconque des trois polynomes-multiplicateurs, à l'aide des deux autres équations, doit être un nombre entier positif; or cette expression, pour le premier, par exemple, est

$$N(x\ldots 2)^{T+t''}+N(x\ldots 2)^{T+t'}-N(x\ldots 2)^{T};$$

donc si l'on avoit $T+t'+t''<t'+t''$, ou $T<0$, $N(x\ldots 2)^T$ seroit négatif, & nous ne serions point autorisés à employer les expressions que nous avons trouvées (39) pour $(x\ldots n)^T$.

Nous pouvons donc supposer tout de suite, $T=0$, & prendre les polynomes-multiplicateurs, comme il suit:

Pour la première...... $(x\ldots 2)^{t'+t''}$

Pour la seconde........ $(x\ldots 2)^{t+t''}$

Pour la troisième....... $(x\ldots 2)^{t+t'}$.

Pour savoir présentement si cette forme est la plus simple, j'observe que l'équation-somme qui sera de la forme $(x\ldots 2)^{t+t'+t''}=0$, aura dans la plus haute dimension, un nombre de termes $=t+t'+t''+1$ à faire disparoître.

La plus haute dimension du premier polynome-multiplicateur fournira un nombre de coëfficiens utiles $=t'+t''+1-t''-1-t'-1+1=0$.

La plus haute dimension du second polynome-multiplicateur, fournira un nombre de coëfficiens utiles $=t+t''+1-t-1=t''$.

Enfin la plus haute dimension du troisième polynome-multiplicateur, fournira un nombre de coëfficiens utiles $=t+t'+1$.

C'est-à-dire, que de la part des trois plus hautes dimensions des trois polynomes-multiplicateurs, il y aura un nombre de coëfficiens utiles $=t+t'+t''+1$.

Donc on aura, pour faire disparoître tous les termes de la plus haute dimension de l'équation-somme, précisément autant de coëfficiens que de termes à faire disparoître; donc chacun de ces coëfficiens sera $= 0$.

Les polynomes-multiplicateurs des trois équations proposées, peuvent donc être pris, comme il suit :

Pour la première. . . . . . $(x \ldots z)^{t' + t'' - 1}$

Pour la seconde. . . . . . $(x \ldots z)^{t + t'' - 1}$

Pour la troisième. . . . . $(x \ldots z)^{t + t' - 1}$.

(350.) Si l'on examine de la même manière la plus haute dimension de l'équation-somme résultante de cette forme, on verra qu'elle aura un nombre de termes à faire disparoître $= t + t' + t''$.

Que la plus haute dimension du premier polynome-multiplicateur, donnera un nombre de coëfficiens utiles $= t' + t'' - t' - t'' = 0$.

Que la plus haute dimension du second polynome-multiplicateur, donnera un nombre de coëfficiens utiles $= t + t'' - t = t''$.

Et que la plus haute dimension du troisième polynome-multiplicateur, donnera un nombre de coëfficiens utiles $= t + t'$.

Donc de la part des trois plus hautes dimensions des trois polynomes-multiplicateurs, il y aura un nombre de coëfficiens utiles $= t + t' + t''$, c'est-à-dire, égal au nombre des termes qu'on aura à faire disparoître. Donc chacun de ces coëfficiens sera $= 0$; donc les trois polynomes-multiplicateurs peuvent être pris, comme il suit :

Pour la première équation. . . $(x \ldots z)^{t' + t'' - 2}$

Pour la seconde. . . . . $(x \ldots z)^{t + t'' - 2}$

Pour la troisième. . . . . $(x \ldots z)^{t + t' - 2}$.

Mais si l'on fait un pareil examen sur la plus haute dimension de l'équation-somme résultante de cette nouvelle forme, on verra que le nombre des termes de cette dimension sera $t + t' + t'' - 1$.

Que la plus haute dimension du premier polynome-multiplicateur fournira un nombre de coëfficiens utiles $= t' + t'' - 1 - t' + t - t'' + 1 = 1$.

Que la plus haute dimenſion du ſecond polynome-multiplicateur, fournira un nombre de coëfficiens utiles $= t + t'' - 1 - t + 1 = t''$.

Et que la plus haute dimenſion du troiſième polynome-multiplicateur, fournira un nombre de coëfficiens utiles $= t + t' - 1$.

Donc de la part des trois plus hautes dimenſions des trois polynomes-multiplicateurs, il y aura un nombre de coëfficiens utiles $= t + t' + t''$, c'eſt-à-dire, plus grand d'une unité que le nombre des termes qu'on aura à faire diſparoître ; donc on ne peut ſuppoſer chaque coëfficient $= 0$.

Donc les trois polynomes-multiplicateurs $(x \ldots 2)^{t'+t''-2}$, $(x \ldots 2)^{t+t''-2}$, $(x \ldots 2)^{t+t'-2}$ ne peuvent être abaiſſés à une moindre dimenſion.

(351.) Il reſte maintenant à examiner (x & y étant les deux inconnues à éliminer) s'il eſt néceſſaire que x & y montent chacune à la dimenſion totale du polynome.

Je remarque d'abord que l'équation-ſomme n'aura qu'un ſeul terme où y monte à la dimenſion $t + t' + t'' - 2$; que pour la deſtruction de ce terme le nombre des coëfficiens utiles des trois polynomes-multiplicateurs, ſera égal à zéro, c'eſt-à-dire, qu'il y aura moins de coëfficiens utiles que de termes à faire diſparoître, puiſque pour un terme à faire diſparoître, il n'y a point de coëfficiens utiles ; donc ſi conformément à ce que nous avons dit (325), on imagine qu'au lieu de former les trois équations arbitraires qu'on peut former ici, on n'en forme que deux, & qu'on emploie la troiſième à la deſtruction du terme dont il s'agit ; chacun de ces trois coëfficiens arbitraires ſera zéro, & il reſtera une équation arbitraire ſur la totalité des trois polynomes qui ſeront alors, comme il ſuit :

Pour la première équation.... $(x^{t'+t''-2}, y^{t'+t''-3})^{t'+t''-2}$

Pour la ſeconde......... $(x^{t+t''-2}, y^{t+t''-3})^{t+t''-2}$

Pour la troiſième.......... $(x^{t+t'-2}, y^{t+t'-3})^{t+t'-2}$.

(352.)

(352.) Dans cette nouvelle forme des polynomes-multiplicateurs, l'équation-ſomme ſera donc de la forme

$$(x^{t+t'+t''-2}, y^{t+t'+t''-3})^{t+t'+t''-2} = 0.$$

Il y aura donc deux termes où y montera au degré $t+t'+t''-3$ leſquels ſeront $xy^{t+t'+t''-3}$, & $y^{t+t'+t''-3}$.

Pour la deſtruction de ces deux termes, les trois polynomes-multiplicateurs fourniront un nombre de coëfficiens utiles $= 6 - 6 = 0$; donc ſi l'on conçoit que des ſix équations arbitraires que l'on aura à former, on n'en forme que quatre, & qu'on emploie les deux autres à la deſtruction des deux termes dont il s'agit, les ſix coëfficiens des trois polynomes-multiplicateurs qui ont donné les termes $y^{t+t'+t''-3}$ dans l'équation-ſomme, ſeront zéro; & ces polynomes-multiplicateurs ſeront réduits aux formes ſuivantes

Pour la première équation.... $(x^{t'+t''-2}, y^{t'+t''-4})^{t'+t''-2}$

Pour la ſeconde........... $(x^{t+t''-2}, y^{t+t''-4})^{t+t''-2}$

Pour la troiſième......... $(x^{t+t'-2}, y^{t+t'-4})^{t+t'-2}$

avec trois équations arbitraires qui reſteront à former : ſavoir, une provenante de la première réduction & deux provenantes de la ſeconde. Mais il faut bien obſerver que de ces trois équations arbitraires, on ne peut en attribuer plus de deux à la plus haute dimenſion.

(353.) Par un raiſonnement ſemblable, on s'aſſurera que les polynomes-multiplicateurs peuvent être réduits à la forme ſuivante

Pour la première équation.... $(x^{t'+t''-2}, y^{t'+t''-5})^{t'+t''-2}$

Pour la ſeconde......... $(x^{t+t''-2}, y^{t+t''-5})^{t+t''-2}$

Pour la troiſième....... $(x^{t+t'-2}, y^{t+t'-5})^{t+t'-2}$

avec ſix équations arbitraires à former dans l'équation-ſomme; ſavoir, une provenante de la première réduction, deux de la ſeconde, & trois de la troiſième. Et l'on obſervera que de ces ſix équations arbitraires, il ne peut en appartenir plus de trois à la plus haute dimenſion de l'équation-ſomme, plus de deux à la seconde dimension en descendant, si l'on en a attribué trois à la première ; & plus d'une à la troisième, si l'on en a attribué cinq aux deux supérieures.

(354.) En général, on s'assurera par le même raisonnement que les polynomes-multiplicateurs peuvent être réduits aux formes suivantes

Pour la première équation... $(x^{t'+t''-2}, y^{t'+t''-2-q})^{t'+t''-2}$

Pour la seconde........ $(x^{t+t''-2}, y^{t+t''-2-q})^{t+t''-2}$

Pour la troisième....... $(x^{t+t'-2}, y^{t+t'-2-q})^{t+t'-2}$

avec $\frac{(q+1).(q)}{2}$ équations arbitraires à former dans l'équation-somme ; savoir, un nombre $= q$ dans la première ou plus haute dimension, un nombre $= q - 1$ dans la seconde, un nombre $= q - 2$ dans la troisième, & ainsi de suite.

(355.) Pour fixer la plus grande valeur de q, nous supposerons $t > t' > t''$, ce dont on est toujours le maître, parce qu'on peut toujours prendre, pour première équation, celle que l'on voudra.

Alors ce que nous venons de dire, aura lieu jusqu'à $q = t'' - 1$ inclusivement ; en sorte que la forme des trois polynomes-multiplicateurs peut être prise, comme il suit :

Pour la première équation... $(x^{t'+t''-2}, y^{t'-1})^{t'+t''-2}$

Pour la seconde......... $(x^{t+t''-2}, y^{t-1})^{t+t''-2}$

Pour la troisième......... $(x^{t+t'-2}, y^{t+t'-t''-1})^{t+t'-2}$

avec les mêmes nombres d'équations arbitraires que nous venons de dire.

(356.) Mais ce n'est point encore là la forme générale la plus simple relativement à y.

En effet, il n'est plus possible de faire disparoître de termes dans le premier polynome-multiplicateur, à l'aide de la seconde équation, mais seulement à l'aide de la troisième, d'où il suit.

Que pour faire disparoître dans l'équation-somme les termes affectés de $y^{t+t'-1}$ qui sont au nombre de t'', on aura de la part du premier polynome-multiplicateur, un nombre de coëfficiens utiles $= 0$.

De la part du second, un nombre de coëfficiens utiles $= 0$.

Et de la part du troisième, un nombre de coëfficiens utiles $= t''$.

Donc on aura précisément autant de coëfficiens utiles, que de termes à faire disparoître; donc chacun de ces coëfficiens sera $= 0$.

Donc la forme des polynomes-multiplicateurs peut être réduite, comme il suit :

Pour la première équation... $(x^{t'+t''-2}, y^{t'-2})^{t'+t''-2}$

Pour la seconde. . . . . $(x^{t+t''-2}, y^{t-2})^{t+t'-2}$

Pour la troisième. . . . . $(x^{t+t'-2}, y^{t+t'-t''-2})^{t+t'-2}$.

Et en général à celle qui suit

Pour le premier polynome... $(x^{t'+t''-2}, y^{t'-q'})^{t'+t''-2}$

Pour le second. . . . . $(x^{t+t''-2}, y^{t-q'})^{t+t''-2}$

Pour le troisième. . . . . . . $(x^{t+t'-2}, y^{t+t'-t''-q'})^{t+t'-2}$

jusqu'à ce que $t' - q' = t'' - 1$; c'est-à-dire, jusqu'à ce que $q' = t' - t'' + 1$; car le raisonnement que nous venons de faire, aura lieu jusques-là. Mais dès qu'on aura $q' = t' - t'' + 1$; alors il ne sera plus possible d'abaisser la forme relativement à y.

En effet, la forme des trois polynomes-multiplicateurs sera alors

Pour le premier polynome... $(x^{t'+t''-2}, y^{t''-1})^{t'+t''-2}$

Pour le second. . . . . $(x^{t+t''-2}, y^{t-t'+t''-1})^{t+t''-2}$

Pour le troisième. . . . . $(x^{t+t'-2}, y^{t-1})^{t+t'-2}$.

Or, dans cet état, où il n'est plus possible de faire disparoître aucun terme dans le premier polynome-multiplicateur, soit à l'aide de la première équation, soit à l'aide de la seconde, on verra que pour faire disparoître dans l'équation-somme, tous les termes affectés de $y^{t+t'-1}$ qui sont au nombre de t', on aura de la part du premier polynome-multiplicateur, un nombre de coëfficiens utiles $= t'$.

De la part du ſecond, un nombre de coëfficiens utiles $= 0$.

Et de la part du troiſième, un nombre de coëfficiens utiles $= t'$.

Donc le nombre $2t'$ des coëfficiens utiles, excédant le nombre t' des termes qu'on aura à faire diſparoître, on ne peut ſuppoſer que chacun de ces coëfficiens deviendra zéro ; donc relativement à y, la dernière forme ci-deſſus des polynomes-multiplicateurs eſt auſſi ſimple qu'il eſt poſſible.

(357.) Examinons préſentement cette forme relativement à x.

Il n'y aura, dans l'équation-ſomme, qu'un ſeul terme affecté de $x^{t+t'+t''-2}$; pour le faire diſparoître, les trois polynomes-multiplicateurs fourniront trois coëfficiens dont deux ſeulement peuvent être réputés utiles, parce qu'on peut en faire diſparoître un dans le ſecond. On auroit donc plus de coëfficiens utiles que de termes à faire diſparoître ; & par conſéquent il paroîtroit qu'on ne peut ſuppoſer $= 0$ le coëfficient de chaque terme en x pur, dans chaque polynome-multiplicateur. Mais on doit ſe ſouvenir (354) qu'il nous reſte à former un nombre d'équations arbitraires $= \frac{(q+1)q}{2} = \frac{t''(t''-1)}{2}$. Si donc l'on conçoit qu'on en emploie une dans le cas préſent, nous retomberons dans le cas de n'avoir qu'autant de coëfficiens utiles, que de termes à faire diſparoître ; donc la forme des polynomes-multiplicateurs peut être réduite, comme il ſuit :

Pour le premier polynome.. $(x^{t'+t''-3}, y^{t''-1})^{t'+t''-2}$

Pour le ſecond.......... $(x^{t+t''-3}, y^{t-t'+t''-1})^{t+t''-2}$

Pour le troiſième....... $(x^{t+t'-3}, y^{t-1})^{t+t'-2}$.

Si nous raiſonnons de même ſur les termes affectés de $x^{t+t'+t''-3}$ dans l'équation-ſomme ; nous verrons 1.° qu'ils ſont au nombre de deux ; 2.° Que pour la deſtruction de ces deux termes, les trois polynomes-multiplicateurs fourniront ſix coëfficiens dont quatre ſeulement peuvent être réputés utiles, parce qu'il eſt poſſible d'en faire diſparoître deux dans le ſecond ; & ſi l'on fait attention que ſur le nombre $\frac{t''(t''-1)}{2} - 1$ d'équations arbitraires qui nous reſtent à former, on peut en employer ici deux : on verra de même qu'on peut encore réduire la forme des polynomes-multiplicateurs, comme il suit :

Pour le premier polynome... $(x^{t'+t''-4}, y^{t''-1})^{t'+t''-2}$

Pour le second . . . . $(x^{t+t''-4}, y^{t-t'+t''-1})^{t+t''-2}$

Pour le troisième. . . . . $(x^{t+t'-4}, y^{t-1})^{t+t'-2}$.

Et en continuant le même raisonnement, on verra que cette forme peut en général être réduite à ce qui suit :

Pour le premier polynome.. $(x^{t'+t''-2-q''}, y^{t''-1})^{t'+t''-2}$

Pour le second. . . . . $(x^{t+t''-2-q''}, y^{t-t'+t''-1})^{t+t''-2}$

Pour le troisième. . . . . $(x^{t+t'-2-q''}, y^{t-1})^{t+t'-2}$

jusqu'à $q''=t''-1$.

En sorte que la forme générale la plus réduite est enfin celle-ci :

Pour le premier polynome... $(x^{t'-1}, y^{t''-1})^{t'+t''-2}$

Pour le second. . . . . $(x^{t-1}, y^{t-t'+t''-1})^{t+t''-2}$

Pour le troisième. . . . . $(x^{t+t'-t''-1}, y^{t-1})^{t+t'-2}$.

Lorsque nous disons que cette forme est la forme générale la plus réduite, on ne doit pas entendre qu'il ne reste plus aucun coëfficient arbitraire ; au contraire, il en reste encore un nombre exprimé par $N(x^{t-t''-1}, y^{t-t'-1})^{t-2}$ dans le second polynome. Mais cela signifie qu'il n'est plus possible de faire perdre de nouveaux termes aux trois polynomes à la fois.

(358.) Ce que nous venons d'exposer, souffre quelques exceptions qu'il est à propos de faire connoître.

1.° On doit excepter le cas de $t=t'$. En effet dans ce cas, non-seulement il n'est plus possible de faire disparoître aucun terme dans le premier polynome, du moins sans le secours des équations arbitraires en réserve ; mais il en est de même pour le second polynome, dès qu'on est arrivé à la forme générale la plus réduite seulement relativement à y. En sorte que ce que nous venons de dire sur la forme la plus réduite, tant par rapport à y que par rapport à x, ne peut avoir lieu lorsque $t=t'$; & dans ce cas, la forme suivante des trois polynomes-multiplicateurs

$$(x^{t'+t''-2}, y^{t''-1})^{t'+t''-2} \ldots (x^{t+t''-2}, y^{t-t'+t''-1})^{t+t''-2} \ldots (x^{t+t'-2}, y^{t-1})^{t+t'}$$

ne peut être ſuſceptible de perdre quelques termes, que par équations arbitraires en réſerve, leſquelles ſont au nombre $\frac{t''(t''-1)}{2}$, dont un nombre $t''-1$ appartient à la premiè ou plus haute dimenſion, un nombre $t''-2$ appartient à ſeconde, & ainſi de ſuite. Ce ne peut donc être que par l valeurs particulières de t'' que l'on pourra, dans chaque c particulier, juger ſi l'on pourra encore faire perdre quelqu termes aux polynomes-multiplicateurs.

Par exemple, ſi $t''=2$, le nombre des équations arbitrair en réſerve n'étant que $=1$, on ne pourra pas faire perdre chacun des trois polynomes-multiplicateurs, leur terme to en x. Il reſtera ſeulement une équation arbitraire à former da la plus haute dimenſion de l'équation-ſomme.

Si $t''=3$, le nombre des équations arbitraires en réſerv étant $=3$, dont deux pour la plus haute dimenſion de l'équ tion-ſomme, & une pour la ſeconde, on pourra faire perdre chaque polynome-multiplicateur le terme tout en x, & il reſte une équation arbitraire à former dans la ſeconde dimenſion c l'équation-ſomme.

2.° On doit encore excepter de la forme générale la pl réduite par rapport à x & à y, le cas où l'on auroit $t'' > t -$ ou $t < t'' + t'$; & l'on doit ſe borner dans la forme générale

$$(x^{t'+t''-2-q''}, y^{t''-1})^{t'+t''-2} \ldots (x^{t+t''-2-q''}, y^{t-t'+t''-1})^{t+t''-2} \ldots (x^{t+t'-2-q''}, y^{t-1})^{t+t'}$$

à la valeur $q'' = t - t' - 1$, ſi $t - t' - 1 < t'' - 1$ c'eſt-à-dire, ſi $t < t'' + t'$.

En effet, le raiſonnement par lequel nous ſommes arrivés à la forme générale la plus réduite par rapport à x & à y, ſuppoſe que le polynome $(x^{t-2-q''}, y^{t-t'-1})^{t-2}$ qui exprime le nombre de termes qu'on peut encore faire diſparoître dans le ſecond polynome-multiplicateur, eſt un polynome réel & du degré $t-2$; or pour que cela ſoit, il faut que

$t-2-q''+t-t'-1>t-2$ ou tout au moins $=t-2$; c'est-à-dire, que $q''<t-t'-1$ ou tout au plus lui est égal; donc si $t''-1$ étoit $>t-t'-1$, il faudroit arrêter la forme à $q''=t-t'-1$ sans quoi elle feroit fausse.

Donc si $t<t'+t''$, la forme générale la plus réduite relativement à x & à y, sera comme il suit:

Pour le premier polynome... $(x^{2t'+t''-t-1}, y^{t''-1})^{t'+t''-2}$

Pour le second........ $(x^{t'+t''-1}, y^{t-t'+t''-1})^{t+t''-2}$

Pour le troisième....... $(x^{2t'-1}, y^{t-1})^{t+t'-2}$.

Et il y aura encore un nombre de coëfficiens en réserve $=\frac{t''(t''-1)}{2}-\frac{(t-t').(t-t'-1)}{2}$, & un certain nombre d'équations arbitraires à former, en vertu du nombre de termes qu'il sera encore possible de faire disparoître dans le second polynome.

III.e EXEMPLE GÉNÉRAL.

(359.) Prenons pour troisième exemple général, l'élimination dans les équations incomplettes du premier ordre, à trois inconnues.

Ces équations mises sous la forme d'équations à deux inconnues, sont généralement représentées par

$$(x^{a}, y^{\underset{,}{a}})^{t}=0,$$
$$(x^{a'}, y^{\underset{,}{a}'})^{t'}=0,$$
$$(x^{a''}, y^{\underset{,}{a}''})^{t''}=0.$$

La forme générale des polynomes-multiplicateurs sera donc (224 & *suiv.*) comme il suit:

Pour la première équation... $(x^{A+a'+a''}, y^{\underset{,}{A}+\underset{,}{a}'+\underset{,}{a}''})^{T+t'+t''}$

Pour la seconde....... $(x^{A+a+a''}, y^{\underset{,}{A}+\underset{,}{a}+\underset{,}{a}''})^{T+t+t''}$

Pour la troisième....... $(x^{A+a+a'}, y^{\underset{,}{A}+\underset{,}{a}+\underset{,}{a}'})^{T+t+t'}$.

Mais comme le degré apparent de l'équation finale doit être zéro, rien ne déterminant ici les valeurs de T, A & $\underset{,}{A}$, si non que l'expreſſion du degré de l'équation finale ſoit zéro, comme cette condition ſera encore remplie en faiſant $T = o$, $A = o$, $A_{,} = o$, je fais donc tout de ſuite cette ſuppoſition, & la forme des polynomes-multiplicateurs devient la ſuivante :

Premier polynome... $(x^{a' + a''}, y^{a'_{,} + a''_{,}})^{t' + t''}$

Second......... $(x^{a + a''}, y^{a_{,} + a''_{,}})^{t + t''}$

Troiſième....... $(x^{a + a'}, y^{a + a'_{,,}})^{t + t'}$.

Mais ſi l'on examine, comme nous l'avons fait (351), la plus haute dimenſion de l'équation-ſomme, on verra qu'elle a un nombre de termes

$$= a + a' + a'' + a_{,} + a'_{,} + a''_{,} - t - t' - t'' + 1.$$

Que la première dimenſion du polynome-mltiplicateur ne fournira aucun coëfficient utile.

Que la première dimenſion du ſecond, en fournira un nombre

$$= a + a'' + a_{,} + a''_{,} - t - t'' + 1 - a - a_{,} + t - 1 = a'' + a''_{,} - t''.$$

Que la première dimenſion du troiſième, en fournira un nombre

$$= a + a'_{,} + a_{,} + a' - t - t' + 1.$$

On aura donc autant de coëfficiens utiles que de termes à faire diſparoître ; donc chaque coëfficient des termes de la plus haute dimenſion de chaque polynome-multiplicateur eſt zéro ; donc on peut diminuer d'une unité la plus haute dimenſion de chaque polynome-multiplicateur.

Un raiſonnement ſemblable appliqué à la plus haute dimenſion de chaque nouveau polynome-multiplicateur, fera voir que la dimenſion totale de chacun peut être abaiſſée d'une unité, mais pas au-delà ; donc la forme générale la plus ſimple relativement à la dimenſion totale de chaque polynome-multiplicateur, eſt celle qui ſuit :

Premier polynome... $(x^{a' + a''}, y^{a'_{,} + a''_{,}})^{t' + t'' - 2}$

Second......... $(x^{a + a''}, y^{a_{,} + a'_{,}})^{t + t'' - 2}$

Troiſième....... $(x^{a + a'}, y^{a_{,} + a'_{,}})^{t + t' - 2}$.

(360.) Voyons maintenant, en ſuppoſant que cette forme puiſſe

puisse être réduite relativement à y, quelle est la plus grande valeur qu'on puisse donner à q dans la forme suivante qui aura lieu alors.

Premier polynome... $(x^{a'+a''}, y^{\underset{.}{a}'+\underset{.}{a}''-q})^{t'+t''-2}$

Second. . . . . $(x^{a+a'}, y^{\underset{.}{a}+\underset{.}{a}''-q})^{t+t''-2}$

Troisième. . . . . . . $(x^{a+a'}, y^{\underset{.}{a}+\underset{.}{a}'-q})^{t+t'-2}$.

L'équation-somme aura donc alors, en termes affectés de $y^{\underset{.}{a}+\underset{.}{a}'+\underset{.}{a}''-q}$, un nombre de termes exprimé par

$$t+t'+t''-2-\underset{.}{a}-\underset{.}{a}'-\underset{.}{a}''+q+1.$$

Pour la destruction de ces termes, le premier polynome-multiplicateur ne fournira aucun coëfficient utile; mais il y aura même lieu, pour son compte, à un nombre d'équations arbitraires $= q - 1$.

Le second polynome fournira un nombre de coëfficiens utiles $= t'' - \underset{.}{a}''$.

Le troisième en fournira un nombre

$$= t + t' - 2 - \underset{.}{a} - \underset{.}{a}' + 1 + q.$$

Donc on aura un nombre

$$= t + t' + t'' - 2 - \underset{.}{a} - \underset{.}{a}' - \underset{.}{a}'' + 1 + q - q + 1,$$

c'est-à-dire, un nombre $= t + t' + t'' - \underset{.}{a} - \underset{.}{a}' - \underset{.}{a}''$ de coëfficiens utiles, pour la destruction d'un nombre de termes

$$= t + t' + t'' - \underset{.}{a} + \underset{.}{a}' - \underset{.}{a}'' + q - 1.$$

Donc si l'on conçoit que sur la totalité des équations arbitraires que l'on pourra former, on n'en forme qu'un certain nombre, & qu'on en emploie un nombre $= q - 1$ pour la destruction des termes de l'équation-somme, on aura autant d'équations que de coëfficiens; donc chaque coëfficient pourra être supposé $= 0$; donc on pourra réduire, en effet, à la forme en question, si ce que suppose le raisonnement que nous venons de faire a lieu. Et alors il restera un nombre $= q - 1$ d'équations arbitraires à former; c'est-à-dire, que nous aurons $q - 1$ équations arbitraires en réserve, sans compter celles que peut fournir la possibilité de faire disparoître encore d'autres termes dans les polynomes-multiplicateurs.

(361.) Voyons donc ce que suppose le raisonnement que nous venons de faire, & ce qui détermine la plus grande valeur de q.

Ce raisonnement suppose que la valeur de q n'anéantit l'existence ni d'aucun des trois polynomes-multiplicateurs, ni d'aucun de ceux qui concourent à l'expression du nombre des termes que l'on peut faire disparoître dans le premier & dans le second. Or pour cela il faut qu'on ait $q < \underset{,}{a}$; $q < \underset{,}{a}'$; $q < \underset{,}{a}''$. Il faut de plus que

$$a'' + \underset{,}{a}'' - q > t'' - 2 ;\ a' + \underset{,}{a}' - q > t' - 2 ;\ a + \underset{,}{a} - q > t - 2 ;$$

donc on ne peut prendre q plus grand que la plus petite des six quantités suivantes

$$q < \underset{,}{a};\ q < \underset{,}{a}';\ q < \underset{,}{a}'';\ q < a + \underset{,}{a} - t + 2;\ q < a' + \underset{,}{a}' - t' + 2;$$
$$q < a'' + \underset{,}{a}'' + t'' + 2 ;$$

ce qui se réduit à ne pas prendre q plus grand que la plus petite de ces trois dernières, ou à le prendre tout au plus égal à la plus petite de ces trois dernières.

Donc si l'on prend q égal à la plus petite de ces trois dernières quantités augmentée d'une unité, on aura la forme la plus réduite qu'il soit possible, en vertu du raisonnement & du calcul ci-dessus. Mais ce ne sera pas encore la forme la plus réduite qu'il soit possible généralement.

En donnant cette valeur à q, & ensuite des valeurs de plus en plus grandes, il arrivera, comme nous l'avons déja vu, que dans le premier ou le second polynome-multiplicateur, il ne sera plus possible de faire disparoître de termes, à l'aide de l'une des deux dernières équations. Raisonnant donc d'après cette attention, comme nous l'avons fait (356 & *suiv.*), on verra qu'on peut faire perdre encore un certain nombre de termes aux polynomes-multiplicateurs, relativement à y, jusqu'à ce que q' soit devenu égal à la plus petite des cinq plus grandes des six quantités ci-dessus.

Mais cette nouvelle réduction n'ajoutera rien au nombre des équations en réserve, lequel étant $q - 1$ à chaque puissance de y qu'on a fait disparoître dans l'équation-somme, en vertu du premier raisonnement, donne au total $\frac{q \cdot (q-1)}{2}$ équations arbitraires en réſerve depuis $q = 0$, juſqu'à la plus grande valeur de q, ou juſqu'à $q' = 0$. Mais comme à chaque valeur de q' on aura préciſément autant de coëfficiens utiles que de termes à détruire, il reſtera encore le même nombre d'équations arbitraires en réſerve, quand on ſera arrivé à la plus grande valeur de q', c'eſt-à-dire, à la plus petite puiſſance de y.

(362.) A l'égard de x, pour ſavoir s'il eſt auſſi ſuſceptible d'abaiſſement, on ſe conduira, comme nous l'avons fait (357), en employant les équations arbitraires en réſerve.

(363.) Nous avons ſuppoſé dans ce que nous venons de dire, que

$$a' + a'' < t' + t'' - 2;\ \underset{\cdot}{a}' + \underset{\cdot}{a}'' < t' + t'' - 2;\ a + a'' < t + t'' - 2,$$

& ainſi de ſuite; ſi le contraire avoit lieu, on réduiroit tout de ſuite la forme $(x^{a'+a''}, y^{\underset{\cdot}{a}'+\underset{\cdot}{a}''})^{t'+t''-2}$, par exemple, à $(x^{t'+t''-2}, y^{\underset{\cdot}{a}'+\underset{\cdot}{a}''})^{t'+t''-2}$, ſi l'on avoit ſeulement $a' + a'' > t' + t'' - 2$, & à $(x^{t'+t''-2}, y^{t'+t''-2})^{t'+t''-2}$ ſi l'on avoit auſſi $a' + a'' > t' + t'' - 2$; & l'on procéderoit enſuite comme ci-deſſus à l'examen des réductions ultérieures.

IV.e Exemple général.

(364.) Nous bornerons aux équations à quatre inconnues, le développement, par exemples généraux, de ce que nous avons établi juſqu'ici; & même nous n'examinerons que les équations complettes, & relativement à la dimenſion totale de leurs polynomes-multiplicateurs : nous dirons ſeulement un mot des réductions ultérieures dont ils ſont ſuſceptibles; parce qu'avec tout ce qui précéde, les applications ne nous paroiſſent plus exiger plus de développement pour la ſimplification des formes.

(365.) Les équations complettes à quatre inconnues, miſes ſous la forme de trois inconnues, peuvent être repréſentées par

$$(x \ldots 3)^{t} = 0,$$
$$(x \ldots 3)^{t'} = 0,$$
$$(x \ldots 3)^{t''} = 0,$$
$$(x \ldots 3)^{t'''} = 0.$$

Après ce qui a été dit dans les exemples généraux 1, 2 & 3, on voit que la forme prescrite (224 & *suiv.*) pour les polynomes-multiplicateurs, peut être réduite à celle qui suit

$$(x\ldots 3)^{t'+t''+t'''}=0,$$
$$(x\ldots 3)^{t+t''+t'''}=0,$$
$$(x\ldots 3)^{t+t'+t'''}=0,$$
$$(x\ldots 3)^{t+t'+t''}=0.$$

Mais cette dimension totale des polynomes peut encore être abaissée.

En effet, la plus haute dimension de l'équation-somme, aura un nombre de termes $=N(x\ldots 2)^{t+t'+t''+t'''}$.

La plus haute dimension du premier polynome-multiplicateur fournira un nombre de coëfficiens utiles

$$=N(x\ldots 2)^{t'+t''+t'''}-N(x\ldots 2^{t''+t'''}-N(x\ldots 2)^{t'+t'''}-N(x\ldots 2)^{t'+t''}$$
$$+N(x\ldots 2)^{t'''}+N(x\ldots 2)^{t''}-N(x\ldots 2)^{0}+N(x\ldots 2)^{t'}$$
$$=d^3N(x\ldots 2)^{t'+t''+t'''}\ldots\binom{t'+t''+t'''}{t',t'',t'''}=0.$$

La plus haute dimension du second polynome-multiplicateur fournira un nombre de coëfficiens utiles

$$=N(x\ldots 2)^{t+t''+t'''}-N(x\ldots 2)^{t+t'''}-N(x\ldots 2)^{t+t''}+N(x\ldots 2)^{t}$$
$$=d^2N(x\ldots 2)^{t+t''+t'''}\ldots\binom{t+t''+t'''}{t'',t'''}.$$

La plus haute dimension du troisième polynome-multiplicateur fournira un nombre de coëfficiens utiles

$$=dN(x\ldots 2)^{t+t'+t'''}\ldots\binom{t+t'+t'''}{t'''}.$$

Et enfin la plus haute dimension du quatrième polynome-multiplicateur fournira un nombre de coëfficiens utiles $=N(x\ldots 2)^{t+t'+t''}$.

Donc la différence entre le nombre des termes à faire disparoître,

& le nombre des coëfficiens utiles, eſt

$$N(x\ldots 2)^{t+t'+t''+t'''} - d^2 N(x\ldots 2)^{t+t''+t'''} \ldots \left(\begin{matrix} t+t''+t''' \\ t'', t''' \end{matrix}\right)$$

$$- dN(x\ldots 2)^{t+t'+t'''} \ldots \left(\begin{matrix} t+t'+t''' \\ t''' \end{matrix}\right) - N(x\ldots 2)^{t+t'+t''}$$

$$d^3 N(x\ldots 2)^{t+t'+t''+t'''} \ldots \left(\begin{matrix} t+t'+t''+t''' \\ t', t'', t''' \end{matrix}\right) = 0.$$

Donc chaque coëfficient de chaque plus haute dimenſion de chaque polynome-multiplicateur, ſera $= 0$; donc on peut abaiſſer d'une unité la plus haute dimenſion de chaque polynome-multiplicateur.

Un pareil examen appliqué aux deux dimenſions ſuivantes, ſera voir qu'on peut auſſi les ſupprimer. Donc la forme des polynomes-multiplicateurs peut être réduite à

$$(x\ldots 3)^{t'+t''+t'''-3}$$
$$(x\ldots 3)^{t+t''+t'''-3}$$
$$(x\ldots 3)^{t+t'+t'''-3}$$
$$(x\ldots 3)^{t+t'+t''-3}.$$

(366.) Donc en général les polynomes-multiplicateurs les plus ſimples auront toujours leur dimenſion totale telle que la dimenſion totale de l'équation-ſomme ſera égale à la ſomme des dimenſions de toutes les équations données, diminuée d'autant d'unités qu'il y a d'inconnues.

Car en général la différence entre le nombre des termes de la plus haute dimenſion de l'équation-ſomme, & le nombre des coëfficiens utiles de la plus haute dimenſion de tous les polynomes-multiplicateurs, ſera toujours

$$d^n N(x\ldots n-1)^{t+t'+t''+t''', \&c.} \ldots \left(\begin{matrix} t+t'+t''+t''', \&c. \\ t', t'', t''', \&c. \end{matrix}\right) = 0,$$

n étant le nombre des inconnues.

La différence entre le nombre des termes de la plus haute dimenſion de la nouvelle équation-ſomme, & le nombre des coëfficiens utiles de la plus haute dimenſion des nouveaux polynomes-multiplicateurs ſera toujours

$$d^t N(x\ldots n-1)^{t+t'+t''+t''', \&c. -1} \ldots \binom{t+t'+t''+t'''+\&c.-1}{t', t'', t''', \&c.} = o.$$

La différence entre le nombre des termes de la plus haute dimenſion de la ſeconde nouvelle équation-ſomme, & le nombre des coëfficiens utiles de la plus haute dimenſion des nouveaux polynomes-multiplicateurs, ſera toujours

$$d^n N(x\ldots n-1)^{t+t'+t''+t'''+\&c.-2} \ldots \binom{t+t'+t''+t'''+\&c.-2}{t', t'', t''', \&c.} = o,$$

& ainſi de ſuite juſqu'à $t + t' + t'' + t''' + \&c. - n$.

Pour s'en convaincre généralement, il faut faire attention que (39)

$$N(x\ldots n-1)^{t+t'+t''+t'''+\&c.-q} = \frac{(t+t'+t''+t'''+\&c.-q+1).(t+t'+t''+t'''+\&c.-q+2).}{1 . 2 . 3 \ldots\ldots} \frac{\ldots(t+t'+t''+t'''+\&c.-q+n-1)}{\ldots\ldots(n-1)}.$$

Or ſi l'on conçoit qu'on ſupprime ſucceſſivement, dans cette expreſſion, les quantités t', t'', t''', &c. une à une, deux à deux, trois à trois, &c. pour avoir les différentes expreſſions que renferme implicitement

$$d^n N(x\ldots n-1)^{t+t'+t''+t'''+\&c.} \ldots \binom{t+t'+t''+t'''+\&c.}{t', t'', t''', \&c.},$$

on verra facilement que toutes ces expreſſions auront lieu tant qu'elles ne deviendront pas négatives, c'eſt-à-dire, tant que $q < n-1$, & juſqu'à $q = n-1$; donc l'équation

$$d^n N(x\ldots n-1)^{t+t'+t''+t'''+\&c.-n+1} \ldots \binom{t+t'+t''+t'''+\&c.-n+1}{t', t'', t''', \&c.} = o$$

aura encore lieu. Donc la forme de l'équation-ſomme eſt généralement réductible à $(x\ldots n)^{t+t'+t''+t'''+\&c.-n} = o$, d'où il eſt facile de conclure la forme des polynomes-multiplicateurs.

(367.) Après avoir ainſi déterminé d'une manière générale, la dimenſion totale la plus ſimple de chacun des polynomes-multiplicateurs, le plus court eſt à préſent de déterminer auſſi d'une manière générale, la plus haute puiſſance à laquelle chaque inconnue doit monter dans chaque polynome-multiplicateur :

nous n'entrerons pas dans ce détail qui eſt ſuſceptible d'un trop grand nombre de ſubdiviſions, lorſqu'il s'agit de la plus grande généralité. Mais ce que nous avons dit (351 *& ailleurs*), ſuffira pour ſe conduire dans quelque cas propoſé que ce puiſſe être.

(368.) Venons maintenant à des exemples particuliers, tant pour développer plus parfaitement ce que nous venons de dire, que pour éclairer ſur les facteurs qui peuvent ſe préſenter dans le cours du calcul pour arriver à l'équation de condition, c'eſt-à-dire, à l'équation finale.

(369.) Suppoſons d'abord qu'on demande l'équation finale réſultante des trois équations ſuivantes

$$\begin{array}{c} ax^2 + bxy + cy^2 + dx + ey + f = 0, \\ d'x + e'y + f' = 0, \\ d''x + e''y + f'' = 0. \end{array}$$

La forme générale des polynomes-multiplicateurs qui (224 *& ſuiv.*) ſeroit $(x, y)^{T+2}, (x, y)^{T+1}, (x, y)^{T+1}$, avec un nombre de coëfficiens arbitraires $= 2N(x, y)^{T+1} - N(x, y)^T$ dans le premier, & un nombre de coëfficiens arbitraires $= N(x, y)^T$ dans le ſecond, c'eſt-à-dire, avec un nombre d'équations arbitraires $= 2N(x, y)^{T+1}$ dans l'équation-ſomme, ſe réduit (349 *& ſuiv.*) à la forme $(x, y)^0, (x, y)^1, (x, y)^1$, avec un nombre de coëfficiens arbitraires $= 1$, dans le ſecond; c'eſt-à-dire, avec une équation arbitraire dans l'équation-ſomme.

Multipliant donc la première équation par C, la ſeconde par $A'x + B'y + C'$, la troiſième par $A''x + B''y + C''$ on aura pour équation-ſomme, l'équation ſuivante

$$\begin{array}{llll} Cax^2 & + Cbxy & + Ccy^2 & = 0. \\ + A'd' & + A'e' & + B'e' & \\ + A''d'' & + A''e'' & + B''e'' & \\ & B'd' & & \\ & B''d'' & & \\ & & & \\ + Cdx & + Cey & & \\ + A'f' & + B'f' & & \\ + A''f'' & + B''f'' & & \\ + C'd' & + C'e' & & \\ + C''d'' & + C''e'' & & \\ & & & \\ + Cf & & & \\ + C'f' & & & \\ + C''f'' & & & \end{array}$$

Je prends pour équation arbitraire $B'd' + B''d'' = 0$; & je calcule la valeur de $A'A''B'B''CC'C''$ comme il suit, en parcourant successivement les termes x^2, xy, l'équation arbitraire, & les termes y^2, x, y, & le terme sans x ni y. Je prend d'abord $A'A''CC'C''$.

Première ligne... $d'A''CC'C'' + A'A''aC'C''$

Seconde ligne... $[(d'e'')CC'C'' - d'A''bC'C'' + e'A''aC'C'' + A'A''(ab')C'']B'B''$

Troisième ligne... $-[(d'e'')CC'C'' - d'A''bC'C'' + e'A''aC'C'' + A'A''(ab')C'']d'B$

Quatrième ligne.. $-[(d'e'')cC'C'' + d'A''(bc')C'' - e'A''(ac')C' + A'A''(ab'c'')]d'B''$

$$+ [(d'e'')CC'C'' - d'A''bC'C'' + e'A''aC'C'' + A'A''(ab')C''](d'e'').$$

J'observe maintenant qu'on a $(ab')C'' = 0, (bc')C'' = 0$ $(ac')C'' = 0$, & $(ab'c'') = 0$, si l'on se rappelle que $(bc')C''$ n'est que la représentation abrégée de

$$(bc' - b'c)C'' - (bc'' - b''c)C' + (b'c'' - b''c')C$$

qui est zéro, puisque $b' = 0$, $b'' = 0$, $c' = 0$, $c'' = 0$; on verra de même que $(ac')C'' = 0$, $(ab')C'' = 0$, & que $(ab'c'') = 0$

La quatrième ligne se réduit donc à

$$-(d'e'')cC'C''d'B'' + (d'e'')[(d'e'')CC'C'' - d'A''bC'C'' + e'A''aC'C'']$$

ou en extraiant le facteur commun $(d'e'')$ que nous examinerons par la suite,

$$-cC'C''d'B'' + [(d'e'')CC'C'' - d'A''bC'C'' + e'A''aC'C'']$$

Cinquième ligne.. $-(cd')C''d'B'' + [(d'e'')dC'C'' - (d'f'')bC'C'' + (e'f'')aC'C'']$

en omettant les termes où resteroit A''

Sixième ligne.... $+(cd')C''(d'f'') + [(d'e'').(de')C'' - (d'f'').(be')C'' + (e'f'').(ae')C''$

Septième ligne... $(cd'f'').(d'f'') + (d'e'').(de'f'') - (d'f'').(be'f'') + (e'f'').(ae'f'') = 0.$

C'est-là l'équation finale en y omettant les termes affectés de $d', b', c'; a'', b'', c''$ qu'elle est censée comprendre; en sorte que la véritable équation finale est

$$c(d'f'')^2 + (d'e'').(de'f'') - b(e'f'').(d'f'') + a(e'f'')^2 = 0.$$

OBSERVATION.

OBSERVATION.

(370.) On peut parvenir à cette dernière équation, plus promptement, en tirant, à l'aide des deux dernières des trois équations propoſées, les valeurs de x & y, & les ſubſtituant dans la première. En général, lorſque $n-1$ des équations propoſées au nombre de n, ſeront du premier degré, on arrivera plus promptement à l'équation finale, par la ſimple ſubſtitution; mais outre que ces cas d'un calcul plus facile que par la méthode générale actuelle, ſont rares, on voit qu'en même temps, on perd de vue le facteur $(d'e'')$ que nous avons rencontré ci-deſſus, & qui n'eſt pas toujours ſans utilité.

En effet, c'eſt une obſervation générale, & dont nous ferons voir la généralité, que toutes les fois qu'on rencontre le facteur avant la fin du calcul des lignes, c'eſt une preuve que dans le cas où ce facteur eſt égal à zéro, l'équation finale eſt ſuſceptible de ſimplification, & qu'on peut y arriver avec un moindre nombre de coëfficiens.

Ainſi dans l'exemple actuel, ſi l'on avoit $(d'e'')=0$, je dis que l'équation finale eſt beaucoup plus ſimple que celle que nous venons de trouver. En effet, ſi l'on multiplie la ſeconde des trois équations propoſées, par e'', & la troiſième par e', & qu'on retranche le ſecond produit du premier, on aura

$$(d'e'')x-(e'f'')=0,$$

qui, à cauſe de $(d'e'')=0$, ſe réduit à $(e'f'')=0$; & c'eſt-là l'équation finale, lorſque $(d'e'')=0$.

Quant à ce que nous avons ajouté, qu'on peut alors parvenir à l'équation finale, en employant un moindre nombre de coëfficiens, en voici d'abord la preuve par le fait.

Si outre l'équation arbitraire $B'd'+B''d''=0$, que nous avons formée ci-deſſus, nous formons cette autre équation arbitraire $B'e'+B''e''=0$, ou ce qui revient au même, ſi nous ſuppoſons $B'=0$, $B''=0$; alors l'équation-ſomme fait voir que $C=0$; elle se réduit donc à

$$\begin{array}{llll} A'd'x^2 & + A'e'xy & = 0\,; \\ + A''d'' & + A''e'' & \\ + A'f'x & + C'e'y & \\ + A''f'' & + C''e'' & \\ + C'd' & & \\ + C''d'' & & \\ + C'f' & & \\ + C''f'' & & \end{array}$$

Or il est aisé de voir qu'il résulte de cette équation, que $A'=0$, & $A''=0$; on n'a donc plus pour équation-somme, que l'équation

$$\begin{array}{llll} C'd'x & + C'e'y & = 0, \\ + C''d'' & + C''e'' & \\ + C'f' & & \\ + C''f'' & & \end{array}$$

& seulement deux coëfficiens C & C', pour y satisfaire.

Mais les deux équations

$$C'd' + C''d''=0, \quad \& \quad C'e' + C''e''=0,$$

conduisent à l'équation de condition $(d'e'')=0$, laquelle ayant lieu par l'hypothèse, il est clair qu'une seule de ces deux équations, combinée avec l'équation $C'f' + C''f''=0$, suffira pour satisfaire à la question.

Or l'une donnera pour équation finale $(d'f'')=0$, & l'autre $(e'f'')=0$; & il est aisé de voir qu'elles rentrent l'une dans l'autre, en vertu de ce que $(d'e'')=0$.

(371.) Quant à la démonstration de la proposition, que toutes les fois qu'on rencontrera le facteur avant que d'arriver à la dernière ligne, c'est une preuve, que dans le cas où ce facteur est zéro, on peut employer moins de coëfficiens ; elle se tire de ce que dès qu'on arrive à la *ligne* qui fournit ce facteur, l'équation que l'on emploie pour le calcul de cette ligne, se trouvant ſatisfaite, par l'hypothèſe que ce facteur eſt zéro, on a donc une équation de plus qu'il n'eſt néceſſaire pour ſatisfaire à la queſtion ; on peut donc omettre cette équation ; & alors on ſe trouve avoir une inconnue de plus qu'on n'en a beſoin. On peut donc former une nouvelle équation arbitraire, qui ſouvent comme nous en verrons des exemples, peut être telle qu'elle permette de ſuppoſer un plus grand nombre d'inconnues ou de coëfficiens égaux à zéro.

(372.) Il n'en eſt pas de même, lorſque le facteur ne ſe préſente qu'à la dernière ligne, c'eſt-à-dire dans l'équation finale ; car puiſque, par l'hypothèſe ce facteur n'arrive qu'avec l'équation finale, c'eſt une preuve qu'il n'eſt pas facteur commun des valeurs des inconnues ; que par conſéquent la ſuppoſition que ce facteur eſt zéro, n'en anéantit aucune, ce qui a lieu au contraire, lorſque le facteur arrive avant la dernière ligne.

Si l'on veut un exemple du cas où le facteur n'arrive qu'avec l'équation finale, on peut ſe propoſer de trouver l'équation finale réſultante des trois équations ſuivantes

$$ax^2 + bxy + cy^2 + dx + ey + f = 0,$$
$$a'x^2 + b'xy + c'y^2 + d'x + e'y + f' = 0,$$
$$d''x + e''y + f'' = 0,$$

on verra qu'on peut réduire les trois polynomes-multiplicateurs de ces équations, à

$$Dx + F, D'x + F', A''x^2 + B''xy + D''x + E''y + F''.$$

Si l'on procède au calcul, on ne trouvera aucun facteur commun dans aucune des *lignes*, ſi ce n'eſt dans la dernière, ou dans l'équation finale qui aura e'' pour facteur.

Si au lieu de prendre ces polynomes-multiplicateurs, on prend ces autres-ci

$$Dx + Ey + F, D'x + E'y + F', B''xy + D''x + E'y + F''.$$

Et qu'on forme l'équation arbitraire que l'on a droit de former, parce qu'il y a un coëfficient inutile, on verra qu'aucune des *lignes* ne donnera de facteur commun, ſi ce n'eſt la dernière où l'équation finale, qui aura pour facteur (ac').

Alors, ce facteur n'indique autre chose qu'une solution de la nature mentionnée (279 & 287); il n'indique nullement qu'on puisse arriver à l'équation finale avec un moindre nombre de coëfficiens, mais il indique une autre chose qu'il est bon de faire remarquer. C'est qu'alors les polynomes-multiplicateurs qu'on a choisis, seroient vainement employés à l'élimination : je m'explique.

Si dans le cas, par exemple, où l'on emploie les trois polynomes-multiplicateurs

$$Dx + F,\ D'x + F',\ A''x^2 + B''xy + D''x + E''y + F'',$$

on avoit $e'' = 0$; c'est-à-dire, si la troisième équation étoit simplement $d''x + f'' = 0$; alors l'équation finale à laquelle on arriveroit avec ces polynomes-multiplicateurs, seroit $0 = 0$, qui ne feroit rien connoître.

La raison est que ces trois polynomes, qui, plus généralement, sont

$$Dx + Ey + F,\ D'x + E'y + F',\ A''x^2 + B''xy + C''y^2 + D''x + E''y + F'',$$

n'ont été réduits à la forme plus simple que nous leur avons donnée, que par la supposition tacite qu'il étoit possible, à l'aide de la troisième équation, de faire disparoître les termes Ey & $E'y$ dans les deux premiers polynomes. Or cette supposition qui est fondée tant que e'' n'est pas zéro, ne l'est plus lorsque $e'' = 0$; car n'y ayant plus de termes en y dans l'équation $d''x + f'' = 0$, elle ne peut plus servir qu'à faire disparoître des termes en x. Les deux premiers polynomes-multiplicateurs doivent donc alors être $Ey + F$, $E'y + F'$ au lieu de $Dx + F$, & $D'x + F'$; & le troisième sera $B''xy + C''y^2 + D''x + E''y + F''$.

Au reste, cela n'empêche pas, que si après avoir calculé l'équation finale avec les polynomes tels que nous les avions pris d'abord, on extrait ensuite le facteur e'', cela n'empêche pas, dis-je, que l'autre facteur ne soit la véritable équation finale. La véritable équation finale n'est dans le cas d'échapper à cette forme de polynomes-multiplicateurs, que lorsqu'avant de procéder au calcul, on a exprimé dans l'équation $d''x + e''y + f'' = 0$, la condition que $e'' = 0$; c'est-à-dire, quand on l'emploie comme $d''x + f'' = 0$.

Un raisonnement semblable s'applique au cas où l'on a $(ac') = 0$.

On voit donc que lorſque le facteur n'arrive qu'avec la dernière ligne, ſon uſage eſt de faire connoître que dans le cas où les coëfficiens des équations propoſées auroient la relation exprimée par l'équation que l'on auroit en égalant ce facteur à zéro, la forme adoptée pour les polynomes-multiplicateurs, ne peut convenir à ce cas, & qu'il faut en prendre une autre, ce qui eſt toujours facile.

(373.) Suppoſons maintenant qu'on demande l'équation réſultante de l'élimination de x & y, dans les trois équations ſuivantes

$$axy + bx + cy + d = 0,$$
$$a'xy + b'x + c'y + d' = 0,$$
$$a''xy + b''x + c''y + d'' = 0.$$

Je prendrai donc (359) tout ſimplement, pour polynomes-multiplicateurs, trois polynomes de la forme $(x^2, y^2)^4$.

Mais ſi nous appliquons à ce polynome les mêmes raiſonnemens qui ont été faits (359), nous verrons que nous pouvons en ſupprimer les dimenſions 4, 3 & 2; parce que chacun de leurs coëfficiens ſe trouveroit $= 0$. Donc le polynome-multiplicateur le plus ſimple, pour chaque équation, ſera de la forme $(x^1, y^1)^1$.

Préſentement, le nombre de coëfficiens inutiles eſt 1; parce qu'à l'aide des deux dernières équations, on peut toujours faire diſparoître un terme dans le premier polynome, & cela ſans en introduire de nouveaux *.

Multipliant donc chaque équation par un polynome de la forme $Ax + By + C$, & ajoutant les trois produits, j'aurai pour équation-ſomme une équation de cette forme

$$\begin{array}{llll} & Aax^2y & + Baxy^2 & = 0, \\ + Abx^2 & + Acxy & + Bcy^2 & \\ & + Bb & & \\ & + Ca & & \\ + Adx & + Bdy & & \\ + Cb & + Cc & & \\ + Cd & & & \end{array}$$

---

* Si on avoit pris la forme $(x^1, y^1)^2$ pour celle de chaque polynome-multiplicateur, on auroit trouvé, en raiſonnant comme on l'a fait (359), que cette forme peut être réduite à $(x^1, y^1)^1$ avec une équation arbitraire dans l'équation-ſomme, ce qui s'accorde avec ce que nous diſons actuellement.

Et à cauſe du coëfficient inutile, je forme l'équation arbitraire $Ac + A'c' + A''c'' = 0$, ou $Bb + B'b' + B''b'' = 0$, ou $Ca + C'a' + C''a'' = 0$, ou &c. Je m'arrête à la premiere; & j'obſerve qu'avec les deux équations que donneront les termes x^2y & x^2, dans leſquelles il n'entre auſſi que les coëfficiens A, A', A'', j'arriverai à la concluſion $A = 0, A' = 0, A'' = 0$. Je n'ai donc véritablement à calculer que la valeur de $BB'B''CC'C''$. Parcourant donc ſucceſſivement les termes xy^2, xy, y^2, x & y, & celui ſans x ni y, j'ai comme il ſuit :

Première ligne..... $aB'B''CC'C''$

Seconde ligne...... $(ab')B''CC'C'' + aB'B''aC'C''$

Troiſième ligne.... $(ab'c'')CC'C'' + (ac')B''aC'C''$

Quatrième ligne... $(ab'c'')bC'C' - (ac')B''(ab')C''$

Cinquième ligne... $(ab'c'').(bc')C'' - (ac'd'').(ab')C''$

en rejettant le terme où reſteroit B'' qui ne peut plus avoir d'influence ſur l'équation finale.

Sixième ligne..... $(ab'c'').(bc'd'') - (ac'd'').(ab'd'') = 0$,

c'eſt-là l'équation finale.

(374.) Si l'on ſuppoſe que a, b, c, d ſoient reſpectivement de 0, 1, 1 & 2 dimenſions en z; & qu'il en ſoit de même de $a', b', c' d'$, & de a'', b'', c'', d''; on voit donc que l'équation finale en z, ſera du degré $0 + 1 + 1 + 1 + 1 + 2$, c'eſt-à-dire, du degré 6. Or les trois équations propoſées, feroient, dans tout leur développement, de la forme $(x^1, y^1, z^2)^2 = 0$, leſquelles doivent en effet (62) conduire à une équation finale du degré 6.

(375.) Suppoſons à préſent trois équations de la forme

$$\begin{array}{l} ax^2 + bxy = 0, \\ + cx + dy \\ + e \end{array}$$

On peut prendre d'abord pour forme de chaque polynome-multiplicateur, le polynome $(x^4, y^2)^4$. Mais en raiſonnant comme il a été fait (349 & *ſuiv.*), on verra qu'on peut admettre la forme plus ſimple $(x^4, y)^4$, puis la forme encore plus ſimple $(x^2, y)^2$, & enfin $(x^2)^2$ la plus ſimple de toutes.

Le nombre des coëfficiens inutiles ſera zéro, parce qu'on ne pourroit entreprendre d'en exclure aucun, dans cette forme, ſans en introduire de nouveaux.

Concevons donc qu'on multiplie chaque équation, par un polynome de la forme $Ax^2 + Bx + C$, l'équation-ſomme ſera de la forme

$$\begin{array}{ll} Aax^4 & + Abx^3y = 0, \\ \\ + Acx^3 & + Adx^2y \\ + Ba & + Bb \\ \\ + Aex^2 & + Bdxy \\ + Bc & + Cb \\ + Ca & \\ \\ + Bex & + Cdy \\ + Cc & \\ \\ + Ce & \end{array}$$

On aura donc comme il ſuit :

emière ligne. . . . $aA'A''$

conde ligne. . . . $(ab')A''BB'B''$

oiſième ligne . . . $(ab'c'')BB'B'' - (ab')A''aB'B''$

atrième ligne. . . . $[(ab'c'')bB'B'' - (ab'd'')aB'B'' + (ab')A''(ab')B'']CC'C''$

nquième ligne. . . $[(ab'c'').(bc')B'' - (ab'd'').(ac')B'' + (ab'e'').(ab')B'']CC'C'' + [(ab'c'')bB'B' - (ab'd'')aB'B'']aC'C''$

En rejettant les termes où reſteroit A'' qui ne ſe trouvant plus dans les équations ſuivantes, ne peut plus avoir d'influence ſur l'équation finale.

ième ligne. . . . . $[(ab'c'').(bc'd'') - (ab'd'').(ac'd'') + (ab'e'').(ab'd'')]CCC'' + [(ab'c'').(bd')B'' - (ab'd'').(ad')B'']aC'C''$

$- [(ab'c'').(bc')B' - (ab'd'').(ac')B'' + (ab'e'').(ab')B'']bC'C''$

En rejettant les termes où reſteroit $B'B''$ qui ne peuvent plus avoir d'influence ſur l'équation finale.

tième ligne. . . . $[(ab'c'').(bc'd'') - (ab'd').(ac'd') + (ab'e'').(ab'd'')]cC'C'' + [(ab'c'').(bd'e'') - (ab'd'').(ad'e'')]aC'C''$

$- [(ab'c'').(bc'e'') - (ab'd').(ac'e') + (ab'e'').(ab'e'')]bC'C''$

En rejettant les termes où reſteroit B''.

Huitième ligne ... $[(ab'c'').(bc'd')-(ab'd'').(ac'd'')+(ab'e'').(ab'd'')](cd')C''+[(ab'c'').(bd'e')-(ab'd'').(ad'e'')](a$

$-[(ab'c').(bc'e'')-(ab'd'').(ac'e'')+(ab'e'').(ab'e'')](bd')C''$

Neuvième ligne ou équation finale

$$\left.\begin{array}{l}[(ab'c'').(bc'd'')-(ab'd'').(ac'd'')+[(ab'e').(ab'd'')].(cd'e')+[(ab'c'').(bd'e'')-(ab'd'').(ad'e')].(ad'e'') \\ -[(ab'c'').(bc'e'')-(ab'd'').(ac'e'')+(ab'e'').(ab'e'')].(bd'e'')\end{array}\right\}$$

Equation dégagée de tout facteur ſuperflu.

(376.) Si l'on ſuppoſe que les trois équations que juſqu'i nous avons miſes ſous la forme d'équations à deux inconnues, ſoie dans leur développement, de la forme $(x^2, y^1, z^2)^2 = 0$; on ſai par ce qui a été dit (62), que l'équation finale doit être du degr $8 - 1 = 7$; c'eſt auſſi ce que donne l'équation à laquelle no venons d'arriver; car alors les dimenſions de a, b, c, d, e ſo reſpectivement de 0, 0, 1, 1, 2; il en eſt de même d a', b', c', d', e', & de a'', b'', c'', d'', e'', d'où il eſt aiſé d conclure que chaque terme de l'équation finale ci-deſſus, comm

$$(ab'c'').(bc'd'').(cd'e''),$$

eſt de la dimenſion $0+0+1+0+1+1+1+1+2=7$

Si les trois équations en x, y & z ſont de la forme $[x,(y,z)^1]^2$ alors (131) l'équation finale doit être du quatrième degré. C'e auſſi ce que donne l'équation finale ci-deſſus; car alors $a, b, c, d,$ ſont, reſpectivement, des dimenſions 0, 0, 1, 0, 1; il en eſt d même de a', b', c', d', e', & de a'', b'', c'', d'', e''; donc chaque terme de l'équation finale ci-deſſus, eſt de la dimenſion $0+0+1+0+1+0+1+0+1=4.$

(377.) Nous avons (320 & 321) donné l'équation finale en x réſultante de trois équations, de la forme $[x,(y,z)^1]^2=0$; mais nous avons dit que l'équation finale en y ou en z, trouvée par la même méthode, offrant plus de complication, nous la donnerions ailleurs, par une méthode plus ſimple. L'équation finale ci-deſſus, la fournit la plus ſimple qu'il eſt poſſible.

En général, ſi les trois équations propoſées, ſont de la forme $[x,(y,z)^1]^t = 0$; en les mettant ſous la forme d'équations à deux inconnues, il ne s'agira, pour avoir l'équation en x, que de trouver l'équation de condition réſultante de ces trois équations

Équations

$$ay + bz + c = 0,$$
$$a'y + b'z + c' = 0,$$
$$a''y + b''z + c'' = 0,$$

qui est $(ab'c'') = 0$. Ainsi tant que deux des inconnues ne passeront ni ensemble ni séparément le premier degré, l'équation finale pour la troisième inconnue sera très-facile à déterminer.

Quant à l'équation finale par rapport à l'une ou à l'autre des deux autres inconnues, on mettra les équations sous cette forme

$$(x^t, y^1)^t = 0.$$

Alors raisonnant comme dans l'exemple précédent, on trouvera que pour arriver à l'équation finale, les polynomes-multiplicateurs les plus simples que l'on puisse employer, sont

$(x)^{t'+t''-2}$ pour la première équation,

$(x)^{t+t''-2}$ pour la seconde,

$(x)^{t+t'-2}$ pour la troisième;

c'est-à-dire, qu'ils ne seront fonction que d'une seule des deux inconnues.

(378.) Supposons actuellement que les trois équations proposées, mises sous la forme d'équations à deux inconnues, sont de cette forme $(x, y)^2 = 0$.

Le polynome-multiplicateur de chacune peut (350) être réduit à la forme $(x, y)^2$, & même (351) à la forme $(x^2, y^1)^2$, avec une équation arbitraire dans telle dimension que l'on voudra.

Concevons donc que les trois équations proposées sont de cette forme

$$\begin{aligned} &ax^2 + bxy + cy^2 = 0, \\ &+ dx + ey \\ &+ f \end{aligned}$$

& qu'on multiplie chacune par un polynome de cette forme

$$\begin{aligned} &Ax^2 + Bxy \\ &+ Dx + Ey \\ &+ F \end{aligned}$$

L'équation-ſomme ſera de la forme

$$\begin{array}{llllll}
 & Aax^4 & +\,Abx^3y & +\,Acx^2y^2 & +\,Bexy^3 & = 0, \\
 & & +\,Ba & +\,Bb & & \\
+ & Adx^3 & +\,Aex^2y & +\,Bexy^2 & +\,Ecy^3 & \\
+ & Da & +\,Bd & & & \\
 & & +\,Db & +\,Dc & & \\
 & & +\,Ea & +\,Eb & & \\
+ & Afx^2 & +\,Bfxy & +\,Ecy^2 & & \\
+ & Dd & +\,De & +\,Fc & & \\
+ & Fa & +\,Ed & & & \\
 & & +\,Fb & & & \\
+ & Dfx & +\,Efy & & & \\
+ & Fd & +\,Fe & & & \\
+ & Ff & & & &
\end{array}$$

Le nombre des coëfficiens inutiles étant 1, & ce coëfficient pouvant être pris dès la première dimenſion, je forme l'équation arbitraire $Ba + B'a' + B''a'' = 0$; je pourrois faire beaucoup d'autres ſuppoſitions, mais je préfére celle-ci qui eſt une des plus propres à ſimplifier le calcul.

La queſtion eſt donc réduite à calculer la valeur de

$$A\,A'\,A''\,B\,B'\,B''\,D\,D'\,D''\,E\,E'\,E''\,F\,F'\,F''.$$

Comme nous avons donné juſqu'ici un aſſez grand nombre d'exemples de la manière de faire ce calcul, nous ne le détaillerons pas pour l'exemple actuel : nous le pourſuivrons ſeulement juſqu'au calcul de la ligne qui manifeſtera le facteur de l'équation finale ; & nous donnerons ſeulement le réſultat du reſte du calcul.

Parcourant donc ſucceſſivement les équations fournies par les termes x^4, x^3y, l'équation $Ba + B'a' + b''a'' = 0$, & celles fournies par les termes x^2y^2 & xy^3, nous aurons comme il ſuit ;

Première ligne... $aA'A''$

Seconde ligne.... $(ab')A''BB'B''$

Troiſième lig... $-(ab')A''aB'B''$

Quatrième lig... $-(ab'c'')aB'B'' + (ab')A''(ab')B''$

Cinquième ligne.. $[-(ab'c'').(ac')B'' - (ab')A''(ab'c'')]DD'D''$, &c.

On voit donc que toutes les lignes ſuivantes auront pour

facteur commun la quantité $(ab'c'')$, laquelle ſera par conſéquent facteur de l'équation finale. Détachant donc, pour plus de ſimplicité, ce facteur, il reſte à calculer, à l'aide des termes x^3, x^2y, &c. la valeur de

$$-[(ac')B''+(ab')A'']DD'D''EE'E''FF'F''$$

que l'on trouvera donner l'équation finale ſuivante (A)

$$\left.\begin{array}{l}
[(ad'e'').[(ab'e')+(ac'd'')]-(ab'd').[(bd'e'')-(ac'f'')]-(ab'f'').(ab'e'')].[(bc'e'').(de'f'')+(bc'f'').(cd'f')] \\
+[(ab'c'').[(ab'f'')-(ad'e'')]+(ac'd'')^2-(ab'd').(bc'd'')].[(bd'f'').(ce'f'')-(cd'f')^2-(cd'e'')(de'f'')] \\
-[(ac'e'').[(ad'e'')-(ab'f')+(ac'd'').(ac'f')-(ab'd'').(cd'e'')].[(ac'e'').(de'f')+(ac'f'').(cd'f'')] \\
+[(ad'f'').[(ab'e'')+(ac'd')]-(ab'd').(bd'f')-(ab'f')^2].[(bc'd'').(cc'f'')-(bc'e'').(be'f')+(bc'f')^2] \\
-[(ac'e'').(ad'f'')-(ab'f'').(ac'f'')-(ab'd').(cd'f'')].[(ac'd'').(ce'f'')+(ac'f').(bc'f'')-(ac'e'').(be'f'')] \\
+[(ae'f'').[(ab'e'')+(ac'd'')]-(ac'f'').(ab'f'')-(ab'd').(be'f'')].[(ae'f'').(bc'e'')-(ac'f'').(bc'f'')] \\
+[(ac'e'').(ae'f'')-(ac'f'')^2-(ab'd').(ce'f'')][(ac'f'')^2-(ac'e'').(ae'f'')] \\
-[(ab'c'').(ae'f')+(ac'd').(ac'f'')-(ab'd'').(bc'f'')].[(ab'f').(ce'f'')+(cd'e'').(ae'f'')-(ac'f'').(cd'f')] \\
-(ab'c'').(ce'f'').[(ab'f'').(ae'f')-(ab'd').(de'f'')-(ac'f'').(ad'f')] \\
-(ad'f'').(ce'f'').[(ab'c'').(ac'f'')+(ac'd'').(ac'e'')-(ab'd'').(bc'e'')]
\end{array}\right\} = 0$$

c'eſt l'équation finale réſultante de trois équations à trois inconnues, quelque ſoit d'ailleurs le degré de ces trois équations, pourvu ſeulement que deux des inconnues n'y paſſent pas le ſecond degré.

(379.) Nous obſerverons, que dans le calcul de cette équation, lorſqu'on arrive à la huitième *ligne*, on trouve entre autres, les termes

$$(ab'e'').(ac')D''-(ac'e'').(ab')D''.$$

Au lieu de ces deux termes, nous avons ſubſtitué $(ab'c'').(ae')D''$, fondés ſur ce que (221) l'on a

$$(ac'e'').(ab')-(ab'e'').(ac')+(ab'c'').(ae')=0.$$

Cette ſubſtitution fait naître dans le calcul de la onzième ligne, le terme $(ab'c'').(ae'e'')$ qui n'étant autre choſe que

$$(ab'c'')[(ae'-a'e)e''-(ae''-a''e)e'+(a'e''-a''e')e]$$

eſt évidemment $=0$.

(380.) Si l'on ſuppoſe $c=c'=c''=0$; alors chaque quantité comme $(ab'c'')$, $(ac'd'')$, $(cd'e'')$, &c. dans laquelle entre c ou c' ou c'', sera $= 0$.

Concevons qu'on anéantisse d'abord dans l'équation (A) ci-dessus tous les termes où l'une quelconque des quantités c, ou c', ou c'', doit monter à plus d'une dimension : alors l'équation sera réduite à

$$\begin{aligned}&[(ad'e'').(ab'e'') - (ab'd'').(bd'e'') - (ab'f'').(ab'e'')].(bc'e'').(de'f'') = 0,\\ &- [(ad'f'').(ab'e'') - (ab'd'').(bd'f'') - (ab'f'')^2] (bc'e'').(be'f'')\\ &+ [(ae'f'').(ab'e'') - (ab'd'').(be'f'')].(ae'f'').(bc'e'')\end{aligned}$$

Maintenant il est clair que le premier membre de cette équation est zéro, par la supposition de $c = c' = c'' = 0$. Mais comme toute l'équation a pour facteur $(bc'e'')$, il est clair qu'on a aussi (B)

$$\begin{aligned}&[(ad'e'').(ab'e'') - (ab'd'').(bd'e'') - (ab'f'').(ab'e'')].(de'f'') = 0;\\ &- [(ad'f'').(ab'e'') - (ab'd'').(bd'f'') - (ab'f'')^2] \cdot (be'f'')\\ &+ [(ae'f'').(ab'e'') - (ab'd'').(be'f'')] \ (ae'f'')\end{aligned}$$

Equation qui en changeant d en c, e en d, f en e, revient entièrement à celle que nous avons donnée (375); & il est aisé de voir que cela doit être en effet.

(381.) Si dans l'équation (B) on suppose $a = a' = a'' = 0$, & qu'on anéantisse de même d'abord, les termes ou les quantités a, a', a'', doivent monter à plus d'une dimension, on aura

$$-(ab'd'').(bd'e'').(de'f'') + (ab'd'').(be'f'').(bd'f'') = 0,$$

ou, en supprimant le facteur $(ab'd'')$, on aura (C)

$$(be'f'').(bd'f'') - (bd'e'').(de'f'') = 0.$$

Equation qui est la même que celle que nous avons trouvée (373), en changeant b en a, d en b, e en c, & f en d; & cela doit être en effet.

(382.) Si dans l'équation (C) on suppose $b = b' = b'' = 0$, & qu'on supprime d'abord seulement le terme où b, b', b'' passeroient la première dimension, on aura $-(bd'e'').(de'f'') = 0$, ou supprimant le facteur $-(bd'e'')$, on aura $(de'f'') = 0$; c'est en effet l'équation de condition que donneroient les trois

équations

$$d x + e y + f = 0,$$
$$d' x + e' y + f' = 0,$$
$$d'' x + e'' y + f'' = 0.$$

(383.) Examinons présentement le facteur $(a b' c'')$ que nous avons trouvé dans le calcul de l'équation (A).

Ce facteur, ainsi que nous en avons déja prévenu, n'indique qu'une solution particulière, de la nature de celles que nous avons fait connoître (279 & 287).

En effet si l'on conçoit qu'à l'aide des deux dernières des trois équations proposées, on détermine les valeurs de y^2 & de xy, & qu'on les substitue dans la troisième pour en conclure la valeur de x^2, on trouvera

$$(a b' c'') x^2 + (b c' d'') x + (b c' e'') y + (b c' f'') = 0.$$

Concevons maintenant qu'on substitue cette valeur de x^2 dans l'une quelconque des trois équations proposées, je dis qu'elle satisfera à toutes les trois dans le cas où $(a b' c'') = 0$.

En effet, dans ce cas on a

$$(b c' d'') x + (b c' e'') y + (b c' f'') = 0;$$

& par conséquent $x^2 = \frac{0}{0}$; cette valeur substituée dans chacune des trois équations proposées, y satisfait donc; c'est donc une solution de la nature de celles que nous avons fait connoître (279 & 287).

(384.) Mais si $(a b' c'') = 0$, n'indique d'autre solution que celle que nous venons d'exposer, c'est en même temps (370) le signe que dans ce même cas de $(a b' c'') = 0$, on peut arriver à l'équation finale avec un moindre nombre de coëfficiens, puisque ce facteur s'est présenté, dans le calcul des lignes, avant qu'on soit arrivé à l'équation finale.

En effet, si en vertu de cette considération, on forme une nouvelle équation arbitraire; par exemple, l'équation $B b + B' b' + B'' b'' = 0$, outre l'équation arbitraire $B a + B' a' + B'' a'' = 0$, qu'on avoit formée lors de la ſolution générale ; on verra qu'avec l'équation fournie par le terme xy^3 de l'équation-ſomme, on ſera conduit à $B=0$, $B'=0$, $B''=0$; & ſi l'on procède au calcul de $AA'A''DD'D''EE'E''FF'F''$, on verra que quoiqu'on ait un coëfficient de moins qu'il ne reſte d'équations, néanmoins on ſatisfera à l'élimination, parce que des trois équations

$$Aa+A'a'+A''a''=0,\ Ab+A'b'+A''b''=0,\ Ac+A'c'+A''c''=0$$

que donneront les termes x^4, x^3y, x^2y^2, l'une a toujours lieu, quand on ſuppoſe $(ab'c'')=0$; ou ce qui revient au même, l'équation de condition, à laquelle elles conduiſent, eſt préciſément $(ab'c'')=0$.

Ainſi pour arriver à l'équation finale convenable à ce cas, avec le moindre nombre de coëfficiens poſſible, on prendroit trois polynomes-multiplicateurs de cette forme $Ax^2+Dx+Ey+F$, & en procédant au calcul des lignes, on omettroit l'une des trois équations

$$Aa+A'a'+A''a''=0,\ Ab+A'b'+A''b''=0,\ Ac+A'c'+A''c''=0.$$

Au reſte, nous examinerons plus généralement ce facteur, par la ſuite.

(385.) En terminant ce qui concerne les trois équations que nous venons de conſidérer, nous préviendrons ſur une apparence de ſolution plus ſimple qui pourroit peut-être s'offrir à quelques Lecteurs.

Si l'on conçoit qu'à l'aide des trois équations propoſées, on en forme trois autres, telles que chacune ne renferme qu'une ſeule des trois quantités x^2, xy & y^2, on aura les trois équations ſuivantes

$$(ab'c'')x^2+(bc'd'')x+(bc'e'')y+(bc'f'')=0,$$
$$(ab'c'')xy-(ac'd'')x-(ac'e'')y-(ac'f'')=0,$$
$$(ab'c'')y^2+(ab'd'')x+(ab'e'')y+(ab'f'')=0,$$

qui, dans le cas de $(ab'c'')=0$, deviennent ces trois autres

$$(bc'd'')x+(bc'e'')y+(bc'f'')=0,$$
$$(ac'd'')x+(ac'e'')y+(ac'f'')=0,$$
$$(ab'd'')x+(ab'e'')y+(ab'f'')=0,$$

d'où il sembleroit qu'on peut arriver à l'équation finale, dans ce cas de $(ab'c'')=0$, bien plus simplement que ci-dessus, puisqu'il ne s'agit que de substituer dans l'une de ces trois équations, les valeurs de x & y fournies par les deux autres.

Mais cette solution seroit illusoire, & conduiroit à une équation identique.

En effet, des deux premières, par exemple, on tire

$$[(bc'd'').(ac'e'')-(ac'd'').(bc'e'')]x+(bc'f'').(ac'e'')-(bc'e'').(ac'f'')=0.$$

Or il est facile de voir par les Théorêmes donnés (221), que

$$(bc'd'').(ac'e'')-(ac'd'').(bc'e'')=0,$$

$$\&\quad (bc'f'').(ac'e'')-(bc'e'').(ac'f'')=0.$$

Il en seroit de même pour l'équation qui donneroit la valeur de y. Il en seroit de même aussi en combinant la première de ces trois équations avec la troisième, ou la seconde avec la troisième. Donc de ces trois équations, l'une étant supposée avoir lieu, les deux autres n'en sont qu'une replique. Donc ces trois équations n'expriment rien de plus pour la question que ne le feroient deux d'entr'elles.

Réflexions sur le facteur qui affecte l'équation finale trouvée par la seconde méthode.

(386.) Dans la première méthode que nous avons donnée pour arriver à l'équation finale, il ne peut jamais se présenter de facteur qui puisse altérer le degré de l'équation finale. Le facteur ou les facteurs qui affecteront cette équation, ne peuvent jamais être que des fonctions des coëfficiens donnés des équations proposées: & ces facteurs ont, comme nous l'avons vu, l'usage important de faire connoître les cas où l'équation est susceptible d'abaissement.

Dans la seconde méthode, c'est-à-dire, lorsqu'on veut procéder à l'élimination, en donnant aux équations la forme nécessaire pour présenter une inconnue de moins qu'il n'y a d'équations, l'équation de condition à laquelle on arrive, est très-rarement sans facteur. Et comme les coëfficiens des différentes inconnues qu'on a à éliminer, ſont des fonctions de l'inconnue relativement à laquelle on cherche l'équation finale, le degré apparent de cette équation finale peut dans pluſieurs cas être différent du véritable.

Comme les calculs, par cette ſeconde méthode, ſont incomparablement plus courts que dans la première, l'inconvénient de rencontrer des facteurs ſuperflus, n'eſt pas aſſez grand pour faire renoncer aux avantages qu'elle préſente. Mais il eſt néceſſaire d'avoir des moyens de dégager l'équation finale, de ces facteurs, ſi comme il y a grande apparence, on ne peut eſpérer de les éviter généralement.

Nous avons déja dit (339), & nous prouverons par la ſuite, qu'on ne rencontrera jamais de ces ſortes de facteurs dans les équations à deux inconnues, miſes ſous la forme d'une ſeule inconnue. Mais il n'en eſt plus de même, lorſque le nombre des inconnues eſt au-delà de deux; & le facteur devient en général d'autant plus composé, tant pour ſa dimenſion, que pour le nombre des lettres qui y entrent, que le nombre des inconnues eſt plus conſidérable.

(387.) Il ſemble d'abord que puiſque par les méthodes données dans la première Partie de cet Ouvrage, on peut toujours ſavoir quel doit être le véritable degré de l'équation finale, il ne s'agit plus que de chercher dans l'équation finale donnée par la ſeconde méthode, les diviſeurs commenſurables; que le facteur ſuperflu ne peut manquer d'être l'un de ces diviſeurs commenſurables; & que ſon degré eſt déterminé par la différence entre le vrai degré que l'on ſait avoir lieu, & le degré apparent donné par la ſeconde méthode d'élimination.

Cela eſt vrai; mais la recherche du facteur ſuperflu, par une ſemblable méthode, conduiroit à des calculs infiniment plus pénibles que le calcul de l'élimination exécuté tout au long par la première méthode : & les avantages qu'on ſe propoſoit en employant la ſeconde, diſparoîtroient entiérement. Ajoutons que la méthode des diviſeurs commenſurables, n'eſt encore qu'une méthode de tatonnement, bien éloignée de pouvoir être de quelque uſage dans des quantités auſſi composées que celles dont il s'agit ici. Il eſt queſtion d'arriver à l'équation finale dégagée de tout facteur ſuperflu, non par un tatonnement incertain,

incertain, comme l'eſt la méthode des diviſeurs commenſurables, mais par un procédé aſſuré. En voici un qu'on peut employer généralement.

(388.) Dans le procédé que nous avons donné, nous avons toujours un certain nombre d'équations arbitraires à former, outre celles qui réſultent de l'anéantiſſement des termes de l'équation-ſomme. Comme ces équations arbitraires peuvent toujours être choiſies de pluſieurs manières différentes, il eſt clair que les variations, dans ce choix, introduiront des variations dans le facteur ſuperflu, par conſéquent dans l'équation finale apparente : en ſorte que cette dernière peut toujours être regardée comme compoſée de deux facteurs dont l'un qui eſt la véritable équation finale cherchée, ne varie pas avec les équations arbitraires; & l'autre au contraire qui eſt le facteur ſuperflu, varie avec ces équations arbitraires.

Il ſuit donc de-là que ſi après avoir calculé, ſelon le procédé de notre ſeconde méthode, l'équation finale apparente, on calcule de nouveau cette équation, par le même procédé, mais en changeant quelques-unes, ou l'une ſeulement des équations arbitraires, on aura deux équations finales apparentes, leſquels auront, pour facteur commun, l'équation finale véritable. Il ne ſera donc plus queſtion que de chercher le plus grand commun diviſeur de ces deux équations finales apparentes.

(389.) Mais comme le calcul de l'équation finale apparente, eſt déja par lui-même un travail aſſez conſidérable, il faut éviter, s'il eſt poſſible, la néceſſité de le faire une ſeconde fois. Or c'eſt ce que l'on peut toujours, en obſervant ce qui ſuit.

En procédant au calcul des *lignes* pour arriver à l'équation finale apparente, on formera une équation arbitraire de moins qu'on n'en a en tout à former; & l'on calculera juſqu'à la dernière ligne excluſivement, comme ſi cette équation arbitraire n'avoit pas lieu.

Pour procéder au calcul de la dernière ligne, c'eſt-à-dire, de l'équation finale apparente, on formera alors la dernière équation arbitraire; mais on la formera de deux manières, & employant ſucceſſivement chacune de ces deux équations arbitraires, pour le calcul de la dernière ligne, on aura les deux équations finales apparentes, dont la véritable équation finale est facteur commun.

(390.) Par exemple, dans le calcul que nous avons fait (378) de l'équation finale résultante de trois équations de cette forme $(x, y)^2 = 0$, nous avons pris pour équation arbitraire, l'équation $Ba + B'a' + B''a'' = 0$, mais nous l'avons employée dès la troisième *ligne*.

Mais si le facteur que nous avons vu être $(ab'c'')$, ne se présentoit pas dans le cours du calcul aussi facilement que nous l'avons vu, je procéderois au calcul des lignes en parcourant successivement les termes $x^4, x^3y, x^2y^2, xy^3, x^3, x^2y$, &c. jusqu'à l'avant dernière ligne inclusivement, & sans avoir aucunement égard à l'équation arbitraire.

Arrivé à ce terme, j'emploierois l'équation arbitraire $Ba + B'a' + B''a'' = 0$ pour avoir une première équation finale apparente ; puis j'emploierois avec la même avant-dernière *ligne*, une autre équation arbitraire, pour avoir la seconde équation finale apparente. Alors il est évident qu'au lieu de faire deux fois tout le calcul nécessaire pour arriver à l'équation finale apparente, on ne fait qu'ajouter au calcul de l'équation finale apparente, le calcul d'une nouvelle *ligne*.

(391.) Mais pour ne pas tomber dans l'inconvénient de donner à la seconde équation finale apparente, le même facteur qu'avoit la première, il ne suffira pas toujours de former, pour le calcul de chaque dernière ligne, une équation arbitraire différente. Par exemple, si dans l'exemple que nous venons de citer, je prenois pour seconde équation arbitraire $Bb + B'b' + B''b'' = 0$; la seconde équation finale apparente auroit le même facteur que la première; & par conséquent ce moyen ne seroit pas propre à procurer l'équation finale dégagée de son facteur.

Mais on préviendra toujours facilement cet inconvénient, en prenant cette équation arbitraire, dans l'une quelconque des dimensions inférieures de l'équation-somme. Ainsi dans l'exemple dont il s'agit, je prendrois, pour équation arbitraire servant au calcul de la seconde équation finale apparente, l'équation

$$Be + B'e' + B''e'' = 0.$$

Moyens de reconnoître quels sont les coëfficiens des équations proposées, qui peuvent seuls faire partie du facteur de l'équation finale apparente.

(392.) Quoique la méthode que nous venons de présenter pour avoir le facteur de l'équation finale, ou plutôt pour avoir l'équation finale dégagée de ce facteur, puisse toujours être employée avec succès, néanmoins on conçoit qu'il y auroit beaucoup d'avantage à pouvoir déterminer ce facteur indépendamment des opérations que cette méthode exige. Les vues que nous allons proposer, nous paroissent propres à répandre du jour sur cet objet; & comme elles peuvent d'ailleurs avoir quelque utilité dans d'autres recherches analytiques, nous croyons bien faire en les exposant ici.

(393.) Comme une partie de ce que nous allons dire, suppose la détermination de l'expression du nombre des termes du polynome $[u, (x \ldots n-1)^B \ldots n]^T$, nous pourrions nous contenter de donner ici cette expression, & renvoyer aux méthodes que nous avons exposées dans la première Partie, pour trouver l'expression du nombre des termes d'un polynome quelconque. Mais ce nouvel exemple de la manière d'appliquer les méthodes données dans le premier Livre, ne sera pas superflu. Nous allons donc d'abord donner la manière de trouver cette expression, & donner cette expression elle-même.

(394.) Nous avons trouvé (75) l'expression du nombre des termes du polynome $[(u^A, x^A)^B, y \ldots n]^T$. Si, dans cette expression, on fait $A = A = B$, on aura

$$N[(u, x)^B, y \ldots n]^T = N(u \ldots n)^T - N(u \ldots n)^{T-B-1} - N(u \ldots n)^{T-B-1}$$
$$+ N(u \ldots n)^{T-B-2} - N(u)^{B-1} \times N(u \ldots n-1)^{T-B-1}.$$

Mais comme

$$N(u \ldots n)^{T-B-1} - N(u \ldots n)^{T-B-2} = N(u \ldots n-1)^{T-B-1},$$

on aura pour expression plus réduite,

$$N[(u,x)^B, y\ldots n]^T, \text{ ou } N[u,(x\ldots 2)^B\ldots n]^T$$

$$= N(u\ldots n)^T - N(u\ldots n)^{T-B-1} - N(u)^B \times N(u\ldots n-1)^{T-B-1}.$$

Maintenant pour avoir l'expression de $N[u\ldots(x\ldots 3)^B\ldots n]^T$, je conçois ce polynome ordonné par rapport à l'une des trois lettres x, y, z qui entrent dans l'expression $(x\ldots 3)^B$; par rapport à z, par exemple : & prenant s pour l'exposant de z dans un terme quelconque, chaque terme sera de la forme $z^s[u\ldots(x\ldots 2)^{B-s}\ldots n-1]^{T-s}$. Il s'agira donc de sommer $N[u\ldots(x\ldots 2)^{B-s}\ldots n-1]^{T-s}$ depuis $s=0$, jusqu'à $s=B$.

Or on a, selon ce qu'on vient d'exposer,

$$N[u\ldots(x\ldots 2)^{B-s}\ldots n-1]^{T-s} = N(u\ldots n-1)^{T-s} - N(u\ldots n-1)^{T-B-1}$$

$$- N(u)^{B-s} \times N(u\ldots n-2)^{T-B-1},$$

dont la somme (70) depuis $s=0$, jusqu'à $s=B$, est

$$N(u\ldots n)^T - N(u\ldots n)^{T-B-1} - N(u)^B \times N(u\ldots n-1)^{T-B-1}$$

$$- N(u\ldots 2)^B \times N(u\ldots n-2)^{T-B-1}.$$

(395.) Pour passer de cette expression à celle de $N[u\ldots(x\ldots 4)^B\ldots n]^T$, on concevra de même, ce polynome ordonné par rapport à l'une quelconque des quatre lettres qui ne doivent pas passer la dimension B; Supposons que ce soit z, par exemple, & concevant le polynome ordonné par rapport à z, un terme quelconque de ce polynome pourra être représenté par $z^s[u\ldots(x\ldots 3)^{B-s}\ldots n-1]^{T-s}$. Il s'agit donc de sommer $N[u\ldots(x\ldots 3)^{B-s}\ldots n-1]^{T-s}$ depuis $s=0$, jusqu'à $s=B$.

Or selon ce qu'on vient de trouver, on a

$$N[u\ldots(x\ldots 3)^{B-s}\ldots n-1)^{T-s} = N(u\ldots n-1)^{T-s} - N(u\ldots n-1)^{T-B-1}$$

$$- N(u)^{B-s} \times N(u\ldots n-2)^{T-B-1} - N(u\ldots 2)^{B-s} \times N(u\ldots n-3)^{T-B-1},$$

dont la somme depuis $s = 0$, jusqu'à $s = B$, est

$$N(u\ldots n)^{T} - N(u\ldots n)^{T-B-1} - N(u)^{B} \times N(u\ldots n-1)^{T-B-1}$$

$$- N(u\ldots 2)^{B} \times N(u\ldots n-2)^{T-B-1} - N(u\ldots 3)^{B} \times N(u\ldots n-3)^{T-B-1};$$

Donc en général

$$N[u\ldots(x\ldots n-)^{B}\ldots n]^{T} = N(u\ldots n)^{T} - N(u\ldots n)^{T-B-1}$$

$$- N(u\ldots 1)^{B} \times N(u\ldots n-1)^{T-B-1}$$

$$- N(u\ldots 2)^{B} \times N(u\ldots n-2)^{T-B-1} - N(u\ldots 3)^{B} \times N(u\ldots n-3)^{T-B-1}$$

$$- N(u\ldots 4)^{B} \times N(u\ldots n-4)^{T-B-1} \ldots - N(u\ldots n-2)^{B} \times N(u\ldots 2)^{T-B-1}.$$

(396.) Donc & d'après tout ce qui a été dit dans le Livre premier, si l'on a un nombre n d'équations de la forme $[u\ldots(x\ldots n-1)^{b}]^{t} = 0$, renfermant un pareil nombre d'inconnues, on aura le degré de l'équation finale résultante de l'élimination de $n-1$ de ces inconnues, en différenciant n fois de suite la quantité

$$N(u\ldots n)^{T} - N(u\ldots n)^{T-B-1} - N(u)^{B} \times N(u\ldots n-1)^{T-B-1}$$

$$- N(u\ldots 2)^{B} \times N(u\ldots n-2)^{T-B-1} - N(u\ldots 3)^{B} \times N(u\ldots n-3)^{T-B-1} \ldots$$

$$\ldots - N(u\ldots n-2)^{B} \times N(u\ldots 2)^{T-B-1},$$

& faisant varier successivement T de t, t', t'', t''', &c. & B de b, b', b'', b''', &c.

(397.) Ainsi, par exemple, pour deux équations on aura

$$D = tt' - (t-b).(t'-b')$$

Pour trois équations, on aura

$$D = tt't'' - (t-b).(t'-b').(t''-b'') - b(t'-b').(t''-b'') - b'(t-b).(t''-b'') - b''(t-b).(t'-b');$$

Pour quatre équations, on aura

$$D = tt't''t''' - (t-b).(t'-b').(t''-b'').(t'''-b''') - b(t'-b').(t''-b'').(t'''-b''') - b'(t-b).(t''-b'').(t'''-b''')$$

$$- b''(t-b).(t'-b').(t'''-b''') - b'''(t-b).(t'-b').(t''-b'') - bb'(t''-b'').(t'''-b''') - bb'(t'-b').(t'''-b''')$$

$$- bb'''(t'-b').(t''-b'') - b'b''(t-b).(t'''-b''') - b'b'''(t-b).(t''-b'') - b'b''(t-b).(t'-b');$$

& ainsi de suite.

(398.) C'est par la comparaison avec ces formules que nous pourrons estimer la différence entre le degré auquel l'équation finale pourra monter par la méthode actuelle d'élimination, & celui auquel elle doit véritablement monter : & cette différence, ainsi qu'on le verra, fera connoître la dimension du facteur de l'équation finale, & quels sont les coëfficiens littéraux qui peuvent seuls entrer dans ce facteur.

(399.) Après avoir déterminé, comme nous venons de le faire (397), le degré de l'équation finale résultante d'un nombre quelconque d'équations de la forme $[u\ldots(x\ldots n-1)^b\ldots n]^t=0$, supposons que ces équations mises sous la forme d'équations à $n-1$ inconnues, soient des équations complettes ; alors u étant l'inconnue relativement à laquelle on veut avoir l'équation finale, les coëfficiens des inconnues x, y, z, &c. qu'il s'agit d'éliminer, seront des fonctions de u, & de quantités connues ; & ces fonctions de u étant respectivement représentées, pour leur dimension dans la plus haute dimension de chaque équation, par p, p', p'', &c. seront en général des dimensions $p+q-1$, $p'+q-1$, $p''+q-1$, &c. dans les dimensions du numéro q, à compter de la plus haute dimension de chaque équation.

Par exemple, dans trois équations de cette forme

$$\begin{array}{llll} a x^3 + b x^2 y & + c x y^2 & + d y^3 = 0, \\ + e x^2 + f x y & + g y^2 & \\ + h x \quad k y & & \\ + l & & \end{array}$$

$$\begin{array}{lll} e' x^2 + f' x y & + g' y^2 = 0; \\ + h' x + k' y & \\ + l' & \end{array}$$

$$\begin{array}{l} h'' x + k'' y = 0, \\ + l'' \end{array}$$

Si a, b, c, d sont de la dimension p ; e', f', g', de la dimension p' ; h'', k'', de la dimension p'' ; alors e, f, g seront de la dimension $p+1$; h', k' de la dimension $p'+1$; h & k seront de la dimension $p+2$; l' sera de la dimension $p'+2$; & enfin l sera de la dimension $p+3$.

Pareillement, ſi les coëfficiens indéterminés de la plus haute dimenſion des polynomes-multiplicateurs ſont reſpectivement des dimenſions P, P', P'', &c. ceux de la dimenſion du numéro Q (toujours en comptant depuis la plus haute) ſeront reſpectivement de la dimenſion $P+Q-1$, $P'+Q'-1$, $P''+Q''-1$, &c.

(400.) Donc, ſi dans une dimenſion de numéro quelconque K de l'équation-ſomme, on veut ſavoir quelle ſera la dimenſion du coëfficient déterminé qui affecte le coëfficient indéterminé de la dimenſion du numéro Q ou Q' ou Q'' de l'un des polynomes-multiplicateurs; ſi l'on appelle r cette dimenſion, on aura $r+P+Q-1=P+p+K-1$, & par conſéquent $r=p+K-Q$; d'où il ſuit que ſi K eſt plus petit que Q, le coëfficient indéterminé dont il s'agit, ne ſe trouvera pas dans la dimenſion du numéro K de l'équation-ſomme. Mais ſi, pour d'autres conſidérations on peut ſe permettre de feindre qu'il y eſt, il ſera cenſé avoir pour coëfficient déterminé, une quantité de la dimenſion $p+K-Q$. On trouvera de même pour réponſe à Q', Q'', &c. $r=p'+K-Q'$, $r=p''+K-Q''$, &c.

(401.) Cela poſé, rappellons-nous que pour arriver à l'équation finale, nous formons d'abord le produit de tous les coëfficiens indéterminés reſtans dans les polynomes-multiplicateurs. Que parcourant enſuite toutes les équations fournies tant par l'anéantiſſement des termes de l'équation-ſomme, que par les équations arbitraires dont nous avons enſeigné la néceſſité & l'uſage, nous échangeons ſucceſſivement chaque coëfficient indéterminé contre le coëfficient déterminé qui l'affecte dans l'équation ſur laquelle on opère.

Il ſuit donc delà qu'un terme quelconque de l'équation finale ne peut manquer d'être le produit d'autant de coëfficiens déterminés, qu'il reſte de coëfficiens indéterminés dans tous les polynomes-multiplicateurs.

(402.) D'ailleurs la dimenſion de chaque coëfficient déterminé formant, dans chaque équation, toujours une même quantité avec le produit ou la puiſſance des inconnues dont il eſt coëfficient; & la même choſe ayant lieu pour chaque coëfficient indéterminé de chaque polynome-multiplicateur; il eſt facile d'appercevoir que dans chaque terme de l'équation finale, la dimension totale que formeront intrinséquement les coëfficiens déterminés qui, par leur produit, composent ce terme, sera constamment la même pour chaque terme. C'est-à-dire, que chaque terme de l'équation finale sera non-seulement le produit d'un même nombre de coëfficiens déterminés ; mais encore la somme des dimensions particulières de tous ces coëfficiens, sera constamment la même dans chaque terme de l'équation finale.

Il n'est donc plus question que de déterminer pour l'un quelconque des termes de l'équation finale, quelle est sa dimension totale intrinséque ; & ce sera le degré auquel la méthode actuelle d'élimination élevera l'inconnue relativement à laquelle on calcule l'équation finale.

(403.) Prenons d'abord les équations à deux inconnues, mises sous la forme d'équations à une seule inconnue.

Soient A, B, C, D, &c.

A', B', C', D', &c.

les coëfficiens indéterminés des deux polynomes-multiplicateurs que nous avons vu (346) devoir être de la forme

$$(x \ldots 1)^{t'-1}, \ (x \ldots 1)^{t-1}.$$

Concevant qu'on ait formé le produit $AA'BB'CC'DD'$, &c. & que pour la formation de l'équation finale, on parcourre successivement les équations

$$Aa + A'a' = 0, \ Ab + A'b' + Ba + B'a' = 0, \ \&c.$$

comme il ne s'agit ici que d'avoir un seul terme quelconque de l'équation finale, on peut se borner dans l'usage de chacune de ces équations, à l'échange d'un seul coëfficient indéterminé contre son coëfficient déterminé.

Supposons ce que l'on peut toujours faire, $t' < t$.

Concevons donc que j'échange successivement A, B, C, D, &c. chacun contre son coëfficient déterminé, en employant successivement les équations fournies par les dimensions $t+t'-1$, $t+t'-2$, $t+t'-3$ de l'équation-somme. D'après ce qui a été dit (400), les dimensions des coëfficiens déterminés qu'on substituera pour échange, seront chacune $= p$. Et puisque les coëfficiens

coëfficiens A, B, C, D ſont au nombre de t', il en réſultera donc une dimenſion totale $= pt'$.

Si à compter de la dimenſion $t - 1$ de l'équation-ſomme, à laquelle nous ſommes arrivés actuellement, on échange ſucceſſivement $A' B' C' D'$, &c. chacun contre ſon coëfficient déterminé, on verra (400) que les dimenſions des coëfficiens déterminés qu'on ſubſtituera pour échange, ſeront chacune $= p' + t'$; & puiſque leur nombre eſt t, il en réſultera donc une dimenſion totale $= p't + tt'$.

Donc la dimenſion totale de chaque terme de l'équation finale, ſera $tt' + p't + pt'$.

Mais d'après ce qui a été dit (397), & en faiſant attention que ce que nous y avons appellé t eſt ici $t + p$; ce que nous avons appellé t' eſt ici $t' + p'$; & que ce que nous avons appellé b & b', eſt ici t & t'; on a pour le degré de l'équation finale, la quantité

$$D = (t + p).(t' + p') - (t + p - t).(t' + p' - t') = tt' + p't + pt';$$

c'eſt-à-dire, la même que par la méthode actuelle d'élimination.

(404.) Donc la méthode actuelle d'élimination ne change rien au degré de l'équation finale, pour les équations à deux inconnues; donc elle n'introduit aucun facteur.

(405.) Venons aux équations à trois inconnues, miſes ſous la forme d'équations à deux inconnues.

t, t', t'' étant les degrés de ces équations, le polynome-multiplicateur de la première (350) ſera donc

$$\text{de la forme...} \ (x \ldots 2)^{t' + t'' - 2},$$

$$\text{celui de la ſeconde, de la forme...} \ (x \ldots 2)^{t + t'' - 2},$$

$$\text{celui de la troiſième, de la forme...} \ (x \ldots 2)^{t + t' - 2}.$$

Et cette forme donnera un nombre d'équations arbitraires

$$= N(x \ldots 2)^{t - 2} + N(x \ldots 2)^{t' - 2} + N(x \ldots)^{t'' - 2}$$

à former dans l'équation-ſomme.

Savoir, dans la dimenſion numéro 1 à compter de la plus

haute, un nombre

$$= N(x \ldots 1)^{t-2} + N(x \ldots 1)^{t'-2} + N(x \ldots 1)^{t''-2}.$$

Dans la dimenſion numéro 2, un nombre

$$= N(x \ldots 1)^{t-3} + N(x \ldots 1)^{t'-3} + N(x \ldots 1)^{t''-3};$$

& ainſi de ſuite.

Cette forme des polynomes-multiplicateurs, eſt encore, ainſi que nous l'avons vu (351 & *ſuiv.*), ſuſceptible de réduction relativement aux expoſans particuliers de x & y, leſquels peuvent être au-deſſous de $t' + t'' - 2$ &c. Mais comme cette conſidération nous conduiroit à trop de détails, nous laiſſerons à cette forme toute cette généralité. Tout ce qui en réſultera, c'eſt que quand on prendra une forme plus ſimple, le facteur dont il s'agit, ſera d'une dimenſion moindre que celle que nous allons déterminer; mais nous verrons que connoiſſant la dimenſion du facteur dans la forme générale, on connoîtra toujours celle qu'aura le facteur, lorſque les polynomes-multiplicateurs ſeront pris d'une forme plus ſimple.

(406.) Au lieu donc de concevoir qu'on ait égalé à zéro les coëfficiens indéterminés des termes que l'on peut faire perdre aux polynomes-multiplicateurs, nous concevrons qu'on détermine ces coëfficiens par d'autres équations arbitraires quelconques; mais en formant ces équations arbitraires en auſſi grand nombre qu'il eſt poſſible d'en former dans chaque dimenſion de l'équation-ſomme, ſans en attribuer à aucune dimenſion inférieure, de celles qui pourroient leur être attribuées comme réſervées ſur les dimenſions ſupérieures.

Nous ſuppoſons, en même temps, ces équations arbitraires formées comme nous l'avons fait juſqu'ici, c'eſt-à-dire, de manière que tous les coëfficiens analogues s'y trouvent. Par exemple, ſi le coëfficient total d'un terme quelconque de l'équation-ſomme eſt

$$Ac + A'c' + A''c'' + Bb + B'b' + B''b'' + Ca + C'a' + C''a'',$$

& qu'il y ait lieu à former une équation arbitraire de partie de ce terme, nous prendrons

$$Ac + A'c' + A''c'' = 0, \text{ ou } Bb + B'b' + B''b'' = 0, \text{ ou } Ca + C'a' + C''a'' = 0,$$

$$\text{ou } Bb + B'b' + B''b'' + Ca + C'a' + C''a'' = 0,$$

ou &c. pour cette équation arbitraire ; mais nous ne prendrons point, par exemple, $Bb + B'b' = 0$. Non que cela ne ſoit pas permis; mais puiſque des raiſons de ſymmétrie & de facilité nous ont déterminé juſqu'ici à former les équations arbitraires de la manière dont il eſt queſtion, nous devons faire la même ſuppoſition tacite pour connoître la nature du facteur.

(407.) Cela poſé, concevons que l'on ait $t > t' > t''$, (ſuppoſition que l'on peut toujours faire), & que nous employons ſucceſſivement dans chaque dimenſion de l'équation-ſomme, ſur toutes les équations tant celles fournies par l'anéantiſſement des termes, que celles que nous appellons arbitraires; concevons, dis-je, que ſur toutes ces équations, nous en employons un nombre égal à celui des termes de chaque dimenſion du premier polynome-multiplicateur; & que nous faiſons ſucceſſivement l'échange de chaque coëfficient indéterminé de ce polynome, contre ſon coëfficient déterminé dans l'équation ſur laquelle on opère.

Il eſt facile de voir (400) que ſi q eſt le numéro de la dimenſion de l'équation-ſomme à laquelle cette équation appartient, le coëfficient indéterminé d'un terme quelconque de même numéro du premier polynome-multiplicateur, y aura pour coëfficient déterminé une quantité de la dimenſion p. Ainſi, lorſqu'on aura échangé ſucceſſivement tous les coëfficiens indéterminés du premier polynome-multiplicateur, leſquels ſont au nombre de $N(x\ldots 2)^{t'+t''-2}$ le produit des coëfficiens déterminés qui les remplaceront, ſera de la dimenſion
$pN(x\ldots 2)^{t'+t''-2}$.

(408.) Par un raiſonnement ſemblable, on verra que lorſqu'on aura échangé ſucceſſivement tous les coëfficiens indéterminés du ſecond polynome-multiplicateur, leſquels ſont au nombre de $N(x\ldots 2)^{t+t''-2}$, le produit des coëfficiens déterminés qui les remplaceront, ſera de la dimenſion
$p'N(x\ldots 2)^{t+t''-2}$.

(409.) Mais comme la plus haute dimenſion, & pluſieurs des dimenſions ſuivantes de l'équation-ſomme ne fourniſſent pas aſſez d'équations pour déterminer les coëfficiens des termes des dimensions de même numéro dans le troisième polynome-multiplicateur, il faut présentement examiner combien, dans chaque dimension de l'équation-somme, il reste d'équations à employer.

(410.) L'examen, dans lequel nous allons entrer, présente deux cas généraux; savoir $t' + t'' - t > 0$, & $t' + t'' - t < 0$. Prenons d'abord le premier cas.

A compter de la plus haute dimension de l'équation-somme, & pendant un certain nombre de dimensions consécutives, la dimension de numéro q de l'équation-somme fournit un nombre d'équations $= (x \ldots 1)^{t+t'+t''-1-q}$.

Le nombre des équations arbitraires, dans cette même dimension, est

$$N(x \ldots 1)^{t-1-q} + N(x \ldots 1)^{t'-1-q} + N(x \ldots 1)^{t''-1-q};$$

en sorte que dans la dimension de numéro q de l'équation-somme, on a un nombre total d'équations

$$= N(x \ldots 1)^{t+t'+t''-1-q} + N(x \ldots 1)^{t-1-q} + N(x \ldots 1)^{t'-1-q} + N(x \ldots 1)^{t''-1-q}.$$

Mais sur ce nombre d'équations, les coëfficiens des dimensions de même numéro des deux premiers polynomes-multiplicateurs en ont employé un nombre

$$= N(x \ldots 1)^{t'+t''-1-q} + N(x \ldots 1)^{t+t''-1-q};$$

donc dans la dimension de numéro q de l'équation-somme, il ne reste à employer qu'un nombre d'équations

$$= N(x \ldots 1)^{t+t'+t''-1-q} + N(x \ldots 1)^{t-1-q} + N(x \ldots 1)^{t'-1-q} + N(x \ldots 1)^{t''-1-q} - N(x \ldots 1)^{t'+t''-1-q} - N(x \ldots 1)^{t+t''-1-q} = t + t' - 2q:$$

& le nombre des coëfficiens de la dimension de même numéro du 3me polynome-multiplicateur, est $N(x \ldots 1)^{t+t'-1-q} = t + t' - q$.

Ce raisonnement peut avoir lieu depuis $q = 1$, jusqu'à $q = t''$.

Supposons à présent $q = t'' + q'$; alors le nombre des équations restantes aura pour expression

$$N(x \ldots 1)^{t+t'-1-q'} + N(x \ldots 1)^{t-t''-1-q'} + N(x \ldots 1)^{t'-t''-1-q'} - N(x \ldots 1)^{t'-1-q'} - N(x \ldots 1)^{t-1-q'} = t + t' - 2t'' - q';$$

& le nombre correſpondant des coëfficiens du troiſième polynome-multiplicateur, ſera $N(x\ldots 1)^{t+t'-t''-1-q'} = t + t' - t'' - q'$.

Ces expreſſions auront lieu depuis $q' = 1$, juſqu'à $q' = t' - t''$.

Faiſons donc $q' = t' - t'' + q''$; alors le nombre des équations reſtantes ſera

$$N(x\ldots 1)^{t+t''-1-q''} + N(x\ldots 1)^{t-t'-1-q''} - N(x\ldots 1)^{t''-1-q''}$$
$$- N(x\ldots 1)^{t+t''-t'-1-q''} = t - t'';$$

& le nombre correſpondant des coëfficiens du troiſième polynome-multiplicateur, ſera $N(x\ldots 1)^{t-1-q''} = t - q''$.

Ces expreſſions auront lieu depuis $q'' = 1$, juſqu'à $q'' = t - t'$.

Faiſons $q'' = t - t' + q'''$; le nombre des équations reſtantes ſera

$$N(x\ldots 1)^{t'+t''-1-q'''} - N(x\ldots 1)^{t'+t''-t-1-q'''} - N(x\ldots 1)^{t''-1-q'''} = t - t'' + q''';$$

& le nombre correſpondant des coëfficiens du troiſième polynome-multiplicateur, ſera $N(x\ldots 1)^{t'-1-q'''} = t' - q'''$.

Ces expreſſions auront lieu depuis $q''' = 1$, juſqu'à $q''' = t' + t'' - t$.

Suppoſons donc $q''' = t' + t'' - t + q^{\text{IV}}$; le nombre des équations reſtantes deviendra

$$N(x\ldots 1)^{t-1-q^{\text{IV}}} - N(x\ldots 1)^{t-t'-1-q^{\text{IV}}} = t';$$

& le nombre correſpondant des coëfficiens du troiſième polynome-multiplicateur, ſera $N(x\ldots 1)^{t-t''-1-q^{\text{IV}}} = t - t'' - q^{\text{IV}}$.

Ces expreſſions auront lieu depuis $q^{\text{IV}} = 1$, juſqu'à $q^{\text{IV}} = t - t'$.

Faiſons $q^{\text{IV}} = t - t' + q^{\text{V}}$; le nombre des équations reſtantes ſera $N(x\ldots 1)^{t'-1-q^{\text{V}}} = t' - q^{\text{V}}$; & le nombre correſpondant des coëfficiens du troiſième polynome-multiplicateur, ſera $N(x\ldots 1)^{t'-t''-1-q^{\text{V}}} = t' - t'' - q^{\text{V}}$.

Ces expreſſions auront lieu depuis $q^{\text{V}} = 1$, juſqu'à $q^{\text{V}} = t' - t''$.

Faiſons $q^{\text{V}} = t' - t'' + q^{\text{VI}}$; le nombre des équations reſtantes devient $N(x\ldots 1)^{t''-1-q^{\text{VI}}} = t'' - q^{\text{VI}}$; & le nombre correſpondant des coëfficiens du troiſième polynome-multiplicateur, est zéro ; & cela a lieu depuis $q^{VI} = 1$, jusqu'à $q^{VI} = t''$, où l'équation-somme est épuisée.

Comme l'emploi que nous aurons à faire de ces différentes expressions, exige qu'on en compare plusieurs à la fois, nous les rassemblons ici, pour plus de commodité, dans le Tableau suivant.

Depuis $q = 1$, *jusqu'à* $q = t''$.

Nombre des Equations.		Nombre des Coëfficiens.
$t + t' - 2q$		$t + t' - q$
	Depuis $q' = 1$, jusqu'à $q' = t' - t''$	
$t + t' - 2t'' - q'$		$t + t' - t'' - q'$
	Depuis $q'' = 1$, jusqu'à $q'' = t - t'$	
$t - t''$		$t - q''$
	Depuis $q''' = 1$, jusqu'à $q''' = t' + t'' - t$	
$t - t'' + q'''$		$t' - q'''$
	Depuis $q^{IV} = 1$, jusqu'à $q^{IV} = t - t'$	
t'		$t - t'' - q^{IV}$
	Depuis $q^{V} = 1$, jusqu'à $q^{V} = t' - t''$	
$t' - q^{V}$		$t' - t'' - q^{V}$
	Depuis $q^{VI} = 1$, jusqu'à $q^{VI} = t''$	
$t'' - q^{VI}$		0

(411.) Examinons présentement le cas de $t' + t'' - t < 0$.

On aura, comme ci-devant, $t + t' - 2q$ pour le nombre des équations restantes dans la dimension de numéro q de l'équation-somme, & $t + t' - q$ pour le nombre correspondant des coëfficiens du troisième polynome-multiplicateur ; & cela depuis $q = 1$, jusqu'à $q = t''$.

Faisant $q = t'' + q'$, on aura

$$N(x\ldots 1)^{t+t'-1-q'} + N(x\ldots 1)^{t-t''-1-q'} + N(x\ldots 1)^{t'-t''-1-q'}$$
$$- N(x\ldots 1)^{t'-1-q'} - N(x\ldots 1)^{t-1-q'},$$

ou $t + t' - 2t'' - q'$ pour le nombre des équations restantes ; & $N(x\ldots 1)^{t+t'-t''-1-q'}$ ou $t + t' - t'' - q'$ pour le nombre correspondant des coëfficiens du troisième polynome-multiplicateur ; & cela depuis $q' = 1$, jusqu'à $q' = t' - t''$.

Faisant $q' = t' - t'' + q''$, on aura

$$N(x\ldots 1)^{t+t''-1-q''} + N(x\ldots 1)^{t-t'-1-q''} - N(x\ldots 1)^{t''-1-q''} - N(x\ldots 1)^{t+t''-t'-1-q''}$$

ou $t - t''$ pour le nombre des équations restantes ; & $N(x\ldots 1)^{t-1-q''}$ ou $t - q''$ pour le nombre correspondant des coëfficiens du troisième polynome-multiplicateur ; & cela depuis $q'' = 1$, jusqu'à $q'' = t''$.

Faisant donc $q'' = t'' + q'''$, on aura

$$N(x\ldots 1)^{t-1-q'''} + N(x\ldots 1)^{t-t'-t''-1-q'''} - N(x\ldots 1)^{t-t'-1-q'''}$$

ou $t - t'' - q'''$ pour le nombre des équations restantes ; & $N(x\ldots 1)^{t-t''-1-q'''}$ ou $t - t'' - q'''$ pour le nombre correspondant des coëfficiens du troisième polynome-multiplicateur ; & cela depuis $q''' = 1$, jusqu'à $q''' = t - t' - t''$.

Faisant $q''' = t - t' - t'' + q^{\text{iv}}$, on aura

$$N(x\ldots 1)^{t'+t''-1-q^{\text{iv}}} - N(x\ldots 1)^{t''-1-q^{\text{iv}}}$$

ou t' pour le nombre des équations restantes ; & $N(x\ldots 1)^{t'-1-q^{\text{iv}}}$ ou $t' - q^{\text{iv}}$ pour le nombre correspondant des coëfficiens du troisième polynome-multiplicateur ; & cela depuis $q^{\text{iv}} = 1$, jusqu'à $q^{\text{iv}} = t''$.

Faisant $q^{\text{iv}} = t'' + q^{\text{v}}$, on aura $N(x\ldots 1)^{t'-1-q^{\text{v}}}$ ou $t' - q^{\text{v}}$ pour le nombre des équations restantes ; & $N(x\ldots 1)^{t'-t''-1-q^{\text{v}}}$ ou $t' - t'' - q^{\text{v}}$ pour le nombre correspondant des coëfficiens du troisième polynome-multiplicateur ; & cela depuis $q^{\text{v}} = 1$, jusqu'à $q^{\text{v}} = t' - t''$.

Faisant enfin $q^{\text{v}} = t' - t'' + q^{\text{vi}}$, on aura $N(x\ldots 1)^{t''-1-q^{\text{vi}}}$ ou $t'' - q^{\text{vi}}$ pour le nombre des équations restantes ; & zéro pour le nombre correspondant des coëfficiens du troisième polynome-multiplicateur ; & cela depuis $q^{\text{vi}} = 1$, jusqu'à $q^{\text{vi}} = t''$ où l'équation-somme sera épuisée. Rassemblant donc tous ces différens résultats, on aura pour le cas de $t' + t'' - t < 0$, le Tableau suivant.

Depuis $q = 1$, *jufqu'à* $q = t''$.

Nombre des Equations.	Nombre des Coëfficiens.
$t + t' - 2q$	$t + t' - q$
Depuis $q' = 1$, jufqu'à $q' = t' - t''$	
$t + t' - 2t'' - q'$	$t + t' - t'' - q'$
Depuis $q'' = 1$, jufqu'à $q'' = t''$	
$t - t''$	$t - q''$
Depuis $q''' = 1$, jufqu'à $q''' = t - t' - t''$	
$t - t'' - q'''$	$t - t'' - q'''$
Depuis $q^{IV} = 1$, jufqu'à $q^{IV} = t''$	
t'	$t' - q^{IV}$
Depuis $q^{V} = 1$, jufqu'à $q^{V} = t' - t''$	
$t' - q^{V}$	$t' - t'' - q^{V}$
Depuis $q^{VI} = 1$, jufqu'à $q^{VI} = t''$	
$t'' - q^{VI}$	0

(412.) Voyons maintenant les moyens que cette énumération peut nous fournir, pour évaluer la dimenfion totale du produit des coëfficiens déterminés fubftitués en échange des coëfficiens indéterminés du troifième polynome-multiplicateur : & prenons d'abord le cas de $t' + t'' - t > 0$.

On a donc d'abord (410) depuis $q = 1$, jufqu'à $q = t''$, dans chaque dimenfion de l'équation-fomme, un nombre d'équations $= t + t' - 2q$ qui donneront lieu à l'échange d'un pareil nombre de coëfficiens de la dimenfion de même numéro dans le troifième polynome-multiplicateur.

Or la dimenfion de chaque coëfficient indéterminé de cette dimenfion, eft $P'' + q - 1$; & la dimenfion de chaque coëfficient dans la dimenfion correfpondante de l'équation-fomme, eft $P'' + p'' + q - 1$. Donc chaque coëfficient déterminé qui, dans cette dimenfion de l'équation-fomme, affecte un coëfficient indéterminé de la dimenfion de même numéro, eft de la dimenfion p''. Donc par l'échange des coëfficiens indéterminés, contre les coëfficiens déterminés, au nombre de $t + t' - 2q$, il fe formera une dimenfion $= p''(t + t' - 2q)$; & par conféquent depuis $q = 1$, jufqu'à $q = t''$, tous ces échanges produiront une dimenfion $= \int p''(t + t' - 2q) = p'' t''(t + t' - t'' - 1)$.

Il

Il reſtera donc, dans chaque dimenſion depuis $q = 1$, juſqu'à $q = t''$, un nombre $= q$ de coëfficiens indéterminés à échanger, puiſque ſur un nombre de coëfficiens $= t + t' - q$, il n'y en a encore qu'un nombre $= t + t' - 2q$ qui aient été échangés.

Depuis $q' = 1$, juſqu'à $q' = t' - t''$, on a un nombre d'équations $= t + t' - 2t'' - q'$, & un nombre de coëfficiens $= t + t' - t'' - q'$.

Or la dimenſion de ces coëfficiens eſt $P'' + t'' + q' - 1$; & celle des coëfficiens des termes de l'équation-ſomme, dans la dimenſion correſpondante, eſt $P'' + p'' + t'' + q' - 1$; donc le coëfficient déterminé qui ſera ſubſtitué pour échange de chaque coëfficient indéterminé, donnera une dimenſion $= p''$; donc puiſque le nombre des échanges eſt $t + t' - 2t'' - q'$, il en réſultera une dimenſion $= p''(t + t' - 2t'' - q')$; & depuis $q' = 1$, juſqu'à $q' = t' - t''$, une dimenſion

$$= \int p''(t+t'-2t''-q') = p''\left[(t'-t'').(t+t'-2t'') - \frac{(t'-t'').(t'-t''+1)}{2}\right];$$

& il reſtera dans chaque dimenſion depuis $q' = 1$, juſqu'à $q' = t' - t''$, un nombre de coëfficiens indéterminés $= t''$ à échanger.

Depuis $q'' = 1$, juſqu'à $q'' = t - t'$, le nombre des équations dans chaque dimenſion eſt $t - t''$, & le nombre correſpondant des coëfficiens indéterminés eſt $t - q''$. Or chacun des coëfficiens eſt de la dimenſion $P' + t' + q'' - 1$; & chaque coëfficient de la dimenſion correſpondante de l'équation-ſomme eſt $P'' + p'' + t' + q'' - 1$; donc l'échange de chaque coëfficient indéterminé produira une dimenſion $= p''$; l'échange d'un nombre $t - t''$ de ces coëfficiens indéterminés produira une dimenſion $= p''(t - t'')$; & depuis $q'' = 1$, juſqu'à $q'' = t - t'$, une dimenſion $= p''(t - t'').(t - t')$. Et il reſtera dans chaque dimenſion depuis $q'' = 1$, juſqu'à $q'' = t - t'$, un nombre de coëfficiens $= t'' - q''$ à échanger.

Depuis $q''' = 1$, juſqu'à $q''' = t' + t'' - t$, on a dans chaque dimenſion, un nombre d'équations $= t - t'' + q'''$, & un nombre de coëfficiens $= t' - q'''$.

Sur ce nombre $t - t'' + q'''$ d'équations, prenons-en d'abord le nombre q''' pour échanger le nombre q de coëfficiens indéterminés qui restent dans chaque dimension depuis $q = 1$, jusqu'à $q = t''$.

La dimension de chacun de ces coëfficiens est $P'' + q - 1$; & la dimension du coëfficient de chaque terme de l'équation-somme qui donnera l'équation pour l'échange, est $P'' + p'' + t - 1 + q'''$; donc l'échange de chaque coëfficient produira une dimension $= p'' + t + q''' - q = p'' + t$; parce que prenant les équations & les coëfficiens à distances égales de $q''' = 1$, & de $q = 1$, on a $q''' = q$.

Donc l'échange du nombre q de coëfficiens, donnera une dimension $= (p'' + t)q$; & depuis $q = 1$, jusqu'à q ou $q''' = t' + t'' - t$, une dimension

$$\int (p'' + t)q = \frac{(p'' + t).(t' + t'' - t).(t' + t'' - t + 1)}{2}.$$

N'ayant encore échangé que depuis $q = 1$, jusqu'à $q = t' + t'' - t$, les coëfficiens qui restoient depuis $q = 1$, jusqu'à $q = t''$, il reste à échanger encore les coëfficiens indéterminés de chaque dimension depuis $q = t' + t'' - t + 1$, jusqu'à $q = t''$. Faisons $q = t' + t'' - t + {}_{,}q$; il sera donc question d'échanger les coëfficiens indéterminés depuis ${}_{,}q = 1$, jusqu'à ${}_{,}q = t - t'$.

Dans cette vue j'emploie un pareil nombre des équations qui ont lieu depuis $q^{\text{IV}} = 1$, jusqu'à $q^{\text{IV}} = t - t'$. Or chaque coëfficient indéterminé de la dimension du numéro q, étant de la dimension $P'' + q - 1 = P'' + t' + t'' - t + {}_{,}q - 1$; & le coëfficient de chaque terme de l'équation-somme, qui donnera l'équation servant à l'échange, étant $P'' + p'' + t' + t'' + q^{\text{IV}} - 1$; chaque échange fournira une dimension $= p'' + t + q^{\text{IV}} - {}_{,}q = p'' + t$; donc le nombre $t' + t'' - t + {}_{,}q$ de ces coëfficiens, donnera une dimension $= (p'' + t).(t' + t'' - t + {}_{,}q)$; & depuis ${}_{,}q$ ou $q^{\text{IV}} = 1$, jusqu'à ${}_{,}q$ ou $q^{\text{IV}} = t - t'$, une dimension $= \int (p'' + t).(t' + t'' - t + {}_{,}q)$

$$= (p'' + t).(t' + t'' - t).(t - t') + \frac{(p'' + t).(t - t').(t - t' + 1)}{2}.$$

Cela posé 1.° il ne reste plus de coëfficiens à échanger depuis $q = 1$, jusqu'à $q = t''$. 2.° Il ne reste plus d'équations depuis $q' = 1$, jusqu'à $q' = t' - t''$; mais il reste un nombre de coëfficiens indéterminés $= t''$ à échanger. 3°. Il ne reste plus d'équations depuis $q'' = 1$, jusqu'à $q'' = t - t'$; mais il reste à échanger un nombre de coëfficiens $= t'' - q''$. 4.° Depuis $q''' = 1$, jusqu'à $q''' = t' + t'' - t$, il reste un nombre $t - t''$ d'équations, & un nombre $t' - q'''$ de coëfficiens à échanger. 5.° Depuis $q^{\text{iv}} = 1$, jusqu'à $q^{\text{iv}} = t - t'$, il reste un nombre $t' - (t' + t'' - t - q)$ ou $t - t'' - q$ ou $t - t'' - q^{\text{iv}}$ d'équations, & un pareil nombre de coëfficiens à échanger; & par delà, il reste le même nombre d'équations & de coëfficiens qui ont été présentés (410).

Employons actuellement le nombre $t - t''$ des équations qui restent depuis $q''' = 1$, jusqu'à $q''' = t' + t'' - t$, à échanger un pareil nombre de coëfficiens indéterminés des dimensions correspondantes.

La dimension de chacun de ces coëfficiens est $P'' + t - 1 + q'''$. La dimension du coëfficient de chaque terme de l'équation-somme dans la dimension de même numéro est $P'' + p'' + t - 1 + q'''$; donc l'échange donnera une dimension $= p''$; & pour le nombre $t - t''$ de coëfficiens, une dimension $= p''(t - t'')$; & depuis $q''' = 1$, jusqu'à $q''' = t' + t'' - t$, une dimension $= p''(t - t'') . (t' + t'' - t)$.

Il ne reste donc plus d'équations depuis $q''' = 1$, jusqu'à $q''' = t' + t'' - t$, & il reste seulement un nombre de coëfficiens $= t' + t'' - t - q'''$.

Nous venons de voir que depuis $q^{\text{iv}} = 1$, jusqu'à $q^{\text{iv}} = t - t'$, il restoit un nombre d'équations $= t - t'' - q^{\text{iv}}$ & un pareil nombre de coëfficiens.

Or la dimension de chacun de ces coëfficiens est $P'' + t' + t'' - 1 + q^{\text{iv}}$; & celle des coëfficiens correspondans des termes de l'équation-somme, est $P'' + p'' + t' + t'' - 1 + q^{\text{iv}}$; donc chaque échange produira une dimension p''; & pour le nombre $t - t'' - q^{\text{iv}}$ de coëfficiens, une dimension $p''(t - t'' - q^{\text{iv}})$;

& depuis $q^{\text{iv}} = 1$, jusqu'à $q^{\text{iv}} = t - t'$, une dimension $= p''(t - t'').(t - t') - \frac{p''(t - t').(t - t' + 1)}{2}$.

Depuis $q^{\text{v}} = 1$, jusqu'à $q^{\text{v}} = t' - t''$, on a un nombre $t' - q^{\text{v}}$ d'équations, & un nombre $t' - t'' - q^{\text{v}}$ de coëfficiens indéterminés. Echangeons donc ce nombre de coëfficiens, dans les équations correspondantes.

Chacun de ces coëfficiens est de la dimension $P'' + t + t'' - 1 + q^{\text{v}}$; & les coëfficiens correspondans des termes de l'équation-somme, sont chacun de la dimension $P'' + p'' + t + t'' - 1 + q^{\text{v}}$; donc l'échange de chaque coëfficient donnera une dimension $= p''$; & le nombre $t' - t'' - q^{\text{v}}$ de coëfficiens en donnera une $= p''(t' - t'' - q^{\text{v}})$; donc depuis $q^{\text{v}} = 1$, jusqu'à $q^{\text{v}} = t' - t''$, on aura une dimension $= p''(t' - t'').(t' - t'') - \frac{p''(t' - t'').(t' - t'' + 1)}{2} = \frac{p''(t' - t'').(t' - t'' - 1)}{2}$; il reste donc encore depuis $q^{\text{v}} = 1$, jusqu'à $q^{\text{v}} = t' - t''$, un nombre d'équations $= t''$. Or nous avons vu que depuis $q' = 1$, jusqu'à $q' = t' - t''$, il restoit un nombre de coëfficiens $= t''$. Emploions donc ces équations à l'échange de ces coëfficiens.

Or chacun de ces coëfficiens est de la dimension $P'' + t'' + q' - 1$; & le coëfficient de chaque terme de l'équation-somme, qui fournit l'équation servant à l'échange, est de la dimension $P'' + p'' + t + t'' + q^{\text{v}} - 1$; donc chaque échange donnera une dimension $= p'' + t + q^{\text{v}} - q' = p'' + t$; donc le nombre t'' de coëfficiens donnera une dimension $= (p'' + t)t''$; & depuis $q' = 0$, ou $q^{\text{v}} = 1$, jusqu'à q' ou $q^{\text{v}} = t' - t''$, une dimension $= (p'' + t)t''(t' - t'')$.

Depuis $q'' = 1$, jusqu'à $q'' = t - t'$, il nous reste un nombre de coëfficiens $= t'' - q''$; & depuis $q^{\text{vi}} = 1$, jusqu'à $q^{\text{vi}} = t''$, il nous reste un nombre d'équations $= t'' - q^{\text{vi}}$, c'est-à-dire, le même nombre à chaque dimension.

Or la dimension de chacun de ces coëfficiens est $P'' + t' + q'' - 1$; & celle du coëfficient du terme de l'équation-somme qui donnera l'équation servant à l'échange, est $P'' + p'' + t + t' + q^{\text{vi}} - 1$; donc l'échange de chaque coëfficient indéterminé donnera une dimension $= p'' + t$; donc le nombre $t'' - q''$, de ces coëfficiens en donnera une $= (p'' + t).(t'' - q'')$; donc depuis $q'' = 1$, jusqu'à $q'' = t - t'$, on aura une dimension $= (p'' + t)t''(t - t') - \frac{(p'' + t).(t - t').(t - t' + 1)}{2}$.

Ayant employé à ces derniers échanges depuis $q^{vi} = 1$, jusqu'à $q^{vi} = t - t'$, toutes les équations; il ne reste donc plus que celles qui ont lieu depuis $q^{vi} = t - t' + 1$, jusqu'à $q^{vi} = t''$: ou en faisant $q^{vi} = t - t' + q$, il reste depuis $q = 1$, jusqu'à $q = t' + t'' - t$, un nombre d'équations $= t' + t'' - t - q$.

Or nous avons vu ci-dessus, que depuis $q''' = 1$, jusqu'à $q''' = t' + t'' - t$, il restoit un nombre de coëfficiens $= t' + t'' - t - q'''$; faisons donc ces échanges.

Chaque coëfficient est de la dimension $P'' + t + q''' - 1$; & le coëfficient du terme de l'équation-somme, qui donne l'équation servant à l'échange, est de la dimension $P'' + p'' + 2t + q - 1$; donc chaque échange donnera une dimension $= p'' + t + q - q''' = p'' + t$. Donc le nombre $t' + t'' - t - q'''$ de ces coëfficiens, donnera une dimension $= (p'' + t).(t' + t'' - t - q''')$; & depuis $q''' = 1$, jusqu'à $q''' = t' + t'' - t$, une dimension

$$= (p'' + t).(t' + t'' - t).(t' + t'' - t) - \frac{(p'' + t).(t' + t'' - t).(t' + t'' - t + 1)}{2}$$

$$= \frac{(p'' + t).(t' + t'' - t).(t' + t'' - t - 1)}{2}.$$

Réunissant tous les différens résultats que nous venons de trouver, on verra que la dimension produite par les échanges de chacun des coëfficiens indéterminés du troisième polynome-multiplicateur, contre son coëfficient déterminé dans l'équation partielle fournie par l'équation-somme, se réduit à

$$\frac{p''(t + t').(t + t' - 1)}{2} + tt't'' = p''N(x \ldots 2)^{t + t' - 2} + tt't''.$$

(413.) Donc (407 & 408) la dimension totale ou le degré de l'équation finale résultante de la seconde méthode d'élimination, sera $pN(x \ldots 2)^{t' + t'' - 2} + p'N(x \ldots 2)^{t + t'' - 2} + p''N(x \ldots 2)^{t + t' - 2} + tt't''$, dans le cas de $t' + t'' - t > 0$.

Avant que de tirer aucune conséquence de ce résultat, examinons tout de suite le cas de $t' + t'' - t < 0$.

(414.) On aura d'abord comme dans le cas précédent, depuis $q=1$, jusqu'à $q=t''$, un nombre d'équations $=t+t'-2q$, & un nombre de coëfficiens $=t+t'-q$, dans chaque dimension; & en raisonnant comme nous l'avons fait (412), on trouvera que l'échange du nombre $t+t'-2q$ de coëfficiens, donnera une dimension $=p''t''(t+t'-t''-1)$; & qu'il restera un nombre $=q$ de coëfficiens non échangés, dans chaque dimension depuis $q=1$, jusqu'à $q=t''$.

Depuis $q'=1$, jusqu'à $q'=t'-t''$, on aura pareillement un nombre d'équations $=t+t'-2t''-q'$, & un nombre de coëfficiens $=t+t'-t''-q'$, dans chaque dimension; & on trouvera de même que l'échange du nombre $t+t'-2t''-q'$ de coëfficiens, donnera une dimension

$=p''[(t'-t'').(t+t'-2t'')-\frac{(t'-t'').(t'-t''+1)}{2}]$; & il restera un nombre de coëfficiens $=t''$, non échangés dans chaque dimension depuis $q'=1$, jusqu'à $q'=t'-t''$.

Depuis $q''=1$, jusqu'à $q''=t''$, on a un nombre d'équations $=t-t''$, & un nombre de coëfficiens $=t-q''$. La dimension de chaque coëfficient est $P''+t'+q''-1$; & celle du coëfficient du terme de l'équation-somme qui donne l'équation servant à l'échange, est $P''+p''+t'+q''-1$; en sorte que chaque échange donnera une dimension $=p''$. Le nombre $t-t''$ de coëfficiens échangés donnera une dimension $=p''(t-t'')$; & depuis $q''=1$, jusqu'à $q''=t''$, une dimension $=\int p''(t-t'')=p''t''(t-t'')$.

Il restera donc dans chaque dimension depuis $q''=1$, jusqu'à $q''=t''$, un nombre $=t''-q''$ de coëfficiens non échangés; or depuis $q^{vi}=1$ jusqu'à $q^{vi}=t''$, il y a précisément ce nombre d'équations dans chaque dimension; employons donc ces équations aux échanges.

Chaque coëfficient sera de la dimension $P''+t'+q''-1$; la dimension du coëfficient de chaque terme de l'équation-somme qui donnera l'équation servant à l'échange, sera $P''+p''+t+t'+q^{vi}-1$; chaque échange donnera donc une dimension $=(p''+t)$. Le nombre $t''-q''$ de coëfficiens, en donnera donc une $=(p''+t).(t''-q'')$; & depuis $q''=1$, jusqu'à

$q'' = t''$, une dimension $= \int (p'' + t).(t'' - q'') = (p'' + t) t'' t'' - \frac{(p'' + t) t'' (t'' + 1)}{2} = \frac{(p'' + t) t'' (t'' - 1)}{2}$.

Depuis $q''' = 1$, jusqu'à $q''' = t - t' - t''$, on a un nombre d'équations $t - t'' - q'''$, & un pareil nombre de coëfficiens. Or la dimension de chaque coëfficient est $P'' + t' + t'' + q''' - 1$; & celle du coëfficient de chaque terme de l'équation-somme qui donne l'équation servant à l'échange, est $P'' + p'' + t' + t'' + q''' - 1$; chaque échange donnera donc une dimension $= p''$; & le nombre $t - t'' - q'''$ de coëfficiens, en donnera une $= p''(t - t'' - q''')$; donc depuis $q''' = 1$, jusqu'à $q''' = t - t' - t''$, on aura une dimension totale

$$= p''(t - t'').(t - t' - t'') - \frac{p''(t - t' - t'').(t - t' - t'' + 1)}{2};$$

Depuis $q^{\text{IV}} = 1$, jusqu'à $q^{\text{IV}} = t''$, on a un nombre d'équations $= t'$, & un nombre de coëfficiens $= t' - q^{\text{IV}}$; chaque coëfficient est de la dimension $P'' + t + q^{\text{IV}} - 1$; & le coëfficient de chaque terme de la dimension correspondante de l'équation-somme, est $P'' + p'' + t + q^{\text{IV}} - 1$; chaque échange donnera donc une dimension $= p''$; le nombre $t' - q^{\text{IV}}$ de coëfficiens en donnera donc une $= p''(t' - q^{\text{IV}})$; & depuis $q^{\text{IV}} = 1$, jusqu'à $q^{\text{IV}} = t''$, on aura une dimension totale $= \int p''(t' - q^{\text{IV}}) = p'' t' t'' - \frac{p'' t'' (t'' + 1)}{2}$.

Il restera donc, dans chaque dimension depuis $q^{\text{IV}} = 1$, jusqu'à $q^{\text{IV}} = t''$, un nombre $= q^{\text{IV}}$ d'équations. Mais nous avons vu ci-dessus que depuis $q = 1$, jusqu'à $q = t''$, il reste dans chaque dimension un nombre de coëfficiens $= q$; donc employant ces équations à l'échange de ces coëfficiens, on verra que chaque coëfficient est de la dimension $P'' + q - 1$; que le coëfficient du terme de l'équation-somme, qui donne l'équation servant à l'échange, est de la dimension $P'' + p'' + t + q^{\text{IV}} - 1$; donc chaque échange donnera une dimension $= p'' + t$; & le nombre q de ces échanges dans chaque dimension, en donnera une $= (p'' + t) q$; donc depuis $q = 1$, jusqu'à $q = t''$, on aura une dimension totale $= \frac{(p'' + t) t'' (t'' + 1)}{2}$.

Depuis $q^{\text{V}} = 1$, jusqu'à $q^{\text{V}} = t' - t''$, on a un nombre d'équations $= t' - q^{\text{V}}$, & un nombre de coëfficiens $= t' - t'' - q^{\text{V}}$;

chaque coëfficient est de la dimension $P'' + t + t'' + q^{v} - 1$, & le coëfficient de chaque terme de la dimension correspondante de l'équation-somme, est $P'' + p'' + t + t'' + q^{v} - 1$; donc chaque échange donnera une dimension $= p''$; donc le nombre $t' - t'' - q^{v}$ de coëfficiens en donnera une $= p''(t' - t'' - q^{v})$; donc depuis $q^{v} = 1$, jusqu'à $q^{v} = t' - t''$, on aura une dimension totale $= p''(t' - t'').(t' - t'') - \frac{p''(t' - t'').(t' - t'' + 1)}{2} = \frac{p''(t' - t'').(t' - t'' - 1)}{2}$.

Il restera donc depuis $q^{v} = 1$, jusqu'à $q^{v} = t' - t''$ un nombre d'équations $= t''$ dans chaque dimension. Mais nous avons vu ci-dessus que depuis $q' = 1$, jusqu'à $q' = t' - t''$, il restoit un nombre de coëfficiens t'' dans chaque dimension. Employant donc ces équations à l'échange de ces coëfficiens, on verra que chaque coëfficient est de la dimension $P'' + t'' + q' - 1$; que le coëfficient du terme de l'équation-somme, qui donne l'équation servant à l'échange, est de la dimension $P'' + p'' + t + t'' + q^{v} - 1$; donc chaque échange donnera une dimension $= p'' + t$; & le nombre t'' de coëfficiens en donnera une $= (p'' + t)t''$; & depuis $q' = 1$, jusqu'à $q' = t' - t''$, on aura une dimension totale $= (p'' + t)\,t''(t' - t'')$.

Si on rassemble tous ces différens résultats, on trouvera, pour le cas de $t' + t'' - t < 0$, comme nous avons trouvé pour le cas contraire; c'est-à-dire, que le degré de l'équation finale est encore exprimé par

$$pN(x\ldots 2)^{t'+t''-2} + p'N(x\ldots 2)^{t+t''-2} + p''N(x\ldots 2)^{t+t'-2} + tt't''.$$

(415.) Donc en général le degré de l'équation finale à laquelle on arrivera par notre seconde méthode, sera dans tous les cas

$$= pN(x\ldots 2)^{t'+t''-2} + p'N(x\ldots 2)^{t+t''-2} + p''N(x\ldots 2)^{t+t'-2} + tt't''.$$

(416.) Or d'après ce qui a été dit (397), & en faisant attention que ce que nous y avons appellé t, est ici $t + p$; & que ce que nous y avons appellé b, est ici t; le véritable degré de l'équation finale est $(t+p).(t'+p').(t'' + p'') - pp'p'' - tp'p'' - t'pp'' - t''pp' = tt't'' + pt't'' + p'tt'' + p''tt'$; donc le facteur le facteur que cette seconde méthode introduit dans l'équation finale, est du degré

$$p\,[N(x\ldots 2)^{t'+t''-2} - t't''] + p'\,[N(x\ldots 2)^{t+t''-2} - tt'']$$

$$p''[N(x\ldots 2)^{t+t'-2} - tt'] = p\left(\frac{t'^2 + t''^2 - t' - t''}{2}\right) +$$

$$p'\left(\frac{t^2 + t''^2 - t - t''}{2}\right) + p''\left(\frac{t^2 + t'^2 - t - t'}{2}\right).$$

(417.) Donc 1.° si les équations proposées, prises dans tout leur développement, sont des équations complettes, la seconde méthode d'élimination ne dénaturera pas le degré de l'équation finale; puisque dans ce cas on aura $p = p' = p'' = 0$.

2.° Il en sera encore de même, & par la même raison, si les équations étant incomplettes, les inconnues qu'il s'agit d'éliminer, ne montent pas, dans leurs combinaisons deux à deux, à une dimension totale moindre que celle de l'équation.

(418.) Dans tout autre cas, le facteur renfermera l'inconnue relativement à laquelle on veut avoir l'équation finale, & par conséquent masqueroit le véritable degré de l'équation finale; mais nous avons des moyens actuellement de connoître quel est son degré.

(419.) Il y a plus, nous pourrons aussi toujours déterminer quels sont les coëfficiens des équations proposées qui seuls pourront entrer dans ce facteur, & par-là simplifier considérablement le travail nécessaire pour le trouver. Mais avant que de faire voir comment on détermine quels sont les coëfficiens qui seuls peuvent entrer dans la composition du facteur, disons encore un mot de l'expression générale du degré de l'équation finale trouvée par la seconde méthode.

(420.) Si l'on jette les yeux sur ce que nous avons dit (403) des équations à deux inconnues mises sous la forme d'équations à une seule inconnue, on verra que l'expression du degré de l'équation finale trouvée par la seconde méthode, est

$$p\,N(x\ldots 1)^{t'-1} + p'\,N(x\ldots 1)^{t-1} + tt'.$$

Nous venons de voir que pour les équations à trois inconnues mises sous la forme d'équations à deux inconnues, le degré de l'équation finale est

$$pN(x\ldots 2)^{t'+t''-2}+p'N(x\ldots 2)^{t+t''-2}+p''N(x\ldots 2)^{t+t'-2}+tt't''.$$

On doit donc conclure que pour les équations à quatre inconnues mises sous la forme d'équations à trois inconnues, le degré de l'équation finale seroit

$$pN(x\ldots 3)^{t'+t''+t'''-3}+p'N(x\ldots 3)^{t+t''+t'''-3}$$

$$+p''N(x\ldots 3)^{t+t'+t'''-3}+p'''N(x\ldots 3)^{t+t'+t''-3}+tt't''t''';$$

& c'est ce que l'on trouvera en effet en raisonnant sur ces équations, comme nous l'avons fait sur les précédentes.

Et par la comparaison avec le véritable degré de l'équation finale déterminé (397), on pourra toujours savoir quelle sera la dimension du facteur; & l'on verra que dans les mêmes cas mentionnés (417), ce facteur n'ajoutera rien au degré de l'équation finale.

(421.) On voit actuellement, avec facilité, quelle sera l'expression du degré de l'équation finale trouvée par la seconde méthode, pour tel nombre d'inconnues que ce puisse être.

(422.) Puisque le degré du facteur de l'équation finale est exprimé en général par une fonction de t, t', t'', &c. dont les différentes parties sont multipliées les unes par p, les autres par p', les autres par p'', & ainsi de suite; & que cette expression devient zéro, lorsque $p=p'=p''=$ &c. $=0$; il est facile d'en conclure que ce facteur ne peut admettre dans sa formation d'autres coëfficiens des termes des équations proposées, que ceux des termes de la plus haute dimension.

En effet, il n'y a que ceux-là dont les différentes combinaisons quelconques puissent donner une dimension $=0$, lorsque $p=0$, $p'=0$, &c. Les coëfficiens des termes des dimensions inférieures, ayant tous une dimension au-dessus de zéro, il ne seroit pas possible que la dimension du facteur devînt zéro, si ce facteur admettoit dans sa composition un seul de ces coëfficiens.

Ainsi pour trois équations telles que

$$\begin{aligned} a x^2 + b x y + c y^2 &= 0, \\ + d x + e y & \\ + f & \end{aligned}$$

$$\begin{aligned} a' x^2 + b' x y + c' y^2 &= 0, \\ + d' x + e' y & \\ + f' & \end{aligned}$$

$$\begin{aligned} a'' x^2 + b'' x y + c'' y^2 &= 0, \\ + d'' x + e'' y & \\ + f'' & \end{aligned}$$

le facteur ne peut renfermer d'autres lettres que les lettres a, b, c; a', b', c'; a'', b'', c''.

(423.) Cette observation qui, comme on le voit, donne l'exclusion à un grand nombre de lettres, peut contribuer beaucoup à faciliter la recherche du facteur, & à le faire trouver souvent plus facilement que par la méthode du commun diviseur, dont nous avons parlé (388). En effet, dans l'exemple des trois équations ci-dessus, on voit que ce facteur ne peut être autre que $(a b' c'')^2$. Car d'après la formule

$$p\left(\frac{t'^2 + t''^2 - t' - t''}{2}\right) + p'\left(\frac{t^2 + t''^2 - t - t''}{2}\right) + p''\left(\frac{t^2 + t'^2 - t - t'}{2}\right);$$ &

en supposant $p = p' = p'' = 1$, $t = t' = t'' = 2$, on a 6 pour la dimension de ce facteur; & c'est en effet la dimension de $(a b' c'')^2$ lorsque, comme nous le supposons, a, b, c; a', b', c'; a'', b'', c'' sont chacune d'une dimension.

(424.) Telle sera la dimension du facteur, lorsque les équations arbitraires auront été formées de manière à n'anéantir aucun des coëfficiens des polynomes-multiplicateurs. Si au contraire on a employé, comme il est plus simple, & par conséquent plus naturel, les équations arbitraires, à rendre le nombre des coëfficiens des polynomes-multiplicateurs le plus petit qu'il est possible; alors la dimension du facteur sera d'autant moindre qu'on aura fait disparoître un plus grand nombre de coëfficiens: & il sera toujours possible d'après la formule générale de cette dimension, & le nombre de coëfficiens qu'on aura fait disparoître, & que nous avons enseigné à déterminer, de connoître à quelle dimension le facteur est réduit.

Par exemple, pour les trois équations ci-dessus, on sait (349 & *suiv.*) qu'on peut faire perdre un terme à chacun des trois polynomes-multiplicateurs : la dimension du facteur sera donc alors seulement *3*; c'est-à-dire, que le facteur sera seulement $(a\,b'c'')$; c'est aussi ce que nous avons vu (278).

(425.) L'expression générale que nous avons trouvée pour la dimension du facteur de l'équation finale, suppose qu'on ait formé dans chaque dimension de l'équation-somme, toutes les équations arbitraires que cette dimension fournit naturellement. On peut, ainsi que nous l'avons vu (236), en former un moindre nombre dans quelques-unes des dimensions supérieures, & augmenter d'autant le nombre de celles que l'on a pour les dimensions inférieures : en faisant cet usage des équations arbitraires, il est facile de sentir que la dimension du facteur, qui n'augmenteroit pas, quant au nombre des lettres, augmenteroit néanmoins par rapport à l'inconnue de l'équation finale : c'est-à-dire, que le degré de l'équation finale seroit altéré même dans les équations complettes.

(426.) L'expression que nous avons donnée de la dimension générale du facteur, est donc la plus simple qu'il soit possible, parmi toutes celles où l'on n'emploie pas les équations arbitraires à la destruction d'aucun terme des polynomes-multiplicateurs. Et elle conduit aussi à la dimension la plus basse, dans le cas où l'on emploie les équations arbitraires à la destruction de tous les termes qu'il est possible d'anéantir dans les polynomes-multiplicateurs.

Détermination du facteur de l'Equation finale : interprétation de ce qu'il exprime.

(427.) Nous avons dit (339) que le facteur que notre seconde méthode donne à l'équation finale, indique des solutions de la nature de celles que nous avons décrites (279 & 287). Mais il a encore une signification plus importante dans la Théorie générale des équations : le développement de cette propriété du facteur, & ce facteur lui-même vont se présenter en même temps.

(428.) Nous venons de voir que ce facteur ne peut être qu'un composé des coëfficiens des termes de la dimension la plus élevée de chaque équation. Concevons donc que le coëfficient de chaque terme de chaque dimenſion inférieure, ſoit zéro; l'équation finale qui doit renfermer la ſolution pour toutes les valeurs quelconques des coëfficiens des équations propoſées, doit donc auſſi renfermer la ſolution de ce cas particulier. Or cette équation finale eſt compoſée de deux facteurs dont l'un que j'appelle *F*, eſt le facteur en queſtion; & l'autre que j'appelle *E*, eſt la véritable équation finale. Mais de ces deux facteurs, le facteur *E* devient zéro par la ſuppoſition que tous les coëfficiens des dimenſions inférieures des équations propoſées ſont chacun $= 0$. En effet, s'il étoit poſſible que dans cette ſuppoſition il reſtât quelque terme dans *E* qui ne devînt pas zéro, il eſt facile de ſentir que ce terme ſeroit uniquement compoſé des coëfficiens des dimenſions ſupérieures des équations propoſées : tous les termes de *E* ne ſeroient donc pas des fonctions homogènes ou de même dimenſion des coëfficiens des équations propoſées, ce qui n'eſt pas poſſible.

Tous les termes de *E* devenant zéro par la ſuppoſition que les coëfficiens des dimenſions inférieures ſont chacun $= 0$, la ſolution de ce cas qui doit d'ailleurs être compriſe dans la ſolution générale, ne peut donc être compriſe que dans le facteur *F*; c'eſt-à-dire, que $F = 0$, eſt alors la ſolution de la queſtion.

(429.) Mais quel eſt donc alors l'état de la queſtion? L'état de la queſtion eſt de déterminer la condition ou les conditions, pour que chaque plus haute dimenſion des équations propoſées, étant ſuppoſée égale à zéro, ces nouvelles équations puiſſent toutes avoir lieu. C'eſt-à-dire, que le facteur *F* eſt l'équation de condition, ou l'une des équations de condition, ou le produit de quelques-unes des équations de condition néceſſaires pour que les équations formées de chaque plus haute dimenſion des équations propoſées, puiſſent avoir lieu toutes à la fois.

(430.) Il eſt inconteſtable que ce facteur ſera diviſible par une ou pluſieurs des équations de condition dont il s'agit, équations dont le nombre peut toujours être réduit à deux; mais qui par la variété des formes ſous leſquelles elles peuvent ſe préſenter, peuvent être en plus grand nombre. Mais ce facteur pourra lui-même avoir d'autres facteurs que ces équations de condition; parce que les équations arbitraires qui n'auront ſervi à la destruction d'aucun terme des polynomes-multiplicateurs, augmenteront nécessairement la dimension totale du facteur sans aucune liaison ou rapport nécessaire avec ces équations de condition.

(431.) On voit par-là que malgré la connoissance que nous venons d'acquérir, savoir que ce facteur ne peut être composé que des coëfficiens des plus hautes dimensions des équations proposées; il seroit comme impossible de déterminer généralement ce facteur, d'une manière directe. Néanmoins tout ce que nous venons de dire, offre une méthode générale & simple pour le découvrir dans chaque cas. La voici.

Puisque ce facteur n'est composé que des coëfficiens des plus hautes dimensions des équations proposées, il s'en suit que la supposition faite dans l'équation finale, que un ou plusieurs des coëfficiens des dimensions inférieures des équations proposées, sont égaux à zéro, ne changera rien à ce facteur. Mais comme en supposant, tous à la fois, égaux à zéro, les coëfficiens des dimensions inférieures, l'équation finale disparoîtroit, on préviendra cet inconvénient, en se conduisant comme il suit. On commencera par le coëfficient de la dimension la plus basse de chaque équation; & au lieu de le supposer $= 0$, on le supposera infiniment petit. Alors ne conservant dans l'équation finale que les termes de l'ordre le plusbas, & supposant $n - 1$ de ces coëfficiens égaux à zéro, l'équation sera divisible par le n.e

Ce qu'on vient de faire pour le terme le plus bas de chaque équation, on le fera de même successivement pour le coëfficient de chaque terme de la seconde dimension, ou de la dimension 1, de la dimension 2 &c. de chaque équation, jusqu'à la plus haute dimension exclusivement. Par-là on arrivera, sans être obligé de passer par aucun diviseur composé, à une équation qui sera le facteur cherché. Nous ne nous arrêtons pas à donner des exemples de ce procédé : on peut en voir dans ce que nous avons dit (381, 382 & 383).

(432.) Ainsi, si notre seconde méthode d'élimination ne peut généralement éviter de donner à l'équation finale un facteur, on voit 1.° que ce facteur n'est pas sans aucune liaison avec l'état général de la question. 2.° Qu'on peut toujours parvenir à le connoître, & par conséquent à l'extraire de l'équation finale, ce qui est absolument nécessaire; car toute équation à laquelle on laisse un facteur, ne peut être d'aucun usage dans le cas où les quantités qui entrent dans sa composition, auroient la relation exprimée par l'équation formée de ce facteur égalé à zéro.

Du facteur que l'on rencontre, lorsque l'on passe de l'équation finale générale, aux équations finales des degrés inférieurs.

(433.) Nous avons donné jusqu'ici la méthode la plus expéditive pour construire les formules les plus générales d'élimination résultantes d'un nombre quelconque d'équations renfermant en apparence une inconnue de moins que leur nombre.

Nous avons donné aussi les moyens d'avoir le facteur qui affecte cette équation générale; & par conséquent les moyens d'arriver à l'équation finale la plus réduite qu'il soit possible.

Pour conclure de cette équation celles qui conviennent à des degrés moins élevés, il ne s'agit que d'y supposer égaux à zéro chacun des coëfficiens des dimensions supérieures de quelques-unes des équations proposées.

Par exemple, nous avons trouvé (378) l'équation finale la plus simple, résultante des trois équations suivantes

$$\begin{aligned} ax^2 &+ bxy + cy^2 = 0, \\ &+ dx \quad + ey \\ &+ f \end{aligned}$$

$$\begin{aligned} a'x^2 &+ b'xy + c'y^2 = 0, \\ &+ d'x \quad + e'y \\ &+ f' \end{aligned}$$

$$\begin{aligned} a''x^2 &+ b''xy + c''y^2 = 0, \\ &+ d''x \quad + e''y \\ &+ f'' \end{aligned}$$

Si l'on vouloit en conclure l'équation finale résultante des trois équations suivantes

$$\begin{array}{llll} a x^2 & + b x y & + c y^2 & = 0, \\ & + d x & + e y & \\ & + f & & \end{array}$$

$$\begin{array}{llll} a' x^2 & + b' x y & + c' y^2 & = 0, \\ & + d' x & + e' y & \\ & + f' & & \end{array}$$

$$\begin{array}{lll} d'' x & + e'' y & = 0, \\ + f'' & & \end{array}$$

il n'y auroit autre chose à faire que de supposer dans l'équation finale générale, $a'' = 0$, $b'' = 0$, $c'' = 0$.

Mais cette supposition qui en faisant disparoître un grand nombre de termes, donnera, ainsi que cela doit être, une équation plus simple, ne donnera pas à beaucoup près la plus simple. Cette équation aura un facteur ; & ce facteur qui sera en général d'autant plus composé qu'il y aura un plus grand nombre d'équations, & que leurs degrés seront plus élevés, n'est pas de nature à être apperçu à l'inspection de l'équation finale générale modifiée par les suppositions ci-dessus.

Il importe cependant de débarrasser l'équation finale de ce facteur qu'aucune méthode ne peut empêcher de se présenter, & qui est essentiellement lié à la question de l'élimination.

Et en général, dans quelque équation finale que ce soit, il importe toujours d'en extraire le facteur qui affecte la véritable équation finale à laquelle on doit arriver. Ce n'est pas seulement parce que ce facteur complique beaucoup & sans utilité, cette équation ; mais c'est par une considération beaucoup plus importante. C'est parce qu'il est des cas où il rendroit l'équation finale absolument illusoire.

En effet, toutes les fois que les coëfficiens des équations proposées auront entr'eux les relations nécessaires pour que l'équation de condition que l'on auroit en égalant ce facteur à zéro,

zéro, puiſſe avoir lieu, il eſt clair que l'équation finale ſe réduira à $0 = 0$; c'eſt-à-dire, qu'après beaucoup de calcul elle ne conduira à rien.

La recherche de ce facteur eſt donc une choſe indiſpenſable : ſans cela les formules générales d'élimination perdroient une grande partie de l'avantage qu'on ſe propoſe, celui de donner les formules des degrés inférieurs.

Cette recherche n'a aucune difficulté, lorſqu'il n'y a que deux équations : le facteur qui eſt alors monome, eſt très-facile à appercevoir.

Par exemple, ſi dans l'équation finale trouvée (348) pour deux équations de la forme

$$ax^3 + bx^2 + cx + d = 0,$$

on ſuppoſe $a' = 0$, pour avoir l'équation finale qui convient aux deux équations

$$ax^3 + bx^2 + cx + d = 0,$$
$$b'x^2 + c'x + d' = 0.$$

On aura

$$[ab'(bc') - a^2c'^2 + a^2b'd'].(cd') - [ab'(bd') - a^2c'd'].(bd') = 0$$
$$+ [ab'(cd') - a^2d'^2]\, ad'$$

qui eſt évidemment diviſible par a; & le quotient eſt l'équation finale à laquelle on arriveroit directement par le procédé enſeigné (346).

Mais lorſqu'il y a plus d'une inconnue, le facteur n'eſt plus monome; & l'on feroit bien des recherches ſuperflues avant que de l'avoir trouvé, ſi l'on n'avoit des moyens de le connoître *à Priori*. Voyons donc quels ſont ces moyens.

(434.) Suppoſant que les équations propoſées ſoient, dans tout leur développement naturel, de la forme mentionnée (396); & que miſes ſous la forme d'équations à une inconnue de moins que leur nombre, elles ſoient complettes, & reſpectivement des degrés t, t', t'', &c. en ſorte que p, p', p'', &c. marquant la dimenſion des coëfficiens des termes de la plus haute dimenſion de chaque équation, on ait $t + p$, $t' + p'$, $t'' + p''$, &c. pour ce que (396) nous avons appellé t, t', t''; & t, t', t'' pour ce que nous y avons appellé b, b', b'', &c.

Alors, pour deux équations, nous aurons le degré de l'équation finale exprimé

par... $tt' + pt' + p't$,

pour trois équations, par... $tt't'' + pt't'' + p'tt'' + p''tt'$,

pour quatre équations, par... $tt't''t''' + pt't''t''' + p'tt''t''' + p''tt't''' + p'''tt't''$

& ainsi de suite.

Concevons maintenant que chacun des coëfficiens de la dimension la plus élevée de l'une des équations, de celle du degré t, par exemple, soit $=0$. Alors t deviendra $t-1$, & p deviendra $p+1$.

L'expression du degré de l'équation finale deviendra donc

pour deux équations... $tt' - t' + pt' + t' + p't - p'$,

ou .... $tt' + pt' + p't - p'$;

pour trois équations.. $tt't'' + pt't'' + p'(tt'' - t'') + p''(tt' - t')$,

pour quatre équations. $tt't''t''' + pt't''t''' + p'(tt''t''' - t''t''') + p''(tt't''' - t't''') + p'''(tt't'' - t'$

& ainsi de suite.

Le degré de l'équation finale subira donc une diminution telle qu'il suit,

pour deux équations.... p',

pour trois équations.... $p't'' + p''t'$,

pour quatre équations.. $p't''t''' + p''t't''' + p'''t't''$;

& ainsi de suite.

Mais en faisant égal à zéro chacun des coëfficiens de la plus haute dimension de l'équation du degré t, on n'a pu faire d'autre changement dans l'équation finale que d'en détruire un certain nombre de termes; mais on n'a diminué en rien la dimension de cette équation finale. Donc dans l'état où elle se trouve alors, elle doit être divisible par un facteur qui ait les dimensions suivantes.

Pour deux équations.... p',

pour trois équations.... $p't'' + p''t'$,

pour quatre équations.. $p't''t''' + p''t't''' + p'''t't''$;

& ainsi de suite.

Or il eſt viſible 1.° que t & p n'entrant point dans ces expreſſions, ce facteur doit être tout-à-fait indépendant de l'équation du degré t; c'eſt-à-dire, qu'il ne renfermera aucun des coëfficiens de cette équation. 2.° Que la dimenſion de ce facteur devenant zéro, par la ſuppoſition que p', p'', p''', &c. ſoient zéro, ce facteur ne peut contenir d'autres coëfficiens des équations des degrés t', t'', t''', &c. que ceux de la plus haute dimenſion de chacune de ces équations. 3.° Que ce facteur eſt donc le même que ſi tous les coëfficiens des dimenſions inférieures de ces équations étoient zéro. 4.° Enfin qu'il eſt donc néceſſairement l'équation de condition néceſſaire pour que les équations formées de la plus haute dimenſion de chacune des équations t', t'', t''', &c. aient lieu.

Et comme ce que nous diſons de l'équation du degré t, eſt également applicable à chacune des autres, concluons donc:

Que ſi après avoir trouvé l'équation finale générale, la plus réduite, réſultante d'un nombre quelconque n d'équations de degrés t, t', t'', t''', &c. renfermant un nombre $n - 1$, d'inconnues, on veut en conclure l'équation finale la plus réduite, qui convient au cas où le degré de l'une de ces équations feroit moindre d'une unité; il faut après avoir ſuppoſé, dans l'équation finale générale en queſtion, que chaque coëfficient de la plus haute dimenſion de l'équation qui donne lieu à l'abaiſſement, eſt égal à zéro; il faut, dis-je, diviſer cette équation finale ainſi réduite, par un facteur que l'on déterminera en calculant l'équation de condition néceſſaire pour que les équations formées de la plus haute dimenſion de chacune des équations propoſées, excepté celle qui donne lieu à l'abaiſſement, puiſſent avoir lieu.

(435). On voit donc par-là, comment ayant, pour des degrés quelconques des équations propoſées, l'équation finale la plus réduite, on pourra en conclure l'équation finale la plus réduite pour chacun de tous les degrés inférieurs.

C'eſt ainſi, comme nous l'avons déja vu (433), que l'équation finale qui convient aux deux équations

$$ax^3 + bx^2 + cx + d = 0,$$
$$a'x^3 + b'x^2 + c'x + d' = 0,$$

devient celle qui convient aux deux équations

$$ax^3 + bx^2 + cx + d = 0,$$
$$b'x^2 + c'x + d' = 0.$$

En faisant $a' = 0$, & divisant ensuite par a; or $a = 0$ est l'équation de condition nécessaire pour que l'équation $ax^3 = 0$ formée de la plus haute dimension de l'équation autre que celle qui donne lieu à l'abaissement, puisse avoir lieu.

Pareillement, si dans l'équation finale trouvée (378) pour les trois équations

$$\begin{aligned} &ax^2 + bxy + cy^2 = 0, \\ &+ dx + ey \\ &+ f \end{aligned}$$

$$\begin{aligned} &a'x^2 + b'xy + c'y^2 = 0, \\ &+ d'x + e'y \\ &+ f' \end{aligned}$$

$$\begin{aligned} &a''x^2 + b''xy + c''y^2 = 0, \\ &+ d''x + e''y \\ &+ f'' \end{aligned}$$

On suppose $a'' = 0$, $b'' = 0$, $c'' = 0$; on trouvera que cette équation finale ainsi réduite est divisible par $(ab').(bc') - (ac')^2$ qui est précisément l'équation de condition nécessaire, pour que les deux équations

$$ax^2 + bxy + cy^2 = 0,$$
$$a'x^2 + b'xy + c'y^2 = 0,$$

puissent avoir lieu.

De la manière de trouver le Facteur dont il vient d'être question.

(436.) Nous venons de dire que le facteur dont il s'agit, seroit l'équation de condition nécessaire pour que les équations formées de chaque plus haute dimension de $n - 1$ des équations proposées au nombre de n, puissent avoir lieu.

Mais ce facteur sera-t-il cette équation même, ainsi que nous l'avons dit, ou sera-t-il compris seulement dans cette équation, comme facteur de cette équation, ainsi que nous avons dit (430) qu'il peut arriver pour le facteur de l'équation finale générale.

Il sera cette équation elle-même, ainsi que nous l'avons avancé.

En effet, s'il pouvoit n'être que facteur de cette équation, sa dimension seroit moindre que celle de cette équation. Or elle est précisément la même. Car (434) la dimension de ce facteur est

pour deux équations. . . . p',

pour trois équations. . . . $p't'' + p''t'$;

pour quatre équations. . . $p't''t''' + p''t't''' + p'''t't''$.

Or je dis que l'équation de condition dont il s'agit, est précisément de cette dimension, dans les mêmes cas respectivement.

Car dans le cas de n équations, il s'agit de l'équation de condition résultante de $n - 1$ équations formées de chaque plus haute dimension de $n - 1$ des équations proposées. Or quoique ces équations renferment $n - 1$ inconnues; cependant, comme elles ne sont formées que des plus hautes dimensions, elles rentrent pour la méthode de trouver l'équation finale, dans le même cas que si elles ne renfermoient que $n - 2$ inconnues; ainsi, puisque sur $n - 1$ équations, il n'y a que $n - 2$ inconnues, le facteur dont il s'agit, est l'équation finale que nous avons jusqu'ici enseigné à trouver. Voyons donc quel doit être en général la dimension de cette équation finale pour 1, 2, 3, &c. équations lesquelles correspondent à 2, 3, &c. équations proposées.

Soient donc p', p'', p''', p^{IV}, &c. la dimension de l'inconnue enveloppée dans les coëfficiens des équations proposées, sa dimension, dis-je, dans la plus haute dimension de chacune de ces équations. Il est clair que pour une seule équation, (où il n'y a aucune inconnue apparente) la dimension sera p'

Pour deux équations (où il n'y a qu'une inconnue apparente), notre méthode donneroit à l'équation finale, une dimension $= p't'' + p''t'$. Car, en général tous les coëfficiens déterminés de chaque équation étant de la même dimension entr'eux, la dimension de l'équation finale, qui résulte de l'échange des coëfficiens déterminés contre les coëfficiens indéterminés, dans le produit de tous ceux-ci, sera

$$p'N(x\ldots 1)^{t''-1} + p''N(x\ldots 1)^{t'-1} = p't'' + p''t'.$$

Or nous avons vu (404) que pour deux équations, cette équation finale n'auroit pas de facteur; donc en effet la véritable dimension de l'équation finale est $p't'' + p''t'$.

Pour trois équations (où il n'y a que deux inconnues apparentes), notre méthode donneroit à l'équation finale une dimension

$$p'N(x\ldots 2)^{t''+t'''-2} + p''N(x\ldots 2)^{t'+t'''-2} + p'''N(x\ldots 2)^{t'+t''-2}.$$

Mais nous avons vu (415) que cette équation finale auroit un facteur de la dimension

$$p'N(x\ldots 2)^{t''+t'''-2} + p''N(x\ldots 2)^{t'+t'''-2} + p'''N(x\ldots 2)^{t'+t''-2}$$

$- p't''t''' - p''t't''' - p'''t't''$; donc la véritable équation finale est de la dimension $p't''t''' + p''t't''' + p'''t't''$; & ainsi à l'infini.

Donc le facteur dont il est ici question, est exactement l'équation de condition qui répond aux $n-1$ équations formées de chaque plus haute dimension de $n-1$ des équations proposées au nombre de n.

(437.) Il ne s'agit donc plus, pour avoir cette équation de condition, ou ce facteur, que de multiplier chacune des équations qui doivent la donner, par la plus haute dimension seulement des polynomes-multiplicateurs convenables, & que l'on déterminera par ce qui a été dit (340 & *suiv.*).

Ainsi, si les équations proposées étoient, par exemple, au nombre de trois; & si ayant trouvé l'équation finale réduite qui convient aux trois équations

$$(x, y)^{t} = 0, (x, y)^{t'} = 0, (x, y)^{t''} = 0,$$

on vouloit en conclure celle qui convient aux trois équations

$$(x, y)^{t-1} = 0, (x, y)^{t'} = 0, (x, y)^{t''} = 0.$$

Pour trouver le facteur qu'aura cette équation finale après y avoir supposé égaux à zéro tous les coëfficiens de la plus haute dimension de la première équation, on cherchera l'équation de condition qui convient aux deux équations formées seulement de la plus haute dimension de l'équation $(x, y)^{t'} = 0$, & de la plus haute dimension de l'équation $(x,y)^{t''}=0$. Et pour avoir cette équation, on multipliera la première par la plus haute dimension seulement du polynome $(x,y)^{t''-1}$, & la seconde par la plus haute dimension seulement du polynome $(x,y)^{t'-1}$; & on procédera au calcul des *lignes*, ainsi qu'il a été fait jusqu'ici.

(438.) Mais d'après tout ce qui précède, on doit voir que si le nombre total des équations proposées excède trois, notre méthode donnera un facteur à cette équation de condition; & comme les coëfficiens des termes qui donnent cette équation de condition, sont tous de même dimension, il paroîtroit qu'on pourroit être embarrassé à trouver ce nouveau facteur. Voici comment on levera cette difficulté apparente.

(439.) Supposons qu'il y ait quatre équations, toutes du troisième degré, par exemple. Alors la question seroit donc de trouver l'équation de condition qui répond à ces trois équations

$$ax^3+bx^2y+cx^2z+dxy^2+exyz+fxz^2+gy^3+hy^2z+kyz^2+lz^3=0,$$
$$a'x^3+b'x^2y+c'x^2z+d'xy^2+e'xyz+f'xz^2+g'y^3+h'y^2z+k'yz^2+l'z^3=0,$$
$$a''x^3+b''x^2y+c''x^2z+d''xy^2+e''xyz+f''xz^2+g''y^3+h''y^2z+k''yz^2+l''z^3=0.$$

Or cette équation de condition n'est pas différente de celle qui répond à ces trois autres

$$\begin{array}{lllll} ax^3 & +bx^2y & +dxy^2 & +gy^3 & =0, \\ +cx^2 & +exy & +hy^2 & & \\ +fx & +ky & & & \\ +l & & & & \end{array}$$

$$\begin{array}{lllll} a'x^3 & +b'x^2y & +d'xy^2 & +g'y^3 & =0; \\ +c'x^2 & +e'xy & +h'y^2 & & \\ +f'x & +k'y & & & \\ +l' & & & & \end{array}$$

$$\begin{array}{lllll} a''x^3 & +b''x^2y & +d''xy^2 & +g''y^3 & =0; \\ +c''x^2 & +e''xy & +h'y^2 & & \\ +f''x & +k'y & & & \\ +l'' & & & & \end{array}$$

qui sont les trois précédentes dans lesquelles on a supposé $z=1$.

On pourra donc, en général, pour éviter toute incertitude, supposer dans chacune des équations formées des plus hautes dimenſions, que l'une des inconnues eſt égale à l'unité ; & alors on traitera ces équations, tant pour avoir l'équation finale, que pour avoir ſon facteur, abſolument ſelon ce qui a été dit juſqu'ici.

Des Equations où le nombre des inconnues eſt moindre, de deux unités, que le nombre de ces Equations.

(440.) Lorsque le nombre des équations excède de deux, le nombre des inconnues, alors on peut avoir entre les coëfficiens déterminés de leurs termes, deux équations ; mais ces équations peuvent être plus ou moins compoſées ſelon la méthode qu'on emploiera pour les obtenir.

(441.) Non-ſeulement ces équations de condition peuvent ſe préſenter ſous une forme plus ou moins compoſée ; mais il n'en eſt pas alors comme du cas où l'on n'a qu'une inconnue de moins que le nombre des équations ; dans ce dernier cas, on eſt sûr, ſi l'équation eſt plus compoſée qu'elle ne doit l'être, on eſt sûr, dis-je, qu'elle a un facteur ; & nous avons des moyens de connoître ce facteur.

Mais dans le cas préſent, les deux équations de condition peuvent ſe préſenter ſous une forme plus compoſée qu'elles ne l'ont réellement : & ce ſeroit en vain que pour les ramener à leur véritable état, on chercheroit dans chacune le facteur qui augmente leur dimenſion : on n'en trouveroit ni dans l'une ni dans l'autre ; ou ſi l'on en trouvoit, il ne porteroit pas la réduction des deux équations au terme où elle peut aller.

(442.) Pour avoir une idée de la manière dont cela peut avoir lieu, ſuppoſons que les deux équations de condition, toutes réduites, ſoient

$$E = 0,$$
$$E' = 0.$$

Qu'ayant multiplié la première par a, & la ſeconde par a' ; j'en forme l'équation

$$aE + a'E' = 0.$$

Et qu'ayant multiplié la première par b, & la ſeconde par b', j'en forme l'équation

$$bE + b'E' = 0.$$

Il eſt

Il eſt viſible que ces deux équations ſont ſuſceptibles de réduction, dans ce ſens qu'on peut les changer en deux autres qui auront chacune un facteur; mais on voit évidemment qu'aucune de ces deux-là n'a de facteur, & que ce ſeroit en vain que pour les réduire, on chercheroit quel eſt le facteur qui les complique.

(443.) Ici, pour ramener les deux équations

$$aE + a'E' = 0,$$
$$bE + b'E' = 0.$$

A exprimer la queſtion de la manière la plus ſimple, je multiplierois la première par m, & ajoutant le produit à la ſeconde, j'aurois $(ma + b)E + (ma' + b')E' = 0$. Je ſuppoſerois $ma' + b' = 0$, ce qui me donneroit $m = -\frac{b'}{a'}$; & l'équation $(ma + b)E = 0$, ou $-\frac{(ab')}{a'}E = 0$, ou $(ab')E = 0$, qui devenue diviſible par (ab'), ſe réduiroit à $E = 0$. Un artifice ſemblable rameneroit à $E' = 0$. Mais il s'en faut bien qu'on puiſſe toujours employer un moyen auſſi ſimple.

(444.) Néanmoins, nous nous propoſons ici de donner les moyens pour arriver aux deux équations finales, ou aux deux équations de condition les plus réduites qu'il ſoit poſſible. Mais nous ne pouvons pas y arriver immédiatement : & il y a bien lieu de douter que cela ſoit poſſible généralement.

En effet, la queſtion de trouver les deux équations finales les plus ſimples qui puiſſent réſulter d'un nombre quelconque d'équations à deux inconnues de moins que leur nombre, eſt un cas particulier de cette queſtion plus générale.... quels ſont les moyens de ſatisfaire à un nombre donné d'équations qui renferment deux inconnues de moins que leur nombre. Or cette queſtion beaucoup plus générale doit préſenter dans ſa ſolution les ſymptômes de pluſieurs cas de ſolution qui n'appartiennent pas à la première queſtion. C'eſt ainſi que nous avons vu que l'équation de condition réſultante d'un nombre n d'équations à un nombre $n - 1$ d'inconnues, avoit un facteur qui renferme la ſolution de la queſtion, dans le cas où il manque aux équations propoſées toutes leurs dimenſions inférieures.

(445.) Il s'agit donc de donner la méthode de satisfaire de la manière la plus simple, & en même temps complette, à la question ; *Quelles sont les équations de condition qui comprennent tous les cas de solution d'un nombre donné d'équations qui renferment deux inconnues de moins que leur nombre :* & nous ferons voir ensuite comment on ramène ces équations à être de la dimension la plus basse, c'est-à-dire, comment on les dégage des solutions particulières qu'elles renferment.

(446.) Il faut donc commencer par la recherche de la forme la plus simple que l'on puisse donner aux polynomes-multiplicateurs que l'on doit employer, pour arriver à ces deux équations finales par l'élimination des inconnues.

De la forme des Polynomes-multiplicateurs les plus simples que l'on puisse employer, pour arriver aux deux équations de condition résultantes d'un nombre n *d'équations à un nombre* n — 2 *d'inconnues.*

(447.) SUPPOSONS d'abord qu'il n'y a qu'une seule inconnue, & par conséquent trois équations dont les degrés soient t, t', t'' pour la première, seconde & troisième, respectivement. Supposons aussi $t > t' > t''$.

Nous pouvons généralement (227) prendre pour la forme des polynomes-multiplicateurs, les quantités suivantes :

Pour la première.... $(x \ldots 1)^{T + t' + t''}$,

pour la seconde.... $(x \ldots 1)^{T + t + t''}$,

pour la troisième... $(x \ldots 1)^{T + t + t'}$.

Pour connoître la forme la plus simple à laquelle ces polynomes peuvent être réduits, je remarque que, dans cette forme des polynomes-multiplicateurs, l'équation-somme sera de la forme $(x \ldots 1)^{T + t + t' + t''}$; & que la différence entre le nombre des termes de la plus haute dimension de cette équation, & le nombre des coëfficiens utiles de la plus haute dimension de chacun des polynomes-multiplicateurs, sera
$d^3 [N(x \ldots 0)^{T+t+t'+t''}] \ldots \binom{T+t+t'+t''}{t, t', t''}$, quantité qui

sera $=0$, tant que $T+t+t'+t''>t+t'+t''$; on peut donc supposer $=0$ chacun des coëfficiens des termes des polynomes-multiplicateurs qui éléveroient l'équation somme au-delà de $t+t'+t''-1$; c'est-à-dire, que les trois polynomes-multiplicateurs ne peuvent, sans superfluité, être pris plus elevés qu'il n'est indiqué par les formes suivantes :

Pour la première équation... $(x\ldots 1)^{t'+t''-1}$,

pour la seconde......... $(x\ldots 1)^{t+t''-1}$,

pour la troisième........ $(x\ldots 1)^{t+t'-1}$.

(448.) Mais cette forme peut encore être abaissée : pour savoir de quelle quantité, je suppose qu'elle puisse être réduite à

$$(x\ldots 1)^{t'+t''-q},$$
$$(x\ldots 1)^{t+t''-q},$$
$$(x\ldots 1)^{t+t'-q}.$$

Alors la différence entre le nombre des termes de la plus haute dimension de l'équation-somme, & le nombre des coëfficiens utiles de la plus haute dimension de chacun des polynomes-multiplicateurs, ne sera plus

$$d^3 N(x\ldots 0)^{t+t'+t''-q}\ldots\binom{t+t'+t''-q}{t,\ t',\ t''}.$$

Mais pour savoir ce qu'elle sera, je change

$$d^3 N(x\ldots 0)^{t+t'+t''-q}\ldots\binom{t+t'+t''-q}{t,\ t',\ t''}$$

en cette autre quantité équivalente

$$d^3N(x\ldots 0)^{t+t'+t''-q}\ldots\binom{t+t'+t''-q}{t,\ t',\ t''}=ddN(x\ldots 0)^{t+t'+t''-q}\ldots\binom{t+t'+t''-q}{t',\ t''}$$
$$-\,dN(x\ldots 0)^{t'+t''-q}\ldots\binom{t'+t''-q}{t''}+N(x\ldots 0)^{t''-q}-N(x\ldots 0)^{-q}.$$

Je remarque présentement 1.° que l'expression $N(x\ldots 0)^{-q}$ à cause de son exposant négatif $-q$, ne peut avoir lieu dans l'expression du nombre de termes dont il s'agit ; & que par conséquent la véritable expression du nombre de termes dont il s'agit, est

$$ddN(x\ldots o)^{t+t'+t''-q}\ldots\binom{t+t'+t''-q}{t',t''}-dN(x\ldots o)^{t'+t''-q}\ldots\binom{t'+t''-q}{t''}$$

$+N(x\ldots o)^{t''-q}$, du moins tant que q ne sera pas $> t''$.

Or depuis $q=1$, jusqu'à $q=t''$, les deux premiers termes de cette expression sont chacun $=0$; & le dernier où $N(x\ldots o)^{t''-q}$ est constamment $=+1$.

Donc dans chaque dimension de l'équation-somme depuis $t+t'+t''-1$, jusqu'à $t+t'$, le nombre des termes de chaque dimension excède de 1 le nombre correspondant des coëfficiens utiles des polynomes-multiplicateurs. Donc (325) la forme des polynomes-multiplicateurs peut encore être abaissée d'une quantité $=t''$; donc cette forme peut être

Pour la première équation. . . $(x\ldots 1)^{t'-1}$,

pour la seconde. . . . . $(x\ldots 1)^{t-1}$,

pour la troisième. . . . . $(x\ldots 1)^{t+t'-t''-1}$.

avec un nombre de coëfficiens ou d'équations arbitraires, en réserve, $=t''$.

(449.) Pour savoir si cette forme est encore susceptible d'abaissement, je la suppose

Pour la première équation. . . . $(x\ldots 1)^{t'-q'}$,

pour la seconde. . . . . $(x\ldots 1)^{t-q'}$,

pour la troisième. . . . . $(x\ldots 1)^{t+t'-t''-q'}$,

c'est-à-dire, que je fais dans la forme ci-dessus $q=t''+q'$.

Alors l'expression de la différence entre le nombre des termes de la plus haute dimension de l'équation-somme, & le nombre des coëfficiens utiles de la plus haute dimension de chacun des polynomes-multiplicateurs, se réduira à

$$ddN(x\ldots o)^{t+t'-q'}\ldots\binom{t+t'-q'}{t',t''}-dN(x\ldots o)^{t'-q'}\ldots\binom{t'-q'}{t'};$$

dont chacun des deux termes est $=0$, tant que $t'-q'$ n'est pas $< t''$; donc le nombre des termes de la plus haute dimenſion de l'équation-ſomme, & le nombre des coëfficiens utiles fournis par la plus haute dimenſion de chacun des polynomes-multiplicateurs étant le meme, on peut ſuppoſer chacun de ces coëfficiens $= 0$, depuis $q' = 0$, juſqu'à $q' = t' - t''$.

Donc la forme des polynomes-multiplicateurs peut être réduite à la ſuivante

Pour la première équation... $(x \ldots 1)^{t''-1}$,

pour la ſeconde........... $(x \ldots 1)^{t-t'+t''-1}$,

pour la troiſième......... $(x \ldots 1)^{t-1}$.

(450.) Pour ſavoir ſi cette forme eſt encore ſuſceptible d'abaiſſement, je la ſuppoſe

Pour la première équation... $(x \ldots 1)^{t''-q''}$,

pour la ſeconde.......... $(x \ldots 1)^{t-t'+t''-q''}$,

pour la troiſième......... $(x \ldots 1)^{t-q''}$,

c'eſt-à-dire, que je fais dans la forme précédente $q' = t' - t'' + q''$.

Alors l'expreſſion de la différence entre le nombre des termes de la plus haute dimenſion de l'équation-ſomme, & le nombre des coëfficiens utiles de la plus haute dimenſion de chacun des polynomes-multiplicateurs, devient

$$ddN(x \ldots 0)^{t+t'-q''} \ldots \left(\begin{smallmatrix} t+t''-q'' \\ t',\, t'' \end{smallmatrix}\right) - dN(x \ldots 0)^{t''-q''} \ldots \left(\begin{smallmatrix} t''-q'' \\ t'' \end{smallmatrix}\right),$$

c'eſt-à-dire,

$$ddN(x \ldots 0)^{t+t''-q''} \ldots \left(\begin{smallmatrix} t+t''-q'' \\ t',\, t'' \end{smallmatrix}\right) - N(x \ldots 0)^{t''-q''} + N(x \ldots 0)^{-q''}.$$

Mais à cauſe de l'expoſant négatif $-q''$, l'expreſſion $N(x \ldots 0)^{-q''}$ ne pouvant avoir lieu, nous avons ſeulement

$$ddN(x \ldots 0)^{t+t''-q''} \ldots \left(\begin{smallmatrix} t+t''-q'' \\ t',\, t'' \end{smallmatrix}\right) - N(x \ldots 0)^{t''-q''}.$$

(451.) Ici, il peut arriver deux cas; on peut avoir $t' + t'' < t$ & $t' + t'' > t$. Examinons d'abord le premier cas.

Dans l'expression $ddN(x\ldots o)^{t+t''-q''}\ldots\left(\begin{smallmatrix}t+t''-q''\\ t',t''\end{smallmatrix}\right)-N(x\ldots o)^{t''-q''}$ le premier terme sera $=o$, tant que $t+t''-q''$ ne sera pas plus petit que $t'+t''$; c'est-à-dire, jusqu'à $q''=t-t'$. Donc si $t'+t''<t$, ou $t-t'>t''$ l'expression

$$ddN(x\ldots o)^{t+t''-q''}\ldots\left(\begin{smallmatrix}t+t''-q''\\ t',t''\end{smallmatrix}\right)-N(x\ldots o)^{t''-q''}$$

sera négative & $=-1$, depuis $q''=1$, jusqu'à $q''=t''$; donc s'il n'y avoit pas d'équations arbitraires en réserve, le nombre des termes de la plus haute dimension de l'équation-somme, étant actuellement plus petit que le nombre des coëfficiens utiles fournis par la plus haute dimension de chacun des polynomes-multiplicateurs, on ne pourroit plus abaisser la forme des polynomes-multiplicateurs.

Mais comme nous avons vu ci-dessus que depuis $q=1$, jusqu'à $q=t''$, nous avions pour chaque dimension un nombre $=1$ d'équations arbitraires en réserve, si nous concevons qu'on les emploie depuis $q''=1$, jusqu'à $q''=t''$, chaque coëfficient des dimensions correspondantes des polynomes-multiplicateurs, pourra être supposé $=o$; donc dans le cas de $t'+t''<t$, la forme des polynomes-multiplicateurs peut être réduite.

Pour la première équation, à . . $(x\ldots 1)^{-1}$,

pour la seconde, à . . . . $(x\ldots 1)^{t-t'-1}$,

pour la troisième, à . . . . $(x\ldots 1)^{t-t''-1}$.

Et comme la forme $(x\ldots 1)^{-1}$ n'exprime qu'un polynome-multiplicateur imaginaire, on doit en conclure que l'équation finale la plus simple, résultera de la combinaison de la seconde & de la troisième équation seulement, sans y faire intervenir la première.

(452.) Achevons donc de déterminer la forme la plus simple des polynomes-multiplicateurs de la seconde & de la troisième équations.

Supposons donc leurs polynomes-multiplicateurs, de la forme

Pour la seconde. . . . . $(x\ldots 1)^{t-t'-q''}$,

pour la troisième. . . . . $(x\ldots 1)^{t-t''-q''}$,

c'est-à-dire, faisons dans la forme précédente $q''=t''+q'''$.

Alors l'expression de la différence entre le nombre des termes de la plus haute dimension de l'équation-somme, & le nombre des coëfficiens utiles de la plus haute dimension de chacun des polynomes-multiplicateurs, deviendra

$ddN(x\ldots o)^{t-q'''}\ldots\binom{t-q'''}{t',t''}$ laquelle est $=o$, tant que $t-q'''$ n'est pas plus petit que $t'+t''$; c'est-à-dire, depuis $q'''=1$, jusqu'à $q'''=t-t'-t''$. Donc on peut encore supposer $=o$, chacun des coëfficiens des plus hautes dimensions des polynomes-multiplicateurs depuis $q'''=1$, jusqu'à $q'''=t-t'-t''$; donc la forme des polynomes-multiplicateurs, peut être réduite à la suivante.

Pour la seconde équation. . . . . . $(x\ldots 1)^{t''-1}$,

pour la troisième. . . . . $(x\ldots 1)^{t'-1}$,

& c'est la plus simple; car si on fait $q'''=t-t'-t''+q^{\text{IV}}$, la quantité $ddN(x\ldots o)^{t-q'''}\ldots\binom{t-q'''}{t',t''}$ devient

$ddN(x\ldots o)^{t'+t''-q^{\text{IV}}}\ldots\binom{t'+t''-q^{\text{IV}}}{t',t''}$, c'est-à-dire,

$$dN(x\ldots o)^{t'+t''-q^{\text{IV}}}\ldots\binom{t'+t''-q^{\text{IV}}}{t''}-N(x\ldots o)^{t''-q^{\text{IV}}}+N(x\ldots o)^{-q^{\text{IV}}},$$

laquelle à cause de l'exposant négatif $-q^{\text{IV}}$, doit être réduite à

$$dN(x\ldots o)^{t'+t''-q^{\text{IV}}}\ldots\binom{t'+t''-q^{\text{IV}}}{t''}-N(x\ldots o)^{t''-q^{\text{IV}}};$$

& celle-ci, à cause de $dN(x\ldots o)^{t'+t''-q^{\text{IV}}}\binom{t'+t''-q^{\text{IV}}}{t''}=o$, se réduit à $-N(x\ldots o)^{t''-q^{\text{IV}}}=-1$ qui fait voir que le nombre des termes de la plus haute dimension de l'équation-somme étant plus petit que le nombre des coëfficiens utiles, on ne peut plus supposer $=o$, les coëfficiens des dimensions supérieures des polynomes-multiplicateurs, à moins qu'il n'y eut quelques équations arbitraires en réserve; mais il n'en reste plus aucune.

On peut remarquer que cette dernière forme s'accorde parfaitement avec ce qui a été dit (346).

Donc dans le cas de $t'+t''<t$, la combinaison des trois

équations proposées ne donneroit pas une équation finale, ou une équation de condition plus simple que la combinaison de la seconde & de la troisième seulement.

(453.) Mais comme il doit y avoir deux équations de condition, il reste, dans ce même cas de $t > t' + t''$, à déterminer la forme des polynomes-multiplicateurs propres à donner cette seconde équation.

Reprenons l'examen précédent à compter de la forme

$$(x \ldots 1)^{t''-q''},$$
$$(x \ldots 1)^{t-t'+t''-q''},$$
$$(x \ldots 1)^{t-q''}.$$

Et au lieu de concevoir qu'on emploie toutes les équations arbitraires en réserve, concevons qu'on en réserve seulement une; alors on pourra supposer égal à zéro, chacun des coëfficiens des polynomes-multiplicateurs, depuis $q'' = 1$, jusqu'à $q'' = t'' - 1$; & la forme des polynomes-multiplicateurs sera réduite à celle qui suit:

Pour la première équation. . . . . . $(x \ldots 1)^0$,

pour la seconde. . . . . $(x \ldots 1)^{t-t'}$,

pour la troisième. . . . . $(x \ldots 1)^{t-t''}$,

avec un nombre $= t - t' - t'' + 1$ d'équations arbitraires outre l'équation arbitraire en réserve; & comme, par notre supposition, nous n'emploierons pas celle-ci dans la dimension supérieure de l'équation-somme, nous aurons dans cette dimension plus de coëfficiens utiles que de termes à faire disparoître; il ne sera donc plus permis d'abaisser cette dimension.

(454.) Examinons présentement si l'équation finale donnée par cette forme, sera plus simple que celle qu'on auroit par la combinaison de la première & de la troisième équations.

Les trois polynomes-multiplicateurs fournissent un nombre de coëfficiens $= 1 + t - t' + 1 + t - t'' + 1$.

Mais sur ce nombre, nous venons de dire qu'il y en avoit un nombre $= t - t' - t'' + 2$ d'arbitraires; si on les suppose donc chacun $= 0$, l'élimination se fera avec un nombre $= t + 1$ de coëfficiens;

coëfficiens ; donc la dimension en lettres, ou le nombre des coëfficiens déterminés qui entreront dans chaque terme de l'équation finale, sera $t+1$.

Mais si on combinoit la première & la troisième équations, les polynomes-multiplicateurs convenables (346) seroient $(x\ldots 1)^{t''-1}$, $(x\ldots 1)^{t-1}$, qui donneroient $t+t''$ pour la dimension, en lettres, de l'équation finale ; donc la forme suivante des polynomes-multiplicateurs

$$(x\ldots 1)^{0},$$
$$(x\ldots 1)^{t-t'},$$
$$(x\ldots 1)^{t-t''},$$

est celle qui, dans le cas de $t>t'+t''$, conduit à l'équation finale la plus simple après celle qui résulte de la combinaison de la seconde & de la troisième équations.

(455.) Passons au cas de $t<t'+t''$.

Reprenons, dans ce que nous venons de dire (450), la forme

$$(x\ldots 1)^{t''-q''},$$
$$(x\ldots 1)^{t-t'+t''-q''},$$
$$(x\ldots 1)^{t-q''}.$$

L'expression de la différence entre le nombre des termes de la plus haute dimension de l'équation-somme, & le nombre des coëfficiens utiles de la plus haute dimension de chacun des polynomes-multiplicateurs, que nous avons vu être

$$dd\,N(x\ldots 0)^{t+t''-q''}\ldots\binom{t+t''-q''}{t',\,t''}-N(x\ldots 0)^{t''-q''}$$

ne peut plus donner $dd\,N(x\ldots 0)^{t+t''-q''}\ldots\binom{t+t''-q''}{t',\,t''}=0$, depuis $q''=1$, jusqu'à $q''=t''$, lorsqu'on suppose $t<t'+t''$. Elle ne peut être zéro que depuis $q''=1$, jusqu'à $q''=t-t'$: & dans tout cet intervalle on a constamment $-N(x\ldots 0)^{t''-q''}=-1$.

Donc si on conçoit que sur le nombre t'' d'équations arbitraires qui nous reste en réserve, on en emploie une à chaque dimension de l'équation-somme depuis $q''=1$, jusqu'à $q''=t-t'$, la différence entre le nombre des termes de la plus haute dimension de l'équation-somme, & le nombre des coëfficiens utiles, se trouvant alors $= 0$, depuis $q'' = 1$, jusqu'à $q'' = t - t'$, on pourra supposer $= 0$, chacun des coëfficiens des polynomes-multiplicateurs depuis $q'' = 1$, jusqu'à $q'' = t - t'$.

La forme des polynomes-multiplicateurs sera donc alors la suivante :

Pour la première équation. . . . $(x \ldots 1)^{t' + t'' - t - 1}$,

pour la seconde. . . . . $(x \ldots 1)^{t'' - 1}$,

pour la troisième. . . . . $(x \ldots 1)^{t' - 1}$.

(456.) Pour savoir si cette forme est encore susceptible de réduction, je la suppose comme il suit :

Pour la première équation. . . . . $(x \ldots 1)^{t' + t'' - t - q'''}$,

pour la seconde. . . . . $(x \ldots 1)^{t'' - q'''}$,

pour la troisième. . . . . $(x \ldots 1)^{t' - q'''}$.

Alors l'expression de la différence entre le nombre des termes de la plus haute dimension de l'équation-somme, & le nombre des coëfficiens utiles de la plus haute dimension des polynomes-multiplicateurs devient

$$ddN(x \ldots 0)^{t' + t'' - q'''} \ldots \binom{t' + t'' - q'''}{t',\, t''} - N(x \ldots 0)^{t' + t'' - t - q'''},$$

c'est-à-dire,

$$dN(x \ldots 0)^{t' + t'' - q'''} \ldots \binom{t' + t'' - q'''}{t''} - N(x \ldots 0)^{t'' - q'''}$$

$$+ N(x \ldots 0)^{-q'''} - N(x \ldots 0)^{t' + t'' - t - q'''}.$$

Mais comme $N(x \ldots 0)^{-q'''}$, ne peut avoir lieu, elle se réduit à

$$dN(x \ldots 0)^{t' + t'' - q'''} \ldots \binom{t' + t'' - q'''}{t''} - N(x \ldots 0)^{t'' - q'''} - N(x \ldots 0)^{t' + t'' - t - q'''},$$

c'est-à-dire, à $0 - 1 - 1$, ou -2.

Donc le nombre des coëfficiens utiles de la dimension de numéro q''' des polynomes-multiplicateurs, excédant le nombre des termes à faire disparoître dans la dimension de même numéro de l'équation-somme, il ne seroit plus possible d'abaisser la forme des polynomes-multiplicateurs, si nous n'avions encore un certain nombre d'équations arbitraires en réserve.

Or sur t'' équations arbitraires que nous avions en réserve, nous en avons employé un nombre $= t - t'$; il nous en reste donc encore un nombre $t' + t'' - t$; & puisqu'il en faut employer deux à chaque dimension, on pourra donc abaisser la forme des polynomes-multiplicateurs depuis $q'' = 1$, jusqu'à $q''' = \frac{t' + t'' - t - \alpha}{2}$, α étant o ou 1 selon que $t' + t'' - t$ est pair ou impair; & dans le cas où il est impair, il restera une équation arbitraire en réserve.

La forme la plus simple des polynomes-multiplicateurs, dans le cas de $t < t' + t''$, est donc comme il suit :

Pour la première équation..... $(x \ldots 1)^{\frac{t' + t'' - t + \alpha}{2} - 1}$,

pour la seconde............... $(x \ldots 1)^{\frac{t + t'' - t' + \alpha}{2} - 1}$,

pour la troisième............. $(x \ldots 1)^{\frac{t + t' - t'' + \alpha}{2} - 1}$.

α étant o ou 1, selon que $t' + t'' - t$ est pair ou impair, & avec une équation arbitraire en réserve dans le cas où il est impair.

(457.) L'équation finale trouvée en employant ces polynomes-multiplicateurs, sera toujours la plus simple, & plus simple que celle que donneroit la combinaison de deux quelconques des trois équations proposées.

En effet, par la combinaison des deux plus basses équations, la dimension en lettres, de l'équation finale, seroit $t' + t''$. Mais par ces polynomes-multiplicateurs, elle sera $\frac{t + t' + t'' + \alpha}{2} < t' + t''$, puisque $t < t' + t''$, & que α ne peut excéder 1.

(458.) Pour avoir la seconde équation de condition, on prendra la forme suivante pour les trois polynomes-multiplicateurs

Pour la première équation..... $(x \ldots 1)^{\frac{t' + t'' - t + \alpha}{2}}$,

pour la seconde............... $(x \ldots 1)^{\frac{t + t'' - t' + \alpha}{2}}$,

pour la troisième............. $(x \ldots 1)^{\frac{t + t' - t'' + \alpha}{2}}$.

α étant encore zéro ou 1 selon que $t' + t'' - t$ est pair ou impair ; & l'on aura trois équations arbitraires en réserve, dans le second cas, & deux dans le premier. En effet, puisque nous sommes les maîtres d'employer les équations arbitraires en réserve, partout où nous voudrons dans l'équation-somme, nous pouvons supposer que sur le nombre $t'+t''-t$ qui nous en restoit à l'avant-dernière forme (456), nous n'en avons employé deux à chaque dimension, que depuis $q'''=1$, jusqu'à $q'''=\frac{t'+t''-t-\alpha}{2}-1$.

(459.) Cette nouvelle forme des polynomes-multiplicateurs donnera toujours une équation finale plus simple que la combinaison de deux quelconques des trois équations proposées, excepté le cas où t seroit plus grand que $t'+t''-\alpha-6$. Dans ce cas on prendroit pour seconde équation de condition celle que donneroit la combinaison de la seconde & de la troisième équations.

(460.) Mais il ne sera pas toujours indispensable, pour avoir l'équation finale la plus simple après celle qui résulte de la première forme, de recourir à la seconde forme que nous venons de donner pour les trois polynomes-multiplicateurs. Dans le cas de $t'+t''-t$ impair, la première forme suffira pour avoir les deux équations de condition. En effet, comme il y a alors une équation arbitraire à former, en la formant de deux manières, on aura les deux équations finales arbitraires cherchées. Appliquons à quelques exemples particuliers.

(461.) Supposons qu'on ait les trois équations suivantes :

$$ax+b=0,$$
$$a'x+b'=0,$$
$$a''x+b''=0.$$

$t'+t''-t$ étant ici une quantité impaire, on aura $\alpha=1$, & la forme des polynomes-multiplicateurs sera $(x\ldots1)^0$. C'est donc à dire qu'il faut multiplier chacune des équations proposées par un coëfficient indéterminé seulement. Et comme (456) on a un coëfficient ou une équation arbitraire, & que la meilleure supposition pour arriver à l'équation la plus simple, est de faire ce coëfficient $=0$, il s'ensuit que la combinaison des équations, deux à deux, est celle qui conduira à l'équation la plus simple.

Ainsi, A, A', A'' étant les multiplicateurs respectifs de ces équations, en faisant $A'' = 0$, on aura pour équation finale

$$(a\,b') = 0.$$

En faisant $A' = 0$, on aura pour équation finale

$$(a\,b'') = 0.$$

En faisant $A = 0$, on auroit pour équation finale

$$(a'b'') = 0.$$

Mais deux quelconques de ces équations ayant lieu, la troisième en est une suite nécessaire.

(462.) Supposons que les trois équations proposées soient

$$a\,x^2 + b\,x + c = 0,$$
$$a'\,x^2 + b'\,x + c' = 0,$$
$$a''x^2 + b''x + c'' = 0.$$

Ici, où $t' + t'' - t$ est pair, on a $\alpha = 0$; & les trois polynomes-multiplicateurs les plus simples, sont de la forme $(x \ldots 1)^0$, c'est-à-dire, sont A, A', A'', sans aucun coëfficient ou équation arbitraire.

L'équation-somme sera donc de la forme

$$A\,a\,x^2 + A\,b\,x + A\,c = 0.$$

On aura donc pour le calcul de $A\ A'\ A''$; comme il suit;

Première ligne. . . . . $a\,A'A''$,

seconde ligne. . . . . $a\,b'A''$,

troisième ligne. . . . . $(a\,b'c'')$.

L'équation finale sera donc $a\,b'c'' = 0$, ou

$$(a\,b' - a'b)\,c'' - (a\,b'' - a''b)\,c' + (a'b'' - a''b')\,c = 0;$$

c'est la plus simple qu'il soit possible de former.

Pour avoir la seconde équation de condition, nous pouvons (458) prendre $(x \ldots 1)^1$ pour la forme des polynomes-multiplicateurs, & alors nous aurons deux coëfficiens arbitraires; & comme le meilleur usage qu'on puisse en faire, est de les supposer égaux à zéro; si, comme on en est le maître, on les prend tous deux dans un même polynome-multiplicateur, on se trouve alors n'avoir à combiner que deux des équations ; & en effet, nous avons vu (346) que deux équations de ce degré devoient avoir pour polynomes-multiplicateurs, des polynomes de la forme $(x \ldots 1)^1$, sans aucun coëfficient arbitraire. On peut faire beaucoup d'autres suppositions, mais qui ne conduiront à rien de plus simple.

Ainsi les deux équations finales sont $(ab'c'') = 0$, avec l'une quelconque des trois équations suivantes :

$$(ab').(bc') - (ac')^2 = 0,$$
$$(ab'').(bc'') - (ac'')^2 = 0,$$
$$(a'b'').(b'c'') - (a'c'')^2 = 0.$$

Et la première $(ab'c'') = 0$, avec l'une quelconque de ces trois, étant supposées avoir lieu, les deux autres en sont une suite nécessaire.

(463.) Supposons, pour troisième exemple, les trois équations suivantes :

$$ax^3 + bx^2 + cx + d = 0,$$
$$a'x^3 + b'x^2 + c'x + d' = 0,$$
$$a''x^3 + b''x^2 + c''x + d'' = 0.$$

On aura $t' + t'' - t$ impair, & par conséquent $\alpha = 1$; la forme des trois polynomes-multiplicateurs (456) sera donc $(x \ldots 1)^1$ avec un coëfficient ou une équation arbitraire.

Soient donc $Ax + B$, $A'x + B'$, $A''x + B''$, ces trois polynomes-multiplicateurs ; l'équation-somme sera de la forme suivante :

$$\begin{array}{l} Aax^4 + Abx^3 + Acx^2 + Adx + Bd = 0, \\ + Ba + Bb + Bc \end{array}$$

Je procéde d'abord au calcul de $A\,A'A''\,B\,B'B''$ sans aucun égard à l'équation arbitraire, & j'ai comme il suit :

Première ligne... $aA'A''$,

seconde ligne... $(ab')A''BB'B'' + aA'A''aB'B''$,

troisième ligne.. $(ab'c'')BB'B'' - (ab')A''bB'B'' + (ac')A''aB'B'' + aA'A''(ab')B''$

quatrième ligne.. $(ab'c'')cB'B'' - (ab'd'')bB'B'' + (ab')A''(bc')B'' + (ac'd'')aB'B''$
$- (ac')A''(ac')B'' + (ad')A''(ab')B'' + aA'A''(ab'c'')$,

cinquième ligne.. $(ab'c'').(cd')B'' - (ab'd'').(bd')B'' - (bc'd'').(ab')A'' + (ac'd'').(ad')B''$
$+ (ac'd'').(ac')A'' - (ab'd'').(ad')A''$.

Présentement, puisque nous avons une équation arbitraire, je puis faire

ou $Ab + A'b' + A''b'' = 0$, ou $Ac + A'c' + A''c'' = 0$, ou $Ad + A'd' + A''d'' = 0$,

ou $Ba + B'a' + B''a'' = 0$, ou $Bb + B'b' + B''b'' = 0$, ou $Bc + B'c' + B''c'' = 0$.

Et calculer une sixième ligne en vertu de l'une quelconque de ces équations arbitraires, & ce sera la première équation finale. Calculant de nouveau une sixième ligne, à l'aide d'une autre quelconque de ces équations arbitraires, j'aurois une seconde équation finale.

Par exemple, si je prends successivement pour équation arbitraire l'équation $Ab + A'b' + A''b'' = 0$,
& l'équation $Ac + A'c' + A''c'' = 0$.

J'aurai les deux équations finales suivantes

$$-(ac'd'').(ab'c'') + (ab'd'')^2 = 0,$$
$$-(bc'd'').(ab'c'') + (ab'd'').(ac'd'') = 0.$$

Mais ces deux équations, toutes simples qu'elles sont, ne sont pas les plus simples qu'il est possible; parce que le coëfficient arbitraire pouvant aussi bien être supposé $= 0$, comme déterminé par toute autre équation arbitraire; & dans le premier cas la dimension littérale de l'équation finale devant être moindre d'une unité, il est clair que ces deux équations ont une dimension littérale trop forte d'une unité, quoique cependant ni l'une ni l'autre n'ait de diviseur.

Au lieu donc de procéder au calcul de la sixième ligne, à l'aide de l'une ou de l'autre des équations arbitraires ci-dessus, j'y procède à l'aide de l'une quelconque des équations arbitraires suivantes

$$A'' = 0,\ A' = 0,\ A = 0,\ B'' = 0,\ B' = 0,\ B = 0.$$

Mais j'observe auparavant, que $(ac')A''$, par exemple, n'est autre que la représentation abrégée de

$$(ac')A'' - (ac'')A' + (a'c'')A,$$

qui, avec l'équation $A'' = 0$, ou $0A + 0A' + 1A'' = 0$, se change en (ac').

Combinant donc, d'après cette observation, la cinquième ligne calculée ci-dessus; la combinant, dis-je, successivement, avec $A'' = 0$, & $A' = 0$, on aura les deux équations finales suivantes

$$-(bc'd'').(ab') + (ac'd'').(ac') - (ab'd'').(ad') = 0,$$

& $$+(bc'd'').(ab'') - (ac'd'').(ac'') + (ab'd'').(ad'') = 0.$$

On en peut former un très-grand nombre d'autres, mais qui ne seront pas plus simples, & leur totalité sera toujours telle que deux quelconques étant supposées avoir lieu, toutes les autres en seront une suite nécessaire.

(464.) Si l'on étoit curieux de voir la liaison de ces deux équations finales avec les deux précédentes, on n'a qu'à prendre en outre l'équation que donneroit $A = 0$, laquelle est

$$-(bc'd'').(a'b'') + (ac'd'').(a'c'') - (ab'd'').(a'd'') = 0.$$

Alors, de ces trois équations, si après avoir multiplié la première par b'', la seconde par b', & la troisième par b, on retranche le second produit de la somme des deux autres, on aura

$$-(ac'd'').(ab'c'') + (ab'd'')^2 = 0.$$

Pareillement, si après avoir multiplié la première par c'', la seconde par c', & la troisième par c, on retranche le second produit, de la somme des deux autres, on aura

$$-(bc'd'').(ab'c'') + (ab'd'').(ac'd'') = 0.$$

Donc les deux équations

$$-(ac'd'').(ab'c'') + (ab'd'')^2 = 0;$$

$$-(bc'd'').(ab'c'') + (ab'd'').(ac'd'') = 0,$$

n'expriment rien de plus que deux quelconques des trois équations

$$-(bc'd'').(ab') + (ac'd'').(ac') - (ab'd'').(ad') = 0,$$

$$+(bc'd'').(ab'') - (ac'd'').(ac'') + (ab'd'').(ad'') = 0,$$

$$-(bc'd'').(a'b'') + (ac'd'').(a'c'') - (ab'd'').(a'd'') = 0.$$

(465.) Supposons à présent qu'il y ait deux inconnues, & par conséquent par conséquent quatre équations dont les degrés soient t, t', t'', t''' pour la première, seconde, troisième & quatrième ; & que l'on ait $t > t' > t'' > t'''$, ce que l'on peut toujours supposer, en y comprenant le cas d'égalité.

Il peut arriver l'un des cinq cas généraux suivans

$$t' > t'' + t''', \quad t > t' + t''', \quad t > t' + t'', \quad t > t' + t'' + t''',$$
$$t' > t'' + t''', \quad t > t' + t''', \quad t > t' + t'', \quad t < t' + t'' + t''';$$
$$t' > t'' + t''', \quad t > t' + t''', \quad t < t' + t'', \quad t < t' + t'' + t''',$$
$$t' > t'' + t''', \quad t < t' + t''', \quad t < t' + t'', \quad t < t' + t'' + t''',$$
$$t' < t'' + t''', \quad t < t' + t''', \quad t < t' + t'', \quad t < t' + t'' + t'''.$$

Mais comme les quatre derniers cas se subdivisent en plusieurs autres dont le détail nous conduiroit trop loin, nous nous bornerons à l'examen détaillé du premier cas, & nous ne considérerons le cinquième que dans l'un des cas, dans lesquels il se subdivise.

Prenons d'abord le premier cas.

(466.) Si conformément à ce qui a été dit (224), on prend

$(x \ldots 2)^{T+t'+t''+t'''}$, $(x \ldots 2)^{T+t+t''+t'''}$, $(x \ldots 2)^{T+t+t'+t'''}$, $(x \ldots 2)^{T+t+t'+t''}$ pour les polynomes-multiplicateurs respectifs de ces équations, on aura

$$d^4 N(x \ldots 1)^{T+t+t'+t''+t'''} \ldots \binom{T+t+t'+t''+t'''}{t, t', t'', t'''}$$

pour l'expression de la différence entre le nombre des termes de la plus haute dimension de l'équation-somme, & le nombre des coëfficiens utiles de la plus haute dimension des polynomes-multiplicateurs. Or cette expression est zéro tant que l'exposant de chacun des polynomes qu'elle renferme, n'est pas au-dessous de -1 ; & comme le plus petit de ces polynomes est $(x \ldots 1)^T$, dont le nombre des termes est $T+1$, il est visible que depuis T égal à une quantité positive quelconque, jusqu'à $T = -1$, la quantité

$d^4 N(x \ldots 1)^{T+t+t'+t''+t'''} \ldots \binom{T+t+t'+t''+t'''}{t, t', t'', t'''}$ étant zéro, on peut supposer tous les coëfficiens des dimensions supérieures des polynomes-multiplicateurs, égaux à zéro ; & réduire par conséquent ces polynomes à la forme suivante :

Pour la première équation...... $(x\ldots 1)^{t'+t''+t'''-1}$,

pour la seconde............... $(x\ldots 1)^{t+t''+t'''-1}$,

pour la troisième............... $(x\ldots 1)^{t+t'+t'''-1}$,

pour la quatrième.............. $(x\ldots 1)^{t+t'+t''-1}$.

Pour savoir si cette forme peut être réduite, je la suppose telle qu'il suit :

Pour la première équation...... $(x\ldots 1)^{t'+t''+t'''-1-q}$,

pour la seconde............... $(x\ldots 1)^{t+t''+t'''-1-q}$,

pour la troisième............... $(x\ldots 1)^{t+t'+t'''-1-q}$,

pour la quatrième.............. $(x\ldots 1)^{t+t'+t''-1-q}$.

Alors la différence entre le nombre des termes de la plus haute dimension de l'équation-somme, & le nombre des coëfficiens utiles de la plus haute dimension des polynomes-multiplicateurs, devient $d^4 N(x\ldots 1)^{t+t'+t''+t'''-1-q}\ldots\left(\begin{smallmatrix} t+t'+t''+t'''-1-q \\ t,\, t',\, t'',\, t''' \end{smallmatrix}\right)$.

Mais comme on ne doit admettre dans cette expression que les polynomes dont l'exposant n'est pas négatif, je la change en cette autre

$$d^3 N(x\ldots 1)^{t+t'+t''+t'''-1-q}\ldots\left(\begin{smallmatrix} t+t'+t''+t'''-1-q \\ t',\, t'',\, t''' \end{smallmatrix}\right)$$

$$-\, dd\, N(x\ldots 1)^{t'+t''+t'''-1-q}\ldots\left(\begin{smallmatrix} t'+t''+t'''-1-q \\ t'',\, t''' \end{smallmatrix}\right)$$

$$+\, dN(x\ldots 1)^{t''+t'''-1-q}\ldots\left(\begin{smallmatrix} t''+t'''-1-q \\ t''' \end{smallmatrix}\right) - N(x\ldots 1)^{t'''-1-q},$$

en rejettant le terme $+ N(x\ldots 1)^{-1-q}$.

Or les deux premiers termes sont évidemment chacun $= 0$, tant que $q < t'$. Le troisième tant que q est plus petit que t'', se réduit à t''' ; & le quatrième, tant que q est plus petit que t''', se réduit à $t''' - q$; donc l'expression totale se réduit à $+ q$.

Puis donc (325) que le nombre des coëfficiens utiles est plus petit que le nombre des termes à faire disparoître, on peut ſuppoſer chaque coëfficient $= 0$, depuis $q = 1$, juſqu'à $q = t'''$, & l'on aura pour chaque valeur de q compriſe dans cet intervalle, un nombre $= q$ d'équations arbitraires en réſerve.

(467.) Faiſons $q = t''' + q'$. L'expreſſion de la différence entre le nombre des termes à faire diſparoître & le nombre des coëfficiens utiles, deviendra

$$d^3 N(x \ldots 1)^{t+t'+t''-1-q'} \ldots \binom{t+t'+t''-1-q'}{t', t'', t'''}$$

$$- ddN(x \ldots 1)^{t'+t''-1-q'} \ldots \binom{t'+t''-1-q'}{t'', t'''}$$

$$+ dN(x \ldots 1)^{t''-1-q'} \ldots \binom{t''-1-q'}{t'''}.$$

Or les deux premiers termes ſont chacun $= 0$, tant que $q' < t' - t'''$; & le troiſième eſt poſitif & $= t'''$, tant que $q' < t'' - t'''$; donc le nombre des coëfficiens utiles étant moindre que le nombre des termes à faire diſparoître, depuis $q' = 1$, juſqu'à $q' = t'' - t'''$, on peut ſuppoſer chaque coëfficient $= 0$, depuis $q' = 1$, juſqu'à $q' = t'' - t'''$; & l'on aura pour chaque valeur de q' compriſe dans cet intervalle, un nombre $= t'''$ d'équations arbitraires en réſerve.

(468.) Faiſons $q' = t'' - t''' + q''$. L'expreſſion de la différence entre le nombre des termes à faire diſparoître, & le nombre des coëfficiens utiles, deviendra

$$d^3 N(x \ldots 1)^{t+t'+t'''-1-q''} \ldots \binom{t+t'+t'''-1-q''}{t', t'', t'''}$$

$$- ddN(x \ldots 1)^{t'+t'''-1-q''} \ldots \binom{t'+t'''-1-q''}{t'', t'''}$$

$$+ N(x \ldots 1)^{t'''-1-q''}.$$

Or les deux premiers termes ſont chacun $= 0$, tant que $q'' < t' - t''$; donc puiſque $t' > t' + t'''$, cette expreſſion ſe réduira à $N(x \ldots 1)^{t'''-1-q''}$ ou $t''' - q''$ depuis $q'' = 1$, juſqu'à $q'' = t'''$. On pourra donc encore ſuppoſer tous les coëfficiens égaux à zéro depuis $q'' = 1$, juſqu'à $q'' = t'''$; & l'on aura pour chaque valeur de q'' compriſe dans cet intervalle, un nombre $= t''' - q''$, d'équations arbitraires en réſerve.

(469.) Faiſons $q'' = t''' + q'''$. L'expreſſion de la différence entre le nombre des termes à faire diſparoître, & le nombre des coëfficiens utiles, sera

$$d^3 N(x\ldots 1)^{t+t'-1-q'''} \ldots \left(\begin{matrix} t+t'-1-q''' \\ t', t'', t''' \end{matrix}\right)$$

$$- dd\, N(x\ldots 1)^{t'-1-q'''} \ldots \left(\begin{matrix} t'-1-q''' \\ t'', t''' \end{matrix}\right),$$

laquelle eſt zéro tant que $t' - q''' > t'' + t'''$ ou $q''' < t' - t'' - t'''$; donc depuis $q''' = 1$, juſqu'à $q''' = t' - t'' - t'''$, on pourra ſuppoſer tous les coëfficiens égaux à zéro.

(470.) Faiſons $q''' = t' - t'' - t''' + q^{\text{iv}}$. L'expreſſion de la différence entre le nombre des termes à faire diſparoître, & le nombre des coëfficiens utiles, ſera

$$d^3 N(x\ldots 1)^{t+t''+t'''-1-q^{\text{iv}}} \ldots \left(\begin{matrix} t+t''+t'''-1-q^{\text{iv}} \\ t', t'', t''' \end{matrix}\right)$$

$$- dd\, N(x\ldots 1)^{t''+t'''-1-q^{\text{iv}}} \ldots \left(\begin{matrix} t''+t'''-1-q^{\text{iv}} \\ t'', t''' \end{matrix}\right),$$

c'eſt-à-dire,

$$d^3 N(x\ldots 1)^{t+t''+t'''-1-q^{\text{iv}}} \ldots \left(\begin{matrix} t+t''+t'''-1-q^{\text{iv}} \\ t', t'', t''' \end{matrix}\right)$$

$$- d\, N(x\ldots 1)^{t''+t'''-1-q^{\text{iv}}} \ldots \left(\begin{matrix} t''+t'''-1-q^{\text{iv}} \\ t''' \end{matrix}\right)$$

$+ N(x\ldots 1)^{t'''-1-q^{\text{iv}}}$ en ſupprimant le terme $N(x\ldots 1)^{-1-q^{\text{iv}}}$.

Or puiſqu'on ſuppoſe $t > t' + t'''$, le premier terme eſt zéro; le ſecond eſt $-t'''$, & le troiſième qui ne peut exiſter que juſqu'à $q^{\text{iv}} = t'''$, eſt $t''' - q^{\text{iv}}$. Donc l'expreſſion de la différence ſe réduit à $-q^{\text{iv}}$.

On voit donc que s'il n'y avoit pas d'équations arbitraires en réſerve, le nombre des coëfficiens utiles excédant actuellement le nombre des termes à faire diſparoître, il ne ſeroit plus permis de ſuppoſer aucun coëfficient $= 0$; mais comme nous avons depuis $q = 1$, juſqu'à $q = t'''$, un nombre $= q$ d'équations arbitraires en réſerve, & que q & q^{iv} ont les mêmes valeurs & en même nombre, ſi on conçoit qu'on emploie ces équations arbitraires, depuis $q^{\text{iv}} = 1$, juſqu'à $q^{\text{iv}} = t'''$, on pourra ſuppoſer encore tous les coëfficiens égaux à zéro dans cet intervalle.

(471.) Faiſons donc $q^{\text{iv}} = t''' + q^{\text{v}}$. L'expreſſion de la différence entre le nombre des termes à faire diſparoître, & le nombre des coëfficiens utiles, ſera

$$d^3 N(x\ldots 1)^{t+t''-1-q^{\text{v}}} \ldots \binom{t+t''-1-q^{\text{v}}}{t', t'', t'''} - dN(x\ldots 1)^{t''-1-q^{\text{v}}} \ldots \binom{t''-1-q^{\text{v}}}{t'''}.$$

Et puisqu'on suppose $t > t' + t''$, le premier terme est zéro tant que $q^{\text{v}} < t'' - t'''$; & le second $= t'''$. Donc s'il n'y avoit plus d'équations arbitraires en réserve, il ne seroit plus permis de supposer aucun coëfficient $= 0$; mais comme depuis $q' = 1$, jusqu'à $q' = t'' - t'''$ nous avons, à chaque dimension, un nombre $= t'''$ d'équations arbitraires en réserve, & que q' & q^{v} ont les mêmes valeurs & en même nombre, on peut supposer tous les coëfficiens depuis $q^{\text{v}} = 1$, jusqu'à $q^{\text{v}} = t'' - t'''$, égaux à zéro.

(472.) Faisons $q^{\text{v}} = t'' - t''' + q^{\text{vi}}$. La différence entre le nombre des termes à faire disparoître, & le nombre des coëfficiens utiles, sera

$$d^3 N(x\ldots 1)^{t+t'''-1-q^{\text{vi}}} \ldots \binom{t+t'''-1-q^{\text{vi}}}{t', t'', t'''}$$

$$- \; d N(x\ldots 1)^{t'''-1-q^{\text{vi}}} \ldots \binom{t'''-1-q^{\text{vi}}}{t'''};$$

c'est-à-dire,

$$d^3 N(x\ldots 1)^{t+t'''-1-q^{\text{vi}}} \ldots \binom{t+t'''-1-q^{\text{vi}}}{t', t'', t'''} - N(x\ldots 1)^{t'''-1-q^{\text{vi}}}$$

dont le premier terme, puisque $t > t' + t'' + t'''$, est zéro tant que q^{v} n'est pas $> t'''$, & dont le second $= -t''' + q^{\text{vi}}$, c'est-à-dire, est négatif. Donc s'il n'y avoit plus d'équations arbitraires en réserve, il ne seroit plus permis de supposer aucun coëfficient $= 0$; mais comme depuis $q'' = 1$, jusqu'à $q'' = t'''$ nous avons un nombre $= t''' - q''$ d'équations arbitraires en réserve; & que q'' & q^{vi} ont les mêmes valeurs & en même nombre, on peut encore supposer ces équations arbitraires employées depuis $q^{\text{vi}} = 1$, jusqu'à $q^{\text{vi}} = t'''$, & par conséquent, tous les coëfficiens compris dans cet intervalle, égaux à zéro.

(473.) Faisons $q^{\text{vi}} = t''' + q^{\text{vii}}$. La différence entre le nombre des termes à faire disparoître, & le nombre des coëfficiens utiles, sera

$$d^3 N(x\ldots 1)^{t-1-q^{\text{vii}}} \ldots \binom{t-1-q^{\text{vii}}}{t', t'', t'''},$$

laquelle sera zéro tant que $t - q^{\text{vii}} > t' + t'' + t'''$ ou $q^{\text{vii}} < t - t' - t'' - t'''$; on peut donc encore supposer égaux à zéro, tous les coëfficiens des polynomes-multiplicateurs, depuis $q^{VII} = 1$, jufqu'à $q^{VII} = t - t' - t'' - t'''$.

C'eſt-là le terme de la réduction dans le cas de $t' > t'' + t'''$, $t > t' + t'''$, $t > t' + t''$, & $t > t' + t'' + t'''$. En effet, l'expreſſion

$$d^3 N(x \ldots 1)^{t-1-q^{VII}} \ldots \left(\substack{t-1-q^{VII} \\ t', t'', t'''}\right)$$

ne peut plus [en omettant, comme on le doit, le terme $N(x \ldots 1)^{t-t'-t''-t'''-1-q^{VII}}$, lorſque $q^{VII} > t - t' - t'' - t'''$] ne peut plus avoir qu'une valeur négative; on a donc alors plus de coëfficiens utiles que de termes à faire diſparoître dans la plus haute dimenſion; & comme il n'y a plus d'équations arbitraires en réſerve, il n'eſt donc plus permis de ſuppoſer aucun coëfficient = o.

(474.) Examinons préſentement ce qu'eſt alors la forme des polynomes-multiplicateurs.

Puiſque tout ce que nous venons de dire a lieu, juſqu'à $q^{VII} = t - t' - t'' - t'''$, il s'enſuit que ſi l'on ſuppoſe $q^{VII} = t - t' - t'' - t''' + 1$, on aura la forme qui ſuit immédiatement la dernière forme réductible; c'eſt-à-dire, qu'on aura la forme la plus ſimple.

Or la forme de l'équation-ſomme, qui avant la dernière réduction, eſt $(x \ldots 2)^{t-1-q^{VII}}$, devient donc après cette dernière réduction, $(x \ldots 2)^{t'+t''+t'''-2}$; d'où il ſuit que la forme des polynomes-multiplicateurs eſt celle qui ſuit :

Pour la première équation. . . . . $(x \ldots 2)^{t'+t''+t'''-t-2}$.

pour la ſeconde. . . . . $(x \ldots 2)^{t''+t'''-2}$,

pour la troiſième. . . . . $(x \ldots 2)^{t'+t'''-2}$,

pour la quatrième. . . . . $(x \ldots 2)^{t'+t''-2}$.

Mais le polynome $(x \ldots 2)^{t'+t''+t'''-t-2}$ ayant zéro pour le nombre de ſes termes, on doit conclure que dans le cas dont il s'agit, c'eſt-à-dire, dans le cas de $t' > t'' + t'''$, $t > t' + t'''$, $t > t' + t''$, $t > t' + t'' + t'''$, ſi l'on veut avoir l'équation de condition la plus ſimple, il faut combiner ſeulement les trois dernières équations entr'elles, ſans y faire intervenir la première.

Et pour avoir la ſeconde équation de condition la plus ſimple après celle-là, on combinera les deux dernières équations avec la première.

(475.) Examinons préſentement le cas de $t' < t'' + t'''$, $t < t' + t'''$, $t < t' + t''$, $t < t' + t'' + t'''$.

Ce que nous avons dit du premier cas, continuera d'avoir lieu juſqu'à $q'' = t' - t''$; & depuis $q'' = 1$, juſqu'à $q'' = t' - t''$, il y aura à chaque dimenſion, un nombre $= t''' - q''$ d'équations arbitraires en réſerve. On pourra donc anéantir toutes les dimenſions des polynomes-multiplicateurs compriſes dans cet intervalle.

(476.) Faiſons $q'' = t' - t'' + q'''$. L'expreſſion de la différence entre le nombre des termes à faire diſparoître, & le nombre des coëfficiens utiles, deviendra

$$d^3 N(x \ldots 1)^{t+t''+t'''-1-q'''} \ldots \binom{t+t''+t'''-1-q'''}{t',\, t'',\, t'''}$$

$$- ddN(x \ldots 1)^{t''+t'''-1-q'''} \ldots \binom{t''+t'''-1-q'''}{t'',\, t'''}$$

$+ N(x \ldots 1)^{t''+t'''-t'-1-q'''}$ qu'il faut réduire à

$$d^3 N(x \ldots 1)^{t+t''+t'''-1-q'''} \ldots \binom{t+t''+t'''-1-q'''}{t',\, t'',\, t'''}$$

$$- dN(x \ldots 1)^{t''+t'''-1-q'''} \ldots \binom{t''+t'''-1-q'''}{t'''}$$

$+ N(x \ldots 1)^{t'''-1-q'''} + N(x \ldots 1)^{t''+t'''-t'-1-q'''}$ qui, à cauſe de $t < t' + t'''$, n'aura lieu que juſqu'à $q''' = t - t'$, & a pour valeur $- t''' + t''' - q''' + t'' + t''' - t' - q'''$, ou $t'' + t''' - t' - 2q'''$.

Il ſe préſente ici deux cas : ſavoir $t' + t'' + t''' - 2t > 0$, & $t' + t'' + t''' - 2t < 0$. De ces deux cas, nous ne pourſuivrons que l'examen du premier. On peut donc depuis $q'' = 1$, juſqu'à $q''' = t - t'$ anéantir toutes les dimenſions des polynomes-multiplicateurs compriſes dans cet intervalle.

(477.) Faiſons $q''' = t - t' + q^{\text{iv}}$. L'expreſſion de la différence entre le nombre des termes à faire diſparoître, & le nombre des coëfficiens utiles, devient

$$d^3 N(x \ldots 1)^{t'+t''+t'''-1-q^{IV}} \ldots \binom{t'+t''+t'''-1-q^{IV}}{t',\, t'',\, t'''}$$

$$- d N(x \ldots 1)^{t'+t''+t'''-t-1-q^{IV}} \ldots \binom{t'+t''+t'''-t-1-q^{IV}}{t'''}$$

$$+ N(x \ldots 1)^{t'+t'''-t-1-q^{IV}} + N(x \ldots 1)^{t''+t'''-t-1-q^{IV}}$$

qu'il faut réduire à

$$d d N(x \ldots 1)^{t'+t''+t'''-1-q^{IV}} \ldots \binom{t'+t''+t'''-1-q^{IV}}{t'',\, t'''}$$

$$- d N(x \ldots 1)^{t''+t'''-1-q^{IV}} \ldots \binom{t''+t'''-1-q^{IV}}{t'''}$$

$$- d N(x \ldots 1)^{t'+t''+t'''-t-1-q^{IV}} \ldots \binom{t'+t''+t'''-t-1-q^{IV}}{t'''}$$

$$+ N(x \ldots 1)^{t'''-1-q^{IV}} + N(x \ldots 1)^{t'+t'''-t-1-q^{IV}}$$

$+ N(x \ldots 1)^{t''+t'''-t-1-q^{IV}}$, laquelle a lieu depuis $q^{IV} = 1$, jusqu'à $q^{IV} = t'' + t''' - t$, & a pour valeur $- 2t''' + t''' - q^{IV} + t' + t''' - t - q^{IV} + t'' + t''' - t - q^{IV}$ ou $t' + t'' + t''' - 2t - 3q^{IV}$, quantité qui n'est positive que jusqu'à une certaine valeur de q^{IV}, & devient négative avant $q^{IV} = t'' + t''' - t$.

Concevons, présentement, que depuis $q^{IV} = 1$, jusqu'à une certaine distance, nous ajoutions, à cette expression, pour chaque dimension, un nombre $= q^{IV}$ des équations arbitraires que nous avons en réserve depuis $q = 1$, jusqu'à $q = t'''$, alors elle deviendra $t' + t'' + t''' - 2t - 2q^{IV}$ dont la somme est $(t' + t'' + t''' - 2t)q^{IV} - q^{IV}(q^{IV} + 1)$; or cette somme est zéro, lorsque $q^{IV} + 1 = t' + t'' + t''' - 2t$, ou lorsque $q^{IV} = t' + t'' + t''' - 2t - 1$; on peut donc par ce premier usage d'une partie des équations arbitraires en réserve, supprimer toutes les dimensions des polynomes-multiplicateurs, depuis $q^{IV} = 1$, jusqu'à $q^{IV} = t' + t'' + t''' - 2t - 1$.

(478.) Si l'on fait $q^{IV} = t' + t'' + t''' - 2t - 1 + q$; alors l'expression $t' + t'' + t''' - 2t - 3q^{IV}$ devient $-2(t' + t'' + t''' - 2t) + 3 - 3q$ laquelle a lieu depuis $q = 1$, jusqu'à

$q =$

$q = t'' + t''' - t - (t' + t'' + t''' - 2t - 1)$, c'est-à-dire, jusqu'à $q = t - t' + 1$.

Faisons 1.° $q = t' + t'' + t''' - 2t - 1 + q_{''}$, & concevons que nous employions à chaque dimension depuis $q_{''} = 1$, le nombre q d'équations arbitraires que nous avons encore en réserve, depuis $q = t' + t'' + t''' - 2t$, ou depuis $q_{'} = 1$ jusqu'à $q = t'''$.

Faisons 2.° $q''' = t - t' + 1 - q_{''}$; & concevons que nous employions à chaque dimension depuis $q_{'} = 1$, le nombre $t'' + t''' - t' - 2q'''$, ou $t' + t'' + t''' - 2t - 2 + 2q_{'''}$ d'équations arbitraires que nous avons depuis $q''' = 1$, jusqu'à $q''' = t - t'$. Alors à chaque dimension depuis $q_{'} = 1$, jusqu'à $q_{'} = t - t'$, nous aurons un excédent, en coëfficiens utiles, exprimé par $2(t' + t'' + t''' - 2t) - 3 + 3q_{'}$ & un nombre d'équations arbitraires en réserve, exprimé par

$$2(t' + t'' + t''' - 2t) - 3 + q_{''} + 2q_{'''} = 2(t' + t'' + t''' - 2t) - 3 + 3q_{'}.$$

Nous pouvons donc anéantir toutes les dimensions des polynomes-multiplicateurs depuis $q_{'} = 1$, jusqu'à $q_{'} = t - t'$.

Nous avons donc épuisé l'expression $t' + t'' + t''' - 2t - 3q^{\text{iv}}$ depuis $q^{\text{iv}} = 1$, jusqu'à $q^{\text{iv}} = t'' + t''' - t - 1$; il reste donc encore dans la dimension $q^{\text{iv}} = t'' + t''' - t$, un excédent, en coëfficiens utiles, exprimé par $t' - 2t'' - 2t''' + t$.

Nous absorberons cet excédent avec les autres équations arbitraires en réserve qui nous restent.

(479.) Il nous reste donc actuellement 1.° un nombre q d'équations arbitraires en réserve, à chaque dimension depuis $q = t' + t'' + t''' - 2t - 1 + t - t' + 1$, jusqu'à $q = t'''$; c'est-à-dire, depuis $q = t'' + t''' - t$, jusqu'à $q = t'''$. 2.° A chaque dimension depuis $q' = 1$ jusqu'à $q' = t'' - t'''$, il nous en reste un nombre $= t'''$. 3.° A chaque dimension depuis $q'' = 1$, jusqu'à $q'' = t' - t''$, il nous en reste un nombre $= t''' - q''$.

(480.) Pour connoître l'abaissement ultérieur dont les polynomes-multiplicateurs peuvent être susceptibles, faisons

$q^{\text{IV}} = t'' + t''' - t + q^{\text{V}}$. L'expreſſion de la différence entre le nombre des termes à faire diſparoître, & le nombre des coëfficiens utiles, deviendra

$$ddN(x\ldots 1)^{t+t'-1-q^{\text{V}}}\ldots\binom{t+t'-1-q^{\text{V}}}{t'',t'''} - dN(x\ldots 1)^{t-1-q^{\text{V}}}\ldots\binom{t-1-q^{\text{V}}}{t'''}$$

$$-dN(x\ldots 1)^{t'-1-q^{\text{V}}}\ldots\binom{t'-1-q^{\text{V}}}{t'''} + N(x\ldots 1)^{t-t''-1-q^{\text{V}}} + N(x\ldots 1)^{t'-t''-1-q^{\text{V}}},$$

laquelle aura lieu depuis $q^{\text{V}} = 1$, juſqu'à $q^{\text{V}} = t' - t''$, & a pour valeur $-\ 2t''' + t - t'' - q^{\text{IV}} + t' - t'' - q^{\text{IV}}$, ou $-\ 2t''' - 2t'' + t + t' - 2q^{\text{IV}}$.

Nous venons de voir qu'il nous reſtoit auſſi un excédent de coëfficiens utiles $= -\ 2t''' - 2t'' + t + t'$, des réductions précédentes; & comme cette quantité n'eſt autre que le cas de $q^{\text{IV}} = 0$ dans la quantité $-\ 2t''' - 2t'' + t + t' - 2q^{\text{IV}}$, nous devons conſidérer l'état de la queſtion, comme donnant, à chaque dimenſion depuis $q^{\text{V}} = 0$, juſqu'à $q^{\text{V}} = t' - t''$, un excédent de coëfficiens utiles $= -\ 2t''' - 2t'' + t + t' - 2q^{\text{V}}$.

Pour l'abſorber, je remarque 1.° que nous avons depuis $q = t'' + t''' - t$, juſqu'à $q = t'''$, à chaque dimenſion, un nombre d'équations arbitraires en réſerve, $= q$. Donc ſi nous faiſons $q = t'' + t''' - t + q_{\text{IV}}$, nous avons à chaque dimenſion depuis $q_{\text{IV}} = 0$, juſqu'à $q_{\text{IV}} = t - t'$, & par conſéquent à plus forte raiſon juſqu'à $q_{\text{IV}} = t' - t''$, un nombre d'équations arbitraires $= t'' + t''' - t + q_{\text{IV}}$. 2.° Depuis $q'' = 1$ juſqu'à $q'' = t' - t''$, nous avons, à chaque dimenſion, un nombre d'équations arbitraires $= t''' - q''$, ou en faiſant $q'' = t' - t'' - q_{\text{V}}$, un nombre d'équations arbitraires $= t''' + t'' - t' + q_{\text{V}}$; ajoutant ces deux nombres d'équations arbitraires, nous avons donc à chaque dimenſion depuis $q^{\text{V}} = 0$, juſqu'à $q^{\text{V}} = t' - t''$, un nombre d'équations arbitraires $= 2t''' + 2t'' - t' - t + q_{\text{IV}} + q_{\text{V}} = 2t''' + 2t'' - t - t' + 2q^{\text{V}}$, c'eſt-à-dire, le même que le nombre excédent des coëfficiens utiles.

(481.) On peut donc depuis $q^{\text{V}} = 1$ juſqu'à $q^{\text{V}} = t' - t''$

anéantir toutes les dimenſions correſpondantes des polynomes-multiplicateurs.

Faiſons $q^{v} = t' - t'' + q^{vi}$. L'expreſſion de la différence entre le nombre des termes à faire diſparoître, & le nombre des coëfficiens utiles deviendra

$$ddN(x\ldots 1)^{t+t''-1-q^{vi}}\ldots\binom{t+t''-1-q^{vi}}{t',t''} - dN(x\ldots 1)^{t+t''-t'-1-q^{vi}}\ldots\binom{t+t''-t'-1-q^{vi}}{t'''}$$

$$-dN(x\ldots 1)^{t''-1-q^{vi}}\ldots\binom{t''-1-q^{vi}}{t'''} + N(x\ldots 1)^{t-t'-1-q^{vi}},$$

laquelle aura lieu juſqu'à $q^{vi} = t - t'$, & a pour valeur $-2t''' + t - t' - q^{vi}$, ou $-(2t''' + t' - t + q^{vi})$.

Or 1.° depuis $q = t' + t''' - t$ juſqu'à $q = t'''$, il nous reſte un nombre d'équations arbitraires en réſerve $= q$; c'eſt-à-dire, en faiſant $q = t' + t''' - t - 1 + q_{vi}$, il nous reſte, à chaque dimenſion depuis $q_{vi} = 1$, juſqu'à $q_{vi} = t - t' + 1$, un nombre d'équations arbitraires en réſerve, $= t' + t''' - t - 1 + q_{vi}$.

2.° Depuis $q' = 1$, juſqu'à $q' = t'' - t'''$, à chaque dimenſion, il reſte un nombre d'équations arbitraires, $= t'''$; ſuppoſons d'abord $t'' - t''' > t - t'$.

Alors en réuniſſant ces deux nombres d'équations arbitraires, nous aurons depuis $q^{vi} = 1$, juſqu'à $q^{vi} = t - t'$, un nombre d'équations arbitraires en réſerve, $= 2t''' + t' - t - 1 + q_{vi} = 2t''' + t' - t - 1 + q^{vi}$; c'eſt-à-dire, qu'à chaque dimenſion, il y aura une équation arbitraire de moins, que de coëfficiens utiles; mais comme ſur les équations arbitraires que nous avions en réſerve depuis $q = 1$, nous n'aurons employé juſqu'ici que celles qui ont lieu depuis $q = 1$, juſqu'à $q = t'''$, il nous en reſtera un nombre $= t'''$.

Si ſur ce nombre nous en prenons le nombre $t - t'$, alors nous aurons autant d'équations arbitraires depuis $q^{vi} = 1$, juſqu'à $q^{vi} = t - t'$, que de coëfficiens utiles : nous pouvons donc ſuppoſer, égaux à zéro, tous les coëfficiens des polynomes-multiplicateurs, depuis $q^{vi} = 1$, juſqu'à $q^{vi} = t - t'$; & il nous reſtera 1.° le nombre $t''' + t' - t$ d'équations arbitraires; 2.° le nombre t''' d'équations arbitraires depuis $q' = t - t' + 1$, jusqu'à $q' = t'' - t'''$.

(482.) Faisons $q^{\text{vi}} = t - t' + q^{\text{vii}}$. L'expreſſion de la différence entre le nombre des termes à faire diſparoître & le nombre des coëfficiens utiles, deviendra

$$dd\,N(x\ldots 1)^{t'+t''-q^{\text{vii}}}\ldots\binom{t'+t''-q^{\text{vii}}}{t'',\,t'''} - d\,N(x\ldots 1)^{t''-1}\ldots\binom{t''-1}{t'''}$$

$$- d\,N(x\ldots 1)^{t'+t''-t-1-q^{\text{vii}}}\ldots\binom{t'+t''-t-1-q^{\text{vii}}}{t'''}$$ qui aura lieu depuis $q^{\text{vii}} = 1$, jusqu'à $q^{\text{vii}} = t' + t'' - t''' - t$, & ſe réduit à $- 2t'''$.

Mais nous venons de voir que depuis $q' = t - t' + 1$, juſqu'à $q' = t'' - t'''$, c'eſt-à-dire, pendant un nombre de dimenſions $= t'' + t' - t''' - t$, il nous reſte à chaque dimenſion un nombre $= t'''$ d'équations arbitraires ; ſi donc on conçoit qu'à chaque dimenſion depuis $q^{\text{vii}} = 1$, on en emploie un nombre $= 2t'''$, on pourra ſuppoſer égaux à zéro tous les coëfficiens des polynomes-multiplicateurs, depuis $q^{\text{vii}} = 1$, juſqu'à $q^{\text{vii}} = \frac{t' + t'' - t''' - t}{2}$ ou plus exactement juſqu'à $q^{\text{vii}} = \frac{t' + t'' - t''' - t - \alpha}{2}$, α étant zéro ou 1 ſelon que $t' + t'' - t''' - t$ eſt pair ou impair ; & dans ce dernier cas, il reſtera encore un nombre d'équations arbitraires, $= t'''$, outre le nombre $t''' + t' - t$ qui reſte encore pour l'un & l'autre cas.

Mais comme $t''' + t' - t$, ainſi que $2t''' + t' - t$ ſont plus petits que $2t'''$, il n'eſt plus poſſible d'abaiſſer la forme des polynómes-multiplicateurs par de-là $q^{\text{vii}} = \frac{t' + t'' - t''' - t - \alpha}{2}$; enſorte que la valeur $q^{\text{vii}} = \frac{t' + t'' - t''' - t - \alpha}{2} + 1$, eſt celle qui détermine la forme la plus ſimple.

L'équation-ſomme ſera donc de la forme

$$(x\ldots 1)^{\frac{t' + t'' + t''' + t + \alpha}{2} - 1}.$$

Et par conſéquent celle des polynomes-multiplicateurs ſera

comme il ſuit :

Pour la première équation, $(x \ldots 1)^{\frac{t' + t'' + t''' - t + \alpha}{2} - 1}$,

Pour la ſeconde........... $(x \ldots 1)^{\frac{t'' + t''' + t - t' + \alpha}{2} - 1}$,

pour la troiſième.......... $(x \ldots 1)^{\frac{t' + t''' + t - t'' + \alpha}{2} - 1}$,

pour la quatrième......... $(x \ldots 1)^{\frac{t' + t'' + t - t''' + \alpha}{2} - 1}$.

α étant zéro ou 1 ſelon que $t' + t'' - t''' - t$ eſt pair ou impair ; & avec un nombre d'équations arbitraires $= t''' + t' - t$, dans le premier cas, & $= 2t''' + t' - t$ dans le ſecond.

(483.) Telle eſt la forme des polynomes-multiplicateurs dans le cas où l'on a $t' < t'' + t'''$, $t < t'' + t'''$, $t < t' + t'''$, $t < t' + t''$, $t < t' + t'' + t'''$, $2t < t' + t'' + t'''$, & $t'' - t''' > t - t'$

Nous n'entrerons pas dans l'examen de la forme convenable aux autres cas : ce que nous venons de dire, ſuffit pour faire connoître comment on doit procéder pour y parvenir. Il faut, ſans doute, quelque attention pour employer les équations arbitraires qui ſont en réſerve ; mais il y aura toujours une diſtribution poſſible, qui conduira par une ſuite de valeurs rationelles & entières des quantités q, q', q'', &c. à celle qui détermine le plus grand abaiſſement poſſible de la forme.

(484.) Pour donner quelques applications, ſuppoſons d'abord qu'on ait quatre équations de la forme

$$ax + by + c = 0.$$

On a donc $t = t' = t'' = t''' = 1$; $t'' - t''' = t - t'$; & toutes les autres conditions du cas que nous venons d'examiner, ont lieu. On a de plus $t' + t'' - t''' - t = 0$, & par conſéquent $\alpha = 0$.

La forme, qui eſt commune aux quatre polynomes-multiplicateurs, eſt donc $(x \ldots 2)^0$, avec une équation arbitraire ſeulement.

Or le meilleur uſage qu'on puiſſe faire ici, de cette équation arbitraire eſt de ſuppoſer un coëfficient = o; faiſant donc cette ſuppoſition de deux manières, on voit que pour arriver aux deux équations de condition les plus ſimples, il faut combiner les trois équations propoſées, trois à trois, en deux manières.

Ainſi combinant les trois premières, c'eſt-à-dire, formant l'équation-ſomme, de la ſomme des trois premières équations multipliées reſpectivement par A, A', A'', on aura l'équation de condition

$$(a\,b'\,c'') = 0.$$

Combinant de même les deux premières avec la quatrième, on aura l'équation de condition

$$(a\,b'\,c''') = 0.$$

Si on combinoit la première avec les deux dernières, on auroit

$$(a\,b''\,c''') = 0.$$

Et en combinant enſemble les trois dernières, on auroit

$$(a'\,b''\,c''') = 0.$$

Mais les deux premières équations étant ſuppoſées avoir lieu, les deux autres en ſont une ſuite néceſſaire.

(485). En effet la première & la ſeconde ſont la repréſentation abrégée de ces deux équations

$$(a\,b')\,c'' - (a\,b'')\,c' + (a'\,b'')\,c = 0,$$
$$(a\,b')\,c''' - (a\,b''')\,c' + (a'\,b''')\,c = 0.$$

Or, ſi après avoir multiplié la première par $(a'\,b''')$, on en retranche la ſeconde multipliée par $(a'\,b'')$, on aura l'équation ſuivante

$$(a\,b').(a'b''')\,c'' - (a\,b').(a'b'')\,c''' - [(a\,b'').(a'b''') - (a\,b''').(a'b'')]\,c' = 0 \ldots (A)$$

Pareillement, ſi après avoir multiplié la première par $(a\,b''')$, on en retranche la ſeconde multipliée par $(a\,b'')$, on aura l'équation ſuivante

$$(a\,b').(a\,b''')\,c'' - (a\,b').(a\,b'')\,c''' + [(a'b'').(a\,b''') - (a'b''').(a\,b'')]\,c = 0 \ldots (B)$$

Or d'après ce qui a été dit (220), on a

$$(a\,b'').(a'\,b''') - (a\,b''').(a'\,b'') - (a\,b').(a''\,b''') = 0.$$

Les deux équations (A) & (B) deviennent donc

$$(ab').(a'b''')c'' - (ab').(a'b'')c''' - (ab').(a''b''')c' = 0,$$

& $$(ab').(ab''')c'' - (ab').(ab'')c''' - (ab').(a''b''')c = 0.$$

Lesquelles étant divisibles par (ab') deviennent, par cette division, les deux équations suivantes

$$-(a'b'')c''' + (a'b''')c'' - (a''b''')c' = 0,$$

$$-(ab'')c''' + (ab''')c'' - (a''b''')c = 0,$$

ou $$-(a'b''c''') = 0$$

& $$-(ab''c''') = 0,$$

dont la seconde & la première sont précisément la troisième & la quatrième des quatre équations ci-dessus.

Deux quelconques de ces quatre équations étant supposées, les deux autres en sont donc, en effet, une suite nécessaire.

Mais on voit en même temps que pour ces sortes de vérifications, il est indispensable d'avoir les théorêmes que (220) nous avons enseigné à trouver. Sans cela il seroit bien difficile de se reconnoître dans la quantité de calculs qu'on auroit à embrasser pour des équations très-médiocrement élevées.

(486.) Supposons que les quatre équations proposées soient de la forme

$$\begin{array}{l} ax^2 + bxy + cy^2 \\ \quad + dx + ey \\ \qquad + f \end{array}$$

nous aurons $t = t' = t'' = t'''$; $t'' - t''' = t - t'$, & toutes les autres conditions supposées (475 & *suiv.*) auront lieu. On a de plus $t' + t'' - t''' - t = 0$, & par conséquent $\alpha = 0$.

La forme, qui est commune aux quatre polynomes-multiplicateurs, est donc $(x \ldots 2)^1$ avec deux équations arbitraires dans l'équation-somme.

Pour avoir les deux équations de condition les plus simples, nous supposerons deux des douze coëfficiens indéterminés que nous aurons, égaux à zéro. Mais pour ne rien perdre des avantages de notre méthode pour la facilité du calcul, nous ne ferons cette supposition qu'après le calcul de la dixième ligne.

Supposant donc qu'on ait multiplié les équations proposées, chacune par un polynome de la forme $Ax + By + C$; on aura une équation-somme de la forme

$$\begin{array}{llll}
Aax^3 & + Abx^2y & + Acxy^2 & + Bcy^3 = 0 \\
 & + Ba & + Bb & \\
 & & & \\
+ Adx^2 & + Aexy & + Bey^2 & \\
+ Ca & + Bd & + Cc & \\
 & + Cb & & \\
 & & & \\
+ Afx & + Bfy & & \\
+ Cd & + Ce & & \\
 & & & \\
+ Cf & & &
\end{array}$$

Comme nous avons deux équations arbitraires, & que nous sommes les maîtres de les faire tomber sur deux quelconques des douze coëfficiens indéterminés, je me propose de les faire tomber sur deux des quatre quantités B, B', B'', B'''. En conséquence procédant au calcul des lignes en parcourant successivement les termes x^3, x^2y, xy^2, y^3, x^2, xy, y^2, x, y, & le terme sans x ni y, dès que je serai arrivé au calcul de la huitième ligne, j'omettrai dans la valeur de cette ligne tous les termes où il resteroit l'une quelconque des quantités A, A', A'', A''', & tous ceux où resteroit une combinaison quelconque des quantités C, C', C'', C''', trois à trois. Dans le calcul de la neuvième ligne, j'omettrai les termes où resteroit une combinaison quelconque des quantités C, C', C'', C''', deux à deux. Dans le calcul de la dixième ligne, j'omettrai tous les termes où resteroit l'une quelconque des quantités C, C', C'', C'''. Et même dès le calcul de la troisième ligne, j'omettrai tous ceux où resteroit $A\,A'\,A''\,A'''$; au calcul de la cinquième j'omettrai ceux où resteroit une combinaison quelconque de ces lettres trois à trois; au calcul de la sixième, ceux où resteroit une combinaison quelconque de ces lettres deux à deux.

Mais comme en grouppant ces coëfficiens, ainsi que nous l'avons prescrit, il ne restera successivement que $A\,A'A''A'''$, $A'A''A'''$, $A''A'''$, A''', $B\,B'B''B'''$, $B'B''B'''$, $B''B'''$, B''', $CC'C''C'''$, $C'C''C'''$, $C''C'''$, C''', on exclura successivement ces

ces produits au calcul des lignes des numéros que nous venons d'indiquer.

Avec cette attention qui exclura un très-grand nombre de termes à mesure qu'on avancera dans le calcul, on trouvera pour dixième ligne, la quantité suivante

$$- (ab'c''f''').(ab'e''f''')ce'B''B''' - (bc'e''f''').[(ab'd''f''')bc'B''B''' - (ac'd''f''')ac'B''B''']$$
$$+ (ac'e''f''').[(ab'c''f''')cd'B''B''' + (ab'e''f''')bc'B''B''' - (ac'e''f''')ac'B''B''']$$
$$+ (ab'c''f''')^2 cf'B''B''' - (ab'c''d''').(bd'e''f''')ce'B''B''' + (ab'c''e''').(ad'e''f''')cd'B''B'''$$
$$- (cd'e''f''').[(ab'd''e''')bc'B''B''' - (ac'd''e''')ac'B''B''' + (ab'c''d''')cd'B''B''']$$
$$- (ab'c''d''').(bc'd''f''')cf'B''B''' + (ab'c''e''').(ac'd''f''')cf'B''B'''.$$

Présentement, rappellons que dans cette expression la quantité $ce'B''B'''$, par exemple, n'est que la représentation abrégée de $(ce')B''B''' - (ce'')B'B''' + (ce''')B'B'' + (c'e'')BB''' - (c'e''')BB'' + (c''e''')BB'$; il en est de même de $bc'B''B'''$ qui n'est que la représentation abrégée de $(bc')B''B''' - (bc'')B'B''' + (bc''')B'B'' + (b'c'')BB''' - (b'c''')BB'' + (b''c''')BB'$, & ainsi des autres.

Or si on suppose, par exemple, $B'' = 0$, & $B''' = 0$, & qu'avec ces deux équations on procéde au calcul des lignes sur la quantité $(ce')B''B''' - (ce'')B'B''' + (ce''')B'B'' + (c'e'')BB''' - (c'e''')BB'' + (c''e''')BB'$, par exemple ; il est facile de trouver en se représentant les deux équations $B'' = 0$, $B''' = 0$, comme étant la même chose que

$$0B + 0B' + 1B'' + 0B''' = 0$$
$$\& \quad 0B + 0B' + 0B'' + 1B''' = 0.$$

Il est, dis-je, facile de trouver que $(ce'B''B''')$ ou son équivalent $(ce')B''B''' - (ce'')B'B''' + (ce''')B'B'' + (c'e'')BB''' - (c'e''')BB'' + (c''e''')BB'$, devient successivement

$$(ce')B''' - (ce''')B' - (c'e''')B$$
$$\& \quad (ce')$$

Donc 1.° ſi nous ſuppoſons $B'' = 0$, & $B''' = 0$, nous aurons pour l'une des équations de condition cherchées

$$\left.\begin{array}{l}
-(ab'c''f''').(ab'e''f''').(ce') - (bc'e''f''').[(ab'd''f''').(bc') - (ac'd''f''').(ac')] \\
+(ac'e''f''').[(ab'c''f''').(cd') + (ab'e''f''').(bc') - (ac'e''f''').(ac')] \\
+(ab'c''f''')^2.(cf') - (ab'c''d''').(bd'e''f''').(ce') + (ab'c''e''').(ad'e''f''').(ce') \\
-(cd'e''f''').[(ab'd''e''').(bc') - (ac'd''e''').(ac') + (ab'c''d''').(cd')] \\
-(ab'c''d''').(bc'd''f''').(cf') + (ab'c''e''').(ac'd''f''').(cf').
\end{array}\right\} =$$

Et comme il eſt également libre de ſuppoſer $B = 0$, & $B' = 0$, ſi nous faiſons cette ſuppoſition, nous aurons pour la ſeconde équation de condition

$$\left.\begin{array}{l}
-(ab'c''f''').(ab'e''f''').(c''e''') - (bc'e''f''')[(ab'd''f''').(b''c''') - (ac'd''f''').(a''c''')] \\
+(ac'c''f''').[(ab'c''f''').(c''d''') + (ab'c''f''').(b''c''') - (ac'e''f''').(a''c''')] \\
+(ab'c''f''')^2.(c''f''') - (ab'c''d''').(bd'e''f''').(c''e''') + (ab'c''e''').(ad'e''f''').(c''e''') \\
-(cd'e''f''').[(ab'd''e''').(b''c''') - (ac'd''e''').(a''c''') + (ab'c''d''').(c''d''')] \\
-(ab'c''d''').(bc'd''f''').(c''f''') + (ab'c''e''').(ac'd''f''').(c''f''').
\end{array}\right\} =$$

On peut, ainſi qu'il eſt facile de voir, en trouver un grand nombre d'autres; mais elles ſeront toutes une ſuite néceſſaire de ces deux-là. Néanmoins comme la conſidération de ces autres équations n'eſt pas ſans utilité, nous croyons devoir nous en occuper actuellement.

Uſage des coëfficiens arbitraires beaucoup plus étendu que nous ne l'avons fait enviſager juſqu'ici. Leur utilité pour arriver aux Equations de condition de la plus baſſe dimenſion littérale.

(487.) PUISQU'ON peut toujours faire des coëfficiens que nous avons appellés *inutiles*, tel uſage que bon ſemblera, à la réſerve ſeulement de celui que nous avons interdit (230 & *ſuiv.*); il s'enſuit donc que ſi on procéde à la recherche de l'équation finale qui doit réſulter d'une forme quelconque de polynomes-multiplicateurs; ſi, dis-je, on procède à cette recherche, ſans aucune détermination des coëfficiens inutiles, ſoit avant, ſoit pendant, ſoit après le calcul des *lignes*, la dernière ligne égalée à zéro doit être auſſi bien l'équation finale, que ſi on avoit déterminé ces coëfficiens par quelque condition arbitraire que ce ſoit.

Et comme cette équation finale ne doit dépendre en aucune manière, de ces coëfficiens inutiles, il s'enſuit que cette équation finale renferme toujours autant d'équations finales, qu'il ſe trouvera dans la dernière *ligne*, de combinaiſons de ces coëfficiens inutiles, ſoit un à un, ſoit deux à deux, ſoit trois à trois, &c.

En effet, puiſque cette dernière *ligne* doit être zéro, quels que ſoient ces coëfficiens inutiles, il faut que chaque fonction connue, qui affectera dans cette dernière ligne, une combinaiſon quelconque des coëfficiens indéterminés reſtans, ſoit = 0.

(488.) Il ſuit delà 1.° que lorſque le nombre des équations, & celui des inconnues, ſont les mêmes; ſi après avoir procédé, ſans aucune détermination des coëfficiens inutiles, au calcul de ce que, pour ces ſortes d'équations, nous avons appellé la *dernière ligne*, on procéde enſuite conformément à ce qui a été dit (207), au calcul d'une nouvelle ligne, en employant le coëfficient indéterminé total de chaque terme de l'équation finale, comme une équation; qu'enfin on donne cette nouvelle ligne pour coëfficient au terme de l'équation finale, qui l'a fournie; l'équation finale qui en réſultera, pourra être décompoſée en autant d'autres équations finales qu'il s'y trouvera de combinaiſons différentes des coëfficiens indéterminés reſtans. Que ces équations finales auront toutes lieu à la fois, & ne différeront par conſéquent les unes des autres que par un facteur particulier à chacune.

On ſent, à la vérité, que le calcul fait de cette manière ſera beaucoup plus long, plus chargé, que lorſqu'on détermine arbitrairement les coëfficiens inutiles; mais on voit en même temps qu'il raſſemblera dans une ſeule & unique équation toutes les connoiſſances générales & particulières qu'on peut acquérir ſur les équations propoſées.

(489.) 2.° Lorſque le nombre des équations propoſées excédera celui des inconnues; ſi on procède au calcul de la dernière ligne ſans aucune détermination des coëfficiens inutiles, alors d'après ce que nous avons dit ci-dessus (487), on obtiendra autant d'équations finales, c'est-à-dire, autant d'équations de condition entre les coëfficiens connus, qu'il restera de combinaisons différentes des coëfficiens arbitraires des polynomes-multiplicateurs.

Mais ces équations non-seulement ne seront pas toutes les mêmes, ou n'auront pas toutes lieu, par la supposition qu'une seule d'entr'elles ait lieu : elles seront encore des composés plus ou moins compliqués, les unes des autres. Mais en général, si le nombre des équations (toujours supposé plus grand que celui des inconnues) est n, & p celui des inconnues, il y aura toujours un nombre $n-p$ de ces équations de condition qui seront essentiellement différentes entr'elles. Les autres seront, ou les mêmes que quelques-unes de celles-là, ou leurs multiples, ou composées de leurs multiples ; c'est-à-dire, auront lieu, par la supposition que les $n-p$ premières ont lieu.

(490.) Avant que d'éclaircir tout cela par des exemples, ajoutons deux observations importantes.

1.° Lorsqu'après avoir employé au calcul des *lignes* toutes les équations fournies par l'équation-somme, on sera arrivé à la dernière *ligne*, on ne doit pas toujours adopter tous les différens termes que cette expression générale présentera.

En effet, supposons, par exemple, que l'équation-somme renferme un nombre quelconque de coëfficiens indéterminés A, B, C, D, &c. & que sur ce nombre il n'y en ait que trois d'inutiles. La dernière *ligne* renfermera toutes les combinaisons possibles des coëfficiens A, B, C, D, &c. pris trois à trois. Or, en vertu du raisonnement que nous avons présenté (487), on n'est fondé à égaler à zéro le coëfficient déterminé de l'une quelconque de ces combinaisons, qu'autant que tous les coëfficiens indéterminés qu'elle renferme, peuvent chacun être réputés du nombre des coëfficiens inutiles. Mais selon ce qui a été dit (230 & *suiv.*), quoiqu'on ait sur ce point une très-grande liberté, elle n'est cependant pas illimitée. Si, par exemple, A, B, C, D, E, &c. étant censés appartenir respectivement à la première ou plus haute dimension de l'équation-somme, à la seconde, à la troisième, à la quatrième, &c. si, dis-je, la première dimension de l'équation-somme, ne devoit point donner d'équation arbitraire ; alors on ne seroit nullement fondé à égaler à zéro le coëfficient de toute combinaiſon dans laquelle entreroit *A*.

En effet, puiſque *A* ne peut, par la ſuppoſition, être déterminé par aucune condition arbitraire, il ne peut donc faire partie des équations arbitraires que l'on pourroit former. Donc ſi on conçoit qu'ayant formé ces équations arbitraires, on continue le calcul des *lignes*, à l'aide de ces équations, toute combinaiſon dans laquelle entrera *A* finira par diſparoître, & ne fera point partie du dernier réſultat.

(491.) Donc ſi au contraire, on ne forme point les équations arbitraires, il faudra exclure de la dernière *ligne*, toute combinaiſon dans laquelle il ſe trouveroit un ſeul coëfficient indéterminé qui ne pourroit pas être réputé du nombre des coëfficiens inutiles; & l'on ne doit regarder comme équations appartenantes à la queſtion, que celles qu'on aura, en égalant à zéro le coëfficient total déterminé, d'une combinaiſon de coëfficiens indéterminés qui auront chacun le caractère de pouvoir être regardés comme du nombre de ceux que nous avons appellés coëfficiens inutiles.

Sans cette attention, on donneroit des équations de condition qui n'appartiendroient pas à la queſtion.

(492.) En un mot ſoit p le coëfficient déterminé d'une quelconque des combinaiſons de trois lettres ou coëfficiens C, D, E; c'eſt-à-dire, ſoit $pCDE$ un des termes de la dernière ligne, ayant les conditions que nous exigeons ici. Ce qui fait qu'on peut ſuppoſer $p = 0$, c'eſt que C, D, E étant chacun du nombre des coëfficiens inutiles, on peut donc ſuppoſer $C = 0$, $D = 0$, $E = 0$; c'eſt-à-dire, former les trois équations arbitraires

$$1C + 0D + 0E = 0,$$
$$0C + 1D + 0E = 0,$$
$$0C + 0D + 1E = 0.$$

Or ſi avec ces trois équations arbitraires, on pourſuit le calcul de la dernière *ligne*, on verra que tous les autres termes diſparoîtront, & qu'il n'y aura que le ſeul terme $pCDE$ qui ſubſiſte juſqu'à la fin, en devenant ſucceſſivement pDE, pE,

& enfin p. Donc p étant le dernier résultat, la dernière de toutes les lignes, on a $p = 0$.

Mais si on prenoit un terme tel que $q\,A\,B\,C$, dans lequel il n'y eût que B & C qui pussent être réputés coëfficiens inutiles; ensorte que les trois équations arbitraires fussent $B = 0$, $C = 0$, $D = 0$, ou

$$1B + 0C + 0D = 0,$$
$$0B + 1C + 0D = 0,$$
$$0B + 0C + 1D = 0,$$

alors la continuation du calcul des *lignes* donneroit successivement pour $q\,A\,B\,C$, les quantités $-q\,A\,C$, $+q\,A$, 0; c'est-à-dire, que le terme $q\,A\,B\,C$ finiroit par disparoître; & si r est le coëfficient de $B\,C\,D$, ce seroit r qui seroit le dernier résultat du calcul des lignes; ensorte qu'on auroit $r = 0$, & non pas $q = 0$.

(493.) 2.° Il y a quelques cas où l'équation de condition de la plus basse dimension littérale est unique; c'est-à dire, ou parmi les équations de condition nécessaires pour que les équations proposées aient lieu, il n'y en a qu'une seule qui puisse être d'une certaine dimension littérale; toutes les autres sont d'une dimension plus élevée. Nous en avons déja eu des exemples (462). Nous avons dit que dans ce cas, il falloit pour avoir les autres équations de condition, employer les polynomes-multiplicateurs de la forme immédiatement au-dessus de celle que nous avons enseigné à déterminer comme la plus simple.

Ce cas a lieu, lorsque la forme des polynomes-multiplicateurs les plus simples, n'admet aucun coëfficient inutile. Alors on ne peut rencontrer qu'une seule équation de condition en employant cette forme. Mais si alors on prend les polynomes-multiplicateurs de la forme immédiatement au-dessus, & que l'on calcule comme nous le proposons actuellement, c'est-à-dire, sans aucune détermination préalable des coëfficiens inutiles, ce procédé donnera plusieurs équations de condition, parmi lesquelles on trouvera toujours la plus simple en question.

(494.) Pour éclaircir & confirmer tout cela, reprenons

d'abord les équations que nous avons traitées (462), c'est-à-dire, les trois équations de cette forme

$$ax^2 + bx + c = 0.$$

Nous avons trouvé que la solution la plus simple étoit comprise dans l'équation $(ab'c'') = 0$, & l'une quelconque des trois équations suivantes

$$(ab').(bc') - (ac')^2 = 0,$$

$$(ab'').(bc'') - (ac'')^2 = 0,$$

$$(a'b'').(b'c'') - (a'c'')^2 = 0.$$

Mais si ayant employé les polynomes-multiplicateurs de la forme qui suit immédiatement la plus simple, nous eussions recherché les équations de condition en déterminant les deux coëfficiens inutiles, par la supposition, par exemple, que l'un des polynomes-multiplicateurs s'anéantît, nous n'aurions trouvé d'autres équations de condition que les trois précédentes; & il seroit assez difficile d'en conclure l'équation $(ab'c'') = 0$, qui cependant en est une conclusion.

(495.) Si au contraire, en persistant à prendre la forme $Ax + B$ pour celle des polynomes-multiplicateurs des équations proposées, nous nous abstenons seulement de déterminer aucun des coëfficiens inutiles; & si en conséquence nous procédons d'après la forme

$$\begin{array}{l} Aax^3 + Abx^2 + Acx + Bc = 0, \\ \qquad\quad + Ba \quad\ + Bb \end{array}$$

qui est alors celle de l'équation-somme, au calcul des lignes qui doivent donner l'équation finale, nous aurons comme il suit

Première ligne.......... $aA'A''.BB'B''$

seconde ligne........... $ab'A''.BB'B'' + aA'A''.aB'B''$

troisième ligne........... $(ab'c'')BB'B'' - ab'A''.bB'B'' + ac'A''.aB'B''$
$+ aA'A''.ab'B''$

quatrième & dernière lig.. $(ab'c'')cB'B'' - ab'A''.bc'B'' - (ac')A''.ac'B''$
$- aA'A''(ab'c'').$

Faiſant, de plus, attention 1.° que $cB'B''$ n'eſt ici que la repréſentation abrégée de $cB'B'' - c'BB'' + c''BB'$. 2.° Que $ab'A''$ n'eſt ici que la repréſentation abrégée de $(ab')A'' - (ab'')A' + (a'b'')A$, & ainſi des autres ; on aura pour équation finale générale, l'équation ſuivante

$$(ab'c'').(cB'B'' - c'BB'' + c''BB') - [(ab')A'' - (ab'')A' + (a'b'')A]\,[(bc')B'' - (bc'')B' + (b'c'')B]$$
$$- [(ac')A' - (ac'')A' + (a'c'')A]\,[(ac')B'' - (ac'')B' + (a'c'')B] - (ab'c'').(aA'A'' - a'AA'' + a''AA') = 0$$

Et comme d'après ce qui a été dit (462), les deux équations arbitraires que l'on peut former, peuvent appartenir à telle dimenſion de l'équation-ſomme que l'on voudra, il n'y a ici aucune combinaiſon des coëfficiens A, A', A'', B, B', B'', qui n'ait les qualités requiſes (491). Raſſemblant donc les différentes parties qui doivent compoſer le coëfficient de chaque combinaiſon $B'B''$, BB'', BB', $A'A''$, AA'', AA', $A''B''$, $A''B'$, $A'B''$, &c. & ne conſervant que les équations qui diffèrent entr'elles, on aura les dix équations ſuivantes

$$(ab'c'') = 0,$$
$$(ab').(bc') - (ac')^2 = 0,$$
$$(ab'').(bc'') - (ac'')^2 = 0,$$
$$(a'b'').(b'c'') - (a'c'')^2 = 0,$$
$$(ab').(bc'') - (ac').(ac'') = 0,$$
$$(ab').(b'c'') - (ac').(a'c'') = 0,$$
$$(ab'').(bc') - (ac'').(ac') = 0,$$
$$(ab'').(b'c'') - (ac'').(a'c'') = 0,$$
$$(a'b'').(bc') - (a'c'').(ac') = 0,$$
$$(a'b'').(bc'') - (a'c'').(ac'') = 0,$$

dont deux quelconques étant ſuppoſées avoir lieu, les huit autres auront lieu.

(496.) Prenons pour ſecond exemple les trois équations de la forme

$$ax^3 + bx^2 + cx + d = 0.$$

Et

Et conſervant les mêmes polynomes-multiplicateurs que nous avons employés (463), nous trouverons comme nous l'avons déja vu, pour dernière ligne, la quantité

$$[(ab'c'').(cd') - (ab'd'').(bd') + (ac'd'').(ad')]B''$$
$$-[(bc'd'').(ab') - (ac'd'').(ac') + (ab'd'').(ad')]A''$$

qui n'eſt que la repréſentation abrégée de

$$[(ab'c'').(cd') - (ab'd'').(bd') + (ac'd'').(ad')]B''$$
$$-[(ab'c'').(cd'') - (ab'd'').(bd'') + (ac'd'').(ad'')]B'$$
$$+[(ab'c'').(c'd'') - (ab'd'').(b'd'') + (ac'd'').(a'd'')]B$$
$$-[(bc'd'').(ab') - (ac'd'').(ac') + (ab'd'').(ad')]A''$$
$$+[(bc'd'').(ab'') - (ac'd'').(ac'') + (ab'd'').(ad'')]A'$$
$$-[(bc'd'').(a'b'') - (ac'd'').(a'c'') + (ab'd'').(a'd'')]A.$$

Et comme chaque coëfficient A'', A', &c. B'', B', &c. eſt ici dans le cas d'être pris pour le coëfficient inutile, nous pouvons tirer de cette dernière ligne, les ſix équations ſuivantes

$$(ab'c'').(cd') - (ab'd'').(bd') + (ac'd'').(ad') = 0,$$
$$(ab'c'').(cd'') - (ab'd'').(bd'') + (ac'd'').(ad'') = 0,$$
$$(ab'c'').(c'd'') - (ab'd'').(b'd'') + (ac'd'').(a'd'') = 0,$$
$$(bc'd'').(ab') - (ac'd'').(ac') + (ab'd'').(ad') = 0,$$
$$(bc'd'').(ab'') - (ac'd'').(ac'') + (ab'd'').(ad'') = 0,$$
$$(bc'd'').(a'b'') - (ac'd'').(a'c'') + (ab'd'').(a'd'') = 0,$$

dont deux quelconques étant ſuppoſées avoir lieu, les quatre autres ſont une ſuite néceſſaire.

(497.) Si on ſuppoſe $d = 0$, $d' = 0$, $d'' = 0$, les trois équations propoſées deviennent

$$ax^3 + bx^2 + cx = 0, \quad a'x^3 + b'x^2 + c'x = 0, \quad a''x^3 + b''x^2 + c''x = 0,$$

c'eſt-à-dire,

$$ax^2 + bx + c = 0,$$
$$a'x^2 + b'x + c' = 0,$$
$$a''x^2 + b''x + c'' = 0.$$

Les ſix équations que nous venons de trouver, doivent donc donner les dix équations que nous avons trouvées (495) pour ce cas : c'eſt ce qui eſt en effet.

Car ſi au lieu de ſuppoſer d'abord $d = 0$, $d' = 0$, $d'' = 0$, nous ſuppoſons ſeulement ces quantités infiniment petites, les ſix équations deviendront

$$(ab'c'').(cd') = 0,$$

$$(ab'c'').(cd'') = 0,$$

$$(ab'c'').(c'd'') = 0,$$

$$(bc'd'').(ab') - (ac'd'').(ac') = 0,$$

$$(bc'd'').(ab'') - (ac'd'').(ac'') = 0,$$

$$(bc'd'').(a'b'') - (ac'd'').(a'c'') = 0,$$

c'eſt-à-dire, ſeulement

$$(ab'c'') = 0,$$

$$(bc'd'').(ab') - (ac'd'').(ac') = 0,$$

$$(bc'd'').(ab'') - (ac'd'').(ac'') = 0,$$

$$(bc'd'').(a'b'') - (ac'd'').(a'c'') = 0,$$

dont chacune des trois dernières en égalant à zéro deux quelconques des trois quantités d, d', d'', & diviſant par la troiſième, donnera trois équations, ce qui fera en tout les dix équations que nous avons trouvées (495).

(498.) Comme les équations en plus grand nombre, & à un plus grand nombre d'inconnues, ne donneroient que des réſultats plus chargés, ſans répandre, pour cela, plus de jour ſur l'objet actuel, nous croions pouvoir nous diſpenſer de multiplier ces exemples.

(499.) Mais nous ne devons pas négliger de faire remarquer dans cet uſage des coëfficiens inutiles, le moyen d'arriver aux équations finales de la plus baſſe dimenſion littérale, objet que probablement on n'obtiendroit que très-difficilement ſans les reſſources que cet uſage fournit.

En effet, ſi en ſe bornant à quelques-unes des équations qu'on obtient en faiſant les équations arbitraires, on s'arrêtoit, par exemple, aux trois équations

$$(ab').(bc') - (ac')^2 = 0,$$

$$(ab'').(bc'') - (ac'')^2 = 0,$$

$$(a'b'').(b'c'') - (a'c'')^2 = 0.$$

Dans le cas traité (462) on auroit assez de peine à trouver l'équation plus simple $(ab'c'') = 0$ que nous savons appartenir à la question.

Si on eut, d'abord, fait les équations arbitraires qui peuvent donner les trois autres équations

$$(ab').(bc') - (ac')^2 = 0,$$

$$(ab').(bc'') - (ac').(ac'') = 0,$$

$$(ab').(b'c'') - (ac').(a'c'') = 0,$$

on auroit pu en conclure plus facilement l'équation $(ab'c'') = 0$, en ajoutant ensemble la première de ces trois équations multipliée par a'', avec la troisième multipliée par a, & de la somme retranchant la seconde multipliée par a'; car alors on auroit $(ab').(ab'c'') - (ac').(ac'c'') = 0$, c'est-à-dire $(ab').(ab'c'') = 0$, puisque $(ac'c'') = 0$. Or l'équation $(ab').(ab'c'') = 0$ donne $(ab') = 0$, qui ne peut satisfaire à la question, comme ne renfermant pas toutes les quantités dont la question dépend; & $(ab'c'') = 0$ qui est celle dont il s'agit.

(500.) Mais quoique ces trois équations présentent plus de facilité que les trois précédentes, pour arriver à l'équation $(ab'c'') = 0$, elles ne la donnent cependant que par un artifice particulier, & sur lequel il ne paroît pas facile de donner des règles générales.

(501.) Si, comme nous le proposons actuellement, on procède au calcul des *lignes* sans faire aucun usage des équations arbitraires, alors on aura toutes les différentes expressions des équations de condition. De ces différentes expressions les unes seront plus composées, d'autres moins composées. Quelques-unes, comme nous l'avons vu (495), donneront l'équation ou les équations de la moindre dimension littérale, soit immédiatement, ſoit affectées ſeulement d'un facteur ; d'autres envelopperont plus ou moins cette équation ou ces équations, multipliées par différens facteurs, enſorte qu'il ſeroit très-difficile d'y appercevoir ces équations de la plus ſimple dimenſion littérale.

En un mot ſi E, E', E'', &c. ſont les équations de la plus baſſe dimenſion littérale, la méthode actuelle donnera des équations telles que $aE = 0$, $a'E' = 0$, $a''E'' = 0$, &c. des équations telles que $bE + b'E' = 0$, ou $bE + b''E'' = 0$, ou $bE + b'E' + b''E'' = 0$. Or il eſt facile de voir que dans celles de ces dernières formes, E, E', E'', &c. n'étant nullement apparentes, ſi on ſe bornoit à quelques-unes ſeulement des équations de condition, on chercheroit long-temps inutilement les équations de la plus baſſe dimenſion littérale.

En ne négligeant au contraire, aucune des équations de condition, on ſera sûr d'en trouver qui auront un facteur, & l'extraction de ce facteur donnera immédiatement une des équations de la plus baſſe dimenſion littérale.

C'eſt ainſi que dans l'expreſſion

$$(ab'c'').(cB'B'' - c'BB'' + c''BB') - [(ab')A'' - (ab'')A' + (a'b'')A][(bc')B'' - (bc'')B' + (b'c'')B]$$

$$-[(ac')A'' - (ac'')A' + (a'c'')A][(ac')B'' - (ac'')B' + (a'c'')B] - (ab'c'').(aA'A'' - a'AA'' + a''AA')$$

on trouve 1.° $(ab'c'')c = 0$, $(ab'c'')c' = 0$, $(ab'c'')c'' = 0$; $(ab'c'')a = 0$, $(ab'c'')a' = 0$, $(ab'c'')a'' = 0$ qui donnent l'équation de la plus baſſe dimenſion littérale ſeule & engagée ſeulement avec un facteur ; 2.° Les autres équations que nous avons vues ci-deſſus, mais dont l'équation de la plus baſſe dimenſion ne peut être extraite que par la combinaiſon de pluſieurs d'entr'elles, combinaiſon dépendante d'artifices qui doivent varier avec le nombre des équations & des quantités ; au lieu qu'en n'omettant aucune des équations de condition, on ſera toujours aſſuré qu'il y en aura de la forme $aE = 0$, $a'E' = 0$, &c. & le procédé général pour avoir E ſera de chercher le plus grand commun diviſeur de ces équations.

Il eſt vrai que n'ayant pas d'indice général qui faſſe reconnoître ſi l'une quelconque de ces équations eſt de la forme ſimple

$aE = 0$, ou de la forme $bE + b'E' = 0$, &c. il faudra prendre ces équations deux à deux, & chercher si elles ont un commun diviseur; mais du moins est-on assuré que par cette recherche, on arrivera aux équations de la plus basse dimension littérale. Au lieu qu'en se bornant à quelques-unes seulement des équations de condition, il peut arriver que ce soient précisément celles de la forme $bE + b'E' = 0$, ou $bE + b'E' + b''E'' = 0$, &c. alors les moyens d'arriver aux équations finales de la plus basse dimension littérale, sont bien difficiles, ou du moins me paroissent bien difficiles à assigner.

Des Equations qui étant au nombre de n, *ne renferment qu'un nombre* p *d'inconnues,* p *étant* $<$ n.

(502.) Lorsque le nombre p des inconnues est moindre que celui des équations d'une quantité quelconque $n - p$, la possibilité de la question exprimée par ces équations dépend de l'existence d'un nombre $n - p$ d'équations de condition entre les coëfficiens des équations proposées.

Pour avoir ces équations de condition, de la moindre dimension littérale qu'il soit possible, il faut, avant toutes choses, que les polynomes-multiplicateurs qu'on y employera, soient de la plus basse dimension possible. Il s'agit donc de faire voir comment, dans tous les cas, on pourra déterminer cette plus basse dimension des polynomes-multiplicateurs.

(503.) D'après ce que l'on a vu jusqu'ici, si on nomme s la somme des exposans des degrés de chacune des équations proposées, & t, t', t'', t''', &c. les exposans des degrés de la première, seconde, troisième, quatrième, &c. équations, on aura donc les formes suivantes, pour celles des polynomes-multiplicateurs.

Pour la première équation...... $(x\ldots p)^{s-t}$

pour la seconde............... $(x\ldots p)^{s-t'}$

pour la troisième.............. $(x\ldots p)^{s-t''}$

pour la quatrième............. $(x\ldots p)^{s-t'''}$

& ainsi de suite.

La forme de l'équation-somme sera..... $(x\ldots p)^s$.

Et la différence entre le nombre total des termes de l'équation-somme, & le nombre des coëfficiens utiles, sera

$$d^n N(x\ldots p)^s \ldots\ldots \binom{s}{t,\, t',\, t'',\, t''',\, \&c.},$$

laquelle, puisque p est $< n$, sera nécessairement zéro.

Mais si on fait attention que le dernier terme de la quantité quelconque $d^n N(x\ldots p)^{s-q} \ldots\ldots \binom{s}{t,\, t',\, t'',\, t''',\, \&c.}$, est $\pm N(x\ldots p)^{-q}$, lequel est zéro jusqu'à $q = p$, on verra qu'on a aussi $d^n N(x\ldots p)^{s-p} \ldots \binom{s-p}{t,\, t'\, t'',\, t''',\, \&c.} = 0$, & que par conséquent on peut réduire la forme des polynomes-multiplicateurs à la suivante

Pour la première équation............ $(x\ldots p)^{s-t-p}$,

pour la seconde.................... $(x\ldots p)^{s-t'-p}$,

pour la troisième.................. $(x\ldots p)^{s-t''-p}$,

pour la quatrième.................. $(x\ldots p)^{s-t'''-p}$,

& ainsi de suite.

Et par conséquent l'équation-somme sera de la forme $(x\ldots p)^{s-p}$.

(504.) Mais il s'en faut de beaucoup que ce soit là la forme la plus simple : pour reconnoître plus facilement la route à tenir pour arriver à cette forme la plus simple, reprenons les choses d'un peu plus haut.

1.° Lorsque le nombre des inconnues est égal à celui des équations, l'expression de la différence entre le nombre des termes de l'équation-somme, & le nombre total des coëfficiens utiles des polynomes-multiplicateurs, n'est point $= 0$, mais elle devient une fonction des exposans connus des équations proposées : cela est évident par tout ce qui a été dit jusqu'ici sur ces sortes d'équations.

2.° Lorsque le nombre des équations surpasse d'une unité le nombre des inconnues, l'expression de la différence entre le nombre des termes de l'équation-somme, & le nombre total des coëfficiens utiles des polynomes-multiplicateurs, est zéro; mais elle ne peut avoir cette valeur que dans sa totalité; c'est-à-dire, que si on conçoit que pour chaque dimension de l'équation-somme, on ait calculé les valeurs de la différence entre le nombre des termes de cette dimension, & le nombre des coëfficiens utiles des dimensions correspondantes des polynomes-multiplicateurs, la somme de ces quantités ne peut être zéro, que dans l'étendue totale de la plus grande valeur de s, à zéro. C'est ce qu'on peut voir dans ce qui a été dit de (338) à (440).

(505.) Mais lorsque la différence du nombre des équations au nombre des inconnues est plus grande que 1, l'expression de la différence entre le nombre des termes de l'équation-somme, & le nombre des coëfficiens utiles des polynomes-multiplicateurs, devient zéro plusieurs fois : ou pour parler plus exactement, si on calcule cette différence successivement, pour chaque dimension, à compter de la plus haute, & qu'on fasse les sommes successives du premier, des deux premièrs, des trois premièrs, &c. résultats, on trouvera que cette somme passe plusieurs fois du positif au négatif, ou du négatif au positif. Or tant que la somme de plusieurs de ces résultats consécutifs, sera positive, on peut, d'après ce qu'on a vu jusqu'ici, supprimer dans l'équation-somme, toutes les dimensions qui ont donné ces résultats ; & dans les polynomes-multiplicateurs, toutes les dimensions correspondantes. Donc pour arriver à la dimension la plus basse, il faut déterminer à quelle dimension de l'équation-somme, les sommes consécutives de ces différens résultats deviennent zéro pour l'avant dernière fois, ou vont passer du positif au négatif pour la dernière fois.

(506.) Mais quoiqu'on puisse toujours facilement, ainsi qu'on va le voir, déterminer cette dimension numériquement, il s'en faut beaucoup qu'on le puisse faire algébriquement d'une manière générale. Deux raisons s'y opposent : 1.° la multitude infinie de cas relatifs aux différens rapports de grandeur des exposans, qui font varier l'expression de cette dimension, ainsi qu'on l'a déja vu. 2.° Le changement presque continuel que subit l'expression algébrique de chacun des résultats ci-dessus, & par conséquent de leurs sommes consécutives.

(507.) Nous nous bornerons donc (& la pratique n'a rien à y perdre ni du côté de l'étendue, ni du côté de la célérité) à exposer la méthode par des exemples numériques, qui, en éclaircissant ce que nous venons de dire, feront assez voir que la marche est la même dans quelque cas proposé que ce soit.

(508.) Supposons d'abord que les équations proposées sont toutes du même degré; & rappellons que

$$d^n [N(x\ldots p)^{s-p}]\ldots\binom{s-p}{t, t', t'', \&c.} = N(x\ldots p)^{s-p} - n N(x\ldots p)^{s-t-p}$$

$$+ \frac{n.(n-1)}{2} N(x\ldots p)^{s-2t-p} - n.\frac{n-1}{2}.\frac{n-2}{3} N(x\ldots p)^{s-3t-p} + \&c.$$

Conformément à ce que nous avons déja observé plus d'une fois, on doit rejetter de cette expression les termes où l'exposant de $N(x\ldots p)$ devient négatif.

Cela posé, l'expression de la différence entre le nombre des termes de la plus haute dimension, & le nombre des coëfficiens utiles des dimensions correspondantes des polynomes-multiplicateurs, sera

$$N(x\ldots p-1)^{s-p} - n N(x\ldots p-1)^{s-t-p} + n.\frac{n-1}{2} N(x\ldots p-1)^{s-2t-p}$$

$$- n.\frac{n-1}{2}.\frac{n-2}{3} N(x\ldots p-1)^{s-3t-p} + \&c.$$

Donnant donc successivement à s toutes les valeurs possibles en nombres entiers positifs, depuis $s = nt$, jusqu'à $s = p$, en rejettant, à mesure qu'ils se rencontreront, les termes où $N(x\ldots p - 1)$ acquéreroit un exposant négatif; alors on fera, dans quelque cas que ce soit, des remarques analogues à celles que vont présenter les exemples suivans.

(509.) Supposons d'abord qu'on ait six équations du premier degré, & une seule inconnue. On aura, pour l'expression de la différence entre le nombre des termes de chaque dimension de l'équation-somme, & le nombre des coëfficiens utiles des polynomes-multiplicateurs, la suite des quantités que voici :

$N(x\ldots 0)^5$;

$N(x\ldots0)^5 - 6N(x\ldots0)^4 + 15N(x\ldots0)^3 - 20N(x\ldots0)^2 + 15N(x\ldots0)^1 - 6N(x\ldots0)^0 \ldots = - 1,$

$N(x\ldots0)^4 - 6N(x\ldots0)^3 + 15N(x\ldots0)^2 - 20N(x\ldots0)^1 + 15N(x\ldots0)^0 \ldots\ldots + 5,$

$N(x\ldots0)^3 - 6N(x\ldots0)^2 + 15N(x\ldots0)^1 - 20N(x\ldots0)^0 \ldots\ldots - 10,$

$N(x\ldots0)^2 - 6N(x\ldots0)^1 + 15N(x\ldots0)^0 \ldots\ldots + 10,$

$N(x\ldots0)^1 - 6N(x\ldots0)^0 \ldots\ldots - 5,$

$N(x\ldots0)^0 \ldots\ldots + 1.$

Où l'on voit 1.° que puiſque la ſomme des deux premiers réſultats eſt $+4$, c'eſt-à-dire, poſitive, on peut anéantir les deux premières dimenſions de l'équation-ſomme, & des polynomes-multiplicateurs, & qu'il reſtera quatre équations arbitraires à former dans l'équation-ſomme reſtante.

2.° Que puiſque la ſomme des quatre premiers réſultats eſt $+ 4$, c'eſt-à-dire, poſitive, on peut anéantir les quatre premières dimenſions de l'équation-ſomme primitive, & par conſéquent les quatre premières dimenſions des polynomes-multiplicateurs ; & qu'il reſtera quatre équations arbitraires à former dans l'équation-ſomme.

3.° Que puiſque la ſomme des réſultats des dimenſions conſécutives, ne devient plus poſitive ni zéro, ſi ce n'eſt à la dernière dimenſion, il n'eſt plus poſſible d'abaiſſer l'équation-ſomme ni les polynomes-multiplicateurs.

L'équation-ſomme, de la plus baſſe dimenſion, eſt donc de la forme $(x\ldots1)^1 = 0$, & les polynomes-multiplicateurs ſont de la forme $(x\ldots1)^0$; & il y a quatre équations arbitraires à former dans l'équation-ſomme.

Les polynomes-multiplicateurs étant donc $A, A', A'', A''', A^{\text{IV}} A^{\text{V}}$ la dernière ligne ou l'équation finale ſera

$$a\,b'\,A''A'''A^{\text{IV}}A^{\text{V}}$$

qui eſt la repréſentation abrégée de

$$(ab')A''A'''A^{\text{IV}}A^{\text{V}} - (ab'')A'A'''A^{\text{IV}}A^{\text{V}} + (ab''')A'A''A^{\text{IV}}A^{\text{V}} - (ab^{\text{IV}})A'A''A'''A^{\text{V}}$$

$$+ (ab^{\text{V}})A'A''A'''A^{\text{IV}} + (a'b'')AA'''A^{\text{IV}}A^{\text{V}} - (a'b''')AA''A^{\text{IV}}A^{\text{V}} + (a'b^{\text{IV}})AA''A'''A^{\text{V}}$$

$$- (a'b^{\text{V}})AA''A'''A^{\text{IV}} + (a''b''')AA'A^{\text{IV}}A^{\text{V}} - (a''b^{\text{IV}})AA'A'''A^{\text{V}} + (a''b^{\text{V}})AA'A'''A^{\text{IV}}$$

$$+ (a'''b^{\text{IV}})AA'A''A^{\text{V}} - (a'''b^{\text{V}})AA'A''A_{\text{IV}} - (a^{\text{IV}}b^{\text{V}})AA'A''A'''.$$

Donc puiſqu'on a quatre équations arbitraires à former dans l'équation-ſomme, leſquelles peuvent porter indifféremment ſur quatre quelconques des ſix coëfficiens indéterminés, on aura conformément à ce qui a été dit (487) les quinze équations ſuivantes

$$(ab')=0,\ (ab'')=0,\ (ab''')=0,\ (ab^{\text{iv}})=0,\ (ab^{\text{v}})=0,$$

$$(a'b'')=0,\ (a'b''')=0,\ (a'b^{\text{iv}})=0,\ (a'b^{\text{v}})=0,\ (a''b''')=0,$$

$$(a''b^{\text{iv}})=0,\ (a''b^{\text{v}})=0,\ (a'''b^{\text{iv}})=0,\ (a'''b^{\text{v}})=0,\ (a^{\text{iv}}b^{\text{v}})=0.$$

Ce ſont, en effet, toutes les différentes équations qu'on peut obtenir par la combinaiſon des équations propoſées, deux à deux; & il n'y a pas d'autre combinaiſon à en faire qui ne ſoit une équation trop composée.

De ces quinze équations cinq étant ſuppoſées avoir lieu, les dix autres en ſont une ſuite néceſſaire.

(510.) Suppoſons, pour ſecond exemple, cinq équations du ſecond degré, & trois inconnues. La différence entre le nombre des termes de chaque dimenſion de l'équation-ſomme, & le nombre des coëfficiens utiles des dimenſions correſpondantes des polynomes-multiplicateurs, ſera ſucceſſivement comme il ſuit :

$$N(x\ldots2)^7 - 5N(x\ldots2)^5 + 10N(x\ldots2)^3 - 10N(x\ldots2)^1 \ldots\ldots = +1,$$

$$N(x\ldots2)^6 - 5N(x\ldots2)^4 + 10N(x\ldots2)^2 - 10N(x\ldots2)^0 \ldots\ldots +3,$$

$$N(x\ldots2)^5 - 5N(x\ldots2)^3 + 10N(x\ldots2)^1 \ldots\ldots +1,$$

$$N(x\ldots2)^4 - 5N(x\ldots2)^2 + 10N(x\ldots2)^0 \ldots\ldots -5,$$

$$N(x\ldots2)^3 - 5N(x\ldots2)^1 \ldots\ldots -5,$$

$$N(x\ldots2)^2 - 5N(x\ldots2)^0 \ldots\ldots +1,$$

$$N(x\ldots2)^1 \ldots\ldots +3,$$

$$N(x\ldots2)^0 \ldots\ldots +1.$$

Où l'on voit que l'on peut rejetter les quatre premières dimenſions des polynomes-multiplicateurs, puiſque le nombre total des termes de l'équation-ſomme, dans les quatre premières dimenſions, eſt préciſément égal au nombre des coëfficiens utiles des quatre premières dimenſions des polynomes-multiplicateurs. Mais comme paſſé ce terme, la ſomme des nombres ſuivans $-5, +1, +3, +1$ ne devient zéro qu'à la fin, il n'y a pas lieu à une réduction ultérieure de la forme des polynomes-multiplicateurs, laquelle ſe réduit donc à $(x\ldots3)^1$.

(511.) Suppoſons, pour troiſième exemple, ſix équations du ſecond degré, & trois inconnues. La différence entre le nombre des termes de chaque dimenſion de l'équation-ſomme, & le nombre des coëfficiens utiles des polynomes-multiplicateurs, ſera ſucceſſivement comme il ſuit :

$$N(x\ldots2)^9 - 6N(x\ldots2)^7 + 15N(x\ldots2)^5 - 20N(x\ldots2)^3 + 15N(x\ldots2)^1 = -1,$$
$$N(x\ldots2)^8 - 6N(x\ldots2)^6 + 15N(x\ldots2)^4 - 20N(x\ldots2)^2 + 15N(x\ldots2)^0 \ldots -3,$$
$$N(x\ldots2)^7 - 6N(x\ldots2)^5 + 15N(x\ldots2)^3 - 20N(x\ldots2)^1 \ldots\ldots\ldots\ldots 0,$$
$$N(x\ldots2)^6 - 6N(x\ldots2)^4 + 15N(x\ldots2)^2 - 20N(x\ldots2)^0 \ldots\ldots\ldots\ldots +8,$$
$$N(x\ldots2)^5 - 6N(x\ldots2)^3 + 15N(x\ldots2)^1 \ldots\ldots\ldots\ldots +6,$$
$$N(x\ldots2)^4 - 6N(x\ldots2)^2 + 15N(x\ldots2)^0 \ldots\ldots\ldots\ldots -6,$$
$$N(x\ldots2)^3 - 6N(x\ldots2)^1 \ldots\ldots\ldots\ldots -8,$$
$$N(x\ldots2)^2 - 6N(x\ldots2)^0 \ldots\ldots\ldots\ldots 0,$$
$$N(x\ldots2)^1 \ldots\ldots\ldots\ldots +3,$$
$$N(x\ldots2)^0 \ldots\ldots\ldots\ldots +1.$$

Où l'on voit qu'on peut d'abord rejetter les quatre premières dimenſions des polynomes-multiplicateurs, & qu'alors il reſtera dans l'équation-ſomme qui ſera de la forme $(x\ldots3)^5$, quatre équations arbitraires, puiſque la ſomme des nombres $-1, -3, 0, +8, = +4$, c'eſt-à-dire, eſt un nombre poſitif.

Mais ſi l'on pourſuit l'addition ſucceſſive de ces nombres, on voit qu'on peut encore rejetter les deux dimenſions ſuivantes des polynomes-multiplicateurs, puiſque la ſomme eſt encore poſitive, étant compoſée des nombres $-1, -3, 0, +8, +6, -6$ qui eſt $+4$: & il reſtera quatre équations arbitraires dans l'équation-ſomme. Mais paſſé ce terme, il n'eſt plus permis de diminuer la dimenſion des polynomes-multiplicateurs, parce qu'en continuant d'ajouter les réſultats numériques, la ſomme ne devient zéro qu'à la dernière dimenſion.

(512.) Nous ne multiplierons pas d'avantage ces exemples qu'il eſt aiſé de prendre ſur un plus grand nombre d'équations & d'inconnues, & ſur des degrés plus élevés. Mais nous obſerverons que quoique nous ayons ſuppoſé les équations propoſées toutes du même degré, ce que nous avons dit (502 & *ſuiv.*), n'a pas moins lieu lorſqu'elles ſont de degrés différens, & le procédé eſt abſolument le même pour découvrir les réductions dont peut être ſuſceptible la forme générale des polynomes-multiplicateurs. Cependant il eſt à propos de dire un mot ſur les différens termes qui compoſeront les expreſſions conſécutives de la différence entre le nombre des termes de chaque dimenſion de l'équation-ſomme, & le nombre des coëfficiens utiles des dimenſions correſpondantes des polynomes-multiplicateurs.

(513.) Cette expreſſion générale ſera toujours

$$d^n N(x \ldots p)^{s-p} \ldots \binom{s-p}{t,\, t',\, t'',\, t''',\, \&c.}$$

de laquelle on aura rejetté tous les termes ou $N(x \ldots p)$ auroit un expoſant négatif. Mais pour avoir le développement de $d^n N(x \ldots p)^{s-p} \ldots \binom{s-p}{t,\, t',\, t'',\, t''',\, \&c.}$, on obſervera

1.° Que le premier terme ne contiendra que $N(x \ldots p)^{s-p}$.

2.° Que le ſecond aura le ſigne —, & ſera compoſé de $N(x \ldots p)$ avec tous les différens expoſans qui peuvent réſulter de la ſomme des quantités t, t', t'', &c. ajoutées $n-1$ à $n-1$, cette ſomme étant diminuée de p.

3.° Que le troiſième aura le ſigne +, & ſera compoſé de $N(x \ldots p)$ avec tous les différens expoſans qui peuvent réſulter de la ſomme des quantités t, t', t'', &c. ajoutées $n-2$ à $n-2$, cette ſomme étant diminuée de p.

4.° Que le quatrième aura le ſigne —, & ſera compoſé de $N(x \ldots p)$ avec tous les différens expoſans qui peuvent réſulter de la ſomme des quantités t, t', t'', &c. ajoutées $n-3$ à $n-3$, cette ſomme étant diminuée de p; & ainſi de ſuite.

Par exemple, le développement de $d^3 N(x \ldots p)^{t+t'+t''-p}$ ſera

$$N(x\ldots p)^{t+t'+t''-p} - N(x\ldots p)^{t+t'-p} + N(x\ldots p)^{t-p} - N(x\ldots p)^{-p}$$
$$- N(x\ldots p)^{t+t''-p} + N(x\ldots p)^{t'-p}$$
$$- N(x\ldots p)^{t'+t''-p} + N(x\ldots p)^{t''-p}$$

Mais dans l'uſage que nous faiſons ici de ces ſortes d'expreſſions, nous omettrions le terme $N(x\ldots p)^{-p}$.

(514.) Quoique la marche que l'on devra tenir, lorſque les équations propoſées ne ſeront pas toutes du même degré, ſoit facile à appercevoir actuellement, cependant comme la forme des expreſſions à calculer offre plus de détails, nous croyons devoir en donner un exemple.

Suppoſons donc qu'on ait quatre équations à deux inconnues, de la forme $(x\ldots 2)^4 = 0$, $(x\ldots 2)^3 = 0$, $(x\ldots 2)^2 = 0$, $(x\ldots 2)^1 = 0$.

L'expreſſion de la différence entre le nombre total des termes de l'équation-ſomme, & le nombre des coëfficiens utiles des quatre polynomes-multiplicateurs, ſera donc

$$d^4 N(x\ldots\ldots 2)^{10-2} \left(\begin{smallmatrix} 10-2 \\ 4,\,3,\,2,\,1 \end{smallmatrix}\right).$$

Et l'expreſſion de cette même différence, pour la plus haute dimenſion de l'équation-ſomme, ſera

$$d^4 N(x\ldots 1)^{10-2}\ldots \left(\begin{smallmatrix} 10-2 \\ 4,\,3,\,2,\,1 \end{smallmatrix}\right).$$

Si on développe cette expreſſion conformément à ce que nous avons dit (513), & qu'on en rejette tous les termes où $N(x\ldots 1)$ auroit un expoſant négatif; & qu'enſuite on en déduiſe ſucceſſivement les expreſſions correſpondantes aux autres dimenſions ſucceſſives de l'équation-ſomme, on trouvera d'abord pour la plus haute dimenſion

$$N(x\ldots 1)^8 - N(x\ldots 1)^7 + N(x\ldots 1)^5 - N(x\ldots 1)^2 + N(x\ldots 1)^{-2}$$
$$- N(x\ldots 1)^6 + N(x\ldots 1)^4 - N(x\ldots 1)^1$$
$$- N(x\ldots 1)^5 + N(x\ldots 1)^3 - N(x\ldots 1)^0$$
$$- N(x\ldots 1)^4 + N(x\ldots 1)^3 - N(x\ldots 1)^{-1}$$
$$+ N(x\ldots 1)^2$$
$$+ N(x\ldots 1)^1$$

Rejettant donc les termes $N(x\ldots1)^{-1}$ & $N(x\ldots1)^{-2}$, puis réduisant on aura

$$N(x\ldots1)^8 - N(x\ldots1)^7 - N(x\ldots1)^6 + 2N(x\ldots1)^3 - N(x\ldots1)^0 \ldots\ldots = +1$$

& pour les dimensions suivantes

$$\begin{array}{lr}
N(x\ldots1)^7 - N(x\ldots1)^6 - N(x\ldots1)^5 + 2N(x\ldots1)^2 \ldots\ldots\ldots & = +1, \\
N(x\ldots1)^6 - N(x\ldots1)^5 - N(x\ldots1)^4 + 2N(x\ldots1)^1 \ldots\ldots\ldots & 0, \\
N(x\ldots1)^5 - N(x\ldots1)^4 - N(x\ldots1)^3 + 2N(x\ldots1)^0 \ldots\ldots\ldots & -1, \\
N(x\ldots1)^4 - N(x\ldots1)^3 - N(x\ldots1)^2 \ldots\ldots\ldots & -2, \\
N(x\ldots1)^3 - N(x\ldots1)^2 - N(x\ldots1)^1 \ldots\ldots\ldots & -1, \\
N(x\ldots1)^2 - N(x\ldots1)^1 - N(x\ldots1)^0 \ldots\ldots\ldots & 0, \\
N(x\ldots1)^1 - N(x\ldots1)^0 \ldots\ldots\ldots & +1, \\
N(x\ldots1)^0 \ldots\ldots\ldots & +1.
\end{array}$$

Si on prend les sommes consécutives $+1$, $+1+1$, $+1+1+0$, $+1+1+0-1$, des quatre premières dimensions, on voit qu'elles sont toutes positives, & ne commencent à devenir négatives qu'à la cinquième : on peut donc anéantir les quatre dimensions supérieures de l'équation-somme : & comme la dernière somme $+1+1+0-1$ se réduit à $+1$, il restera donc une équation arbitraire à former dans l'équation-somme. De plus, comme cette équation arbitraire vient des dimensions supérieures, on pourra la faire porter sur tel des coëfficiens restans qu'on voudra.

On pourra donc en ne formant, au contraire, aucune équation arbitraire (487 & *suiv.*), dériver du calcul de la dernière *ligne*, toutes les équations de condition qui peuvent satisfaire à la question, ainsi que toutes celles qui en seront une suite nécessaire.

L'équation-somme étant donc réduite à la dimension 4, on voit qu'elle sera de la forme $(x\ldots2)^4 = 0$, & que par conséquent les polynomes-multiplicateurs des équations seront comme il suit :

Pour l'équation $(x\ldots2)^4 = 0$ .... $(x\ldots2)^0$,

Pour l'équation $(x\ldots2)^3 = 0$ .... $(x\ldots2)^1$,

Pour l'équation $(x\ldots2)^2 = 0$ .... $(x\ldots2)^2$,

Pour l'équation $(x\ldots2)^1 = 0$ .... $(x\ldots2)^3$.

(515.) Nous venons de dire qu'il resteroit, dans l'équation-somme, une équation arbitraire à former. Il faut bien remarquer conformément à ce que nous avons déja fait observer ailleurs que ce que l'on trouve d'équations arbitraires à former, d'après cet examen, n'est pas la totalité des équations arbitraires. Pour savoir ce qu'il peut en rester d'ailleurs, il faut observer que le nombre des coëfficiens utiles des polynomes-multiplicateurs des équations

$(x...p) = 0$ ..... est respectivement $d^{n-1} N(x...p)^{s-t-p} ... \binom{s-t-p}{t', t'', t''', \&c.}$,

$(x...p)^{t'} = 0$ .... $d^{n-2} N(x...p)^{s-t'-p} ... \binom{s-t'-p}{t'', t''', \&c.}$,

$(x...p)^{t''} = 0$ .... $d^{n-3} N(x...p)^{s-t''-p} ... \binom{s-t''-p}{t''', \&c.}$;

& ainsi de suite.

Donc le nombre des coëfficiens ou des équations arbitraires sera

Pour le 1.er Polynome $N(x...p)^{s-t-p} - d^{n-1} N(x...p)^{s-t-p} ... \binom{s-t-p}{t', t'', t''', \&c.}$,

pour le second...... $N(x...p)^{s-t'-p} - d^{n-2} N(x...p)^{s-t'-p} ... \binom{s-t'-p}{t'', t''', \&c.}$,

pour le troisième.... $N(x...p)^{s-t''-p} - d^{n-3} N(x...p)^{s-t''-p} ... \binom{s-t''-p}{t''', \&c.}$;

& ainsi de suite.

(516.) Et pour reconnoître quel en sera le nombre dans chaque dimension, ce qu'il est encore important (234 & *suiv.*) de savoir, on aura les expressions suivantes

Pour le 1.er polynome.. $N(x...p-1)^{s-t-p} - d^{n-1} N(x...p-1)^{s-t-p} ... \binom{s-t-p}{t, t'', t''', \&c.}$,

pour le second........ $N(x...p-1)^{s-t'-p} - d^{n-2} N(x...p-1)^{s-t'-p} ... \binom{s-t'-p}{t'', t''', \&c.}$,

pour le troisième...... $N(x...p-1)^{s-t''-p} - d^{n-3} N(x...p-1)^{s-t''-p} ... \binom{s-t''-p}{t''', \&c.}$.

& ainsi de suite.

(517.) C'est ainsi qu'on trouvera, dans l'exemple précédent, qu'outre l'équation arbitraire que les résultats numériques nous ont indiqué rester à former dans l'équation-somme, il y en a encore quatre autres, savoir 1.° un, provenant du polynome-multiplicateur de l'équation $(x \ldots 2)^1 = 0$, & pour lequel l'équation arbitraire peut être formée dans telle dimension de l'équation-somme que l'on voudra. 3.° Trois, provenans du polynome-multiplicateur de l'équation $(x \ldots 2)^2 = 0$, mais dont deux seulement peuvent fournir deux équations arbitraires dans telle dimension que ce soit de l'équation-somme, & le troisième ne peut donner d'équation arbitraire que dans les dimensions de l'équation-somme inférieures à la première.

Des cas où pour avoir les équations de condition de la plus basse dimension littérale, on ne doit pas employer toutes les équations proposées.

(518.) LORSQU'UN certain nombre des équations proposées, seront susceptibles de donner une ou plusieurs équations de condition d'une dimension littérale plus basse que ne donneroit la combinaison d'un plus grand nombre des équations proposées, on le reconnoîtra facilement d'après la méthode précédente, & voici comment.

Après avoir déterminé, comme nous l'avons enseigné, la plus basse dimension que puisse avoir l'équation-somme, on en conclura la forme des polynomes-multiplicateurs. Autant on trouvera de formes dont l'exposant sera négatif, autant il y aura d'équations à exclure pour avoir les équations de condition de la dimension littérale la plus basse.

Par exemple, si on avoit quatre équations de cette forme

$$(x \ldots 1)^2 = 0, \quad (x \ldots 1)^1 = 0, \quad (x \ldots 1)^1 = 0, \quad (x \ldots 1)^1 = 0;$$

on voit qu'il doit y avoir des équations de condition dont la dimension littérale ne passe pas deux; mais l'équation ou les équations de condition résultantes de la combinaison des quatre équations proposées, ne peuvent pas être d'une dimension littérale moindre que quatre.

Aussi la méthode actuelle le fait-elle connoître. En effet les expressions consécutives de la différence entre le nombre des termes de chaque dimension de l'équation-somme, & le nombre des

des coëfficiens utiles des dimenſions correſpondantes des polynomes-multiplicateurs, ſeront telles qu'il ſuit :

$$N(x...o)^4 - 3N(x...o)^3 + 2N(x...o)^2 + 2N(x...o)^1 - 3N(x...o)^0 .. = -1,$$

$$N(x...o)^3 - 3N(x...o)^2 + 2N(x...o)^1 + 2N(x...o)^0 \ldots\ldots + 2,$$

$$N(x...o)^2 - 3N(x...o)^1 + 2N(x...o)^0 \ldots\ldots \quad 0,$$

$$N(x...o)^1 - 3N(x...o)^0 \ldots\ldots - 2,$$

$$N(x...o)^0 \ldots\ldots + 1.$$

Où l'on voit que la ſomme $-1+2+0$ des trois premiers réſultats étant poſitive, on peut réduire l'équation-ſomme à la forme $(x \ldots 1)^1 = 0$, avec une équation arbitraire qui reſtera.

Mais ſi de cette forme on déduit celle des polynomes-multiplicateurs, on verra que l'équation $(x \ldots 1)^2 = 0$ auroit pour polynome-multiplicateur, un polynome de la forme $(x \ldots 1)^{-1}$; c'eſt donc une indication que cette équation n'entre point dans l'équation-ſomme de la plus baſſe dimenſion.

(519.) Mais après avoir obtenu ainſi les équations de la dimenſion littérale la plus baſſe, on n'eſt pas diſpenſé pour cela de chercher au-delà. Ici, par exemple, on parviendroit à trouver trois équations de condition dont la dimenſion littérale ſeroit deux. Mais quoiqu'il ne faille que trois équations de condition pour ſatisfaire à la queſtion, on ſe tromperoit, ſi on croyoit pouvoir les prendre toutes trois dans ces trois équations de la ſeconde dimenſion littérale. En effet, l'une de ces trois dernières équations eſt ſuite néceſſaire des deux autres, & n'exprime rien de plus.

Pour trouver les autres, il faudra, comme nous l'avons déja dit ailleurs, prendre la forme immédiatement au-deſſus ; & on aura les équations de condition de la dimenſion littérale la plus ſimple après la précédente. Si les expoſans des formes de tous les polynomes-multiplicateurs, ne ſont pas encore toutes poſitives, on prendra encore la forme immédiatement au-deſſus, & toujours de même, juſqu'à ce que tous ces expoſans devenant poſitifs, ou tout au moins zéro, on aura l'équation où les équations de condition de la plus baſſe dimenſion littérale qui puiſſe réſulter de la combinaiſon de toutes les équations propoſées.

(520.) Au ſurplus, en ſe conformant à ce qui a été dit

(487 *& suiv.*), cette dernière forme des polynomes-multiplicateurs donnera toutes les équations de condition, & par conséquent celles que donneroient les formes plus basses des polynomes-multiplicateurs; mais celles-ci seront alors compliquées d'un facteur. Quoiqu'il en soit, pour avoir toutes les différentes expressions des conditions dont la question peut dépendre, la forme de l'équation-somme, la plus basse à laquelle on puisse s'arrêter, est celle qui donnera la valeur positive la plus basse à tous les exposans des polynomes-multiplicateurs; & il faudra même, dans quelques cas (493), remonter jusqu'à la forme immédiatement au-dessus.

Ainsi dans l'exemple ci-dessus, quoique je voie que la somme des résultats $-1+2+0$ est une quantité positive qui permet d'abaisser l'équation-somme à la dimension 1; si je ne veux omettre aucune des expressions des équations de condition, je m'arrêterai seulement à la somme $-1+2$ des deux premiers résultats; c'est-à-dire, que je me fixerai à l'équation-somme de la forme $(x\ldots 1)^2$. A la vérité, celle-ci en me donnant toutes les équations, me donnera celles qu'auroit produit la forme $(x\ldots 1)^1$, me les donnera, dis-je, plus composées qu'elles ne sont; mais elle n'ôte pas les moyens de trouver celles-ci.

De la manière de reconnoître, parmi plusieurs Equations données, qu'elles sont celles qui sont une suite nécessaire des autres ou de quelques-unes des autres.

(521.) LORQU'A l'aide d'un nombre n d'équations, on élimine un nombre d'inconnues $=p<n$, la question exprimée par ces équations, est ramenée à dépendre de l'existence d'un nombre $n-p$ d'équations de condition entre les coëfficiens donnés des équations proposées.

Mais nous venons de voir qu'il existe presque toujours un nombre d'équations de condition beaucoup plus grand que $n-p$; il y en a donc plusieurs qui sont une conséquence nécessaire les unes des autres. Donc si on se contentoit de prendre indifféremment parmi toutes les équations de condition que l'on auroit, ou que l'on peut avoir; si on se contentoit, dis-je, d'en prendre indifféremment un nombre $n-p$, il pourroit souvent arriver qu'on ne satisferoit point à la question. En effet, si sur ce nombre $n - p$, il y en a un nombre q qui ſoient une ſuite néceſſaire des autres, on eſt préciſément dans le même cas que ſi l'on n'eut employé qu'un nombre $n - p - q$ de ces équations de condition, ce qui eſt inſuffiſant.

(522.) Quoiqu'il y ait des cas où l'on puiſſe, à l'inſpection ſeule, juger ſi une équation propoſée eſt une ſuite de quelques autres, il y en a un nombre infiniment plus grand, où les caractères auxquels on pourroit en juger, ſeroient très-difficiles à ſaiſir. Pareillement, il y a quelques cas où l'on peut parvenir à s'aſſurer plus facilement & plus promptement que par la méthode générale que nous allons propoſer, ſi une équation eſt ſuite de quelques autres; mais il y en a un nombre infiniment plus grand, où les artifices analytiques propres à abréger le travail, ſeroient très-difficiles à découvrir.

(523.) Par exemple, les trois équations $(ab') = 0$, $(ab'') = 0$, $(a'b'') = 0$, ſont les équations de condition que fourniſſent les équations

$$ax + b = 0,$$
$$a'x + b' = 0,$$
$$a''x + b'' = 0.$$

Comme celles-ci ne peuvent dépendre que de deux équations de condition, il faut que l'une des trois ci-deſſus, ſoit une ſuite néceſſaire des deux autres. Or avec un peu d'uſage du calcul & des théorêmes pareils à ceux que nous avons enſeignés à trouver (215 & *ſuiv.*), je vois que ſi de la première multipliée par a'', je retranche la ſeconde multipliée par a', j'aurai $(ab')a'' - (ab'')a' = 0$, mais (219) on a $(ab')a'' - (ab'')a' + (a'b'')a = 0$; donc $(a'b'')a = 0$, ou $(a'b'') = 0$, donc l'équation $(a'b'') = 0$, eſt une ſuite néceſſaire des deux équations $(ab') = 0$, $(ab'') = 0$.

(524.) Mais ce que nous trouvons ici très-facilement par un artifice particulier, nous ne le trouverions pas de même, ou du moins, avec la même facilité, s'il étoit queſtion de faire voir que des trois équations

$$(ab').(bc') - (ac')^2 = 0,$$
$$(ab'').(bc'') - (ac'')^2 = 0,$$
$$(a'b'').(b'c'') - (a'c'')^2 = 0.$$

qui ſont données par les trois équations

$$a x^2 + b x + c = 0,$$
$$a' x^2 + b' x + c' = 0,$$
$$a'' x^2 + b'' x + c'' = 0.$$

L'une quelconque eſt une ſuite néceſſaire des deux autres, ce qui eſt néanmoins.

Il n'eſt pas facile de voir par quelle fonction on doit multiplier deux de ces équations, pour trouver la troiſième dans la ſomme ou la différence des deux produits : & quand on le ſauroit, on ſeroit encore bien embarraſſé de voir à quel théorême de la nature de ceux qu'on peut trouver par ce qui a été dit (215 *& ſuiv.*), on doit avoir recours, pour rendre praticable la recherche de cette troiſième équation, dans le réſultat de ces opérations.

(525.) Abandonnant donc les artifices particuliers que les circonſtances, la forme, &c. des équations propoſées peuvent préſenter, il eſt queſtion ici de la manière générale de s'aſſurer ſi parmi pluſieurs équations propoſées, l'une quelconque eſt une ſuite d'un certain nombre des autres.

Obſervons d'abord qu'une équation peut être 1.° ſuite néceſſaire d'une autre : 2.° ſuite néceſſaire de deux autres, ſans l'être ni de l'une ni de l'autre ſéparément. Par exemple, l'équation $a' x + b' = 0$, eſt ſuite néceſſaire des deux équations $a x + b = 0$, $(a + m a') x + b + m b' = 0$, quoiqu'elle ne ſoit une ſuite néceſſaire ni de l'équation $a x + b = 0$, ni de l'équation $(a + m a') x + b + m b' = 0$. 3.° Suite néceſſaire de trois autres, quoiqu'elle ne ſoit ſuite d'aucune ni de ces équations, ni de leurs combinaiſons deux à deux, & ainſi de ſuite.

(526.) Si une équation eſt ſuite néceſſaire d'une autre, on le reconnoîtra par le procédé ſuivant.

Choiſiſſez une lettre qui ſoit commune à ces deux équations : & regardant cette lettre comme repréſentant une inconnue, éliminez cette inconnue, à l'aide des deux équations, par les règles données jusqu'ici; le résultat de l'élimination sera une quantité identique, c'est-à-dire, qui deviendra zéro d'elle-même. Ou ce qui revient au même, en procédant au calcul des *lignes*, vous trouverez zéro pour valeur de la dernière *ligne*.

Par exemple, je vois que l'équation $max^2 + mbx + mc = 0$, est une suite nécessaire de l'équation $ax^2 + bx + c = 0$, parce qu'en éliminant x, j'arrive à

$$(mab - mab).(mbc - mbc) - (mac - mac)^2 = 0,$$

c'est-à-dire, à $0 = 0$.

(527.) Si une équation est suite nécessaire de deux autres, on le reconnoîtra par le procédé suivant.

Choisissez deux lettres communes aux trois équations, ou telles que si l'une n'entre que dans deux de ces équations, l'autre entre dans la troisième, & dans l'une au moins de ces deux-là. Regardant ces deux lettres comme deux inconnues, éliminez ces deux inconnues à l'aide des trois équations; & le résultat du calcul des *lignes* vous conduira à zéro pour valeur de la dernière ligne; c'est-à-dire, que la dernière ligne sera zéro par elle-même.

(528.) Si une équation est suite nécessaire de trois autres, on le reconnoîtra par le procédé suivant.

Choisissez trois lettres qui soient communes aux quatre équations, ou qui du moins soient telles que la valeur d'aucune d'entr'elles ne puisse être déterminée indépendamment des deux autres. Regardant ces trois lettres comme trois inconnues, éliminez ces trois inconnues à l'aide des quatre équations; si de ces quatre équations l'une quelconque est suite des trois autres, le résultat de cette élimination sera zéro par lui-même.

(529.) En général, si une équation est suite nécessaire d'un nombre quelconque $n - 1$ d'autres équations; choisissez un nombre $n - 1$ de lettres qui soient communes aux n équations, ou qui du moins soient telles qu'aucune ne puisse être déterminée indépendamment des $n - 2$ autres. Regardant ces $n - 1$ lettres comme autant d'inconnues, éliminez-les à l'aide des n équations : le résultat de cette élimination sera zéro par lui-même.

Ainſi, pour reconnoître, par exemple, ſi des trois équations

$$(ab').(bc') - (ac')^2 = 0,$$
$$(ab'').(bc'') - (ac'')^2 = 0,$$
$$(a'b'').(b'c'') - (a'c'')^2 = 0.$$

l'une quelconque eſt ſuite des deux autres (comme nous ſavons d'ailleurs que cela doit être); je prendrois a & a' pour inconnues. Éliminant donc a & a' par les règles données juſqu'ici, & en employant les trois équations, j'arriverois à une équation où tout ſe détruiroit ſans aucune valeur particulière aux quantités a, a', a''; b, b', b''; c, c', c''.

Des Equations qui ne ſont, qu'en partie, une ſuite néceſſaire les unes des autres.

(530.) Les équations dont il vient d'être queſtion (521 & *ſuiv.*), ſont donc celles dont aucune n'exprime rien que les $n-1$ autres n'expriment ſuffiſamment; enſorte que ces $n-1$ autres ſatisfont auſſi pleinement à la queſtion que le feroient les n équations.

Mais il eſt des équations qui, au nombre de n, ſont telles que $n-1$ de ces équations étant ſatiſfaites, la n.^{ème} l'eſt auſſi, ſans qu'on puiſſe dire pour cela que la queſtion ſoit auſſi complétement exprimée par ces $n-1$ équations, que par le nombre total n de ces équations.

Par exemple, ſi on a les deux équations

$$\begin{aligned} max^2 + mbx &+ nb = 0, \\ + na & \end{aligned}$$

$$\begin{aligned} ma'x^2 + mb'x &+ nb' = 0; \\ + na' & \end{aligned}$$

Si on met pour x, dans chacune, la quantité $-\frac{n}{m}$, on verra qu'elles ſont ſatisfaites; donc dans ce cas l'une de ces équations eſt ſuite néceſſaire de l'autre.

Et en effet, ſi on élimine x, à l'aide de ces deux équations, on trouvera $m^2 n^2 (ab' - a'b)^2 - m^2 n^2 (ab' - a'b)^2 = 0$, c'eſt-à-dire, $0 = 0$.

On ſe tromperoit cependant, ſi de ce dernier réſultat on concluoit que l'une des deux équations propoſées exprime toute la queſtion.

En effet l'une des deux équations ne ſatisfait à l'autre que par un de ſes facteurs, par le facteur $mx + n$.

Si on réſout la ſeconde, par exemple, on la trouvera décompoſable en ces deux facteurs $a'x + b'$, & $mx + n$. Si on réſout pareillement la première, on la trouvera décompoſable en ces deux facteurs $ax + b$, & $mx + n$.

On peut donc regarder la queſtion comme exprimée par ces deux couples d'équations

$$mx + n = 0,\quad mx + n = 0,$$
$$\&\qquad ax + b = 0,\quad a'x + b' = 0.$$

Le premier couple eſt évidemment, s'il étoit ſeul, dans le cas des équations dont il a été queſtion (521 & *ſuiv.*); mais le ſecond conduit à l'équation de condition $ab' - a'b = 0$ ou $(ab') = 0$.

Donc quoique par l'élimination de x dans les deux équations propoſées, on arrive à un réſultat identique, on ſe tromperoit ſi on en concluoit que l'une des deux équations propoſées ſuffit pour ſatisfaire à la queſtion.

(531.) Mais, pourra-t-on dire, ſi d'être conduit à une équation identique n'eſt pas un ſigne certain que ſur un nombre n d'équations, $n - 1$ ſuffiſent pour la ſolution complette de la queſtion, la méthode donnée (521 & *ſuiv.*) ne fera donc pas plutôt connoître ſi des équations propoſées l'une eſt une ſuite parfaite des $n - 1$ autres, qu'elle ne fera connoître ſi elle n'en eſt ſuite qu'en partie.

Non, ſans doute, ſi avant d'appliquer ce qui a été dit (521 & *ſuiv.*), on n'a pas eu ſoin de ſimplifier les équations propoſées autant qu'il eſt poſſible; c'eſt-à-dire, de leur ôter leur commun diviſeur.

Mais ſi au contraire on a eu ſoin de leur ôter le commun diviſeur, alors on ne peut être conduit à un réſultat identique, qu'autant que l'une des équations ſera une ſuite parfaite des autres : donc le ſymptôme donné (521 & *ſuiv.*) fera toujours découvrir ſûrement ſi quelqu'une des équations propoſées eſt ſuite parfaite des autres.

Au reſte il ne faut pas croire que les équations qui ne ſont qu'en partie ſuite les unes des autres, donneront toujours zéro pour réſultat de l'élimination. Cela dépend de la quantité que l'on y prendra pour inconnue.

Par exemple, ſi on a ces deux équations

$$amxy + nax + mby + nb = 0,$$
$$a'mxy + na'x + mb'y + nb' = 0.$$

Et qu'on élimine en prenant x pour inconnue, on ne ſera point conduit à une équation identique. Ce ſera le contraire, ſi on élimine en prenant y pour inconnue. La raiſon de cela eſt que le commun diviſeur de ces deux équations, qui eſt $my + n$, ne doit point renfermer d'x, mais ſeulement des y.

Ce ſeroit peut-être ici le lieu de parler de l'uſage des méthodes données dans cet ouvrage, pour la recherche du commun diviſeur des quantités littérales. Mais le peu de difficulté qui reſte à préſent, à faire cette application, & les autres objets dont il nous reſte à parler, nous déterminent à ne pas nous arrêter ſur celui-là.

Réflexions ſur l'Elimination ſucceſſive.

(532.) C'EST à préſent que le Lecteur peut, ce me ſemble, faire une juſte appréciation de l'état de l'Analyſe relativement à l'élimination, avant les méthodes que nous propoſons dans cet ouvrage.

Toutes les méthodes d'élimination connues juſqu'à préſent, procédent par élimination ſucceſſive. Suppoſons donc qu'on eut trois équations & trois inconnues. Après les avoir miſes ſous la forme d'équations à une ſeule & même inconnue, on procéderoit donc

donc à l'élimination de cette inconnue, à l'aide de ces trois équations, pour avoir entre leurs coëfficiens deux équations de condition. Comme ces coëfficiens sont des fonctions des deux inconnues restantes, on auroit alors, entre ces deux inconnues, deux équations qui, étant mises sous la forme d'équations à une seule & même inconnue, donneroient par l'élimination de cette inconnue, une équation qui ne renfermeroit plus qu'une seule inconnue.

C'est à cela que se réduisent toutes les méthodes de l'élimination connues jusqu'ici, du moins les méthodes générales.

(533.) Examinons présentement si d'après ce procédé on pouvoit 1.° espérer d'arriver à la véritable équation finale, c'est-à-dire, à la plus basse. 2.° Si on n'étoit pas au contraire presque toujours exposé à tomber dans des équations non-seulement plus composées qu'il n'est nécessaire, mais encore sans espérance de trouver, pendant le cours du calcul, le facteur qui les complique. 3.° Enfin si même on n'étoit pas souvent exposé à ne rien rencontrer du tout.

Si pour avoir les deux équations de condition dont nous venons de parler, on se contentoit de combiner les équations deux à deux, on arriveroit nécessairement à deux équations beaucoup plus composées qu'il n'est nécessaire, & qui cependant n'auroient ni l'une ni l'autre un facteur dont l'extraction put les simplifier.

Si pour avoir ces équations de condition moins composées, on eut pris le parti de combiner les équations en nombre plus grand que deux, on n'auroit remedié qu'en partie, à la difficulté; la dernière équation finale auroit encore été trop composée. Pour en donner un exemple bien simple, rappellons que pour le cas de trois équations du second degré à une seule inconnue, cas auquel se rapporte celui de trois équations du second degré à trois inconnues, lorsqu'on va par élimination successive; rappellons, dis-je, (462) que les deux équations de condition les plus simples sont $(ab'c'') = 0$, & $(ab').(bc') - (ac')^2 = 0$. Or a, b, c, ainsi que a', b', c', & a'', b'', c'', étant respectivement de 0, 1 & 2 dimensions, la première de ces équations sera du troisième, & la seconde du quatrième degré. Donc l'équation finale seroit du douzième, & cependant elle ne doit être que du huitième.

D'ailleurs en mettant les équations proposées, sous la forme d'équations à une seule inconnue, & ne se proposant d'employer, comme il convient, que les équations de condition de la plus basse dimension littérale; quel guide avoit-on pour reconnoître, si parmi celles qu'on prendroit, il n'y en avoit pas qui fussent suite nécessaire les unes des autres? Dans le cas où il s'en seroit trouvé de telles, au lieu de l'équation finale, on auroit, après bien du calcul, rencontré une expression dont tous les termes se seroient détruits d'eux-mêmes.

Concluons donc que la méthode d'élimination successive, outre l'inconvénient de conduire inévitablement à donner à l'équation finale des facteurs inutiles, & en très-grand nombre, avoit encore celui de ne pas même conduire sûrement à cette équation trop composée.

Des Equations de forme régulière ou irrégulière quelconque.

(534.) PAR équations de forme régulière, j'entends celles dont on peut avoir une expression algébrique finie du nombre de leurs termes. Et, au contraire, j'appelle équations de forme irrégulière, celles dont le nombre des termes ne peut être ramené à une expression algébrique finie, soit que cela ne se puisse pas réellement, soit que la loi des variations des exposans principaux des inconnues, n'étant pas connue, l'expression algébrique du nombre de leurs termes, soit seulement inconnue.

(535.) Parlons d'abord des équations dont le nombre est égal à celui des inconnues; il ne nous restera après, qu'un mot à dire sur celles dont le nombre est plus grand que celui des inconnues.

Nous avons traité avec assez de détail, la manière de déterminer l'expression algébrique générale du degré de l'équation finale dans un nombre infini d'équations de formes régulières. Et ce que nous avons dit, est plus que suffisant, pour déterminer ce même degré pour une infinité d'autres formes.

Mais comme il n'est pas possible d'avoir l'expression algébrique du nombre des termes de quelque équation ou polynome que ce ſoit, il ne l'eſt pas non plus, par la même raiſon, d'avoir l'expreſſion algébrique générale du degré de l'équation finale.

Cependant s'il n'eſt pas poſſible d'avoir cette expreſſion algébrique générale, du moins dans quelque cas que ce puiſſe être, peut-on toujours déterminer en nombres quel ſera le degré de l'équation finale d'un nombre quelconque d'équations, quelque irrégulière que leur forme puiſſe être d'ailleurs.

Ce dernier objet, qui ce me ſemble, ne laiſſera plus rien à deſirer ſur le degré de l'équation finale d'un nombre quelconque d'équations, eſt d'autant plus utile, que la méthode qui va nous conduire, & qui d'ailleurs eſt toujours au fond, la même que nous avons employée juſqu'ici, eſt également propre à donner l'expreſſion algébrique, lorſqu'il y en aura de poſſible; attendu qu'elle détermine, d'une manière directe, la forme que doivent avoir les polynomes-multiplicateurs.

(536.) Nous avons vu (168 *& ſuiv.*) en parlant des équations incomplettes de différens ordres, que la première forme des polynomes-multiplicateurs, la forme la plus ſimple, la ſeule que nous ayons conſidérée, n'eſt propre à donner l'expreſſion algébrique du degré de l'équation finale, que dans certains cas ſeulement. Selon les différens rapports de grandeur qui peuvent avoir lieu entre les expoſans connus qui déterminent la forme des équations propoſées, les polynomes-multiplicateurs doivent être incomplets d'ordres plus ou moins élevés.

En adoptant une certaine forme pour celle des polynomes-multiplicateurs, ſi elle n'eſt pas la véritable, elle ne conduira point à une différencielle exacte, parce que n'étant point la véritable forme, elle ne donnera pas non plus la véritable expreſſion du nombre des termes qu'il eſt poſſible de faire diſparoître dans chaque polynome-multiplicateur; l'expreſſion qui en réſultera pour le rapport entre le nombre des termes à faire diſparoître dans l'équation-ſomme, & le nombre des coëfficiens utiles des polynomes-multiplicateurs, ne ſera donc pas vraie. Dans ce cas, il eſt tout ſimple que les expoſans indéterminés des polynomes-multiplicateurs, ne diſparoiſſent pas de l'expreſſion algébrique du degré de l'équation finale.

Par exemple, si la forme qu'on a choisie pour les polynomes-multiplicateurs, se trouvoit telle que dans l'équation-somme, l'anéantissement de quelques-uns des coëfficiens indéterminés fit disparoître un nombre de termes de cette équation, plus grand que celui de ces coëfficiens; il est évident qu'on auroit eu tort de supposer que le nombre des coëfficiens utiles des polynomes-multiplicateurs, doit excéder de un le nombre des termes à faire disparoître dans l'équation-somme, puisqu'il y en a qui disparoissent avec un moindre nombre de coëfficiens. La forme des polynomes-multiplicateurs seroit donc vicieuse, & par conséquent le résultat de l'expression du degré de l'équation finale renfermeroit les exposans indéterminés des polynomes-multiplicateurs, & ne seroit par conséquent pas la véritable expression de ce degré.

(537.) Pour avoir la véritable forme des polynomes-multiplicateurs, & par conséquent le véritable degré de l'équation finale, il faut donc, avant toutes choses, s'assurer que l'anéantissement de quelques-uns des coëfficiens de ces polynomes-multiplicateurs, ne fera pas disparoître dans l'équation-somme, un nombre de termes plus grand que celui de ces coëfficiens.

(538.) Soit p le nombre de ces coëfficiens, & n le nombre des termes de l'équation-somme, que l'anéantissement de ces coëfficiens peut faire disparoître. L'équation-somme fournira donc un nombre n d'équations qui ne renfermeront qu'un nombre p de coëfficiens indéterminés. Supposant donc tous ces coëfficiens égaux à zéro, on aura déjà satisfait à un nombre n d'équations fournies par l'équation-somme, & la forme des polynomes-multiplicateurs sera la précédente, tronquée des termes dont les coëfficiens viennent d'être supposés égaux à zéro. Mais cette forme ne sera pas encore la véritable.

On examinera de nouveau, s'il n'existe pas encore un nombre n' d'équations partielles de l'équation-somme, qui ne contiennent qu'un nombre $p' < n'$ de coëfficiens indéterminés; & on se conduira à leur égard, comme ci-devant, jusqu'à ce que le nombre des coëfficiens restans dans l'équation-somme, soit plus grand que le nombre total des termes de cette équation-somme, diminué du nombre de ceux qui ne renferment que l'inconnue qu'on veut conserver, & qu'en même temps ces coëfficiens soient tellement liés par ces équations, qu'aucun ne puisse être déterminé indépendamment des autres.

(539.) Bien entendu que dans cet examen, on aura égard au nombre des équations arbitraires que l'on a, par la connoissance du nombre des coëfficiens inutiles des polynomes-multiplicateurs. Par exemple, supposant que l'on ait laissé subsister tous les coëfficiens des différens termes que comprend la forme que l'on a choisie pour les polynomes-multiplicateurs, on examineroit, s'il n'y a pas dans l'équation-somme un nombre q de termes qui, avec le nombre q' d'équations arbitraires, correspondant, fournisse un nombre n d'équations plus grand que le nombre p de coëfficiens qu'elles renferment au total. Ou bien on commencera par anéantir dans les polynomes-multiplicateurs, tous les coëfficiens inutiles, & ensuite on examinera purement & simplement, si l'équation-somme ne fournit pas plusieurs grouppes d'équations dont le nombre soit plus grand que celui des coëfficiens qu'elles renferment.

(540.) S'il arrivoit qu'après l'exécution de ce que nous venons de prescrire, le nombre des équations données par le nombre total des termes qui restent à faire disparoître dans l'équation-somme, fut plus grand encore que le nombre des coëfficiens restans, ce seroit une preuve que l'on a pris une forme trop peu élevée. Mais il y a un moyen généralement sûr d'éviter cet inconvénient : le voici.

(541.) On prendra, généralement, pour polynomes-multiplicateurs, des polynomes-complets tels que la dimension totale de l'équation-somme soit la même que si les équations proposées étoient toutes des équations complettes. Alors il est bien sûr que les polynomes-multiplicateurs cherchés, ne peuvent être que les débris de ces polynomes-multiplicateurs généraux. L'examen que nous venons de prescrire, ne fera donc que leur ôter des termes superflus, & jamais aucun d'utile. Au lieu qu'en prenant une forme, ou d'une dimension inférieure à celle que nous venons de prescrire, ou incomplette d'une manière quelconque, il pourroit arriver que la mutilation que cette forme incomplette supposeroit, ne fût pas légitime. Celle au contraire qui arrivera par l'examen que nous prescrivons, étant faite d'après l'état de la question, & sur des polynomes qui comprennent nécessairement ceux dont il s'agit, ne peut manquer d'être légitime.

(542.) Une fois arrivés à avoir dans l'équation-somme, plus de coëfficiens indéterminés qu'il n'y a de termes à faire disparoître, il reste à savoir l'emploi légitime qu'on pourra faire des coëfficiens surnuméraires, & par conséquent arbitraires.

Pour distinguer ces derniers d'avec les coëfficiens arbitraires que nous avons considérés jusqu'ici, nous appellerons *coëfficiens arbitraires généraux* ceux qu'on est toujours en état de faire disparoître dans les polynomes-multiplicateurs, à l'aide des équations proposées. En prenant, comme nous le prescrivons ici, des polynomes complets pour polynomes-multiplicateurs, le nombre des coëfficiens arbitraires généraux est le même que si les équations proposées étoient complettes.

Nous appellerons *coëfficiens arbitraires particuliers* ceux qui ne sont arbitraires que parce que l'équation-somme n'a pas tous les termes qu'elle auroit, si toutes les équations étoient complettes.

(543.) Cela posé pour déterminer le nombre des coëfficiens arbitraires particuliers ou le nombre des équations arbitraires particulières, on commencera par examiner combien dans l'équation-somme, il y a de termes de moins à faire disparoître, qu'il n'y en auroit si les équations proposées étoient complettes, & combien sur ce nombre total il y en a qui appartiennent à chaque dimension. Il y aura autant de coëfficiens arbitraires particuliers, qu'on trouvera de pareils termes.

On cherchera ensuite les termes de l'équation-somme, qui, eu égard au nombre des coëfficiens arbitraires, ne renferment ou ne sont censés renfermer qu'un nombre de coëfficiens, moindre que le nombre de ces termes. Soit n le nombre de ces termes, & p le nombre de ces coëfficiens; en supposant ceux-ci égaux à zéro, on satisfait donc à n équations; on fait donc disparoître $n - p$ de termes au-delà du nombre de coëfficiens qu'on a employés; on en conclura qu'il faut compter un nombre $n - p$ de coëfficiens arbitraires particuliers, de plus, dans l'équation-somme.

On continuera cet examen, jusqu'à ce qu'il ne se trouve plus de termes à faire disparoître qui ne renferment plus de coëfficiens qu'il n'y a d'équations pour les déterminer ; & tenant compte, à mesure, du nombre d'équations arbitraires particulières que cet examen fournira, on emploiera ensuite celles-ci à abaisser l'équation, lorsqu'elle en sera susceptible ; mais cet abaissement doit être, non pas une condition imposée arbitrairement, mais une suite de l'emploi des équations arbitraires : c'est ce que nous allons développer par des exemples.

(544.) Nous avons (285) calculé l'équation finale résultante de deux équations de la forme $(x\ldots 2)^2 = 0$. Supposons qu'il manque à ces deux équations les termes de la dimension 1 ; c'est-à-dire, qu'elles soient de la forme

$$\begin{array}{llll} & ax^2 + byx + cy^2 = 0 \\ + f & & & \end{array}$$

Pour connoître si l'équation sera susceptible d'abaissement, ou si les polynomes-multiplicateurs peuvent être d'une forme plus simple que la forme générale, je forme l'équation-produit qui sera de cette forme

$$\begin{array}{llllll}
 & Aax^4 & + Abx^3y & + Acx^2y^2 & + Bcxy^3 & + Ccy^4 = 0 \\
 & & + Ba & + Bb & + Cb & \\
 & & & + Ca & & \\
+ & Dax^3 & + Dbx^2y & + Dcxy^2 & + Ecy^3 & \\
 & & + Ea & + Eb & & \\
+ & Fax^2 & + Fbxy & + Fcy^2 & & \\
+ & fA & + fB & + fC & & \\
+ & fDx & + fEy & & & \\
+ & fF & & & &
\end{array}$$

Comme cette équation est complette, je conclus qu'il n'y a aucun coëfficient arbitraire particulier, mais seulement un coëfficient arbitraire général, coëfficient que nous savons d'ailleurs pouvoir être pris indistinctement dans telle dimension qu'on voudra.

Mais en obſervant les termes y^4, x^2y, xy^2, y^3, & y je vois que les équations que leur anéantiſſement donnera, ne contiennent que ſix coëfficiens indéterminés $C, C'; D, D'; E, E'$; donc à cauſe de l'équation arbitraire générale, on aura ſix équations qui ne renfermeront que ces ſix coëfficiens; on pourra donc ſuppoſer

$$C = 0,\ C' = 0,\ D = 0,\ D' = 0,\ E = 0,\ E' = 0.$$

La forme des polynomes-multiplicateurs peut donc, en effet, être plus ſimple que la forme générale, & telle que voici

$$\begin{matrix} Ax^2 + Bxy & \ldots\ldots & A'x^2 + B'xy \\ + F & & + F' \end{matrix}$$

En ſorte que celle de l'équation-ſomme ſe réduit à

$$\begin{matrix} Aax^4 & + Abx^3y & + Acx^2y^2 & + Bcxy^3 = 0 \\ & + Ba & + Bb & \\ + Fax^2 & + Fbxy & + Fcy^2 & \\ + fA & + fB & & \\ + fF & & & \end{matrix}$$

qui conduit à l'équation finale

$$(bc') \left\{ \begin{matrix} (ac')^2 & x^4 + (bc').(bf')\,x^2 & + (cf')^2 \\ -(ab').(bc') & - 2(ac').(cf') & \end{matrix} \right\} = 0$$

dont le facteur (bc') indique le cas où l'équation peut être abaiſſée.

(545.) Suppoſons que les équations propoſées ſoient de la forme

$$\begin{matrix} ax^2 + bxy = 0 \\ + f \end{matrix}$$

Et qu'ignorant la forme que les polynomes-multiplicateurs doivent avoir, ainſi que le degré de l'équation finale, nous employaſſions la même forme de polynomes-multiplicateurs que ſi les équations étoient complettes.

Pour déterminer la véritable forme des polynomes-multiplicateurs, & le vrai degré de l'équation finale, j'examine la forme de de l'équation-ſomme qui eſt la ſuivante

$$\begin{array}{llll} Aax^4 & + Abx^3y & + Bbx^2y^2 & + Cbxy^3 = 0. \\ & + Ba & & \\ + Dax^3 & + Dbx^2y & + Ebxy^2 & \\ & + Ea & & \\ + Fax^2 & + Fbxy & + fCy^2 & \\ + fA & + fB & & \\ + fDx & + fEy & & \\ + fF & & & \end{array}$$

Et je vois qu'il y a, dans la plus haute dimenſion, un terme de moins à faire diſparoître, que ſi les équations propoſées étoient complettes ; il y a donc, dans cette dimenſion, deux équations arbitraires, c'eſt-à-dire, une équation arbitraire générale, & une équation arbitraire particulière.

Je vois de même, que la dimenſion 3 ayant un terme de moins à faire diſparoître, que ſi les équations étoient complettes, cette dimenſion donnera une équation arbitraire particulière.

Cela poſé, les trois équations fournies par l'anéantiſſement des termes x^3y, x^2y^2, xy^3, & les deux équations arbitraires qui appartiennent à cette même dimenſion, renfermeront au total ſix inconnues ; mais l'équation fournie par l'anéantiſſement du terme y^2, ne renfermant pas d'autres inconnues que celles-là, nous aurons donc ſix équations entre ces ſix coëfficiens ; chacun ſera donc $= 0$; on a donc

$$A = 0,\ A' = 0,\ B = 0,\ B' = 0,\ C = 0,\ C' = 0.$$

L'équation-ſomme eſt donc réduite à

$$\begin{array}{lll} Dax^3 & + Dbx^2y & + Ebxy^2 = 0 \\ & + Ea & \\ + Fax^2 & + Fbxy & \\ + fDx & + fEy & \\ + fF & & \end{array}$$

Or les deux équations fournies par l'anéantissement des termes x^2y, xy^2, & l'équation arbitraire qui appartient à cette dimension renfermeront quatre inconnues ; mais l'équation fournie par l'anéantissement du terme y, ne renfermera pas d'autre inconnue ; on aura donc entre ces quatre inconnues, quatre équations ; on en conclura donc $D = 0$, $D' = 0$, $E = 0$, $E' = 0$.

L'équation-somme se réduira donc à la forme

$$\begin{aligned} Fax^2 + Fbxy &= 0 \\ + fF \quad & \end{aligned}$$

Les polynomes-multiplicateurs sont donc simplement F & F' ; & l'équation finale se réduit au second degré ; ce qui est, d'ailleurs, évident à l'inspection des équations proposées.

(546.) Supposons qu'on ait deux équations de cette forme $(x^2, y^1)^3 = 0$.

Nous savons (62) que le degré de l'équation finale doit être 4 ; & nous avons (317) enseigné à trouver la forme la plus simple que puissent avoir les polynomes-multiplicateurs.

Mais conduisons-nous, comme si nous n'avions aucune connoissance du degré de l'équation finale, ni de la forme des polynomes-multiplicateurs.

Je prendrai donc deux polynomes complets du degré $3 \times 3 - 3$; c'est-à-dire, du degré 6. L'équation-somme sera de la forme $(x^8, y^7)^9 = 0$.

Il y aura donc, dans la plus haute dimension, deux termes de moins à faire disparoître, que si les équations proposées étoient complettes ; & un, seulement dans la dimension 8. Donc outre les coëfficiens arbitraires généraux, il y en aura trois particuliers, dont deux appartiendront à la dimension 9, & un, à la dimension 8.

Cela posé, je remarque d'abord que l'équation-somme aura trois termes affectés de y^7, pour la destruction desquels les polynomes-multiplicateurs ne peuvent fournir plus de deux coëfficiens. Donc, puisqu'en supposant ces deux coëfficiens égaux à zéro, on fait disparoître dans l'équation-somme, un terme de plus qu'on ne détermine de coëfficiens, il s'ensuit qu'on acquerre une équation arbitraire, de plus, à former dans l'équation-somme; & que cette équation arbitraire peut appartenir indifféremment à l'une quelconque des trois plus hautes dimensions, & à plus forte raison aux dimensions inférieures.

Les polynomes-multiplicateurs sont donc réduits à la forme $(x^6, y^5)^6$, & l'équation-somme à la forme $(x^8, y^6)^9 = 0$.

Dans cette nouvelle forme, je remarque que l'équation-somme aura quatre termes affectés de y^6, pour la destruction desquels les polynomes-multiplicateurs fournissent seulement quatre coëfficiens utiles; chacun de ces coëfficiens pourra donc être supposé $= 0$.

La forme des polynomes-multiplicateurs sera donc réduite à $(x^6, y^4)^6$, & celle de l'équation-somme à $(x^8, y^5)^9 = 0$.

Dans cette forme il y aura cinq termes affectés de y^5, pour la destruction desquels les deux polynomes-multiplicateurs fourniront six coëfficiens qui se réduisent à cinq, parce qu'il y en a un qui est du nombre des coëfficiens arbitraires généraux : on n'aura donc qu'autant de coëfficiens indéterminés que d'équations; on pourra donc supposer ces coëfficiens égaux à zéro; la forme des polynomes-multiplicateurs sera donc réduite à $(x^6, y^3)^6$, & celle de l'équation-somme à $(x^8, y^4)^9 = 0$.

Dans cette nouvelle forme de l'équation-somme, il y aura six termes affectés de y^4, pour la destruction desquels les deux polynomes-multiplicateurs fourniront, à la vérité, huit coëfficiens; mais sur ce nombre, il y aura deux coëfficiens arbitraires généraux; on pourra donc encore supposer tous ces coëfficiens égaux à zéro, & réduire par conséquent la forme des polynomes-multiplicateurs à $(x^6, y^2)^6$, & celle de l'equation-somme à $(x^8, y^3)^9 = 0$.

En continuant le même raisonnement, on verra que la forme des polynomes-multiplicateurs peut être réduite à $(x^6, y^0)^6$, ou $(x \ldots 1)^6$, & celle de l'équation-somme à $(x^8, y^1)^9 = 0$, où il ne reste plus aucun coëfficient arbitraire général.

Mais comme il nous reste quatre coëfficiens arbitraires particuliers, il faut maintenant les employer.

Concevons d'abord que nous employions seulement une équation arbitraire dans la plus haute dimension ; cette équation avec celle que donnera l'anéantissement du terme $x^8 y$, faisant un nombre d'équations égal au nombre des coëfficiens indéterminés qu'elles renferment, ces deux coëfficiens seront donc chacun $= 0$. Et par conséquent la forme des polynomes-multiplicateurs deviendra $(x \ldots 1)^5$, & celle de l'équation-somme sera $(x^7, y^1)^8 = 0$.

Par un raisonnement semblable, on voit qu'en employant dans celle-ci une des trois équations arbitraires particulières qui restent, la forme des polynomes-multiplicateurs deviendra $(x \ldots 1)^4$, & celle de l'équation-somme, $(x^6, y^1)^7 = 0$. Qu'en employant dans cette nouvelle, une des deux équations arbitraires particulières qui restent, la forme des polynomes-multiplicateurs deviendra $(x \ldots 1)^3$, & celle de l'équation-somme $(x^5, y^1)^6$. Qu'enfin en employant la dernière équation arbitraire particulière qui reste, la forme des polynomes-multiplicateurs sera $(x \ldots 1)^2$, & celle de l'équation-somme $(x^4, y^1)^5 = 0$; où l'on voit qu'en effet, l'équation finale n'est que du quatrième degré ; & où les polynomes-multiplicateurs les plus simples, sont les mêmes qui résultent de ce qui a été dit (317).

(547.) Supposons trois équations de la forme $[x, (y, z)^1]^2 = 0$. Nous avons déja eu plus d'une occasion de parler de ces équations ; mais nous allons agir, comme si nous n'avions aucune connoissance sur le degré de l'équation finale, ni sur la forme des polynomes-multiplicateurs.

Prenons donc trois polynomes-multiplicateurs complets du degré $2 \times 2 \times 2 - 2$, c'est-à-dire, du degré 6.

L'équation-somme sera de la forme $[x, (y, z)^7]^8 = 0$; c'est-à-dire, qu'il lui manquera tous les termes où y & z monteroient à la dimension 8, qui sont au nombre de 9. Nous avons donc neuf coëfficiens arbitraires particuliers, qui appartenant à la plus haute dimension, peuvent être repartis sur toute autre dimension.

Si on considère les termes où y & z montent à la dimension 7, on verra que n'étant introduits dans l'équation-somme que par les termes des polynomes-multiplicateurs où y & z montent à la dimension 6, on verra que l'anéantissement de ces termes en y & z de la dimension 7, qui sont au nombre de 16, dépend de vingt-un coëfficiens; mais comme il y en a neuf d'arbitraires particuliers, ainsi que nous venons de le dire, si on conçoit que sur ces neuf équations arbitraires on en emploie d'abord seulement cinq avec les seize équations données par l'anéantissement des termes dont il s'agit, on voit qu'on peut supposer ces vingt-un coëfficiens égaux à zéro; & que par conséquent la forme de l'équation-somme sera $[x,(y,z)^6]^8 = 0$; & celle des polynomes-multiplicateurs $[x,(y,z)^5]^6$, avec quatre coëfficiens arbitraires particuliers de reste.

Si, sans faire encore aucun usage de ces coëfficiens arbitraires particuliers, on examine, comme nous venons de le faire, les termes où y & z montent à la dimension 6, on verra que, déduction faite du nombre des coëfficiens arbitraires généraux, les polynomes-multiplicateurs ne fourniront qu'autant de coëfficiens qu'il y a de termes à faire disparoître; on pourra donc supposer égaux à zéro tous les coëfficiens des termes où y & z montent à la dimension 5 dans les polynomes-multiplicateurs, dont la forme sera par conséquent réduite à $[x,(y,z)^4]$, & celle de l'équation-somme à $[x,(y,z)^5]^8 = 0$.

Un examen semblable pour les termes de l'équation-somme, où y & z montent ensemble à la dimension 5, puis pour les termes où y & z montent à la dimension 4, pour ceux où ils montent à la dimension 3, enfin pour ceux où ils montent à la dimension 2, fera connoître consécutivement que la forme des polynomes-multiplicateurs peut être ramenée à

$$[x,(y,z)^3]^6;\ [x,(y,z)^2]^6;\ [x,(y,z)^1]^6;\ [x,(y,z)^0]^6,$$

c'est-à-dire, $(x\ldots 1)^6$.

Présentement, comme il nous reste quatre équations arbitraires; si on conçoit qu'on en employe seulement une dans la dimension supérieure de l'équation-somme $[x,(y,z)^1)^8 = 0$; on aura avec les deux équations fournies par l'anéantissement des termes x^7y & x^7z, autant d'équations qu'il y a de coëfficiens; chacun de ces coëfficiens sera donc $= 0$, & le terme x^8 s'en ira de lui-même.

L'équation-ſomme ſera donc réduite à la forme $[x,(y,z)^1]^7=0$, & les polynomes-multiplicateurs, à la forme $(x\ldots 1)^5$.

Si on employe de même les trois équations particulières, une ſur chacune des dimenſions 7, 6 & 5 de l'équation-ſomme, on trouvera de même qu'elle paſſera ſucceſſivement par les formes

$$[x,(y,z)^1]^6=0,\ [x,(y,z)^1]^5=0,\ [x,(y,z)^1]^4=0,$$

& qu'enfin celle-ci eſt la plus réduite, puiſqu'il ne reſte plus aucun coëfficient arbitraire.

Le plus bas degré de l'équation finale eſt donc 4, & la forme la plus ſimple des polynomes-multiplicateurs eſt $(x\ldots 1)^2$; ce qui eſt abſolument conforme à ce que nous avons vu (320 & 329).

Remarque.

(548.) Nous avons dit (234) que quoiqu'on eut une très-grande liberté pour la détermination des coëfficiens arbitraires, elle n'étoit cependant pas illimitée; que, par exemple, on n'étoit pas le maître d'en déterminer dans chaque dimenſion de l'équation-ſomme, au-delà d'un certain nombre que nous avons enſeigné à déterminer.

Nous avons ajouté qu'avec cette attention de ne pas en déterminer dans chaque dimenſion au-delà du nombre preſcrit, on étoit d'ailleurs le maître de faire porter ces déterminations arbitraires ſur tels termes de cette dimenſion que l'on voudroit, pourvu que ces conditions arbitraires ne contrariaſſent pas le but qu'on ſe propoſoit.

Cela eſt généralement vrai, lorſque, comme dans les équations dont il étoit alors queſtion, les polynomes qui expriment le nombre des termes qu'on peut faire diſparoître, peuvent, dans leur multiplication par les équations propoſées, fournir tous les termes que renferment les polynomes-multiplicateurs. Mais lorſque la forme des polynomes-multiplicateurs eſt inconnue, & qu'on la prend arbitrairement comme nous le faiſons ici, où nous prenons toujours des polynomes complets, pour en déduire la véritable forme; alors on n'eſt pas le maître de diſtribuer les équations arbitraires générales, indifféremment ſur tel terme que ce ſoit de la dimenſion à laquelle elles appartiennent. Mais on peut toujours reconnoître facilement quels sont les termes qui ne doivent pas avoir part à cette distribution.

En effet, pour savoir si un coëfficient quelconque de l'un des polynomes-multiplicateurs, peut être réputé du nombre des coëfficiens arbitraires généraux ; il faut, dans le cas présent, concevoir les équations qui peuvent servir à faire disparoître des termes dans ce polynome, multipliées chacune par un polynome complet dont le degré, avec celui de l'équation, fasse celui du polynome dont il s'agit ; alors si le terme dont on veut examiner le coëfficient, est compris dans ceux qui naîtront de ces produits, il peut être réputé du nombre des arbitraires généraux ; & au contraire dans le cas contraire.

Ainsi, dans le dernier exemple, les termes où y & z montent à la dimension 6, dans les polynomes-multiplicateurs complets, n'ont aucun coëfficient qui puisse être réputé du nombre des coëfficiens arbitraires généraux ; parce qu'en multipliant les équations proposées par des polynomes complets du degré 4 ; il ne peut en résulter de termes où y & z montent à la dimension 6.

Continuation du même sujet.

(549.) Concevons deux équations à deux inconnues, toutes deux du degré 4, mais à qui il manque tous les termes des dimensions inférieures au degré 3, & que nous représenterons par $(x \dots 2)^{4}_{3} = 0$. Et proposons-nous de déterminer le degré de l'équation finale, & la forme la plus simple des polynomes-multiplicateurs.

Je prendrois donc, d'abord, pour polynomes-multiplicateurs, deux polynomes de la forme $(x \dots 2)^{4 \times 4 - 4}$ ou $(x \dots 2)^{12}$; le nombre des coëfficiens arbitraires généraux seroit donc $N(x \dots 2)^{8}$; & la forme de l'équation-somme seroit $(x \dots 2)^{16}_{3} = 0$.

Puisqu'il manque à cette équation les termes des dimensions inférieures à trois, il y a donc trois termes de moins à faire disparoître, que si les équations proposées étoient complettes ; nous avons donc trois coëfficiens arbitraires particuliers.

Mais la dimension 3 offrira les termes x^2y, xy^2, & y^3 ;

c'eſt-à-dire, trois termes à faire diſparoître ; & pour la deſtruction de ces termes on n'aura que les deux coëfficiens que la dimenſion o des deux polynomes-multiplicateurs y aura introduits ; donc ſi on ſuppoſe ces deux coëfficiens égaux à zéro, on aura un coëfficient, ou une équation arbitraire particulière de plus ; ainſi, prenant actuellement $(x\ldots 2)^{12}_{1}$ pour la forme des polynomes-multiplicateurs, celle de l'équation-ſomme ſera $(x\ldots 2)^{16}_{4} = 0$, avec quatre équations arbitraires particulières, & $N(x\ldots 2)^{8}$ équations arbitraires générales.

La dimenſion 4 de l'équation-ſomme, donne quatre termes à faire diſparoître. La dimenſion 1 des polynomes-multiplicateurs, fournit, pour cet objet, quatre coëfficiens ſeulement ; chacun de ces coëfficiens ſera donc $= 0$; & par conſéquent la forme des polynomes-multiplicateurs deviendra $(x\ldots 2)^{12}_{2}$; & celle de l'équation-ſomme $(x\ldots 2)^{16}_{5} = 0$, avec le même nombre d'équations arbitraires générales & particulières que ci-devant.

La dimenſion 5 de l'équation-ſomme, donne cinq termes à faire diſparoître. La dimenſion 2 des polynomes-multiplicateurs fournit, pour cet objet, ſix coëfficiens ; donc ſi ſur les quatre équations arbitraires particulières que nous avons, on conçoit qu'on en employe une, avec les cinq que l'on aura pour l'évanouiſſement des cinq termes de la dimenſion 5 de l'équation-ſomme, chacun des ſix coëfficiens ſera $= 0$; & par conſéquent la forme des polynomes-multiplicateurs deviendra $(x\ldots 2)^{12}_{3}$; & celle de l'équation-ſomme $(x\ldots 2)^{16}_{6} = 0$, avec trois équations arbitraires particulières ſeulement, & un nombre d'équations arbitraires générales $= N(x\ldots 2)^{8}$.

Dans cette nouvelle forme, la dimenſion 6 de l'équation-ſomme offrira ſix termes à faire diſparoître. La dimenſion 3 des polynomes-multiplicateurs, fournira, pour cet objet, huit coëfficiens ; comme la dimenſion o du polynome $(x\ldots 2)^{8}$ qui exprime le nombre des coëfficiens arbitraires généraux, en fournit un à cette dimenſion, on ne doit compter que ſur ſept coëfficiens fournis par la dimenſion 3 des polynomes-multiplicateurs. Or ſi ſur les trois équations arbitraires particulières qui nous reſtent, on on conçoit qu'on en employe ici une, on voit que chaque coëfficient de la dimenſion 3 des polynomes-multiplicateurs, peut être ſuppoſé $= 0$; & que par conſéquent la forme des polynomes-multiplicateurs ſe réduit à $(x\ldots2)^{12}_{4}$, & celle de l'équation-ſomme, à $(x\ldots2)^{16}_{7} = 0$, avec deux coëfficiens arbitraires particuliers, & un nombre de coëfficiens arbitraires généraux $= N(x\ldots2)^{8}_{1}$.

Préſentement la dimenſion 7 de l'équation-ſomme, a ſept termes à faire diſparoître. La dimenſion 4 des polynomes-multiplicateurs fournit dix coëfficiens, ſur leſquels la dimenſion 1 du polynome $(x\ldots2)^{8}_{1}$ en rend deux inutiles ; nous avons donc encore huit coëfficiens utiles; mais ſi des deux équations arbitraires particulières qui nous reſtent, on conçoit qu'on en employe une, il n'y aura véritablement que ſept coëfficiens, c'eſt-à-dire, autant que de termes à faire diſparoître. Donc chaque coëfficient de la dimenſion 4 des polynomes-multiplicateurs, peut être ſuppoſé $= 0$; & par conſéquent la forme des polynomes-multiplicateurs ſe réduit à $(x\ldots2)^{12}_{5}$, & celle de l'équation-ſomme à $(x\ldots2)^{16}_{8} = 0$; avec un nombre de coëfficiens arbitraires généraux $= N(x\ldots2)^{8}_{2}$, & un cofficient arbitraire particulier.

Dans cette nouvelle forme, la dimenſion 8 de l'équation-ſomme donne huit termes à faire diſparoître. La dimenſion 5 des polynomes-multiplicateurs donne douze coëfficiens, ſur leſquels la dimenſion 2 du polynome-multiplicateur en rend trois inutiles; il en reſte donc neuf. Mais à cauſe de l'équation arbitraire particulière qui nous reſte, il n'y en a véritablement que huit, c'eſt-à-dire, autant que de termes à faire diſparoître. Donc chaque coëfficient de la dimenſion 5 des polynomes-multiplicateurs peut être ſuppoſé $= 0$. Donc la forme des polynomes-multiplicateurs ſe réduit à $(x\ldots2)^{12}_{6}$, & celle de l'équation-ſomme à $(x\ldots2)^{16}_{9} = 0$, avec un nombre de coëfficiens arbitraires généraux $= N(x\ldots2)^{8}_{3}$.

C'eſt-là la dernière réduction dont eſt ſuſceptible la forme des polynomes-multiplicateurs, & par conſéquent celle de l'équation-ſomme. Car ſi on examine la dimenſion 9 de l'équation-ſomme; comme nous venons de faire les dimenſions inférieures, on verra qu'elle donne neuf termes à faire diſparoître. Que la dimenſion 6 des polynomes-multiplicateurs donne quatorze coëfficiens, ſur leſquels la dimenſion 3 du polynome $(x\ldots 2)^{8}_{3}$ en rend quatre inutiles; il en reſte donc dix. Et comme il n'y a plus aucune équation arbitraire particulière, le nombre des coëfficiens utiles excédant le nombre des termes à faire diſparoître, on n'eſt plus autoriſé à ſuppoſer ces coëfficiens égaux à zéro.

L'équation finale eſt donc toujours du degré 16, c'eſt-à-dire, a véritablement ſeize racines; mais neuf de ces racines ſont chacune $= 0$. La difficulté de la ſolution de cette équation n'eſt tout au plus que du ſeptième degré; mais l'équation eſt véritablement du ſeizième.

(550.) Si on raiſonne de même ſur les trois équations de la forme $(x\ldots 3)^{3}_{2} = 0$, on verra que l'équation-ſomme peut être réduite à la forme $(x\ldots 3)^{27}_{8} = 0$; & les polynomes-multiplicateurs à la forme $(x\ldots 3)^{24}_{6}$, avec un nombre de coëfficiens arbitraires généraux $= 3N(x\ldots 3)^{21}_{4} - N(x\ldots 3)^{18}_{2}$ & ſans aucun coëfficient arbitraire particulier de reſte.

En ſorte que l'équation finale ſera du degré & de la forme $(x\ldots 1)^{27}_{8} = 0$; c'eſt-à-dire, du degré 27, avec huit racines $= 0$.

(551.) En général, ſi l'on a n équations de la forme

$$(x\ldots n)^{t}_{t} = 0,\quad (x\ldots n)^{t'}_{t'} = 0,\quad (x\ldots n)^{t''}_{t''} = 0,\quad (x\ldots n)^{t'''}_{t'''} = 0,\ \&c.$$

L'équation-ſomme pourra toujours être réduite à la forme $(x\ldots n)^{tt't''t''',\,\&c.}_{tt't''t''',\,\&c.} = 0$; & les polynomes-multiplicateurs à la forme

Pour la première équation................ $(x\ldots n)^{tt't''t''',\,\&c.\,-\,t}_{tt't''t''',\,\&c.\,-\,t}$,

pour la ſeconde........................ $(x\ldots n)^{tt't''t''',\,\&c.\,-\,t'}_{tt't''t''',\,\&c.\,-\,t'}$,

pour la troiſième...................... $(x\ldots n)^{tt't''t''',\,\&c.\,-\,t''}_{tt't''t''',\,\&c.\,-\,t''}$,

pour la quatrième...................... $(x\ldots n)^{tt't''t''',\,\&c.\,-\,t'''}_{tt't''t''',\,\&c.\,-\,t''}$,

& ainſi de ſuite, avec un nombre de coëfficiens arbitraires généraux dont l'expreſſion, trop longue à tranſcrire, eſt néanmoins très-facile à trouver d'après tout ce que nous avons dit juſqu'ici.

(552.) Nous avons pris d'abord des exemples particuliers, des équations peu élevées. Il eſt facile de voir que c'eſt pour ne pas partager l'attention par la multiplicité des objets; mais que le procédé eſt le même quelques ſoient les degrés des équations & le nombre des inconnues.

Lorſque les équations ont une forme régulière, on peut toujours généraliſer ce procédé, ſans avoir l'équation-ſomme ſous les yeux, & trouver l'expreſſion algébrique générale du degré de l'équation finale : c'eſt par ce moyen, par exemple, qu'on parviendroit à déterminer la forme la plus convenable aux polynomes-multiplicateurs des équations incomplettes d'ordres quelconques dont nous avons parlé (181 *& ſuiv.*), & le degré de l'équation finale. La raiſon pour laquelle la forme que nous avons employée (181 *& ſuiv.*), ne convient pas généralement, eſt que cette forme admet des termes qui donnent à l'équation-ſomme d'autres termes dont la deſtruction dépend d'un nombre d'équations moindre que le nombre de ceux-ci. Cela indique donc qu'il y a plus de coëfficiens arbitraires que l'on n'en a compté réellement. Ce n'eſt donc qu'en en tenant compte qu'on peut arriver à la véritable forme des polynomes-multiplicateurs, & à la véritable expreſſion du degré de l'équation finale. Or, pour en tenir compte d'une manière qui ne puiſſe laiſſer aucune incertitude, il faut ainſi que nous le preſcrivons, prendre d'abord pour polynomes-multiplicateurs, des polynomes complets, de même degré que ſi les équations étoient complettes; parcourir, comme nous venons de le faire, tous les différens termes qui pouvant diſparoître les uns par les autres, peuvent donner des équations arbitraires particulières; faire pareillement, & avant, l'énumération des termes que l'on a de moins à faire diſparoître, que ſi l'équation-ſomme étoit complette. Alors joignant le nombre des équations arbitraires particulières, au nombre des équations arbitraires générales, la différence entre le nombre total des coëfficiens des polynomes-multiplicateurs, & le nombre total des équations arbitraires tant générales que particulières, suffira toujours pour faire disparoître les termes qui doivent disparoître dans l'équation-somme, c'est-à-dire, pour donner l'équation finale.

Or, lorsque les équations sont de forme régulière, on peut toujours déterminer algébriquement, tous ces différens nombres de termes, & par conséquent avoir l'expression algébrique générale du degré de l'équation finale.

Et si les équations sont de forme irrégulière, alors on ne pourra point déterminer l'expression algébrique de ce degré, mais du moins on pourra toujours en avoir la valeur numérique : & la recherche du nombre des équations arbitraires particulières, exigera le plus souvent l'inspection de l'équation-somme. Quant aux équations arbitraires générales, leur nombre sera toujours facile à avoir, puisqu'il est le même que si les équations proposées étoient complettes.

(553.) Il ne peut donc y avoir aucune forme régulière ou irréguliere d'équations algébriques dont, par les moyens exposés dans cet ouvrage, on ne puisse déterminer le véritable degré de l'équation finale, & dont on ne puisse en même temps assigner les polynomes-multiplicateurs les plus simples.

(554.) Tout ce que nous venons de dire (534 *& suiv.*), s'applique de la même manière aux équations dont le nombre est plus grand que celui des inconnues; avec cette seule différence que le degré des polynomes-multiplicateurs au lieu d'être égal au produit des exposans de toutes les équations proposées, diminué de l'exposant de l'équation à laquelle ce polynome doit appartenir; ce degré, dis-je, doit d'abord être déterminé par ce qui a été dit depuis le n.° 338 jusqu'au n.° 518, comme si les équations proposées étoient complettes. Après quoi on détermine la forme la plus simple dont ils peuvent être susceptibles, précisément d'après ce qui a été dit (534 *& suiv.*).

Par exemple, si j'avois trois équations de cette forme

$$\begin{array}{l} ax^3 + bx^2y + cxy^2 + dy^3 = 0 \\ + cxy \end{array}$$

je raisonnerois ainsi : si les trois équations étoient complettes, les polynomes-multiplicateurs seroient de la forme $(x \ldots 2)^3$, avec un nombre de coëfficiens arbitraires généraux $=$ $3N(x\ldots 2)^1 = 9$, dont ſix peuvent être employés dès la plus haute dimenſion de l'équation-ſomme.

Pour plus de facilité, feignons d'abord que la dimenſion 2 des équations propoſées eſt complette; c'eſt-à-dire, traitons d'abord ces équations comme ſi elles étoient de la forme $(x\ldots 2)^{\frac{3}{2}} = 0$.

L'équation-ſomme eſt donc de la forme $(x\ldots 2)^{\frac{7}{2}} = 0$, dans laquelle il y a trois termes de moins à faire diſparoître, que ſi les équations propoſées étoient complettes. Nous avons donc d'abord trois équations arbitraires particulières.

Dans la dimenſion 2 de l'équation-ſomme, nous avons trois termes à ſaire diſparoître. Pour cette élimination, la dimenſion 0 des trois polynomes-multiplicateurs, fournit trois coëfficiens; donc puiſque le nombre de ces coëfficiens eſt préciſément le même que celui des équations dans leſquelles ils entrent, on peut ſuppoſer chacun $= 0$; & par conſéquent réduire la forme des polynomes-multiplicateurs à $(x\ldots 2)^{\frac{4}{1}}$, & celle de l'équation-ſomme à $(x\ldots 2)^{\frac{7}{3}} = 0$, avec neuf coëfficiens arbitraires généraux, & trois coëfficiens arbitraires particuliers.

La dimenſion 3 de la nouvelle équation-ſomme donne quatre termes à faire diſparoître. La dimenſion 1 des trois polynomes-multiplicateurs donne ſix coëfficiens; donc ſi on conçoit que des trois équations arbitraires particulières, on en emploie deux, on pourra encore ſuppoſer chaque coëfficient de la dimenſion 1 des polynomes-multiplicateurs $= 0$. La forme de ces polynomes ſera donc $(x\ldots 2)^{\frac{4}{2}}$; & celle de l'équation-ſomme ſera $(x\ldots 2)^{\frac{7}{4}} = 0$, avec neuf coëfficiens arbitraires généraux, & un coëfficient arbitraire particulier.

La dimenſion 4 de l'équation-ſomme donne cinq termes à faire diſparoître; mais la dimenſion 2 des polynomes-multiplicateurs donne neuf coëfficiens, ſur leſquels la dimenſion 0 des trois polynomes $(x\ldots 2)^1$ qui expriment le nombre des coëfficiens arbitraires généraux, en donne trois d'inutiles; il en reſte donc ſix; donc à cauſe de l'équation arbitraire particulière qui nous reſte, on aura encore autant d'équations que de coëfficiens utiles de la dimenſion 2 des polynomes-multiplicateurs ; donc on pourra ſuppoſer ces coëfficiens égaux à zéro ; la forme des polynomes-multiplicateurs ſera donc réduite à $(x \ldots 2)^{4}_{3}$, & celle de l'équation-ſomme à $(x \ldots 2)^{7}_{5} = 0$, avec ſix coëfficiens arbitraires généraux.

Dans cet état de l'équation-ſomme, il y a ſix termes à faire diſparoître dans la dimenſion 5 de l'équation-ſomme. La dimenſion 3 des polynomes - multiplicateurs fournit douze coëfficiens, ſur leſquels la dimenſion 1 des polynomes qui expriment le nombre des coëfficiens arbitraires en rend ſix inutiles ; il n'y a donc encore qu'autant de coëfficiens utiles que de termes à faire diſparoître ; donc chaque coëfficient de la dimenſion 3 des polynomes-multiplicateurs, peut être ſuppoſé $= 0$; donc la forme des polynomes-multiplicateurs peut être réduite à $(x \ldots 2)^{4}_{4}$, & celle de l'équation-ſomme à $(x \ldots 2)^{7}_{6} = 0$, ſans aucun coëfficient arbitraire général ou particulier.

Telle ſeroit la forme la plus ſimple des polynomes-multiplicateurs, ſi la dimenſion 2 des équations-propoſées étoit complette ; mais par les termes qui lui manquent, il eſt aiſé de voir qu'il manquera à l'équation-ſomme les termes x^6 & y^6 ; il y aura donc, dans le cas préſent, deux équations arbitraires particulières. Le meilleur uſage que nous puiſſions en faire, eſt de faire perdre encore, s'il eſt poſſible, quelque terme, aux polynomes-multiplicateurs. Or pour la deſtruction du terme y^7, par exemple, nous aurons une équation, qui, avec les deux équations arbitraires particulières, permettra de ſuppoſer égal à zéro, dans chaque polynome-multiplicateur, le coëfficient de y^4.

Mais comme les coëfficiens qui entreroient dans celui de y^7, ſont les mêmes que ceux qui entreroient dans celui de xy^5 ; ce terme-ci diſparoiſſant par l'anéantiſſement du terme y^4 des polynomes-multiplicateurs, il nous reſte encore une équation arbitraire particulière.

Pour l'employer, je remarque que les coëfficiens qui entreront dans celui de x^7, ſont les mêmes que ceux qui entreront dans le coëfficient de x^5y ; les deux équations fournies par l'anéantiſſement de x^7 & de x^5y, jointes à l'équation arbitraire particulière qui nous reste, permettent donc encore d'anéantir le terme x^4 dans les polynomes-multiplicateurs.

Donc pour trois équations de cette forme

$$\begin{aligned} ax^3 + bx^2y + cxy^2 + dy^3 &= 0 \\ + exy & \end{aligned}$$

les trois polynomes-multiplicateurs les plus simples qu'on puisse employer, sont de la forme

$$Ax^3y + Bx^2y^2 + Cxy^3,$$

sans aucun coëfficient arbitraire général ou particulier.

L'équation finale est donc facile à calculer.

Des Equations dont le nombre est plus petit que celui des inconnues qu'elles renferment : nouvelles observations sur les facteurs de l'équation finale.

(555.) LORSQUE le nombre des inconnues surpasse celui des équations, l'état de la question, n étant le nombre des inconnues & p celui des équations, se réduit à avoir une équation qui ne renferme que $n - p + 1$ inconnues.

On peut, pour y parvenir, employer trois procédés. 1.° Les mettre sous la forme d'équations qui ne renfermeroient que $p - 1$ inconnues. Par exemple, si l'on a deux équations de cette forme

$$\begin{aligned} & ax^2 + bxy + cxz + dy^2 + eyz + fz^2 = 0 \\ & + gx + hy + kz \\ & + l \end{aligned}$$

Et qu'on demande l'équation en y & z; je puis faire

$a = A$, $by + cz + g = B$, & $dy^2 + eyz + fz^2 + hy + kz + l = C$,

& mettre les deux équations proposées, sous la forme

$$Ax^2 + Bx + C = 0.$$

Puis éliminer x par les moyens donnés (338 & *suiv.*).

2.° Mettre les équations proposées sous la forme d'équations qui ne renfermeroient qu'un nombre p d'inconnues. Ainsi dans le même exemple, je ferois

$$a=A,\ b=B,\ d=C,\ cz+g=D,\ ez+h=E,\ fz^2+kz+l=F,$$

& mettre les deux équations proposées sous la forme

$$\begin{aligned} &Ax^2 + Bxy + Cy^2 = 0 \\ &+ Dx \quad + Ey \\ &+ F \end{aligned}$$

Et calculer par les moyens exposés (285) l'équation en y; alors A, B, C, D, E, F étant des fonctions de z & de connues, leur substitution dans l'équation finale, donnera l'équation cherchée en y & z.

3.° Enfin on peut employer les équations proposées, dans tout leur développement naturel, & procéder à l'élimination de $p-1$ inconnues, en employant des polynomes-multiplicateurs qui renferment toutes les n inconnues.

(556.) De ces trois moyens le premier est, sans contredit, le plus expéditif, & celui qui conduira à la relation la plus simple entre les $n-p+1$ inconnues dont il s'agit. Mais il ne le fera, ainsi que nous l'avons déjà observé qu'en dissimulant certains facteurs qui peuvent donner des connoissances plus étendues sur les équations proposées; & dans les cas où ces facteurs égalés à zéro, formeroient une équation qui auroit lieu, cette relation la plus simple entre les $n-p+1$ inconnues, ne seroit pas la plus simple possible, & renfermeroit quelquefois, ainsi que nous l'avons vu des solutions qui n'appartiendroient pas à la question.

Ce premier moyen, le meilleur pour la célérité du calcul, n'est donc d'un usage sûr, qu'autant qu'on saura qu'il n'existe entre les coëfficiens des équations aucune relation qui puisse donner lieu à une dépression.

(557.) Le second moyen est, après le premier, celui qui est le plus propre pour la célérité des calculs. Il a de plus l'avantage de faire connoître quelques-unes des relations entre les coëfficiens, qui, si elles avoient lieu, permettroient l'abaissement de de l'équation finale; mais elle ne les fait pas connoître toutes, dans l'application au cas où il y a plus d'inconnues que d'équations. Développons cela par un exemple pris encore pour plus de simplicité sur deux équations de la forme

$$\begin{aligned} &ax^2 + bxy + cxz + dy^2 + eyz + fz^2 = 0 \\ &+ gx + hy + kz \\ &+ l \end{aligned}$$

Si on met ces deux équations sous la forme

$$Ax^2 + Bx + C = 0$$

l'élimination de x conduira à une équation en $A, B, C; A' B', C'$, laquelle par la substitution des valeurs de $A, B, C; A', B', C'$, en y & z, sera du quatrième degré relativement à y & à z.

C'est la relation la plus simple qui puisse exister entre y & z, si les coëfficiens des équations proposées n'ont entr'eux aucunes relations particulières qui puissent donner lieu à une dépression de cette équation finale; ou s'il n'existe point quelque valeur de z indépendante de x & de y, ou quelque valeur de y indépendante de x & de z, qui puisse satisfaire aux deux équations proposées.

Mais si l'un de ces cas avoit lieu, l'équation finale en y & z ne seroit pas du quatrième degré; nous l'avons vu (290). Or, par ce procédé, on voit que rien n'en avertit.

Mais si nous mettons les équations proposées, sous la forme

$$\begin{aligned} &Ax^2 + Bxy + Cy^2 = 0 \\ &+ Dx + Ey \\ &+ F \end{aligned}$$

& qu'éliminant x, nous calculions l'équation en y, selon la méthode que nous avons suivie (285); alors l'équation finale en y, après la substitution des valeurs de $A, A'; B, B'$, &c. en z, sera du quatrième degré relativement à y; mais relativement à z, elle sera du sixième; car cette équation finale sera celle que donneroit le procédé précédent, mais avec un facteur que nous avons examiné (290), & qu'en se remettant sous les yeux, on verra facilement être une fonction de z de la dimension 2. Or nous avons fait voir que dans le cas où l'équation faite, en égalant ce facteur à zéro, avoit lieu, l'équation finale étoit susceptible d'abaissement. Ce second procédé, plus long à la vérité, que le premier, a du moins sur celui-ci l'avantage d'avertir des cas où le résultat du premier donne des réponses qui n'appartiennent pas à la question.

(558.) Mais ce second procédé ne donne pas tous les cas de cette espèce. Il est d'autres cas qu'il ne donne pas, mais seulement par le choix qu'on a fait de l'inconnue ou des inconnues enveloppées dans la forme à laquelle on a réduit les équations proposées; en sorte qu'en variant ce choix, on trouveroit ces autres cas, par un calcul semblable. Mais il en est encore d'autres que le second procédé ne donne pas, & ne peut donner.

(559.) En effet, pour les cas de la première espèce, il est clair, dans l'exemple actuel, que si au lieu d'éliminer x & y, nous eussions éliminé x & z; nous serions arrivés, par le second procédé, à une équation où z auroit monté au quatrième degré, & y au sixième; & qui auroit eu, en y, un facteur du second degré qui auroit indiqué deux valeurs de y qui peuvent satisfaire aux deux équations proposées indépendamment de x & z, comme le facteur trouvé dans le premier cas indique deux valeurs de z qui peuvent satisfaire aux deux proposées indépendamment de x & y : & qui en même temps est tel que s'il étoit zéro indépendamment de z, il indiqueroit que l'équation en y & z, peut être abaissée; ou que si on donne à z l'une de ces deux valeurs, l'équation en y, peut être abaissée. Et si la différence du nombre des inconnues au nombre des équations est plus considérable, on voit qu'il naîtra encore une infinité d'autres cas que le premier procédé ne feroit pas connoître, & que le second ne fait connoître qu'en variant son application à chacune des formes qui peuvent avoir lieu pour les équations proposées traitées par ce procédé.

Or, par cela même qu'il faut varier l'application du procédé pour trouver ces différens cas, on doit conclure que le procédé n'a pas une généralité analytique suffisante, & que même les variations que l'on employera, pourroient bien laisser encore échapper quelques cas : & c'est ce qui auroit lieu en effet.

Car de même que nous avons vu (285) que l'élimination de y dans deux équations de la forme $(x \ldots 2)^2 = 0$, traitées dans tout leur développement, donnoit un facteur qui est une fonction de tous les coëfficiens de ces deux équations, & qui, lorsqu'il devient zéro, donne lieu à l'abaissement de l'équation finale; de même l'élimination de x dans deux équations de la forme $(x \ldots 3)^2 = 0$; & en général l'élimination de $n-1$ inconnues dans un nombre n d'équations renfermant un nombre p d'inconnues plus grand que n, donnera, lorsqu'on traitera ces équations dans tout leur développement, un facteur qui sera fonction de tous les coëfficiens de ces équations, & qui, lorsqu'il sera zéro, fera connoître que l'équation finale est susceptible d'abaissement. Donc, en général, pour être sûr de ne laisser échapper aucun des cas qui peuvent avoir lieu, dans un nombre donné d'équations, renfermant un nombre donné d'inconnues, il faut traiter ces équations dans tout leur développement naturel.

(560.) Ainsi, pour connoître tout ce qu'il peut y avoir à connoître, relativement à l'équation finale résultante d'un nombre n d'équations renfermant p d'inconnues, p étant $>$ ou $< n$, il faut employer des polynomes-multiplicateurs dans chacun desquels entrent toutes ces inconnues. Tout autre procédé ne fera connoître qu'une partie de ce que ces équations peuvent faire connoître.

(561.) Soient donc en général

$$(u \ldots p)^t = 0, \ (u \ldots p)^{t'} = 0, \ (u \ldots p)^{t''} = 0, \ \&c.$$

les équations proposées, au nombre de $n < p$. On multipliera la première par le polynome indéterminé $(u \ldots p)^{T-t}$, la seconde par le polynome $(u \ldots p)^{T-t'}$, la troisième par le polynome $(u \ldots p)^{T-t''}$, &c. & de la somme de ces produits on formera l'équation-somme dans laquelle on supposera égaux à zéro les coëfficiens des termes affectés des inconnues que l'on veut ne point avoir dans l'équation finale.

On formera ensuite dans l'équation-somme autant d'équations arbitraires qu'il est possible de faire disparoître de termes dans le premier polynome, à l'aide des $n-1$ dernières équations; dans le second, à l'aide des $n-2$ dernières; dans le troisième, à l'aide des $n - 3$ dernières, &c. & on procédera ensuite au calcul des coëfficiens, & par conséquent de l'équation finale, de la même manière qu'on l'a fait jusqu'ici.

Mais comme ici la valeur de T n'est pas déterminée, il se présente quelques observations à faire, qu'il est à propos de ne pas omettre.

La différence entre le nombre des termes de l'équation-somme & le nombre des coëfficiens utiles des polynomes-multiplicateurs, est généralement

$$d^n \, N(u \ldots p)^T \ldots \left(\overset{T}{t, t', t'', \&c.}\right).$$

Le nombre des termes de l'équation finale est $N(u \ldots p - n + 1)^T$. Il faut donc qu'on ait

$$N(u \ldots p - n + 1)^T > d^n \, N(u \ldots p)^T \ldots \left(\overset{T}{t, t', t'', \&c.}\right),$$

c'est-là la condition à laquelle T est assujetti.

Mais cette condition ne détermine que la limite au-dessous de laquelle T ne peut pas être admis. Elle n'empêche pas qu'on ne puisse prendre pour T, telle quantité que l'on voudra au-dessus de cette limite.

De plus il n'en est pas du cas de $n < p$, comme du cas de $n = p$. Dans ce dernier, toute valeur de T au-dessus de $t\,t'\,t''$ &c. ne conduiroit qu'à donner à l'équation finale des facteurs déterminés qui n'indiqueroient ou que des solutions particulières ou que des cas qui peuvent offrir plus de simplicité, soit dans l'équation finale, soit dans les polynomes-multiplicateurs; mais il n'en résulteroit aucune augmentation dans le degré de l'équation finale.

Ces facteurs qu'introduiroit la supposition de $T > t\,t'\,t''$ &c. dans le cas de $n = p$, & qui ne sont que des fonctions des coëfficiens donnés des équations proposées, seroient évidemment des fonctions des inconnues de l'équation finale si on calculoit celle-ci, dans le cas de $n < p$, en mettant les équations sous la forme d'équations à n inconnues. Il n'est donc pas étonnant, dans le cas de $n < p$, lorsqu'on calcule avec les équations prises dans tout leur développement, que le degré de l'équation finale augmente avec celui des polynomes-multiplicateurs, ainsi qu'on voit qu'il arrivera ici. C'eſt que les équations propoſées ſont ſuſceptibles de ſe trouver dans une infinité de cas particuliers exprimés par des fonctions différentes des inconnues qui doivent entrer dans l'équation finale ; & que l'analyſe devant donner tous ces cas ne le peut faire par une ſeule équation, qu'en augmentant le degré de cette équation.

Mais comme ces cas particuliers, ces ſolutions particulières, ne ſont pas eſſentiellement liés entr'eux, il arrive que quelques-uns peuvent être donnés par des équations d'un certain degré, d'autres ne peuvent l'être que par un degré plus élevé, & ils ne ſont pas tous néceſſairement compris dans une ſeule & même queſtion. Il n'y a qu'un certain nombre de ſolutions qui ſe trouvera toujours compris dans toutes les équations que l'on trouvera, c'eſt celui qu'on auroit, par l'équation finale, trouvé en mettant les équations ſous la forme d'équations à n inconnues, & dégagée de tout facteur ſuperflu. Quant aux autres ſolutions qui ſont ou des ſolutions particulières, ou des indices de la poſſibilité d'avoir une ſolution générale plus ſimple que celle qui réſulte généralement du calcul fait en mettant les équations ſous la forme d'équations à n inconnues, elles ſeront données tantôt par une valeur de T, tantôt par une autre. Mais telle eſt la raiſon pour laquelle le degré de l'équation finale eſt un nombre indéterminé.

Quoiqu'il en ſoit, pour arriver à l'équation finale, de la manière la plus ſimple, en calculant les équations priſes dans tout leur développement, on prendra la valeur de T la plus immédiatement au-deſſus de $t\ t'\ t''$ &c. & qui ſatisfaſſe à la condition

$$N(u\ldots p-n+1)^T - d^n[N(u\ldots p)^T]\ldots\left(\begin{smallmatrix}T\\ t,\,t',\,t'',\,\&c.\end{smallmatrix}\right).$$

Et pour pouvoir dégager de cette équation, l'équation finale générale, celle qui renferme les ſolutions qui ſont eſſentiellement liées entr'elles, on laiſſera ſubſiſter dans le calcul quelques-uns des coëfficiens arbitraires; & alors, ſelon ce que nous avons obſervé (487 & *ſuiv.*), on aura pluſieurs équations finales qui auront, toutes, celle-là pour facteur. On l'aura donc en cherchant leur commun diviſeur.

FIN.

Extrait des Regiſtres de l'Académie Royale des Sciences.

Du 17 Avril 1779.

MEſſieurs D'ALEMBERT, DIONIS DU SÉJOUR, & DELAPLACE, qui avoient été nommés pour examiner *la Théorie générale des Équations Algébriques*, par M. BÉZOUT, en ayant fait leur rapport, l'Académie a jugé cet Ouvrage digne de l'impreſſion; en foi de quoi j'ai ſigné le préſent Certificat. A Paris, ce 17 Avril 1779.

Signé, LE MARQUIS DE CONDORCET, *Secrétaire perpétuel.*

PRIVILEGE DU ROI.

LOUIS, par la grace de Dieu, Roi de France & de Navarre : A nos amés & féaux Conſeillers, les Gens tenans nos Cours de Parlement, Maîtres des Requêtes ordinaires de notre Hôtel, Grand-Conſeil, Prévôt de Paris, Baillifs Sénéchaux, leurs Lieutenants Civils, & autres nos Juſticiers qu'il appartiendra, SALUT. Nos bien-amés LES MEMBRES DE L'ACADÉMIE ROYALE DES SCIENCES de notre bonne Ville de Paris, Nous ont fait expoſer qu'ils auroient beſoin de nos Lettres de Privilège pour l'impreſſion de leurs Ouvrages : A CES CAUSES, voulant favorablement traiter les Expoſans, Nous leur avons permis & permettons par ces Préſentes, de faire imprimer, par tel Imprimeur qu'ils voudront choiſir, toutes les Recherches & Obſervations journalieres, ou Relations annuelles de tout ce qui aura été fait dans les Aſſemblées de ladite Académie Royale des Sciences, les Ouvrages, Mémoires ou Traités de chacun des Particuliers qui la compoſent, & généralement tout ce que ladite Académie voudra faire paroître, après avoir fait examiner leſdits Ouvrages, & jugé qu'ils ſeront dignes de l'impreſſion, en tels volumes, forme, marge, caracteres, conjointement, ou ſéparément, & autant de fois que bon leur ſemblera, & de les faire vendre & débiter par tout notre Royaume, pendant le temps de vingt années conſécutives, à compter du jour de la date des Préſentes; ſans toutefois qu'à l'occaſion des Ouvrages ci-deſſus ſpécifiés, il en puiſſe être imprimé d'autres qui ne ſoient pas de ladite Académie : Faiſons défenſes à toutes ſortes de perſonnes, de quelque qualité & condition qu'elles ſoient, d'en introduire d'impreſſion étrangere dans aucun lieu de notre obéiſſance; comme auſſi à tous Libraires & Imprimeurs d'imprimer ou faire imprimer, vendre, faire vendre, & débiter leſdits Ouvrages, en tout ou en partie, & d'en faire aucunes traductions ou extraits, ſous quelque prétexte que ce puiſſe être, ſans la permiſſion expreſſe & par écrit deſdits Expoſans, ou de ceux qui auront droit d'eux; à peine de confiſcation deſdits Exemplaires contrefaits, de trois mille livres d'amende contre chacun des Contrevenans; dont un tiers à Nous, un tiers à l'Hôtel-Dieu de Paris, & l'autre tiers auxdits Expoſans, ou à celui qui aura droit d'eux, & de tous dépens, dommages & intérêts; à la charge que ces Préſentes ſeront enrégiſtrées tout au long ſur le Regiſtre de la Communauté des Imprimeurs & Libraires de Paris, dans trois mois de la date d'icelles; que l'impreſſion deſdits Ouvrages ſera faite dans notre Royaume, & non ailleurs, en bon papier & beaux caracteres, conformément aux Réglements de la Librairie; qu'avant de les expoſer en vente, les Manuſcrits ou imprimés qui auront ſervi de copie à l'impreſſion deſdits Ouvrages, ſeront remis ès mains de notre très-cher & féal Chevalier Garde des Sceaux de France, le ſieur Hue de Miromenil ; qu'il en ſera enſuite remis deux Exemplaires dans notre Bibliothéque publique, un dans celle de notre Château du Louvre, & un dans celle de notre cher & féal Chevalier Chancelier de France, le ſieur de Maupeou, & un dans celle dudit ſieur Hue de Miromenil; le tout à peine de nullité deſdites Préſentes : du contenu deſquelles vous mandons & enjoignons de faire jouir leſdits Expoſans & leurs ayant cauſe, pleinement & paiſiblement, ſans ſouffrir qu'il leur ſoit fait aucun trouble ou empêchement. Voulons que la copie des Préſentes qui ſera imprimée tout au long, au commencement ou à la fin deſdits Ouvrages, ſoit tenue pour duement ſignifiée ; & qu'aux copies collationnées par l'un de nos amés & féaux Conſeillers & Secrétaires, foi ſoit ajoutée comme à l'original. Commandons au premier notre Huiſſier ou Sergent ſur ce requis, de faire, pour l'exécution d'icelles, tous actes requis & néceſſaires, ſans demander autre permiſſion, & nonobſtant Clameur de Haro, Chartre Normande, & Lettres à ce contraires. Car tel eſt notre plaiſir. Donné à Paris le premier jour de Juillet, l'an de grace mil ſept cent ſoixante-dix-huit, & de notre règne le cinquieme. Par le Roi en ſon Conſeil.

Signé, LE BEGUE.

Regiſtré ſur le Regiſtre XX. de la Chambre Royale & Syndicale des Imprimeurs & Libraires de Paris, N°. 1477, *folio* 582, *conformément au Réglement de* 1723, *qui fait défenſes, article* 4. *à toutes perſonnes, de quelque qualité qu'elles ſoient, autres que les Libraires & Imprimeurs, de vendre, débiter, faire afficher aucuns Livres pour les vendre en leurs noms, ſoit qu'ils s'en diſent les Auteurs ou autrement ; & à la charge de fournir à la ſuſdite Chambre huit exemplaires preſcrits par l'art.* 108 *du même Réglement. A Paris, ce* 20 *Août* 1778.

Signé, A. M. LOTTIN l'aîné, Syndic.

www.ingramcontent.com/pod-product-compliance
Lightning Source LLC
Chambersburg PA
CBHW031609210326
41599CB00021B/3119
* 9 7 8 2 0 1 2 7 7 2 5 4 0 *